Oldenbourgs Lehr- und Handbücher der
Wirtschafts- und Sozialwissenschaften

Statistik

Von
Dr. Günter Bamberg
o. Professor für Statistik

und

Dr. habil. Franz Baur
Universität Augsburg

6., überarbeitete Auflage

R. Oldenbourg Verlag München Wien

CIP-Titelaufnahme der Deutschen Bibliothek

Bamberg, Günter:
Statistik / von Günter Bamberg u. Franz Baur. – 6., überarb.
Aufl. – München ; Wien : Oldenbourg, 1989
  (Oldenbourgs Lehr- und Handbücher der Wirtschafts- und
  Sozialwissenschaften)
  ISBN 3-486-21325-3

NE: Baur, Franz:

© 1989 R. Oldenbourg Verlag GmbH, München

Das Werk einschließlich aller Abbildungen ist urheberrechtlich geschützt. Jede Verwertung außerhalb der Grenzen des Urheberrechtsgesetzes ist ohne Zustimmung des Verlages unzulässig und strafbar. Das gilt insbesondere für Vervielfältigungen, Übersetzungen, Mikroverfilmungen und die Einspeicherung und Bearbeitung in elektronischen Systemen.

Gesamtherstellung: R. Oldenbourg Graphische Betriebe GmbH, München

ISBN 3-486-21325-3

INHALTSVERZEICHNIS

Vorwort IX
Liste wichtiger Symbole XI

1. Einführung 1
   1.1 Zweierlei Bedeutung des Begriffs Statistik 1
   1.2 Auswahl des Stoffes 1

Teil I: Deskriptive Statistik 3

2. Grundbegriffe der Datenerhebung 5
   2.1 Merkmal, Merkmalsausprägung, Merkmalsträger, statistische Masse 5
   2.2 Verschiedene Typen statistischer Massen, Bestands- und Bewegungsmassen 5
   2.3 Verschiedene Typen von Merkmalen, Skalierung, Klassierung 6
   2.4 Verschiedene Typen statistischer Erhebungen 9
   2.5 Kritische Zusammenfassung, Literaturhinweise 10

3. Auswertungsmethoden für eindimensionales Datenmaterial .. 11
   3.1 Häufigkeitsverteilungen 11
       3.1.1 Absolute und relative Häufigkeitsverteilung 11
       3.1.2 Histogramm, Hinweise zur Klassenbildung 13
       3.1.3 Kumulierte Häufigkeitsverteilung, empirische Verteilungsfunktion 15
   3.2 Lageparameter 16
       3.2.1 Modalwert, Median, arithmetisches und geometrisches Mittel 16
       3.2.2 Eigenschaften der Lageparameter und Vergleich .. 18
   3.3 Streuungsparameter 20
       3.3.1 Spannweite, durchschnittliche Abweichung, mittlere quadratische Abweichung, Standardabweichung, Variationskoeffizient 21
       3.3.2 Eigenschaften der mittleren quadratischen Abweichung und der Standardabweichung 22
   3.4 Konzentrationsmaße 24
       3.4.1 Lorenzkurve 24
       3.4.2 Gini-Koeffizient 26
       3.4.3 Weitere Konzentrationsmaße 28
   3.5 Kritische Zusammenfassung, Literaturhinweise 29

4. Auswertungsmethoden für mehrdimensionales Datenmaterial . 31
   4.1 Kontingenztabelle, Randhäufigkeit, bedingte Häufigkeit, Streuungsdiagramm 31
   4.2 Korrelationsrechnung 35
       4.2.1 Bravais-Pearson-Korrelationskoeffizient 36
       4.2.2 Rangkorrelationskoeffizient von Spearman 38
       4.2.3 Kontingenzkoeffizient 40
   4.3 Regressionsrechnung 42
       4.3.1 Lineare Regression 42
       4.3.2 Nichtlineare Regression 46

		Seite
4.4	Die Berücksichtigung von mehr als zwei Merkmalen	48
4.5	Kritische Zusammenfassung, Literaturhinweise	49

5. Verhältniszahlen und Indexzahlen ... 53
5.1 Klassifikation der Verhältniszahlen ... 53
5.2 Allgemeine Bemerkungen über Preisindizes ... 54
5.3 Spezielle Preisindizes ... 55
    5.3.1 Die Preisindizes von Laspeyres und Paasche ... 55
    5.3.2 Weitere Preisindizes ... 58
5.4 Mengenindizes ... 58
5.5 Umbasierung, Verkettung und Verknüpfung von Indexwerten ... 59
    5.5.1 Umbasierung ... 60
    5.5.2 Verkettung ... 60
    5.5.3 Verknüpfung ... 60
5.6 Kritische Zusammenfassung, Literaturhinweise ... 61

6. Zeitreihenzerlegung und Saisonbereinigung ... 63
6.1 Das additive Zeitreihenmodell ... 63
6.2 Zur Ermittlung der Zeitreihenkomponenten ... 65
6.3 Gleitende Durchschnitte ... 66
6.4 Saisonbereinigung bei konstanter Saisonfigur ... 68
6.5 Saisonbereinigung bei variabler Saisonfigur ... 70
6.6 Kritische Zusammenfassung, Literaturhinweise ... 72

Teil II: Wahrscheinlichkeitsrechnung ... 75

7. Zufallsvorgänge, Ereignisse und Wahrscheinlichkeiten ... 77
7.1 Zufallsvorgänge ... 77
7.2 Ereignisse und ihre Darstellung ... 78
7.3 Wahrscheinlichkeit von Ereignissen ... 80
    7.3.1 Die Axiome der Wahrscheinlichkeitsrechnung ... 80
    7.3.2 Der klassische Wahrscheinlichkeitsbegriff ... 81
    7.3.3 Häufigkeitsinterpretation des Wahrscheinlichkeitsbegriffs ... 83
    7.3.4 Regeln für Wahrscheinlichkeiten ... 84
    7.3.5 Bedingte Wahrscheinlichkeiten ... 86
    7.3.6 Unabhängigkeit von Ereignissen ... 88
7.4 Kritische Zusammenfassung, Literaturhinweise ... 89

8. Zufallsvariablen und Verteilungen ... 93
8.1 Verschiedene Typen von Zufallsvariablen ... 93
    8.1.1 Eindimensionale Zufallsvariablen ... 93
    8.1.2 Mehrdimensionale Zufallsvariablen ... 94
    8.1.3 Unabhängigkeit von Zufallsvariablen ... 95
8.2 Die Verteilungsfunktion einer eindimensionalen Zufallsvariablen ... 96
8.3 Eindimensionale diskrete Zufallsvariablen ... 97
8.4 Wichtige diskrete Verteilungen ... 99
    8.4.1 Binomialverteilung ... 99
    8.4.2 Hypergeometrische Verteilung ... 101
    8.4.3 Poisson-Verteilung ... 103
8.5 Eindimensionale stetige Zufallsvariablen ... 104
8.6 Wichtige stetige Verteilungen ... 106
    8.6.1 Gleichverteilung ... 106
    8.6.2 Exponentialverteilung ... 107
    8.6.3 Normalverteilung ... 108

Inhaltsverzeichnis

Seite

- 8.7 Verteilung mehrdimensionaler Zufallsvariablen 112
  - 8.7.1 Die gemeinsame Verteilungsfunktion 112
  - 8.7.2 Mehrdimensionale diskrete bzw. stetige Zufallsvariablen .. 113
  - 8.7.3 Randverteilung und bedingte Verteilung 115
  - 8.7.4 Äquivalente Bedingungen für die Unabhängigkeit von Zufallsvariablen 116

9. Verteilungsparameter 119
  - 9.1 Lageparameter: Modus, Median, Erwartungswert 119
  - 9.2 Streuungsparameter: Varianz und Standardabweichung 122
  - 9.3 Erwartungswerte und Varianzen wichtiger Verteilungen 123
  - 9.4 Weitere Aussagen über Erwartungswert und Varianz 124
  - 9.5 Kovarianz und Korrelation zweier Zufallsvariablen 125
  - 9.6 Kritische Zusammenfassung, Literaturhinweise 127

10. Gesetz der großen Zahlen und zentraler Grenzwertsatz 129
  - 10.1 Gesetz der großen Zahlen 129
  - 10.2 Zentraler Grenzwertsatz 130

Teil III: Induktive Statistik 133

11. Grundlagen der induktiven Statistik 135
  - 11.1 Grundgesamtheit und uneingeschränkte Zufallsauswahl, Verteilung der Grundgesamtheit, Stichprobenvariable und einfache Stichprobe 135
  - 11.2 Stichprobenraum, Stichprobenfunktion, Testverteilungen 137
    - 11.2.1 Bezeichnungen 137
    - 11.2.2 Wichtige Stichprobenfunktionen 139
    - 11.2.3 Testverteilungen 141
    - 11.2.4 Verteilungen von Stichprobenfunktionen 144

12. Punkt-Schätzung 147
  - 12.1 Erwartungstreue und wirksamste Schätzfunktionen 147
  - 12.2 Konsistente Schätzfunktionen 150
  - 12.3 Das Prinzip der kleinsten Quadrate 151
  - 12.4 Das Maximum-Likelihood-Prinzip 153
  - 12.5 Bayes-Schätzfunktionen 156
  - 12.6 Kritische Zusammenfassung, Literaturhinweise 158

13. Intervall-Schätzung 161
  - 13.1 Symmetrische Konfidenzintervalle für den Erwartungswert μ 162
    - 13.1.1 Normalverteilte Grundgesamtheit mit bekannter Varianz . 162
    - 13.1.2 Normalverteilte Grundgesamtheit mit unbekannter Varianz 165
    - 13.1.3 Beliebig verteilte, insbesondere dichotome Grundgesamtheit 166
  - 13.2 Symmetrische Konfidenzintervalle für die Varianz σ^2 bei normalverteilter Grundgesamtheit 168
  - 13.3 Kritische Zusammenfassung, Literaturhinweise 170

14. Signifikanztests 173
  - 14.1 Einführungsbeispiel: Einstichproben-Gaußtest 173
  - 14.2 Aufbau und Interpretation von Signifikanztests 179
  - 14.3 Klassifikation der Signifikanztests 183
    - 14.3.1 Signifikanztests bei einer einfachen Stichprobe 183

			Seite
	14.3.2	Signifikanztests bei mehreren unabhängigen Stichproben	183
	14.3.3	Signifikanztests bei zwei verbundenen Stichproben	187
14.4		Einstichproben-t-Test, approximativer Gaußtest, Differenzentests	187
14.5		Chi-Quadrat-Test für die Varianz	191
14.6		Zweistichproben-Tests	192
	14.6.1	Vergleich zweier Erwartungswerte	192
	14.6.2	Vergleich zweier Varianzen	195
14.7		Einfache Varianzanalyse	196
14.8		Chi-Quadrat-Anpassungstest	198
14.9		Kontingenztest	202
14.10		Vorzeichentest	205
14.11		Gütefunktion	207
14.12		Kritische Zusammenfassung, Literaturhinweise	211

Teil IV: Überblick über einige weitere wichtige Teilgebiete der Statistik . . . 215

15. Zeitreihenanalyse und Prognoserechnung 217
    15.1 Exponentielles Glätten 217
    15.2 Zugrundelegung eines parametrischen Zeitreihenmodells, Box-Jenkins-Modelle 220
    15.3 Idee der Spektralanalyse 223
16. Ökonometrie und multiple Regressionsrechnung 225
    16.1 Ökonometrische Eingleichungsmodelle 225
    16.2 Ökonometrische Mehrgleichungsmodelle 228
17. Multivariate Verfahren 231
    17.1 Einteilung der multivariaten Verfahren 231
    17.2 Standardisierte Datenmatrix und Korrelationsmatrix 232
    17.3 Das faktorenanalytische Modell 233
    17.4 Extraktion der Faktoren 236
18. Stichprobenplanung 241
    18.1 Arten von Stichprobenplänen 241
    18.2 Geschichtete Stichproben 244
19. Statistische Entscheidungstheorie 249
    19.1 Grundlegende Daten 249
    19.2 Bayes-Verfahren 253
20. Statistische Software 257
    20.1 Vorbemerkungen 257
    20.2 Die Programmsysteme BMD und BMDP 258
    20.3 Die Programmsysteme OSIRIS und SPSS 259
    20.4 Das Programmsystem SAS 259
    20.5 Statistik-Unterprogrammpakete 259
    20.6 Statistische Programmpakete für Microcomputer 260

Lösungen der Aufgaben 261
Literaturverzeichnis 285
Tabellenanhang 297
Personenverzeichnis 323
Sachverzeichnis 328

Vorwort zur sechsten Auflage

Mehrfacher Einsatz des Buches in Lehrveranstaltungen hat uns in der Absicht bestärkt, bei einer Neuauflage die Grundkonzeption des Buches unverändert zu lassen. Wir haben uns für diese sechste Auflage deshalb im wesentlichen auf eine Korrektur der Fehler im Text, auf geringfügige Aktualisierungen sowie auf die Ergänzung des Literaturverzeichnisses beschränkt. Hinweise auf Fehler in den vorangegangenen Auflagen und wertvolle Anregungen haben wir von vielen Studenten und Kollegen, insbesondere von Prof. Dr. U. Kockelkorn, Prof. Dr. O. Opitz und Dr. H. Locarek, erhalten. Ihnen allen danken wir herzlich.

Augsburg, im Februar 1989
G. Bamberg
F. Baur

Vorwort zur ersten Auflage

Statistische Methoden haben in den letzten Jahrzehnten ständig an Bedeutung gewonnen. Eine Reihe von handelsüblichen elektronischen Taschenrechnern ermöglicht bereits die Anwendung einfacherer statistischer Verfahren per Tastendruck. Der erleichterte Zugang zu größeren EDV-Anlagen hat dazu geführt, daß der mit komplexeren statistischen Verfahren verbundene Rechenaufwand nicht mehr prohibitiv wirkt. Von besonderer Wichtigkeit sind deshalb eine sichere Kenntnis der Prämissen, auf denen die statistischen Verfahren beruhen, sowie die Fähigkeit, sich mit dem Ergebnis und der Interpretation einer statistischen Analyse kritisch auseinanderzusetzen. Im vorliegenden Lehrbuch werden trotz der Betonung dieses Aspekts wichtige statistische Verfahren in „Rezeptkästchen" zusammengefaßt. Grundlegende Begriffe und Verfahren wurden durch Beispiele erläutert und können anhand von Aufgaben, deren Lösungen separat am Ende des Buches zu finden sind, zur Selbstkontrolle „erprobt" werden.

Die Teile I bis III führen in die deskriptive Statistik, die Wahrscheinlichkeitsrechnung und die induktive Statistik ein. Sie stellen – bis auf gewisse Akzentverlagerungen – das Normalprogramm dar, das sich mittlerweile an den meisten Hochschulen für die wirtschafts- und sozialwissenschaftlichen Studiengänge eingebürgert hat. Zur Lektüre sind die Vorkenntnisse in mathematischer Propädeutik ausreichend, die in allen wirtschafts- und sozialwissenschaftlichen Fakultäten im Grundstudium vermittelt werden. Teil IV enthält einen Ausblick auf einige weitere wichtige Teilgebiete der Statistik.

Für die kritische Durchsicht des Manuskripts und für wertvolle Anregungen möchten wir unseren Freunden und Kollegen Dipl.-Math. Dr. Volker Firchau, Dipl.-oec. Alois Herbein, Dipl.-Ing. Dr. Henning Paul, Prof. Dr. U. K. Schittko, Dipl.-Math. Dr. Jürgen Sommer herzlich danken. Darüber hinaus danken wir Frau B. Emmrich und Frau U. Rook, die mit viel Geduld und Sorgfalt das endgültige Manuskript und die verschiedenen Vorlagen geschrieben haben. Schließlich gilt unser Dank Herrn M. Weigert und dem Oldenbourg Verlag für die verständnisvolle Zusammenarbeit und die rasche Drucklegung.

Augsburg, im November 1979
G. Bamberg
F. Baur

Liste wichtiger Symbole

Symbole für Teil I

X bzw. Y	Merkmale
x_i bzw. y_i	Beobachtungswerte von X bzw. Y
$a_1, \ldots, a_k$	realisierte Ausprägungen des Merkmals X
$h(a_j)$	absolute Häufigkeit der Ausprägung a_j (definiert auf S. 11)
$f(a_j)$	relative Häufigkeit von a_j (definiert auf S. 11)
$H(x)$	kumulierte absolute Häufigkeitsverteilung (definiert auf S. 15)
$F(x)$	kumulierte relative Häufigkeitsverteilung (definiert auf S. 15)
$\bar{x}$	arithmetisches Mittel (definiert auf S. 17)
s^2	mittlere quadratische Abweichung (definiert auf S. 21)
s	Standardabweichung (definiert auf S. 21)
r	Bravais-Pearson-Korrelationskoeffizient (definiert auf S. 36)

Symbole für Teil II (falls abweichend von Teil I)

X bzw. Y	Zufallsvariablen (gegebenenfalls auch zugehörige Merkmale)
Ω	Ergebnismenge
P	Wahrscheinlichkeitsmaß
$P(A|B)$	bedingte Wahrscheinlichkeit (definiert auf S. 86)
$f(x)$	Wahrscheinlichkeitsfunktion bzw. Wahrscheinlichkeitsdichte (definiert auf S. 98 bzw. S. 104)
$F(x)$	Verteilungsfunktion (definiert auf S. 96)
$B(n;p)$	Binomialverteilung (definiert auf S. 100)
$N(\mu;\sigma)$	Normalverteilung (definiert auf S. 108)
$N(0;1)$	Standardnormalverteilung
$\Phi(x)$	Verteilungsfunktion der Standardnormalverteilung
$E(X)$ bzw. μ	Erwartungswert der Zufallsvariablen X (definiert auf S. 120)
$Var(X)$ bzw. σ^2	Varianz der Zufallsvariablen X (definiert auf S. 122)

Symbole für Teil III

G	Grundgesamtheit
X_i	i-te Stichprobenvariable
$\bar{X}$	Stichprobenmittel (definiert auf S. 139)
S^2	Stichprobenvarianz (definiert auf S. 139)
S	Stichproben-Standardabweichung (definiert auf S. 139)
s	Realisation der Stichproben-Standardabweichung
$(x_1, \ldots, x_n)$	Stichprobenergebnis
$f(x_1, \ldots, x_n|\vartheta)$	Likelihoodfunktion (definiert auf S. 138)
V_u bzw. V_o	untere bzw. obere Grenzen eines Konfidenzintervalls
V bzw. v	Testfunktion bzw. ihre Realisierungen
H_o bzw. H_1	Nullhypothese bzw. Alternativhypothese
α	Signifikanzniveau, Irrtumswahrscheinlichkeit
B	Verwerfungsbereich eines Tests
$g(\vartheta)$	Gütefunktion

1. Kapitel:
Einführung

1.1 Zweierlei Bedeutung des Begriffs Statistik

Vielleicht denken Sie beim Stichwort „Statistik" zunächst an umfangreiche Zahlenkolonnen, an das Statistische Jahrbuch für die Bundesrepublik Deutschland oder an Aussprüche wie:

„Nichts lügt so sehr wie die Statistik"
„Trau keiner Statistik, die du nicht selbst gefälscht hast"

Der Begriff „Statistik" ist mehrdeutig. Zum einen bedeutet er die tabellarische oder graphische Darstellung eines konkret vorliegenden Datenmaterials, wie etwa die Statistik der Verkehrsunfälle für einen bestimmten Autobahnabschnitt, die Statistik der Einfuhren eines Landes, aufgegliedert nach bestimmten Warengruppen, Herkunftsländern usw. Zum andern bedeutet der Begriff „Statistik" die Gesamtheit der Methoden, die für die Gewinnung und Verarbeitung empirischer Informationen relevant sind.

Die statistische Methodenlehre, im folgenden meist kurzerhand als Statistik bezeichnet, bildet den Hauptgegenstand des vorliegenden Lehrbuchs. Bloße Feststellungen über in Zahlen meßbare Fakten, z.B. „Am 27.5.1970 betrug die Wohnbevölkerung Bayerns 10479400 Personen", sind relativ unproblematisch und natürlich nicht Gegenstand der statistischen Methodenlehre. Obige Aussprüche haben dagegen einen stärkeren Bezug zur statistischen Methodenlehre; denn durch sie wird immerhin angedeutet, wie problematisch es sein kann, aus Daten Erkenntnisse zu gewinnen. Wir kommen auf die „statistische Lüge" noch mehrfach zurück.

1.2 Auswahl des Stoffes

Statistische Methoden können im Prinzip überall dort zum Einsatz kommen, wo empirische Daten erhoben und ausgewertet werden, gleichgültig um welchen Wissenschafts- oder Anwendungsbereich es sich handelt. Besonders häufig wird die Statistik allerdings in den Gebieten Betriebswirtschaft, Volkswirtschaft, Psychologie, Soziologie, Pädagogik, Medizin, Biologie, Landwirtschaft, Technik und Meteorologie angewandt. Während die Statistik in diesen Gebieten vorwiegend die Rolle einer nützlichen Hilfswissenschaft spielt, kommt ihr in den neuentwickelten „Metrien", wie z.B. der Biometrie, der Demometrie, der Ökonometrie, der Psychometrie und der Soziometrie, eine tragende Rolle zu.

Trotz dieses weitgefächerten Anwendungsspektrums wollen wir uns bei der Auswahl des Stoffs, der Beispiele und der Aufgaben auf den wirtschafts- und sozialwissenschaftlichen Bereich beschränken.

Im Teil I wird die **deskriptive Statistik** behandelt. Hier kommen die von der Wirtschaftspraxis bzw. der Wirtschaftspresse her geläufigen Begriffe wie Indexzahl, Saisonbereinigung, Trendermittlung, Korrelation usw. zur Sprache.

Im Teil II wird die **Wahrscheinlichkeitsrechnung** insoweit dargestellt, als sie für das Verständnis der nachfolgenden statistischen Verfahren erforderlich ist.

Teil III beschäftigt sich mit denjenigen Anwendungsfällen, bei denen eine vollständige Datenerhebung undurchführbar oder unwirtschaftlich ist. So ist es beispielsweise sinnlos, die gesamte Produktion eines Massenartikels auf die Lebensdauer der einzelnen Artikel hin zu untersuchen; es bliebe kein verkäufliches Stück übrig. Bei Marktuntersuchungen können ebenfalls meist nicht alle potentiellen Marktteilnehmer befragt werden, da eine derartige Totalerhebung zu zeitraubend und teuer wäre; dasselbe gilt natürlich auch für Probleme der Meinungsforschung. Anstelle einer Totalerhebung führt man eine Teilerhebung durch, indem einige Untersuchungsobjekte aufgrund von bestimmten Zufallsgesetzen ausgewählt werden; man zieht also eine Stichprobe. Der Rückschluß von der Stichprobe auf die Grundgesamtheit ist die Aufgabe der **induktiven Statistik.** Die klassischen Teilbereiche der induktiven Statistik, nämlich die Punkt-Schätzung, die Intervall-Schätzung und das Testen von Hypothesen, bilden den Inhalt von Teil III.

Die Einbeziehung von Teil IV, der einen knappen **Überblick über weitere Teilgebiete der Statistik** liefert, trägt der Tatsache Rechnung, daß synchron mit der Expansion des Anwendungsspektrums eine beträchtliche Erweiterung des Arsenals statistischer Methoden stattgefunden hat. Begünstigt durch die wachsende Leistungsfähigkeit der EDV-Anlagen und das steigende Informationsbedürfnis, das mit sparsamstem Aufwand befriedigt werden sollte, dürfte dieser Trend auch für die Zukunft gelten. Teilgebiete wie etwa die Prognoserechnung, die multivariaten Verfahren, die statistische Entscheidungstheorie, die statistische Software, um nur einige zu nennen, lassen sich trotz ihrer Anwendungsträchtigkeit leider nicht gleichzeitig in einem statistischen Grundkurs unterbringen. Die Verlagerung in Hauptstudienkurse führt erfahrungsgemäß dazu, daß nur Spezialisten unter den Studenten mit derartigen Gebieten in Berührung kommen. Die Tendenz, im späteren Berufsleben nur das anzuwenden, was vom Studium her vertraut oder zumindest dem Namen nach geläufig ist, sprach jedoch dafür, hier einige dieser wichtigen Teilgebiete wenigstens in ihren Grundzügen vorzustellen.

Teil I:
Deskriptive Statistik

Bei statistischen Erhebungen fallen im Regelfall Tausende von Einzeldaten an. Die Methoden der deskriptiven Statistik[1] zielen darauf ab, diese unüberschaubare Datenmenge durch möglichst wenige – jedoch noch aussagekräftige – Zahlen zu charakterisieren. Im Extremfall wird lediglich eine einzige Zahl zur Charakterisierung der gesamten Datenmenge benutzt. So soll ein Lageparameter die Größenordnung aller Einzeldaten charakterisieren, ein Preisindex die Veränderung aller Preise eines umfangreichen Warenkorbs, ein Korrelationskoeffizient die Abhängigkeit zwischen den Ausprägungen zweier verschiedener Merkmale usw.

Selbstverständlich kann eine derart weitgehende Aufbereitung bzw. Verdichtung nicht nur auf eine einzige Art und Weise erfolgen. Aus diesem Grunde ist eine fundierte Kenntnis wesentlicher Voraussetzungen und Eigenschaften verschiedener Auswertungsmethoden unerläßlich für die begründete Auswahl einer adäquaten Methode und die sachgerechte Interpretation des numerischen Ergebnisses.

---

[1] Synonyma zu deskriptiver Statistik sind: beschreibende Statistik, explorative Statistik.

2. Kapitel:
Grundbegriffe der Datenerhebung

2.1 Merkmal, Merkmalsausprägung, Merkmalsträger, statistische Masse

Sicherlich haben Sie bereits einmal einen Fragebogen ausfüllen und dabei etwa Angaben über Alter, Geschlecht, Familienstand, Wohnort, Stellung im Beruf, Einkommenshöhe, Art des Krankenversicherungsschutzes, Zeitaufwand für den Weg zur Arbeitsstätte usw. machen müssen. Ihren begreiflichen Unmut darüber wollen wir hier nicht weiter erörtern, sondern eine Reihe von Fachausdrücken erläutern. Im statistischen Jargon fungierten Sie als **Merkmalsträger** oder **statistische Einheit,** an der die **Merkmale** Alter, Geschlecht usw. erhoben wurden. Als **Merkmalsausprägungen** bezeichnet man sowohl die verschiedenen Zahlen, die ein **quantitatives** Merkmal (wie etwa das Alter, die Einkommenshöhe) annehmen kann, als auch die verschiedenen Kategorien, die bei einem **qualitativen** Merkmal (wie etwa dem Geschlecht, der Religionszugehörigkeit) registriert werden können. Die für eine statistische Untersuchung relevanten Merkmalsträger faßt man zur **Grundgesamtheit** zusammen. Wird bei einer statistischen Erhebung die Grundgesamtheit vollständig erfaßt, so spricht man von einer **Vollerhebung** oder **Totalerhebung,** andernfalls von einer **Teilerhebung** oder **Stichprobenerhebung.**

Beispiel 1:
a) Bei der letzten Volkszählung (Stichtag 25.5.1987), handelt es sich um eine Totalerhebung der Wohnbevölkerung der Bundesrepublik Deutschland.
b) Wurde Ihnen der eingangs erwähnte Fragebogen im Rahmen der als Mikrozensus bezeichneten „Repräsentativstatistik der Bevölkerung und des Erwerbslebens" von einem Interviewer Ihres Statistischen Landesamtes präsentiert, so gehörten Sie zu einem der (rund) 230000 Haushalte, die nach einem bestimmten Stichprobenverfahren ausgewählt wurden.
c) Bei der Handwerkszählung 1968 wurde eine Stichprobe gezogen, die (rund) 620000 der in die Handwerksrolle eingetragenen Unternehmungen umfaßte. Als Merkmale wurden u. a. erhoben: Rechtsform, Vorhandensein von Zweigniederlassungen, Anzahl der Beschäftigten, Löhne, Gehälter, Sozialaufwendungen, Materialverbrauch, Exporterlöse.

Für die deskriptive Statistik ist es – im Gegensatz zur induktiven Statistik – unerheblich, ob das zu verarbeitende Datenmaterial von einer Vollerhebung oder einer Teilerhebung herrührt. Wenn im folgenden von einer **statistischen Masse** die Rede ist, so ist darunter entweder die Grundgesamtheit oder eine ihrer Teilgesamtheiten zu verstehen. Falls nur eine Teilgesamtheit betrachtet wird, sind im Rahmen der deskriptiven Statistik nur Aussagen über diese Teilgesamtheit möglich.

2.2 Verschiedene Typen statistischer Massen, Bestands- und Bewegungsmassen

Es gibt statistische Massen, die man sinnvollerweise auf einen bestimmten Zeit**punkt** bezieht. Solche statistischen Massen werden als **Bestandsmassen** bezeichnet; Beispiele sind der Bestand eines Lagers oder die Bevölkerung eines Landes. Andere statistische Massen bezieht man sinnvollerweise auf eine Zeit**periode**. Diese statistischen Massen werden als **Bewegungsmassen** oder auch als **Ereignismassen** bezeichnet; Beispiele sind die Verkehrsunfälle eines Jahres oder die Lagerabgänge einer Woche. Bei einer Bewegungsmasse haben die Merkmalsträger eine vernachlässigbar kleine „Lebensdauer", bei einer Bestandsmasse dagegen nicht.

Die Aktualisierung umfangreicher Bestandsmassen erfolgt aus Kostengründen häufiger durch Fortschreibung als durch eine neue Erhebung. Bei der **Fortschreibung** wird die statistische Masse des früheren Stichtages vermehrt um die **korrespondierende Bewegungsmasse** der zwischen den Stichtagen erfolgten Zugänge und vermindert um die entsprechende korrespondierende Bewegungsmasse der Abgänge.

Aufgabe 1: *Handelt es sich um Bestands- oder Bewegungsmassen?*
a) Gärbottiche einer Brauerei
b) Arbeitsunfälle in Bayern mit tödlichem Ausgang
c) Neueinstellungen eines Betriebs
d) Mitarbeiter eines Betriebs
e) Filialen einer Bank

2.3 Verschiedene Typen von Merkmalen, Skalierung, Klassierung

Bereits im Abschnitt 2.1 wurde erwähnt, daß diejenigen Merkmale als **quantitativ** bezeichnet werden, deren Merkmalsausprägungen Zahlen sind; alle anderen Merkmale werden als **qualitativ** bezeichnet. Bei qualitativen Merkmalen sind die Merkmalsausprägungen primär durch einen verbalen Ausdruck (wie etwa gut, mittel, schlecht; ledig, geschieden usw.) charakterisiert. Ersetzt man diese verbalen Ausdrücke durch Zahlen, d. h. führt man eine **Quantifizierung** durch, so wird ein qualitatives formal zu einem quantitativen Merkmal.

Beispiel 2: PKW-Farbtöne werden durch die Produktionsnummer quantifiziert, etwa grün = 117, blau = 410 usw. Bei einer statistischen Erhebung wird die Konfession z. B. in der Form: keine = 0, röm.-kath. = 1, evangelisch = 2, sonstige = 3 verschlüsselt. Die Rechtsform einer Unternehmung kann z. B. durch Aktiengesellschaft = 1, GmbH = 2, OHG = 3, KG = 4, Einzelunternehmung = 5, sonstige = 6 quantifiziert werden.

Die Quantifizierung verwischt den Unterschied zwischen einem (echt) quantitativen und einem (qualitativen aber) quantifizierten Merkmal jedoch nur äußerlich. Bei der statistischen Verarbeitung des Datenmaterials ist darauf zu achten, ob eine Quantifizierung vorgenommen wurde oder nicht.

Beispiel 3: Wenn zwei Personen die gemäß Beispiel 2 quantifizierte Konfession 1 (= röm.-kath.) bzw. 3 (= sonstige) besitzen, so ist es sinnlos, von der „mittleren Konfession" 2 (= evangelisch) zu sprechen. Erhalten die beiden Personen dagegen 1000 DM bzw. 3000 DM Weihnachtsgratifikation, so kann man sehr wohl von der „mittleren Weihnachtsgratifikation" in Höhe von 2000 DM sprechen.

Die Sachlogik, die sich hinter den numerischen Merkmalsausprägungen verbirgt, erfaßt man in der Statistik durch den Begriff der **Skalierung**. Im folgenden werden die drei wichtigsten Skalierungen kurz erläutert.

Eine **Nominalskala** liegt vor, wenn die Ausprägungen des untersuchten Merkmals durch die zugeordneten Zahlen lediglich unterschieden werden sollen. Allen im Bei-

2.3 Verschiedene Typen von Merkmalen, Skalierung, Klassierung

spiel 2 aufgeführten Merkmalen liegt eine Nominalskala zugrunde. Da die zugeordneten Zahlen nur eine reine Bezeichnungsfunktion haben, können sie durch eine injektive Abbildung willkürlich in andere Zahlen transformiert werden.

Eine **Ordinalskala** oder **Rangskala** liegt vor, wenn die Ausprägungen des untersuchten Merkmals nicht nur unterschieden, sondern auch in eine Rangordnung gebracht werden können und diese Rangordnung durch die zugeordneten Zahlen widergespiegelt wird. Ordinale Skalen liegen der Messung vieler sozialwissenschaftlicher Merkmale wie etwa Aggressivität, Autoritätsgläubigkeit, Intelligenz, sozialer Status usw. zugrunde. Da an die zugeordneten Zahlen lediglich die Anforderung gestellt wird, daß sie die richtige Rangordnung der Merkmalsausprägungen reproduzieren, können sie durch eine ordnungserhaltende Abbildung willkürlich in andere Zahlen transformiert werden.

Eine **Kardinalskala** oder metrische Skala liegt vor, wenn die Ausprägungen des untersuchten Merkmals nicht nur in eine Rangordnung gebracht werden können, sondern zusätzlich noch bestimmt werden kann, in welchem Ausmaß sich je zwei verschiedene Merkmalsausprägungen unterscheiden.[1] Typische Beispiele für derartige Merkmale sind alle monetären Größen sowie die Variablen der Physik und der Chemie. Viele statistische Auswertungsmethoden sind nur bei kardinalskalierten Merkmalen legitim; wir werden an den verschiedenen Stellen darauf hinweisen.

Neben der Untergliederung bzgl. der Skalierung wäre noch die Einteilung in **diskrete** und **stetige** Merkmale zu erwähnen. Ein Merkmal heißt **diskret,** wenn seine möglichen Ausprägungen eine diskrete Zahlenmenge bilden. Typische Beispiele sind die nominalskalierten Merkmale und generell alle Merkmale, denen ein Zählvorgang zugrunde liegt, wie etwa die Anzahl der Arbeitnehmer einer Unternehmung, die Anzahl der Räume einer Wohnung usw. Bei einem **stetigen Merkmal** können dagegen für je zwei Merkmalsausprägungen auch alle Zwischenwerte realisiert werden. Typische Beispiele sind diejenigen Merkmale, denen ein beliebig genauer Meßvorgang zugrunde liegt, wie es etwa bei der Lebensdauer eines Ventils, dem Durchmesser einer Röhre usw. der Fall sein kann.

Aus Zweckmäßigkeitsgründen behandelt man ein diskretes Merkmal, das sehr viele Ausprägungen annehmen kann, häufig als stetiges Merkmal; man spricht dann der Deutlichkeit halber von einem **quasistetigen** Merkmal. Auch der umgekehrte Vorgang, die Behandlung eines stetigen Merkmals als diskretes Merkmal, kann aus Zweckmäßigkeitsgründen geboten sein. Hierfür unterteilt man – wie in Beispiel 4 – die Merkmalsachse in Klassen (= Intervalle) und registriert anstelle der exakten Merkmalsausprägung jeweils nur noch die Klasse, in die sie fällt; man spricht in diesem Fall von **Klassierung**[2] bzw. von **klassierten Daten,** gelegentlich auch von **gruppierten Daten.**

---

[1] Genauer untergliedert man die Kardinalskala in die **Intervallskala** (bei der die Abstände zwischen den Ausprägungen verglichen werden können), die **Verhältnisskala** (bei der zur Intervallskala noch ein natürlicher Nullpunkt hinzukommt) und die **Absolutskala** (bei der zur Verhältnisskala noch eine natürliche Einheit hinzukommt). Beispielsweise ist die Temperatur (wenn sie nicht gerade in Grad Kelvin gemessen wird) intervallskaliert; Preisen, Längen und Gewichten liegt eine Verhältnisskala zugrunde; Stückzahlen liegt eine Absolutskala zugrunde.

[2] die selbstverständlich auch bei quasistetigen oder diskreten Merkmalen vorgenommen werden kann.

2. Kapitel: Grundbegriffe der Datenerhebung

```
                              Klassierung
 stetiges    ◄━━━━━━━━━━━━━━━━━━━━━━━━━━━━━━━►  diskretes
 Merkmal     ◄━━━━━━━━━━━━━━━━━━━━━━━━━━━━━━━   Merkmal
                              Behandlung
                           als quasistetiges
                               Merkmal
```

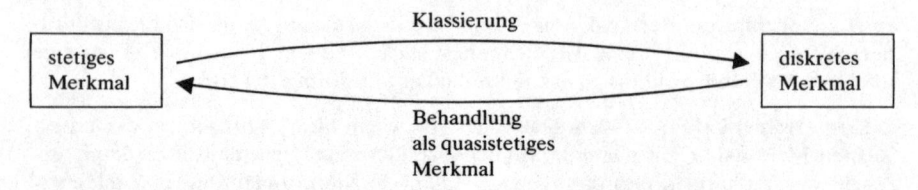

Fig. 1: *Überführung eines stetigen Merkmals in ein diskretes Merkmal und umgekehrt*

Beispiel 4: In den Erhebungsbögen für den Mikrozensus werden (seit 1972) 15 Einkommensgrößenklassen vorgegeben. Dies hat seinen Grund in der Tatsache, daß die Interviewten erstens ihr Einkommen vielfach nicht exakt kennen und zweitens „wesentlich leichter dazu zu bewegen sind, sich in vorgegebene, grob gegliederte Einkommensgrößenklassen einzustufen, als sämtliche Einnahmen auf Heller und Pfennig nachzuweisen" (M. Euler 1974, S. 74). Auch im Statistischen Jahrbuch werden Klassenbildungen vorgenommen, wie etwa bei der nachfolgenden auszugsweise wiedergegebenen Tabelle:

Bruttolohn von ... bis unter ... DM	Lohnsteuerpflichtige mit vermögenswirksamen Leistungen insgesamt		
	Fälle	Vermögenswirksame Leistungen	Arbeitnehmer-Sparzulage
	1000	Mill. DM	
unter 2400	146.0	37	11
2400 – 4800	378.7	158	47
4800 – 7200	424.4	194	58
7200 – 9600	366.7	165	50
9600 – 12000	468.9	223	67
12000 – 16000	1096.4	555	169
16000 – 20000	1791.7	960	296
20000 – 25000	2774.1	1518	473
25000 – 36000	4965.7	2749	821
36000 – 50000	3508.0	1986	592
50000 – 75000	1090.7	645	171
75000 – 100000	102.7	59	14
100000 und mehr	19.5	11	2
Ingesamt	17133.5	9259	2770

Fig. 2: *Vermögenswirksame Leistungen und Arbeitnehmer-Sparzulage 1974 nach dem Dritten Vermögensbildungsgesetz (entnommen dem Statistischen Jahrbuch 1978 für die Bundesrepublik Deutschland, S. 428)*

Aufgabe 2: *Welche der folgenden Merkmale sind stetig bzw. diskret?*
a) Beruf
b) Bremsweg eines PKW
c) Nationalität

Aufgabe 3: *Welche Skalierung liegt den folgenden Merkmalen zugrunde?*
a) Produktionsdauer
b) Schulnote
c) Schwierigkeitsgrad einer Klettertour
d) Kopfumfang einer Person

2.4 Verschiedene Typen statistischer Erhebungen

Neben der bereits in 2.1 angesprochenen Einteilung statistischer Erhebungen in Vollerhebungen und Teilerhebungen sind eine Reihe weiterer Unterscheidungsmöglichkeiten zu erwähnen. Nach der Art der Ermittlung des Datenmaterials kann einerseits unterschieden werden zwischen

- **Befragung** (postalisch per Fragebogen oder persönlich durch Interviewer)
- **Beobachtung** (Verkehrszählung, Messung der Wartezeit von Kunden vor der Ladenkasse eines Supermarktes)
- **Experiment** (Registrierung des Verhaltens von Versuchspersonen in hypothetischen Entscheidungssituationen, Messung der Schlafdauer bei Verabreichung verschiedener Schlafmittel usw.)

sowie andererseits zwischen

- **Primärerhebung,** bei der das Datenmaterial eigens für die geplante Untersuchung erhoben wird, und einer
- **Sekundärerhebung,** bei der auf vorhandenes (und für andere Zwecke erhobenes) Datenmaterial zurückgegriffen wird, wie es etwa bei der Verwendung von Lohnsteuerkarten für die Untersuchung der Einkommensverteilung der Fall ist.

Für die Durchführung von Teilerhebungen sind neben der willkürlichen Auswahl von Merkmalsträgern, die leider immer noch in der Praxis vorkommt, vor allen Dingen die verschiedenen **Stichprobentechniken,** auf die in Kapitel 18 genauer eingegangen wird, und die Methoden der **geplanten Auswahl** zu nennen.

Die beiden bekanntesten Methoden der geplanten Auswahl sind das Abschneideverfahren und die Quotenauswahl.

Bei dem **Abschneideverfahren,** das die amtliche Statistik häufig benutzt, werden nur die Merkmalsträger mit den größten Beiträgen zu den untersuchten Merkmalen in die Auswahl einbezogen. So verfährt das Statistische Bundesamt beispielsweise bei der kurzfristigen Berichterstattung im Produzierenden Gewerbe; nur Betriebe mit einer gewissen Mindestanzahl von Beschäftigten werden in die monatliche Erhebung einbezogen.

Bei der **Quotenauswahl,** die von der amtlichen Statistik selten, von Markt- und Meinungsforschungsinstituten dagegen häufiger angewandt wird, achtet man darauf, daß bestimmte Merkmalsausprägungen in der ausgewählten Teilgesamtheit dieselbe relative Häufigkeit besitzen wie in der Grundgesamtheit. Diese (absoluten oder) relativen Häufigkeiten werden als Quoten bezeichnet und den Interviewern vorgegeben. Im Rahmen der Quoten, die den „repräsentativen Bevölkerungsquerschnitt" definieren sollen, können sich die Interviewer die zu befragenden Merkmalsträger willkürlich aussuchen.

Beispiel 5: Das Institut für Demoskopie Allensbach verwendet folgende Merkmale (in Klammern die prozentualen Quoten der jeweiligen Ausprägungen) als Basis für seine Quotenauswahl aus der Bevölkerung über 16 Jahre:[1]

---

[1] Vgl. Allensbacher Jahrbuch der Demoskopie 1976–1977, S. 50. Dort werden zur Komplettierung des repräsentativen Bevölkerungsquerschnitts die zusätzlichen Merkmale Familienstand, Konfession und Schulbildung berücksichtigt. Da die zugehörigen Merkmalsausprägungen den Personen jedoch „nicht auf einen Blick" angesehen werden können, werden den Interviewern hierfür keine Quoten vorgegeben.

1) Geschlecht (Männer 47%; Frauen 53%)
2) Alter (16 bis 29 Jahre 25%; 30 bis 44 Jahre 28%; 45 bis 59 Jahre 21%; 60 und älter 26%)
3) Berufskreise (Arbeiter und Landarbeiter 43%; Landwirte 5%; Angestellte 34%; Beamte 9%; Selbständige in Handel und Gewerbe 8%; freie Berufe 1%)
4) Wohnortgrößen (unter 2000 Einw. 8%; 2000 bis unter 20000 Einw. 33%; 20000 bis unter 100000 Einw. 24%; 100000 Einw. und mehr 35%)
5) Lage des Wohnorts (Schleswig-Holstein 4%; Hamburg 3%; Bremen 1%; Niedersachsen 12%; Nordrhein-Westfalen 28%; Hessen 9%; Rheinland-Pfalz 6%; Saarland 2%; Baden-Württemberg 15%; Bayern 17%; West-Berlin 3%)

Wenn demnach 1000 Personen interviewt werden sollen, müssen sich darunter 470 Männer und 530 Frauen, ferner 250 Personen im Alter von 16 bis 29 Jahren, 50 Landwirte usw. befinden.

2.5 Kritische Zusammenfassung, Literaturhinweise

In den folgenden Kapiteln wollen wir das vorliegende Datenmaterial nicht weiter problematisieren, sondern lediglich die darauf anzuwendenden Auswertungsmethoden. Insofern erscheinen an dieser Stelle einige kritische Anmerkungen zur Entstehung des Datenmaterials angebracht.

a) Die **Festlegung der Untersuchungsmerkmale** stellt bereits eine entscheidende Weichenstellung dar. Ist der Katalog der Untersuchungsmerkmale im Sinne der beabsichtigten Untersuchung unzweckmäßig oder unvollständig, so kann dies selbst durch die ausgeklügeltsten Auswertungsmethoden nicht mehr behoben werden. Will man beispielsweise Aufschlüsse darüber gewinnen, welche Faktoren für den Aufstieg eines Angestellten zu einem Leitenden Angestellten maßgeblich sind, so liegt es nahe, sich auf Merkmale wie etwa die Ausbildung, den Intelligenzquotienten, das Durchsetzungsvermögen usw. zu konzentrieren. Dennoch besteht keine Gewähr dafür, daß das wichtigste Merkmal in die Erhebung einbezogen wurde; es könnte – das Beispiel ist fiktiv – durchaus auch die unberücksichtigte Augenfarbe sein. Leider gibt es kein Patentrezept für die Aufstellung des adäquaten Merkmalskatalogs. Die naheliegende Lösung, möglichst viele Merkmale einzubeziehen, ist aus Kostengründen und wegen der Überforderung der Interviewten meist nicht praktikabel.

b) Ähnlich verzerrende Einflüsse können aus der **bewußten Antwortverweigerung, unklaren Formulierungen im Fragebogen** oder aus dem **Einfluß des Interviewers** resultieren. Die empirische Sozialforschung widmet diesen Problemen zu Recht ihre besondere Aufmerksamkeit. Es sei beispielsweise auf K. Holm [1975] oder P. Atteslander [1985] verwiesen.

c) Weitere verzerrende Einflüsse können von der **Auswahl „falscher" Teilgesamtheiten** herrühren. Als drastisches Beispiel sei ein Interviewer erwähnt, der die Meinung der Gesamtbevölkerung zum Thema „„Radikalenerlaß" empirisch erkunden soll und zu diesem Zweck ausschließlich Studenten auswählt, weil er diese als besonders auskunftsfreudig kennt und zahlreich in der Mensa antrifft.

d) Verzerrungen können auch durch **Klassenbildung,** insbesondere durch Bildung offener Randklassen, entstehen.

e) Ferner ist die **Antwortvariabilität** ein nicht zu unterschätzendes Problem (vgl. dazu Strecker/Wiegert/Peeters/Kafka [1983]).

Als weitere ergänzende und vertiefende Literatur zu Kapitel 2 sei erwähnt: H. Kellerer [1960], W. Wetzel [1971], J. Pfanzagl [1972], Menges/Skala [1973], F. Ferschl [1978], J. Schwarze [1981], Krug/Nourney [1982], M. Rutsch [1986].

3. Kapitel:
Auswertungsmethoden für eindimensionales Datenmaterial

Ein quantitatives oder quantifiziertes Merkmal X werde an den n Merkmalsträgern einer statistischen Masse beobachtet. Die resultierenden Zahlen $x_1, \ldots, x_n$ heißen **Beobachtungswerte** oder **Merkmalswerte**; x_i bedeutet also die beim i-ten Merkmalsträger beobachtete Merkmalsausprägung des Merkmals X. Das n-Tupel $(x_1, \ldots, x_n)$ aller n Merkmalswerte wird als **Urliste** bezeichnet.

3.1 Häufigkeitsverteilungen

Die Urliste umfaßt in der Regel so viele Daten, daß die Übersichtlichkeit nicht mehr gewährleistet ist. Selbst für bescheidene Werte von n kann das Bild bereits verwirrend sein.

Beispiel 6: In einer Unternehmung wird aufgrund vorhandener Belege festgestellt, daß der Hauptlieferant für die letzten 50 Bestellungen folgende Lieferfristen [in Tagen] benötigt hatte:

4 5 4 1 5 4 3 4 5 6 6 5 5 4 7 4 6 5 6 4 5 4 7 5 5
6 7 3 7 6 6 7 4 5 4 7 7 5 5 5 5 6 6 4 5 2 5 4 7 5

Für das Merkmal X [= Lieferfrist in Tagen] wurden demnach die n = 50 Merkmalswerte $x_1 = 4$, $x_2 = 5, \ldots, x_{50} = 5$ beobachtet.

Als Auswertungsmethode drängt sich hier die Bildung einer Häufigkeitsverteilung auf.

3.1.1 Absolute und relative Häufigkeitsverteilung

Die in der Urliste vorkommenden Merkmalsausprägungen seien mit $a_1, \ldots, a_k$ bezeichnet; wir wollen uns diese Ausprägungen bereits der Größe nach geordnet vorstellen:

$$a_1 < a_2 < \ldots < a_k.$$

Unter der **absoluten Häufigkeit** von a_j versteht man die Anzahl der Merkmalswerte in der Urliste, die mit der Ausprägung a_j übereinstimmen; wir wollen sie mit $h(a_j)$ bezeichnen.

Der Anteilswert

$$f(a_j) = \frac{1}{n} h(a_j)$$

heißt **relative Häufigkeit** von a_j. Es gelten natürlich die Beziehungen:

$$\sum_{j=1}^{k} h(a_j) = n \quad \text{und} \quad \sum_{j=1}^{k} f(a_j) = 1.$$

3. Kapitel: Eindimensionales Datenmaterial

Für das Beispiel 6 erhält man die in folgender Tabelle angegebenen Häufigkeiten:

Ausprägung a_j	$a_1=1$	$a_2=2$	$a_3=3$	$a_4=4$	$a_5=5$	$a_6=6$	$a_7=7$
absolute Häufigkeit $h(a_j)$	1	1	2	12	17	9	8
relative Häufigkeit $f(a_j)$	$\frac{1}{50}$	$\frac{1}{50}$	$\frac{2}{50}$	$\frac{12}{50}$	$\frac{17}{50}$	$\frac{9}{50}$	$\frac{8}{50}$

Unter einer **Häufigkeitsverteilung** versteht man allgemein die Zuordnung von (absoluten oder relativen oder auch kumulierten) Häufigkeiten zu den Merkmalsausprägungen $a_1, \ldots, a_k$. Als Darstellungsform für die absolute oder relative Häufigkeitsverteilung wählt man üblicherweise

- eine **Häufigkeitstabelle** (wie die vorstehende)
- ein **Stabdiagramm** (oder Säulendiagramm)
- ein **Kreissektorendiagramm**
- oder im Falle klassierter Daten ein **Histogramm**.

Das Histogramm wird zusammen mit einigen Hinweisen für die Klassenbildung im nächsten Abschnitt behandelt.

Ein **Stabdiagramm** entsteht aus den in einem Koordinatensystem eingetragenen k Punkten $(a_j, h(a_j))$ dadurch, daß jeweils das Lot auf die Abszisse (d.h. die Merkmalsachse) eingezeichnet wird. Für das Beispiel 6 sieht dies so aus:

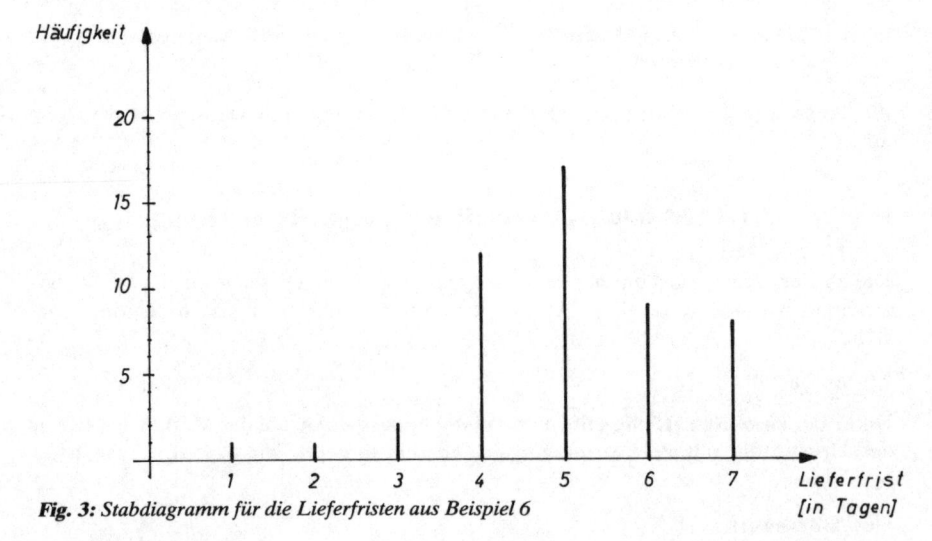

Fig. 3: *Stabdiagramm für die Lieferfristen aus Beispiel 6*

Selbstverständlich können anstelle der absoluten auch die relativen Häufigkeiten verwendet werden. Wählt man die Stäbe etwas dicker, so spricht man von einem **Säulendiagramm**.

Bei einem **Kreissektorendiagramm** werden die Häufigkeiten als Kreissektoren dargestellt, wobei die Sektorflächen (und damit auch die Winkel) proportional zu den Häufigkeiten gewählt werden müssen. Für das Beispiel 6 erhält man:

3.1 Häufigkeitsverteilungen 13

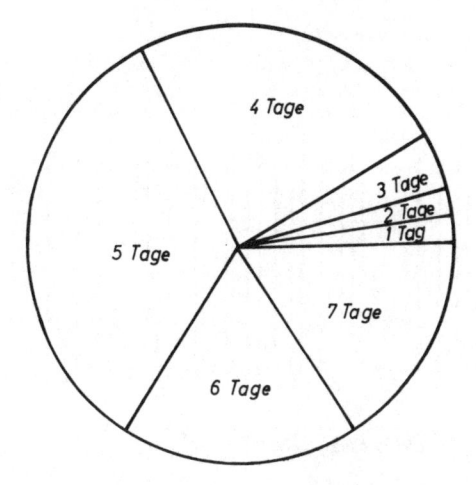

Fig. 4: *Kreissektorendiagramm für die Lieferfristen aus Beispiel 6*

In populären Darstellungen wird das Kreissektorendiagramm gern benutzt. Für nominalskalierte Merkmale besitzt es darüber hinaus den Vorteil, den bei Verwendung des Stabdiagramms möglicherweise suggerierten Eindruck zu vermeiden, daß eine Ordinal- oder gar eine Kardinalskala vorliege.

Aufgabe 4: *Die Befragung von n = 40 Arbeitnehmern einer Textilfabrik nach dem für den Weg zur Arbeitsstätte benutzten Verkehrsmittel ergab folgende Urliste:*

1 1 2 2 2 4 3 5 2 2 5 2 4 1 1 2 2 1 2 1
2 4 2 5 4 2 2 2 2 2 2 5 1 1 2 3 1 2 1 2

Dabei bedeuten:
1 = öffentliches Verkehrsmittel
2 = PKW
3 = Motorrad
4 = Fahrrad
5 = zu Fuß

Erstellen Sie hieraus eine Häufigkeitstabelle sowie ein Kreissektorendiagramm.

3.1.2 Histogramm, Hinweise zur Klassenbildung

Wird ein stetiges oder quasistetiges Merkmal erhoben, so sind die in der Urliste vorkommenden Zahlen i. a. alle voneinander verschieden. Die Aufstellung von Häufigkeitstabellen oder Stabdiagrammen wäre dann eine brotlose Kunst; sie bringt – wie das Beispiel 7 illustriert – im allgemeinen keinen nennenswerten Gewinn an Übersichtlichkeit.

Beispiel 7: In einem kunststoffverarbeitenden Betrieb findet eine Vielzahl gleichartiger Ventile Verwendung. Da sie einem besonders hohen Verschleiß ausgesetzt sind, führen sie häufig zum Maschinenstillstand. Im Zuge der Planung einer kostenminimalen präventiven Instandhaltungsstrategie wurden folgende Ventillebensdauern [in Betriebsstunden] erhoben:

110 520 490 30 120 290 370 305 415 170
280 70 540 460 260 345 150 220 435 425
470 350 130 380 230 320 360 240 330 580

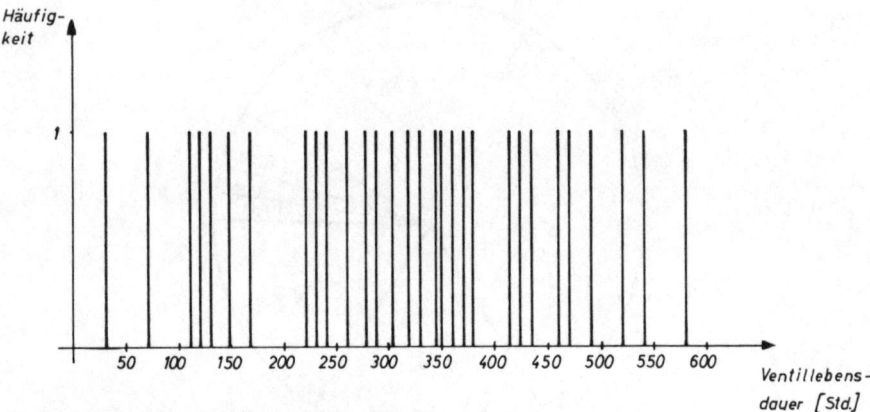

Fig. 5: *Stabdiagramm für die Ventillebensdauern*

Hier bietet sich der Übergang zu klassierten Daten an. Wir teilen dazu die Merkmalsachse in Klassen ein und registrieren jeweils, welche **Klassenhäufigkeit** oder, wie man auch sagt, welche **Besetzungszahl** den einzelnen Klassen zukommt.

Wenn wir die j-te Klasse mit dem Symbol a_j und die Klassenhäufigkeit mit $h(a_j)$ bezeichnen, können wir den Begriff der Häufigkeitstabelle unverändert übernehmen; sie wird allerdings – wie in Fig. 2 – zumeist vertikal angeordnet. Als graphische Darstellung solcher klassierten Häufigkeitsverteilungen verwendet man das **Histogramm.** Es besteht aus Rechtecken, die über den einzelnen Klassen so errichtet werden, daß die Rechteckfläche proportional zur jeweiligen Klassenhäufigkeit ist. Führen wir im Beispiel 7, von 0 ab beginnend, 6 Klassen der Breite 100 ein, so erhalten wir die klassierte Häufigkeitstabelle und das Histogramm von Fig. 6.

Klasse	Klassenhäufigkeit
0 bis unter 100	2
100 " 200	5
200 " 300	6
300 " 400	8
400 " 500	6
500 " 600	3

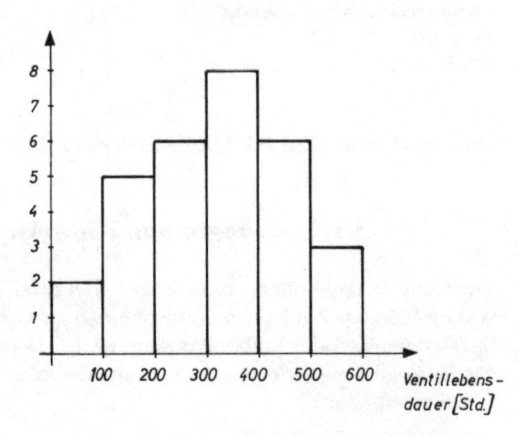

Fig. 6: *Klassierte Häufigkeitstabelle und Histogramm für die Ventillebensdauern aus Beispiel 7*

Nach Möglichkeit sollten die Klassengrenzen äquidistant gewählt werden; die Höhen der Histogramm-Rechtecke sind dann proportional zur Klassenhäufigkeit. **Offene Randklassen** wie etwa die oberste Klasse in Fig. 2 sollten nach Möglichkeit vermieden werden. Falls sie unvermeidbar sind, kann nur die Häufigkeitstabelle, jedoch nicht das Histogramm erstellt werden. Für die Mindestanzahl der zu bildenden Klassen gibt

DIN 55302, Blatt 1 u. a. die Empfehlung, 10 Klassen bei etwa n = 100, 13 Klassen bei n ≈ 1000 und 16 Klassen bei n ≈ 10000 vorzusehen.

Als weitere graphische Veranschaulichung klassierter Häufigkeitsverteilungen wird gelegentlich das **Häufigkeitspolygon** benutzt. Es besteht aus dem Streckenzug, der die Mitten aller oberen Rechteckseiten des Histogramms verbindet[1] (vgl. Lösung der nachfolgenden Aufgabe 5).

Aufgabe 5: *Bei einer Stichprobe von n = 20 Studenten einer WISO-Fakultät wurden folgende jährliche Ausgaben [in DM] für Urlaubszwecke ermittelt:*

1000 580 520 350 620 800 120 600 550 420
470 200 560 480 1000 600 1150 800 250 650

Erstellen Sie hieraus unter Verwendung der Klassengrenzen 0; 300; 500; 700 und 1200 das Histogramm sowie das Häufigkeitspolygon.

3.1.3 Kumulierte Häufigkeitsverteilung, empirische Verteilungsfunktion

Wie viele Beobachtungsdaten überschreiten eine gewisse Grenze? Wieviel Prozent erreichen maximal eine gewisse Grenze? Die Beantwortung derartiger Fragen erfordert die Kumulierung von Einzelhäufigkeiten. Aus diesem Grunde ist die Bildung von (absoluten oder relativen) kumulierten Häufigkeitsverteilungen zweckmäßig. Die Funktion

$$H(x) = \sum_{a_j \leq x} h(a_j) \qquad (1)$$

heißt **absolute kumulierte Häufigkeitsverteilung** des Merkmals X; sie registriert für jedes vorgegebene x die Anzahl derjenigen Beobachtungswerte, die kleiner oder gleich x sind.[2] Analog ergibt sich die **relative kumulierte Häufigkeitsverteilung**:

$$F(x) = \sum_{a_j \leq x} f(a_j).$$

F(x) wird häufig als **empirische Verteilungsfunktion** bezeichnet. Es gilt natürlich die Beziehung:

$$F(x) = \frac{1}{n} H(x).$$

Sowohl bei H(x) als auch bei F(x) handelt es sich um monoton wachsende Treppenfunktionen; sie springen an den realisierten Ausprägungen $a_1, a_2, \ldots, a_k$ gerade um die absolute bzw. relative Häufigkeit. Fig. 7 verdeutlicht den typischen Verlauf.

Aufgabe 6: *Entnehmen Sie der Funktion H(x) aus Fig. 7, in wieviel Fällen die Lieferfrist höchstens 5 Tage bzw. in wieviel Prozent der Fälle sie mehr als 3 Tage betragen hat!*

Im Fall klassierter Daten interpretiert man als kumulierte Häufigkeitsverteilung H(x) bzw. F(x) denjenigen monoton wachsenden Polygonzug, der durch die über den Klassengrenzen eingetragenen absoluten bzw. relativen kumulierten Klassenhäufigkeiten verläuft. Dieser Interpretation liegt (wie beim Histogramm) die Vorstellung zugrunde, daß innerhalb der Klassen eine gleichmäßige Verteilung eines stetigen oder quasistetigen Merkmals vorliegt.

---

[1] Die Gleichheit der Gesamtfläche unter dem Histogramm und dem Häufigkeitspolygon ist allerdings nur dann gewährleistet, wenn die Klassengrenzen äquidistant sind und das Häufigkeitspolygon zu den beiden Fußpunkten auf der Merkmalsachse verlängert wird, die eine halbe Klassenbreite links der untersten bzw. rechts der obersten Klassengrenze liegen.

[2] Korrekter, aber optisch unschöner, müßte die Summationsvorschrift in (1) lauten: $\sum_{j \mid a_j \leq x} h(a_j)$

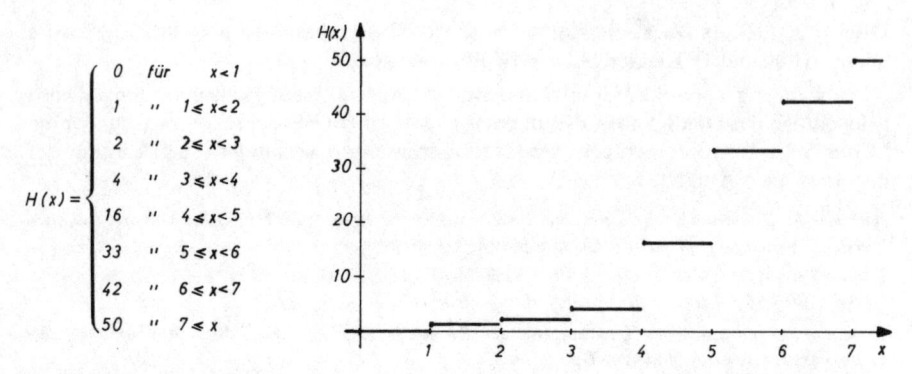

$$H(x) = \begin{cases} 0 & \text{für} & x < 1 \\ 1 & " & 1 \le x < 2 \\ 2 & " & 2 \le x < 3 \\ 4 & " & 3 \le x < 4 \\ 16 & " & 4 \le x < 5 \\ 33 & " & 5 \le x < 6 \\ 42 & " & 6 \le x < 7 \\ 50 & " & 7 \le x \end{cases}$$

Fig. 7: Verlauf der absoluten kumulierten Häufigkeitsverteilung $H(x)$ für die Lieferfristen aus Beispiel 6

Das Histogramm aus Fig. 6 führt nach dieser Konstruktionsvorschrift auf die in Fig. 8 dargestellte kumulierte Häufigkeitsverteilung $H(x)$.

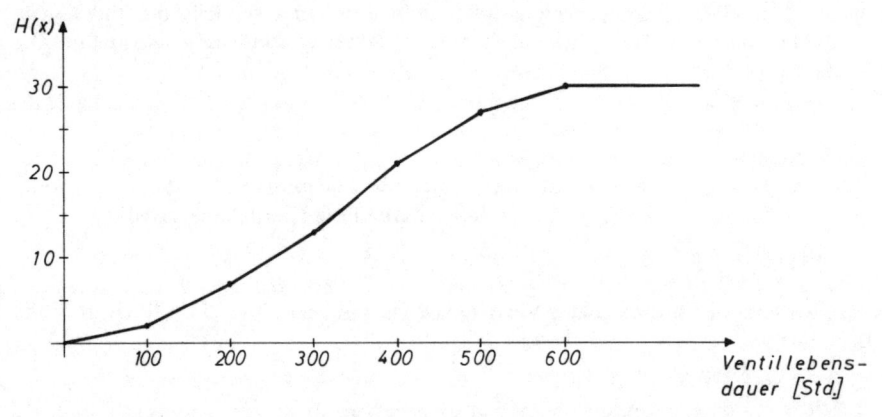

Fig. 8: Kumulierte Häufigkeitsverteilung $H(x)$, die sich für die klassierte Häufigkeitsverteilung von Fig. 6 bei Zugrundelegung einer gleichmäßigen Verteilung innerhalb der Klassen ergibt

3.2 Lageparameter

Eine wesentlich radikalere Komprimierung der Ausgangsdaten als beim Übergang zur Häufigkeitsverteilung ist dann gegeben, wenn die gesamte Urliste durch eine einzige Zahl, einen sogenannten **Lageparameter,** charakterisiert werden soll. An einen Lageparameter wird die Forderung gestellt, daß er „möglichst gut" beschreibt, **wo** das gesamte Datenmaterial auf der Merkmalsachse lokalisiert ist. Im folgenden werden die wichtigsten Lageparameter besprochen.

3.2.1 Modalwert, Median, arithmetisches und geometrisches Mittel

1) Diejenigen Ausprägungen, die die größte Häufigkeit aufweisen, werden als **Modalwerte** x_{Mod} bezeichnet. Eingipfelige Häufigkeitsverteilungen besitzen genau ei-

3.2 Lageparameter

nen Modalwert; so hat beispielsweise die Häufigkeitsverteilung aus Fig. 3 den Modalwert 5. Der Modalwert ist der wichtigste Lageparameter für nominalskalierte Merkmale. Man sollte die Angabe eines Modalwertes allerdings generell auf den Fall unimodaler, d. h. eingipfeliger Verteilungen beschränken. Andere Bezeichnungen für den Modalwert sind **häufigster Wert, dichtester Wert,** oder auch **Modus.**

2) Der **Median** x_{Med} ist durch die Eigenschaft definiert, daß mindestens 50% aller Merkmalswerte kleiner oder gleich x_{Med} und mindestens 50% aller Merkmalswerte auch größer oder gleich x_{Med} sind. Wenn die n Merkmalswerte bereits der Größe nach geordnet sind:

$$x_1 \leq x_2 \leq \ldots \leq x_n,$$

so liegt der Median „in der Mitte" dieser Zahlen. Genauer gilt:

Im Falle einer ungeraden Beobachtungsanzahl n ist

$$x_{Med} = x_{\frac{n+1}{2}} \; ; \tag{2a}$$

im Falle eines geraden n erfüllt jeder Wert im Intervall

$$\left[x_{\frac{n}{2}}, x_{\frac{n}{2}+1} \right]$$

obige Bedingung. Im letzteren Fall wird der Median häufig als Intervallmitte, d. h. als

$$x_{Med} = \frac{1}{2} \left(x_{\frac{n}{2}} + x_{\frac{n}{2}+1} \right) \tag{2b}$$

festgesetzt. Für die Daten von Fig. 3 ist der Median gleich 5; er stimmt hier also – was nicht generell zutrifft – mit dem Modalwert überein.

Der Median – häufig auch als **Zentralwert** bezeichnet – ist der wichtigste Lageparameter für ordinalskalierte Merkmale.

3) Der bekannteste Lageparameter – im Alltag meist als **Durchschnittswert** bezeichnet – ist das **arithmetische Mittel** $\bar{x}$, das bei Verwendung der Urliste bzw. der Häufigkeitsverteilung folgendermaßen berechnet wird.

$$\boxed{\bar{x} = \frac{1}{n} \sum_{i=1}^{n} x_i \quad \text{bzw.} \quad \bar{x} = \sum_{j=1}^{k} a_j f(a_j)} \tag{3}$$

Es ist auf kardinalskalierte Merkmale zugeschnitten und besitzt die Form eines speziellen gewogenen Mittels[1] der Merkmalswerte; jedem Merkmalswert wird das Gewicht $\frac{1}{n}$ bzw. der Merkmalsausprägung a_j das Gewicht $f(a_j)$ zugeordnet.

4) Bestehen die Merkmalswerte z. B. aus Wachstumsfaktoren oder Aufzinsungsfaktoren, die über sukzessive Zeitperioden hinweg beobachtet wurden, so ist – vgl.

---

[1] Allgemein kann man für jeden Satz von nichtnegativen Gewichten $g_1, \ldots, g_n$, die die Summe 1 besitzen, ein **gewichtetes** oder **gewogenes arithmetisches Mittel** der Zahlen $y_1, \ldots, y_n$ definieren gemäß:

$$\sum_{i=1}^{n} g_i y_i.$$

Aufgabe 10 – anstelle des arithmetischen Mittels das **geometrische Mittel**

$$x_{Geom} = \sqrt[n]{x_1 x_2 \cdots x_n}$$

zu verwenden; denn nur dieses hat die Eigenschaft, über n Perioden hinweg denselben Effekt zu erzielen wie die sukzessive Multiplikation mit $x_1, x_2, \ldots, x_n$.

3.2.2 Eigenschaften der Lageparameter und Vergleich

Aus dem bisher Gesagten ist folgende Empfehlung zu entnehmen:

Skalierung	nominal	ordinal	kardinal
zu verwendender Lageparameter	Modalwert	Median	arithm. Mittel[1]

Einige relativierende und ergänzende Bemerkungen sollten jedoch hinzugefügt werden.

1) Im Gegensatz zum Modalwert stimmen das arithmetische Mittel sowie der nach (2b) berechnete Median u.U. mit keinem der Beobachtungswerte überein. Der altbekannte Vorwurf, es gebe den „mittleren Bundesbürger" oder den „mittleren Haushalt" überhaupt nicht, kann in gewissen Fällen berechtigt sein.

2) In der Tat kann der Modalwert auch bei ordinal- oder kardinalskalierten Merkmalen den sinnvolleren Lageparameter darstellen; als Standardbeispiel sei die Erhebung von Schuhgrößen, Konfektionsgrößen u. ä. aufgeführt, bei der die Kenntnis des Modalwertes eine fundiertere Produktionsentscheidung abzuleiten gestattet als die Kenntnis des Medians oder des arithmetischen Mittels.

3) Bei klassierten Daten ist der exakte Wert von $\bar{x}$ nicht zu ermitteln; als **Ersatzgröße** wird das gewogene Mittel der Klassenmitten verwendet, wobei die relativen Klassenhäufigkeiten als Gewichte fungieren.

4) **Transformiert** man die Beobachtungsdaten x_i gemäß

$$y_i = a + bx_i$$

linear, so transformieren sich die jeweiligen arithmetischen Mittel $\bar{x}$ und $\bar{y}$ offensichtlich nach demselben Gesetz

$$\bar{y} = a + b\bar{x} ; \qquad (4)$$

nach dem Muster der Aufgabe 9 kann (4) zur Rechenvereinfachung ausgenutzt werden.

5) Für r disjunkte (d.h. paarweise elementfremde) statistische Massen

$$M_1, M_2, \ldots, M_r,$$

deren jeweilige arithmetische Mittel mit

$$\bar{x}_1, \bar{x}_2, \ldots, \bar{x}_r$$

bezeichnet seien, berechnet sich das Gesamtmittel (d.h. das arithmetische Mittel

---

[1] bei Wachstumsfaktoren jedoch – wie erwähnt – das geometrische Mittel.

3.2 Lageparameter

für die Gesamtmasse $M = M_1 \cup \ldots \cup M_r$) als gewogenes Mittel:

$$\overline{x}_{Ges} = \frac{1}{n}\sum_{j=1}^{r} n_j \overline{x}_j \tag{5}$$

wobei n_j die Anzahl der Elemente von M_j und $n = n_1 + \cdots + n_r$ die Anzahl der Elemente der Gesamtmasse M bezeichnet.

6) Obige Lageparameter besitzen eine **Optimalitätseigenschaft,** die sich in Form der Minimierung eines (realen oder fiktiven) Schadens formulieren läßt. Sucht man denjenigen Lageparameter λ, der die Quadratsumme

$$\sum_{i=1}^{n}(x_i - \lambda)^2 \tag{6}$$

minimiert, so ergibt sich $\lambda = \overline{x}$ als Optimalwert.

Sucht man dagegen denjenigen Lageparameter λ, der die Betragssumme

$$\sum_{i=1}^{n}|x_i - \lambda|$$

minimiert, so ergibt sich $\lambda = x_{Med}$ als Optimalwert.

Sucht man denjenigen Lageparameter λ, der die Summe

$$\sum_{i=1}^{n} s(x_i, \lambda) \quad \text{mit} \quad s(x_i, \lambda) = \begin{cases} 0, \text{ falls } x_i = \lambda \\ 1, \text{ falls } x_i \neq \lambda \end{cases}$$

minimiert, so ergibt sich schließlich: $\lambda = x_{Mod}$.

Diese Optimalitätseigenschaften besitzen auch außerhalb der Statistik, nämlich z.B. bei Standortproblemen (vgl. Aufgabe 11), einige Anwendungsmöglichkeiten.

Aufgabe 7: *Bestätigen Sie, daß $\overline{x}$ den Ausdruck (6) minimiert. Verifizieren Sie dabei, daß*

$$\sum_{i=1}^{n} (x_i - \overline{x}) = 0 \tag{7}$$

gilt, d.h. daß die Summe aller Abweichungen von $\overline{x}$ verschwindet.

Aufgabe 8: *Berechnen Sie für die Ventillebensdauern von Beispiel 7 sowohl $\overline{x}$ als auch den Median. Berechnen Sie zum Vergleich den aus dem Histogramm der Fig. 6 resultierenden Ersatzwert für $\overline{x}$.*

Aufgabe 9: *Die Verbraucher-Beratungsstelle einer Kleinstadt stellte an einem Stichtag die Preise für Normal-Benzin bei den 20 örtlichen Tankstellen fest. Es ergaben sich die bereits der Größe nach geordneten Beobachtungswerte:*

91,4 91,4 91,9 91,9 91,9 91,9 92,9 93,9 93,9
95,9 95,9 95,9 96,9 97,9 97,9 97,9 98,9 98,9 98,9

a) *Bestimmen Sie aus diesen Meßergebnissen:*
den Modus und den Median,
das arithmetische Mittel, wobei die Merkmalswerte zweckmäßigerweise zunächst geeignet linear transformiert werden.
b) *Um sich ein genaueres Bild von der Lage auf dem Benzinmarkt in dieser Region zu machen, wurden die Preise für Normal-Benzin bei weiteren 12 Tankstellen in der unmittelbaren Umgebung der Stadt festgestellt. Es ergab sich (bei diesen 12 Tankstellen) ein mittlerer Preis von 96,5. Berechnen Sie das arithmetische Mittel aller 32 Benzinpreise.*

Aufgabe 10: *Im Jahre 1972 betrug der bundesdeutsche Verbrauch an Primärenergie 354,3 Mio t Steinkohleeinheiten.*[1] *Für die Jahre bis 1976 „wuchs" der Verbrauch um die folgenden (gerundeten) Faktoren*

1973 gegenüber 1972 um 1,07
1974 gegenüber 1973 um 0,97
1975 gegenüber 1974 um 0,95
1976 gegenüber 1975 um 1,06

Bestimmen Sie den durchschnittlichen Wachstumsfaktor und zum Vergleich noch $\bar{x}$.

Aufgabe 11: *Ein Zweigwerk ist in Form einer Werkstraße angelegt; Fig. 9 verdeutlicht die Situation und gibt die Anzahl der Beschäftigten in der Pforte sowie den drei Maschinenhallen an. Die 1000 Beschäftigten wurden bisher mit werkseigenen Bussen zur Kantine des Hauptwerks transportiert. Nun soll eine eigene Kantine an dem Punkt der Werkstraße errichtet werden, für den die Summe der Wegstrecken aller 1000 Beschäftigten minimal ist. Bestimmen Sie diesen Standort.*

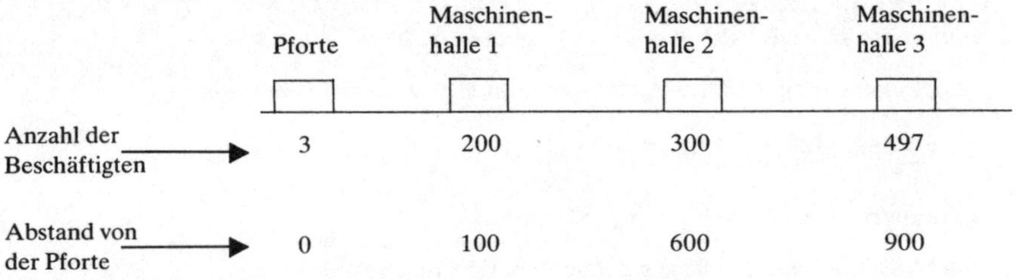

	Pforte	Maschinenhalle 1	Maschinenhalle 2	Maschinenhalle 3
Anzahl der Beschäftigten	3	200	300	497
Abstand von der Pforte	0	100	600	900

Fig. 9: *Daten zur Standortplanung der Kantine*

3.3 Streuungsparameter

Aus der alleinigen Angabe eines Lageparameters kann natürlich noch nicht entnommen werden, ob die Beobachtungswerte im wesentlichen in der Nähe dieses Lageparameters oder aber weiter entfernt davon liegen. So besitzen die 50 Lieferfristen aus Beispiel 6 das arithmetische Mittel

$$\bar{x} = \frac{252}{50} = 5{,}04 \, ;$$

denselben Wert erhält man beispielsweise auch für die folgendermaßen charakterisierte Häufigkeitsverteilung:

$$h(5 \text{ Tage}) = 48 \, ; \quad h(6 \text{ Tage}) = 2 \, , \tag{8}$$

die offensichtlich eine weitaus geringere Variabilität oder „Streuung" aufweist.

Insofern erscheint es ratsam, die Angabe eines Lageparameters durch die zusätzliche Angabe eines Streuungsparameters zu flankieren.

---

[1] zitiert nach: Institut der Deutschen Wirtschaft: Zahlen 1978 zur wirtsch. Entw. der Bundesrepublik Deutschland, S. 51.

3.3.1 Spannweite, durchschnittliche Abweichung, mittlere quadratische Abweichung, Standardabweichung, Variationskoeffizient

Diese Überschrift enthält die in der Praxis verwendeten Streuungsparameter. Sie setzen stets kardinalskalierte Beobachtungswerte $x_1, \ldots, x_n$ voraus und sind folgendermaßen definiert:

Die **Spannweite**

$$SP = \max_i x_i - \min_i x_i$$

ist die Differenz zwischen dem größten und dem kleinsten Beobachtungswert.

Die **durchschnittliche Abweichung** von einem Lageparameter λ

$$\bar{s} = \frac{1}{n}\sum_{i=1}^{n}|x_i - \lambda| = \sum_{j=1}^{k}|a_j - \lambda|f(a_j) \qquad (9)$$

ist das arithmetische Mittel der Abstände aller Beobachtungswerte von λ.[1]

Die **mittlere quadratische Abweichung**

$$s^2 = \frac{1}{n}\sum_{i=1}^{n}(x_i - \bar{x})^2 \qquad (10)$$

ist das arithmetische Mittel der quadrierten Abstände aller Beobachtungswerte von $\bar{x}$. Unter Verwendung der Häufigkeitsverteilung berechnet man s^2 folgendermaßen

$$s^2 = \sum_{j=1}^{k}(a_j - \bar{x})^2 f(a_j).$$

Die **Standardabweichung** $s = \sqrt{s^2}$ ist die positive Wurzel aus der mittleren quadratischen Abweichung.

Der (nur für positives $\bar{x}$ betrachtete) **Variationskoeffizient**

$$V = \frac{s}{\bar{x}}$$

ist der Quotient aus Standardabweichung s und arithmetischem Mittel $\bar{x}$.

s und s^2 sind die weitaus wichtigsten Streuungsparameter; sie werden im nachfolgenden Abschnitt detaillierter behandelt. Die Spannweite SP ist zwar am einfachsten zu berechnen, jedoch – da sie nur auf den beiden extremen Beobachtungswerten beruht – sehr „ausreißerempfindlich". Der Variationskoeffizient V ist maßstabsunabhängig und quantifiziert das, was man intuitiv unter „Variabilität" versteht, vielfach besser als die anderen Streuungsparameter (vgl. Beispiel 8). Er wird häufig in Prozenten angegeben.

Beispiel 8: Wie in Beispiel 6 werden wieder 50 Lieferfristen betrachtet, allerdings für ein anderes Produkt und einen anderen Lieferanten. Die Lieferfristen seien jeweils um 20 Tage länger als diejenigen aus Beispiel 6; sie betragen also 24, 25, 24, 21, 25, 24, 23, 24, 25, 26 usw.

---

[1] Wegen der in 3.2.2 angesprochenen Minimalitätseigenschaft des Medians findet man $\bar{s}$ meist durch $\lambda = x_{Med}$ und gelegentlich durch $\lambda = \bar{x}$ definiert.

und schwanken zwischen 21 und 27 Tagen. Die Schwankungen sind im Verhältnis zur Dauer der Lieferfrist kleiner geworden; die Variabilität ist – so wird man gefühlsmäßig urteilen – kleiner als in Beispiel 6. Die vier Streuungsparameter SP, $\bar{s}$, s^2 und s bleiben aber jeweils unverändert; lediglich der Variationskoeffizient zeigt eine Verringerung der Variabilität an:

Beispiel 6: $V = \dfrac{s}{5{,}04}$;   Beispiel 8: $V = \dfrac{s}{25{,}04}$.

Aufgabe 12: *Berechnen Sie für die Häufigkeitsverteilung (8) die fünf Streuungsparameter SP, $\bar{s}$, s^2, s und V.*

3.3.2 Eigenschaften der mittleren quadratischen Abweichung und der Standardabweichung

1) Werden die Beobachtungswerte x_i gemäß

   $y_i = a + bx_i$

   linear transformiert, so transformieren sich die zugehörigen mittleren quadratischen Abweichungen s_x^2 bzw. s_y^2 folgendermaßen:

   $$s_y^2 = \frac{1}{n} \sum_{i=1}^{n} (y_i - \bar{y})^2 \qquad\qquad \text{wegen (10)}$$

   $$= \frac{1}{n} \sum_{i=1}^{n} (a + bx_i - a - b\bar{x})^2 \qquad\qquad \text{wegen (4)}$$

   $$= b^2 \frac{1}{n} \sum_{i=1}^{n} (x_i - \bar{x})^2 = b^2 s_x^2 \qquad\qquad \text{wegen (10).}$$

   Aus dieser Beziehung

   $$\boxed{s_y^2 = b^2 s_x^2} \qquad (11)$$

   ergibt sich für die Standardabweichungen s_x bzw. s_y sofort der Zusammenhang

   $s_y = |b| s_x$.

2) Eine einfache Umrechnung der mittleren quadratischen Abweichung führt auf eine alternative Darstellungsform:

   $$s^2 = \frac{1}{n} \sum_{i=1}^{n} (x_i - \bar{x})^2$$

   $$= \frac{1}{n} \sum_{i=1}^{n} (x_i^2 - 2 x_i \bar{x} + \bar{x}^2)$$

   $$= \frac{1}{n} \sum_{i=1}^{n} x_i^2 - 2 \bar{x} \frac{1}{n} \sum_{i=1}^{n} x_i + \bar{x}^2$$

   $$= \frac{1}{n} \sum_{i=1}^{n} x_i^2 - 2 \bar{x}^2 + \bar{x}^2$$

   $$= \frac{1}{n} \sum_{i=1}^{n} x_i^2 - \bar{x}^2.$$

3.3 Streuungsparameter

Dies ist das gewünschte Endresultat:

$$s^2 = \frac{1}{n} \sum_{i=1}^{n} x_i^2 - \bar{x}^2 \quad ; \tag{12}$$

es wird als **Verschiebungssatz** bezeichnet.[1]

3) Die drei Streuungsparameter SP, $\bar{s}$ und s besitzen dieselbe Dimension (nämlich diejenige der Beobachtungswerte), so daß die Frage nach einem Größenvergleich sinnvoll ist. In der Tat läßt sich nachweisen, daß die Standardabweichung generell zwischen $\bar{s}$ (mit $\lambda = x_{Med}$ oder $\lambda = \bar{x}$ gebildet) und SP liegt:

$\bar{s} \leq s \leq SP$.

4) Für r disjunkte statistische Massen $M_1, \ldots, M_r$, deren jeweilige arithmetische Mittel bzw. mittlere quadratische Abweichungen mit

$\bar{x}_1, \ldots, \bar{x}_r$ bzw. $s_1^2, \ldots, s_r^2$

bezeichnet seien, berechnet sich die mittlere quadratische Abweichung für die Gesamtmasse

$M = M_1 \cup \ldots \cup M_r$

folgendermaßen:

$$s_{Ges}^2 = \frac{1}{n} \sum_{j=1}^{r} n_j s_j^2 + \frac{1}{n} \sum_{j=1}^{r} n_j (\bar{x}_j - \bar{x}_{Ges})^2 \tag{13}$$

Dabei bezeichnet n_j wie im Abschnitt 3.2.2 die Anzahl der Elemente von M_j und $n = n_1 + \cdots + n_r$ die Anzahl der Elemente der Gesamtmasse M; das Gesamtmittel $\bar{x}_{Ges}$ ist nach (5) zu berechnen.

Der erste Ausdruck auf der rechten Seite von (13), also das gewogene Mittel der s_j^2, wird gelegentlich **interne mittlere quadratische Abweichung** oder kürzer **interne Varianz** genannt; der restliche Ausdruck wird entsprechend als **externe mittlere quadratische Abweichung** bzw. als **externe Varianz** bezeichnet.

5) Im Vorgriff auf ein wahrscheinlichkeitstheoretisches Resultat (vgl. Abschnitt 8.6.3) sei eine Interpretation der Standardabweichung s erwähnt, die auf zahlreiche kardinalskalierte Merkmale anwendbar ist und die der Tendenz nach um so eher zutrifft, je größer die Anzahl n der Beobachtungswerte ist:

im Intervall $[\bar{x} - s; \bar{x} + s]$ liegen etwa 68% aller Beobachtungswerte

im Intervall $[\bar{x} - 2s; \bar{x} + 2s]$ liegen etwa 95% aller Beobachtungswerte

im Intervall $[\bar{x} - 3s; \bar{x} + 3s]$ liegen praktisch alle Beobachtungswerte.

Aufgabe 13: *Für die 20 Normal-Benzin-Preise aus Aufgabe 9 errechnet man eine mittlere quadratische Abweichung von 7,875. Für die 12 weiteren Preise aus Teil b) sei die mittlere quadratische Abweichung 2,875. Berechnen Sie die mittlere quadratische Abweichung aller 32 Preise.*

---

[1] Der in Physik bewanderte Leser wird sicher die Analogie zu dem gleichnamigen Satz der Mechanik erkennen; s^2 entspricht nämlich dem Trägheitsmoment bei Rotation um den Schwerpunkt ($= \bar{x}$) und $\frac{1}{n} \Sigma x_i^2$ dementsprechend dem Trägheitsmoment bei Rotation um den Nullpunkt.

Aufgabe 14: *Fassen Sie die 50 Lieferfristen, die der Häufigkeitsverteilung (8) zugrunde liegen, in zwei Gruppen M_1 und M_2 zusammen, wobei M_1 aus den 48 Lieferfristen der Dauer 5 und M_2 aus den beiden Lieferfristen der Dauer 6 besteht. Berechnen Sie hierfür die interne und die externe Varianz; vergleichen Sie die externe Varianz mit der in Aufgabe 12 ermittelten mittleren quadratischen Abweichung.*

3.4 Konzentrationsmaße

Für eine Wettbewerbswirtschaft spielen Konzentrationstendenzen sowie ihre Offenlegung bzw. Verhinderung offensichtlich eine bedeutsame Rolle. Ein befriedigendes quantitatives Maß der Konzentration könnte deshalb einen nützlichen Beitrag für die aktuelle Wirtschaftspolitik leisten und die Diskussion um das erreichte oder gewünschte Ausmaß der Konzentration versachlichen helfen.

Wir nehmen in diesem Abschnitt an, daß ein kardinalskaliertes Merkmal, dessen Ausprägungen nichtnegativ sind, untersucht wird. Typische Beispiele sind das Produktivvermögen, der Wertpapierbesitz oder der Grundbesitz, die sich im Besitz einer Person oder einer Familie befinden bzw. der Umsatz, der Gewinn oder die Beschäftigtenzahl, die auf eine Unternehmung entfallen. Die Beobachtungswerte seien bereits der Größe nach geordnet; die Merkmalssumme sei positiv:

$$0 \leq x_1 \leq x_2 \leq \ldots \leq x_n; \quad \sum_{i=1}^{n} x_i > 0.$$

Das wichtigste graphische Hilfsmittel zur Erkennung von Konzentrationstendenzen ist die Lorenzkurve; ihre Konstruktion wird im Abschnitt 3.4.1 erläutert. Einige der auf der Lorenzkurve basierenden Konzentrationsmaße werden in den Abschnitten 3.4.2 und 3.4.3 vorgestellt.

3.4.1 Lorenzkurve

Der Anteil an der gesamten Merkmalssumme, den die k kleinsten[1] Merkmalsträger auf sich vereinigen, ist durch

$$v_k = \frac{\sum_{i=1}^{k} x_i}{\sum_{i=1}^{n} x_i} \tag{14}$$

gegeben. Tragen wir diesen Anteilswert v_k über dem Anteilswert

$$u_k = \frac{k}{n}$$

in ein (u, v)-Koordinatensystem ein und fügen wir noch den Punkt (0,0) hinzu, so erhalten wir die (n + 1) Punkte:

$$(0,0) = (u_0, v_0), (u_1, v_1), \ldots, (u_n, v_n) = (1,1).$$

Als **Lorenzkurve** bezeichnet man den Streckenzug, der durch diese (n + 1) Punkte verläuft. Häufig werden die Anteilswerte u_k und v_k in Prozenten ausgedrückt; die

---

[1] Je nach dem gerade interessierenden Untersuchungsmerkmal kann „kleinster" z.B. auch umsatzschwächster, ärmster usw. bedeuten.

3.4 Konzentrationsmaße

Lorenzkurve verläuft dann entsprechend durch die $(n+1)$ Punkte

$(100\,u_k, 100\,v_k)$, $k = 0, \ldots, n$.

Sie ist nach M. O. Lorenz benannt, der sie 1904 zur Messung der Vermögenskonzentration verwandte.

Beispiel 9: Ein Markt werde von 5 Unternehmungen beliefert. 3 Unternehmungen besitzen jeweils 10% Marktanteil; die restlichen beiden besitzen einen Marktanteil von 20% bzw. 50%. Die zugehörige Lorenzkurve ist ohne Rechenarbeit aufzustellen, da die Anteilswerte direkt in Prozenten angegeben sind. Die Lorenzkurve verläuft durch die 6 Punkte: (0,0), (20,10), (40,20), (60,30), (80,50), (100,100).

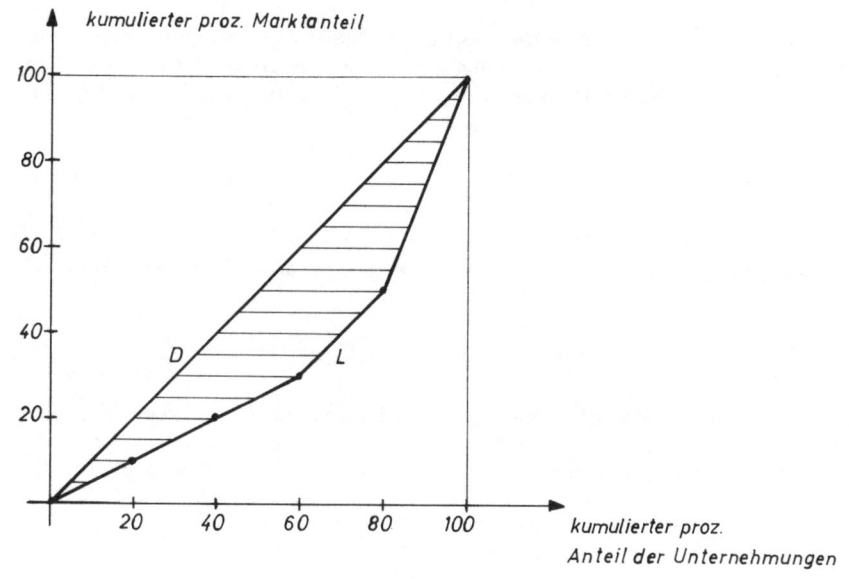

Fig. 10: Verlauf der Lorenzkurve L für den Markt aus Beispiel 9; die schraffierte Fläche wird für die Konstruktion des Gini-Koeffizienten benötigt

Fig. 10 zeigt den Verlauf der Lorenzkurve L für die Daten des Beispiels 9. Der Verlauf ist insofern typisch, als L generell eine monoton wachsende, konvexe Funktion ist, deren Funktionswerte die 45°-Linie nicht übersteigen. Der Funktionswert $L(100\,u_k)$ an den Stellen $100\,u_k$ gibt jeweils an, wieviel Prozent der Merkmalssumme auf die $100\,u_k$ Prozent kleinsten Merkmalsträger entfällt. In dem Extremfall, daß alle Merkmalsträger gleich groß sind, stimmt die Lorenzkurve mit der in Fig. 10 ebenfalls eingetragenen 45°-Linie, d.h. mit der Diagonalen D überein. Je stärker die Ungleichheit, desto stärker „hängt die Lorenzkurve durch". Dieser Sachverhalt, bezogen auf die Vermögensverteilung, wurde in der Presse[1] mit dem plastischen Ausdruck „im weiten Bogen um die Gerechtigkeit" charakterisiert. Über die Konstruktion bzw. Interpretation der **Lorenzkurve bei klassierten Daten** sei folgendes angemerkt:

1) Sind neben den Klassenhäufigkeiten h_i zusätzlich die auf die einzelnen Klassen entfallenden Merkmalssummen bekannt, so konstruiert man genau wie oben die

---

[1] DIE ZEIT vom 3. November 1978, S. 33.

Lorenzkurve, indem die auf die i-te Klasse entfallende Merkmalssumme mit x_i bezeichnet und in (14) eingesetzt wird. Für u_k ist dann natürlich

$$\frac{1}{n}\sum_{i=1}^{k} h_i$$

zu setzen. Die Approximation der wahren (d.h. aus den unklassierten Daten errechneten) Lorenzkurve ist um so besser, je geringer die Daten innerhalb der einzelnen Klassen streuen.

2) Sind nur die Klassenhäufigkeiten und die Klassengrenzen bekannt, so behilft man sich, indem die auf die einzelnen Klassen entfallende Merkmalssumme durch das Produkt aus Klassenmitte und Klassenhäufigkeit ersetzt wird.

3) Bei Lorenzkurven, die aus klassierten Daten konstruiert wurden, interpretiert man die Funktionswerte L(u) nicht nur an den Knickstellen, sondern auch an allen Zwischenstellen u in der üblichen Weise. Dies wird beispielsweise in der nachfolgenden Aufgabe ausgenutzt.

Aufgabe 15: Die Lorenzkurve für eine klassiert vorliegende Vermögensverteilung bestehe aus dem Streckenzug, der die Punkte

(0,0), (30,15), (50,30), (80,60), (100,100)

miteinander verbindet. Wieviel Prozent des Gesamtvermögens entfallen auf die 5% Reichsten?

3.4.2 Gini-Koeffizient

Wie bereits verdeutlicht wurde, kann das „Durchhängen" der Lorenzkurve und somit die in Fig. 10 schraffierte Fläche als Indikator für die Konzentration bzw. Ungleichheit der Merkmalswerte gewertet werden. Deshalb ist folgende Definition plausibel

$$G = \frac{\text{Fläche zwischen der Diagonalen D und der Lorenzkurve L}}{\text{Fläche zwischen der Diagonalen D und der u-Achse}}. \qquad (15)$$

Das durch (15) definierte Konzentrationsmaß G heißt **Gini-Koeffizient**.[1] Offensichtlich gilt

$$0 \leq G \leq 1,$$

wobei der Wert 0 nur dann angenommen wird, wenn alle Merkmalswerte gleich sind. Ein kleiner Schönheitsfehler von G besteht darin, daß der Maximalwert kleiner als 1 ist; er beträgt, wie leicht nachzurechnen ist,

$$G_{max} = \frac{n-1}{n}$$

und wird genau dann realisiert, wenn ein einziger der n Merkmalsträger die gesamte Merkmalssumme besitzt. Dividiert man G durch G_{max}, so erhält man (für $n > 1$) den **normierten Gini-Koeffizienten**

$$G_* = \frac{n}{n-1} G. \qquad (16)$$

---

[1] Benannt nach einer 1910 erschienen Arbeit von C. Gini.

3.4 Konzentrationsmaße

Natürlich lassen sich sowohl G als auch G_* mit Hilfe der (nichtklassierten) Ausgangsdaten x_i ausdrücken. So gilt beispielsweise

$$G = \frac{2\sum_{i=1}^{n} i \cdot x_i - (n+1)\sum_{i=1}^{n} x_i}{n\sum_{i=1}^{n} x_i}. \tag{17}$$

Verwendet man anstelle der absoluten Merkmalswerte x_i die relativen Merkmalswerte

$$p_i = \frac{x_i}{\sum_{i=1}^{n} x_i}, \tag{18}$$

so geht (17) über in

$$G = \frac{2\sum_{i=1}^{n} i p_i - (n+1)}{n}. \tag{19}$$

Aufgabe 16: *Berechnen Sie für die Daten des Beispiels 9 den Gini-Koeffizienten G sowie den normierten Gini-Koeffizienten G_*.*

Aufgabe 17: *Die Märkte M_i werden jeweils von 10 Firmen beliefert:*

Markt M_1	Markt M_2
9 Firmen mit 50/9% Marktanteil	5 Firmen mit 2% Marktanteil
1 Firma mit 50% Marktanteil	5 Firmen mit 18% Marktanteil

Zeichnen Sie für beide Märkte die Lorenzkurve und berechnen Sie die Gini-Koeffizienten. Auf welchem Markt herrscht eine höhere Konzentration?

Im Gegensatz zu solchen fiktiven Beispielen stehen in der Praxis die benötigten Daten oft nicht zur Verfügung; die Ermittlung von Gini-Koeffizienten, wie sie etwa im nachfolgenden Beispiel zusammengestellt sind, erfordert dann aufwendige Recherchen.

Beispiel 10: Aufgrund einer Spezialauswertung der Einkommens- und Verbrauchsstichprobe 1973 ermitteln Mierheim/Wicke [1978] für die Bundesrepublik Deutschland u. a. folgende Gini-Koeffizienten:

Untersuchungsmerkmal	Gini-Koeffizient G
Produktivvermögen	0,83
Wertpapiere	0,81
Haus- und Grundbesitz	0,78
Sparguthaben	0,36
Bausparguthaben	0,35
Gesamtvermögen	0,75

Merkmalsträger war dabei stets der Haushalt.

Wenn der Gini-Koeffizient auch als das bekannteste Konzentrationsmaß bezeichnet werden darf, so gibt es dennoch eine Reihe von Kritikpunkten. Erwähnt seien die beiden folgenden:

1) Es lassen sich spezielle Situationen (vgl. Aufgabe 17) konstruieren, in denen der Gini-Koeffizient nicht das gewünschte Verhalten zeigt.

2) Der Gini-Koeffizient bewertet ausschließlich die relative Konzentration; ob ein Markt von zwei oder zweihundert gleichgroßen Firmen beliefert wird, führt jeweils zum Gini-Koeffizienten Null. Dieser Kritikpunkt betrifft sowohl den Gini-Koeffizienten als auch die Lorenzkurve selbst. Nach einem Vorschlag von H. Münzner [1963] ist dieser Mangel folgendermaßen zu beheben: Aus der allgemeinen Sachbeurteilung heraus legt man eine Zahl $n_0 \geq n$ fest, die diejenige Anzahl von Merkmalsträgern angibt, auf die die Merkmalssumme gleichmäßig verteilt sein muß, damit der Sachverhalt der Nichtkonzentration auch wirklich als erfüllt gelten kann. So könnte man z.B. anstelle von $n = 7$ mindestens $n_0 = 10$ gleichgroße PKW-Produzenten in der Bundesrepublik Deutschland für erforderlich halten, damit der Automobilmarkt als konzentrationsfrei bezeichnet werden kann. Der Merkmalsausprägung Null wird dann die Häufigkeit $n_0 - n$ zugeordnet; d.h. es werden $n_0 - n$ fiktive Merkmalsträger mit der Ausprägung Null eingeführt. Aus der so modifizierten Lorenzkurve läßt sich wie oben ein Gini-Koeffizient G_0 sowie sein normiertes Pendant

$$\frac{n_0}{n_0 - 1} G_0$$

ableiten; beide können als **absolute Konzentrationsmaße** bezeichnet werden.

3.4.3 Weitere Konzentrationsmaße

1) Denkbar einfache und leicht zu interpretierende Konzentrationsmaße erhält man, wenn man lediglich registriert, welchen Anteil der Merkmalssumme die g größten Merkmalsträger auf sich vereinigen. Derartige Anteilswerte heißen **Konzentrationskoeffizienten** (concentration ratios) und werden mit CR_g bezeichnet. Sie können aus speziellen Funktionswerten der Lorenzkurve abgelesen werden (vgl. Aufgabe 18). Die Monopolkommission macht in ihren Hauptgutachten beispielsweise ausgiebigen Gebrauch vom Konzentrationskoeffizienten CR_3. In der Bundesrepublik Deutschland ist $g = 3$ übrigens der kleinste g-Wert, den die amtliche Statistik aufgrund von Geheimhaltungsvorschriften verwenden darf; in den USA beträgt der kleinste g-Wert sogar 4.

Aufgabe 18: *Wie kann der Konzentrationskoeffizient CR_g aus der Lorenzkurve berechnet werden?*

2) Das über die relativen Merkmalswerte (18) definierte Konzentrationsmaß

$$H = \sum_{i=1}^{n} p_i^2$$

heißt Herfindahl-Index.[1] Er variiert zwischen $\frac{1}{n}$ (bei n gleichgroßen Merkmalsträgern) und 1 (ein einziger Merkmalsträger vereinigt die gesamte Merkmalssumme

---

[1] Nach O.C. Herfindahl benannt, der 1950 damit die Konzentration in der US-Stahlindustrie untersuchte. Seit dem (1982 erschienenen) vierten Hauptgutachten veröffentlicht die Monopolkommission Herfindahl-Indizes von Märkten, die durch vierstellige Güterklassen definiert sind.

auf sich). Zwischen H und dem in Abschnitt 3.3.1 behandelten Variationskoeffizienten V läßt sich der Zusammenhang

$$H = \frac{1}{n}(V^2 + 1)$$

nachweisen.

3) Eine Reihe positiver Eigenschaften besitzt der insbesondere von G. Bruckmann [1969] und M.-D. Jöhnk [1970] axiomatisch begründete **Exponentialindex**

$$E = p_1^{p_1} \cdot p_2^{p_2} \cdots p_n^{p_n};$$

beim Auftreten von Merkmalswerten $p_i = 0$ ist hierin $p_i^{p_i}$ als 1 zu interpretieren. Auch E variiert wie H zwischen $1/n$ und 1. Die axiomatischen Forderungen, die E eindeutig festlegen, sind teils formaler Natur (Symmetrie-, Stetigkeits- und Normierungsbedingung) und teils von normativer Bedeutung. So wird z.B. präzisiert, welche Auswirkungen der Zusammenschluß zweier Merkmalsträger auf das Konzentrationsmaß haben soll: Das Konzentrationsmaß soll um so stärker anwachsen, je größer die beiden Merkmalsträger sind und je kleiner die interne Konzentration der beiden sich zusammenschließenden Merkmalsträger ist.

Das abschließende Beispiel 11 enthält für die Konzentrationsmaße CR_g, H und E konkrete numerische Werte, die einer empirischen Untersuchung von C. Marfels [1971] entstammen.

Beispiel 11: Für die Automobilproduktion Kanadas und der Bundesrepublik Deutschland im Jahre 1969 wurden folgende Konzentrationsmaße ermittelt:

Konzentrationsmaß Land	Konzentrations- koeffizient CR_2	Herfindahl- Index H	Exponential- Index E
Kanada	0,7554	0,3243	0,2869
Bundesrepublik Deutschland	0,7003	0,2897	0,2109

3.5 Kritische Zusammenfassung, Literaturhinweise

In der folgenden Figur werden die Auswertungsschritte für eindimensionales Datenmaterial rekapituliert. Der erste Schritt, der Übergang zur geordneten Urliste, erfuhr infolge seiner Einfachheit keine gesonderte Behandlung. Dennoch kann bereits er problematisch sein. Sind z.B. die Lieferfristen aus Beispiel 6 bereits der Größe nach geordnet, so kann nicht mehr festgestellt werden, ob die Lieferfrist in bestimmter Weise vom Wochentag abhängt. Entsprechendes gilt für viele andere Zeitreihendaten.

Je weiter man mit der Auswertung fortschreitet (in Fig. 11 also nach unten), desto größer wird natürlich die Gefahr, Informationen zu verschenken, die für eine eventuelle genauere Ursachenanalyse benötigt werden. Die weitergehende Auswertung kann nur durch den Gewinn an Übersichtlichkeit gerechtfertigt werden. Sofern es sich irgendwie einrichten läßt, sollte die Urliste für einen eventuell erforderlichen Rückgriff gespeichert werden.

Ausführlicher als in diesem Kapitel werden die verschiedenen Lage- und Streuungsparameter bei Menges/Skala [1973] behandelt. E. Bomsdorf [1982] beschäftigt sich mit der Unterschätzung des „wahren" Gini-Koeffizienten durch den aus den klassierten Daten berechneten Gini-Koeffizienten und gibt geeignete Korrekturformeln an. Zur Ergänzung der im Text bereits angegebenen Literatur über Konzentrationsmaße sei auf H. Arndt [1971], R. Feuerstack [1975], Baum/Möller [1976], Bürk/Gehrig [1978] sowie auf die umfassendste deutschsprachige Monographie über methodische Fragen der Konzentrationsmessung von W. Piesch [1975] verwiesen.

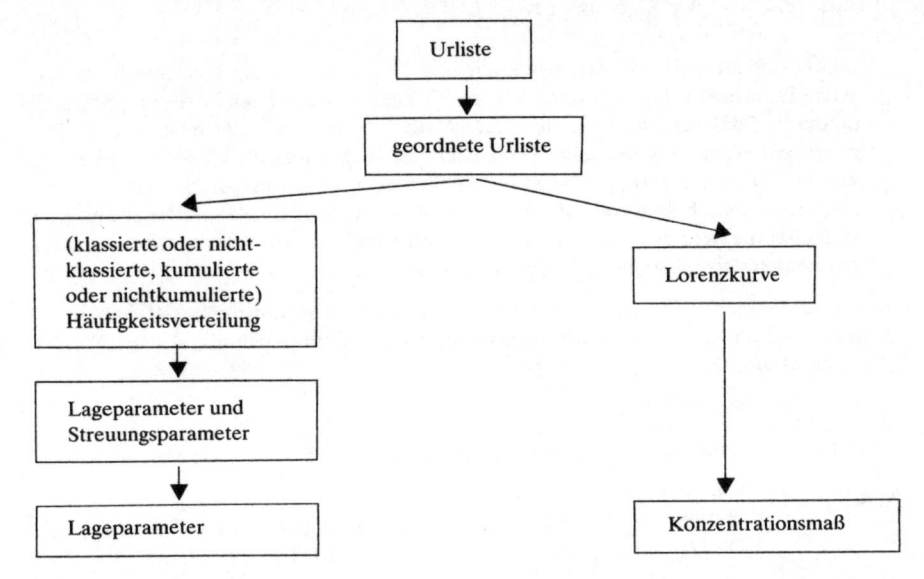

Fig. 11: Auswertungsschritte für eindimensionales Datenmaterial; der rechte Zweig betrifft die Untersuchung von Konzentrationserscheinungen

4. Kapitel:
Auswertungsmethoden für mehrdimensionales Datenmaterial

Erheben wir m quantitative oder quantifizierte Merkmale, so erhalten wir für jeden der n Merkmalsträger ein m-Tupel von Beobachtungswerten. Die Urliste besteht also aus n derartigen m-Tupeln, mithin aus $n \cdot m$ Einzeldaten. Die Auswertungsmethoden des Kapitels 3, etwa die Bildung von Lage- oder Streuungsparametern, können auch auf diese komplexere Urliste angewandt werden; die m Merkmale müssen zu diesem Zweck separat behandelt werden. Die typischen Fragestellungen können damit allerdings nicht analysiert werden. Sie betreffen nämlich die **einseitigen oder wechselseitigen Abhängigkeiten** zwischen den verschiedenen Merkmalen. Die Erfassung solcher Abhängigkeiten durch eine einzige Maßzahl (Korrelationskoeffizient) oder eine funktionale Beziehung (Regressionsfunktion) wird in den Abschnitten 4.2 und 4.3 für den einfachsten, dennoch bereits typischen Fall zweier Merkmale ausführlich behandelt. Auch bei der Darstellung mehrdimensionaler Häufigkeitsverteilungen (Abschnitt 4.1) wollen wir uns auf diesen Fall beschränken. Die simultane Berücksichtigung von mehr als $m = 2$ Merkmalen wird erst in Abschnitt 4.4 angesprochen.

4.1 Kontingenztabelle, Randhäufigkeit, bedingte Häufigkeit, Streuungsdiagramm

Die Beobachtungswerte des Merkmals X wollen wir wie bisher mit $x_1, \ldots, x_n$ bezeichnen; die Beobachtungswerte des zweiten Merkmals Y seien entsprechend mit $y_1, \ldots, y_n$ bezeichnet. Die Urliste besteht demnach aus den n Wertepaaren:

$(x_1, y_1), (x_2, y_2), \ldots, (x_n, y_n)$.

Die zweckmäßige Darstellungsform für die Urliste ist

- die **Kontingenztabelle**, wenn viele der n Wertepaare identisch sind; in der Regel ist dies bei 2 nominalskalierten Merkmalen (vgl. Beispiel 12) der Fall
- das **Streuungsdiagramm**, wenn alle oder fast alle n Wertepaare voneinander verschieden sind; in der Regel ist dies bei 2 kardinalskalierten Merkmalen (vgl. Beispiel 14) der Fall.

Die Aufstellung der Kontingenztabelle erfordert für jede der realisierten Ausprägungen

$a_1, \ldots, a_k$

des Merkmals X und jede der realisierten Ausprägungen

$b_1, \ldots, b_l$

des Merkmals Y die Auszählung derjenigen Wertepaare der Urliste, die mit (a_i, b_j) identisch sind. Die Häufigkeit, mit der (a_i, b_j) in der Urliste vorkommt, werde mit

$h_{ij} = h(a_i, b_j)$

bezeichnet. Die tabellarische Darstellung der $k \cdot l$ Häufigkeiten h_{ij} nach dem Muster von Fig. 12 heißt **Kontingenztabelle**.

4. Kapitel: Mehrdimensionales Datenmaterial

Ausprägungen des Merkmals X	Ausprägungen des Merkmals Y $b_1 \; b_2 \ldots b_l$
a_1	$h_{11} \; h_{12} \ldots h_{1l}$
a_2	$h_{21} \; h_{22} \ldots h_{2l}$
$\vdots$	$\vdots$
a_k	$h_{k1} \; h_{k2} \ldots h_{kl}$

Fig. 12: *Aufbau einer Kontingenztabelle; die Vorspalte enthält die Ausprägungen des ersten Merkmals und der Tabellenkopf die Ausprägungen des zweiten Merkmals*

Beispiel 12: Die Befragung von n = 1000 berufstätigen Personen nach der Berufsgruppe und der sportlichen Betätigung liefere ein Datenmaterial, dessen zugehörige Kontingenztabelle in Fig. 13 wiedergegeben ist; die hierin eingetragenen Randhäufigkeiten werden unten erläutert.

Berufsgruppe \ sportliche Betätigung	nie ($=b_1$)	gelegentlich ($=b_2$)	regelmäßig ($=b_3$)	Randhäufigkeiten
Arbeiter ($=a_1$)	240	120	70	$h_{1.} = 430$
Angestellter ($=a_2$)	160	90	90	$h_{2.} = 340$
Beamter ($=a_3$)	30	30	30	$h_{3.} = 90$
Landwirt ($=a_4$)	37	7	6	$h_{4.} = 50$
sonstiger freier Beruf ($=a_5$)	40	32	18	$h_{5.} = 90$
Randhäufigkeiten	$h_{.1} = 507$	$h_{.2} = 279$	$h_{.3} = 214$	n = 1000

Fig. 13: *Kontingenztabelle mit Randhäufigkeiten*

Die Anzahl derjenigen Merkmalsträger, die bzgl. des ersten Merkmals die Ausprägung a_i aufweisen (gleichgültig welches die jeweilige Ausprägung des zweiten Merkmals ist), wird offensichtlich durch

$$h_{i.} = \sum_{j=1}^{l} h_{ij} \tag{20}$$

angegeben. Entsprechend liefert die Summe

$$h_{.j} = \sum_{i=1}^{k} h_{ij} \tag{21}$$

die Anzahl derjenigen Merkmalsträger, die bzgl. des zweiten Merkmals die Ausprägung b_j aufweisen. Diese Häufigkeiten (20) bzw. (21) werden als **Randhäufigkeiten** bezeichnet, da sie üblicherweise am (rechten bzw. unteren) Rand der Kontingenztabelle eingetragen werden. Der Punkt bei $h_{i.}$ bzw. $h_{.j}$ symbolisiert das Merkmal, das durch „Hinwegsummieren" eliminiert wurde. Die Randhäufigkeiten unterscheiden sich natürlich nicht von denjenigen Häufigkeiten, die bei einer bzgl. derselben statisti-

4.1 Kontingenztabelle, Randhäufigkeit, bedingte Häufigkeit, Streuungsdiagramm

schen Masse vorgenommenen Erhebung, in der von vornherein auf das nachträglich eliminierte Merkmal verzichtet wird, festgestellt worden wären.

Zur besseren Unterscheidung von den Randhäufigkeiten bezeichnet man die Häufigkeiten h_{ij} als **gemeinsame Häufigkeiten**.

Von besonderer Bedeutung für die Interpretation mehrdimensionalen Datenmaterials sind die **bedingten relativen Häufigkeiten**

$$f_1(a_i|b_j) \quad \text{bzw.} \quad f_2(b_j|a_i).$$

Dabei ist $f_1(a_i|b_j)$ die relative Häufigkeit, mit der die Ausprägung a_i bei denjenigen Merkmalsträgern auftritt, die bzgl. des zweiten Merkmals die Ausprägung b_j aufweisen; ganz analog ist $f_2(b_j|a_i)$ zu interpretieren. Zwischen den bedingten Häufigkeiten, den gemeinsamen Häufigkeiten und den (als positiv vorausgesetzten) Randhäufigkeiten besteht der Zusammenhang:

$$f_1(a_i|b_j) = \frac{h_{ij}}{h_{.j}} \quad \text{bzw.} \quad f_2(b_j|a_i) = \frac{h_{ij}}{h_{i.}}. \tag{22}$$

Die bedingten Häufigkeiten

$$f_1(a_1|b_j), f_1(a_2|b_j), \ldots, f_1(a_k|b_j) \tag{23}$$

definieren die **bedingte Verteilung des ersten Merkmals** bei gegebener Ausprägung b_j des zweiten Merkmals; entsprechend definieren die bedingten Häufigkeiten

$$f_2(b_1|a_i), f_2(b_2|a_i), \ldots, f_2(b_l|a_i) \tag{24}$$

die **bedingte Verteilung des zweiten Merkmals** bei gegebener Ausprägung a_i des ersten Merkmals. Wenn die l bedingten Verteilungen (23) übereinstimmen, d.h. von b_j unabhängig sind, so sind auch die bedingten Verteilungen (24) von a_i unabhängig. In diesem Fall beeinflussen sich die beiden Merkmale offensichtlich nicht; die Merkmale werden dann als **unabhängig** bezeichnet[1]. Andernfalls besteht zwischen den Merkmalen eine gewisse Interdependenz, deren Richtung und Stärke in der Korrelationsrechnung (vgl. 4.2) zu quantifizieren versucht wird.

Im Falle der Unabhängigkeit stimmen die bedingten Verteilungen mit der jeweiligen Randverteilung überein; d.h. es gilt beispielsweise:

$$f_1(a_i|b_j) = \frac{h_{ij}}{h_{.j}} = \frac{h_{i.}}{n} = \text{relative Häufigkeit von } a_i. \tag{25}$$

Hieraus ist insbesondere zu entnehmen, daß die gesamte Information über die gemeinsame Verteilung unabhängiger Merkmale bereits in den beiden Randverteilungen enthalten ist:

$$h_{ij} = \frac{h_{i.} h_{.j}}{n}. \tag{26}$$

Beispiel 13: Die Daten des vorangehenden Beispiels 12 liefern folgende bedingte Verteilungen[2] des Merkmals Y; die beiden Merkmale X und Y sind insbesondere nicht unabhängig (s. Fig. 14 auf S. 34).

---

[1] Diese Unabhängigkeitsdefinition ist nicht unproblematisch, da sie entscheidend von der Anzahl n abhängt (so können je zwei Merkmale nie unabhängig sein, wenn n eine Primzahl ist); die Definition wird in der induktiven Statistik geeignet abgemildert.
[2] Etwaige Abweichungen der Zeilensumme von Eins beruhen auf Rundungen.

Berufsgruppe \ sportliche Betätigung	nie	gelegentlich	regelmäßig
Arbeiter	0,56	0,28	0,16
Angestellter	0,47	0,26	0,26
Beamter	0,33	0,33	0,33
Landwirt	0,74	0,14	0,12
sonstiger freier Beruf	0,44	0,36	0,20

Fig. 14: *Bedingte Verteilungen des Merkmals Y (= Grad der sportlichen Betätigung) in Abhängigkeit von der Berufsgruppe*

Aufgabe 19: *Rechnen Sie die Gültigkeit der Behauptung (25) nach.*

Wir wollen uns nun der eingangs erwähnten zweiten Darstellungsform einer gemeinsamen Häufigkeitsverteilung zuwenden. Trägt man jedes der n Beobachtungspaare (x_i, y_i) in ein x,y-Koordinatensystem ein, so erhält man eine als **Streuungsdiagramm** (oder auch Streudiagramm) bezeichnete Punktwolke.

Beispiel 14: In einer speziellen Branche wurden n = 15 Unternehmungen in bezug auf den Jahresgewinn (= Merkmal X) und die Jahresmiete für die EDV-Anlage (= Merkmal Y) untersucht. Bei Vorhandensein einer unternehmenseigenen EDV-Anlage wurde die Jahresmiete aus dem Kaufpreis errechnet. Es ergab sich folgende, bereits nach aufsteigenden x-Werten geordnete Urliste:

Unternehmung i	Jahresgewinn x_i [Mio DM]	Jahresmiete für EDV-Anlage y_i [1000 DM]
1	10	30
2	15	30
3	15	100
4	20	50
5	20	100
6	25	80
7	30	50
8	30	100
9	30	250
10	35	180
11	35	330
12	40	200
13	45	400
14	50	500
15	50	600

Das zugehörige Streuungsdiagramm wird in Fig. 15 veranschaulicht.

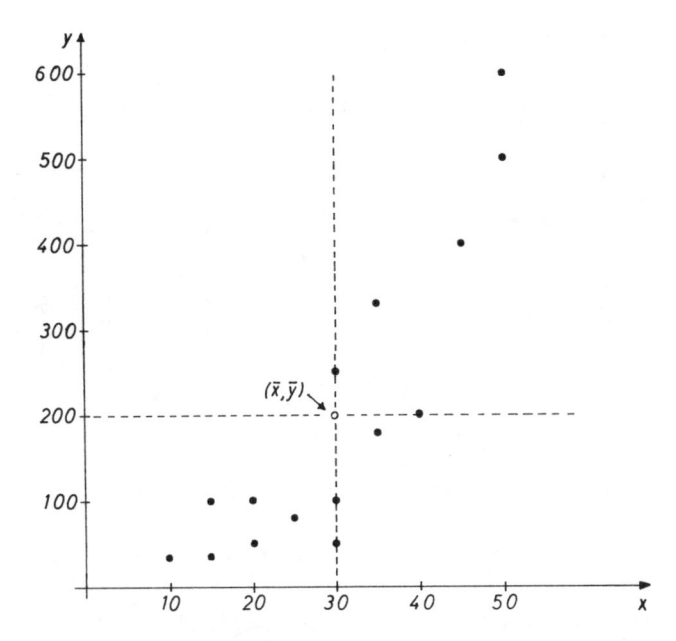

Fig. 15: *Streuungsdiagramm für die beiden Merkmale X = Jahresgewinn [Mio DM] und Y = Jahresmiete für die EDV-Anlage [1000 DM]; die beiden gestrichelten Linien durch $\bar{x} = 30$ bzw. $\bar{y} = 200$ werden erst für die Erläuterung des Korrelationskoeffizienten benötigt*

Aufgabe 20: *Bei einer Untersuchung der Wohnsituation von 20 Familien wurden für die Familiengröße (= X) und die Zimmeranzahl (= Y) die in der folgenden Urliste zusammengefaßten Wertepaare ermittelt.*

(3,3)	(3,4)	(2,1)	(2,3)	(2,4)	(2,3)	(4,3)	(5,4)	(2,3)	(4,4)
(4,2)	(2,1)	(2,4)	(3,4)	(3,3)	(4,3)	(3,4)	(2,4)	(3,2)	(5,4)

a) *Stellen Sie die zugehörige Kontingenztabelle auf.*
b) *Errechnen Sie die Randhäufigkeiten.*
c) *Berechnen Sie die bedingte Verteilung der Zimmeranzahl für vierköpfige Familien.*

4.2 Korrelationsrechnung

Die Quantifizierung der Interdependenz zweier Merkmale X und Y hängt – wie in Fig. 16 dargestellt – entscheidend vom Skalenniveau ab.

Da eine Nominalskala keine Ordnungsstruktur aufweist, ist das laut Fig. 16 zugehörige Zusammenhangsmaß, der Kontingenzkoeffizient, natürlich nur in der Lage, die **Stärke des Zusammenhangs** zu erfassen. Demgegenüber messen der Bravais-Pearson-Korrelationskoeffizient und der Rangkorrelationskoeffizient sowohl die **Stärke** als auch die **Richtung des Zusammenhangs**.

Skalierung von X \ Skalierung von Y	kardinal	ordinal	nominal
kardinal	Bravais-Pearson-Korrelationskoeffizient	↑	↑
ordinal	←	Rangkorrelationskoeffizient von Spearman	↑
nominal	←	←	Kontingenzkoeffizient

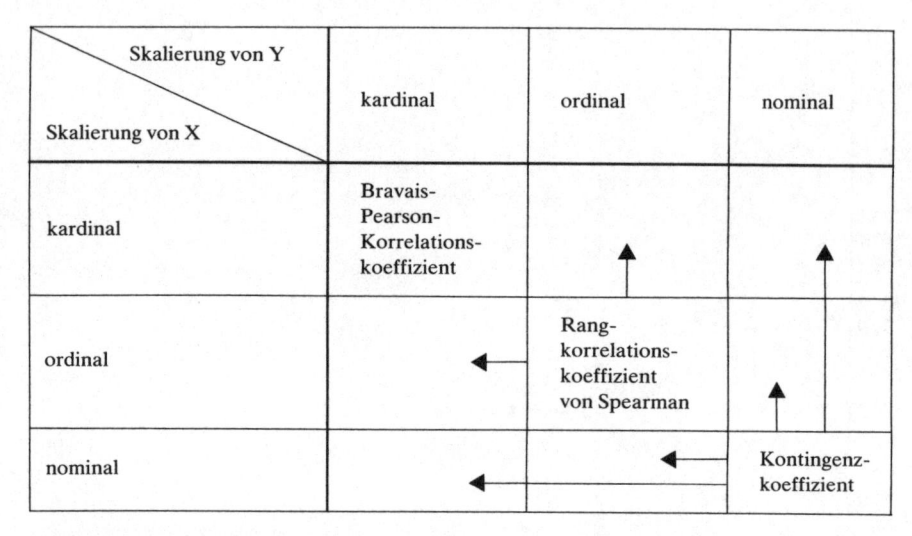

Fig. 16: *Einsatz verschiedener Korrelationskoeffizienten in Abhängigkeit vom vorliegenden Skalenniveau*

Die in Fig. 16 beschrifteten Diagonalfelder betreffen die drei für die Praxis wichtigsten Fälle. Besitzen die beiden Merkmale unterschiedliches Skalenniveau, so kann entweder

a) das höhere Skalenniveau abgewertet werden[1] oder

b) ein Korrelationskoeffizient verwendet werden, der speziell auf diese unsymmetrische Skalierungssituation zugeschnitten ist; Literatur dazu in 4.5.

Aufgabe 21: *Welchen der drei namentlich erwähnten Koeffizienten würden Sie für die empirische Untersuchung des Zusammenhangs zwischen*

a) *der Inflationsrate X und der Arbeitslosenquote Y*
b) *dem Zigarettenkonsum X und dem erreichten Lebensalter Y*
c) *der Berufsgruppe X des Vaters und der Berufsgruppe Y des Sohnes*
d) *der Körpergröße X des Vaters und der Körpergröße Y der Tochter*
e) *der Intelligenz X und der Rechtschreibleistung Y*
f) *der Mitgliedschaft X in einer Partei und der Mitgliedschaft Y in der Gewerkschaft*
g) *der Höhe X des Wohnhauses und der Aggressivität Y der Bewohner*

errechnen?

4.2.1 Bravais-Pearson-Korrelationskoeffizient

Für die beiden kardinalskalierten Merkmale X und Y seien weder alle x_i-Werte noch alle y_i-Werte gleich. Ferner seien wie bisher $\bar{x}$ bzw. $\bar{y}$ die jeweiligen arithmetischen Mittel. Der Ausdruck

$$r = \frac{\sum_{i=1}^{n}(x_i - \bar{x})(y_i - \bar{y})}{\sqrt{\sum_{i=1}^{n}(x_i - \bar{x})^2 \sum_{i=1}^{n}(y_i - \bar{y})^2}} \quad (27)$$

---

[1] Ist beispielsweise X kardinal- und Y ordinalskaliert, so muß X ebenfalls als lediglich ordinalskaliert betrachtet werden; in Fig. 16 wurden diese Fälle durch Pfeile symbolisiert.

wird als **Bravais-Pearson-Korrelationskoeffizient, Produkt-Moment-Korrelationskoeffizient** oder schlicht als Korrelationskoeffizient bezeichnet. Der Nenner in (27) hat lediglich eine normierende Funktion; er sorgt dafür, daß

$$-1 \leq r \leq +1$$

gilt und daß der Korrelationskoeffizient maßstabsunabhängig wird. Den Schlüssel für das Verständnis von r liefert der Zähler, bei dem die Abweichungsprodukte

$$(x_i - \bar{x})(y_i - \bar{y}) \qquad (28)$$

aufsummiert werden. Stellen wir uns die n Wertepaare (x_i, y_i) wie in Fig. 15 als Streuungsdiagramm dargestellt und durch die gestrichelten vier Quadranten ergänzt vor, so liefern die Wertepaare im rechten oberen Quadranten ein nichtnegatives Abweichungsprodukt; dasselbe gilt für die Wertepaare im linken unteren Quadranten, da hierfür beide Faktoren von (28) kleiner oder gleich Null sind. Für die beiden anderen Quadranten ist (28) kleiner oder gleich Null. Der Korrelationskoeffizient wird demnach um so größer, je stärker diejenigen Wertepaare überwiegen, bei denen große x- mit großen y-Werten oder kleine x- mit kleinen y-Werten gekoppelt sind.

Die Extremfälle

$$r = -1 \quad \text{bzw.} \quad r = +1$$

werden genau dann realisiert, wenn das Streuungsdiagramm auf einer Geraden mit negativem bzw. positivem Anstieg liegt. Im Falle $r = 0$ heißen die beiden Merkmale **unkorreliert;** das Streuungsdiagramm bildet dann eine „regellose" Punktwolke, gleich- und gegenläufige Tendenzen kompensieren sich (vgl. nachfolgendes Beispiel). Im Falle $r > 0$ bzw. $r < 0$ heißen die Merkmale **positiv korreliert** bzw. **negativ korreliert.**

Beispiel 15: Fig. 17 illustriert, welche Größenordnung für r bei verschiedenen Streuungsdiagrammen zu erwarten ist:

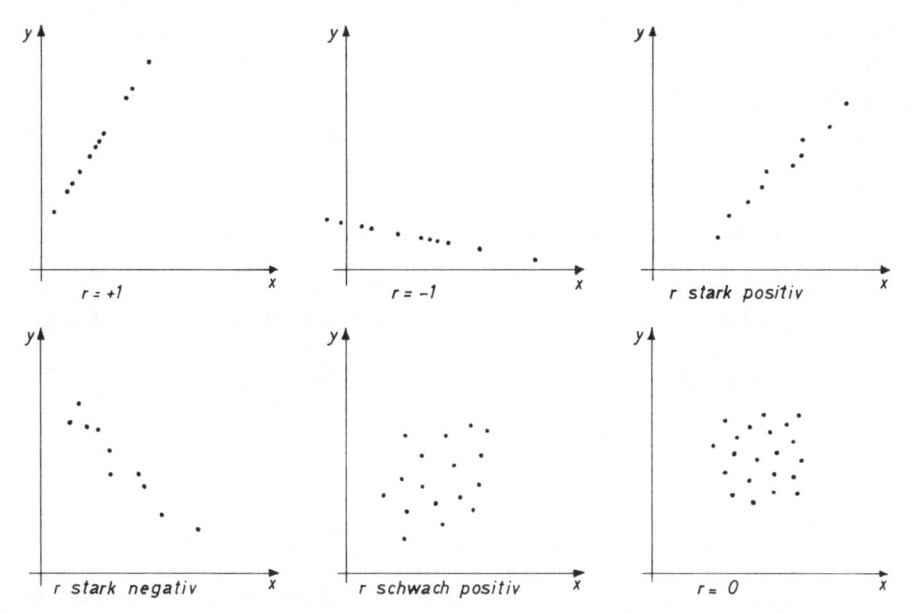

Fig. 17: Zur Abhängigkeit des Bravais-Pearson-Korrelationskoeffizienten von der Form des Streuungsdiagramms

4. Kapitel: Mehrdimensionales Datenmaterial

Als konkreten numerischen Wert für r errechnet man bei den Daten des Beispiels 14 unter Verwendung der Zwischenergebnisse

$$\bar{x} = 30, \; \bar{y} = 200, \; \sum_{i=1}^{n}(x_i - \bar{x})(y_i - \bar{y}) = 28\,100, \; \sum_{i=1}^{n}(x_i - \bar{x})^2 = 2250, \; \sum_{i=1}^{n}(y_i - \bar{y})^2 = 457\,000$$

das Resultat

$$r = \frac{28\,100}{\sqrt{2250 \cdot 457\,000}} = 0{,}88\,;$$

die beiden Merkmale sind also positiv korreliert.

Aufgabe 22: *Die beiden Merkmale X = Preisanstieg und Y = Arbeitslosenquote weisen im Zeitablauf unterschiedliche r-Werte auf; jede größere Veränderung des r-Wertes provozierte die Aufstellung einiger wirtschaftstheoretischer Modelle. Berechnen Sie für die folgenden Daten*[1] *den Korrelationskoeffizienten r.*

Land	Preisanstieg in %	Arbeitslosenquote in %
Belgien	*4,1*	*10,1*
Bundesrepublik Deutschland	*2,4*	*4,0*
England	*8,4*	*5,7*
Irland	*8,2*	*10,2*
Italien	*11,9*	*7,5*
Japan	*4,6*	*2,1*
Kanada	*9,4*	*8,0*
Österreich	*3,6*	*1,3*
Schweden	*10,6*	*2,2*
USA	*7,9*	*6,3*

4.2.2 Rangkorrelationskoeffizient von Spearman

Für zwei ordinalskalierte Merkmale X und Y sind die beim Korrelationskoeffizienten r benutzten Abweichungsdaten

$(x_i - \bar{x})$ bzw. $(y_i - \bar{y})$

willkürliche Größen; nicht einmal die Bildung der arithmetischen Mittel $\bar{x}$ bzw. $\bar{y}$ ist legitim. Damit wird auch r eine weitgehend willkürliche Zahl.

Der Rangkorrelationskoeffizient von Spearman basiert statt auf den direkten Merkmalsausprägungen x_i bzw. y_i auf den zugeordneten **Rangnummern** R_i bzw. R_i'. Ist beispielsweise x_5 die größte Ausprägung, so wird $R_5 = 1$ gesetzt; dem zweitgrößten x-Wert wird die Rangnummer 2 zugeordnet usw. Entsprechend verfährt man bei der Zuordnung der Rangnummern R_i' zu den y_i-Werten. Der **Rangkorrelationskoeffizient von Spearman** r_{SP} ist der auf diese Rangnummern R_i bzw. R_i' angewandte Bravais-Pearson-Korrelationskoeffizient. Nach einigen Umformungen[2] ergibt sich hierfür die Formel:

$$r_{SP} = 1 - \frac{6 \sum_{i=1}^{n}(R_i - R_i')^2}{(n-1)\,n\,(n+1)} \qquad (29)$$

---

[1] Arbeitslosenquote vom Stand Juli 1978; Preisanstieg August 1978 gegen August 1977. Quelle: OECD Main Economic Indicators, Dec. 1978.

[2] bei denen die noch nicht explizit erwähnte Annahme erfüllt sein muß, daß bei keinem der Merkmale zwei gleiche Rangnummern vergeben werden. Wegen der Sonderfälle, bei denen diese Annahme verletzt ist, sei auf die in 4.5 angegebene Literatur verwiesen.

Da dieser Rangkorrelationskoeffizient ein auf die „pseudokardinalen" Ausprägungen R_i bzw. R_i' angewandter Bravais-Pearson-Korrelationskoeffizient ist, gilt natürlich auch hier wieder die Normierung

$$-1 \leq r_{SP} \leq +1.$$

Ein Blick auf die Formel (29) zeigt, daß der Extremwert +1 genau dann angenommen wird, wenn sich die Ränge völlig gleichsinnig verhalten, d. h. wenn

$$R_i = R_i' \quad (\text{für } i = 1, \ldots, n)$$

gilt. Der andere Extremwert -1 wird dagegen genau dann angenommen, wenn sich die Rangnummern völlig gegensinnig verhalten:

$$R_i = n + 1 - R_i' \quad (\text{für } i = 1, \ldots, n)$$

d. h. wenn der erste Rang bzgl. X mit dem letzten (= n-ten) Rang bzgl. Y korrespondiert, der zweite Rang bzgl. X mit dem vorletzten Rang bzgl. Y usw.

Beispiel 16: Für 10 Angestellte wurde mit einer Testarbeit sowohl ihre organisatorische Geschicklichkeit X als auch ihre Arbeitssorgfalt Y ermittelt; es ergaben sich die folgenden Rangziffern R_i (bzgl. der organisatorischen Geschicklichkeit) bzw. R_i' (bzgl. der Arbeitssorgfalt):

Angestellter i	1	2	3	4	5	6	7	8	9	10
R_i	7	3	9	10	1	5	4	6	2	8
R_i'	3	9	10	8	7	1	5	4	2	6

Insbesondere ist der Angestellte i = 5 der Beste bzgl. der organisatorischen Geschicklichkeit, jedoch nur der Siebtbeste bzgl. der Arbeitssorgfalt.

Hier ergibt sich wegen

$$n = 10 \quad \text{und} \quad \sum_{i=1}^{10} (R_i - R_i')^2 = 118$$

durch Einsetzen in (29) der numerische Wert

$$r_{SP} = 1 - \frac{6 \cdot 118}{9 \cdot 10 \cdot 11} = 0{,}28$$

für den Rangkorrelationskoeffizienten; es ist also eine schwach ausgeprägte gleichsinnige Tendenz vorhanden.

Aufgabe 23: *Bei einer Mathematik- bzw. Statistik-Klausur wurden von 11 WISO-Studenten folgende Punktzahlen erreicht:*

Student	A	B	C	D	E	F	G	H	I	J	K
Mathematik	38	47	44	51	35	29	22	14	12	19	9
Statistik	39	34	31	48	46	23	17	12	16	28	10

Berechnen Sie den Rangkorrelationskoeffizienten von Spearman.

4.2.3 Kontingenzkoeffizient

Das adäquate Zusammenhangsmaß für zwei nominalskalierte Merkmale X und Y ist nach Fig. 16 der Kontingenzkoeffizient. Ihn wollen wir nun schrittweise einführen.

1) Kürzen wir zur Vereinfachung der Bezeichnungsweise die aus der Unabhängigkeitsprämisse resultierenden „Häufigkeiten" mit $\tilde{h}_{ij}$ ab (dies sind nicht zwangsläufig ganze Zahlen), so gilt nach (26) natürlich:

$$\tilde{h}_{ij} = \frac{h_{i.}h_{.j}}{n}. \tag{30}$$

Je stärker die tatsächlichen gemeinsamen Häufigkeiten h_{ij} von den $\tilde{h}_{ij}$ differieren, desto höher ist die wechselseitige Abhängigkeit der beiden Merkmale; hierauf basiert der folgende Begriff:

2) Die als **Chi-Quadrat** bezeichnete Größe[1]

$$\chi^2 = \sum_{i=1}^{k} \sum_{j=1}^{l} \frac{(h_{ij} - \tilde{h}_{ij})^2}{\tilde{h}_{ij}} \tag{31}$$

summiert die relativen quadratischen Abweichungen zwischen h_{ij} und $\tilde{h}_{ij}$ auf; mithin ist das Anwachsen von χ^2 ein Indikator für den Grad der Interdependenz zwischen X und Y. Die Chi-Quadrat-Größe wird genau dann Null, wenn X und Y unabhängig sind. Sie ist jedoch als Zusammenhangsmaß noch ungeeignet, da sie sich z. B. bei einer Verdoppelung aller h_{ij} ebenfalls verdoppelt; χ^2 kann also noch unbegrenzt große Werte annehmen.

3) Diesen Nachteil besitzt der **Kontingenzkoeffizient**

$$K = \sqrt{\frac{\chi^2}{n + \chi^2}} \tag{32}$$

nicht mehr. Ebenso wie χ^2 nimmt K genau dann den Wert Null an, wenn die beiden Merkmale unabhängig sind. Mit wachsendem χ^2 wächst K asymptotisch in Richtung auf den Wert 1 hin an. Ein kleiner Schönheitsfehler besteht darin, daß der Maximalwert von K den Wert 1 nicht ganz erreicht. Er hängt – wie sich etwas mühsam nachweisen läßt – zwar nicht von n, jedoch folgendermaßen von der Tabellengröße, d. h. von der Zeilenzahl k und Spaltenzahl l ab:

$$K_{max} = \sqrt{\frac{M-1}{M}}, \quad \text{wobei} \quad M = \min\{k, l\} \tag{33}$$

Diese Abhängigkeit von k bzw. l erschwert den Vergleich von Kontingenzkoeffizienten, die aus unterschiedlich großen Tabellen berechnet werden.

4) Dividieren wir[2] den Kontingenzkoeffizienten K durch K_{max}, so erhalten wir schließlich den **korrigierten** (oder **normierten**) **Kontingenzkoeffizienten**:

$$K_* = \frac{K}{K_{max}} \tag{34}$$

---

[1] In der induktiven Statistik (vgl. 14.9) werden wir nochmals auf sie zurückgreifen. Gelegentlich wird χ^2 als **quadratische Kontingenz** und χ^2/n dementsprechend als **mittlere quadratische Kontingenz** bezeichnet.

[2] ganz analog wie beim Übergang vom Gini-Koeffizienten G zu G_*.

4.2 Korrelationsrechnung

Dieser schöpft das gewünschte Normierungsintervall [0,1] voll aus. Seine Berechnung erfordert demnach die Durchführung der folgenden Schritte:

Schritt 1: Berechnung der Chi-Quadrat-Größe χ^2 gemäß (31) aus den Werten $\tilde{h}_{ij}$ der Gleichung (30) sowie den h_{ij} aus der Kontingenztabelle.

Schritt 2: Berechnung des Kontingenzkoeffizienten K gemäß (32) sowie des Maximalwertes K_{max} nach (33).

Schritt 3: Bildung des Quotienten (34).

Der Extremfall $K_* = +1$ wird genau dann erreicht, wenn die beiden Merkmale in dem Sinne perfekt abhängig sind, daß aus der Kenntnis der Ausprägung eines Merkmals absolut sicher auf die Ausprägung des anderen Merkmals geschlossen werden kann.

Beispiel 17: Die Aufgliederung der Arbeitslosen nach Geschlecht liefert folgende Kontingenztabelle[1]

Geschlecht \ arbeitslos	ja	nein	Randhäufigkeiten
weiblich	500 000	7 000 000	7 500 000
männlich	500 000	12 000 000	12 500 000
Randhäufigkeiten	1 000 000	19 000 000	20 000 000

Für die bei Gültigkeit der Unabhängigkeitsprämisse resultierenden Häufigkeiten $\tilde{h}_{ij}$ errechnet man nach (30) die Werte:

$\tilde{h}_{11} = 375\,000$, $\tilde{h}_{12} = 7\,125\,000$, $\tilde{h}_{21} = 625\,000$, $\tilde{h}_{22} = 11\,875\,000$.

Gemäß (31) lautet dann die Chi-Quadrat-Größe:

$$\chi^2 = \frac{(500\,000 - 375\,000)^2}{375\,000} + \frac{(7\,000\,000 - 7\,125\,000)^2}{7\,125\,000} +$$

$$+ \frac{(500\,000 - 625\,000)^2}{625\,000} + \frac{(12\,000\,000 - 11\,875\,000)^2}{11\,875\,000} = 70\,175{,}44.$$

Der Schritt 1 ist damit erledigt. Für Schritt 2 errechnet man nach (32) bzw. (33):

$$K = \sqrt{\frac{70\,175{,}44}{20\,070\,175{,}44}} = 0{,}06; \quad M = 2; \quad K_{max} = \frac{1}{\sqrt{2}},$$

so daß sich im Schritt 3 schließlich der (gerundete) numerische Wert

$$K_* = 0{,}06\sqrt{2} = 0{,}08$$

für den korrigierten Kontingenzkoeffizienten ergibt.

---

[1] Exakte Zahlen sowie weitere Strukturdaten über Arbeitslose sind z. B. dem jeweiligen Statistischen Jahrbuch für die Bundesrepublik Deutschland zu entnehmen.

Aufgabe 24: $n = 40$ Käufer der PKW-Typen a_1, a_2, a_3 wurden einem Persönlichkeitstest, dessen mögliche Ergebnisse mit b_1, b_2, b_3 bezeichnet seien, unterzogen. Bestimmen Sie aus der Kontingenztabelle

PKW-Typ \ Testergebnis	b_1	b_2	b_3
a_1	0	20	0
a_2	10	0	0
a_3	0	0	10

(möglichst ohne Rechnung!) den korrigierten Kontingenzkoeffizienten K_*.

4.3 Regressionsrechnung

Die Korrelationsrechnung behandelt die beiden Merkmale bzw. die Variablen x und y symmetrisch; sie kann deshalb auch als **Interdependenzanalyse**[1] bezeichnet werden. Demgegenüber wird in der Regressionsrechnung eine Variable, traditionellerweise die y-Variable, als die abhängige und die andere, also x, als die unabhängige Variable betrachtet; insofern ist für die Regressionsrechnung auch die Bezeichnung **Dependenzanalyse** gerechtfertigt. Prinzipiell stehen mehrere Möglichkeiten zur Verfügung, um die Abhängigkeit der y-Werte von den x-Werten zu beschreiben, beispielsweise können

- die für die verschiedenen x-Werte resultierenden bedingten Verteilungen der y-Werte aufgestellt werden
- statt der bedingten Verteilungen spezielle daraus gewonnene Lageparameter in Abhängigkeit von den x-Werten registriert werden, so etwa die bedingten Modalwerte (bei nominalen Daten) oder die bedingten arithmetischen Mittel (bei kardinalen Daten)
- dem Streuungsdiagramm (nach einem plausiblen Prinzip) eine möglichst einfache Funktion angepaßt werden.

Obwohl der letztere Fall nur für kardinale Merkmale sinnvoll ist, besitzt er die größte praktische Bedeutung. Je nachdem, ob ein linearer oder ein nichtlinearer Funktionstypus verwendet wird, gelangt man zur linearen Regression (4.3.1) oder zur nichtlinearen Regression (4.3.2).

4.3.1 Lineare Regression

X und Y seien kardinale Merkmale. Die Beobachtungswerte x_i seien nicht alle miteinander identisch; d.h. die mittlere quadratische Abweichung s_x^2 sei positiv.

Nach dem bereits zu Beginn des 19. Jahrhunderts von C.F. Gauß benutzten **Prinzip der kleinsten Quadrate** ist die Gerade

$$y = a + bx$$

---

[1] wie z.B. bei F. Böcker [1978].

4.3 Regressionsrechnung

dann dem Streuungsdiagramm am besten angepaßt, wenn die Quadratsumme

$$Q(a,b) = \sum_{i=1}^{n}[y_i - (a+bx_i)]^2 \tag{35}$$

minimal ausfällt. Fig. 18 zeigt ein Streuungsdiagramm, einen typischen Beobachtungspunkt (x_i, y_i) sowie die Gerade, über deren Parameter a,b geeignet verfügt werden muß. Beim Gütemaß (35) wird – wie ebenfalls in Fig. 18 angedeutet – für jeden Beobachtungspunkt (x_i, y_i) der in vertikaler Richtung genommene Abstand zwischen

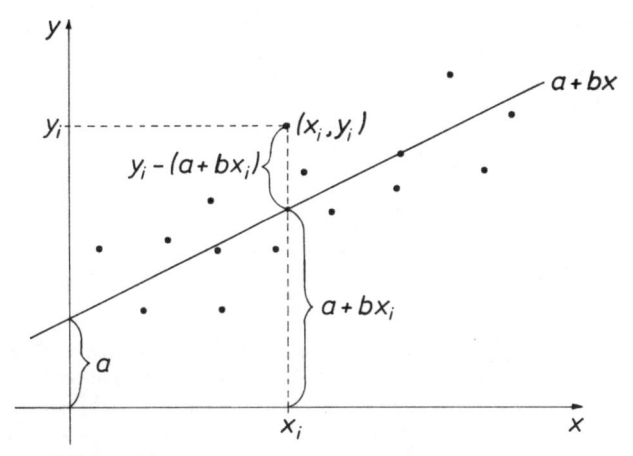

Fig. 18: *Zur Erläuterung des Prinzips der kleinsten Quadrate*

dem empirisch beobachteten Wert y_i und dem auf der Geraden liegenden Wert $a + bx_i$ quadriert. Die Minimierung von $Q(a, b)$ bzgl. a und b bereitet keine größeren Schwierigkeiten.[1] Für die Minimalstellen benutzt man üblicherweise die Symbole â bzw. b̂; die Berechnung erfolgt nach (36) bzw. (37). â und b̂ werden als (die durch das Prinzip der kleinsten Quadrate festgelegten) **Regressionskoeffizienten** bezeichnet.

$$\hat{b} = \frac{\sum_{i=1}^{n}(x_i - \bar{x})(y_i - \bar{y})}{\sum_{i=1}^{n}(x_i - \bar{x})^2} \tag{36}$$

$$\hat{a} = \bar{y} - \hat{b}\bar{x} \tag{37}$$

---

[1] Die Nullsetzung der partiellen Ableitungen von $Q(a,b)$ nach a und b liefert das als **Normalgleichungen** bezeichnete lineare Gleichungssystem

$$n\hat{a} + \hat{b}\Sigma x_i = \Sigma y_i; \quad \hat{a}\Sigma x_i + \hat{b}\Sigma x_i^2 = \Sigma x_i y_i,$$

das genau dann die eindeutige Lösung (36), (37) besitzt, wenn (wie vorausgesetzt) nicht alle x-Werte miteinander übereinstimmen. Diese Voraussetzung, ohne der Quotient (36) zu einem unbestimmten Ausdruck entartet, garantiert auch, daß es sich bei $Q(\hat{a},\hat{b})$ um eine Minimalstelle von $Q(a,b)$ handelt. Die einschlägigen Bedingungen für die zweiten Ableitungen lauten nämlich:

$$\frac{\partial^2 Q}{\partial a^2} \frac{\partial^2 Q}{\partial b^2} - \left[\frac{\partial^2 Q}{\partial a \partial b}\right]^2 = 4n\sum_{i=1}^{n}(x_i - \bar{x})^2 > 0 \quad \text{und} \quad \frac{\partial^2 Q}{\partial a^2} = 2n > 0.$$

Zweckmäßigerweise bestimmt man zuerst $\hat{b}$ aus (36); denn $\hat{b}$ ist auf der rechten Seite von (37) einzusetzen. Der Zähler in (36) sowie der Zähler in der Formel (27) für den Korrelationskoeffizienten r stimmen überein; es gilt der Zusammenhang

$$\hat{b} = r \frac{s_y}{s_x} \qquad (38)$$

zwischen dem Regressionskoeffizienten $\hat{b}$, dem Korrelationskoeffizienten r und den Standardabweichungen s_x, s_y der beiden Merkmale.

Beispiel 18: In einem Betrieb der Textilbranche wurden 10 Garnaufwickelmaschinen während eines ganzen Arbeitstages mit 10 verschiedenen Geschwindigkeiten $x_1, \ldots, x_{10}$ betrieben. Folgende Tabelle enthält die Anzahl y der Unterbrechungen (Fadenrisse, Spulenanfänge usw.) in Abhängigkeit von der Geschwindigkeit:

Maschinen-Nr. i	1	2	3	4	5	6	7	8	9	10
x_i [m/sec]	21	22	23	24	25	26	27	28	30	34
y_i	30	30	30	40	50	50	60	60	70	80

Hier ist $\bar{x} = 26$ und $\bar{y} = 50$; die weitere Berechnung der Regressionskoeffizienten wollen wir (wie für die Berechnung von r; vgl. die Lösung der Aufgabe 22) anhand einer Arbeitstabelle vornehmen:

i	$(x_i - \bar{x})$	$(x_i - \bar{x})^2$	$(y_i - \bar{y})$	$(x_i - \bar{x})(y_i - \bar{y})$
1	−5	25	−20	100
2	−4	16	−20	80
3	−3	9	−20	60
4	−2	4	−10	20
5	−1	1	0	0
6	0	0	0	0
7	1	1	10	10
8	2	4	10	20
9	4	16	20	80
10	8	64	30	240
Σ	0	140	0	610

Damit erhalten wir aus (36) bzw. (37) die Regressionskoeffizienten:

$$\hat{b} = \frac{610}{140} = 4{,}36 \quad \text{und} \quad \hat{a} = 50 - 4{,}36 \cdot 26 = -63{,}36.$$

In der Regressionsrechnung hat sich eine relativ große Namensvielfalt eingebürgert. Neben der bisher benutzten Bezeichnung (x = unabhängige Variable, y = abhängige Variable) wird z. B. benutzt:

x = exogene Variable = Einflußfaktor = erklärende Variable = **Regressor**

y = endogene Variable = Zielvariable = erklärte Variable = **Regressand**.

Ferner wird die Gerade

$$y = \hat{a} + \hat{b}x$$

als **Regressionsgerade**[1], im technischen Bereich auch als **Ausgleichsgerade,** bezeichnet. Die auf ihr liegenden y-Werte, z.B. die n Werte

$$\hat{y}_i = \hat{a} + \hat{b}x_i$$

werden als **theoretische y-Werte** oder als die **durch die Regression erklärten Werte** bezeichnet; die Differenzen

$$\hat{u}_i = y_i - \hat{y}_i$$

zwischen den empirisch beobachteten und den theoretischen y-Werten heißen **Residuen** (Einzahl: Residuum).

Der naheliegende Weg, den Minimalwert $Q(\hat{a},\hat{b})$ der Quadratsumme (35) als Maß für die Anpassungsgüte zu benutzen, wird deshalb nicht beschritten, weil $Q(\hat{a},\hat{b})$ unbegrenzt große Werte annehmen kann und noch maßstabsabhängig ist. Statt dessen benutzt man die maßstabsunabhängige und auf das Intervall [0,1] normierte Größe:

$$R^2 = \frac{\sum_{i=1}^{n}(\hat{y}_i - \bar{y})^2}{\sum_{i=1}^{n}(y_i - \bar{y})^2} = \frac{s_{\hat{y}}^2}{s_y^2} \qquad (39)$$

(die natürlich nur für den Fall $s_y^2 \neq 0$ definiert ist).

R^2 wird als **Determinationskoeffizient,** als **Bestimmtheitskoeffizient,** als **quadrierter multipler Korrelationskoeffizient** (wenn wie in 4.4 zwei oder mehr Regressoren berücksichtigt werden) oder auch als **der durch die Regression erklärte Anteil der Varianz** bezeichnet. Die letztere Bezeichnung ist zwar etwas schwerfällig, jedoch besonders einsichtig, da (39) direkt als Anteilswert definiert ist. Weitere Einsichten in das Wesen von R^2 liefern die beiden Beziehungen:

$$R^2 = 1 - \frac{\sum_{i=1}^{n}\hat{u}_i^2}{\sum_{i=1}^{n}(y_i - \bar{y})^2} \quad \text{und} \quad R^2 = r^2.$$

Aus der ersten Gleichung erkennt man, daß R^2 tatsächlich auf das Intervall [0,1] normiert ist. Aus der zweiten Gleichung erklärt sich die Verwendung des Begriffs Korrelationskoeffizient für R^2; außerdem kann der zweiten Gleichung wegen der Eigenschaften des Korrelationskoeffizienten r direkt entnommen werden:

a) $R^2 = 0$, wenn die beiden Merkmale unkorreliert sind,

b) $R^2 = 1$, wenn das Streuungsdiagramm auf einer Geraden mit positivem oder negativem Anstieg liegt.

c) Je größer R^2, desto stärker werden die empirischen y-Werte durch die theoretischen y-Werte **bestimmt** oder **determiniert**.

In der Praxis verfolgt man mit der Regressionsrechnung die beiden Zwecke:
• Gewinnung einer handlichen Beschreibung des Zusammenhangs zwischen X und Y, der sich (mit allen Vorbehalten, vgl. 4.5) aus den Beobachtungsdaten herauslesen läßt

---

[1] Der eigentlich erforderliche Zusatz „gemäß dem Prinzip der kleinsten Quadrate festgelegte" wird hier und im folgenden der Kürze halber weggelassen.

- Erstellung von Prognosen der y-Werte, die für noch nicht beobachtete x-Werte zu erwarten sind.

Als Prognosewert wird natürlich der zu dem fraglichen x-Wert gehörende theoretische y-Wert gewählt. Die Gleichsetzung von unbeobachteten y-Werten mit den theoretischen y-Werten liegt auch der **Standardinterpretation der Regressionskoeffizienten** zugrunde:

$\hat{b}$ = Zunahme des y-Wertes bei Erhöhung des x-Wertes um eine Einheit (= Steigung der Regressionsgeraden)

$\hat{a}$ = y-Wert, mit dem der x-Wert 0 korrespondiert (Achsenabschnitt).

Aufgabe 25: *Für 6 verschiedene Monate liegen die Daten über den Hypothekenzinssatz x vor sowie über den saisonbereinigten Auftragseingang y im Bauhauptgewerbe, der auf den privaten Wohnungsbau entfällt:*

Monat i	1	2	3	4	5	6
x_i [%]	6	5	7	7	8	9
y_i [Mio DM]	3000	3200	2500	2300	2000	2000

Bestimmen Sie hieraus

a) die Regressionskoeffizienten $\hat{a}$ und $\hat{b}$,

b) den Bestimmtheitskoeffizienten R^2 mittels (39) direkt und mittels des Korrelationskoeffizienten r,

c) Prognosewerte für den Auftragseingang, der bei einem Hypothekenzinssatz von 4% bzw. 7,5% zu erwarten ist.

Aufgabe 26: *Verläuft die Regressionsgerade stets durch den Punkt $(\bar{x}, \bar{y})$?*

4.3.2 Nichtlineare Regression

Legen theoretische Erkenntnisse oder der visuelle Eindruck des Streuungsdiagrammes die Zugrundelegung eines nichtlinearen Funktionstyps nahe, so kann das Prinzip der kleinsten Quadrate ebenfalls angewandt werden. Wiederum muß die zu (35) analoge Quadratsumme nach den Parametern, die den Funktionstyp beschreiben, differenziert werden. Die Nullsetzung dieser partiellen Ableitungen liefert nun allerdings i.a. ein schwierig aufzulösendes System von nichtlinearen Normalgleichungen. Das folgende Beispiel verdeutlicht die Situation.

Beispiel 19: Im Zuge der Ermittlung einer gewinnmaximalen Düngemittelintensität wurden n = 14 gleichwertige Versuchsfelder mit den Intensitäten $x_1, ..., x_n$ eines bestimmten Düngemittels behandelt und die zugehörigen Erträge $y_1, ..., y_n$ beobachtet. Daß es sich hierbei um einen Sättigungsprozeß handeln dürfte, wird auch durch das in Fig. 19 eingezeichnete Streuungsdiagramm unterstrichen. Das Streuungsdiagramm legt es ferner nahe, statt einer s-förmigen Wachstumsfunktion (logistische Funktion, Gompertz-Funktion usw.) die simplere **exponentielle Wachstumsfunktion** zu verwenden. Diese wird durch die 3 positiven Parameter a,b,c beschrieben:

$y = a - be^{-cx}$.

Ein typisches Exemplar ist in Fig. 19 ebenfalls eingezeichnet.

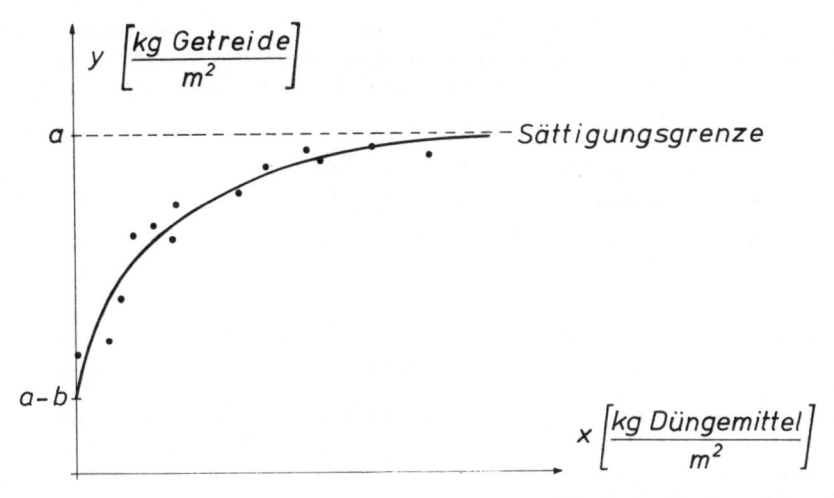

Fig. 19: *Streuungsdiagramm, das auf einen Sättigungsprozeß hindeutet; die eingezeichnete Kurve ist eine exponentielle Wachstumsfunktion*

Für die nach dem Prinzip der kleinsten Quadrate zu minimierende Quadratsumme

$$Q(a,b,c) = \sum_{i=1}^{n} [y_i - a + b e^{-cx_i}]^2$$

erhält man aus den Bedingungen:

$$\frac{\partial Q}{\partial a} = 0, \quad \frac{\partial Q}{\partial b} = 0, \quad \frac{\partial Q}{\partial c} = 0$$

die drei Normalgleichungen:

$$\sum_i y_i - n\hat{a} + \hat{b} \sum_i e^{-\hat{c}x_i} = 0$$

$$\sum_i y_i e^{-\hat{c}x_i} - \hat{a} \sum_i e^{-\hat{c}x_i} + \hat{b} \sum_i e^{-2\hat{c}x_i} = 0$$

$$\hat{b} \sum_i y_i x_i e^{-\hat{c}x_i} - \hat{a}\hat{b} \sum_i x_i e^{-\hat{c}x_i} + \hat{b}^2 \sum_i x_i e^{-2\hat{c}x_i} = 0.$$

Die Auflösung eines derartigen nichtlinearen Gleichungssystems läßt sich nur durch numerisches Herantasten bewerkstelligen[1]; hierauf wollen wir hier selbstverständlich verzichten.

Setzt man die Lösung der Normalgleichungen in den nichtlinearen Funktionstypus ein, so erhält man die **nichtlineare Regressionsfunktion,** im Beispiel 19 also

$$y = \hat{a} - \hat{b} e^{-\hat{c}x}.$$

Wie im linearen Fall werden die auf der Regressionsfunktion liegenden Werte $\hat{y}_i$ als theoretische y-Werte und die $\hat{u}_i = y_i - \hat{y}_i$ als Residuen bezeichnet. Gehören (wie im Beispiel 19) alle konstanten Funktionen zum vorgegebenen Funktionstypus, so kann die Größe

$$1 - \frac{\sum \hat{u}_i^2}{\sum (y_i - \bar{y})^2}$$

als Bestimmtheitskoeffizient verwendet werden; sie ist auf das Intervall [0; 1] normiert.

---

[1] außerdem braucht die Lösung nicht eindeutig zu sein.

Abschließend sei anhand der Beispiele 20 und 21 auf die Fälle aufmerksam gemacht, bei denen die Normalgleichungen entweder direkt linear in den gesuchten Parametern sind oder aber durch die Einführung geeigneter neuer Variablen und neuer Parameter linear werden.

Beispiel 20: Bei Zugrundelegung eines quadratischen Trends der Form

$$y = a + bx^2 \quad \text{(x sei beispielsweise die Zeit)}$$

sind die Normalgleichungen linear in a und b. Ihre Lösung ist identisch mit den Regressionskoeffizienten des linearen Modells

$$y = a + b\bar{x},$$

wobei die neue Variable $\bar{x}$ als x^2 definiert ist; die Formeln (36) bzw. (37) können unmittelbar übernommen werden, wenn darin die x_i durch $\bar{x}_i = x_i^2$ ersetzt werden.

Beispiel 21: Legt man durch ein aus Preis-Absatz-Daten gebildetes Streuungsdiagramm eine Preis-Absatz-Funktion konstanter Preiselastizität, also eine Funktion des Typs

$$y = ax^b \quad \text{(x = Preis, b = Preiselastizität),}$$

so sind die Normalgleichungen zwar noch nicht linear in den Parametern a und b. Hier gelingt jedoch eine **Linearisierung durch Logarithmierung.** Darunter ist folgendes zu verstehen: Logarithmieren wir die Preisabsatzfunktion, so ergibt sich

$$ln\,y = ln\,a + b\,ln\,x;$$

führen wir die neuen beiden Variablen $\bar{x}, \bar{y}$ sowie den Parameter $\bar{a}$ vermöge

$$\bar{x} = ln\,x, \quad \bar{y} = ln\,y, \quad \bar{a} = ln\,a$$

ein, so erhalten wir das lineare Regressionsmodell

$$\bar{y} = \bar{a} + b\bar{x},$$

auf das wir die gewohnten Formeln (36) und (37) anwenden können.[1]

4.4 Die Berücksichtigung von mehr als zwei Merkmalen

In den meisten Fragebögen werden mehr als m = 2 Merkmale erhoben. So befragt das US Census Bureau turnusmäßig 15 000 Haushalte nach den Kaufabsichten für PKW, Häuser sowie 15 weitere dauerhafte Konsumgüter[2]; mithin beträgt die Anzahl m der Merkmale bereits 17.

Hunderte von Merkmalen werden bei großen empirischen Forschungsprojekten, beispielsweise in der Krebs- oder Infarktforschung pro Person erhoben. Die statistischen Ämter der Länder und des Bundes erheben sogar Tausende von Merkmalen auf Gemeindebasis.

Sobald die Anzahl m der Merkmale derartige Größenordnungen erreicht, speichert man die Urliste zweckmäßigerweise in Form einer **Datenmatrix:**

$$\begin{pmatrix} x_{11} & \cdots & x_{1m} \\ x_{21} & \cdots & x_{2m} \\ \vdots & & \vdots \\ x_{n1} & \cdots & x_{nm} \end{pmatrix} \tag{40}$$

---

[1] Die Problematik der Linearisierung durch Logarithmierung wird beispielsweise in Bamberg/Schittko [1979, S. 95–99] ausführlich behandelt.
[2] Vgl. z. B. G. Nerb [1975], S. 43.

Der Beobachtungswert x_{ij} gibt dabei die Ausprägung des j-ten Merkmals bei der i-ten Untersuchungseinheit an; die Zeilen der Datenmatrix entsprechen also den Untersuchungseinheiten (Personen, Gemeinden, Betrieben usw.), während die Spalten den m verschiedenen Merkmalen entsprechen.

Eine Darstellung der Urliste als Streuungsdiagramm ist für m = 3 nicht mehr zu empfehlen und für m ≥ 4 unmöglich. Auch die Bildung einer Kontingenztabelle ist lediglich für die Fälle bis m = 4 sinnvoll; sobald 3 oder 4 Merkmale im Spiel sind, müssen die Vorspalte oder der Tabellenkopf (oder beide) aufgegliedert werden.

Beispiel 22: Berücksichtigen wir in Beispiel 17 zusätzlich als drittes Merkmal die Schulbildung und gliedern wir die Vorspalte auf, so gelangen wir beispielsweise zu der folgenden erweiterten Kontingenztabelle:

Schulbildung	Geschlecht	arbeitslos ja	nein
Volksschule	weiblich	390 000	5 125 000
	männlich	380 000	8 250 000
mittl. Reife	weiblich	70 000	1 500 000
	männlich	70 000	2 500 000
Abitur	weiblich	40 000	375 000
	männlich	50 000	1 250 000

Bei großem m ist es ferner unpraktikabel, für jedes Paar von Merkmalen das zweidimensionale Streuungsdiagramm oder die zweidimensionale Kontingenztabelle aufzustellen; so wären beispielsweise für m = 30 bereits

$$\binom{m}{2} = \binom{30}{2} = \frac{30 \cdot 29}{2} = 435$$

derartige Diagramme bzw. Tabellen erforderlich. Statt dessen werden weitergehende und effizientere Auswertungsmethoden eingesetzt, die entweder

- bei vorrangiger Betonung der Interdependenzanalyse zu den **multivariaten Verfahren** oder
- bei vorrangiger Betonung der Dependenzanalyse zu den **ökonometrischen Verfahren**

gezählt werden. Auf diese beiden wichtigen Teilgebiete kommen wir im vierten Teil zurück; insbesondere wird dabei die **multiple lineare Regression,** d.h. die lineare Regression bei Berücksichtigung von mehr als einem Regressor, sowohl formelmäßig als auch anhand einiger Beispiele behandelt.

4.5 Kritische Zusammenfassung, Literaturhinweise

Ebenso wie die in Kapitel 3 besprochenen Verfahren dienen die Korrelations- und die Regressionsrechnung der Komprimierung von Daten. Wenn die Modalitäten der Datenerhebung noch beeinflußbar sind, sollte angestrebt werden, die Merkmale möglichst auf Kardinalskalen-Niveau zu messen. So sollten beispielsweise Personen nicht nur danach gefragt werden, **ob** sie Raucher sind; sie sollten vielmehr nach der **Anzahl** der täglich konsumierten Zigaretten befragt werden.

Auch wenn die Merkmale kardinalskaliert sind, so daß die Berechnung des Bravais-Pearson-Korrelationskoeffizienten oder einer Regressionsfunktion formal gerechtfertigt ist, bleiben zumindest folgende (exemplarisch für die lineare Regression formulierten) Punkte problematisch:

1) Stellt eine Gerade die adäquate Darstellungsform für die Beobachtungsdaten dar?
2) Ist der gewählte Abstandsbegriff, d. h. die Quadratsumme (35), ein brauchbares Gütemaß?
3) Wurden alle relevanten Einflußgrößen erfaßt?
4) Übt x einen Einfluß auf y oder y einen Einfluß auf x aus; besteht überhaupt irgendeine kausale Beziehung zwischen x und y?

Bei der Berücksichtigung des Stichprobencharakters der Daten ergeben sich weitere Fragen (Sind die Regressionskoeffizienten signifikant von Null verschieden; ist der Stichprobenumfang n ausreichend?), die im Rahmen der deskriptiven Statistik nicht weiter erörtert werden können.

Die obigen Punkte 3) und 4) sind bei der Interpretation einer Regressionsanalyse besonders sorgfältig zu beachten. Ein kausaler Einfluß von x auf y kann zwar vermutet und gegebenenfalls durch die Regressionsrechnung „statistisch erhärtet" werden; ein Beweis kann damit – selbst in den Fällen, in denen der Bestimmtheitskoeffizient R^2 den Wert 1 erreicht – natürlich nicht erbracht werden. Häufig wird ein Zusammenhang zwischen x und y dadurch vorgetäuscht, daß eine oder mehrere unberücksichtigte Variablen, sogenannte intervenierende Variablen, sowohl x als auch y beeinflussen; man spricht dann von einer **Scheinkorrelation.**

Beispiel 23: Eine Regressionsanalyse der Daten
x_i = Bestand an elektrischen Rasierapparaten im Jahre i
y_i = Tonnage der Welttankerflotte im Jahre i
liefert einen beträchtlich großen Bestimmtheitskoeffizienten R^2. Hier liegt eine typische Scheinkorrelation vor; als intervenierende Variablen, die sowohl x als auch y beeinflussen, kann man sich die Zeit, den technischen Fortschritt oder den Industrialisierungsgrad vorstellen. Selbstverständlich hat eine bloße Vermehrung des Bestandes an elektrischen Rasierapparaten keine Erhöhung der Tanker-Tonnage zur Folge.

Auch bei den Daten des Beispiels 14 dürfte es sich um eine Scheinkorrelation handeln, wobei als intervenierende Variablen etwa die Unternehmensgröße, der Automatisierungsgrad, die Kapitalausstattung u. dgl. aufzuführen wären. Mit einer Erhöhung des Jahresgewinnes ist (trotz positiven Anstiegs der Regressionsgeraden) keine Erhöhung der Jahresmiete für die EDV-Anlage zu befürchten; natürlich dürfte auch der Versuch, durch eine bloße Erhöhung der Miete für die EDV-Anlage einen höheren Jahresgewinn erzielen zu wollen, kaum jemals vom Erfolg gekrönt sein.

Die Gefahr von Scheinkorrelationen ist um so geringer, je enger der Dialog zwischen Substanzwissenschaftlern und Statistikern ist. Sobald nämlich die intervenierenden Variablen erkannt und datenmäßig erfaßt sind, kann die Scheinkorrelation durch den Übergang zu **partiellen Korrelationskoeffizienten,** bei denen der Einfluß der intervenierenden Variablen ausgeschaltet, d. h. „herausgerechnet" wurde, weitgehend beseitigt werden. Ferner kann anstelle der einfachen Regression (zwischen x und y) eine multiple Regression durchgeführt werden, bei der die intervenierenden Variablen als Regressoren berücksichtigt sind und ihr Einfluß transparent gemacht wird.

4.5 Kritische Zusammenfassung, Literaturhinweise

Unerkannte Scheinkorrelationen sowie andere unsachgemäße Interpretationen von Regressionsanalysen haben wesentlich zum Zustandekommen des Schlagwortes von der „statistischen Lüge" beigetragen.

Ausführliche Darstellungen der Regressionsanalyse und ihrer Verfeinerungen sind in jedem Lehrbuch der Ökonometrie enthalten (vgl. etwa die in Kapitel 16 zitierte Literatur); dort werden auch die partiellen Korrelationskoeffizienten definiert und diskutiert. Draper/Smith [1981] sowie E. Haller-Wedel [1973] behandeln die Regressionsanalyse sehr ausführlich. Korrelationskoeffizienten, auf deren Behandlung hier verzichtet wurde, sind beispielsweise bei S. Siegel [1956], E. Schaich [1977], M.G. Kendall [1962], G. Lienert [1973], B.S. Everitt [1977], F. Böcker [1978] und Hartung/Elpelt/Klösener [1986] zu finden.

5. Kapitel:
Verhältniszahlen und Indexzahlen

Viele der bisher definierten Begriffe wurden als **Verhältniszahlen,** d.h. als Quotienten zweier anderer Zahlen eingeführt. Verhältniszahlen sind beispielsweise die relativen Häufigkeiten f_i, das arithmetische Mittel $\bar{x}$ und damit alle Pro-Kopf-Größen, die mittlere quadratische Abweichung s^2, der Variationskoeffizient V und der Bestimmtheitskoeffizient R^2. Auch die wichtigsten Preis- und Mengenindizes stellen Verhältniszahlen dar. Es ist deshalb angebracht, an dieser Stelle einige allgemeine Bemerkungen über Verhältniszahlen und ihre Klassifikation einzuschieben. Die restlichen Abschnitte dieses Kapitels sind den Indexzahlen gewidmet.

5.1 Klassifikation der Verhältniszahlen

Formal kann natürlich aus je zwei Zahlen immer dann ein Quotient gebildet werden, wenn der Nenner von Null verschieden ist. In der Statistik sind jedoch nur die Quotienten solcher Zahlen relevant, zwischen denen aus sachlogischen Gründen heraus eine Beziehung besteht oder eine sinnvolle Beziehung vermutet werden kann.[1] Üblicherweise unterscheidet man drei Typen von Verhältniszahlen, nämlich die Gliederungszahlen, die Beziehungszahlen und die Meßzahlen.

1) **Gliederungszahlen** entstehen, wenn eine Gesamtmasse in Teilmassen aufgegliedert wird und die Teilmassen jeweils (bzgl. der relativen Häufigkeit oder der anteiligen Merkmalssumme) zur Gesamtmasse in Beziehung gesetzt werden.

    Beispiel 24: Gliederungszahlen begegnen uns im ökonomischen und sozialwissenschaftlichen Bereich auf Schritt und Tritt, so etwa bei der Aufgliederung
    - des Konzernumsatzes in Inlands- und Auslandsumsatz
    - des Betriebsvermögens nach der Herkunft der finanziellen Mittel
    - des Imports oder Exports nach Warengruppen
    - des Endenergieverbrauchs (Industrie $\approx$ 36%, Verkehr $\approx$ 20% usw.)
    - der Schüler nach Schularten
    - der Erwerbstätigen nach Wirtschaftsbereichen.

    Gliederungszahlen werden in erster Linie zur Darstellung der inneren Struktur einer Gesamtmasse benutzt; häufig werden sie anhand eines Kreissektorendiagramms (vgl. Fig. 4) graphisch veranschaulicht.

2) **Beziehungszahlen** entstehen, wenn zwei verschiedenartige (sachlich aber dennoch sinnvoll zusammenhängende) Größen zueinander in Beziehung gesetzt werden. Beziehungszahlen werden vornehmlich für Vergleichszwecke benutzt.

    Beispiel 25: Beziehungszahlen sind beispielsweise alle Geschwindigkeitsangaben, das arithmetische Mittel, die mittlere quadratische Abweichung, der Variationskoeffizient sowie ferner so bekannte Begriffe wie die Eigenkapitalrendite, der Verschuldungskoeffizient, der Kapitalkoeffizient, der Motorisierungsgrad, die Arbeitsproduktivität, die Bevölkerungsdichte usw.

---

[1] Hier tritt dieselbe Problematik auf, wie sie im Abschnitt 4.5 im Zusammenhang mit der Scheinkorrelation diskutiert wurde.

3) Schließlich werden als **Meßzahlen** diejenigen Quotienten bezeichnet, die aus den Zeitreihenwerten eines (kardinalskalierten) Merkmals gebildet werden. Ist x_i der Beobachtungswert in der Periode i, so gibt die Meßzahl

$$\frac{x_j}{x_i} \quad (x_i \neq 0)$$

an, in welchem Verhältnis sich die Merkmalsausprägung in der **Berichtsperiode** j gegenüber derjenigen in der **Basisperiode** i geändert hat. Auch Meßzahlen dienen hauptsächlich Vergleichszwecken, etwa dem zeitlichen Vergleich[1]

- der Preisentwicklung zweier verschiedener Produkte
- der Preisentwicklung desselben Produktes in zwei verschiedenen Ländern
- der Umsatzentwicklung verschiedener Filialen einer Einzelhandelskette usw.

Die Basisperiode wird bei derartigen Vergleichen festgehalten; nur die Berichtsperiode variiert. Selbstverständlich sollte die Basisperiode eine möglichst „normale" Periode sein, also nicht durch außergewöhnliche Arbeitskämpfe, Wechselkursänderungen, Energiekrisen und dgl. gekennzeichnet sein.

Aufgabe 27: *Handelt es sich bei den folgenden Verhältniszahlen um eine Gliederungs-, Beziehungs- oder Meßzahl?*

a) $\dfrac{\text{Anzahl der Beschäftigten der Bundespost 1980}}{\text{Anzahl aller Beschäftigten in der Bundesrepublik 1980}}$

b) $\dfrac{\text{Umsatz in der holzverarbeitenden Industrie 1979}}{\text{Bierverbrauch in Bayern 1970}}$

c) $\dfrac{\text{Insolvenzen 1979}}{\text{Insolvenzen 1978}}$

d) $\dfrac{\text{durch Streik verlorene Arbeitstage je 1000 abhängige Beschäftigte 1981}}{\text{Anzahl der Verkehrsunfälle mit Personenschäden 1978}}$

Welche dieser Verhältniszahlen halten Sie für sinnvoll?

5.2 Allgemeine Bemerkungen über Preisindizes

Die ökonomische, politische und soziale Bedeutung der Preisindizes liegt auf der Hand; sie werden in vielen wirtschaftstheoretischen Modellen und in allen Diskussionen um Kaufkraftveränderungen, Veränderungen des Preisniveaus u. dgl. benötigt. Wir wollen uns hier auf die Diskussion einiger wichtiger methodischer Fragen sowie die Darstellung der bekanntesten Typen von Preisindizes beschränken.

Während eine Preismeßzahl die Preisveränderung **eines einzelnen** Gutes beschreibt, soll der Preisindex Auskunft über die Preisveränderung **vieler** Güter geben. Im Rahmen der amtlichen Statistik der Verbrauchspreise werden monatlich die Preise von ca. 900 Waren und Dienstleistungen erhoben. Die naheliegende Auswertung, nämlich die Bildung von 900 Preismeßzahlen, würde für die Datenkonsumenten

---

[1] Gelegentlich bedeutet x_i auch die Merkmalsausprägung in der Stadt i, der Region i oder dem Land i. Auch dann bezeichnet man die Quotienten als Meßzahlen; sie dienen dann dem räumlichen Vergleich, etwa dem Vergleich des Luftverschmutzungsgrades in verschiedenen Regionen.

(Politiker, Gewerkschafter, Verbraucher, ...) ein allzu verwirrendes Bild liefern. Es wäre trotz seiner Unübersichtlichkeit nicht einmal vollständig; denn die unterschiedliche Bedeutung der verschiedenen Waren und Dienstleistungen kommt in den Preisen oder Preismeßzahlen noch nicht zum Ausdruck. Ein praktikabler Preisindex sollte deshalb möglichst einfach sein, d.h. aus einer einzigen Zahl bestehen, und ferner neben den Preisen auch die Bedeutung der einzelnen Waren und Dienstleistungen berücksichtigen. Diesen Erfordernissen genügen die im nächsten Abschnitt behandelten Preisindizes. Für die Preise der n Güter und die **Warenkörbe,** d.h. die jeweils in der Basisperiode (0) bzw. der Berichtsperiode (t) verbrauchten Mengen, wird die folgende Symbolik benutzt:

$p_0(1), \ldots, p_0(n)$: Preise in der Basisperiode 0
$p_t(1), \ldots, p_t(n)$: Preise in der Berichtsperiode t
$q_0(1), \ldots, q_0(n)$: Mengen in der Basisperiode 0
$q_t(1), \ldots, q_t(n)$: Mengen in der Berichtsperiode t

Formal stellt sich damit das Problem, eine Formel zu entwickeln, die obigen 4n Variablen eine einzige Zahl zuordnet. I. Fisher [1922] versuchte, die Gesamtheit aller denkbaren Indexformeln durch eine Reihe von Postulaten, die sogenannten **Fisherschen Tests,** auf einige wenige „vernünftige" Indizes zu reduzieren.[1]

Obwohl er seinen „Idealindex" propagierte, fand er keinen Index, der alle aufgestellten Tests gleichzeitig erfüllt. A. Wald [1937] wies nach, daß es in der Tat eine vergebliche Mühe wäre, einen Index zu suchen, der alle Fisherschen Tests simultan erfüllt. In der Folgezeit wurden einige modifizierte Systeme von Postulaten als unerfüllbar nachgewiesen; durch das von Eichhorn/Voeller [1976] aufgestellte allgemeine Inkonsistenztheorem wurde ein vorläufiger Abschluß dieser Diskussion erreicht.

5.3 Spezielle Preisindizes

Die beiden wichtigsten Preisindizes sind diejenigen von Laspeyres und Paasche; sie werden im Abschnitt 5.3.1 behandelt. Die in 5.3.2 kurz angesprochenen Indizes finden in der amtlichen Statistik dagegen kaum Verwendung.

5.3.1 Die Preisindizes von Laspeyres und Paasche

Bis zu den Arbeiten von E. Laspeyres (1871) und H. Paasche (1874) diente vorwiegend das (ungewichtete) arithmetische Mittel von Preismeßzahlen als Anhaltspunkt für die Preisentwicklung. In diesen beiden Arbeiten wurde eine Gewichtung vorgeschlagen, die sich im Falle des Laspeyres-Index an dem Warenkorb der Basisperiode und im Falle des Paasche-Index an dem Warenkorb der Berichtsperiode orientiert. Der **Preisindex von Laspeyres** ist definiert als

$$P_{ot}^L = \sum_{i=1}^{n} \frac{p_t(i)}{p_0(i)} g_0(i) \quad \text{mit} \quad g_0(i) = \frac{p_0(i) q_0(i)}{\sum_{j=1}^{n} p_0(j) q_0(j)}, \qquad (41)$$

---

[1] So beinhaltet beispielsweise einer dieser Tests, der Proportionalitätstest, die plausible Forderung, daß der Preisindex den Wert λ annehmen muß, wenn sich alle Preise „im Gleichschritt" um den Faktor λ verändern.

während der **Preisindex von Paasche** als

$$P_{0t}^P = \sum_{i=1}^{n} \frac{p_t(i)}{p_0(i)} g_t(i) \quad \text{mit} \quad g_t(i) = \frac{p_0(i) q_t(i)}{\sum_{j=1}^{n} p_0(j) q_t(j)} \qquad (42)$$

definiert ist. Kürzt man hierbei jeweils $p_0(i)$, so erhält man die sogenannte **Aggregatform** der Indizes

$$P_{0t}^L = \frac{\sum_{i=1}^{n} p_t(i) q_0(i)}{\sum_{i=1}^{n} p_0(i) q_0(i)} \quad \text{bzw.} \quad P_{0t}^P = \frac{\sum_{i=1}^{n} p_t(i) q_t(i)}{\sum_{i=1}^{n} p_0(i) q_t(i)}, \qquad (43)$$

aus der ersichtlich ist, daß P_{0t}^L und P_{0t}^P selbst als Meßzahlen aufgefaßt werden können, nämlich als Meßzahlen derjenigen Aufwendungen, die für den Warenkorb der Basisperiode bzw. der Berichtsperiode erforderlich sind.

Der Preisindex von Laspeyres (bzw. Paasche) gibt somit an, wie sich das Preisniveau geändert hätte, wenn das in der Basisperiode (bzw. Berichtsperiode) gültige Verbrauchsschema unverändert auch in der Berichtsperiode (bzw. Basisperiode) Gültigkeit hätte.

Beispiel 26: Wir definieren uns aus Gründen der Übersichtlichkeit einen sehr kleinen Warenkorb, bestehend aus Zigaretten, Bier und Kaffee. In den Jahren 1950 bis 1953 werden für den Jahresverbrauch pro Einwohner und die Preise folgende Daten zugrunde gelegt:

Jahr Gut i	1950 ≙ 0		1951 ≙ 1		1952 ≙ 2		1953 ≙ 3	
	$q_0(i)$	$p_0(i)$	$q_1(i)$	$p_1(i)$	$q_2(i)$	$p_2(i)$	$q_3(i)$	$p_3(i)$
Zigaretten [Stück]	476	0,1	553	0,1	598	0,08	707	0,08
Bier [l]	37	0,3	47	0,4	52	0,4	57	0,5
Kaffee [kg]	0,6	12	0,7	11	0,9	11	1,4	8

Hier errechnet man bei Verwendung der Aggregatform (43):

$$P_{01}^L = \frac{0,1 \cdot 476 + 0,4 \cdot 37 + 11 \cdot 0,6}{0,1 \cdot 476 + 0,3 \cdot 37 + 12 \cdot 0,6} = 1,047$$

$$P_{01}^P = \frac{0,1 \cdot 553 + 0,4 \cdot 47 + 11 \cdot 0,7}{0,1 \cdot 553 + 0,3 \cdot 47 + 12 \cdot 0,7} = 1,051.$$

Behält man 1950 als Basisjahr bei, so kann man aus dieser Tabelle ferner die Indizes

$P_{02}^L = 0,903, \quad P_{03}^L = 0,931$
$P_{02}^P = 0,911, \quad P_{03}^P = 0,920$

berechnen. Als Gewichtungsfaktor $g_0(2)$, mit dem bei P_{01}^L gemäß (41) die Preismeßzahl

$$\frac{p_1(2)}{p_0(2)} = \frac{0,4}{0,3} = 1,33$$

5.3 Spezielle Preisindizes

für den Bierpreis gewichtet wird, erhält man beispielsweise

$$g_0(2) = \frac{p_0(2)q_0(2)}{\sum_{j=1}^{3} p_0(j)q_0(j)} = \frac{0,3 \cdot 37}{0,1 \cdot 476 + 0,3 \cdot 37 + 12 \cdot 0,6} = 0,17.$$

Der Laspeyres-Index eignet sich für die Erstellung längerer Zeitreihen aus den folgenden Gründen besser als der Paasche-Index:

1) Das Gewichtungsschema bleibt konstant. Insofern spiegeln die Indexzahlen die Auswirkung der reinen Preisveränderung wider. Die Vergleichbarkeit der einzelnen Index-Werte ist deshalb eher als beim Paasche-Index gewährleistet.
2) Die Preise sind einfacher zu erheben als die Verbrauchsgewohnheiten.[1]
3) Bei neuen Gütern (Farbfernsehgeräte, Video-Recorder usw.), die in dem Warenkorb der Basisperiode noch nicht vorhanden waren, existiert kein Preis $p_0(i)$, so daß der Paasche-Index erst durch Zuhilfenahme spezieller Kunstgriffe berechenbar wird.

Aus diesen Gründen veröffentlicht das Statistische Bundesamt Preisindizes vom Laspeyres-Typ. Einen gewissen Eindruck von der Vielfalt der preisstatistischen Aktivitäten vermittelt Beispiel 27.

Beispiel 27: Neben den aus den Massenmedien her bekannten Preisindizes für die Lebenshaltung werden eine Fülle weiterer Preisindizes monatlich berechnet, beispielsweise Indizes der Einfuhrpreise, der Ausfuhrpreise, der Grundstoffpreise, der Erzeugerpreise landwirtschaftlicher Produkte. Preisindizes für Bauwerke werden in vierteljährlichem Turnus publiziert. Ihrer Bedeutung entsprechend werden Preisindizes für die Lebenshaltung sehr differenziert, nämlich in folgenden fünf Varianten, angegeben:

1) für alle privaten Haushalte
2) für Angestellten- und Beamtenhaushalte mit höherem Einkommen (Vier-Personen-Haushalte)
3) für Arbeitnehmerhaushalte mit mittlerem Einkommen des alleinverdienenden Haushaltsvorstandes (Vier-Personen-Haushalte)
4) für Renten- und Sozialhilfeempfänger-Haushalte (Zwei-Personen-Haushalte)
5) für die einfache Lebenshaltung eines Kindes.

Dabei liegt zur Zeit der Warenkorb von 1980 zugrunde. Im Falle des Preisindex der Lebenshaltung für alle privaten Haushalte sind die $g_0(i)$ dergestalt, daß sich (bei Aggregation der Güter zu größeren Verbrauchsgruppen) die in der Tabelle angegebenen prozentualen Gewichte ergeben. Zum Vergleich sind auch die Gewichte bzgl. der Warenkörbe von 1970 und 1976 angegeben:

Hauptgruppe	1970	1976	1980
Nahrungs- und Genußmittel	33,3%	26,7%	24,9%
Kleidung, Schuhe	10,1%	8,6%	8,2%
Wohnungsmiete	12,6%	13,3%	14,8%
Elektrizität, Gas, Brennstoffe	4,6%	4,9%	6,5%
übrige Haushaltsausgaben (z. B. Möbel)	11,4%	8,8%	9,4%
Verkehr, Nachrichtenübermittlung	10,5%	14,7%	14,3%
Körper-, Gesundheitspflege	4,0%	4,3%	4,1%
Bildung und Unterhaltung	6,1%	9,1%	8,5%
persönliche Ausstattung (z. B. Urlaub)	7,4%	9,6%	9,4%

---

[1] Verbrauchsgewohnheiten der Gesamtbevölkerung sind zwar aus den Globaldaten relativ einfach zu ermitteln. Die Ermittlung der Verbrauchsgewohnheiten ausgewählter Verbrauchergruppen ist dagegen ungemein aufwendig; sie erfolgt in mehrjährigem Turnus auf der Basis der großen Einkommens- und Verbrauchsstichproben.

Aufgabe 28: *Ein Laspeyres-Index zeigt folgendes Verhalten: Steigt der Benzinpreis um 8% und bleiben alle restlichen Preise unverändert, so resultiert der Wert $P_{0t}^L = 1,004$. Mit welchem Gewicht ist das Gut „Benzin" im Warenkorb vertreten?*

5.3.2 Weitere Preisindizes

Der von I. Fisher vorgeschlagene **Idealindex** ist das geometrische Mittel aus dem Laspeyres- und dem Paasche-Index:

$$P_{0t}^F = \sqrt{P_{0t}^L P_{0t}^P}.$$

Der **Marshall-Edgeworth-Index** benutzt einen Warenkorb, der sich aus der Mittelung der Verbrauchsmengen in der Basis- und der Berichtsperiode ergibt; er lautet in Aggregatform demnach:

$$P_{0t}^{ME} = \frac{\sum_{i=1}^{n} p_t(i)[q_0(i) + q_t(i)]}{\sum_{i=1}^{n} p_0(i)[q_0(i) + q_t(i)]}.$$

Dem **Preisindex von Lowe** liegt ein Warenkorb zugrunde, der sowohl von der Basis- als auch von der Berichtsperiode unabhängig ist:

$$P_{0t}^{LO} = \frac{\sum_{i=1}^{n} p_t(i) q(i)}{\sum_{i=1}^{n} p_0(i) q(i)}.$$

Das verständliche Unbehagen an allen **mechanischen** (d.h. durch ein festes Gewichtungsschema definierten) **Preisindizes** hat zur Entwicklung einiger stärker ökonomisch bestimmter Indizes geführt. Stellvertretend sei hier auf den von A. Wald 1939 vorgeschlagenen **ökonomischen Preisindex** verwiesen. Er beruht – grob gesprochen – auf dem folgenden Grundgedanken: In jeder Periode werden die Verbrauchsausgaben nutzenmaximal auf die verschiedenen Güter verteilt. Beim Preisgefüge in der Periode 0 kann mit Ausgaben in Höhe von A_0 ein bestimmtes Nutzenniveau erreicht werden. Diejenigen Ausgaben, die bei Zugrundelegung des Preisgefüges der Periode t gerade gewährleisten, daß das alte Nutzenniveau wieder realisiert werden kann, seien mit A_t bezeichnet. Der ökonomische Index ist dann als Quotient A_t/A_0 dieser beiden Ausgaben definiert.

5.4 Mengenindizes

Vertauschen wir beim Laspeyres- und Paasche-Index die Rolle der Preise und Mengen, so erhalten wir ebenfalls wieder sinnvoll interpretierbare Größen. Aus der Aggregatform (43) ergibt sich nämlich der **Mengenindex von Laspeyres:**

$$Q_{0t}^L = \frac{\sum_{i=1}^{n} p_0(i) q_t(i)}{\sum_{i=1}^{n} p_0(i) q_0(i)}.$$

Faßt man die $q_0(i)$ bzw. $q_t(i)$ nicht als Verbrauchsmengen innerhalb eines Warenkorbs auf, sondern als produzierte Mengen (eines Sektors oder der Gesamtwirtschaft), so gibt Q_{0t}^L das Verhältnis an, in dem sich der Wert der Produktion – bewertet mit den Preisen der Basisperiode – geändert hat. Analog ist der **Mengenindex von Paasche**

$$Q_{0t}^P = \frac{\sum_{i=1}^{n} p_t(i) q_t(i)}{\sum_{i=1}^{n} p_t(i) q_0(i)}$$

zu interpretieren.

5.5 Umbasierung, Verkettung und Verknüpfung von Indexwerten

Zur Vereinfachung der Bezeichnungsweise ist in diesem Abschnitt stets von Preisindizes die Rede; alles Gesagte gilt analog für Mengenindizes.

Infolge der von Zeit zu Zeit erfolgenden Umstellung auf einen aktuelleren Warenkorb ist die Situation relativ häufig anzutreffen, daß eine längere Reihe von Indexwerten vorliegt, bei der unterschiedliche Basisperioden zugrunde liegen; eine typische Reihe ist beispielsweise:

$P_{01}, P_{02}, P_{03}, P_{04}, P_{45}, P_{46}, P_{47}$

Die Vergleichbarkeit und Interpretationsmöglichkeit dieser Reihe ist infolge des Wechsels der Basisperiode stark eingeschränkt. Die in der Überschrift genannten Begriffe zielen darauf ab, aus derartigen Indexwerten eine durchgehende, einheitliche Zeitreihe zu bilden.

Die erforderlichen rechnerischen Manipulationen sind allerdings immer dann problematisch, wenn der betrachtete Index die **Rundprobe**[1] verletzt. Sie besagt, daß für beliebige Basisperioden und beliebige Berichtsperioden die Gleichung

$$P_{0t} = P_{01} \cdot P_{12} \cdots P_{t-1,t} \qquad (44)$$

gelten muß. Die linke Seite von (44) vermittelt einen direkten Vergleich der Perioden 0 und t, während die rechte Seite von (44) nur einen indirekten Vergleich dieser Perioden über den „Umweg" benachbarter Zwischenperioden vermittelt; Fig. 20 verdeutlicht die Situation. Von allen in Abschnitt 5.3 aufgeführten Indizes genügt nur der Lowe-Index der Rundprobe.

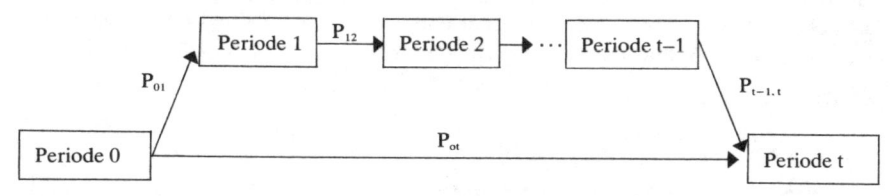

Fig. 20: Bei Gültigkeit der Rundprobe (44) führt der mittelbare Vergleich der Perioden 0 und t (oberer Pfeilweg) zu demselben Indexwert wie der unmittelbare Vergleich (unterer Pfeil)

---

[1] Dies ist ebenfalls einer der von I. Fisher aufgestellten Tests (in seiner Terminologie der „circular test").

5.5.1 Umbasierung

Als **Umbasierung** einer Zeitreihe $P_{01}, P_{02}, P_{03}, \ldots$ von Indexwerten mit der Basisperiode 0 auf die neue Basisperiode τ bezeichnet man die Bildung der Zeitreihe

$$P^*_{\tau t} = \frac{P_{0t}}{P_{0\tau}} \qquad t = 0, 1, 2, \ldots \tag{45}$$

Vergleicht man $P^*_{\tau t}$ mit dem echten (d.h. aufgrund des tatsächlichen Warenkorbs der Periode τ ermittelten) Indexwert $P_{\tau t}$, so stellt man fest, daß die Übereinstimmung nur dann generell gilt, wenn die Rundprobe erfüllt ist.[1] Für den Laspeyres-Index ist (vgl. nachfolgendes Beispiel 28) die Gleichung

$$P^*_{\tau t} = P_{\tau t}$$

im allgemeinen verletzt.

5.5.2 Verkettung

Als **Verkettung** von Indexwerten

$$P_{01}, P_{12}, P_{23}, \ldots$$

über benachbarte Zeitperioden bezeichnet man die Bildung einer Zeitreihe mit der gemeinsamen Basisperiode 0 gemäß der Vorschrift:

$$P^*_{0t} = P_{01} \cdot P_{12} \cdots P_{t-1,t}.$$

Die Bedingung, daß dieser rechnerisch erzeugte Indexwert P^*_{0t} mit dem tatsächlichen Indexwert P_{0t} generell übereinstimmt, ist sogar direkt identisch mit der Rundprobe (44).

5.5.3 Verknüpfung

Durch die Verwendung verschiedener Basisperioden oder durch den Übergang zu anderen Modalitäten (etwa die Umstellung von einer fünfköpfigen auf eine vierköpfige „Normalfamilie") können zwei Zeitreihen von Indexwerten

Reihe 1: $P_{01}, P_{02}, \ldots, P_{0t}$
Reihe 2: $\ldots, P'_{\tau t}, P'_{\tau, t+1}, \ldots$

entstehen, die man miteinander zu einer langen Zeitreihe verknüpfen möchte. Sobald sich die beiden Reihen – wie es hier der Fall ist – in einer Zeitperiode t überlappen, stehen zur **Verknüpfung** die folgenden beiden Alternativen zur Verfügung:

1) Die zweite Reihe wird an die erste Reihe angeschlossen:

$$\underbrace{P_{01}, P_{02}, \ldots, P_{0t}}_{\substack{\text{die Werte der} \\ \text{Reihe 1 bleiben} \\ \text{unangetastet}}}, \underbrace{\frac{P_{0t}}{P'_{\tau t}} P'_{\tau, t+1}, \frac{P_{0t}}{P'_{\tau t}} P'_{\tau, t+2}, \ldots}_{\substack{\text{die Werte der Reihe 2 werden um} \\ \text{einen Faktor geändert}}} \tag{46}$$

---

[1] Multiplizieren wir (45) mit $P_{0\tau}$, so erhalten wir $P_{0\tau} P^*_{\tau t} = P_{0t}$; andererseits läßt sich aus (44) sofort die Beziehung $P_{0\tau} P_{\tau t} = P_{0t}$ folgern.

2) Die erste Reihe wird an die zweite Reihe angeschlossen:

$$\underbrace{\frac{P'_{\tau t}}{P_{0t}} P_{01}, \frac{P'_{\tau t}}{P_{0t}} P_{02}, \ldots, \frac{P'_{\tau t}}{P_{0t}} P_{0t} = P'_{\tau t}}_{\text{die Werte der Reihe 1 werden um einen Faktor geändert}}, \underbrace{P'_{\tau, t+1}, P'_{\tau, t+2}, \ldots}_{\text{die Werte der Reihe 2 bleiben unangetastet}} \tag{47}$$

Die bei (46) bzw. (47) benutzten Faktoren sind gerade so gewählt, daß für die Zeitperiode t ein „nahtloser" Übergang gewährleistet wird. Leider ist die Terminologie in der Literatur nicht ganz einheitlich; gelegentlich wird diese Verknüpfung ebenfalls als Verkettung bezeichnet.

Beispiel 28: Wir wollen auf die Daten des Beispiels 26 zurückgreifen und daran die Umbasierung, Verkettung und Verknüpfung numerisch illustrieren. Neben den bereits angegebenen Laspeyres-Indizes (die Kennzeichnung durch das hochgestellte L lassen wir weg):

$$P_{01} = 1{,}047; \quad P_{02} = 0{,}903; \quad P_{03} = 0{,}931$$

können drei weitere Laspeyres-Indizes berechnet werden:

$$P_{12} = 0{,}865; \quad P_{13} = 0{,}897; \quad P_{23} = 1{,}032.$$

Beim Umbasieren gemäß (45) erhalten wir beispielsweise

$$P^*_{13} = \frac{P_{03}}{P_{01}} = \frac{0{,}931}{1{,}047} = 0{,}889 \quad (\neq P_{13}).$$

Die Verkettung liefert beispielsweise:

$$P^*_{03} = P_{01} \cdot P_{12} \cdot P_{23} = 1{,}047 \cdot 0{,}865 \cdot 1{,}032 = 0{,}935 \quad (\neq P_{03}).$$

Wenn wir die Reihen

$$P_{01}, P_{02}$$
$$P_{12}, P_{13}$$

durch Anschluß der zweiten Reihe an die erste miteinander verknüpfen, so erhalten wir die Reihe

$$P_{01}, P_{02}, \frac{P_{02}}{P_{12}} \cdot P_{13}$$

mit den numerischen Werten

$$1{,}047; \ 0{,}903; \ \frac{0{,}903}{0{,}865} \ 0{,}897 = 0{,}936.$$

Wie zu erwarten war, stellt der dritte Wert wiederum nur eine Approximation an den exakten Wert ($P_{03} = 0{,}931$) dar.

5.6 Kritische Zusammenfassung, Literaturhinweise

Da in diesem Kapitel bereits relativ viele pro- und contra-Argumente in den Text eingestreut wurden, können wir uns hier im wesentlichen auf einige ergänzende Bemerkungen und Literaturhinweise beschränken.

Beziehungszahlen sind schon von der Definition her problematisch; auch Meßzahlen können problematisch sein, wenn die Basisperiode sehr irregulär ist. Daß sogar die Interpretation von Gliederungszahlen problematisch sein kann, zeigt der altbekannte Kalauer „am gefährlichsten ist es im Bett, denn darin kommen die meisten

Menschen um", der sich offensichtlich auf eine Gliederungszahl stützt. Im ersten Band von J. Pfanzagl [1972] werden die Verhältniszahlen besonders ausführlich dargestellt. Dort sowie bei Menges/Skala [1973], J. Schwarze [1976], D. Hochstädter [1978] und F. Ferschl [1978] ist auch die Standardisierung (Umrechnung der Verhältniszahlen statistischer Massen mit unterschiedlicher Struktur auf eine einheitliche Struktur für Vergleichszwecke) eingehender beschrieben.

Bei der Erörterung der Indexzahlen blieb beispielsweise unerwähnt

- wie gut die in den Warenkorb aufgenommenen Güter die Gesamtheit aller Güter repräsentieren
- wie Qualitätsänderungen berücksichtigt werden sollen
- ob (und gegebenenfalls wie) die Güter mit saisonabhängigen Preisen Eingang finden sollten
- wie stark der Stichprobencharakter der Preise (wenn diese bei stichprobenartig ausgewählten Geschäften erhoben werden) den Indexwert beeinflußt.

Wegen des letzteren Problems sei auf Mundlos/Schwarze [1978] verwiesen. Wegen der anderen Probleme können u. a. J. Pfanzagl [1972], Menges/Skala [1973], Anderson/Popp/Schaffranek/Stenger/Szameitat [1978] sowie die wirtschaftsstatistischen Lehrbücher H. Kuchenbecker [1973], H. Abels [1976] und P. v.d. Lippe [1985] empfohlen werden. Stellvertretend für die vielen bisher entwickelten, jedoch in der Praxis kaum benutzten und deshalb in diesem Kapitel nicht dargestellten Indizes sei auf die „faktoriellen Indizes" (überblicksartig beschrieben von K.S. Banerjee [1980]), die auf dem Prinzip der kleinsten Quadrate beruhenden Indizes und die Divisia-Indizes hingewiesen. Letztere sind Beispiele für Indexzahlen, die nicht nur die Daten der Basis- und Berichtsperiode benötigen, sondern auch die Daten aller Zwischenperioden. Die Aussagefähigkeit von Divisia-Indizes wird beispielsweise von B. Mundlos [1982] und diejenige von Kleinst-Quadrate-Indizes beispielsweise von Bamberg/Spremann [1985] diskutiert.

In Eichhorn/Henn/Opitz/Shephard [1978] wurden zahlreiche neuere Untersuchungen über die formalen Eigenschaften verschiedener ökonomischer Indizes zusammengetragen. Wegen der mit dem Indexzahlen-Problem eng zusammenhängenden Methoden zur Berechnung von Kaufkraft-Paritäten sei beispielsweise auf die Monographien von J. Voeller [1981] und W.-D. Heller [1982] verwiesen.

6. Kapitel:
Zeitreihenzerlegung und Saisonbereinigung

Die hier dargestellte Zeitreihenzerlegung basiert auf der Annahme, daß sich die beobachteten Zeitreihenwerte additiv aus verschiedenen „Bewegungskomponenten", z. B. dem Trend, der zyklischen Komponente, der Saisonkomponente und einer irregulären Komponente, zusammensetzen. Im Gegensatz zu der bisher im Vordergrund stehenden Komprimierung von Beobachtungsdaten wird bei der Zeitreihenzerlegung das anspruchsvollere Ziel verfolgt, „hinter die Kulisse der Daten" zu schauen und die nicht direkt beobachtbaren Komponenten aus den beobachteten Zeitreihenwerten „herauszurechnen".

6.1 Das additive Zeitreihenmodell

Für jede der Zeitperioden $t = 1, \ldots, n$ liege der Beobachtungswert y_t eines kardinalen Merkmals vor. Denken Sie dabei an typische Beispiele, für die alle oben erwähnten Komponenten relevant sein können, also etwa an

- Absatz- oder Umsatzzahlen von Saisonartikeln
- Arbeitslosenzahlen insgesamt oder in verschiedenen Branchen
- Wasser- oder Stromverbrauch
- Importe von Südfrüchten
- industrielle Nettoproduktion

usw. Um den wichtigen Spezialfall direkt ansprechen zu können, möge es sich bei den Zeitperioden um Monate handeln. Die Additivität des Modells besagt, daß y_t gemäß

$$y_t = T_t + Z_t + S_t + U_t \quad (\text{für } t = 1, 2, \ldots, n) \tag{48}$$

zusammengesetzt ist. Dabei haben die Symbole die folgende Bedeutung:

T_t ist die **Trendkomponente**; ihr Verlauf wird durch langfristig wirkende Ursachen bedingt und ist entweder monoton wachsend (Ursachen: Erhöhung des Lebensstandards, Verbesserung der Infrastruktur, technischer Fortschritt usw.) oder monoton fallend (Ursachen: Annäherung an Sättigungsgrenzen, Erschöpfung von Rohstoffquellen usw.). Solange der Untersuchungszeitraum (= n Monate) nicht die Größenordnung von Jahrzehnten erreicht, wird T_t gewöhnlich als lineare Funktion von t betrachtet werden können.

Z_t ist die **zyklische Komponente**; ihr Verlauf wird durch die Konjunkturzyklen bedingt. Z_t ist infolgedessen eine wellenförmige Funktion.

S_t ist die **Saisonkomponente**; ihr Verlauf ist ebenfalls wellenförmig und wird durch den jahreszeitlichen Wechsel bedingt.

U_t ist die **irreguläre Komponente**. Die U_t-Werte entstehen aufgrund derjenigen Ursachen, die zu keinem der bereits genannten Ursachenkomplexe zu zählen sind. Es wird angenommen, daß die U_t-Werte relativ klein sind und regellos um den Wert 0 schwanken. U_t wird auch als unerklärter Rest, als Zufallsschwankung oder als Störvariable bezeichnet.

Auf die Problematik dieser Definitionen gehen wir erst im Abschnitt 6.6 näher ein. Wir wollen uns hier zunächst mit der graphischen Veranschaulichung einiger Zeitreihen beschäftigen. Tragen wir die n Punkte (t, y_t) in ein Koordinatensystem ein, so erhalten wir ein **Zeitreihendiagramm**. Verbinden wir zur Erhöhung der Anschaulichkeit benachbarte Punkte durch eine Strecke, so erhalten wir das zugehörige **Zeitreihenpolygon**. Fig. 21 zeigt das Zeitreihendiagramm und das Zeitreihenpolygon für den Einzelhandelsumsatz einer bestimmten Branche; die ausgeprägte Spitze im Dezember ist auf das Weihnachtsgeschäft zurückzuführen.

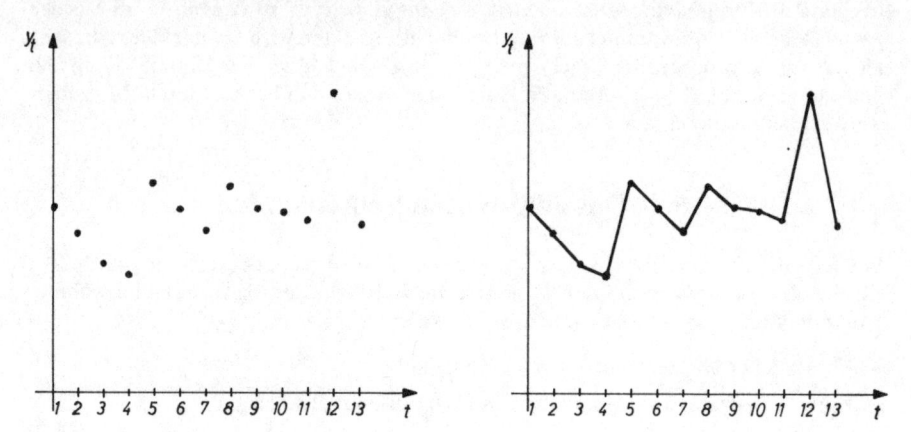

Fig. 21: Zeitreihendiagramm (links) und Zeitreihenpolygon (rechts) für den monatlichen Einzelhandelsumsatz

In Fig. 22 werden ein linear anwachsender Trend und ein sechsjähriger Konjunkturzyklus zugrunde gelegt; die Zeitreihenpolygone entstehen infolge der Überlagerung des Trends durch die Konjunktur sowie durch Überlagerung der drei Komponenten T, Z und S. Auf die Skizzierung der zusätzlichen Überlagerung durch die irreguläre Komponente U – und damit auf eine Skizzierung der gemäß Modell (48) resultierenden Zeitreihe y_t – wurde aus Gründen der Übersichtlichkeit verzichtet.

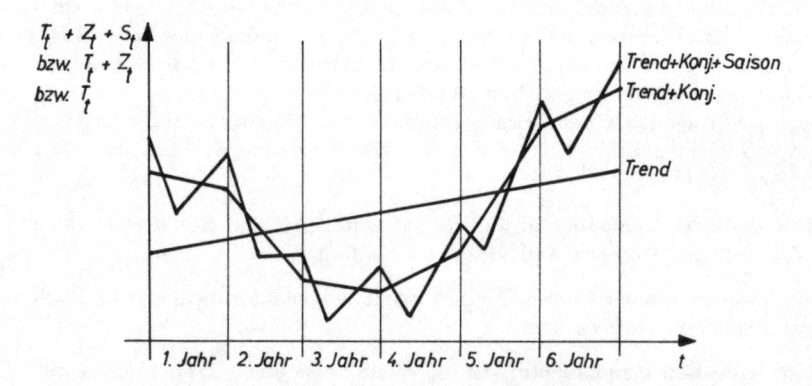

Fig. 22: Überlagerung des Trends durch konjunkturelle und saisonale Schwankungen

6.2 Zur Ermittlung der Zeitreihenkomponenten

1) Die Ermittlung der Trendkomponente T_t erfolgt in der Regel mittels einer linearen oder nichtlinearen Regression mit der Zeit t als unabhängiger und y als abhängiger Variablen. Die Regressionsfunktion ist natürlich nur dann aussagekräftig, wenn die Zeitreihe genügend lang ist, d. h. nach Möglichkeit mehrere Konjunkturzyklen umfaßt.

2) Die Ermittlung der zyklischen Komponente erfolgt in der Weise, daß zuerst die **glatte Komponente**

$$G_t = T_t + Z_t,$$

also die Überlagerung von Trend und zyklischer Komponente geschätzt wird. Dies geschieht mit Hilfe der in Abschnitt 6.3 beschriebenen gleitenden Durchschnitte. Die zyklische Komponente ergibt sich dann durch Subtraktion des Trends von der glatten Komponente. Für das Erkennen konjunktureller Wendepunkte oder die Durchführung einer Saisonbereinigung ist eine Aufspaltung der glatten Komponente allerdings nicht erforderlich.

3) Die Ermittlung der Saisonkomponente wird in den Abschnitten 6.4 und 6.5 geschildert.

4) Die irreguläre Komponente kann im Rahmen der deskriptiven Statistik nicht weiter analysiert werden. Die einschlägigen Methoden der **Zeitreihenanalyse** werden im Kapitel 15 kurz angesprochen.

Wie sogleich ersichtlich wird, basieren die Verfahren der Abschnitte 6.3 und 6.4 auf den folgenden (teilweise etwas dehnbar formulierten) Annahmen:

Annahme 1: Die glatte Komponente kann innerhalb eines Zeitraumes von 13 Monaten ohne größeren Fehler durch eine Gerade approximiert werden.

Annahme 2: Die Werte der Saisonkomponente sind für alle gleichnamigen Monate gleich, d. h. es gilt

$$S_t = S_{t+12} \quad (\text{für } t = 1, 2, \ldots).$$

Ferner sei die **Saisonfigur**, d. h. das 12-Tupel

$$(S_1, S_2, \ldots, S_{12})$$

aller Monatswerte eines Jahres, auf die Summe 0 normiert:

$$S_1 + S_2 + \cdots + S_{12} = 0 \tag{49}$$

Annahme 3: Man begeht keinen nennenswerten Fehler, wenn man eine Summe oder ein gewogenes Mittel über Werte der irregulären Komponente durch die Zahl 0 ersetzt.

Die Annahme 1 ist um so besser erfüllt, je größer die Dauer eines Konjunkturzyklus im Vergleich zu einem Einjahreszeitraum ist. Da die (Nachkriegs-)Konjunkturzyklen eine Dauer von 4 bis 7 Jahren hatten, erscheint diese Annahme nicht ganz abwegig. Die in Annahme 2 geforderte **Konstanz der Saisonfigur** ist sicherlich nicht in allen Anwendungsfällen gegeben. Die Normierung (49) bedeutet dagegen keine weitere Einschränkung der Allgemeinheit.[1] Auf einen speziellen Fall einer variablen

---

[1] Im Rahmen des Modells (48) kann nämlich stets eine Konstante von S_t abgezogen und gleichzeitig der glatten Komponente zugeschlagen werden.

Saisonfigur kommen wir im Abschnitt 6.5 zu sprechen. Die Annahme 3 ist weniger kritisch; sie bedeutet lediglich eine Umformulierung dessen, was man unter „regellos um den Wert 0 schwanken" versteht.

6.3 Gleitende Durchschnitte

Bildet man für eine beliebige Zeitreihe x_t jeweils das arithmetische Mittel

$$x_t^* = \frac{1}{2k+1} \sum_{\tau=t-k}^{t+k} x_\tau \quad (t = k+1, \ldots, n-k) \tag{50}$$

aus dem Zeitreihenwert x_t selbst sowie aus den k vorangehenden und k nachfolgenden Zeitreihenwerten, so erhält man eine um 2k Glieder verkürzte Zeitreihe; denn für die ersten k und die letzten k Zeitperioden ist x_t^* nicht definiert. Man bezeichnet x_t^* als **gleitenden Durchschnitt** oder als gleitendes Mittel; genauer ist die Bezeichnung **„gleitender Durchschnitt der ungeraden Ordnung** $(2k+1)$". Für die Ordnung $2k+1=1$ (also k = 0) stimmt der gleitende Durchschnitt noch mit der Originalreihe x_t überein; je größer die Ordnung gewählt wird, desto glatter verläuft die x_t^*-Reihe (vgl. Fig. 23).

Wir werden die Bildung gleitender Durchschnitte auf die zu analysierende Zeitreihe y_t und auf ihre verschiedenen Komponenten anwenden in der Hoffnung, den Einfluß der Saisonkomponente und der irregulären Komponente „herauszufiltern". Angesichts der Normierung (49) von jeweils 12 sukzessiven Monatswerten auf die Summe 0 liegt es nahe, einen **gleitenden Durchschnitt von gerader Ordnung** 2k zu verwenden. Dieser basiert auf denselben $(2k+1)$ Zeitreihenwerten wie das Mittel (50); allerdings werden nun der erste und der letzte Wert nur mit dem halben Gewicht berücksichtigt:

$$x_t^* = \frac{1}{2k}\left[\frac{1}{2}x_{t-k} + \frac{1}{2}x_{t+k} + \sum_{\tau=t-(k-1)}^{t+(k-1)} x_\tau\right] \tag{51}$$

Als wichtigster Spezialfall ist der **gleitende 12-Monats-Durchschnitt** zu erwähnen, der sich aus (51) bei Verwendung von Monatsdaten und k = 6 ergibt:

$$\boxed{x_t^* = \frac{1}{12}\left[\frac{1}{2}x_{t-6} + \frac{1}{2}x_{t+6} + \sum_{\tau=t-5}^{t+5} x_\tau\right]} \quad . \tag{52}$$

Bilden wir für unser Zeitreihenmodell

$$y_t = G_t + S_t + U_t$$

gleitende 12-Monats-Durchschnitte, so stehen diese in folgender Relation:

$$y_t^* = G_t^* + S_t^* + U_t^*. \tag{53}$$

Wegen der Annahme 2 (aus Abschnitt 6.2) verschwindet S_t^*. Wegen der Annahme 3 verschwindet U_t^* annähernd. Wegen der Annahme 1 ist schließlich G_t^* annähernd mit G_t identisch.[1] Damit reduziert sich (53) auf:

$$y_t^* \approx G_t.$$

---

[1] Wenn die glatte Komponente über dem „Stützbereich" $[t-6, t+6]$ eine exakt lineare Funktion wäre, so müßte – wie man durch Einsetzen in (52) direkt verifizieren kann – sogar exakt $G_t^* = G_t$ gelten.

6.3 Gleitende Durchschnitte

Verbal ausgedrückt, bedeutet dies:

Der gleitende 12-Monats-Durchschnitt y_t^* der Zeitreihe y_t stellt (bei Zugrundelegung der Annahmen aus 6.2) eine passable Schätzung für die glatte Komponente G_t dar.

Beispiel 29: Den Statistischen Jahrbüchern für die Bundesrepublik 1955, 1956 und 1957 wurden die monatlichen Anlandungen y_t der deutschen Dampferhochseefischerei entnommen; die nachfolgende Tabelle enthält diese Zeitreihenwerte (in 1000 t gemessen und gerundet) sowie die nach (50) bzw. (52) berechneten und ebenfalls auf ganze Zahlen gerundeten gleitenden Durchschnitte y_t^* der Ordnung 7 bzw. 12.

Monat	1954			1955			1956		
	y_t	Ordnung 7 y_t^*	Ordnung 12 y_t^*	y_t	Ordnung 7 y_t^*	Ordnung 12 y_t^*	y_t	Ordnung 7 y_t^*	Ordnung 12 y_t^*
Januar	21	–	–	26	39	40	34	44	46
Februar	29	–	–	34	35	41	41	40	46
März	38	–	–	40	32	42	46	39	45
April	32	30	–	36	33	42	37	39	43
Mai	31	35	–	24	39	42	35	43	42
Juni	24	39	–	28	43	42	37	44	41
Juli	34	41	39	43	46	43	42	43	–
August	54	43	39	69	48	44	61	43	–
September	63	44	39	63	50	44	47	43	–
Oktober	52	45	40	60	51	44	42	–	–
November	46	45	40	46	51	45	35	–	–
Dezember	38	43	39	42	47	46	37	–	–

Fig. 23 zeigt die Zeitreihenpolygone dieser drei Zeitreihen. Wie bereits erwähnt, liefert eine höhere Ordnung ein glatteres Polygon für den gleitenden Durchschnitt; je höher die Ordnung, desto stärker werden die Spitzen abgeschliffen, desto mehr Werte gehen aber auch an den Reihenenden verloren.

Aufgabe 29: *Berechnen Sie aufgrund der Daten des Beispiels 29 den gleitenden Durchschnitt*
a) der Ordnung 2 für Juni 1955
b) der Ordnung 3 für Dezember 1954.

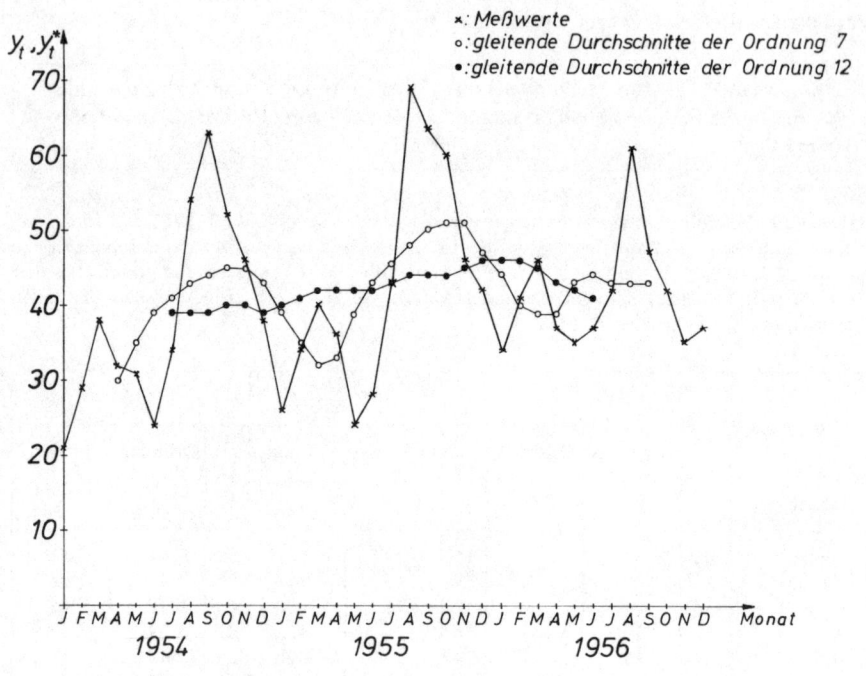

Fig. 23: *Monatliche Anlandungen y_t der deutschen Hochseefischerei sowie gleitende Durchschnitte y_t^* der Ordnung 7 bzw. 12*

6.4 Saisonbereinigung bei konstanter Saisonfigur

Da der gleitende 12-Monats-Durchschnitt y_t^* als Schätzung für die glatte Komponente G_t verwendet wird, kann die Differenz

$$y_t - y_t^*$$

als die **um die glatte Komponente bereinigte Zeitreihe** aufgefaßt werden. Für sie gilt wegen der Additivität (48) des Modells:

$$y_t - y_t^* \approx S_t + U_t. \tag{54}$$

Diese bereinigten Werte müssen wir im folgenden über gleichnamige Monate mitteln. Zu diesem Zweck eignet sich eine Doppelindizierung der Zeitreihenwerte besser als die bisherige Durchnumerierung. Es bezeichne

$$y_{i,j}$$

den Zeitreihenwert für den j-ten Monat des i-ten Jahres; entsprechend sind $y_{i,j}^*$ und $S_{i,j}$ sowie $U_{i,j}$ aufzufassen. So ist im Beispiel 29 der Zeitreihenwert y_3 (= Wert für den März 1954) in dieser Symbolik als $y_{1,3}$ zu schreiben; der Zeitreihenwert y_{16} (= Wert für den April 1955) ist mit $y_{2,4}$ zu bezeichnen usw. Wegen der Konstanz der Saisonfigur (Annahme 2 aus Abschnitt 6.2) ist $S_{i,j}$ vom Jahr unabhängig; wir können deshalb

$$S_{i,j} = S_j$$

setzen. Für S_j sind die Bezeichnungsweisen **monatstypische Abweichung** oder **Saison-**

6.4 Saisonbereinigung bei konstanter Saisonfigur

veränderungszahl (für den j-ten Monat) üblich. Die Mittelung der um die glatte Komponente bereinigten Daten (54) liefert für jeden Monat eine Zahl $\tilde{S}_j$:

$$\tilde{S}_j = \frac{1}{m_j} \sum_{i \in M_j} (y_{i,j} - y_{i,j}^*) \approx S_j + \frac{1}{m_j} \sum_{i \in M_j} U_{i,j} \quad (j = 1, \ldots, 12). \tag{55}$$

Dabei bedeuten M_j die Menge und m_j die Anzahl der Jahre, für die der Wert (54) des j-ten Monats errechnet wurde; im Beispiel 29 ist $M_1 = \cdots = M_6 = \{2,3\}$ und $M_7 = \cdots = M_{12} = \{1,2\}$, so daß m_j stets gleich 2 ist.

Mit der Berechnung der 12 Werte $\tilde{S}_1, \ldots, \tilde{S}_{12}$ sind wir fast am Ziel. Denn ein Blick auf die rechte Seite von (55) zeigt uns (wegen der Annahme 3 von 6.2), daß $\tilde{S}_j$ bereits als roher Schätzwert für die Saisonveränderungszahl S_j aufgefaßt werden kann. Wegen der Normierung (49) der S_j werden auch die $\tilde{S}_j$ auf die Summe 0 normiert, indem von jedem $\tilde{S}_j$ dasselbe Korrekturglied subtrahiert wird:

$$\hat{S}_j = \tilde{S}_j - \frac{1}{12} \sum_{j=1}^{12} \tilde{S}_j. \tag{56}$$

Dieses $\hat{S}_j$ ist die gesuchte Schätzung für die monatstypische Abweichung S_j. In fünf Schritten zusammengefaßt, verläuft die Saisonbereinigung folgendermaßen:

Schritt 1: Für die Zeitreihe y_t wird gemäß (52) der gleitende 12-Monats-Durchschnitt y_t^* errechnet.

Schritt 2: Die um die glatte Komponente bereinigte Zeitreihe $y_t - y_t^*$ wird gebildet.

Schritt 3: Durch Mittelung der Werte aus Schritt 2 werden gemäß (55) die (noch nicht normierten) Werte $\tilde{S}_j$ für jeden Monat j berechnet.

Schritt 4: Der gemäß (56) ermittelte normierte Wert $\hat{S}_j$ wird als Schätzung für die monatstypische Abweichung S_j benutzt.

Schritt 5: Die saisonbereinigte Zeitreihe ergibt sich als Differenz

$$y_{i,j} - \hat{S}_j$$

zwischen dem ursprünglichen Zeitreihenwert und dem jeweiligen $\hat{S}_j$.

Beispiel 30: Wir greifen auf die Daten des Beispiels 29 zurück und verwenden die gerundeten Zahlen für die 12-Monats-Durchschnitte y_t^*. Die in den Schritten 2, 3 und 4 errechneten Daten wurden in die folgende Tabelle eingetragen:

Monat	J	F	M	A	M	J	J	A	S	O	N	D
um die glatte Komp. bereinigte Werte	— −14 −12	— −7 −5	— −2 1	— −6 −6	— −18 −7	— −14 −4	−5 0 —	15 25 —	24 19 —	12 16 —	6 1 —	−1 −4 —
$\tilde{S}_j$	−13	−6	−0,5	−6	−12,5	−9	−2,5	20	21,5	14	3,5	−2,5
$\hat{S}_j$	−13,6	−6,6	−1,1	−6,6	−13,1	−9,6	−3,1	19,4	20,9	13,4	2,9	−3,1

Hier ergab sich das Korrekturglied

$$\frac{1}{12} \sum_{j=1}^{12} \tilde{S}_j = \frac{7}{12} = 0{,}583,$$

das in der Tabelle auf 0,6 gerundet wurde. Damit erhält man die saisonbereinigte Zeitreihe:

Anlandungen	1954	1955	1956
Januar	34,6	39,6	47,6
Februar	35,6	40,6	47,6
März	39,1	41,1	47,1
April	38,6	42,6	43,6
Mai	44,1	37,1	48,1
Juni	33,6	37,6	46,6
Juli	37,1	46,1	45,1
August	34,6	49,6	41,6
September	42,1	42,1	26,1
Oktober	38,6	46,6	28,6
November	43,1	43,1	32,1
Dezember	41,1	45,1	40,1

Aufgabe 30: *Ergänzen Sie die Zeitreihe aus Beispiel 29 um den Januarwert für 1957, der 38 [1000 t] betragen möge.*
a) Berechnen Sie $y^*_{3,7}$ sowie $\tilde{S}_7$ neu.
b) Welche Werte der in Beispiel 30 ermittelten saisonbereinigten Zeitreihe ändern sich durch die Einbeziehung dieses Januarwertes?

Das Saisonbereinigungsverfahren wurde bisher für den Fall geschildert, daß die Saisondauer 12 Zeitperioden beträgt. In allen anderen Fällen verläuft das Verfahren ganz analog; als Ordnung des gleitenden Durchschnitts muß stets die Saisondauer gewählt werden. So ist bei Quartalsdaten der gleitende Durchschnitt der Ordnung 4, also

$$y^*_t = \frac{1}{4}\left[\frac{1}{2}y_{t-2} + y_{t-1} + y_t + y_{t+1} + \frac{1}{2}y_{t+2}\right]$$

zu verwenden; S_j bedeutet dann die quartalstypische Abweichung. Bei anderen Fragestellungen (Auslastung einer Ladenkasse, einer Ausfallstraße usw.) kann S_j auch die stundentypische Abweichung bedeuten.

6.5 Saisonbereinigung bei variabler Saisonfigur

Falls das Zeitreihendiagramm (wie in Fig. 24) darauf hindeutet, daß die Amplitude der Saisonschwingung mit der glatten Komponente anwächst, so liegt es nahe, anstelle des obigen Modells mit konstanter Saisonfigur das einfachste Modell mit **variabler Saisonfigur** zu verwenden. Bei diesem Modell[1] wird vorausgesetzt, daß die Saisonkomponente für den Monat j ein (für den Monat j typisches) Vielfaches der glatten Komponente beträgt, was sich mittels der im Abschnitt 6.4 benutzten Doppelindizierung der Zeitreihenwerte so formulieren läßt:

$$S_{i,j} = \lambda_j G_{i,j}. \tag{57}$$

---

[1] für das L. W. Hall [1924] und H. D. Falkner [1924] die nachfolgend skizzierte Saisonbereinigungsmethode vorgeschlagen haben.

6.5 Saisonbereinigung bei variabler Saisonfigur

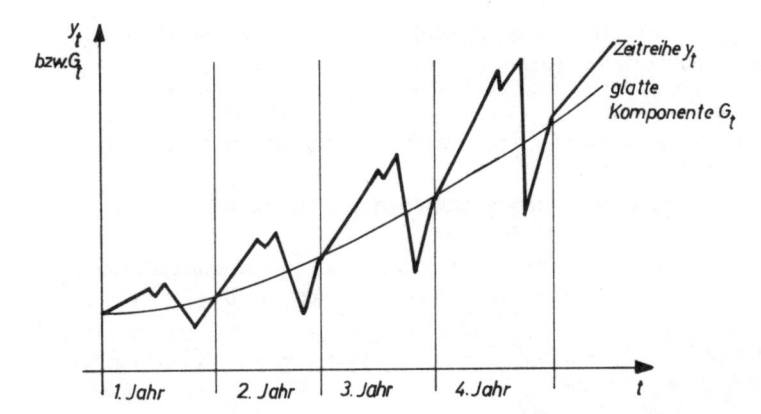

Fig. 24: *Eine Zeitreihe y_t, die auf eine multiplikative Überlagerung der glatten Komponente durch saisonale Schwankungen hindeutet*

Statt der absoluten ist nun die **relative Höhe** der Saisonausschläge (gemessen an der glatten Komponente) für gleichnamige Monate konstant. Wir ersetzen die Annahme 2 aus 6.2 durch diese Prämisse; die beiden restlichen Annahmen behalten wir bei.

Mit der Saisonkomponente (57) erhält unser Modell die Form:

$$y_{i,j} = G_{i,j} + \lambda_j G_{i,j} + U_{i,j} = I_j G_{i,j} + U_{i,j}. \tag{58}$$

Der Faktor $I_j = (1 + \lambda_j)$ wird ebenso wie $100\,I_j$ als **Saisonindexziffer** für den Monat j bezeichnet. Vernachlässigen wir momentan die irreguläre Komponente, so geben die Saisonindexziffern $100\,I_j$ an, welchen Prozentsatz der glatten Komponente die unbereinigten Zeitreihenwerte ausmachen; dividieren wir andererseits $y_{i,j}$ durch die Saisonindexziffer I_j, so erhalten wir den saisonbereinigten Wert. Es bleibt noch zu erläutern, wie diese Saisonindexziffern I_j geschätzt werden.

Die Bereinigung um die glatte Komponente erfolgt nun durch Division. Wegen

$$\frac{y_{i,j}}{y^*_{i,j}} \approx \frac{I_j G_{i,j} + U_{i,j}}{G_{i,j}} = I_j + \frac{U_{i,j}}{G_{i,j}} \quad (j=1,\ldots,12) \tag{59}$$

mittelt man diese Quotienten (59) analog zu (55) über alle verfügbaren Jahre:

$$\tilde{I}_j = \frac{1}{m_j} \sum_{i \in M_j} \frac{y_{i,j}}{y^*_{i,j}} \quad (j=1,\ldots,12). \tag{60}$$

Damit auf jeden Monat im Mittel 100 Indexpunkte entfallen, werden die $\tilde{I}_j$ durch Multiplikation mit einem Korrekturfaktor[1] auf die Summe 12 normiert.

Somit entsteht die Schätzung

$$\hat{I}_j = \tilde{I}_j \cdot \frac{12}{\sum_{j=1}^{12} \tilde{I}_j} \tag{61}$$

---

[1] Aus der Modellgleichung (58) ist ersichtlich, daß ein beliebiger Faktor von der Saisonindexziffer abgespalten und der glatten Komponente zugeschlagen werden kann, so daß erst eine Normierung die Saisonindexziffern identifizierbar macht.

für die Saisonindexziffer I_j. Gliedern wir auch dieses Verfahren in fünf Schritte auf, so kann folgender Ablauf notiert werden:

> **Schritt 1:** Für die Zeitreihe y_t wird gemäß (52) der gleitende 12-Monats-Durchschnitt y_t^* errechnet.
>
> **Schritt 2:** Die um die glatte Komponente bereinigten Werte y_t/y_t^* werden gebildet.
>
> **Schritt 3:** Durch Mittelung der Werte aus Schritt 2 über gleichnamige Monate werden gemäß (60) die (noch nicht normierten) Werte $\tilde{I}_j$ für j = 1, ..., 12 errechnet.
>
> **Schritt 4:** Der nach (61) bestimmte normierte Wert $\hat{I}_j$ wird als Schätzung für die Saisonindexziffer I_j benutzt.
>
> **Schritt 5:** Die saisonbereinigte Zeitreihe ergibt sich als Quotient
>
> $$\frac{y_{i,j}}{\hat{I}_j}$$
>
> zwischen dem ursprünglichen Zeitreihenwert und der jeweiligen geschätzten Saisonindexziffer.

Aufgabe 31: *Für die Zeitreihe der Arbeitslosenzahl eines bestimmten Landes wurde eine variable Saisonfigur vom Typ (57) vorausgesetzt. Die (nach obigem Schritt 2) um die glatte Komponente bereinigten Werte liegen bereits vor:*

Jahr \ Monat	J	F	M	A	M	J	J	A	S	O	N	D
1976	1,7	1,7	1,1	1,2	0,8	0,7	0,8	0,8	0,9	1,0	1,1	1,4
1977	1,8	1,6	1,5	0,9	0,9	0,6	0,6	0,8	1,0	0,9	1,2	1,3
1978	1,6	1,5	1,3	0,9	0,7	0,8	0,7	0,8	0,8	1,1	1,0	1,2

Ermitteln (d.h. schätzen) Sie hieraus die 12 Saisonindexziffern.

6.6 Kritische Zusammenfassung, Literaturhinweise

Der klarste und ausführlichste Kommentar zur Logik und Plausibilität des additiven Modells (48) stammt von A. Wald [1936]. A. Wald, der das in 6.4 geschilderte Saisonbereinigungsverfahren beträchtlich verallgemeinerte, führt u.a. aus, daß die Additivität (48) dann automatisch erfüllt ist, wenn die Zeitreihenkomponenten durch sogenannte **innere Definitionen** festgelegt werden. Damit handelt man sich zwangsläufig Schwierigkeiten bei der empirischen Überprüfung des Modellansatzes ein. Versucht man andererseits, die Komponenten aufgrund **äußerer Definitionen** einzuführen (also etwa S_t durch Niederschlagsmengen, unterschiedliche Tageslängen, arbeitstägliche Variationen usw. zu erklären), so ist kaum mit der Gültigkeit der Additivitätshypothese zu rechnen. Die Zugrundelegung äußerer Definitionen würde allerdings auch die Postulierung eines speziellen Zusammenhangs der Komponenten erübrigen. Leider ist es bis heute nicht gelungen, zufriedenstellende und praktisch verwendbare äußere Definitionen aufzustellen. Dies liegt insbesondere daran, daß man in den Wirtschaftswissenschaften nicht in der Lage ist, Einflußfaktoren bei Konstanthaltung anderer Faktoren kontrolliert zu variieren, sondern auf die passive Beobachtung und Auswertung wirtschaftsstatistischer Reihen angewiesen ist.

Ein Nachteil der Schätzung der glatten Komponente mittels gleitender Durchschnitte ist der Verlust von Reihengliedern an den Enden. Insbesondere der Verlust der Reihenglieder **am aktuellen Rand** (d. h. bei der gegenwärtigen Zeitperiode) ist für Prognosezwecke äußerst störend. Wegen einer Schätzung dieser Werte sei beispielsweise auf Heiler/Rinne [1971; S. 117] oder J. Pfanzagl [1972; S. 118] verwiesen.

Die in den Abschnitten 6.4 und 6.5 dargestellten Verfahren sind lediglich als Einstieg in die Problematik der Saisonbereinigung zu sehen. Die Verfahren sind sehr übersichtlich und leisten wegen ihrer rechentechnischen Einfachheit gute Dienste für den „Hausgebrauch", d. h. für die manuelle Saisonbereinigung einer Zeitreihe. Wenn auch das Saisonbereinigungsverfahren aus 6.4 in den dreißiger Jahren vom Federal Reserve Board und vom Londoner Wirtschaftsdienst (unter der Bezeichnung „Bowley II") verwendet wurde, so sind die heute benutzten Verfahren etwa des U.S. Bureau of the Census, des Statistischen Bundesamtes, der Deutschen Bundesbank oder der Wirtschaftsforschungsinstitute weitaus diffiziler. Das Verfahren, das die Deutsche Bundesbank bis 1970 benutzt hatte, ist in ihren Monatsberichten [März 1957, S. 40–50; August 1961, S. 19–24] beschrieben. Seit 1970 verwendet die Deutsche Bundesbank ebenso wie das U.S. Bureau of the Census die Variante X-11 des **Census II-Verfahrens**; eine verbale Beschreibung sowie zusätzliche Literaturhinweise sind ebenfalls in den Monatsberichten [März 1970, S. 38–43] enthalten. Ein weiteres aktuelles Saisonbereinigungsverfahren, das **Berliner Verfahren**, ist bei Nullau/Heiler/Wäsch/Meisner/Filip [1969] umfassend dokumentiert. Ein **filtertheoretisch** gut fundiertes Verfahren wurde von W. Stier [1980] entwickelt. Ein neues flexibles Verfahren zur Zeitreihenzerlegung und Saisonbereinigung wurde von E. Schlicht [1981] und R. Pauly [1982] vorgeschlagen. Vergleichende Beurteilungen verschiedener Saisonbereinigungsverfahren stammen von K.-A. Schäffer [1970 und 1976] und G. Creutz [1979].

Teil II:

Wahrscheinlichkeitsrechnung

In der induktiven Statistik wollen wir anhand von Merkmalsausprägungen, die nur bei einer zufällig ausgewählten Teilgesamtheit von Merkmalsträgern erhoben werden, Aussagen über die Verteilung der Merkmalsausprägungen in der Grundgesamtheit erhalten. Grundlage der Methoden, die zu derartigen Aussagen führen, ist die Wahrscheinlichkeitsrechnung.

Ihr Untersuchungsgegenstand sind Zufallsvorgänge, wie sie in Kapitel 7 erläutert werden; für dabei mögliche Folgeerscheinungen („Ereignisse") soll die Chance ihres Eintretens durch eine Maßzahl („Wahrscheinlichkeit") charakterisiert werden. Ausführlich behandeln werden wir vor allem Zufallsvorgänge, die sich durch reellwertige Funktionen – nämlich die in Kapitel 8 eingeführten Zufallsvariablen – darstellen lassen. Viele aus der deskriptiven Statistik bekannte Begriffe (etwa die Verteilungsparameter) werden in Kapitel 9 für Zufallsvariablen analog eingeführt. Für die induktive Statistik besonders wichtige Sätze (Gesetz der großen Zahlen, zentraler Grenzwertsatz) werden wir schließlich in Kapitel 10 durch die Untersuchung spezieller Folgen von Zufallsvariablen erhalten.

7. Kapitel:
Zufallsvorgänge, Ereignisse und Wahrscheinlichkeiten

7.1 Zufallsvorgänge

Ein Geschehen, bei dem aus einer gegebenen Ausgangssituation heraus mehrere, sich gegenseitig ausschließende Folgesituationen möglich sind (oder von einem Betrachter als möglich erachtet werden) und wobei ungewiß ist (oder scheint), welche dieser Folgesituationen eintreten wird, bezeichnen wir als **zufallsabhängiges Geschehen**, als **Zufallsvorgang** oder als **stochastischen Vorgang**. Die möglichen, sich gegenseitig ausschließenden Folgesituationen heißen die **Elementarereignisse** des betrachteten Zufallsvorgangs.

Wir fassen sie in der Menge

$\Omega = \{\omega : \omega \text{ ist Elementarereignis}\}$

zusammen. Ω wird häufig als **Ergebnismenge** des Zufallsvorgangs bezeichnet. Das nach Ablauf des Geschehens tatsächlich eingetretene Elementarereignis nennen wir das **Ergebnis** des Zufallsvorgangs.

Beispiel 31: Bei der wöchentlichen Ziehung der Lottozahlen werden 7 aus 49 (von 1 bis 49 durchnumerierten) Kugeln „zufällig" gezogen und die jeweiligen Nummern registriert.

a) Jeden Samstag vollzieht sich somit ein Zufallsvorgang, dessen Elementarereignisse durch die Angabe der 7 Nummern beschrieben sind, so wie sie sich der Reihe nach ergeben, d. h. jedes ω besitzt die Gestalt $\omega = (x_1, \ldots, x_7)$ mit 7 verschiedenen Zahlen $x_i \in \{1, 2, \ldots, 49\}$.

b) Die ersten 6 auftretenden Nummern fungieren als Gewinnzahlen – sie werden nach Abschluß der Ziehung der Größe nach geordnet angegeben – und die 7te Nummer als Zusatzzahl. Für einen Lottospieler reicht es deshalb aus, die Ziehung als einen Zufallsvorgang anzusehen, dessen Elementarereignisse $\omega = (x_1, \ldots, x_7)$ gegenüber a) noch der Einschränkung $x_1 < x_2 < \ldots < x_6$ genügen.

c) Für eine bestimmte Person besitzt eine spezielle Ziehung der Lottozahlen solange den Charakter eines Zufallsvorgangs als diese Person das Ergebnis dieser Ziehung nicht kennt, möglicherweise also noch zu einem Zeitpunkt, an dem die Zahlen bereits ermittelt sind.

Beispiel 32: Ein Zeitungskiosk erhält jeden Morgen jeweils 200 Exemplare zweier Tageszeitungen Z_1, Z_2 geliefert. Wie viele davon im Laufe des Tages verkauft werden, ist am Morgen noch ungewiß; täglich spielt sich also ein Zufallsvorgang ab, dessen Ergebnis aus den beiden von Z_1 bzw. Z_2 verkauften Stückzahlen x_1 bzw. x_2 besteht.

a) Der Kioskbesitzer läßt alle Paare (x_1, x_2) mit $x_i \in \{0, 1, \ldots, 200\}$ als Elementarereignisse zu.

b) Von einem Außenstehenden, der die gelieferten Stückzahlen (je 200) nicht kennt, werden eventuell auch andere $\omega = (x_1, x_2)$ mit $x_i \in \{0, 1, 2, \ldots\}$ als mögliche Ergebnisse angesehen.

Beispiel 33: Der Verursacher eines Verkehrsunfalls hat Fahrerflucht begangen. Über sein Kfz-Kennzeichen kann ein Unfallzeuge folgende Angaben machen: Es bestand aus dem Ortskennbuchstaben M, der Buchstabengruppe EU, EV oder EY sowie drei Ziffern, von denen die erste die 3 und unter denen noch mindestens eine 4 war. Mit dem Wissensstand des Zeugen als Ausgangssituation sowie der Menge noch möglicher Kfz-Kennzeichen als Ω ist auch diese Situation als Zufallsvorgang interpretierbar; dabei spricht man besser von ungewissen „Zuständen" als von Folgesituationen ω.

Entscheidend dafür, daß ein Geschehen als Zufallsvorgang angesehen wird, ist also die Tatsache, daß Ungewißheit über seinen Ausgang besteht; dabei ist es unerheblich, ob diese Ungewißheit[1] objektiver oder subjektiver Natur ist, und auch, ob sie zumindest teilweise durch Beschaffung von Informationen behebbar wäre. Verschiedene Betrachter können in ein und demselben Geschehen insofern unterschiedliche Zufallsvorgänge sehen, als sie sich nicht für die gleichen Folgesituationen interessieren bzw. nicht die gleichen Elementarereignisse für möglich halten.

Aufgabe 32: *Welche und wie viele Kfz-Kennzeichen ω sind in Beispiel 33 noch möglich, wenn man dem Unfallzeugen Glauben schenkt?*

7.2 Ereignisse und ihre Darstellung

Zusätzlich zu den Elementarereignissen können bei einem Zufallsvorgang noch Folgeerscheinungen von Interesse sein, welche sich nicht gegenseitig ausschließen müssen; wir nennen sie **Ereignisse**. Jedes Ereignis A läßt sich eindeutig als Teilmenge von Ω darstellen, die ebenfalls mit demselben Symbol A bezeichnet wird.

Beispiel 34: Beim Zufallsvorgang „Ziehung der Lottozahlen" (Beispiel 31) kann man sich etwa für die Ereignisse

A (bzw. B): „Ein abgegebener Tip, bestehend aus den Zahlen 6,7,8,9,10,11 enthält 5 der
              Gewinnzahlen und die Zusatzzahl" (bzw. „enthält mindestens 3 Gewinnzahlen")
C: „alle 6 Gewinnzahlen sind einstellig"

interessieren. A und C schließen sich zwar gegenseitig aus; jedoch gilt dies nicht für A und B bzw. für B und C. Wie man leicht sieht, hat das Eintreten von A stets das Eintreten von B zur Folge; dagegen kann B vorliegen, ohne daß auch C verwirklicht ist und umgekehrt. Als Teilmenge der in Beispiel 31 b bereits aufgestellten Ergebnismenge

$$\Omega = \{(x_1, \ldots, x_7) : \text{alle } x_i \in \{1, \ldots, 49\} \text{ verschieden}, x_1 < x_2 < \ldots < x_6\}$$

ist etwa C darstellbar gemäß $C = \{(x_1, \ldots, x_7) \in \Omega : x_1, \ldots, x_6 \in \{1, \ldots, 9\}\}$.

Für Ereignisse B, A, A_1, A_2, ..., sowie für Beziehungen zwischen verschiedenen Ereignissen gibt es eine Reihe von **Sprech- und Schreibweisen**, deren wichtigste in Fig. 25 schematisch zusammengestellt sind.

Besteht der Zufallsvorgang in der subjektiven Ungewißheit eines Beobachters, so sind in Fig. 25 auch die Bezeichnungen wie „sicher", „unmöglich", „äquivalent" usw. subjektiv zu verstehen.

Beispiel 35: Im Zeitungskiosk-Beispiel 32 betrachten wir für j = 0, 1, 2, ... die Ereignisse

A_j: von beiden Zeitungen werden insgesamt genau j Exemplare verkauft
B_j: von beiden Zeitungen werden insgesamt mindestens j Exemplare verkauft.

Dann gelten (aus der Sicht des Kioskbesitzers, der weiß, daß je 200 Stück vorhanden sind) folgende Beziehungen:

B_0 ist sicheres Ereignis,
A_{500} ist unmögliches Ereignis,
A_j ist Teilereignis von B_j,
A_{400} und B_{400} sind äquivalente Ereignisse,

---

[1] In der Entscheidungstheorie charakterisiert der Terminus „Ungewißheit" allerdings Situationen, die insofern besonders unstrukturiert sind, als den Elementarereignissen keine Wahrscheinlichkeiten zugeordnet werden können.

A_j und A_k sind für $j \neq k$ disjunkte Ereignisse,
A_0 und B_1 sind komplementäre Ereignisse,
B_j ist Vereinigung der Ereignisse $A_k, k \geq j$,
B_j ist Durchschnitt der Ereignisse $B_k, k \leq j$.

Für einen Außenstehenden, der die gelieferten Stückzahlen nicht kennt, muß A_{500} jedoch nicht als unmögliches Ereignis gelten, obwohl es tatsächlich nicht auftreten kann.

Beschreibung des zugrunde-liegenden Sachverhalts	Bezeichnung (Sprechweise)	Darstellung in Ω (Schreibweise als Teilmenge)
1. A tritt sicher ein	A ist **sicheres** Ereignis	$A = \Omega$
2. A tritt sicher nicht ein	A ist **unmögliches** Ereignis	$A = \emptyset$
3. wenn A eintritt, tritt B ein	A ist **Teilereignis** von B	$A \subset B$
4. genau dann, wenn A eintritt, tritt B ein	A und B sind **äquivalente** Ereignisse	$A = B$
5. wenn A eintritt, tritt B nicht ein	A und B sind **disjunkte** Ereignisse	$A \cap B = \emptyset$
6. genau dann, wenn A eintritt, tritt B nicht ein	A und B sind **komplementäre** Ereignisse	$B = \bar{A}$
7. genau dann, wenn **mindestens ein** A_j eintritt (auch: genau dann, wenn A_1 **oder** A_2 **oder** ... eintritt), tritt A ein	A ist **Vereinigung** der A_j	$A = \bigcup_j A_j$
8. genau dann, wenn **alle** A_j eintreten (auch: genau dann, wenn A_1 **und** A_2 **und** ... eintreten), tritt A ein	A ist **Durchschnitt** der A_j	$A = \bigcap_j A_j$

Fig. 25: Zusammenstellung wichtiger Schreib- und Sprechweisen bei der Bildung von Ereignissen

Aufgabe 33: *Zusätzlich zu den Ereignissen B_j aus Beispiel 35 seien noch die Ereignisse*
A: von beiden Zeitungen werden gleich viele verkauft
B: mindestens eine der beiden Zeitungen ist am Abend ausverkauft
C: von jeder der beiden Zeitungen werden mehr als 190 verkauft
definiert. Geben Sie jeweils den maximalen Wert j an, so daß $A \subset B_j$, $B \subset B_j$, $C \subset B_j$, $A \cap B \subset B_j$, $A \cap C \subset B_j$ und $B \cap C \subset B_j$ gilt.

Die Gesamtheit aller bei einem Zufallsvorgang in Betracht kommenden Ereignisse bezeichnen wir als **Ereignissystem**. Ein Ereignissystem ist also eine Menge von Teilmengen von Ω. Der naheliegende Ansatz, sämtliche Teilmengen von Ω als Ereignisse zuzulassen, ist aus mathematischen Gründen oft nicht möglich. Jedoch läßt sich ein Ereignissystem stets groß genug wählen, so daß alle in praktischen Anwendungen interessierenden Ereignisse als Elemente vorkommen. Darüber hinaus nehmen wir ins Ereignissystem zu Ereignissen $A_1, A_2, A_3, \ldots \subset \Omega$ stets auch alle daraus zu bildenden Komplemente, Durchschnitte und Vereinigungen auf. Bei endlichem oder abzählbar unendlichem Ω können wir immer alle Teilmengen von Ω als Ereignisse zulassen.

7.3 Wahrscheinlichkeit von Ereignissen

Bei einem Zufallsgeschehen wollen wir die Chance für das Eintreten eines zur Debatte stehenden Ereignisses $A \subset \Omega$ durch eine Maßzahl P(A) beschreiben, welche wir die **Wahrscheinlichkeit** (des Eintretens) von A nennen. Zunächst formulieren wir einige wichtige Eigenschaften, die Wahrscheinlichkeiten besitzen sollen.

7.3.1 Die Axiome der Wahrscheinlichkeitsrechnung

Die Maßzahl P(A), die die Wahrscheinlichkeit des Eintretens eines Ereignisses A mißt, sei eine nichtnegative reelle Zahl, wobei dem sicheren Ereignis der Wert $P(\Omega) = 1$ zugeordnet und darüber hinaus gefordert wird, daß die Wahrscheinlichkeit für das Eintreten einer Vereinigung von endlich oder abzählbar unendlich vielen paarweise disjunkten Ereignissen sich durch Addition der einzelnen Wahrscheinlichkeiten ergibt.

Diese letztgenannte Forderung bedeutet etwa im Zeitungskiosk-Beispiel 32 die plausible Beziehung, daß die Wahrscheinlichkeit, insgesamt mindestens 300 Zeitungen zu verkaufen, sich durch Aufaddieren der Wahrscheinlichkeiten, genau 300, genau 301, genau 302, usw. zu verkaufen, ergibt.

Insgesamt verlangen wir also:

> 1. $P(A) \geq 0$ für jedes Ereignis A
> 2. $P(\Omega) = 1$
> 3. $P(A_1 \cup A_2 \cup A_3 \cup \ldots) = P(A_1) + P(A_2) + P(A_3) + \ldots$
> für endlich oder abzählbar unendlich viele paarweise disjunkte Ereignisse, d. h. Ereignisse mit $A_i \cap A_j = \emptyset$ für alle $i \neq j$.

Diese drei[1] Minimalforderungen heißen die **Axiome der Wahrscheinlichkeitsrechnung**. Jede auf dem Ereignissystem eines Zufallsvorgangs definierte Funktion P, die jedem Ereignis A eine Zahl P(A) zuordnet, so daß die drei Axiome erfüllt sind, bezeichnen wir als ein **Wahrscheinlichkeitsmaß**.

Die Axiome der Wahrscheinlichkeitsrechnung legen lediglich formale Eigenschaften für Wahrscheinlichkeiten fest. Eine Reihe weiterer Eigenschaften werden wir in 7.3.4 aus ihnen herleiten. Sie geben aber keinen Aufschluß darüber, welche Wahrscheinlichkeitswerte den bei einem konkreten Zufallsvorgang relevanten Ereignissen tatsächlich zuzuordnen sind. Auf diese Problematik gehen wir im Abschnitt 7.4 nochmals ein.

Beispiel 36: Die Menge der Elementarereignisse eines Zufallsvorgangs sei eine endliche Menge $\Omega = \{\omega_1, \ldots, \omega_n\}$. Dann ist, wie man leicht nachprüft, durch jede Angabe von Zahlen („Gewichten") $p_i \geq 0$ für $i = 1, \ldots, n$ mit $\sum_{i=1}^{n} p_i = 1$ ein Wahrscheinlichkeitsmaß P gegeben, indem man

$$P(A) = \sum_{\omega_i \in A} p_i \quad \text{für jedes Ereignis } A \subset \Omega$$

setzt. Es ist jedoch noch völlig offen, welche Gewichte bei einem konkreten Zufallsvorgang mit n Elementarereignissen die „richtigen" sind.

---
[1] auf A. N. Kolmogoroff (1903–1987) zurückgehenden

Allerdings lassen sich bei endlicher Ereignismenge Ω Wahrscheinlichkeiten gelegentlich vom Sachverhalt her festlegen. Im nachfolgenden Abschnitt behandeln wir solche Situationen.

7.3.2 Der klassische Wahrscheinlichkeitsbegriff

Es gibt Zufallsvorgänge mit endlich vielen Elementarereignissen, z. B. die Ziehung der Lottozahlen, bei denen aufgrund der Ausgangssituation und der sonstigen Bedingungen, unter denen das Geschehen abläuft, als sicher gelten kann, daß die einzelnen Elementarereignisse dieselbe Chance des Eintretens besitzen, also **gleichwahrscheinlich** sind. Die Annahme der Gleichwahrscheinlichkeit endlich vieler Elementarereignisse ω kann allerdings auch davon herrühren, daß ein Beobachter, etwa der Unfallzeuge aus Beispiel 33, dadurch seinen Wissensstand gegenüber dem Zufallsgeschehen zum Ausdruck bringt.

In solchen Fällen muß das zugehörige Wahrscheinlichkeitsmaß infolge der drei postulierten Axiome für jedes Ereignis $A \subset \Omega$ die Beziehung

$$P(A) = \frac{|A|}{|\Omega|} = \frac{\text{Anzahl der für A günstigen Fälle}}{\text{Anzahl aller möglichen Fälle}} \qquad (62)$$

erfüllen. Diese Formel stellt einen Spezialfall des in Beispiel 36 angegebenen Wahrscheinlichkeitsmaßes dar (mit „Gewichten" $p_i = 1/n$ für alle i, falls $|\Omega| = n$ ist). Da sie insbesondere für die in den Anfängen der Wahrscheinlichkeitstheorie (im 17. und 18. Jahrhundert) behandelten Fragestellungen (nach Gewinnchancen bei Glücksspielen) anwendbar ist, spricht man, wenn sich Wahrscheinlichkeiten nach ihr ermitteln lassen, vom **klassischen Wahrscheinlichkeitsbegriff** oder von der **Laplaceschen Wahrscheinlichkeitsdefinition**.[1]

Beispiel 37: Die Ermittlung jeder einzelnen Gewinnzahl beim Roulette stellt einen Zufallsvorgang dar mit den 37 möglichen und gleichwahrscheinlichen Elementarereignissen 0, 1, 2, ..., 36. Die von 0 verschiedenen Zahlen sind je zur Hälfte roten bzw. schwarzen Feldern zugeordnet. Spieler A habe auf „schwarz" gesetzt, Spieler B auf „gerade Zahl" (ohne 0) sowie auf „17" und Spieler C auf „1, 2 ..., 18", „ungerade Zahl" und auch noch auf die „Querreihe 34, 35, 36". Dann gewinnt A mit Wahrscheinlichkeit $\frac{18}{37}$, B mit $\frac{19}{37}$ und C mit $\frac{29}{37}$ (nämlich mit den Zahlen 1, 2, ..., 18, 19, 21, ..., 33, 34, 35, 36).

Aufgabe 34: *Der Unfallzeuge aus Beispiel 33 sieht alle aufgrund seiner Wahrnehmung (M; EU, EV oder EY; drei Ziffern, beginnend mit 3, unter ihnen mindestens eine 4) noch möglichen Kfz-Kennzeichen als gleichwahrscheinlich an. Wie groß ist die Wahrscheinlichkeit, daß*

a) die Buchstabengruppe EY vorliegt?
b) die ersten beiden Ziffern 34 lauten?
c) die letzten beiden Ziffern 47 lauten?
d) die letzte Ziffer 4 ist?
e) unter den drei Ziffern die 0 vorkommt?
f) die letzte Ziffer größer ist als die beiden anderen?

Ein wichtiges Modell, in dem Wahrscheinlichkeiten gemäß (62) durch Abzählen bestimmt werden können, ist das des **zufälligen Ziehens** aus einer endlichen Menge

---

[1] benannt nach P.S. de Laplace (1749–1827); als weitere geistige Väter sind B. Pascal (1623–1662) und J. Bernoulli (1654–1705) zu erwähnen.

7. Kapitel: Zufallsvorgänge, Ereignisse und Wahrscheinlichkeiten

von N Objekten. Dabei unterscheiden wir die Fälle Ziehen mit Zurücklegen und Ziehen ohne Zurücklegen. In beiden Fällen werden aus der gegebenen Menge nacheinander n Objekte „zufällig" entnommen, wobei „zufällig" bedeutet, daß bei jeder einzelnen Entnahme jedes zur Verfügung stehende Objekt dieselbe Chance besitzt, gewählt zu werden. Beim **Ziehen mit Zurücklegen** wird das entnommene Objekt jeweils vor der nächsten Entnahme wieder zu den übrigen Objekten zurückgegeben, beim **Ziehen ohne Zurücklegen** dagegen nicht.

Die **Anzahl der Möglichkeiten**, aus N Objekten n herauszunehmen, beträgt (solange man die Reihenfolge der entnommenen Objekte berücksichtigt)

N^n im Fall mit Zurücklegen bzw.

$N(N-1)\cdots(N-n+1) = \dfrac{N!}{(N-n)!}$ im Fall ohne Zurücklegen.

Beispiel 38: Es gibt $3 \cdot 2 = 6$ Möglichkeiten, aus der Menge $\{a, b, c\}$ zwei Elemente ohne Zurücklegen zu entnehmen, nämlich die Paare $(a, b), (a, c), (b, a), (b, c), (c, a), (c, b)$. Im Fall mit Zurücklegen sind zusätzlich noch die 3 Paare $(a, a), (b, b), (c, c)$ möglich, also insgesamt $9 = 3^2$ Paare.

Haben M von den N Objekten der Menge eine bestimmte Eigenschaft E, die restlichen N–M dagegen nicht, so sind oft Ereignisse wie

„das bei der k-ten Entnahme erhaltene Objekt hat die Eigenschaft E",

oder

„von den n gezogenen Objekten besitzen (genau, mindestens oder höchstens) k die Eigenschaft E"

relevant. Ihre Wahrscheinlichkeiten werden wir später allgemein bestimmen (vgl. 8.4.1 und 8.4.2); in diesem Kapitel behandeln wir solche Situationen nur exemplarisch.

Aufgabe 35: Zur Ausarbeitung eines Vortrags schreibt Herr H. an 3 aufeinanderfolgenden Tagen auf Klarsichtfolien. Dazu nimmt er jeden Morgen aus einer Schublade, in der 5 auf den ersten Blick gleich aussehende schwarze Folienschreiber liegen, zufällig einen heraus, den er den ganzen Tag benutzt und

a) am Abend wieder zu den anderen zurücklegt
b) am Abend nicht mehr zurücklegt.

Am 4. Tag entdeckt Herr H. bei der Durchsicht des Geschriebenen einige Fehler, die er ausbessern möchte, indem er die entsprechenden Stellen abwäscht und neu schreibt. Nun waren von den 5 Stiften nur 2 abwaschbar. Wie groß ist die Wahrscheinlichkeit der Ereignisse

A: am ersten Tag wurde abwaschbar geschrieben,
B: an keinem der drei Tage wurde ein abwaschbarer Stift verwendet,

und zwar sowohl im Fall a) als auch im Fall b)?

Zum klassischen Wahrscheinlichkeitsbegriff sind noch einige Bemerkungen angebracht:

1) Die Berechnung von Wahrscheinlichkeiten gemäß (62) kann bei umfangreichem Ω Mühe machen. Hilfreich ist oft eine Aufspaltung des gegebenen Zufallsvorgangs (z.B. des n-maligen Ziehens) in einzelne Teilvorgänge (z.B. die einzelnen Züge).

2) Es kann durchaus vorkommen, daß man zwar von gleichwahrscheinlichen Elementarereignissen und folglich von Formel (62) ausgeht, jedoch die Anzahl der

für ein bestimmtes Ereignis A günstigen Elementarereignisse ω nicht kennt. So kann etwa die Anzahl M defekter Stücke aus der Tagesproduktion einer Maschine von N Stücken und damit die Wahrscheinlichkeit, bei zufälliger Entnahme eines Stückes ein defektes zu erhalten, unbekannt sein. (Übrigens läßt sich auch diese gegenüber M bestehende Ungewißheit wieder als ein Zufallsgeschehen deuten.)

3) Zufallsvorgänge, bei denen Wahrscheinlichkeiten von (Elementar-)Ereignissen vom Sachverhalt her festgelegt werden können, sind in der Praxis relativ selten; allerdings kann eine solche Festlegung auch einmal möglich sein, ohne daß dazu die Gleichwahrscheinlichkeit der möglichen Ergebnisse angenommen wird. Beispielsweise könnte der Unfallzeuge in Aufgabe 34 die Buchstabengruppe EU für doppelt so wahrscheinlich halten wie EV und auch wie EY.

Im nächsten Abschnitt wird auf einen wichtigen Zusammenhang zwischen Häufigkeiten und Wahrscheinlichkeiten hingewiesen.

7.3.3 Häufigkeitsinterpretation des Wahrscheinlichkeitsbegriffs

Wir gehen aus von einem Zufallsvorgang, welcher **beliebig oft wiederholbar** sei; d. h. seine Ausgangssituation lasse sich immer wieder von neuem herstellen, so daß jedes Ereignis A bei jeder Durchführung wieder dieselbe Chance besitzt. Die Ermittlung einer Gewinnzahl im Roulette z. B. ist ein solcher Zufallsvorgang, und auch beim Ziehen mit Zurücklegen stellt jede einzelne Entnahme eine derartige Wiederholung dar. Daß diese Wiederholbarkeit nicht bei jedem Zufallsvorgang gegeben ist, macht das Beispiel 33 des Unfallzeugen deutlich.

Bei n-maliger Durchführung eines wiederholbaren Zufallsvorgangs – genauer müßte man formulieren: bei einem Zufallsgeschehen, das aus n Teilvorgängen besteht, die alle nach denselben Wahrscheinlichkeitsgesetzen und ohne gegenseitige Beeinflussung ablaufen – bezeichnen wir mit $f_n(A)$ die relative Häufigkeit des Eintretens von A, also

$$f_n(A) = \frac{1}{n} \cdot (\text{Anzahl der Durchführungen, in denen A eingetreten ist}).$$

Für fortlaufendes $n(\to \infty)$ ist nun zu „erwarten", daß sich die Folge der $f_n(A)$ „in der Nähe von P(A) stabilisiert". Ein solches Verhalten wird auch durch die „Erfahrung" weitgehend bestätigt. So kann man beispielsweise bei sehr häufiger Ermittlung der Gewinnzahlen im Roulette erwarten, daß eine bestimmte Zahl, etwa die Zahl 17, ungefähr mit der relativen Häufigkeit $\frac{1}{37}$ auftritt, und findet diese Erwartung nachträglich fast immer bestätigt. Das Wissen um eine „starke" Abweichung davon wäre wohl für jeden Spieler Anlaß, die Annahme der Gleichwahrscheinlichkeit der 37 Roulette-Zahlen fallenzulassen[1]; doch kommt ihm gewiß die Spielbank durch Auswechseln des Gerätes zuvor.

Der beschriebene **Zusammenhang zwischen Wahrscheinlichkeiten und relativen Häufigkeiten** – in 10.1 werden wir in der Lage sein, ihn zu präzisieren – ist dazu geeignet, Aufschluß über unbekannte Wahrscheinlichkeiten zu erhalten; darauf beruhen viele Methoden der induktiven Statistik. Dabei nimmt die Aussagekraft, die die $f_n(A)$ über P(A) besitzen, natürlich mit wachsendem n zu. Die „Erfahrung", die

---
[1] obgleich selbst das Ereignis, daß bei sehr häufiger Durchführung stets dieselbe Gewinnzahl auftritt, auch bei Gleichwahrscheinlichkeit der Zahlen nicht völlig unmöglich ist.

jemand mit vielen Durchführungen eines wiederholbaren Geschehens gewonnen hat, kann auch Anlaß zur subjektiven Festlegung von Wahrscheinlichkeiten sein.

Beispiel 39: Eine Kontrollbehörde hat an 400 aus einem bestimmten Land importierten Kälbern je zwei Kontrollen K_1 und K_2 durchgeführt, nämlich nach Rückständen von künstlichen Hormonen (K_1) bzw. von Antibiotika (K_2). 50mal trat bei K_1 ein positives Ergebnis auf, 40mal bei K_2 und 20mal bei beiden Kontrollen zugleich, wobei ein positives Ergebnis besagt, daß entsprechende Rückstände gefunden wurden. Die Kontrollbehörde ist der Überzeugung, daß eine Durchführung der beiden Kontrollen bei einem aus jenem Land importierten Kalb stets eine Wiederholung desselben Zufallsgeschehens darstellt, und sie sieht die ermittelten relativen Häufigkeiten subjektiv als Wahrscheinlichkeiten für die Ereignisse A_i: „das Ergebnis bei K_i ist positiv" sowie für $A_1 \cap A_2$ an; d.h. sie rechnet mit

$$P(A_1) = \frac{1}{8}, P(A_2) = \frac{1}{10} \text{ und } P(A_1 \cap A_2) = \frac{1}{20}.$$

Für die relativen Häufigkeiten gelten, wie man sich leicht klarmacht, eine Reihe von Beziehungen wie $0 \leq f_n(A) \leq 1$, $f_n(A \cup B) = f_n(A) + f_n(B)$ für disjunkte Ereignisse A und B, $f_n(A) \leq f_n(B)$ für $A \subset B$, $f_n(\overline{A}) = 1 - f_n(A)$, usw. Entsprechende Regeln für Wahrscheinlichkeiten haben wir zum Teil bereits gefordert, wie ein Blick auf die Axiome zeigt; zum Teil werden wir sie (und noch weitere Beziehungen) im nächsten Abschnitt herleiten.

7.3.4 Regeln für Wahrscheinlichkeiten

Im folgenden seien $A, B, A_1, A_2, A_3, \ldots \subset \Omega$ Ereignisse und P ein Wahrscheinlichkeitsmaß zu einem betrachteten Zufallsvorgang. Dann gelten folgende Regeln:

1. $P(A) \leq 1$.
2. $P(\emptyset) = 0$,
   wozu zu bemerken ist, daß aus $P(A) = 0$ noch nicht folgt, daß A unmöglich ist; dies werden wir in 8.5 verdeutlichen können.
3. Aus $A \subset B$ folgt $P(A) \leq P(B)$.
4. $P(\overline{A}) = 1 - P(A)$.
5. $P\left(\bigcup_{i=1}^{n} A_i\right) = P(A_1) + P(\overline{A}_1 \cap A_2)$
   $+ P(\overline{A}_1 \cap \overline{A}_2 \cap A_3) + \ldots + P(\overline{A}_1 \cap \ldots \cap \overline{A}_{n-1} \cap A_n)$,
   wobei sich die rechte Seite noch weiter aufschlüsseln läßt. Dies führt im Fall n = 2 und n = 3 zu:

5a. $P(A_1 \cup A_2) = P(A_1) + P(A_2) - P(A_1 \cap A_2)$,

5b. $P(A_1 \cup A_2 \cup A_3) = P(A_1) + P(A_2) + P(A_3)$
   $- P(A_1 \cap A_2) - P(A_1 \cap A_3) - P(A_2 \cap A_3)$
   $+ P(A_1 \cap A_2 \cap A_3)$.

6. Bilden die A_i eine **Zerlegung**[1] von Ω, so gilt für jedes Ereignis $B \subset \Omega$ die Beziehung:

$$P(B) = \sum_i P(B \cap A_i).$$

Vor allem die Regeln 4, 5, 5a und 5b erleichtern oft die Berechnung von Wahrscheinlichkeiten.

---

[1] d.h. gilt $A_i \cap A_j = \emptyset$ für alle $i \neq j$ und $\bigcup_i A_i = \Omega$.

Beispiel 40: a) Im Beispiel 37 hatten wir als Wahrscheinlichkeit, bei einem Roulettespiel mit „1, ..., 18" oder mit „ungerader Zahl" oder mit „34, 35, 36" zu gewinnen, den Wert 29/37 erhalten. Zum gleichen Ergebnis kommen wir mit Regel 5:

$$\frac{18}{37} + \frac{9}{37} + \frac{2}{37} = \frac{29}{37}$$

bzw. mit Regel 5b:

$$\frac{18}{37} + \frac{18}{37} + \frac{3}{37} - \frac{9}{37} - \frac{0}{37} - \frac{1}{37} + \frac{0}{37} = \frac{29}{37}.$$

b) Ein Roulettespieler setzt in fünf aufeinanderfolgenden Spielen jeweils nur auf die 1. Sei G das Ereignis, in mindestens einem Spiel zu gewinnen. Von den 37^5 gleichwahrscheinlichen Elementarereignissen des 5maligen Spielens (der Vorgang entspricht dem Modell des 5fachen Ziehens mit Zurücklegen aus einer Menge von 37 Objekten) sind für $\bar{G}$ die 36^5 möglichen Ergebnisse „keine 1 in allen 5 Spielen" günstig, woraus sich

$$P(G) = 1 - \frac{36^5}{37^5} = 1 - 0{,}872 = 0{,}128$$

ergibt.

Aufgabe 36: *Von 10 Pumpen seien 4 defekt. Zwei Pumpen werden zufällig ausgewählt; für folgende Ereignisse seien sowohl im Falle mit Zurücklegen als auch im Falle ohne Zurücklegen die Wahrscheinlichkeiten zu bestimmen:*

A_i: *„die i-te ausgewählte Pumpe ist defekt"*
B: *„mindestens eine der beiden ausgewählten Pumpen ist defekt".*
Berechnen Sie dabei P(B) zunächst gemäß Regel 4 und dann gemäß Regel 5 a.

Aufgabe 37: *Im Beispiel 39 wurden für die Ereignisse A_i: „das Ergebnis bei K_i ist positiv" die Wahrscheinlichkeiten $P(A_1) = \frac{1}{8}$, $P(A_2) = \frac{1}{10}$ und $P(A_1 \cap A_2) = \frac{1}{20}$ angesetzt. Berechnen Sie die Wahrscheinlichkeit, daß bei einem aus dem fraglichen Land stammenden Kalb*
– *K_1 ein positives Ergebnis liefert und K_2 nicht*
– *höchstens (mindestens oder genau) eine der beiden Kontrollen Rückstände entdeckt.*

Nun sei noch kurz angedeutet, wie sich obige Regeln aus den Axiomen ergeben:

- Aus der Darstellung $\Omega = A \cup \bar{A}$ sowie aus den Axiomen 2 und 3 erhalten wir $1 = P(\Omega) = P(A) + P(\bar{A})$, also Regel 4, und angewandt auf $A = \Omega$ auch Regel 2.
- Die Gültigkeit von Regel 6 ist unmittelbar aus Axiom 3 abzulesen.
- Aus Regel 6 folgt bei $A \subset B$ die Gleichung
  $P(B) = P(B \cap A) + P(B \cap \bar{A}) = P(A) + P(B \cap \bar{A}) \geq P(A)$,
  also Regel 3, weil nach Axiom 1 gilt: $P(B \cap \bar{A}) \geq 0$.
- Regel 1 ist Spezialfall von Regel 3 mit $B = \Omega$.
- Regel 5 entsteht aus Axiom 3, indem man die Vereinigung
  $\bigcup_{i=1}^{n} A_i$ gemäß $A_1 \cup (\bar{A}_1 \cap A_2) \cup \ldots \cup (\bar{A}_1 \cap \bar{A}_2 \cap \ldots \cap \bar{A}_{n-1} \cap A_n)$
  disjunkt macht; für n = 2 erhält man hieraus die Regel 5a, indem man
  $P(\bar{A}_1 \cap A_2)$ durch $P(A_2) - P(A_1 \cap A_2)$
  ersetzt, was nach Regel 6 möglich ist; entsprechend ließe sich durch geeignetes Aufschlüsseln von $P(\bar{A}_1 \cap \bar{A}_2 \cap A_3)$ der Nachweis der Regel 5b durchführen.

Aufgabe 38: *Zu zwei Ereignissen A_1 und A_2 sei B das Ereignis, daß genau eines der beiden A_i (d.h. entweder A_1 oder A_2) eintritt. Stellen Sie P(B) durch $P(A_1)$, $P(A_2)$ und $P(A_1 \cap A_2)$ dar und berechnen Sie auf diese Weise nochmal die bereits in Aufgabe 37 errechnete Wahrscheinlichkeit, daß genau eine der beiden Kontrollen Rückstände entdeckt.*

7.3.5 Bedingte Wahrscheinlichkeiten

Oft interessiert man sich bei einem Zufallsvorgang für die Wahrscheinlichkeit des Eintretens eines Ereignisses A unter der Annahme (oder sogar mit dem Wissen), daß ein bestimmtes Ereignis B eintritt (oder bereits eingetreten ist). Wir schreiben dafür $P(A|B)$ und sprechen von der **bedingten Wahrscheinlichkeit** von A unter (der Bedingung) B.

Beispiel 41: Im Beispiel 39 hatte die Kontrollbehörde die relativen Häufigkeiten (50-, 40- bzw. 20mal war das Ergebnis bei K_1, K_2 bzw. K_1 und K_2 positiv) als Wahrscheinlichkeiten der zugehörigen Ereignisse A_1, A_2 bzw. $A_1 \cap A_2$ angesetzt. Analog wird sie sinnvollerweise die Wahrscheinlichkeit, daß K_2 Rückstände entdeckt, wenn dies bei K_1 der Fall ist, also $P(A_2|A_1)$, festlegen als den Quotienten

$$\frac{\text{Anzahl der untersuchten Kälber, bei denen beide Kontrollen Rückstände entdecken}}{\text{Anzahl der untersuchten Kälber, bei denen } K_1 \text{ Rückstände entdeckt}} = \frac{20}{50} = 0{,}4$$

oder, was dasselbe liefert, als den Quotienten

$$\frac{P(A_1 \cap A_2)}{P(A_1)} = \frac{20/400}{50/400} = 0{,}4.$$

Entsprechend definieren wir bedingte Wahrscheinlichkeiten allgemein gemäß

$$\boxed{P(A|B) = \frac{P(A \cap B)}{P(B)}}, \qquad (63)$$

wobei $P(B) > 0$ vorausgesetzt ist.

Aufgabe 39: *Bestimmen Sie wie im obigen Beispiel 41 auch die bedingten Wahrscheinlichkeiten, daß*
- *das Ergebnis von K_2 positiv ist, wenn K_1 keine Rückstände entdeckt*
- *falls genau eine der beiden Kontrollen ein positives Ergebnis liefert, es sich dabei um K_2 handelt.*

(Dabei kann man Ergebnisse von Aufgabe 37 benutzen.)

Auch für bedingte Wahrscheinlichkeiten lassen sich aufgrund ihrer Definition Aussagen formulieren, die den drei Axiomen und den Regeln aus 7.3.4 entsprechen; auf die explizite Angabe all dieser Formeln sei hier verzichtet. Wichtiger ist oft, daß mit Hilfe bedingter Wahrscheinlichkeiten die Berechnung der Wahrscheinlichkeit des Durchschnitts von Ereignissen ermöglicht oder erleichtert wird; denn für m Ereignisse $A_1, \ldots, A_m \subset \Omega$ eines Zufallsvorgangs gilt die Beziehung

$$P(A_1 \cap \ldots \cap A_m) = P(A_1) \cdot P(A_2|A_1) \cdots P(A_m|A_1 \cap \ldots \cap A_{m-1}), \qquad (64)$$

sofern $P(A_1 \cap \ldots \cap A_{m-1}) > 0$.

Beispiel 42: Unterscheidet man jeweils nur die beiden Fälle, ob der Absatz eines Produktes gegenüber der Vorperiode steigt oder nicht steigt, so sind für die kommenden 3 Zeitperioden acht Verläufe denkbar. Sie sind in Fig. 26 anhand einer Baumdarstellung veranschaulicht. Jeder Pfeil nach oben symbolisiert eine Absatzsteigerung. Die von der Marketing-Abteilung geschätzten bedingten Wahrscheinlichkeiten sind an den Pfeilen notiert. Bedeutet A_i das Ereignis, daß der Absatz in der i-ten Periode steigt, so liest man aus der Fig. 26 beispielsweise ab:

$$P(\overline{A}_1) = \tfrac{1}{2}; \quad P(A_2|A_1) = \tfrac{2}{3}; \quad P(A_3|\overline{A}_1 \cap \overline{A}_2) = \tfrac{1}{5}.$$

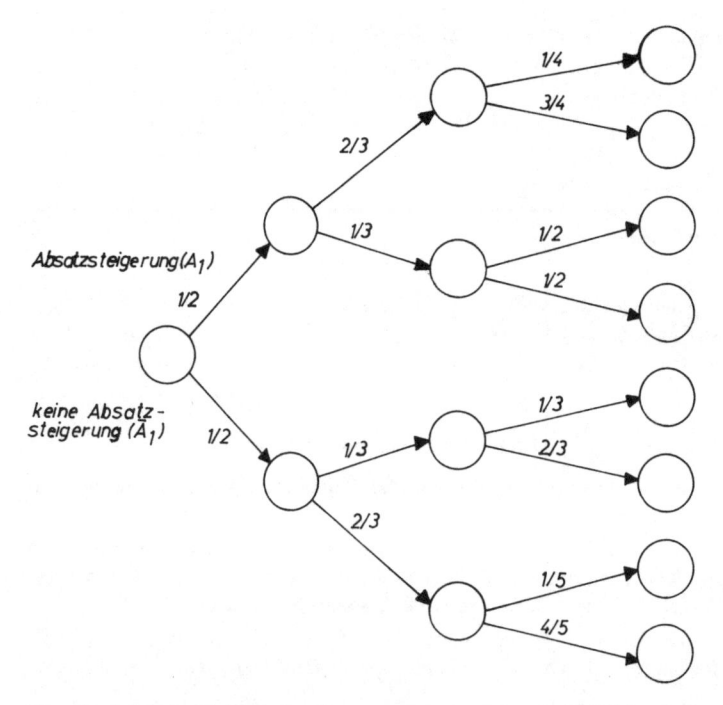

Fig. 26: *Mögliche Verläufe des Absatzes eines Produktes in drei Zeitperioden; an den Pfeilen sind bedingte Wahrscheinlichkeiten notiert*

Aufgrund der Formel (64) ergibt sich die Wahrscheinlichkeit eines bestimmten Verlaufs durch Multiplikation der drei zugehörigen bedingten Wahrscheinlichkeiten. So ist beispielsweise für das Ereignis

B: „in jeder der drei Perioden steigt der Absatz"

die Wahrscheinlichkeit zu errechnen:

$$P(B) = P(A_1) \cdot P(A_2|A_1) \cdot P(A_3|A_1 \cap A_2) = \frac{1}{2} \cdot \frac{2}{3} \cdot \frac{1}{4} = \frac{1}{12}.$$

Es seien nun noch zwei Formeln angegeben, die auf der Regel 6 von 7.3.4 aufbauen. Wie dort sei eine Zerlegung $A_1, A_2, A_3, \ldots$ von Ω gegeben, und zwar mit $P(A_i) > 0$ für alle i. Dann gilt der **Satz von der totalen Wahrscheinlichkeit**, nämlich

$$P(B) = \sum_i P(B|A_i) \cdot P(A_i) \quad \text{für jedes Ereignis B.}$$

Falls auch noch $P(B) > 0$ ist, gilt ferner die **Formel von Bayes**,[1] die besagt:

$$\boxed{P(A_j|B) = \frac{P(B|A_j) \, P(A_j)}{\sum_i P(B|A_i) \cdot P(A_i)}} \quad \text{für jedes j.} \tag{65}$$

Aufgabe 40: *Machen Sie sich klar, wie der Satz von der totalen Wahrscheinlichkeit und die Formel von Bayes aus der Regel 6 und der Definition der bedingten Wahrscheinlichkeiten folgen.*

---

[1] nach Thomas Bayes (1702–1761) benannt

Aufgabe 41: *Eine Firma stellt einen Konsumartikel auf drei Maschinen unterschiedlicher Kapazität her.*

Maschine	M_1	M_2	M_3
gelieferter Anteil der Gesamtproduktion	60%	25%	15%
Ausschußwahrscheinlichkeit	0,09	0,12	0,04

Aus der Gesamtproduktion wird ein Stück zufällig entnommen.
a) *Mit welcher Wahrscheinlichkeit ist dieses Stück Ausschuß?*
b) *Das entnommene Stück ist Ausschuß. Mit welcher Wahrscheinlichkeit stammt es von M_i, $i = 1, 2, 3$?*

Die Formel von Bayes findet oft in folgender Situation Anwendung:

- eine Menge von sich gegenseitig ausschließenden Zuständen $A_1, A_2, \ldots$ ist möglich oder wird als möglich erachtet
- über die Chancen der einzelnen Zustände (nämlich „wahr" zu sein) bestehen Vermutungen, welche sich in Gestalt eines Wahrscheinlichkeitsmaßes P beschreiben lassen; die Werte $P(A_j)$ heißen **a priori Wahrscheinlichkeiten**
- Man realisiert einen Zufallsvorgang, wobei für mögliche Ereignisse B dieses Zufallsvorgangs die bedingten Wahrscheinlichkeiten $P(B|A_j)$ für jedes j bestimmbar seien
- für das tatsächlich eingetretene Ereignis B berechnet man dann gemäß der Bayesschen Formel die bedingten Wahrscheinlichkeiten $P(A_j|B)$; man bezeichnet sie als **a posteriori Wahrscheinlichkeiten** und interpretiert sie als „Verbesserung" gegenüber den a priori Wahrscheinlichkeiten.

Beispiel 43: Die Arbeitnehmerschaft einer Firma will eine Abstimmung über einen geplanten Streik abhalten. Um die Situation abschätzen zu können, orientiert sich die Firmenleitung an einer ähnlichen Lage aus früherer Zeit. Danach würden mit folgenden Wahrscheinlichkeiten für Streik stimmen:

Prozentsatz, für Streik stimmend	20	40	60	80
zugehörige Wahrscheinlichkeit	0,2	0,6	0,15	0,05

Sicherheitshalber werden noch 20 zufällig ausgewählte Arbeitnehmer über ihre Meinung befragt. Davon stimmen 16 für Streik und 4 dagegen. Wir wollen annehmen, daß die durch das Befragungsergebnis bedingten Wahrscheinlichkeiten für die Firma aussagekräftiger seien als die ursprünglich gegebenen Wahrscheinlichkeiten. In obiger Sprechweise sind also zu den 4 Zuständen A_j: „$20 \cdot j\%$ sind für Streik" die a priori Wahrscheinlichkeiten $P(A_j)$ gegeben und die a posteriori Wahrscheinlichkeiten $P(A_j|B)$ gesucht, wobei B bedeutet: „16 von 20 Befragten sind für Streik." Die Berechnung wird in Aufgabe 52 nachgeholt.

7.3.6 Unabhängigkeit von Ereignissen

Zwei Ereignisse A, B eines Zufallsvorgangs wollen wir als unabhängig bezeichnen, wenn das Eintreten des einen keine Information über die Wahrscheinlichkeit des

Eintretens des anderen liefert. Für die bedingten Wahrscheinlichkeiten soll daher $P(A|B) = P(A)$ gelten bzw. $P(B|A) = P(B)$ (sofern $P(B) > 0$ bzw. $P(A) > 0$ ist). Damit äquivalent ist die Beziehung

$$P(A \cap B) = P(A) \cdot P(B) \quad , \tag{66}$$

die als Definition der **Unabhängigkeit zweier Ereignisse** A, B dient.

Unabhängig sind beispielsweise beim Ziehen mit Zurücklegen zwei Ereignisse A, B, wenn zur Bildung von A bzw. von B nur das Ergebnis des n-ten Zuges bzw. die Ergebnisse der (n − 1) vorangegangenen Züge berücksichtigt werden.

Die Unabhängigkeitsdefinition kann in zweierlei Hinsicht verwendet werden, nämlich

1) zur Bestimmung von Wahrscheinlichkeiten, wenn vom Sachverhalt her klar ist, daß zwei Ereignisse voneinander unabhängig sind und deshalb mit Gleichung (66) gerechnet werden darf,
2) zur Überprüfung, ob zwei Ereignisse A, B unabhängig sind oder nicht, indem man bei gegebenen $P(A), P(B)$ und $P(A \cap B)$ untersucht, ob Gleichung (66) erfüllt ist.

Aufgabe 42: *a) In einer Firma vollzieht sich die Herstellung eines bestimmten Produkts in zwei nacheinander und unabhängig voneinander ablaufenden Arbeitsgängen. Nach seiner Fertigstellung wird jedes Stück kontrolliert, und es gilt als Ausschuß, wenn bei seiner Fertigung in (mindestens) einem der beiden Arbeitsgänge ein Fehler passiert ist. Die Wahrscheinlichkeit für das Entstehen eines Ausschußstücks beträgt 8/100; dabei geschieht im ersten Arbeitsgang mit Wahrscheinlichkeit 1/24 ein Fehler. Wie groß ist die Wahrscheinlichkeit für einen Fehler im zweiten Arbeitsgang?*

b) Prüfen Sie, ob die beiden in Beispiel 39 definierten Ereignisse

A_i: *„das Ergebnis bei K_i ist positiv"*

unabhängig sind.

Wir verzichten an dieser Stelle auf die Behandlung der Unabhängigkeit von mehr als zwei Ereignissen; im Abschnitt 8.1.3 wird der Unabhängigkeitsbegriff in allgemeiner Form erläutert.

7.4 Kritische Zusammenfassung, Literaturhinweise

Zur axiomatischen Begründung der Wahrscheinlichkeitsrechnung:

Die von A.N. Kolmogoroff [1933] aufgestellte und im Abschnitt 7.3.1 beschriebene axiomatische Begründung der Wahrscheinlichkeitsrechnung ist heute allgemein akzeptiert. Durch diese Axiome wird der Begriff des Wahrscheinlichkeitsmaßes lediglich **implizit** definiert; numerische Werte für die Wahrscheinlichkeiten der verschiedenen Ereignisse können – von Ausnahmefällen abgesehen – daraus nicht errechnet werden. Es hat deshalb nicht an Versuchen gefehlt, die Wahrscheinlichkeiten **explizit** zu definieren. Einen derartigen Versuch haben wir im Abschnitt 7.3.2 mit der Laplaceschen Wahrscheinlichkeitsdefinition kennengelernt. Ein weiterer prominenter Versuch stammt von R. v. Mises [1931]; hierbei wird $P(A)$ als **Limes der relativen**

Häufigkeiten für das Ereignis A definiert. Aus der Liste der Kritikpunkte an diesen Definitionsversuchen seien die folgenden herausgegriffen:

1) Die Laplacesche Definition ist keine echte explizite Definition; der zu definierende Begriff der Wahrscheinlichkeit wird unter Verwendung des Begriffs der „Gleichwahrscheinlichkeit" eingeführt.

2) Wie bereits erwähnt, sind die bei der Laplaceschen Definition unterstellten Zufallsvorgänge (mit endlich vielen gleichwahrscheinlichen Elementarereignissen) in den Anwendungen relativ selten anzutreffen.

3) Auch die beliebig wiederholbaren Zufallsvorgänge, die der von Misesschen Definition zugrunde liegen, sind in der Realität relativ selten anzutreffen; sogar bei einem solchen Zufallsvorgang ist die Definition insofern inoperational, als sie empirisch nicht auswertbar ist.

4) Relative Häufigkeiten müssen durchaus nicht im üblichen mathematischen Sinne konvergieren. Selbst im Falle der Konvergenz ist nicht gewährleistet, daß der Limes den gewünschten Wert liefert. So ist es zwar unwahrscheinlich, jedoch nicht unmöglich, daß beim Werfen eines regelmäßigen Würfels stets eine Sechs beobachtet wird; als Limes resultiert dann der Wert 1 anstelle des Wertes 1/6. Von Mises begegnete diesem Einwand durch die Einführung eines Regellosigkeitsaxioms; nur bzgl. solcher Folgen von Wiederholungen darf der Limes gebildet werden, die dieses Regellosigkeitsaxiom erfüllen. Damit werden zwar „unpassende" Ergebnisse vermieden, die eigentliche Problematik wird jedoch in die Definition der Regellosigkeit verlagert. Wegen einer Diskussion der damit verbundenen logischen Schwierigkeiten sei insbesondere auf A. Wald [1937], B.W. Gnedenko [1970] und C.P. Schnorr [1971] verwiesen.

Deterministische versus stochastische Vorgänge:

Erfassen wir bei einem Zufallsvorgang sowohl die Ausgangssituation als auch die Gesetze, die das Eintreten der Folgesituationen steuern, beliebig genau, so kann er zumeist in den Status eines deterministischen Vorgangs überführt werden. Erfassen wir beispielsweise beim Münzwurf – einem Zufallsvorgang par excellence – die Winkel, die Geschwindigkeit, die Höhe, die Beschaffenheit der Auftreff-Fläche usw., so könnten wir aufgrund der physikalischen Gesetze[1] das Ergebnis des Münzwurfs prinzipiell berechnen. Entsprechend könnte die Wartezeit eines Kunden vor einer Supermarktkasse durch Inspektion aller Warenkörbe der Schlange, Abfertigungsmodalitäten der Kasse usw. nahezu genau kalkuliert werden. Mit diesen Beispielen soll verdeutlicht werden, daß die genaue Erfassung des gesamten Ursachenkomplexes in den meisten Fällen gegen das ökonomische Prinzip verstößt und daß es geboten sein kann, einen „an und für sich" deterministischen Vorgang dennoch als einen stochastischen Vorgang zu betrachten. Zumindest in den wirtschafts- und sozialwissenschaftlichen Anwendungen ist es infolgedessen eher eine pragmatische denn eine erkenntnistheoretische Frage, ob ein Vorgang als deterministisch oder stochastisch eingestuft wird.

Objektive versus subjektive Wahrscheinlichkeiten:

a) Bei Zufallsvorgängen, die den Glücksspielen zugrunde liegen, beim zufälligen Ziehen aus einer beliebig großen Grundgesamtheit oder beim Ziehen mit Zurücklegen scheint die Vorstellung berechtigt, daß es für Ereignisse eine „tatsächliche"

---

[1] wenn wir vom quantenmechanischen Indeterminismus einmal absehen.

Wahrscheinlichkeit des Eintretens gibt, welche es zu ermitteln gilt. Man spricht im Sinne dieser Anschauung von **objektiven** Wahrscheinlichkeiten, welche Ereignissen gewissermaßen „von Natur aus" zugeordnet sind.

b) In vielerlei Problemstellungen, etwa allen in die Zukunft gerichteten ökonomischen Planungen (vgl. Beispiel 42) oder auch beim Unfallzeugen aus Beispiel 33, reicht der objektive Wahrscheinlichkeitsbegriff nicht aus. In solchen Situationen kann man die Ansicht vertreten, die Wahrscheinlichkeit von Ereignissen beruhe nur auf der sachkundigen Einschätzung des zugrunde liegenden Zufallsvorgangs. Die so begründeten Wahrscheinlichkeiten bezeichnet man dementsprechend als **subjektiv**. Aus dem umfangreichen Schrifttum über subjektive Wahrscheinlichkeiten seien die folgenden Beiträge erwähnt: L.J. Savage [1954], Anscombe/Aumann [1963], Kyburg/Smokler [1964], G. Menges [1965], W. Stegmüller [1973] und H.W. Gottinger [1974].

Bei Verwendung von subjektiven Wahrscheinlichkeiten ist es durchaus zugelassen, daß zwei verschiedene Betrachter ein und desselben Zufallsvorgangs dem Eintreten eines Ereignisses unterschiedliche Wahrscheinlichkeiten beimessen.

Wir legen uns weder auf den objektiven noch auf den subjektiven Standpunkt generell fest; vielmehr geben wir je nach Anwendungsfall der einen oder anderen Auffassung den Vorzug – meist ohne dies eigens zu erwähnen. Die Wahrscheinlichkeitsaxiome und die daraus abgeleiteten Regeln gelten natürlich im Rahmen beider Auffassungen.

Zur praktischen Bestimmung von Wahrscheinlichkeiten:

Unabhängig vom verwendeten Wahrscheinlichkeitsbegriff stellt sich das Problem der praktischen Bestimmung der „objektiv wahren" bzw. „subjektiv angemessen erscheinenden" Wahrscheinlichkeiten.

a) In der induktiven Statistik werden mittels einer Stichprobe relativ objektive Anhaltspunkte für die Festlegung von Wahrscheinlichkeiten gewonnen. Die Schätzmethoden aus Kapitel 12 führen zur Festlegung von Einzelwahrscheinlichkeiten oder des gesamten Wahrscheinlichkeitsmaßes. Die Testmethoden aus Kapitel 14 dienen der Überprüfung eines hypothetischen oder bisher als richtig angenommenen Wahrscheinlichkeitsmaßes.

b) Auch für die Festlegung subjektiver Wahrscheinlichkeiten können relativ objektive Anhaltspunkte wie etwa die langjährige Erfahrung, die Berücksichtigung korrelierter Zeitreihen, Experten-Gutachten u. dgl. zur Verfügung stehen. Rezeptmäßig anwendbare Formeln zur Auswertung derartiger Anhaltspunkte existieren leider nicht. Dennoch gibt es einige Hinweise[1] zur Festlegung subjektiver Wahrscheinlichkeiten. Diese sollten insbesondere dann berücksichtigt werden, wenn die subjektiven Wahrscheinlichkeiten einer weiteren Verarbeitung unterzogen werden, wie es beispielsweise der Fall ist

---

[1] Sobald ein Experten-Gremium zur Festlegung der subjektiven Wahrscheinlichkeiten eingeschaltet wird, sollten die verzerrenden Gruppeneinflüsse (risky-shift-Phänomen, Dominanz eines Meinungsführers) eliminiert werden, indem eine Vorgehensweise gemäß der **Delphi-Methode** gewählt wird. Eine ausführliche Beschreibung dieser Methode ist bei D. Becker [1974] zu finden. Weitere Hinweise für die Festlegung subjektiver Wahrscheinlichkeiten sind z.B. bei Hampton/Moore/Thomas [1973] und J.C. Hull [1978] zu finden.

- bei **stochastischen Netzplänen** (PERT-Verfahren, GERT-Verfahren), die zur Terminplanung bei Großprojekten verwendet werden; dabei dienen subjektive Wahrscheinlichkeiten für die Realisierung und die Dauer der einzelnen Teilvorgänge zur Berechnung der Wahrscheinlichkeitsverteilung der gesamten Projektdauer
- bei der **Risikoanalyse**, die zur Offenlegung des Risikos benutzt wird; ausgehend von subjektiven Wahrscheinlichkeiten für Preise, Kosten, Deckungsbeiträge, Absatzmengen usw. wird die Wahrscheinlichkeitsverteilung komplexerer Größen wie Gewinn, Kapitalwert, interner Zinsfuß ermittelt.

Da sich viele Statistik- oder Wahrscheinlichkeitstheorie-Lehrbücher auf die vom erkenntnistheoretischen Standpunkt aus sympathischeren objektiven Wahrscheinlichkeiten beschränken, wollen wir dieses Kapitel mit einigen Argumenten für die Einbeziehung subjektiver Wahrscheinlichkeiten abschließen. Bei allen Vorbehalten, die man gegen die Verwendung von subjektiven Wahrscheinlichkeiten haben kann, sollte berücksichtigt werden

- daß die endgültige numerische Festlegung einer Wahrscheinlichkeit stets eine gewisse Subjektivität beinhaltet, sei es daß sie auf dem Ergebnis einer endlichen Stichprobe beruht oder auf der Laplaceschen Definition, bei der häufig ungeprüfte Annahmen wie die Gleichwahrscheinlichkeit, die Unabhängigkeit usw. einbezogen werden,
- daß rein objektive Wahrscheinlichkeiten eine Rarität darstellen und ihre ausschließliche Verwendung den Anwendungsbereich der Wahrscheinlichkeitsrechnung drastisch limitieren würde,
- daß die bei Verzicht auf subjektive Wahrscheinlichkeiten zur Verfügung stehenden Methoden, etwa die Durchführung zweier Alternativrechnungen mit ausschließlich optimistischen bzw. ausschließlich pessimistischen Werten, keine für die Praxis verwertbaren Resultate liefern. So führen die Alternativrechnungen im Beispiel der Terminplanung zu einer riesigen Spanne für die Projektdauer; die gegenseitige Kompensation extremer Werte, die bei Verwendung der Wahrscheinlichkeitsrechnung automatisch erfolgt, kann bei derartigen Alternativrechnungen nicht erfaßt werden.

8. Kapitel:
Zufallsvariablen und Verteilungen

8.1 Verschiedene Typen von Zufallsvariablen

8.1.1 Eindimensionale Zufallsvariablen

Ereignisse werden bei einem Zufallsvorgang oft dadurch gebildet, daß die möglichen Ergebnisse ω aufgrund eines quantitativen (bzw. quantifizierten) Merkmals X beurteilt werden. Wir beschreiben die Abbildung, die jedem $\omega \in \Omega$ seine Ausprägung bezüglich des Merkmals X zuordnet, ebenfalls mit dem Symbol X, so daß interessierende Ereignisse der Form

„X nimmt (genau, mindestens oder höchstens) den Wert x an"
„X nimmt Werte zwischen a und b an"

usw. statt als Teilmengen von Ω jetzt kürzer durch

$X = x, X \geq x, X \leq x$ oder $a \leq X \leq b$

dargestellt werden können.

In Beispiel 35 etwa können wir mit dem Merkmal
X: „Gesamtzahl der von beiden Zeitungen verkauften Exemplare"
die Ereignisse A_j bzw. B_j durch $X = j$ bzw. $X \geq j$ beschreiben.

Allgemein definieren wir:

Ist ein Zufallsvorgang mit der Ergebnismenge Ω gegeben, so heißt jede Abbildung $X: \Omega \to \mathbb{R}$ eine (eindimensionale) **Zufallsvariable**.[1]

Ereignisse, die durch Zufallsvariablen gebildet werden, sind allgemein von der Gestalt $X \in B$, wobei B ein Bereich reeller Zahlen ist. Als solche Bereiche kommen etwa alle einpunktigen Mengen und alle offenen, halboffenen oder abgeschlossenen Intervalle in Frage sowie auch alle Gebilde, die hieraus durch Komplementbildung sowie durch abzählbare Durchschnitte und Vereinigungen entstehen; daß nicht sämtliche Teilmengen reeller Zahlen als Bereiche zugelassen werden können, ist für die Praxis unerheblich, vgl. auch die Schlußbemerkung von 7.2.

Den Wert x, den eine Zufallsvariable X bei der Durchführung des zugrundeliegenden Zufallsvorgangs annimmt, nennt man die **Realisierung** oder **Realisation** von X. Vor der Durchführung ist ungewiß, welche Realisierung eintreten wird (außer im trivialen Sonderfall, daß $X(\omega)$ für alle $\omega \in \Omega$ gleich einer Konstanten c gesetzt wird); insofern stellt jede Zufallsvariable selbst ein Zufallsgeschehen dar. Umgekehrt läßt sich jedes Zufallsgeschehen mit reellwertigen Elementarereignissen als Zufallsvaria-

---

[1] Strenggenommen müßten wir noch fordern, daß für alle $a, b \in \mathbb{R}$ die Mengen $\{\omega \in \Omega : a \leq X(\omega) \leq b\}$ tatsächlich zum Ereignissystem des betrachteten Zufallsvorgangs gehören; diese Bedingung bereitet in praktischen Anwendungen jedoch keinerlei Schwierigkeiten.

ble auffassen (indem man $X(\omega) = \omega$ für jedes $\omega \in \Omega$ setzt). Die Menge aller möglichen Realisierungen von X bezeichnet man als den **Wertebereich**

$$X(\Omega) = \{x : x = X(\omega), \omega \in \Omega\}.$$

Aufgabe 43: Geben Sie den Wertebereich folgender Zufallsvariablen an:
a) im Zeitungskioskbeispiel 32 a für jede der Zufallsvariablen X_1, X_2 und X mit
   X_i: „Anzahl der von Z_i verkauften Exemplare"
   X: „Anzahl der von Z_1 und Z_2 insgesamt verkauften Exemplare"
b) im Beispiel 33 aus der Sicht des Unfallzeugen für jede der Zufallsvariablen X_i mit
   X_i: „i-te Ziffer des Kfz-Kennzeichens" (i = 1, 2, 3).
   Wie groß ist $P(X_2 = k)$ für $k = 0, 1, \ldots, 9$, wenn alle nach Aussage des Zeugen noch möglichen Kennzeichen als gleichwahrscheinlich gelten?
   Läßt sich auch die gegenüber dem zweiten Buchstaben bestehende Ungewißheit durch eine Zufallsvariable X_0 ausdrücken?

8.1.2 Mehrdimensionale Zufallsvariablen

Aufgabe 43 zeigt, daß bei einem Zufallsvorgang mehrere Zufallsvariablen gleichzeitig von Interesse sein können. Durch Zufallsvariablen $X_1, \ldots, X_n$ läßt sich allgemein beschreiben

a) die simultane Beobachtung von n Merkmalen bei einem Zufallsvorgang sowie

b) ein Zufallsgeschehen, das aus n verschiedenen Teilvorgängen besteht, z.B. die n-fache Durchführung eines wiederholbaren Zufallsvorgangs, sofern die möglichen Ergebnisse der einzelnen Teilvorgänge durch reelle Zahlen charakterisierbar sind; X_i beschreibt dann den i-ten Teilvorgang.

Die Fälle a) und b) sind begrifflich nicht immer gegeneinander abzugrenzen.

Faßt man n Zufallsvariablen zusammen zu $X = (X_1, X_2, \ldots, X_n)$, so entsteht eine Abbildung X mit Werten im $\mathbb{R}^n$, die wir als **n-dimensionale Zufallsvariable** bezeichnen.

Ereignisse hängen dann im allgemeinen von den Werten aller n Zufallsvariablen ab. Ist beispielsweise für jedes X_i ein Ereignis der Form $X_i \in B_i$ von Interesse, so ist der Durchschnitt dieser n Ereignisse ein Ereignis zu $X = (X_1, \ldots, X_n)$, für das wir die Schreibweise

$$X_1 \in B_1, X_2 \in B_2, \ldots, X_n \in B_n$$

benutzen. Bei mehrdimensionalen Zufallsvariablen können allerdings auch Ereignisse betrachtet werden, die nicht auf diese Art darstellbar sind.

Beispiel 44: Mit Hilfe der Zufallsvariablen X_1, X_2 und X aus Aufgabe 43 a gibt es für nachstehende Ereignisse folgende Darstellungen:

Ereignis	Darstellung	
	eindimensional	mehrdimensional
a) Z_1 ist ausverkauft	$X_1 = 200$	$X_1 = 200, X_2 \in \mathbb{R}$
b) Z_2 ist ausverkauft, Z_1 dagegen nicht	–	$X_1 < 200, X_2 = 200$
c) insgesamt sind 390 Exemplare verkauft	$X = 390$	$\bigcup_{x=190}^{200} (X_1 = x, X_2 = 390 - x)$

Aus gegebenen (eindimensionalen) Zufallsvariablen X, Y, X_1, ..., X_n lassen sich auf vielerlei Weisen neue Zufallsvariablen bilden; begegnen werden uns später vor allem Ausdrücke wie

$$a + bX \text{ (mit } a, b \in \mathbb{R}\text{)}, X^2, X \cdot Y, \sum_{i=1}^{n} X_i \text{ und dgl.}$$

Jedes Zufallsgeschehen ist (hinreichend genau) durch Zufallsvariablen charakterisierbar. Sieht man beispielsweise die „wirtschaftliche Situation der Bundesrepublik Deutschland Ende nächsten Jahres" als Ergebnis eines Zufallsvorgangs an, so ist jedes Elementarereignis, sprich jede „mögliche wirtschaftliche Situation", durch einen umfangreichen Satz von Daten hinreichend genau zu beschreiben, und jede in diesen Datensatz aufgenommene Größe (z.B. das Bruttosozialprodukt, der Energieverbrauch, die Arbeitslosenzahl usw.) stellt eine Zufallsvariable dar.

Durch Einführung von Zufallsvariablen hat sich gegenüber Kapitel 7 im wesentlichen nur die Darstellung von Ereignissen geändert. Alle Aussagen über Wahrscheinlichkeiten behalten selbstverständlich ihre Gültigkeit; wir werden diesbezüglich noch neue, speziell auf Zufallsvariablen zugeschnittene Begriffe einführen. Zuvor erweitern wir die Definition der Unabhängigkeit, wie am Schluß von 7.3.6 angekündigt, indem wir sie für Teilvorgänge (jetzt beschrieben durch eindimensionale Zufallsvariablen X_i) eines Gesamtgeschehens (beschrieben durch $X = (X_1, ..., X_n)$) formulieren.

8.1.3 Unabhängigkeit von Zufallsvariablen

Die Zufallsvariablen $X_1, X_2, ..., X_n$ heißen **unabhängig**, wenn die Wahrscheinlichkeit des Durchschnitts von Ereignissen $X_i \in B_i$, $i = 1, ..., n$, stets (d.h. für alle zulässigen Bereiche $B_i \subset \mathbb{R}$) gleich dem Produkt der einzelnen Wahrscheinlichkeiten ist:

$$P(X_1 \in B_1, ..., X_n \in B_n) = P(X_1 \in B_1) \cdots P(X_n \in B_n). \tag{67}$$

Wie in 7.3.6 bedeutet dies, daß das Eintreten eines beliebigen Ereignisses $X_i \in B_i$ keine Information darüber liefert, mit welcher Wahrscheinlichkeit die übrigen Zufallsvariablen X_j, $j \neq i$, Werte in irgendwelchen Bereichen B_j annehmen, und wieder kommen zweierlei Anwendungsmöglichkeiten der Unabhängigkeitsdefinition in Betracht. So läßt sich, wenn n der $(n+1)$ in (67) auftretenden Wahrscheinlichkeiten bekannt sind und man vom Sachverhalt her Abhängigkeit der X_i ausschließen kann, die noch unbekannte Wahrscheinlichkeit errechnen. Andererseits darf, wenn rechnerisch die Gültigkeit von (67) für alle möglichen Ereignisse $X_i \in B_i$ nachgewiesen bzw. für mindestens ein Ereignis $(X_1 \in B_1, ..., X_n \in B_n)$ widerlegt werden kann, auf Unabhängigkeit bzw. Abhängigkeit der X_i geschlossen werden.

Aufgabe 44: Die Korrektur einer Klausur haben sich zwei Lehrpersonen L_1 und L_2 so aufgeteilt, daß L_1 bei jedem abgegebenen Exemplar die beiden ersten und L_2 die restlichen Aufgaben korrigiert. Die in Minuten gemessenen Korrekturdauern X von L_1 und Y von L_2 bei einem zufällig herausgegriffenen Klausurexemplar seien Zufallsvariablen, für die folgende Wahrscheinlichkeiten bekannt seien:

Bereich B	[0,10]	(10, 20]	(20, ∞)
$P(X \in B)$	$1/3$	$1/3$	$1/3$
$P(Y \in B)$	$1/4$	$1/2$	$1/4$

a) X und Y werden als unabhängig angesehen. Wie groß ist dann die Wahrscheinlichkeit, daß für ein zufällig ausgewähltes Exemplar
  – jeder der beiden höchstens 10 min bzw. höchstens 20 min braucht?
  – L_1 höchstens 10 min und L_2 über 20 min benötigt?
b) Sind X und Y unabhängig, wenn die Wahrscheinlichkeit, daß L_2 mit der Korrektur eines Exemplars länger als 20 min beschäftigt ist, falls für dieses Exemplar bereits L_1 über 20 min gebraucht hat, $^1/_2$ beträgt?

8.2 Die Verteilungsfunktion einer eindimensionalen Zufallsvariablen

Zu einer eindimensionalen Zufallsvariablen X nennt man die Funktion F, die jeder zwischen $-\infty$ und $+\infty$ liegenden Zahl x die Wahrscheinlichkeit

$$F(x) = P(X \leq x) \tag{68}$$

zuordnet, die **Verteilungsfunktion** von X.

Beispiel 45: Eine Maschine führt einen bestimmten Arbeitsgang aus, welcher jeweils genau 10 min dauert. Ein Mechaniker, der die Maschine einer routinemäßigen Kontrolle unterziehen soll, will dazu das Ende des gerade laufenden Arbeitsgangs abwarten. Da er dessen Beginn nicht kennt, sieht er die Zeit X, die er warten muß, als Zufallsvariable an. Dabei weiß er erstens sicher, daß er höchstens 10 min zu warten hat, d. h. $P(X \leq 10) = 1$; zum zweiten drückt er die gegenüber der bisherigen Laufzeit des Arbeitsgangs bestehende Ungewißheit dadurch aus, daß er die Wahrscheinlichkeit, höchstens noch x min warten zu müssen, für jedes x zwischen 0 und 10 proportional zu x ansetzt, d. h. $P(X \leq x) = k \cdot x$ für alle $x \in [0, 10]$.

Aus beidem ergibt sich

$$F(x) = \frac{1}{10} \cdot x \quad \text{für} \quad 0 \leq x \leq 10.$$

Trivialerweise ist ferner

$F(x) = P(X \leq x) = 0$ für alle $x < 0$
und $F(x) = P(X \leq x) = 1$ für alle $x > 10$.

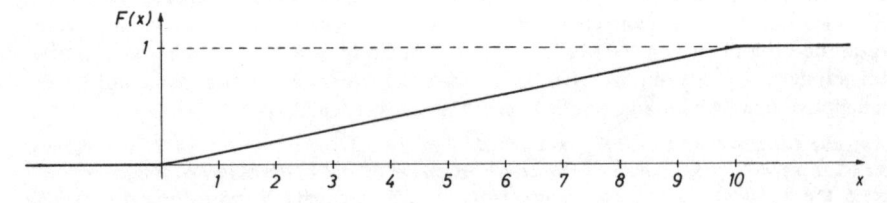

Fig. 27: *Verteilungsfunktion der Wartezeit X in Beispiel 45*

Aufgabe 45: *Vier in Reihe geschaltete gleichartige elektrische Geräte liegen still, weil durch einen Defekt bei (genau) einem von ihnen die Stromzufuhr unterbrochen wurde. Durch eine Einzelüberprüfung eines Gerätes kann eindeutig festgestellt werden, ob es defekt ist oder nicht. Sei X die Anzahl der Geräte, die einer derartigen Einzelüberprüfung unterzogen werden müssen (ohne Zurücklegen), bis feststeht, bei welchem der vier der Defekt vorliegt. Berechnen und skizzieren Sie die Verteilungsfunktion von X unter der Voraussetzung, daß jedes der Geräte mit gleicher Wahrscheinlichkeit für den Defekt in Frage kommt.*

Für eine Verteilungsfunktion ergeben sich aus ihrer Definition folgende **Eigenschaften**:

1) F (x) nimmt nur **Werte zwischen** $0 = F(-\infty)$ **und** $1 = F(+\infty)$ an, d. h. es gilt

$$0 = F(-\infty) \leq F(x) \leq F(+\infty) = 1 \text{ für alle } x \in \mathbb{R}.$$

2) F (x) **steigt** für wachsendes x **monoton** an (oder bleibt zumindest auf gleicher Höhe), d. h.

$$F(x_1) \leq F(x_2) \text{ gilt für alle } -\infty \leq x_1 \leq x_2 \leq +\infty$$

3) F (x) ist in jedem Punkt x **von rechts stetig**, d. h. der rechtsseitige Grenzwert stimmt stets mit dem Funktionswert F (x) überein.

Aufgabe 46: *Aus welcher Wahrscheinlichkeitsregel folgt Eigenschaft 2?*

Durch die Verteilungsfunktion einer Zufallsvariablen X sind die Wahrscheinlichkeiten aller Ereignisse X ∈ B festgelegt, wofür wir auch sagen: „Die (Wahrscheinlichkeits-)**Verteilung von X** liegt fest." Insbesondere gilt für alle a, b mit $-\infty \leq a \leq b \leq +\infty$ stets die Beziehung

$$P(a < X \leq b) = F(b) - F(a) \tag{69}$$

Aufgabe 47: *a) Wie groß ist die Wahrscheinlichkeit, daß der Mechaniker in Beispiel 45*
- *mehr als 3 min, aber höchstens 5 min warten muß*
- *mehr als 3 min warten muß*
- *höchstens noch 2 min warten muß, nachdem er bereits 3 min gewartet hat?*
b) Mit welcher Wahrscheinlichkeit muß in Aufgabe 45 mehr als ein Gerät überprüft werden?

Die beiden in Beispiel 45 und in Aufgabe 45 behandelten Zufallsvariablen und ihre Verteilungsfunktionen unterscheiden sich prinzipiell dadurch, daß das untersuchte Merkmal im einen Fall stetig und im anderen diskret ist. Im folgenden behandeln wir diese zweierlei Typen von Zufallsvariablen ausführlich.

8.3 Eindimensionale diskrete Zufallsvariablen

Vermag eine Zufallsvariable X nur endlich oder abzählbar unendlich viele Werte anzunehmen, besitzt ihr Wertebereich also die Gestalt $\{x_1, x_2, x_3, \ldots\}$, so heißt sie und auch ihre Verteilung **diskret**. Es gibt dann zu jedem x_i eine Zahl $p_i \geq 0$ mit $p_i = P(X = x_i)$, wobei $\sum_i p_i = 1$ gelten muß.

Die Situation entspricht damit weitgehend derjenigen in der deskriptiven Statistik, als zu den (dort immer endlich vielen) tatsächlichen Ausprägungen $a_1, a_2, \ldots, a_k$ eines Merkmals die relativen Häufigkeiten $f(a_1), \ldots, f(a_k)$ betrachtet wurden, wofür ebenfalls $\sum_{j=1}^{k} f(a_j) = 1$ galt. Vieles, was wir damals zur Darstellung und Aufbereitung von Häufigkeitsverteilungen benutzt hatten, ist auf diskrete (und von diskreten auf stetige) Wahrscheinlichkeitsverteilungen übertragbar (vgl. hierzu vor allem auch Fig. 37 in 9.6).

Bei einer diskreten Zufallsvariablen X (mit x_i und p_i wie oben) bezeichnen wir die Funktion f, die jeder reellen Zahl x die Wahrscheinlichkeit zuordnet, mit der sie von X angenommen wird, also

$$f(x) = P(X=x) = \begin{cases} p_i, \text{ falls } x = x_i \\ 0, \text{ sonst} \end{cases} \qquad (70)$$

als die **Wahrscheinlichkeitsfunktion** von X. Man kann sie und damit die Verteilung von X in einem **Stabdiagramm** graphisch darstellen. Zu Aufgabe 45 ergibt sich insbesondere das in Fig. 28 skizzierte Stabdiagramm:

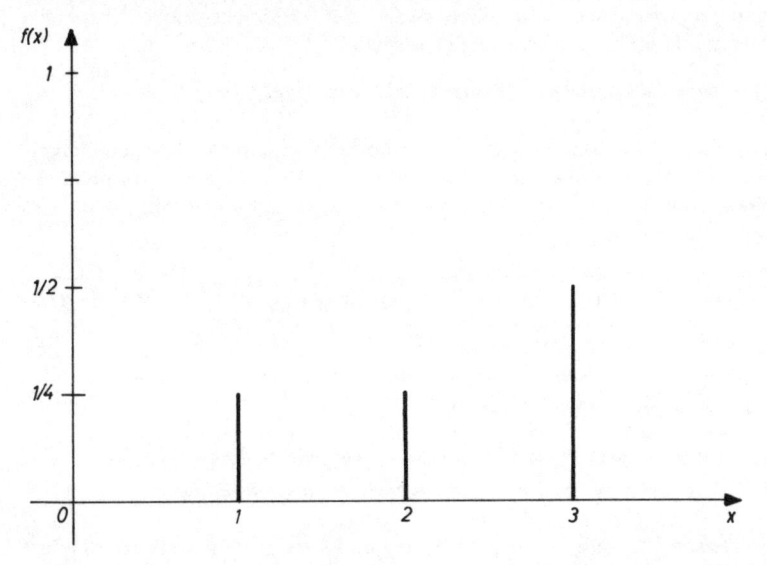

Fig. 28: Stabdiagramm der Wahrscheinlichkeitsfunktion für die Zufallsvariable X = Anzahl der zu überprüfenden Geräte in Aufgabe 45

Mit Hilfe der zu X gehörigen Wahrscheinlichkeitsfunktion $f(x)$ läßt sich für jeden Bereich $B \subset \mathbb{R}$ die auf ihn entfallende Wahrscheinlichkeit gemäß

$$P(X \in B) = \sum_{x_i \in B} f(x_i)$$

berechnen; insbesondere ergibt sich damit für jede Zahl x der Verteilungsfunktionswert

$$F(x) = P(X \leq x) = \sum_{x_i \leq x} f(x_i). \qquad (71)$$

Die Verteilungsfunktion einer diskreten Zufallsvariablen ist demnach eine **Treppenfunktion**, die Sprünge in jedem x_i besitzt, wobei die Sprunghöhe $f(x_i) = p_i$ beträgt (vgl. die empirische Verteilungsfunktion in 3.1.3). Der stufenförmige Verlauf der in Aufgabe 45 skizzierten Verteilungsfunktion ist also bereits typisch für eine diskrete Zufallsvariable.

Wir behandeln nun einige wichtige diskrete Verteilungen.

8.4 Wichtige diskrete Verteilungen

Bei jeder der drei im folgenden vorgestellten „Verteilungen" handelt es sich in Wirklichkeit um eine Schar von (unendlich vielen) Einzel-Verteilungen.

8.4.1 Binomialverteilung

Es sei A ein Ereignis, das bei einem (wiederholbaren) Zufallsvorgang eintreten kann; die Wahrscheinlichkeit des Eintretens von A sei gleich p = P(A). Der Zufallsvorgang werde n-mal ohne gegenseitige Beeinflussung der einzelnen Wiederholungen durchgeführt; jeweils werde nur darauf geachtet, ob A eintritt oder nicht. Wir beschreiben die i-te Durchführung durch die Zufallsvariable

$$X_i = \begin{cases} 1, \text{ falls A bei der i-ten Durchführung eintritt} \\ 0, \text{ falls } \bar{A} \text{ bei der i-ten Durchführung eintritt.} \end{cases}$$

Die Anzahl X der Durchführungen, bei denen A eintritt, ist eine Zufallsvariable mit dem Wertebereich $\{0, 1, \ldots, n\}$. Sie läßt sich offenbar in der Form

$$X = \sum_{i=1}^{n} X_i$$

darstellen. Die Wahrscheinlichkeitsfunktion von X leiten wir jetzt in mehreren Schritten her:

1) Die X_i sind unabhängig, und es gilt für jedes $i = 1, \ldots, n$:

   $P(X_i = 1) = P(A) = p$ und $P(X_i = 0) = P(\bar{A}) = 1 - p$.

2) Ist x eine Zahl aus dem Wertebereich $\{0, 1, 2, \ldots, n\}$ von X und ist ferner $(x_1, \ldots, x_n)$ ein n-Tupel, in dem

   a) die einzelnen Werte x_i nur 0 oder 1 sein können und

   b) genau x der Werte x_i gleich 1 sind, d. h. $\sum_{i=1}^{n} x_i = x$ gilt,

   so folgt nach Schritt 1 wegen (67):

   $P(X_1 = x_1, \ldots, X_n = x_n) = P(X_1 = x_1) \cdots P(X_n = x_n) = p^x \cdot (1-p)^{n-x}$.

Aufgabe 48: Verdeutlichen Sie sich die Gültigkeit dieses letzten Gleichheitszeichens für den Fall $n = 5, x = 3$ und $(x_1, \ldots, x_n) = (1, 0, 1, 1, 0)$.

3) Jedes gemäß Schritt 2 gebildete n-Tupel $(x_1, \ldots, x_n)$ stellt eine spezielle Anordnung von x „Einsen" und $(n-x)$ „Nullen" dar. Es gibt (für $0 \le x \le n$) genau

   $$\frac{n!}{x!(n-x)!} = \binom{n}{x}$$

   Möglichkeiten, x „Einsen" und $(n-x)$ „Nullen" anzuordnen.

Aufgabe 49: Weisen Sie diese Aussage von Schritt 3 für $n = 4$ und alle dabei möglichen x nach.

4) Das Ereignis $X = x$ setzt sich zusammen aus den $\binom{n}{x}$ disjunkten Ereignissen des Typs $(X_1 = x_1, \ldots, X_n = x_n)$, wobei $(x_1, \ldots, x_n)$ ein n-Tupel im Sinne von Schritt 2 ist. Deshalb erhalten wir nach Axiom 3 und Schritt 2:

$$P(X = x) = \binom{n}{x} \cdot p^x \cdot (1-p)^{n-x}.$$

Die Zufallsvariable X besitzt also die Wahrscheinlichkeitsfunktion

$$f(x) = \begin{cases} \binom{n}{x} \cdot p^x \cdot (1-p)^{n-x}, & \text{für } x \in \{0, 1, \ldots, n\} \\ 0, & \text{für } x \notin \{0, 1, \ldots, n\} \end{cases} \qquad (72)$$

Die durch (72) festgelegte Verteilung heißt eine **Binomialverteilung** oder genauer die **B(n;p)-Verteilung**.

Aufgabe 50: *Berechnen und skizzieren Sie die Wahrscheinlichkeitsfunktion der B(5;p)-Verteilung für $p = \frac{1}{3}$, $p = \frac{1}{2}$ und $p = \frac{2}{3}$. Skizzieren Sie für $p = \frac{1}{2}$ auch die Verteilungsfunktion.*

In Tabelle 1 des Anhangs ist die Verteilungsfunktion der B(n;p)-Verteilung für einige Werte von n sowie für verschiedene $p \leq 0{,}5$ vertafelt. Hiermit lassen sich aber auch für $p > 0{,}5$ Verteilungsfunktionswerte ermitteln, wie Teil b des folgenden Beispiels zeigt. Aus der Tabelle 1 erhält man ferner die entsprechenden Wahrscheinlichkeitsfunktionen gemäß

$$f(x) = F(x) - F(x-1) \quad \text{für } x = 0,1,\ldots,n.$$

Beispiel 46: Ein Kraftfahrzeughändler weiß aus jahrelanger Erfahrung, daß von den in Zahlung genommenen Wagen 15% geringe, 60% mittelschwere und 25% sehr schwere Schäden aufweisen. Er will die Wahrscheinlichkeit bestimmen, daß von den nächsten 20 Wagen, die er in Zahlung nehmen wird, bei höchstens 8, genau 10 bzw. mindestens 12

a) sehr schwere
b) mittelschwere

Schäden vorliegen. Bezeichnet er mit X bzw. Y die Anzahl der PKW mit sehr schweren bzw. mit mittelschweren Schäden, so ist (unter der plausiblen Annahme, daß die Zustände verschiedener Wagen unabhängig sind) X gemäß B(20; 0,25) und Y gemäß B(20; 0,6) verteilt; es ergibt sich aus Tabelle 1

a) $P(X \leq 8) = 0{,}9591$, $P(X = 10) = P(X \leq 10) - P(X \leq 9) = 0{,}9961 - 0{,}9861 = 0{,}0100$;
$P(X \geq 12) = 1 - P(X < 12) = 1 - P(X \leq 11) = 1 - 0{,}9991 = 0{,}0009$.

b) Da die B(20; 0,6)-Verteilung nicht vertafelt ist, geht man über zur B(20; 0,4)-verteilten Zufallsvariablen $\tilde{Y} := 20 - Y$ = Anzahl der Wagen, die keine mittelschweren Schäden aufweisen; dann ist
$P(Y \leq 8) = P(\tilde{Y} \geq 20 - 8 = 12) = 1 - P(\tilde{Y} < 12) = 1 - P(\tilde{Y} \leq 11) = 1 - 0{,}9435 = 0{,}0565$;
$P(Y = 10) = P(\tilde{Y} = 10) = P(\tilde{Y} \leq 10) - P(\tilde{Y} \leq 9) = 0{,}8725 - 0{,}7553 = 0{,}1172$;
$P(Y \geq 12) = P(\tilde{Y} \leq 20 - 12) = 0{,}5956$.

Aufgabe 51: *Die monatliche Durchschnittstemperatur gelte als normal, wenn sie um höchstens ein Grad vom langjährigen Mittelwert abweicht. In einer bestimmten Stadt sei die Wahrscheinlichkeit, daß die monatliche Durchschnittstemperatur normal ist, in jedem Monat gleich 0,9, und diesbezüglich sei Unabhängigkeit zwischen verschiedenen Monaten vorausgesetzt. Wie groß ist die Wahrscheinlichkeit, daß in den kommenden zwei Jahren in weniger als 20 Monaten die Durchschnittstemperatur normal sein wird?*

Drei **Bemerkungen** zur Binomialverteilung sind noch von Interesse:

1) Die Summe $\sum_{i=1}^{n} X_i$ unabhängiger, gemäß B(1;p) verteilter Zufallsvariablen X_i ist B(n;p)-verteilt; gerade so wurde nämlich oben die B(n;p)-Verteilung hergeleitet.
2) Eine B(1;p)-verteilte Zufallsvariable X wird auch als **Indikatorvariable**, als **Ber-**

noulli-Variable, als **dichotome** Zufallsvariable, als **binäre** Zufallsvariable oder als **Dummy** bezeichnet.

3) Die eingangs beschriebene Situation eines unabhängig wiederholbaren Zufallsvorgangs mit relevantem Ereignis A ist natürlich in dem in 7.3.2 beschriebenen Modell des n-maligen Ziehens mit Zurücklegen aus einer Menge von N Objekten gegeben, wenn M dieser Objekte eine bestimmte Eigenschaft E besitzen. Die Anzahl X der gezogenen Objekte mit der Eigenschaft E genügt demnach einer B(n; M/N)-Verteilung. Näherungsweise gilt dies auch noch beim Ziehen ohne Zurücklegen, wenn der **Auswahlsatz** n/N vernachlässigbar klein, d. h. N weit größer als n ist (siehe auch Bemerkung 2 von 8.4.2 und Tabelle 8).

Aufgabe 52: Berechnen Sie die in Beispiel 43 gesuchten a posteriori Wahrscheinlichkeiten der Ereignisse A_j: „20 · j% für Streik", nachdem 16 von 20 Befragten für Streik waren. (Die Gesamtarbeitnehmerschaft der Firma sei weit umfangreicher als 20 Personen.)

8.4.2 Hypergeometrische Verteilung

Wir behandeln jetzt den in obiger Bemerkung 3 bereits erwähnten Fall des n-fachen Ziehens ohne Zurücklegen aus einer Menge von N Objekten, von denen M eine Eigenschaft E besitzen. Auch hier interessieren wir uns für die Zufallsvariable

X = Anzahl der gezogenen Objekte mit der Eigenschaft E.

Die Wahrscheinlichkeitsfunktion von X läßt sich wie folgt bestimmen:

1) Die möglichen Werte x von X unterliegen den beiden Restriktionen:
   $0 \leq x \leq M$, da die Eigenschaft E insgesamt nur M-mal vorliegt, und
   $0 \leq n - x \leq N - M$, da insgesamt nur $N - M$ Objekte die Eigenschaft E nicht besitzen.
   Hieraus folgt, daß der Wertebereich von X gleich der Menge
   $\{\max(0, n - (N - M)), \ldots, \min(n, M)\}$ ist.

2) Bei einem Ereignis $X = x$ kommt es nicht auf die Reihenfolge an, in welcher die n gezogenen Objekte aus der Gesamtmenge entnommen wurden. Zur Bestimmung der Verteilung von X genügt es daher, als Elementarereignisse des n-fachen Ziehens ohne Zurücklegen alle möglichen n-elementigen Teilmengen aus der Gesamtheit der N Objekte anzusehen. Die Anzahl derartiger Teilmengen, d.h. die Anzahl der Möglichkeiten, aus N Objekten ohne Beachtung der Reihenfolge n herauszunehmen, beträgt $\binom{N}{n}$, und diese $\binom{N}{n}$ Elementarereignisse sind gleichwahrscheinlich. (Von den in 7.3.2 angegebenen $\frac{N!}{(N-n)!}$ Möglichkeiten, die es unter Berücksichtigung der Reihenfolge gibt, werden jetzt nämlich jeweils n! Möglichkeiten zu einem Elementarereignis zusammengefaßt.)

Aufgabe 53: Man mache sich die letzte Aussage klar, indem man sämtliche Möglichkeiten explizit angibt, wie sich aus der Menge $\{a, b, c, d\}$ drei Elemente (durch Ziehen ohne Zurücklegen) entnehmen lassen
a) unter Berücksichtigung der Reihenfolge der Entnahme
b) ohne Berücksichtigung der Reihenfolge.

3) Ist x aus dem in 1) bestimmten Wertebereich von X, so ergibt sich die Anzahl der für das Ereignis $X = x$ günstigen Elementarereignisse als Produkt der $\binom{M}{x}$ Möglichkeiten, aus den insgesamt M Objekten mit Eigenschaft E genau x herauszugreifen, mit den $\binom{N-M}{n-x}$ Möglichkeiten, aus den $(N-M)$ Objekten ohne Eigen-

schaft E genau n − x zu erhalten (jeweils ohne Berücksichtigung der Reihenfolge).

Regel (62) liefert daher $P(X = x) = \dfrac{\binom{M}{x}\binom{N-M}{n-x}}{\binom{N}{n}}$

Die Zufallsvariable X besitzt also die Wahrscheinlichkeitsfunktion:

$$f(x) = \begin{cases} \dfrac{\binom{M}{x}\binom{N-M}{n-x}}{\binom{N}{n}}, & \text{für } x = \max\{0, n-(N-M)\}, \ldots, \min\{n, M\} \\ 0, & \text{sonst} \end{cases} \qquad (73)$$

Die hierdurch festgelegte Verteilung heißt **hypergeometrische Verteilung** mit den Parametern N, M und n.

Aufgabe 54: *Berechnen und skizzieren Sie für N = 8, M = 5 und n = 4 die Wahrscheinlichkeitsfunktion der hypergeometrischen Verteilung.*

Aufgabe 55: *Ein Händler will zu Silvester 25 Feuerwerkskörper, die ihm aus früheren Jahren übriggeblieben sind, loswerden. Er verspricht einem daran Interessierten, daß mindestens 60% davon noch funktionsfähig sind. Dieser verlangt, 5 der 25 Feuerwerkskörper sofort auszuprobieren zu dürfen, und er ist bereit, die restlichen 20 dann zu kaufen, wenn mindestens 3 der 5 geprüften funktionieren. Der Händler ist damit einverstanden. Wie groß ist die Wahrscheinlichkeit, daß das Geschäft zustande kommt, wenn tatsächlich a) 60%, b) 80%, c) 20% der 25 Feuerwerkskörper noch funktionsfähig sind?*

Auch hier seien zum Abschluß noch zwei **Bemerkungen** festgehalten:

1) Beschreiben wir wie in 8.4.1 die i-te Ziehung durch eine Indikatorvariable

$X_i = \begin{cases} 1, \text{ falls E beim i-ten gezogenen Objekt vorliegt} \\ 0, \text{ falls E beim i-ten gezogenen Objekt nicht vorliegt} \end{cases}$

so ist wieder $X = \sum_{i=1}^{n} X_i$. Die Zufallsvariablen X_i, die vom Standpunkt vor dem ersten Zug aus die i-te Entnahme beschreiben, besitzen auch beim Ziehen ohne Zurücklegen alle dieselbe Verteilung, nämlich eine B(1;M/N)-Verteilung (vgl. das Ergebnis der Aufgabe 36); verlorengegangen ist im Vergleich zum Ziehen mit Zurücklegen natürlich die Unabhängigkeit der X_i. Beispielsweise ist die Wahrscheinlichkeit, daß beim (i + 1)-ten zu ziehenden Objekt die Eigenschaft E vorliegt, wenn bis dahin genau k Objekte mit der Eigenschaft E gezogen wurden,

gleich $P(X_{i+1} = 1 \mid \sum_{j=1}^{i} X_j = k) = \dfrac{M-k}{N-i}$.

Aufgabe 56: *In der Situation von Aufgabe 55 haben die ersten beiden geprüften Feuerwerkskörper nicht funktioniert. Berechnen Sie die durch dieses Ergebnis bedingte Wahrscheinlichkeit, daß*
– der dritte, der ausprobiert wird, funktioniert
– das Geschäft doch noch zustande kommt,
wenn tatsächlich 60% der angebotenen 25 Feuerwerkskörper funktionsfähig waren?

2) Ist N wesentlich größer als n, so kann die hypergeometrische Verteilung durch die B(n;M/N)-Verteilung approximiert werden. Dies wurde mit anderen Worten bereits in der Schlußbemerkung 3 von 8.4.1 erwähnt.

8.4.3 Poisson-Verteilung

Eine Zufallsvariable X mit der Wahrscheinlichkeitsfunktion

$$f(x) = \begin{cases} \dfrac{\lambda^x}{x!} e^{-\lambda}, & \text{für } x = 0, 1, 2, \ldots \\ 0, & \text{sonst} \end{cases} \qquad (74)$$

wobei $\lambda > 0$ ist, heißt **Poisson-verteilt**[1] oder genauer $P(\lambda)$-verteilt.

Die Verteilungsfunktion der $P(\lambda)$-Verteilung ist in Tabelle 2 des Anhangs für $\lambda \leq 10$ mit einer Schrittweite von 0,1 bzw. 0,5 vertafelt.

Im Gegensatz zu den bereits behandelten diskreten Verteilungen, der Binomial-Verteilung und der hypergeometrischen Verteilung, kommt die Poisson-Verteilung nicht unmittelbar, sondern nur mittelbar „in der Natur" vor. Die Poisson-Verteilung ist vor allem dadurch interessant, daß sie eine **Approximationsmöglichkeit** für die $B(n;p)$-Verteilung und damit auch für die hypergeometrische Verteilung bietet, und zwar im Falle kleiner p-Werte und großer n-Werte. Infolgedessen findet man die Poisson-Verteilung dann empirisch besonders gut bestätigt, wenn man registriert, wie oft ein bei einmaliger Durchführung sehr unwahrscheinliches Ereignis bei vielen Wiederholungen eintritt. Die Poisson-Verteilung wird aus diesem Grunde auch als **Verteilung der seltenen Ereignisse** bezeichnet. Beispielsweise kann man die Anzahl

- der pro Zeiteinheit an einer Autobahntankstelle tankenden PKW
- der „Sechser" pro Ausspielung im Zahlenlotto
- der pro Zeiteinheit von einer Versicherung zu regulierenden Schadensfälle
- der pro Zeiteinheit zerfallenden Atome eines spaltbaren Materials usw.

als Poisson-verteilt annehmen. Man ersetzt in derartigen Fällen die eigentlich vorliegende $B(n;p)$-Verteilung durch die Poisson-Verteilung $P(n \cdot p)$; der passende Parameterwert λ der Poisson-Verteilung ist also das Produkt von n und p. Diese Approximation ist brauchbar für $n \geq 50$, $p \leq 1/10$ und $np \leq 10$.

Beispiel 47: In einem Telefonteilnetz mit 10 000 Telefonanschlüssen sei die Wahrscheinlichkeit dafür, daß pro Tag und pro Anschluß eine Störung auftritt, gleich 0,0003. Dann ist (unter den beiden Annahmen, daß erstens Störungen unabhängig voneinander auftreten und zweitens die Wahrscheinlichkeit, mit der mehr als eine Störung pro Tag und Anschluß eintritt, vernachlässigt werden kann) die Wahrscheinlichkeit, daß die Anzahl X der Störungen pro Tag genau gleich 5 bzw. größer als 9 ist, mit der $P(3)$-Verteilung approximativ berechenbar:

$$P(X=5) = P(X \leq 5) - P(X \leq 4) = 0{,}1008 \quad \text{und} \quad P(X>9) = 1 - P(X \leq 9) = 0{,}0011.$$

Aufgabe 57: Eine Maschine produziert Werkstücke, und zwar sind erfahrungsgemäß 4% ihrer Produktion Ausschuß. Die Produktion verschiedener Stücke sei bezüglich der Frage „Ausschuß oder nicht" als unabhängig anzusehen. Wie groß ist die Wahrscheinlichkeit, daß von 100 in einer Stunde produzierten Stücken

a) genau 4, b) mindestens 7, c) höchstens 8

Ausschuß sind?

Über die Bedeutung des Parameters λ in der Poisson-Verteilung werden wir in 9.3 mehr erfahren.

---

[1] benannt nach S. D. Poisson (1781–1840).

8.5 Eindimensionale stetige Zufallsvariablen

In Beispiel 45 von 8.2 ist uns bereits eine Zufallsvariable begegnet, als deren Realisierung jede reelle Zahl in einem Intervall in Frage kam, da das untersuchte Merkmal (die Wartezeit) stetig war. In solchen Fällen wollen wir auch die Zufallsvariable als stetig bezeichnen:

Eine eindimensionale Zufallsvariable X heißt **stetig**, wenn es eine Funktion $f(x)$ gibt, so daß die Verteilungsfunktion von X die Gestalt

$$\boxed{F(x) = \int_{-\infty}^{x} f(t)\,dt} \quad \text{für jedes } x \in \mathbb{R} \tag{75}$$

besitzt.

Beispiel 48: Die Verteilungsfunktion aus Beispiel 45

$$F(x) = \begin{cases} 0 & \text{, für } x < 0 \\ \dfrac{1}{10}x, & \text{für } 0 \leq x \leq 10 \\ 1 & \text{, für } x > 10 \end{cases}$$

läßt sich auf diese Weise mit

$$f(x) = \begin{cases} \dfrac{1}{10}, & \text{für } 0 \leq x \leq 10 \\ 0 & \text{, sonst} \end{cases}$$

darstellen.

Die Funktion $f(x)$ in (75) wird als **Dichtefunktion** oder als **Wahrscheinlichkeitsdichte** von X bezeichnet. Sie läßt sich stets so festlegen, daß

$$f(x) \geq 0 \quad \text{für alle} \quad x \in \mathbb{R}$$

ist. Ferner muß wegen $F(+\infty) = 1$ stets gelten:

$$\int_{-\infty}^{\infty} f(x)\,dx = 1.$$

Bei einer **graphischen Darstellung** verläuft die Dichtefunktion also stets oberhalb oder auf der reellen Zahlengeraden (x-Achse), wobei die zwischen x-Achse und Dichtefunktion liegende Fläche den Wert 1 besitzt.

Beispiel 49: Der Anteil X einer Öltankfüllung, der bis Ende der Planungsperiode verbraucht sein wird, sei eine Zufallsvariable, deren Dichte $f(x)$ im Bereich der möglichen Werte von X, also im Intervall [0; 1], die Gestalt einer konkaven Parabel besitze:

$$f(x) = \alpha x^2 + \beta x + \gamma > 0 \quad \text{für} \quad 0 \leq x \leq 1; \quad f(0) = f(1) = 0.$$

Aus $f(0) = f(1) = 0$ folgt dann $\gamma = 0$ und $\alpha + \beta = 0$, also $f(x) = \alpha(x^2 - x)$.

Die Normierungsbedingung liefert ferner:

$$1 = \int_{-\infty}^{\infty} f(x)\,dx = \int_{0}^{1} \alpha(x^2 - x)\,dx = \alpha\left[\frac{x^3}{3} - \frac{x^2}{2}\right]_{0}^{1} = -\frac{\alpha}{6}$$

und damit schließlich

$$f(x) = \begin{cases} 6(x - x^2) & \text{für} \quad 0 \leq x \leq 1 \\ 0 & \text{sonst.} \end{cases}$$

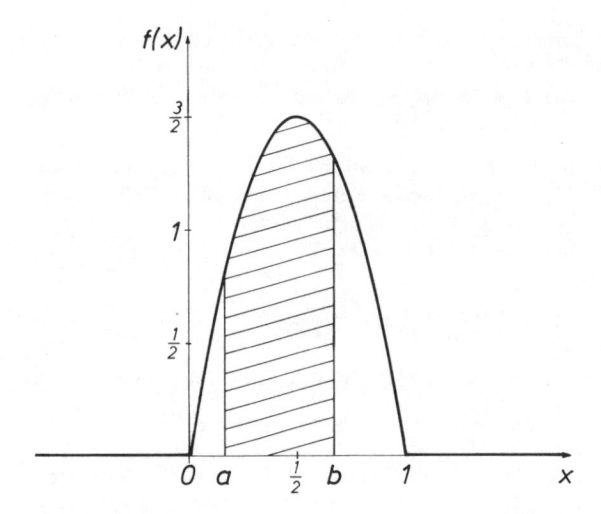

Fig. 29: *Dichtefunktion der Zufallsvariablen X = „verbrauchter Anteil" in Beispiel 49; die Bedeutung der schraffierten Fläche wird unten erklärt*

Aufgabe 58: *Skizzieren Sie auch die in Beispiel 48 angegebene Dichtefunktion.*

Die Wahrscheinlichkeit, daß eine stetige Zufallsvariable X mit der Dichte f (x) Werte zwischen zwei Zahlen a und b mit $-\infty \leq a \leq b \leq +\infty$ annimmt, ist stets gleich dem Integral $\int_a^b f(x)\,dx$. Dabei ist es unerheblich, ob die Grenzen a, b mitberücksichtigt werden oder nicht, d. h. es gilt

$$P(a < X < b) = P(a \leq X < b) = P(a < X \leq b) = P(a \leq X \leq b) = \int_a^b f(x)\,dx.$$

Die Wahrscheinlichkeit wird also durch die **Fläche** repräsentiert, die oberhalb des Bereichs [a; b] zwischen x-Achse und Dichtefunktion liegt (siehe Fig. 29).

Aufgabe 59: *Mit welcher Wahrscheinlichkeit werden in Beispiel 49 zwischen $\frac{1}{6}$ und $\frac{2}{3}$ des Tanks verbraucht?*

Von einer stetigen Zufallsvariablen X wird jeder Wert x mit Wahrscheinlichkeit 0 angenommen, also

$$P(X = x) = 0 \quad \text{für alle } x \in \mathbb{R}, \tag{76}$$

obwohl natürlich das Ereignis X = x nicht für alle x unmöglich ist. Diese auf den ersten Blick vielleicht verwirrend erscheinende Aussage wird verständlich, wenn man sich klar macht, daß

a) irgendeine der Realisationen x zwangsläufig angenommen werden muß,

b) im üblichen Sprachgebrauch oft nicht zwischen einer reellen Zahl x selbst (z.B. dem Wert x = 17,4 sec) und einem je nach Meßgenauigkeit mehr oder weniger kleinen Intervall um x (z.B. [17,35 sec; 17,45 sec]) unterschieden wird; in ein auch noch so kleines Intervall fällt ein stetiges X aber bereits mit positiver Wahrscheinlichkeit, sofern das Intervall im Bereich $\{x \in \mathbb{R}: f(x) > 0\}$ liegt.

Der Dichtefunktionswert f (x) gibt, falls er von 0 verschieden ist, nicht die Wahrscheinlichkeit an, daß X sich im Punkt x realisiert; dies folgt aus (76), aber auch aus der Tatsache, daß für eine Dichtefunktion **Werte f(x) > 1 möglich** sind (siehe

Fig. 29). Dennoch spielt die Dichtefunktion bei einer stetigen Zufallsvariablen in gewisser Hinsicht die Rolle der Wahrscheinlichkeitsfunktion, wie etwa ein Vergleich von (71) und (75) zeigt; diese **formale Analogie zwischen Dichte und Wahrscheinlichkeitsfunktion** wird uns später noch häufiger begegnen.

Die **Verteilungsfunktion** F einer stetigen Zufallsvariablen ist eine **stetige Funktion**; Sprünge wie im diskreten Fall sind ausgeschlossen. F muß nicht überall differenzierbar sein; in allen Punkten x jedoch, in denen die zugehörige Dichtefunktion f stetig ist, gilt die Beziehung

$$F'(x) = f(x).$$

In diesen Punkten ist also F differenzierbar und f(x) die Ableitung von F(x).

Aufgabe 60: *Bestimmen Sie die Verteilungsfunktion der Zufallsvariablen X aus Beispiel 49.*

Schließlich sei noch bemerkt, daß nicht jede Zufallsvariable, die mehr als abzählbar unendlich viele Werte annehmen kann (d.h. die nicht diskret ist), deshalb schon stetig sein muß.

Beispiel 50: Jemand, der einen Arztbesuch vor sich hat, rechnet mit der Wahrscheinlichkeit $\frac{1}{10}$ damit, bei seiner Ankunft ein leeres Wartezimmer vorzufinden und sofort behandelt zu werden; andernfalls hält er jede Wartezeit bis zu 4 Stunden für möglich. Die Wartezeit X ist wegen $P(X = 0) = \frac{1}{10} > 0$ keine stetige Zufallsvariable; sie ist aber auch nicht diskret, da ihr Wertebereich die überabzählbar unendlich vielen Zahlen des Intervalls [0; 4] enthält.

Wir werden solche Mischformen nicht weiter behandeln, sondern uns auf die beiden Typen „diskret" und „stetig" beschränken. Zur Abgrenzung der beiden Typen voneinander ist noch zu sagen, daß einerseits bei stetigen Zufallsvariablen in der Praxis oft aufgrund einer vorgegebenen Meßgenauigkeit nur endlich viele Werte möglich sind, andererseits diskrete Zufallsvariablen mit vielen möglichen Realisierungen vielfach hinreichend genau (aber einfacher und eleganter) als stetige Zufallsvariablen behandelt werden können (vgl. auch Fig. 1 in 2.3).

8.6 Wichtige stetige Verteilungen

Auch in jedem der folgenden Abschnitte begegnet uns jeweils eine Klasse von stetigen Verteilungen.

8.6.1 Gleichverteilung

Sind a, b reelle Zahlen mit a < b, so heißt eine Zufallsvariable X mit der Dichtefunktion

$$f(x) = \begin{cases} \dfrac{1}{b-a}, & \text{für } a \leq x \leq b \\ 0, & \text{sonst} \end{cases} \tag{77}$$

gleichverteilt im Intervall [a; b] oder auch **rechteckverteilt** bzw. **uniform verteilt**. Für ihre Verteilungsfunktion ergibt sich die Gestalt

$$F(x) = \begin{cases} 0 & \text{, falls } x < a \\ \dfrac{x-a}{b-a} & \text{, falls } a \leq x \leq b \\ 1 & \text{, falls } x > b \end{cases}$$

Die Zufallsvariable X = Wartezeit in Beispiel 45 ist also gleichverteilt im Intervall [0; 10].

8.6.2 Exponentialverteilung

Eine Zufallsvariable X mit der Dichte

$$f(x) = \begin{cases} \lambda \cdot e^{-\lambda x}, & \text{für } x \geq 0 \\ 0, & \text{sonst} \end{cases} \tag{78}$$

und $\lambda > 0$ heißt **exponentialverteilt**. Die Bedeutung des Parameters λ wird zum Teil aus der Fig. 30 ersichtlich; eine weitere Interpretation erfolgt im Abschnitt 9.3.

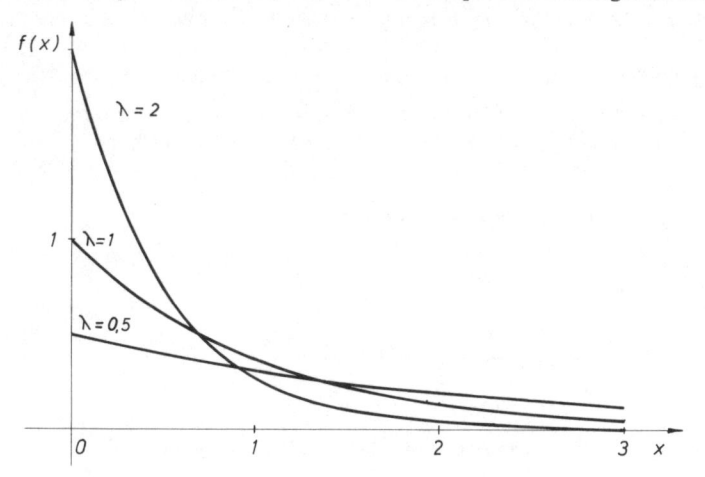

Fig. 30: *Dichte der Exponentialverteilung für* $\lambda = \frac{1}{2}$, $\lambda = 1$ *und* $\lambda = 2$

Aufgabe 61: *Berechnen und skizzieren Sie die Verteilungsfunktion der Exponentialverteilung mit dem Parameter $\lambda = 1$.*

Die Exponentialverteilung wird häufig für Zufallsvariablen, die bei der Messung von Zeitspannen auftreten, unterstellt. Insbesondere gilt dies für die – bei Warteschlangenmodellen und Modellen der Instandhaltungsplanung vorkommenden – Zufallsvariablen wie die

- Zeitlücke zwischen dem Eintreffen zweier Kunden vor einem Schalter
- Servicezeit (Abfertigungszeit für Kunden, Rechenzeit eines Jobs, Beladezeit eines LKW, Reparaturdauer)
- Lebensdauer von Verschleißteilen.

Ein Grund für die Bevorzugung der Exponentialverteilung ist ihre einfache mathematische Handhabbarkeit, die insbesondere auf der folgenden Eigenschaft[1] beruht:

Eine stetige Zufallsvariable X ist genau dann exponentialverteilt, wenn für alle $t \geq 0$ und $s \geq 0$ die Bedingung

$$P(X \leq t + s \mid X \geq t) = P(X \leq s) \tag{79}$$

erfüllt ist. Bezeichnen wir der Anschaulichkeit halber die Zufallsvariable X als Lebensdauer, so besagt die Bedingung (79), daß die bedingte Verteilung der weiteren Lebensdauer unabhängig von der bereits erreichten Lebensdauer (= t) ist. In diesem Sinne wird die Exponentialverteilung gelegentlich als **Verteilung ohne Gedächtnis** bezeichnet.

Beispiel 51: Bei einer innerbetrieblichen Werkzeugausgabe gelte für die Zufallsvariable

X = Zeitlücke zwischen dem Eintreffen zweier Mechaniker

die Bedingung (79). Ferner sei die Wahrscheinlichkeit, daß innerhalb einer Minute ein Mechaniker eintreffen wird, gleich 0,5. Wie ist X verteilt?

Zunächst ist nach dem oben Gesagten klar, daß X exponentialverteilt ist. Wir müssen also nur noch den passenden Parameter λ ermitteln. Dieser ergibt sich aus:

$$P(X \leq t + 1 \mid X \geq t) = P(X \leq 1) = \int_0^1 \lambda e^{-\lambda x} \, dx = 1 - e^{-\lambda} = \frac{1}{2};$$

es ist also $\lambda = \ln 2$ zu setzen.

Aufgabe 62: *Mit welcher Wahrscheinlichkeit bleibt die Werkzeugausgabe aus Beispiel 51 von einem Zeitpunkt t aus gerechnet, in dem sie Leerlauf aufweist, noch mehr als 2 min frei?*

8.6.3 Normalverteilung

Eine Zufallsvariable X mit der Dichtefunktion

$$f(x) = \frac{1}{\sqrt{2\pi}\,\sigma} \, e^{-\frac{(x-\mu)^2}{2\sigma^2}}, \quad x \in \mathbb{R}, \tag{80}$$

wobei $\mu \in \mathbb{R}$ und $\sigma > 0$ ist, heißt **normalverteilt** oder genauer N $(\mu; \sigma)$-verteilt.

Die Normalverteilung wird auch als **Gauß-Verteilung**[2] bezeichnet; ihre Dichtefunktion nennt man deshalb auch **Gaußsche Glockenkurve**. Für die spezielle Parameterwahl $\mu = 0$ und $\sigma = 1$ erhält man die **Standardnormalverteilung** N $(0; 1)$.

Allgemein ist die Dichte f der N $(\mu; \sigma)$-Verteilung symmetrisch zu μ; d. h. es gilt

$f(\mu - x) = f(\mu + x)$ für alle $x \in \mathbb{R}$.

Wie man leicht nachrechnet, besitzt f ein globales Maximum im Punkt $x = \mu$ sowie zwei Wendepunkte an den Stellen $\mu - \sigma$ und $\mu + \sigma$. Demnach ist μ als Lageparameter und σ als Streuungsparameter zu interpretieren.

---

[1] die beispielsweise bei W. Feller [1968, S. 459] bewiesen ist.
[2] benannt nach C. F. Gauß (1777–1855).

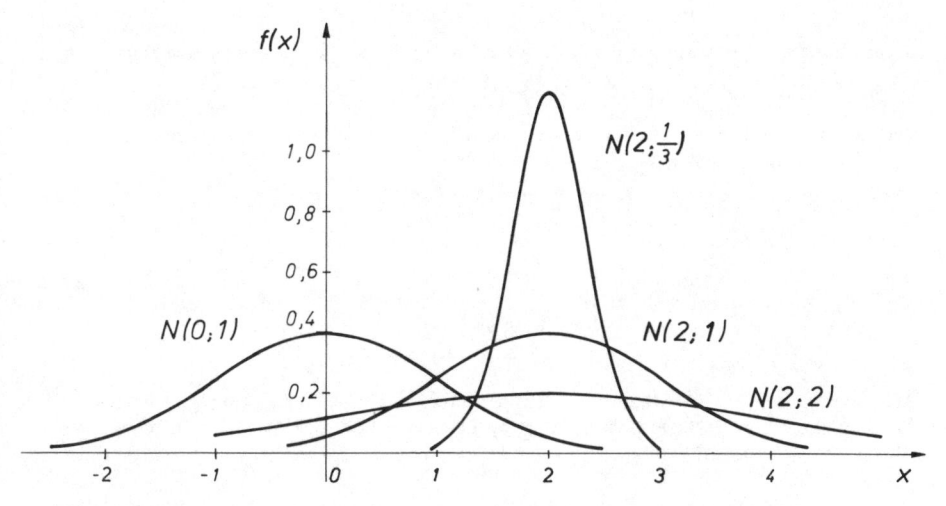

Fig. 31: *Dichte f(x) der N(μ; σ)-Verteilung für verschiedene Parameterkonstellationen*

Die Normalverteilung ist die wichtigste Wahrscheinlichkeitsverteilung, und zwar

- einerseits deshalb, weil man in vielerlei praktischen Anwendungen damit rechnen kann, daß zumindest näherungsweise die Verteilungsgestalt einer Gaußschen Glockenkurve vorliegt, beispielsweise dann, wenn X die Messung einer an sich festen Größe beschreibt, wobei aber zufällige Meßfehler auftreten können
- andererseits – und das ist der entscheidende Grund – weil sie eine approximative Bestimmung vieler anderer Verteilungen ermöglicht, wie sich in 10.2 zeigen wird.

Zur Berechnung der Wahrscheinlichkeiten von Ereignissen, die bzgl. einer beliebigen N(μ; σ)-verteilten Zufallsvariablen gebildet werden, genügt die alleinige Kenntnis der N(0; 1)-Verteilungsfunktion Φ(x) sowie der Werte μ und σ.

Es gilt nämlich:

Ist die Zufallsvariable X gemäß N(μ; σ) verteilt, so ist die **standardisierte Zufallsvariable**

$$Y = \frac{X - \mu}{\sigma}$$

gemäß N(0; 1) verteilt.

Insofern kann die Verteilungsfunktion F der N(μ; σ)-verteilten Zufallsvariablen X folgendermaßen durch die Verteilungsfunktion Φ der Standardnormalverteilung ausgedrückt werden:

$$F(x) = P(X \leq x) = P\left(\frac{X-\mu}{\sigma} \leq \frac{x-\mu}{\sigma}\right) = P\left(Y \leq \frac{x-\mu}{\sigma}\right) = \Phi\left(\frac{x-\mu}{\sigma}\right).$$

Aus diesem Grunde braucht nur die Standardnormalverteilung vertafelt zu werden. In Tabelle 3 des Anhangs finden Sie die Werte dieser Verteilungsfunktion Φ(x) für positive x vertafelt. Unter Ausnutzung der Symmetrie der Normalverteilung können daraus auch die Verteilungsfunktionswerte für negatives x entnommen werden:

$$\Phi(-x) = P(Y \le -x) = P(Y \ge x) = 1 - P(Y \le x) = 1 - \Phi(x).$$

Damit stehen uns zwei grundlegende Formeln für die Auswertung normalverteilter Zufallsvariablen zur Verfügung:

$$\boxed{F(x) = \Phi\left(\frac{x-\mu}{\sigma}\right)}$$

(81)

$$\boxed{\Phi(-x) = 1 - \Phi(x)}.$$

Beispiel 52: Das PERT-Verfahren für die Zeitplanung von Projekten liefert typischerweise ein Ergebnis der Form: „Die Projektdauer ist normalverteilt mit $\mu = 39$ [Wochen] und $\sigma = 2$ [Wochen]". Wir wollen versuchen, aufgrund dieses Ergebnisses die beiden Fragen zu beantworten:

a) Wie groß ist die Wahrscheinlichkeit, daß die Projektdauer zwischen 37 und 41 Wochen liegen wird?

b) Der Solltermin von 45 Wochen sei besonders wichtig und durch Konventionalstrafen vertraglich abgesichert. Andererseits seien aber auch die Anpassungsmaßnahmen zur Gewährleistung dieses Solltermins so kostspielig, daß sie nur dann prophylaktisch ergriffen werden sollen, wenn die Wahrscheinlichkeit größer als 5% ist, daß der Solltermin überzogen wird. Kann auf diese Anpassungsmaßnahmen verzichtet werden?

Bei a) ergibt sich (gerundet auf 2 Stellen) die Wahrscheinlichkeit:

$$P(37 \le X \le 41) = F(41) - F(37) = \Phi\left(\frac{41-39}{2}\right) - \Phi\left(\frac{37-39}{2}\right) = \Phi(1) - \Phi(-1) =$$
$$= \Phi(1) - [1 - \Phi(1)] = 2\Phi(1) - 1 = 2 \cdot 0{,}84 - 1 = 0{,}68.$$

Bei b) ergibt sich die Überziehungswahrscheinlichkeit:

$$P(X > 45) = 1 - P(X \le 45) = 1 - F(45) = 1 - \Phi\left(\frac{45-39}{2}\right) =$$
$$= 1 - \Phi(3) = 1 - 0{,}9987 = 0{,}0013$$

Da sie lediglich 0,13% beträgt, kann auf die Anpassungsmaßnahmen verzichtet werden.

Aufgabe 63: *Eine Maschine produziert Stahlstifte mit einer Soll-Länge von 35 mm. Da zufallsabhängige Ungenauigkeiten in der Herstellung nicht ausgeschlossen werden können, läßt sich die Länge X eines produzierten Stahlstifts als Zufallsvariable ansehen, und zwar sei X gemäß N (35; 0,5) verteilt. Berechnen Sie die Wahrscheinlichkeit, daß ein zufällig aus der laufenden Produktion entnommener Stift*

a) höchstens 35,4 mm lang ist?
b) mindestens 34,6 mm lang ist?
c) zwischen 34,5 mm und 35,2 mm mißt?
d) um maximal 0,7 mm von der Soll-Länge abweicht?

In Verallgemeinerung des Teils d) der Aufgabe 63 kann man danach fragen, mit welcher Wahrscheinlichkeit eine $N(\mu;\sigma)$-verteilte Zufallsvariable X um höchstens einen Wert $c > 0$ von μ abweicht. Die Frage ist folgendermaßen zu beantworten:

$$P(\mu - c \le X \le \mu + c) = F(\mu + c) - F(\mu - c) = \Phi\left(\frac{\mu + c - \mu}{\sigma}\right) - \Phi\left(\frac{\mu - c - \mu}{\sigma}\right) =$$
$$= \Phi\left(\frac{c}{\sigma}\right) - \Phi\left(-\frac{c}{\sigma}\right) = 2\Phi\left(\frac{c}{\sigma}\right) - 1.$$

In konkreten Situationen, in denen man mit dem Vorliegen einer Normalverteilung rechnet, kann insbesondere dem Praktiker die explizite Angabe von σ schwieriger erscheinen als die Festlegung eines Intervalls [μ − c; μ + c] sowie der Wahrscheinlichkeit γ, mit der Werte in diesem Intervall angenommen werden; mittels dieser Angaben läßt sich dann σ implizit aus der eben abgeleiteten Gleichung

$$\gamma = 2\,\Phi\left(\frac{c}{\sigma}\right) - 1$$

ermitteln.

Beispiel 53: In der Situation von Aufgabe 63 könnte σ durch die Erfahrungstatsache bestimmt worden sein, daß 77 % der produzierten Stifte zwischen 34,4 mm und 35,6 mm lang sind. Dies liefert nämlich

$$0{,}77 = 2\,\Phi\left(\frac{0{,}6}{\sigma}\right) - 1, \text{ bzw. } \Phi\left(\frac{0{,}6}{\sigma}\right) = 0{,}885, \text{ woraus } \frac{0{,}6}{\sigma} = 1{,}2 \text{ oder } \sigma = 0{,}5 \text{ folgt.}$$

Mißt man die Abweichungen von μ in Vielfachen von σ, so ergeben sich Intervalle des Typs

[μ − kσ; μ + kσ],

die man als **kσ-Bereiche** der normalverteilten Zufallsvariablen X bezeichnet. Für die wichtigsten Spezialfälle k = 1,2 und 3 erhalten wir nach Tabelle 3 die Wahrscheinlichkeiten:

$$P(\mu - k\sigma \leq X \leq \mu + k\sigma) = 2\,\Phi(k) - 1 = \begin{cases} 0{,}6827 & \text{für } k = 1 \\ 0{,}9545 & \text{für } k = 2 \\ 0{,}9973 & \text{für } k = 3 \end{cases}$$

Aufgabe 64: *Der Zeitungskioskbesitzer aus Beispiel 32 sieht die tägliche Gesamtnachfrage X nach beiden Tageszeitungen Z_1 und Z_2 als näherungsweise normalverteilt an mit dem Intervall [322; 408] als dem 2σ-Bereich. Wie groß ist die Wahrscheinlichkeit, daß die 400 insgesamt gelieferten Exemplare im Laufe eines Tages verkauft werden?*

Die Normalverteilungseigenschaft bleibt auch für gewisse Funktionen normalverteilter Zufallsvariablen erhalten. So ist

a) mit X auch Y = a + bX normalverteilt, sofern b ≠ 0 ist

b) die Summe ΣX_i normalverteilter Zufallsvariablen $X_1, \ldots, X_n$ wieder normalverteilt (oder eine Konstante).

In diesem Sinne besitzt die Normalverteilung eine **Reproduktionseigenschaft** bzgl. der Bildung von Linearkombinationen. Welche Parameter μ und σ sich dabei ergeben, wird erst in 9.3 geklärt. Andere Funktionen normalverteilter Zufallsvariablen (z.B. ΣX_i^2) führen dagegen zu Verteilungen, die nicht mehr zur Klasse der Normalverteilungen gehören. Einige dieser Verteilungen, die wir in der induktiven Statistik benötigen, werden in Abschnitt 11.2.3 behandelt.

8.7 Verteilung mehrdimensionaler Zufallsvariablen

Die für eindimensionale Zufallsvariablen eingeführten Begriffe Verteilungsfunktion, Wahrscheinlichkeitsfunktion und Wahrscheinlichkeitsdichte lassen sich entsprechend für mehrdimensionale Zufallsvariablen definieren. Im übrigen wird auch im mehrdimensionalen Fall wieder eine weitgehende Analogie in der Behandlung von Wahrscheinlichkeits- und von Häufigkeitsverteilungen zu beobachten sein.

8.7.1 Die gemeinsame Verteilungsfunktion

Ist $(X_1, \ldots, X_n)$ eine n-dimensionale Zufallsvariable, so heißt die Funktion F, die jedem n-Tupel $(x_1, \ldots, x_n)$ die Wahrscheinlichkeit

$$F(x_1, \ldots, x_n) = P(X_1 \leq x_1, \ldots, X_n \leq x_n) \tag{82}$$

zuordnet, die Verteilungsfunktion von $(X_1, \ldots, X_n)$ oder die **gemeinsame Verteilungsfunktion** der Zufallsvariablen $X_1, \ldots, X_n$.

Bei einer zweidimensionalen Zufallsvariablen (X, Y) gibt also $F(\tilde{x}, \tilde{y})$ für jedes Paar $(\tilde{x}, \tilde{y})$ die Wahrscheinlichkeit an, mit der sie Werte in dem in Fig. 32a schraffierten Bereich (einschließlich der Ränder) annimmt.

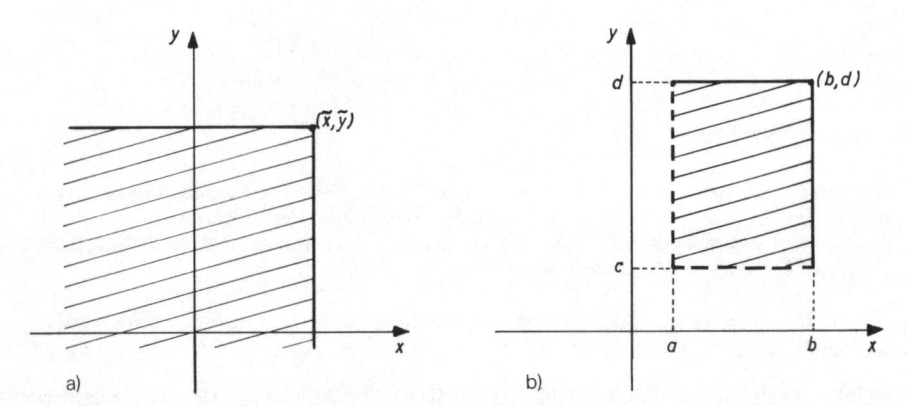

Fig. 32: Bereiche, die für die Erläuterung der zweidimensionalen Verteilungsfunktion relevant sind

Für die gemeinsame Verteilungsfunktion gelten ähnliche Regeln, wie sie in 8.2 für den eindimensionalen Fall angegeben wurden. Wir wollen sie nicht im einzelnen formulieren. Jedenfalls sind auch im mehrdimensionalen Fall die Wahrscheinlichkeiten aller denkbaren Ereignisse, die mit $(X_1, \ldots, X_n)$ gebildet werden können, durch die Verteilungsfunktion festgelegt.

Für (X, Y) ergibt sich beispielsweise die Wahrscheinlichkeit des Ereignisses $(a < X \leq b, c < Y \leq d)$ mit $a < b$, $c < d$, d.h. die Wahrscheinlichkeit, daß (X, Y) in das in Fig. 32b schraffierte Rechteck (einschließlich des rechten und oberen Randes) fällt, gemäß

$$P(a < X \leq b, c < Y \leq d) = F(b, d) - F(a, d) - F(b, c) + F(a, c).$$

8.7.2 Mehrdimensionale diskrete bzw. stetige Zufallsvariablen

Eine n-dimensionale Zufallsvariable $(X_1, \ldots, X_n)$ heißt

a) **diskret**, wenn sie nur endlich oder abzählbar unendlich viele Werte (n-Tupel) annehmen kann; die Funktion f, die jedem n-Tupel $(x_1, \ldots, x_n) \in \mathbb{R}^n$ die Wahrscheinlichkeit

$$P(X_1 = x_1, \ldots, X_n = x_n) = f(x_1, \ldots, x_n) \tag{83}$$

zuordnet (und die an höchstens abzählbar unendlich vielen Stellen von 0 verschieden ist), nennen wir die Wahrscheinlichkeitsfunktion von $(X_1, \ldots, X_n)$ oder die **gemeinsame Wahrscheinlichkeitsfunktion** der Zufallsvariablen $X_1, \ldots, X_n$

b) **stetig**, wenn es eine Funktion $f(x_1, \ldots, x_n)$ gibt, so daß die Verteilungsfunktion F die Gestalt

$$F(x_1, \ldots, x_n) = \int_{-\infty}^{x_1} \ldots \int_{-\infty}^{x_n} f(t_1, \ldots, t_n) \, dt_n \ldots dt_1 \tag{84}$$

besitzt, sich also durch ein Mehrfach-Integral darstellen läßt; $f(x_1, \ldots, x_n)$ heißt dann Dichtefunktion von $(X_1, \ldots, X_n)$ oder **gemeinsame Dichte** der Zufallsvariablen $X_1, \ldots, X_n$.

Diese Begriffe wollen wir anhand einer zweidimensionalen Zufallsvariablen (X, Y) erläutern.

a) Ist (X, Y) diskret, so lassen sich die Werte f(x, y) ihrer Wahrscheinlichkeitsfunktion in einer Tabelle bzw. einem Streuungsdiagramm (evtl. auch noch als Stabdiagramm) angeben bzw. veranschaulichen, wie dies in 4.1 auch bei zweidimensionalen Häufigkeitsverteilungen geschah (vgl. Kontingenztabelle und Streuungsdiagramm); aus diesen Darstellungen läßt sich leicht die gemeinsame Verteilungsfunktion bestimmen.

Beispiel 54: Ein bestimmtes landwirtschaftliches Erzeugnis wird von einer Jury in drei Güteklassen eingeteilt, und zwar sowohl bezüglich seines Gesamteindrucks X als auch bezüglich des Gehalts Y an einer gewissen Substanz. Ein Erzeuger rechnet mit folgenden Wahrscheinlichkeiten damit, daß das von ihm eingereichte Produkt bezüglich der beiden Merkmale X, Y in die einzelnen Güteklassen 1, 2 oder 3 fällt:

x \ y	1	2	3
1	0,05	0,05	0
2	0,05	0,15	0,1
3	0	0,15	0,45

z. B. ist $0{,}1 = f(2, 3) = P(X = 2, Y = 3)$

Tabelle der gemeinsamen Wahrscheinlichkeitsfunktion von (X, Y).

Diese Wahrscheinlichkeitsfunktion ist auch folgendermaßen darstellbar.

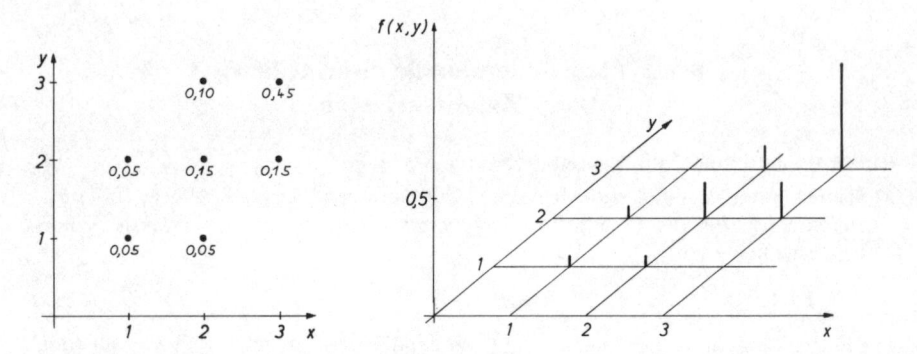

Fig. 33: *Streuungsdiagramm und Stabdiagramm der gemeinsamen Wahrscheinlichkeitsfunktion von (X, Y)*

Aufgabe 65: *Berechnen Sie die Werte F(2, 3) und F(3, 2) der gemeinsamen Verteilungsfunktion von (X, Y) aus Beispiel 54.*

b) Ist (X, Y) stetig, so verläuft die gemeinsame Dichtefunktion f(x, y) oberhalb oder auf der (x, y)-Ebene; das von ihr und der (x, y)-Ebene eingeschlossene Volumen besitzt den Wert 1.

Beispiel 55: Die Dichtefunktion f(x, y) sei über dem Bereich B = {(x, y) : $0 \leq x \leq 1, 0 \leq y \leq x$} konstant gleich k und außerhalb von B gleich 0. Da B die Fläche 1/2 besitzt, muß k = 2 sein, damit das Volumen den Wert 1 ergibt.

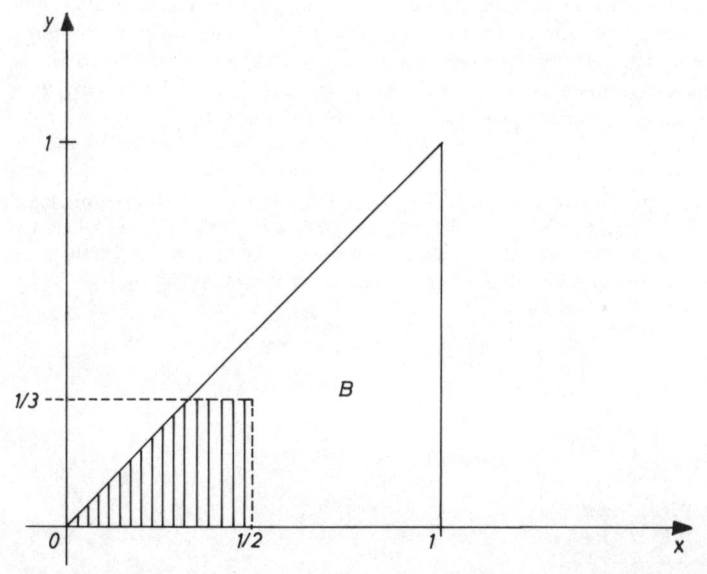

Fig. 34: *Der Bereich B mit positiven Dichtewerten f(x, y) = k; die schraffierte Fläche wird in Aufgabe 66 benutzt*

Aufgabe 66: Berechnen Sie (unter Beachtung von Fig. 32 und Fig. 34) die Werte

$$F\left(\frac{1}{2}, \frac{1}{3}\right) \quad \text{und} \quad F\left(2, \frac{1}{3}\right)$$

der gemeinsamen Verteilungsfunktion von (X, Y) aus Beispiel 55.

Gerade im mehrdimensionalen Fall treten oft Mischformen zwischen diskreten und stetigen Zufallsvariablen auf, beispielsweise dann, wenn X ein diskretes und Y ein stetiges Merkmal mißt; dennoch wollen wir auch hier auf solche Mischformen nicht weiter eingehen und generell voraussetzen, daß die mehrdimensionale Zufallsvariable entweder stetig oder diskret verteilt ist.

8.7.3 Randverteilung und bedingte Verteilung

Ebenso wie sich bei einer zweidimensionalen Häufigkeitsverteilung aus den gemeinsamen Häufigkeiten die zu den einzelnen Merkmalen gehörenden Häufigkeiten (= Randhäufigkeiten) ermitteln lassen (vgl. 4.1), können wir bei einer zweidimensionalen Zufallsvariablen (X, Y)

a) aus der gemeinsamen Verteilungsfunktion $F(x, y)$ die beiden eindimensionalen Verteilungsfunktionen F_1 von X und F_2 von Y ermitteln, welche **Randverteilungsfunktionen** heißen; für sie gilt

$$F_1(x) = F(x, \infty) \quad \text{für alle x und} \quad F_2(y) = F(\infty, y) \quad \text{für alle y;}$$

b) aus der gemeinsamen Wahrscheinlichkeitsfunktion bzw. Dichte $f(x, y)$ die beiden zu den Randverteilungen gehörenden eindimensionalen Wahrscheinlichkeitsfunktionen bzw. Dichten f_1 von X und f_2 von Y berechnen, welche als **Randwahrscheinlichkeitsfunktionen** bzw. **Randdichten** bezeichnet werden. Im stetigen Fall ist

$$f_1(x) = \int_{-\infty}^{\infty} f(x, y)\, dy \quad \text{für alle x und}$$

$$f_2(y) = \int_{-\infty}^{\infty} f(x, y)\, dx \quad \text{für alle y.}$$

In Beispiel 55 ergibt sich so für jedes $x \in [0; 1]$ der Randdichtewert

$$f_1(x) = \int_{-\infty}^{\infty} f(x, y)\, dy = \int_0^x 2\, dy = 2x; \tag{85}$$

die obere Integrationsgrenze x ist eine Konsequenz der Einschränkung $y \leq x$.

Aufgabe 67: *Bestimmen Sie die Randwahrscheinlichkeits- und Randverteilungsfunktionen von X und Y aus Beispiel 54.*

Natürlich kann aus der Kenntnis der Randverteilungen allein im allgemeinen nicht die gemeinsame Verteilung ermittelt werden. Beispielsweise liefern die Tabellen von Beispiel 54 und Fig. 35 dieselben Randverteilungen.

Auch die Ermittlung **bedingter Wahrscheinlichkeitsverteilungen** geschieht analog zur Vorgehensweise bei den Häufigkeitsverteilungen. Sowohl bei diskreten als auch bei

x \ y	1	2	3	$f_1(x)$
1	0,010	0,035	0,055	0,1
2	0,030	0,105	0,165	0,3
3	0,060	0,210	0,330	0,6
$f_2(y)$	0,1	0,35	0,55	1

Fig. 35: Tabelle einer zweidimensionalen Wahrscheinlichkeitsfunktion mit denselben Randwahrscheinlichkeiten wie in Beispiel 54

stetigen (X, Y) nennen wir für jedes feste y mit $f_2(y) \neq 0$ bzw. für jedes feste x mit $f_1(x) \neq 0$ den Ausdruck

$$f_1(x|y) = \frac{f(x,y)}{f_2(y)}, \quad x \in \mathbb{R},$$

bzw. $\quad f_2(y|x) = \frac{f(x,y)}{f_1(x)}, \quad y \in \mathbb{R},$

die bedingte Wahrscheinlichkeitsfunktion (-dichte) von X bzw. Y bei gegebener Realisierung y von Y bzw. x von X. Im diskreten Fall ist natürlich $f_1(x|y)$ mit $P(X = x | Y = y)$ identisch.

Für das Beispiel 55 ergibt sich mit Hilfe von (85) für jedes $x \in (0; 1]$ die bedingte Dichte

$$f_2(y|x) = \frac{f(x,y)}{2x} = \begin{cases} \frac{2}{2x} = \frac{1}{x}, & \text{falls } 0 \leq y \leq x \\ 0, & \text{sonst} \end{cases} ;$$

die bedingte Dichte ist also die Gleichverteilung in $[0; x]$.

Aufgabe 68: Berechnen Sie für die in Beispiel 54 und in Fig. 35 definierten gemeinsamen Verteilungen jeweils die bedingte Wahrscheinlichkeitsfunktion $f_1(x|2)$.

Ganz entsprechend wie im zweidimensionalen Fall lassen sich auch für n-dimensionale Zufallsvariablen $(X_1, \ldots, X_n)$ Randverteilungen und bedingte Verteilungen definieren.

8.7.4 Äquivalente Bedingungen für die Unabhängigkeit von Zufallsvariablen

Mit den neuen Begriffen ist auch die gemäß (67) definierte Unabhängigkeit auf andere Weise darstellbar. Dazu beschreibe wieder $F(x_1, \ldots, x_n)$ bzw. $f(x_1, \ldots, x_n)$ die gemeinsame Verteilungs- bzw. Wahrscheinlichkeitsfunktion (oder Dichte) und $F_i(x_i)$ bzw. $f_i(x_i)$ die Verteilungs- bzw. Wahrscheinlichkeitsfunktion (oder Dichte) jeder einzelnen Zufallsvariablen X_i.

Damit sind die Zufallsvariablen $X_1, \ldots, X_n$ genau dann unabhängig, wenn

$$F(x_1, \ldots, x_n) = F_1(x_1) \cdots F_n(x_n) \quad \text{für alle} \quad x_1, \ldots, x_n$$

8.7 Verteilung mehrdimensionaler Zufallsvariablen

gilt. Im diskreten oder stetigen Fall ist die Unabhängigkeit der $X_1, \ldots, X_n$ auch gleichbedeutend mit

$$f(x_1, \ldots, x_n) = f_1(x_1) \cdots f_n(x_n) \quad \text{für alle} \quad x_1, \ldots, x_n.$$

Unabhängigkeit ist also dadurch charakterisiert, daß die **gemeinsame Verteilungs-**, Wahrscheinlichkeits- oder Dichtefunktion **gleich dem Produkt der Randverteilungs-**, Randwahrscheinlichkeits- oder Randdichtefunktionen der einzelnen Zufallsvariablen ist.

Eine weitere äquivalente Bedingung zur Unabhängigkeit besteht in der Übereinstimmung der bedingten Verteilungen mit den jeweiligen Randverteilungen.

In Fig. 35 sind (im Gegensatz zu Fig. 33) die Zufallsvariablen X, Y unabhängig, da sich f(x, y) durch Multiplikation von $f_1(x)$ und $f_2(y)$ ergibt.

Nur im Falle der Unabhängigkeit ist die gemeinsame Verteilung durch die Randverteilungen eindeutig bestimmt.

9. Kapitel:

Verteilungsparameter

In der deskriptiven Statistik wurden für Häufigkeitsverteilungen charakteristische Größen eingeführt, nämlich Lageparameter und Streuungsparameter bei eindimensionalen, sowie Korrelationskoeffizienten bei zweidimensionalen Verteilungen. Entsprechende **Verteilungsparameter** werden jetzt ganz analog für Zufallsvariablen eingeführt; eine tabellarische Übersicht dieser Analogien vermittelt Fig. 37 im Abschnitt 9.6.

9.1 Lageparameter: Modus, Median, Erwartungswert

Sei X eine eindimensionale diskrete Zufallsvariable mit dem Wertebereich $\{x_1, x_2, \ldots\}$ und der Wahrscheinlichkeitsfunktion $f(x)$ oder aber eine stetige Zufallsvariable mit der Dichte $f(x)$; sei $F(x)$ ferner die Verteilungsfunktion von X.

Jeder Wert x, an dem $f(x)$ maximal ist, heißt **Modus** von X und wird mit x_{Mod} bezeichnet. Ein Modus existiert zwar in der Regel; er ist jedoch im allgemeinen nicht eindeutig bestimmt (und dann als Lageparameter wenig nützlich, z.B. bei der Gleichverteilung).

Ein **Median** x_{Med} von X wird dadurch definiert, daß

$$P(X \geq x_{Med}) \geq \frac{1}{2} \quad \text{und} \quad P(X \leq x_{Med}) \geq \frac{1}{2}$$

gilt, d.h. daß X jeweils mit mindestens 50% Wahrscheinlichkeit größer gleich bzw. kleiner gleich x_{Med} ist. Beim Median ist zwar die Existenz, nicht jedoch die Eindeutigkeit gesichert. Jeder Punkt x mit $F(x) = 1/2$ ist Median; gibt es keinen derartigen Punkt (was im diskreten Fall möglich ist), so ist x_{Med} eindeutig bestimmt als der kleinste x-Wert mit $F(x) > 1/2$.

Ist X stetig, so gibt es zu jeder Zahl α mit $0 < \alpha < 1$ (mindestens) einen Wert x_α, so daß $X \leq x_\alpha$ genau mit Wahrscheinlichkeit α eintritt und somit die Bedingungsgleichung

$$F(x_\alpha) = \alpha$$

gilt; ein solches x_α nennen wir **α-Fraktil**[1] der Verteilung von X.

Insbesondere gilt $x_{0,5} = x_{Med}$. Fraktilswerte spielen in der induktiven Statistik eine besondere Rolle.

Der weitaus wichtigste Lageparameter einer Zufallsvariablen X ist der analog zum arithmetischen Mittel einer Häufigkeitsverteilung gebildete und häufig mit dem Sym-

---

[1] Andere Bezeichnungen sind α-Quantil oder α-Punkt.

bol μ abgekürzte **Erwartungswert** E(X), nämlich[1]

$$E(X) = \begin{cases} \sum_i x_i f(x_i), & \text{falls X diskret} \\ \int_{-\infty}^{\infty} x f(x) dx, & \text{falls X stetig} \end{cases} \quad (86)$$

Beispiel 56: Sei X exponentialverteilt mit dem Parameter λ = 1, so daß wir von der Dichtefunktion

$$f(x) = \begin{cases} e^{-x}, & x \geq 0 \\ 0, & x < 0 \end{cases}$$

ausgehen können. Dann ist

a) $x_{Mod} = 0$, da $f(0) = 1 > f(x)$ für alle $x \neq 0$

b) $x_{Med} = x_{0,5} = ln\,2$, da $F(x) = 1 - e^{-x} = \frac{1}{2}$ äquivalent ist mit $x = ln\,2 = 0{,}6931$

c) E(X) = 1, da mit partieller Integration folgt:

$$\int_{-\infty}^{\infty} x f(x) dx = \int_0^{\infty} x e^{-x} dx = x(-e^{-x})\Big|_0^{\infty} - \int_0^{\infty} 1 \cdot (-e^{-x}) dx = 0 + \int_0^{\infty} e^{-x} dx = -e^{-x}\Big|_0^{\infty} = 1.$$

Aufgabe 69: *In Aufgabe 45 wurde eine Zufallsvariable X betrachtet mit $P(X=1) = P(X=2) = \frac{1}{4}$ und $P(X=3) = \frac{1}{2}$. Geben Sie x_{Mod}, x_{Med} und E(X) an.*

Für die Berechnung von Erwartungswerten bzw. für den Vergleich der Erwartungswerte verschiedener Zufallsvariablen sind folgende **Regeln** nützlich:

1) Ist die Wahrscheinlichkeits- bzw. Dichtefunktion f von X **symmetrisch** bzgl. eines Punktes x = a, so gilt E(X) = a.

2) Ist g: IR → IR eine reellwertige Funktion, so daß mit X auch Y = g(X) eine Zufallsvariable ist, so läßt sich der Erwartungswert von Y aus der Verteilung von X (und ohne explizite Kenntnis der Verteilung von Y) berechnen gemäß

$$E(Y) = E[g(X)] = \begin{cases} \sum_i g(x_i) \cdot f(x_i), & \text{falls X diskret} \\ \int_{-\infty}^{\infty} g(x) f(x) dx, & \text{falls X stetig} \end{cases}$$

3) Eine unmittelbare Folgerung von Regel 2 (mit g(x) = a + bx) ist

$$E(a + bX) = a + bE(X) \quad \text{für alle } a, b \in \mathrm{IR}. \quad (87)$$

---

[1] Nur im Falle der absoluten Konvergenz, d.h. im Falle von

$$\sum_i |x_i| f(x_i) < \infty \quad \text{bzw.} \quad \int_{-\infty}^{\infty} |x| f(x) dx < \infty$$

spricht man von der Existenz eines Erwartungswertes. Es gibt durchaus Zufallsvariablen, die wir hier allerdings nicht behandeln werden, für die in diesem Sinne kein Erwartungswert E(X) existiert.

9.1 Lageparameter: Modus, Median, Erwartungswert

4) Für die Summe von n Zufallsvariablen $X_1, \ldots, X_n$ gilt stets

$$E\left(\sum_{i=1}^{n} X_i\right) = \sum_{i=1}^{n} E(X_i) \quad . \tag{88}$$

5) Sind X und Y **unabhängige** Zufallsvariablen, so ist $E(X \cdot Y) = E(X) \cdot E(Y)$.

6) Ist für zwei Zufallsvariablen X und Y das Ereignis $X \leq Y$ sicher, d. h. gilt für jedes Elementarereignis ω des zugrundeliegenden Zufallsvorgangs die Ungleichung $X(\omega) \leq Y(\omega)$, so folgt auch $E(X) \leq E(Y)$; in diesem Sinne stellt $E(X)$ eine monotone – und wegen der Regeln 3 und 4 auch eine lineare – Operation dar.

7) Ist g eine konvexe oder konkave Funktion, so gilt für jede Zufallsvariable X

$E[g(X)] \geq g[E(X)]$, falls g konvex ist

$E[g(X)] \leq g[E(X)]$, falls g konkav ist.

Diese Regel wird als **Jensensche**[1] **Ungleichung** bezeichnet.

Beispiel 57: a) Aus Regel 1 folgt, daß

μ der Erwartungswert einer $N(\mu;\sigma)$-verteilten Zufallsvariablen, und

$\frac{a+b}{2}$ der Erwartungswert einer in [a; b] gleichverteilten Zufallsvariablen ist.

b) Mit Hilfe von Regel 4 ergibt sich, daß

n · p der Erwartungswert einer $B(n;p)$-verteilten Zufallsvariablen, und

n · $\frac{M}{N}$ der Erwartungswert einer hypergeometrisch verteilten Zufallsvariablen ist.

Denn in beiden Fällen ist X als $\sum_{i=1}^{n} X_i$ darstellbar mit $B(1;p)$- bzw. $B\left(1;\frac{M}{N}\right)$-verteilten Indikatorvariablen X_i, worauf in den Bemerkungen 1 von 8.4.1 und 8.4.2 bereits hingewiesen wurde. Für diese Indikatorvariablen gilt

$E(X_i) = 0 \cdot P(X_i = 0) + 1 \cdot P(X_i = 1) = p$ bzw. $= \frac{M}{N}$.

Weitere Ergebnisse sind in Fig. 36 des Abschnitts 9.3 zu finden.

Aufgabe 70: Ein Unternehmer, der bisher Küchenherde eines Typs A hergestellt hat, steht vor dem Problem, ob er die Produktion auf einen verbesserten Typ B umstellen soll (dazu wäre aus Kapazitätsgründen die Einstellung der Produktion von Typ A nötig). Der Absatz X von Typ A innerhalb der nächsten 3 Jahre kann nach Ansicht der Marketingabteilung als (näherungsweise) normalverteilt mit μ = 15 000 angesehen werden; bei Typ B dagegen wird für denselben Zeitraum jede verkaufte Stückzahl zwischen 12 000 und 24 000 für gleichwahrscheinlich gehalten, was (hinreichend genau) durch eine in diesem Intervall gleichverteilte Zufallsvariable Y beschrieben werden kann.

a) Für welchen der beiden Typen ist im fraglichen Zeitraum ein höherer Absatz zu erwarten?

b) Mit folgenden Kosten und Verkaufspreisen werde kalkuliert:

	Herstellungskosten pro Stück	Stückpreis
Typ A	DM 250	DM 350
Typ B	DM 290 für die ersten 20 000 Stück DM 260 für jedes weitere Stück	DM 380

---
[1] benannt nach J. L. W. V. Jensen (1859–1925)

Die Umstellung von Typ A auf Typ B hätte Fixkosten von DM 100000 zur Folge. Skizzieren Sie den Gewinn bei Typ B in Abhängigkeit von der Stückzahl. Welcher der beiden Typen läßt für die kommenden 3 Jahre den größeren Gewinn erwarten? Läßt sich diese Frage auch mit der Jensenschen Ungleichung beantworten?

9.2 Streuungsparameter: Varianz und Standardabweichung

Als Streuungsmaß für die Verteilung einer Zufallsvariablen X dient die **Varianz** Var(X), die in ihrer Konstruktion der mittleren quadratischen Abweichung einer Häufigkeitsverteilung entspricht, also[1]

$$\mathrm{Var}(X) = \begin{cases} \sum_i [x_i - E(X)]^2 f(x_i), & \text{falls X diskret} \\ \int_{-\infty}^{\infty} [x - E(X)]^2 f(x)\,dx, & \text{falls X stetig} \end{cases} \tag{89}$$

Anstelle von Var(X) schreibt man oft kürzer σ^2. Nach Regel 2 von 9.1 läßt sich die Varianz auch einheitlich in der Gestalt

$$\mathrm{Var}(X) = E([X - E(X)]^2)$$

schreiben. Abgesehen vom trivialen Sonderfall einer Zufallsvariablen, die mit Wahrscheinlichkeit 1 einen bestimmten Wert annimmt, ist die Varianz stets positiv. Die positive Wurzel $\sqrt{\mathrm{Var}(X)}$ heißt **Standardabweichung** von X; für sie wird entsprechend der obigen Abkürzung das Symbol σ benutzt.

Beispiel 58: Sei X gleichverteilt im Intervall $[0;2]$. Dann ist unter Benutzung des Ergebnisses von Beispiel 57a:

$$\mathrm{Var}(X) = \int_0^2 \left(x - \frac{0+2}{2}\right)^2 \cdot \frac{1}{2-0}\,dx = \frac{1}{2} \cdot \int_0^2 (x^2 - 2x + 1)\,dx = \frac{1}{2}\left[\frac{8}{3} - 4 + 2\right] = \frac{1}{3}.$$

Für die Berechnung der Varianz können einige **Regeln** von Nutzen sein:

1) Der von der mittleren quadratischen Abweichung her bekannte **Verschiebungssatz** (12) gilt auch für die Varianz; er besagt hier

$$\mathrm{Var}(X) = E(X^2) - [E(X)]^2 \tag{90}$$

2) Für eine lineare Transformation $a + bX$ einer Zufallsvariablen X ist

$$\mathrm{Var}(a + bX) = b^2\,\mathrm{Var}(X) \tag{91}$$

3) Eine (88) entsprechende Regel gilt für die Varianz im Fall der Unabhängigkeit: Sind die Zufallsvariablen $X_1, \ldots, X_n$ **unabhängig**, so ist

$$\mathrm{Var}\left(\sum_{i=1}^n X_i\right) = \sum_{i=1}^n \mathrm{Var}(X_i) \tag{92}$$

---

[1] im Falle der Existenz der nachfolgenden Größen.

Beispiel 59: Mit Regel 1 und 3 läßt sich zeigen, daß für die Varianz einer B(n;p)-verteilten Zufallsvariablen X gilt:

$Var(X) = n \cdot p \cdot (1-p)$.

Denn aus der Darstellung $X = \sum_{i=1}^{n} X_i$ mit unabhängigen B(1;p)-verteilten X_i folgt:

a) $Var(X_i) = E(X_i^2) - [E(X_i)]^2 = [0^2 \cdot P(X_i = 0) + 1^2 \cdot P(X_i = 1)] - p^2 =$
$= p - p^2 = p(1-p)$ und

b) $Var(X) = Var\left(\sum_{i=1}^{n} X_i\right) = \sum_{i=1}^{n} Var(X_i) = \sum_{i=1}^{n} p \cdot (1-p) = n \cdot p \cdot (1-p)$.

Aufgabe 71: *In Beispiel 49 besaß die Zufallsvariable X = „verbrauchter Anteil" die Dichte*

$$f(x) = \begin{cases} 6(x - x^2), & 0 \leq x \leq 1 \\ 0, & \text{sonst} \end{cases}$$

a) *Berechnen Sie E(X) und Var(X).*
b) *Welchen Erwartungswert und welche Varianz besitzt die Zufallsvariable $Y = 100 \cdot (1 - X) =$ nichtverbrauchter prozentualer Anteil?*

9.3 Erwartungswerte und Varianzen wichtiger Verteilungen

Die Erwartungswerte und Varianzen der in 8.4 und 8.6 besprochenen Verteilungen sind in Fig. 36 zusammengestellt.

Verteilung von X	E(X)	Var(X)
Binomialverteilung B(n;p)	np	$np(1-p)$
Hypergeometrische Verteilung mit den Parametern N, M, n	$n\dfrac{M}{N}$	$n\dfrac{M}{N}\dfrac{N-M}{N}\dfrac{N-n}{N-1}$
Poisson-Verteilung $P(\lambda)$	λ	λ
Gleichverteilung in [a;b] mit a < b	$\dfrac{a+b}{2}$	$\dfrac{(b-a)^2}{12}$
Exponentialverteilung mit dem Parameter λ	$\dfrac{1}{\lambda}$	$\dfrac{1}{\lambda^2}$
Normalverteilung $N(\mu;\sigma)$	μ	σ^2

Fig. 36: Erwartungswerte und Varianzen wichtiger Verteilungen

Bemerkungen:

1) Ein Vergleich von hypergeometrischer und B(n;M/N)-Verteilung zeigt nach Beispiel 57b Übereinstimmung im Erwartungswert nM/N; dagegen unterscheidet sich die Varianz der hypergeometrischen Verteilung von derjenigen der B(n;M/N)-Verteilung durch den „Korrekturfaktor" $\dfrac{N-n}{N-1}$. Dieser ist ohne Bedeutung, wenn der Auswahlsatz n/N klein ist.

2) Entsprechend ergibt ein Vergleich von B(n;p)- und P(n·p)-Verteilung, daß beide denselben Erwartungswert n·p besitzen und sich ihre Varianzen np(1-p) bzw. np für sehr kleines p nur unwesentlich unterscheiden; „sehr kleines" p ist aber eine Voraussetzung für die Approximation der B(n;p)- durch die P(n·p)-

Verteilung. Übrigens sind in Anwendungssituationen wie in der nachfolgenden Aufgabe 72 die Parameter n und p oft nicht einzeln gegeben, sondern lediglich ihr Produkt, d.h. der Erwartungswert n · p.

Aufgabe 72: *Von den gleichartigen und unabhängig voneinander laufenden Webstühlen einer Textilfabrik weisen „im Mittel" vier pro Tag einen Defekt auf. Das Auftreten zweier Defekte pro Tag und Webstuhl sei vernachlässigbar. Wie groß ist die Wahrscheinlichkeit, daß pro Tag*
a) *mehr als 10 Defekte auftreten,*
b) *genau 4 Defekte auftreten?*
Wie groß ist die Standardabweichung der Anzahl der Defekte pro Tag?

3) Die Parameter μ und σ der $N(\mu; \sigma)$-Verteilung sind mit dem Erwartungswert und der Standardabweichung identisch. Aufgrund der Formeln (87), (88), (91) und (92) sowie der in Abschnitt 8.6 erwähnten Reproduktionseigenschaft der Normalverteilung folgt ferner:

  a) Ist X gemäß $N(\mu; \sigma)$ verteilt, so ist $Y = a + bX$ gemäß $N(a + b\mu; |b|\sigma)$ verteilt, falls $b \neq 0$.

  b) Die Summe unabhängiger $N(\mu_i; \sigma_i)$-verteilter Zufallsvariablen $X_1, \ldots, X_n$ ist
  $$N\left(\sum_{i=1}^{n} \mu_i; \sqrt{\sum_{i=1}^{n} \sigma_i^2}\right)\text{-verteilt.}$$

9.4 Weitere Aussagen über Erwartungswert und Varianz

Zunächst werden für zwei wichtige Funktionen von Zufallsvariablen Erwartungswert und Varianz angegeben:

1) Ist X eine Zufallsvariable mit $E(X) = \mu$ und $Var(X) = \sigma^2$, so besitzt die bereits in Abschnitt 8.6.3 betrachtete **standardisierte Zufallsvariable** $Y = \dfrac{X - \mu}{\sigma}$ den Erwartungswert 0 und die Varianz 1.

2) Sind $X_1, \ldots, X_n$ unabhängige Zufallsvariablen mit $E(X_i) = \mu$ und $Var(X_i) = \sigma^2$ für alle $i = 1, \ldots, n$, so besitzt die Zufallsvariable
$$\bar{X}_n = \frac{1}{n} \cdot \sum_{i=1}^{n} X_i$$
den Erwartungswert μ und die Varianz $\dfrac{1}{n} \cdot \sigma^2$. Insbesondere gilt dies, wenn die Zufallsvariablen $X_1, \ldots, X_n$ unabhängige Wiederholungen derselben Zufallsvariablen darstellen; $\bar{X}_n$ wird dann als **Stichprobenmittel** bezeichnet.

Aufgabe 73: *Zeigen Sie die Richtigkeit dieser beiden Aussagen.*

Mit Hilfe der Varianz läßt sich die Wahrscheinlichkeit, daß eine Zufallsvariable X um mindestens den Wert c von ihrem Erwartungswert abweicht, abschätzen, ohne daß dazu die Kenntnis der Verteilung von X erforderlich ist. Dies leistet die sogenannte **Ungleichung von Tschebyscheff**:[1]

$$\boxed{P(|X - E(X)| \geq c) \leq \frac{Var(X)}{c^2}} \quad \text{für alle } c > 0. \tag{93}$$

---

[1] benannt nach dem russischen Mathematiker P.L. Tschebyscheff (1821–1894); gelegentlich wird sie auch als Ungleichung von Bienaymé-Tschebyscheff bezeichnet.

Um ihre Gültigkeit nachzuweisen, definieren wir folgendermaßen eine aus X abgeleitete Zufallsvariable:

$$Y = \begin{cases} c^2, & \text{falls } |X - E(X)| \geq c \\ 0, & \text{falls } |X - E(X)| < c \end{cases}.$$

Für diese gilt sicher $[X - E(X)]^2 \geq Y$, so daß aus Regel 6 von 9.1 die Ungleichung

$$E[(X - E(X))^2] \geq E(Y)$$

gefolgert werden kann. Damit ist das gewünschte Ergebnis erreicht:

$$\text{Var}(X) \geq 0 + c^2 \cdot P(|X - E(X)| \geq c).$$

Beispiel 60: Ebenso wie in 8.6.3 für eine normalverteilte Zufallsvariable können wir auch für eine beliebig verteilte Zufallsvariable X mit $E(X) = \mu$ und $\text{Var}(X) = \sigma^2$ die **k σ-Bereiche** definieren als die Intervalle

$$[\mu - k\sigma;\ \mu + k\sigma].$$

Die Wahrscheinlichkeit, daß X in einen $k\sigma$-Bereich fällt, läßt sich mit Hilfe der Tschebyscheff-Ungleichung abschätzen:

$$P(X \in [\mu - k\sigma;\ \mu + k\sigma]) = P(|X - \mu| \leq k\sigma) = 1 - P(|X - \mu| > k\sigma);$$

dabei ist $\quad P(|X - \mu| > k\sigma) \leq P(|X - \mu| \geq k\sigma) \leq \dfrac{\sigma^2}{k^2 \sigma^2} = \dfrac{1}{k^2}$,

also $\quad P(X \in [\mu - k\sigma; \mu + k\sigma]) \geq 1 - \dfrac{1}{k^2} = \begin{cases} 0, & \text{für } k = 1 \\ \dfrac{3}{4}, & \text{für } k = 2 \\ \dfrac{8}{9}, & \text{für } k = 3 \end{cases}$

Für $k = 1$ ist die Abschätzung natürlich wertlos.

9.5 Kovarianz und Korrelation zweier Zufallsvariablen

Der im Abschnitt 4.2 für zweidimensionale Häufigkeitsverteilungen behandelte Begriff der Korrelation ist auf zweidimensionale Wahrscheinlichkeitsverteilungen übertragbar. Zunächst definieren wir für zwei Zufallsvariablen X, Y die **Kovarianz** $\text{Cov}(X, Y)$ gemäß

$$\text{Cov}(X, Y) = E[(X - E(X))(Y - E(Y))]$$

und hiermit dann, falls $\text{Var}(X) \neq 0$ und $\text{Var}(Y) \neq 0$ sind, den dem Bravais-Pearson-Korrelationskoeffizienten nachgebildeten **Korrelationskoeffizienten**

$$\varrho(X, Y) = \frac{\text{Cov}(X, Y)}{\sqrt{\text{Var}(X) \cdot \text{Var}(Y)}}.$$

Auch hier gilt stets $-1 \leq \varrho(X, Y) \leq 1$; ferner ist $|\varrho(X, Y)|$ genau dann gleich 1, wenn Y eine lineare Transformation $a + bX$ von X mit $b \neq 0$ ist.[1]

---

[1] Genauer: wenn $P(Y = a + bX) = 1$ gilt.

$\varrho(X, Y)$ ist also ein Maß für den linearen Zusammenhang zweier Zufallsvariablen. Zwei Zufallsvariablen X und Y werden als **unkorreliert** bezeichnet, wenn ihr Korrelationskoeffizient verschwindet.

Im Falle der Unabhängigkeit von X und Y gilt

$$\varrho(X, Y) = \text{Cov}(X, Y) = 0.$$

Dies folgt aus Regel 5 von 9.1, wenn man noch berücksichtigt, daß die Kovarianz auch die Darstellung

$$\text{Cov}(X, Y) = E(X \cdot Y) - E(X) \cdot E(Y)$$

besitzt. Umgekehrt folgt aus $\text{Cov}(X, Y) = 0$ jedoch i. a. nicht die Unabhängigkeit von X und Y. Die Unkorreliertheit ist also eine schwächere Forderung als die Unabhängigkeit. Im Falle normalverteilter Zufallsvariablen ist die Unkorreliertheit mit der Unabhängigkeit äquivalent.

Mit Hilfe der Kovarianz läßt sich die Varianz der Summe zweier Zufallsvariablen folgendermaßen darstellen:

$$\boxed{\text{Var}(X + Y) = \text{Var}(X) + \text{Var}(Y) + 2\,\text{Cov}(X, Y)}. \tag{94}$$

Aufgabe 74: *Wie lautet die entsprechende Formel für die Differenz $X - Y$ zweier Zufallsvariablen?*

Aufgabe 75: *Wenn wir die Situation des Beispiels 39 durch die beiden Indikatorvariablen*

$$X = \begin{cases} 1, \text{falls Ergebnis von } K_1 \text{ positiv} \\ 0, \text{sonst} \end{cases} \quad \text{und} \quad Y = \begin{cases} 1, \text{falls Ergebnis von } K_2 \text{ positiv} \\ 0, \text{sonst} \end{cases}$$

beschreiben, so sind in der Tabelle der gemeinsamen Wahrscheinlichkeiten und der Randwahrscheinlichkeiten folgende Werte gegeben:

x \ y	0	1	$f_1(x)$
0			
1		$\frac{1}{20}$	$\frac{1}{8}$
$f_2(y)$		$\frac{1}{10}$	

a) *Ergänzen Sie die fehlenden Wahrscheinlichkeiten.*
b) *Geben Sie den Erwartungswert und die Varianz von X und Y an.*
c) *Berechnen Sie die Kovarianz und den Korrelationskoeffizienten von X und Y.*
d) *Berechnen Sie den Erwartungswert und die Varianz von $X + Y$.*

9.6 Kritische Zusammenfassung, Literaturhinweise

In der folgenden Tabelle sind die wichtigsten Analogien zwischen den Häufigkeitsverteilungen und den diskreten bzw. stetigen Wahrscheinlichkeitsverteilungen schematisch zusammengestellt.

Häufigkeitsverteilung	Wahrscheinlichkeitsverteilung diskret	stetig
a) ein Merkmal X	eindimensionale Zufallsvariable X	
$\{a_1, \ldots, a_k\}$ Menge der Ausprägungen	Wertebereich $\{x_1, x_2, \ldots\}$	Wertebereich $\subset \mathbb{R}$
$f(a_j)$ relative Häufigkeit von a_j	$f(x)$ Wahrscheinlichkeitsfunktion	$f(x)$ Dichtefunktion
$\sum_{j=1}^{k} f(a_j) = 1$	$\sum_{i} f(x_i) = 1$	$\int_{-\infty}^{\infty} f(x)\,dx = 1$
kumulierte Häufigkeitsverteilung $F(x) = \sum_{a_j \leq x} f(a_j)$	Verteilungsfunktion $F(x) = \sum_{x_i \leq x} f(x_i)$	Verteilungsfunktion $F(x) = \int_{-\infty}^{x} f(t)\,dt$
arithmetisches Mittel $\bar{x} = \sum_{j=1}^{k} a_j f(a_j)$	Erwartungswert $E(X) = \sum_{i} x_i f(x_i)$	Erwartungswert $E(X) = \int_{-\infty}^{\infty} x f(x)\,dx$
mittlere quadratische Abweichung $s^2 = \sum_{j=1}^{k} (a_j - \bar{x})^2 f(a_j)$	Varianz $\operatorname{Var}(X) = \sum_{i} [x_i - E(X)]^2 f(x_i)$	Varianz $\operatorname{Var}(X) = \int_{-\infty}^{\infty} [x - E(X)]^2 f(x)\,dx$
b) Zwei Merkmale X, Y	Zweidimensionale Zufallsvariable (X, Y)	
gemeinsame, bedingte, Rand- Häufigkeitsverteilung	gemeinsame, bedingte, Rand- Wahrscheinlichkeitsverteilung	
Bravais-Pearson-Korrelationskoeffizient r	Korrelationskoeffizient $\varrho(X, Y)$	

Fig. 37: Zur Analogie von Häufigkeits- und Wahrscheinlichkeitsverteilungen

Die in den beiden letzten Kapiteln namentlich behandelten Verteilungen waren jeweils durch einige wenige Parameter (n, p, λ, μ usw.) beschreibbar. Deshalb können Zufallsvariablen X, die derartigen Verteilungen genügen, ebenfalls durch einige wenige Kennzahlen wie E(X) und Var(X) beschrieben werden. In vielen Theorien, etwa in der Portfolio-Selektion, werden ausschließlich diese beiden Kennzahlen berücksichtigt. Die Bevorzugung dieser beiden Verteilungsparameter sollte jedoch nicht darüber hinwegtäuschen, daß die Repräsentation einer Zufallsvariablen X durch E(X) und Var(X) im allgemeinen Fall noch relativ dürftig ist; weitergehende Aussagen als die aus der Tschebyscheffschen Ungleichung abgeleiteten Abschätzungen sind damit kaum zu erzielen. Deshalb werden mitunter als Verteilungsparameter auch höhere Momente von X betrachtet: Die Kennzahlen

$$E(X^k) \quad \text{bzw.} \quad E([X - E(X)]^k), \, k = 1, 2, \ldots$$

heißen **k-te Momente um Null** bzw. **k-te zentrale Momente** von X. Offensichtlich sind E(X) mit dem ersten Moment um Null und Var(X) mit dem zweiten zentralen Moment identisch. Selbstverständlich ist die Charakterisierung einer Zufallsvariablen um so vollkommener, je mehr Momente zu ihrer Beschreibung herangezogen werden. Für eine perfekte Beschreibung der Zufallsvariablen wird jedoch im allgemeinen Fall (d.h. bei gänzlichem Verzicht auf die a priori Festlegung einer Verteilungsklasse) die gesamte Folge aller Momente benötigt.[1]

Auf das dritte zentrale Moment stützt sich beispielsweise die Definition der **Schiefe** einer Verteilung bzw. einer Zufallsvariablen X, die Definition ist u.a. bei E. Kreyszig [1975, S. 94] zu finden.

Als Hilfsmittel für die Berechnung der Momente können geeignete Funktionen wie die **momentenerzeugende Funktion** oder die **charakteristische Funktion** eingeführt werden; ihre Definitionen sind beispielsweise bei L. Schmetterer [1966, S. 78], M. Fisz [1970, S. 132], W. Wetzel [1973, S. 75] oder E. Kreyszig [1975, S. 95] nachzulesen.

Im übrigen hängt die **Interpretierbarkeit der einzelnen Verteilungsparameter** von der **Art der Skalierung** des gemessenen Merkmals ab. Die Diskussion dieser Problematik wäre völlig analog wie im Teil I zu führen; es sei deshalb etwa auf Abschnitt 3.2.2 verwiesen. Für nominalskalierte Zufallsvariablen X ist der Erwartungswert zwar formell bildbar, jedoch wenig aussagekräftig. Eine Ausnahme bildet der Fall einer nominalskalierten Indikatorvariablen; hier ist der Erwartungswert stets eine sinnvolle Größe, nämlich E(X) = P(X = 1).

Die im Abschnitt 3.2.2 angegebenen Optimalitätseigenschaften lassen sich sinngemäß auch auf die Lageparameter von Zufallsvariablen übertragen.

---

[1] sowie eine zusätzliche Konvergenzbedingung; vgl. beispielsweise K. Hinderer [1972, S. 194] oder W. Vogel [1970, S. 280].

10. Kapitel:
Gesetz der großen Zahlen und zentraler Grenzwertsatz

Wir wollen diesen kurzen Abriß der Wahrscheinlichkeitsrechnung mit einigen Bemerkungen über das asymptotische Verhalten zweier wichtiger Folgen von Zufallsvariablen abschließen. Es geht um das Verhalten der Summe bzw. des arithmetischen Mittels

$$\sum_{i=1}^{n} X_i \quad \text{bzw.} \quad \bar{X}_n = \frac{1}{n} \sum_{i=1}^{n} X_i$$

von n unabhängigen Zufallsvariablen X_i, wenn n laufend erhöht wird. Dabei setzen wir in diesem Kapitel (falls nicht anders vermerkt) voraus, daß die X_i identisch verteilt sind, d.h., daß alle X_i dieselbe Verteilung besitzen.[1] Zur Abkürzung schreiben wir μ für $E(X_i)$ und σ^2 für $Var(X_i)$.

10.1 Gesetz der großen Zahlen

Unter den soeben angegebenen Voraussetzungen resultiert aus der Tschebyscheff-Ungleichung, angewandt auf $\bar{X}_n$, die Abschätzung

$$P(|\bar{X}_n - \mu| \geq c) \leq \frac{\sigma^2}{n \cdot c^2} \quad \text{für alle } c > 0,$$

woraus für $n \to \infty$ das **Gesetz der großen Zahlen** folgt:

$$\boxed{\begin{array}{l} \lim_{n \to \infty} P(|\bar{X}_n - \mu| \geq c) = 0, \quad \text{bzw.} \\ \lim_{n \to \infty} P(|\bar{X}_n - \mu| \leq c) = 1 \end{array}} \quad \text{für alle } c > 0. \tag{95}$$

Die Wahrscheinlichkeit, mit der das arithmetische Mittel $\bar{X}_n$ in ein vorgegebenes, beliebig kleines Intervall $[\mu - c; \mu + c]$ fällt, kann also durch hinreichend großes n dem Wert 1 beliebig angenähert werden, und zwar für jede denkbare Verteilung der X_i (sofern nur μ und σ^2 existieren).

In diesem Zusammenhang ist ein Rückblick auf die in Abschnitt 7.3.3 beschriebene Situation angebracht. Dort hatten wir zu einem Zufallsvorgang ein Ereignis A betrachtet und uns für die relative Häufigkeit des Eintretens von A bei n-facher (unab-

---

[1] Diese Voraussetzungen lassen sich beträchtlich abschwächen; zahlreiche Abschwächungen sind in den Lehrbüchern zur mathematischen Wahrscheinlichkeitstheorie, etwa in K. Krickeberg [1963], H. Richter [1966], P. Révész [1968] und W. Vogel [1970] zu finden. Je nach Verallgemeinerungsgrad der Voraussetzung und Formulierung der Folgerung gelangt man zu verschiedenen Gesetzen der großen Zahlen bzw. verschiedenen zentralen Grenzwertsätzen, meist nach dem jeweiligen Entdecker benannt. Das hier dargestellte Gesetz der großen Zahlen wird auch als „schwaches Gesetz der großen Zahlen" bezeichnet. Das „starke Gesetz der großen Zahlen" ist beispielsweise bei W. Wetzel [1973, S. 134] erläutert.

hängiger) Durchführung des Zufallsvorgangs interessiert. Inzwischen beschreiben wir eine solche Situation durch n unabhängige, $B(1;p)$-verteilte Zufallsvariablen X_i mit

$$p = P(A)$$

$$X_i = \begin{cases} 1, & \text{falls A bei der i-ten Durchführung eintritt} \\ 0, & \text{sonst} \end{cases}$$

sowie durch die $B(n;p)$-verteilte Zufallsvariable $\sum_{i=1}^{n} X_i$, welche gerade die (zufallsabhängige) absolute Häufigkeit des Eintretens von A angibt.

Die Zufallsvariable

$$\bar{X}_n = \frac{1}{n} \sum_{i=1}^{n} X_i$$

mißt daher die relative Häufigkeit des Eintretens von A; nach 9.4, Aussage 2, gilt ferner

$$E(\bar{X}_n) = p.$$

Aus (95) folgt deshalb, daß ein Abweichen der relativen Häufigkeit von der Wahrscheinlichkeit $P(A)$ um mehr als einen vorgegebenen Wert $c > 0$ bei wachsendem n immer unwahrscheinlicher wird. In diesem Sinne konvergiert also die relative Häufigkeit gegen die Wahrscheinlichkeit $P(A)$.

10.2 Zentraler Grenzwertsatz

Wahrscheinlichkeiten von Ereignissen, die mit Hilfe der Summe von unabhängigen, identisch verteilten Zufallsvariablen X_i gebildet werden, lassen sich für großes n mittels der Normalverteilung hinreichend genau berechnen. Dies ist die wesentliche Konsequenz des **zentralen Grenzwertsatzes**. Grob gesprochen, besagt er, daß sich die Verteilung von ΣX_i für wachsendes n immer besser der

$$N(n\mu; \sigma\sqrt{n})\text{-Verteilung} \tag{96}$$

anpaßt. Exakter wird der Sachverhalt durch eine Limesaussage beschrieben. Für diesen Zweck stört die Abhängigkeit der Verteilung (96) von der Anzahl n. Da wir eine definitive Grenzverteilung brauchen, gehen wir von ΣX_i zur zugehörigen standardisierten Zufallsvariablen

$$Y_n = \frac{\sum_{i=1}^{n} X_i - n\mu}{\sigma\sqrt{n}} = \frac{\bar{X}_n - \mu}{\sigma} \sqrt{n}$$

über. Bezeichnet wieder $\Phi(x)$ die Verteilungsfunktion der Standardnormalverteilung, so läßt sich der zentrale Grenzwertsatz folgendermaßen formulieren:

Unter den oben angegebenen Voraussetzungen gilt für jedes x die Konvergenz:

$$\boxed{P(Y_n \leq x) \xrightarrow[(n \to \infty)]{} \Phi(x)} \tag{97}$$

Auch wenn die einzelnen unabhängigen Zufallsvariablen X_i nicht identisch verteilt sind, ist die Summe $\sum_{i=1}^{n} X_i$ für großes n meist[1] hinreichend genau normalverteilt.

---

[1] bzgl. der exakten Voraussetzungen, unter denen diese erweiterte Aussage des zentralen Grenzwertsatzes gilt, sei nochmals auf die in der vorigen Fußnote angegebene Literatur verwiesen.

Zufallsvariablen, die aus dem (additiven) Zusammenwirken vieler unabhängiger Einzeleinflüsse resultieren, wie etwa alle Meßfehler, die Störvariablen oder irregulären Komponenten in stochastischen Zeitreihenmodellen usw., lassen sich unter Berufung auf den zentralen Grenzwertsatz (in dieser erweiterten Form) als normalverteilt annehmen. Hierauf beruht die entscheidende Bedeutung der Normalverteilung in der Wahrscheinlichkeitsrechnung und der induktiven Statistik.

Weitere Anwendungsmöglichkeiten werden durch die nachfolgenden Aufgaben und Beispiele angedeutet.

Beispiel 61: Die $B(n;p)$-Verteilungsfunktion kann durch die $N(0;1)$-Verteilungsfunktion approximiert werden; denn eine $B(n;p)$-verteilte Zufallsvariable X ist als Summe $X = \sum_{i=1}^{n} X_i$ unabhängiger $B(1;p)$-verteilter X_i darstellbar. Diese Approximation ist brauchbar für $np \geq 5$ und $n(1-p) \geq 5$, vgl. Tabelle 8; in diesem Fall gilt also[1] für ein $B(n;p)$-verteiltes X:

$$P\left(\frac{X-np}{\sqrt{np(1-p)}} \leq x\right) \approx \Phi(x) \quad \text{für alle } x \in \mathbb{R}.$$

Beispiel 62: In dem bereits erwähnten PERT-Verfahren zur Planung von Großprojekten wird die Projektdauer als Zufallsvariable aufgefaßt, die sich als Summe der Vorgangsdauern für die Vorgänge des kritischen Weges ergibt. Sobald hinreichend viele Vorgänge auf dem kritischen Weg liegen, kann die Projektdauer als normalverteilt angenommen werden. Insofern brauchen nur noch die Erwartungswerte und Varianzen der kritischen Vorgänge aufaddiert zu werden, um zu Aussagen des in Beispiel 52 betrachteten Typs zu gelangen.

Aufgabe 76: In Simulationsstudien werden häufig standardnormalverteilte Zufallszahlen benötigt. Primär stehen jedoch nur gleichverteilte Zufallszahlen, d.h. Realisationen unabhängiger, über dem Intervall [0;1] gleichverteilter Zufallsvariablen zur Verfügung. Aus je 12 dieser gleichverteilten Zufallszahlen x_1, x_2, ... erzeugt man eine standardnormalverteilte Zufallszahl y folgendermaßen:

$$y = \sum_{i=1}^{12} x_i - 6.$$

Begründen Sie diese Vorgehensweise.

Aufgabe 77: Eine Vertriebsgesellschaft besitzt in einer Großstadt 200 Zigarettenautomaten. Jeder Automat hat (unabhängig von den anderen) mit der Wahrscheinlichkeit 1/20 pro Woche eine Störung. Für die Entscheidung über die Größe eines ständigen Reparaturtrupps sei die Wahrscheinlichkeit von Interesse, daß in einer Woche die Anzahl X der defekten Automaten zwischen 5 und 15 liegt. Diese Wahrscheinlichkeit (der exakte Wert beträgt übrigens 0,9292) soll
a) mittels der Poisson-Verteilung approximiert werden
b) mittels der Tschebyscheff-Ungleichung nach unten abgeschätzt werden
c) aufgrund des zentralen Grenzwertsatzes approximativ berechnet werden.

---

[1] Zur Berechnung der Verteilungsfunktionswerte der $B(n;p)$-Verteilung an den Stellen $k = 0, 1, \ldots, n$ liefert in der Regel die „korrigierte" Formel

$$P(X \leq k) \approx \Phi\left(\frac{k-np+0{,}5}{\sqrt{np(1-p)}}\right)$$

genauere Werte.

Teil III:
Induktive Statistik

In vielen Anwendungsfällen ist eine vollständige Datenerhebung nicht möglich oder zumindest nicht zweckmäßig; statt dessen werden von den in einer Stichprobe gewonnenen Daten Rückschlüsse auf die Gesamtsituation gezogen. Gegenstand der induktiven Statistik[1] ist die Konstruktion adäquater Schlußverfahren.

Dabei kann es das Ziel sein, aufgrund der Ergebnisse einer Teilerhebung einen für die Gesamtsituation charakteristischen unbekannten Wert wie etwa die mittlere Ausprägung oder die gesamte Merkmalssumme zu schätzen, und zwar

- entweder nach einer Vorschrift, die einen einzigen geeigneten Schätzwert liefert; entsprechende (Punkt-)Schätz-Verfahren werden im Kapitel 12 behandelt
- oder gemäß einer Methode, die als Schätzergebnis ein Intervall festlegt und die mit einer vorgegebenen (hohen) Wahrscheinlichkeit dazu führt, daß der unbekannte Parameter in dieses Intervall zu liegen kommt; Intervall-Schätzung ist der Inhalt von Kapitel 13.

Daneben stellt sich oft das Problem, anhand der Stichprobenergebnisse eine bezüglich der Gesamtsituation bestehende Hypothese auf ihre Richtigkeit zu überprüfen. Kapitel 14 beinhaltet solche Hypothesen-Tests; sie sind gemäß dem Prinzip aufgebaut, daß eine richtige Hypothese nur mit einer gegebenen (kleinen) Wahrscheinlichkeit abgelehnt wird.

Zunächst präzisieren wir in Kapitel 11 die Ausgangssituation der induktiven Statistik.

---

[1] Synonyma zu induktiver Statistik sind: analytische Statistik, beurteilende Statistik, schließende Statistik, Inferenz-Statistik, konfirmatorische Statistik.

11. Kapitel:
Grundlagen der induktiven Statistik

11.1 Grundgesamtheit und uneingeschränkte Zufallsauswahl, Verteilung der Grundgesamtheit, Stichprobenvariable und einfache Stichprobe

Bereits in 2.1 wurde die Menge aller für eine statistische Untersuchung relevanten Merkmalsträger als **Grundgesamtheit** bezeichnet.

Beispiel 63: Grundgesamtheiten sind etwa
1. a) die Menge aller
   – Einwohner eines Landes
   – Gemeinden eines Regierungsbezirks
   – von einer Maschine im Laufe eines bestimmten Tages produzierten Stücke
   b) die Menge aller Zeitpunkte während des Öffnungszeitraumes eines Schalters an einem bestimmten Tag
2. – die laufende Produktion oder die Gesamtproduktion einer Maschine (wozu auch zukünftig produzierte Stücke gehören)
   – eine bestimmte Tiergattung, womit alle heute oder in den nächsten 10 Jahren lebenden Exemplare dieser Gattung gemeint sind
   – die Gesamtheit aller Äcker, die nach einer gewissen Düngemethode behandelt wurden oder werden
3. die Menge aller möglichen Ziehungen der Lottozahlen, oder generell die Menge aller möglichen Durchführungen eines wiederholbaren Zufallsvorgangs.

Wir führen nun allgemein einige wichtige Begriffe ein, die wir anschließend für verschiedene Arten von Grundgesamtheiten, wie sie sich in der Untergliederung von Beispiel 63 bereits andeuten, gesondert untersuchen werden.

Man sagt, die Entnahme eines Objekts aus einer Grundgesamtheit G erfolge gemäß einer **uneingeschränkten (oder reinen) Zufallsauswahl**, wenn dabei jedes Element von G dieselbe Chance besitzt, ausgewählt zu werden.

Läßt sich aus einer Grundgesamtheit G ein Objekt gemäß einer uneingeschränkten Zufallsauswahl auswählen, und stellt man seine Ausprägung bezüglich eines quantitativen Merkmals X fest, so erhält man eine Zufallsvariable, die wir ebenfalls mit X bezeichnen. Die Verteilungsfunktion

$$F(x) = P(X \leq x)$$

dieser Zufallsvariablen mißt die Wahrscheinlichkeit, mit der bei einer uneingeschränkten Zufallsauswahl ein Objekt aus G gewählt wird, dessen Ausprägung höchstens gleich x ist. Daher ist es sinnvoll, die durch diese Verteilungsfunktion festgelegte Verteilung von X auch als die **Verteilung der Grundgesamtheit bezüglich des Merkmals X** zu bezeichnen. Wenn hinreichend klar ist, um welches Merkmal es sich handelt, spricht man der Kürze halber nur von der **Verteilung der Grundgesamtheit**. Da sich auf diese Weise die für Verteilungen eingeführten Begriffe unmittelbar auf die Grundgesamtheiten übertragen, können wir beispielsweise von dem **Erwartungswert** oder der **Varianz einer Grundgesamtheit** sprechen. Eine B(1;p)-verteilte Grundgesamtheit wird ebenso wie die zugehörige Zufallsvariable als **dichotom** bezeichnet. Ist die Grundgesamtheit G insbesondere endlich, so stimmt ihre Verteilung natürlich mit der (relativen) Häufigkeitsverteilung des Merkmals X in G überein.

Die induktive Statistik befaßt sich mit Situationen, in denen die Verteilung einer Grundgesamtheit G ganz oder teilweise unbekannt ist, wobei „teilweise unbekannt" bedeuten kann, daß lediglich gewisse Parameterwerte wie etwa der Erwartungswert und die Varianz der Grundgesamtheit unbekannt sind. Über die unbekannte Verteilung oder die unbekannten Parameterwerte will man durch eine **Stichprobenerhebung** Aufschluß gewinnen. Zu diesem Zweck werden nach einer bestimmten Ziehungsvorschrift endlich viele Objekte aus G ausgewählt. Bei jedem Objekt wird seine Ausprägung bezüglich des relevanten (quantitativen) Untersuchungsmerkmals X registriert. Die Anzahl n der so durchgeführten Beobachtungsvorgänge bezeichnet man als den **Stichprobenumfang**. Jeder Beobachtungswert x_i, den man auf diese Weise erhält, läßt sich als Realisierung einer Zufallsvariablen, der sogenannten i-ten **Stichprobenvariablen** X_i (i = 1, ..., n), auffassen.

Ist die Ziehungsvorschrift[1] so festgelegt, daß die einzelnen Objekte jeweils nach einer uneingeschränkten Zufallsauswahl und unabhängig voneinander aus G entnommen werden, so sind alle Stichprobenvariablen X_1, ..., X_n **unabhängig und identisch verteilt**, und zwar gemäß der Verteilung der Grundgesamtheit bezüglich X. In diesem Fall spricht man vom Ziehen einer **einfachen Stichprobe** vom Umfang n. Wir werden nahezu ausschließlich einfache Stichproben betrachten.

Im Beispiel 63 wurden durch die Numerierung **verschiedene Arten von Grundgesamtheiten** angedeutet. Wie und in welchen dieser Fälle sich eine uneingeschränkte Zufallsauswahl realisieren läßt, und wann wir darüber hinaus sinnvollerweise vom Ziehen einer einfachen Stichprobe sprechen können, wird nun im einzelnen erörtert.

1) Eine Grundgesamtheit G kann eine endliche – eventuell auch eine unendliche – Menge sein, deren sämtliche Objekte **konkret** vorliegen und bei der eine uneingeschränkte Zufallsauswahl im wörtlichen Sinne möglich ist. Die unter 1a) in Beispiel 63 angegebenen endlichen Mengen bzw. die unendliche Menge in 1b) sind solche Grundgesamtheiten. In der Praxis verwirklicht man hierbei das Ziehen einer einfachen Stichprobe meist mit Hilfe von Zufallszahlen-Tabellen (siehe Tabelle 7). Die dort aufgelisteten Zahlen sind die Realisierungen unabhängiger Zufallsvariablen, welche jeweils jede der Ziffern 0,1, ..., 9 mit Wahrscheinlichkeit 1/10 annehmen.

Beispiel 64: a) Aus den 648 Studenten eines Fachbereichs soll eine einfache Stichprobe vom Umfang n = 8 entnommen werden (was dem Modell des 8fachen Ziehens mit Zurücklegen entspricht). Zunächst werden dazu die 648 Studenten von 1 bis 648 durchnumeriert. Dann wählt man aus der Zufallszahlentabelle drei Spalten aus, beispielsweise die 7te, 8te und 9te Spalte. Etwa von unten nach oben abgelesen, erhält man so der Reihe nach die dreistelligen Zahlen 602, 755, 252 usw. Läßt man nun noch die Zahlen unberücksichtigt, die größer als 648 sind, so sind schließlich für die einfache Stichprobe vom Umfang 8 die Studenten mit den Nummern 602, 252, 481, 540, 116, 225, 492, 599 auszuwählen.[2]

b) Der Öffnungszeitraum eines Schalters an einem Tag betrage $6^{1}/_{2}$ Stunden. Für die Zwecke einer Multimomentstudie soll an 10 unabhängig und zufällig ausgewählten Zeitpunkten die

---

[1] Verschiedene Ziehungsvorschriften, nach denen das zufällige Ziehen von n Objekten aus einer endlichen Grundgesamtheit vonstatten gehen kann, sowie deren Zusammenhänge mit der hypergeometrischen bzw. der Binomialverteilung werden von H. Basler [1979] detailliert erörtert.

[2] Durch eine entsprechende Vorgehensweise ist übrigens auch das Ziehen ohne Zurücklegen zu realisieren, indem mehrfach auftretende Zahlen nur einmal berücksichtigt werden.

Anzahl der vor dem Schalter wartenden Personen beobachtet werden. Auch diese Auswahl der 10 Zeitpunkte (aus unendlich vielen) läßt sich hinreichend genau durch Zufallszahlen bewerkstelligen, indem man etwa eine uneingeschränkte Zufallsauswahl aus den 23400 zur Verfügung stehenden Sekunden durchführt, d. h. die Grundgesamtheit als endlich behandelt.

2) Als Grundgesamtheit ist oft auch eine (endliche oder unendliche) Menge G von Interesse, von der für die Entnahme der Stichprobe **nur ein Teil konkret zur Verfügung** steht (vgl. Punkt 2 in Beispiel 63). Wenn dabei die Annahme berechtigt ist, daß das Untersuchungsmerkmal X in G dieselbe Verteilung besitzt wie in diesem zur Verfügung stehenden Teil, kann eine einfache Stichprobe aus dem verfügbaren Teil von G auch als einfache Stichprobe aus ganz G interpretiert werden. Dies ist nur im Einzelfall zu entscheiden und kann ferner vom Untersuchungsmerkmal abhängen. Steht beispielsweise von der Gesamtproduktion G einer Maschine lediglich die heutige Tagesproduktion zur Verfügung, so ist eine einfache Stichprobe hieraus bezüglich des Merkmals „Produktionsgüte" eventuell als einfache Stichprobe aus G anzusehen; dies trifft aber sicher nicht zu, wenn als Untersuchungsmerkmal das Herstellungsdatum interessiert.

3) Eine Grundgesamtheit kann auch (wie in Punkt 3 von Beispiel 63) **hypothetisch** sein als eine Menge von fiktiven Objekten, von denen sich diejenigen, die in der Stichprobenerhebung untersucht werden, erst durch die Untersuchung selbst konkretisieren. So „konkretisiert" sich jeden Samstag ein Element aus der Menge aller möglichen Ziehungen der Lottozahlen. Von einer hypothetischen Grundgesamtheit G fordern wir, daß die Merkmalsausprägungen, die sich bei n der Reihe nach auftretenden Objekten von G ergeben, als Realisierungen einer einfachen Stichprobe vom Umfang n aufgefaßt werden können.

Ergänzend ist noch folgendes zu bemerken:
Man spricht von einer **m-dimensionalen einfachen Stichprobe** vom Umfang n, wenn bei jedem der n unabhängig und nach einer uneingeschränkten Zufallsauswahl aus der Grundgesamtheit entnommenen Objekte m Merkmale erhoben werden. Es liegt dann eine m-dimensionale Verteilung der Grundgesamtheit vor.

Andere mögliche Auswahlverfahren als die uneingeschränkte Zufallsauswahl werden in 2.4 und in Kapitel 18 erörtert.

11.2 Stichprobenraum, Stichprobenfunktion, Testverteilungen

In diesem Abschnitt wird das Handwerkszeug bereitgestellt, das zur Konstruktion und Begründung wichtiger Verfahren der induktiven Statistik benötigt wird. Wir gehen von einer Stichprobenerhebung (bezüglich eines Merkmals) aus, die durch die Stichprobenvariablen $X_1, \ldots, X_n$ beschrieben wird.

11.2.1 Bezeichnungen

Bedeutet wie bisher x_i die Realisierung der Stichprobenvariablen X_i, so heißt das n-Tupel $(x_1, \ldots, x_n)$ das **Stichprobenergebnis** oder die **Stichprobenrealisation**. Alle n-Tupel, die als Stichprobenergebnisse möglich sind, werden im **Stichprobenraum** zusammengefaßt.

In der induktiven Statistik ist die Verteilung der Grundgesamtheit und somit auch die gemeinsame Verteilung der Stichprobenvariablen $X_1, \ldots, X_n$ unbekannt; deshalb ist es angebracht, alle Wahrscheinlichkeitsverteilungen, die man als möglich erachtet, nebeneinander zu betrachten. In dem wichtigen Spezialfall, daß lediglich ein (ein- oder mehrdimensionaler) Parameter unbekannt ist und infolgedessen verschiedene Werte für diesen Parameter in Betracht gezogen werden, charakterisiert man mit

$$f(x_1, \ldots, x_n | \vartheta)$$

oder $f(x_1, \ldots, x_n; \vartheta)$ oder auch $f_\vartheta(x_1, \ldots, x_n)$ die gemeinsame Wahrscheinlichkeits- oder Dichtefunktion der Stichprobenvariablen $X_1, \ldots, X_n$ unter der Bedingung, daß der unbekannte Parameter den Wert ϑ besitzt.

$f(x_1, \ldots, x_n | \vartheta)$ wird als **Likelihood-Funktion** bezeichnet; sie ist für jeden festen ϑ-Wert eine n-dimensionale Wahrscheinlichkeitsfunktion oder Dichte und für festes $(x_1, \ldots, x_n)$ eine Funktion von ϑ.

Eine Zufallsvariable V, die als Funktion der Stichprobenvariablen $X_1, \ldots, X_n$ definiert ist, also

$$V = g(X_1, \ldots, X_n),$$

heißt eine **Stichprobenfunktion** oder auch eine **Statistik**. Stichprobenfunktionen sollen das eintretende Stichprobenergebnis $(x_1, \ldots, x_n)$ zu einfachen, aber aussagekräftigen Größen verarbeiten. Auch für die Wahrscheinlichkeits- oder Dichtefunktion einer Stichprobenfunktion V schreibt man oft $f(v | \vartheta)$ oder $f_\vartheta(v)$, wenn man ihre Abhängigkeit von dem Parameter ϑ zum Ausdruck bringen will.

Beispiel 65: Die Gesamtheit aller von einer Abfüllanlage abgefüllten Waschmittel-Trommeln darf bezüglich des Gewichts X als normalverteilt angesehen werden. Es wird eine einfache Stichprobe vom Umfang n = 10 entnommen. Dann sind die zugehörigen Stichprobenvariablen $X_1, \ldots, X_{10}$ unabhängig und jeweils $N(\mu; \sigma)$-verteilt mit unbekannten Parametern μ und σ oder dem unbekannten zweidimensionalen Parameter $\vartheta = (\mu, \sigma)$. Der Stichprobenraum[1] ist der $\mathbb{R}^{10}$; als Likelihood-Funktion ergibt sich nach (80):

$$f(x_1, \ldots, x_{10} | \mu, \sigma) = \frac{1}{\sqrt{2\pi}\sigma} \cdot e^{-\frac{(x_1-\mu)^2}{2\sigma^2}} \cdots \frac{1}{\sqrt{2\pi}\sigma} \cdot e^{-\frac{(x_{10}-\mu)^2}{2\sigma^2}} = \left(\frac{1}{\sqrt{2\pi}\sigma}\right)^{10} \cdot e^{-\frac{\sum_{i=1}^{10}(x_i-\mu)^2}{2\sigma^2}}$$

Eine spezielle Stichprobenfunktion ist beispielsweise das Stichprobenmittel

$$\bar{X} = \frac{1}{10} \sum_{i=1}^{10} X_i.$$

Nach 9.4, Aussage 2, ist $\bar{X}$ gemäß $N\left(\mu; \frac{\sigma}{\sqrt{10}}\right)$ verteilt und besitzt infolgedessen die Dichte

$$f(\bar{x} | \mu, \sigma) = \sqrt{\frac{5}{\pi}} \cdot \frac{1}{\sigma} \cdot e^{-\frac{5(\bar{x}-\mu)^2}{\sigma^2}}$$

Aufgabe 78: *$Y_1, \ldots, Y_{12}$ beschreibe eine einfache Stichprobe aus einer dichotomen Grundgesamtheit.*
1. *Geben Sie den Stichprobenraum an.*
2. *Stellen Sie in Abhängigkeit vom unbekannten Parameter p*
   a) die gemeinsame Wahrscheinlichkeitsfunktion der $Y_1, \ldots, Y_{12}$
   b) die Wahrscheinlichkeitsfunktion der Stichprobenfunktion $V = \sum_{i=1}^{12} Y_i$
   auf.

---

[1] Streng genommen können die Gewichtsmessungen nur positive x_i-Werte liefern. Es schadet jedoch nichts, wenn wir den Stichprobenraum „etwas zu groß" wählen und praktisch irrelevante Stichprobenrealisationen mit aufnehmen.

3. *Das Stichprobenergebnis $(y_1, \ldots, y_{12}) = (0, 1, 0, 0, 0, 0, 0, 1, 1, 0, 0, 1)$ sei eingetreten. Berechnen Sie die Wahrscheinlichkeitsfunktion aus 2a) in diesem Punkt und die Wahrscheinlichkeitsfunktion aus 2b) im Punkt $v = V(y_1, \ldots, y_{12})$.*

11.2.2 Wichtige Stichprobenfunktionen

Wir setzen nunmehr voraus, daß die Stichprobenvariablen $X_1, \ldots, X_n$ das Ziehen einer einfachen Stichprobe beschreiben. μ bzw. σ^2 ($\neq 0$) seien der Erwartungswert bzw. die Varianz der Grundgesamtheit bezüglich des Untersuchungsmerkmals X.

In folgender Figur sind die für einfache Stichproben wichtigsten Stichprobenfunktionen zusammengestellt und – soweit möglich – deren Erwartungswerte und Varianzen angegeben.

Stichprobenfunktion	Bezeichnung	Erwartungswert	Varianz
$\sum_{i=1}^{n} X_i$	Merkmalssumme[1]	$n\mu$	$n\sigma^2$
$\bar{X} = \frac{1}{n} \sum_{i=1}^{n} X_i$	Stichprobenmittel[1]	μ	$\frac{\sigma^2}{n}$
$\frac{\bar{X} - \mu}{\sigma} \sqrt{n}$	Gauß-Statistik	0	1
$\frac{1}{n} \sum_{i=1}^{n} (X_i - \mu)^2$	mittlere quadratische Abweichung bzgl. μ	σ^2	
$\frac{1}{n} \sum_{i=1}^{n} (X_i - \bar{X})^2$	mittlere quadratische Abweichung	$\frac{n-1}{n} \sigma^2$	
$S^2 = \frac{1}{n-1} \sum_{i=1}^{n} (X_i - \bar{X})^2$	Stichprobenvarianz	σ^2	
$S = \sqrt{S^2}$	Stichproben-Standardabweichung		
$\frac{\bar{X} - \mu}{S} \sqrt{n}$	t-Statistik		

Fig. 38: Wichtige Stichprobenfunktionen

---

[1] Im Fall einer dichotomen Grundgesamtheit beschreibt $\sum_{i=1}^{n} X_i$ bzw. $\bar{X}$ die absolute bzw. relative Häufigkeit der Ausprägung 1 in der Stichprobe.

Als Begründung der Eintragungen in Fig. 38 kann aufgeführt werden:
Für die drei ersten Stichprobenfunktionen aus Fig. 38 wurden die zugehörigen Erwartungswerte und Varianzen bereits in Kapitel 9 berechnet.[2]

Die für die vierte Stichprobenfunktion behauptete Gleichung

$$E\left[\frac{1}{n}\sum_{i=1}^{n}(X_i-\mu)^2\right]=\sigma^2$$

ergibt sich aus (87) und (88), wenn

$$E[(X_i-\mu)^2]=\text{Var}(X_i)=\sigma^2$$

beachtet wird. Für die mittlere quadratische Abweichung der Stichprobe gilt die Beziehung

$$\frac{1}{n}\sum_{i=1}^{n}(X_i-\bar{X})^2=\frac{1}{n}\sum_{i=1}^{n}(X_i-\mu)^2-(\bar{X}-\mu)^2.$$

Denn die rechte Seite ergibt:

$$\frac{1}{n}\sum_{i=1}^{n}X_i^2-\frac{1}{n}2\mu\sum_{i=1}^{n}X_i+\frac{1}{n}\cdot n\mu^2-\bar{X}^2+2\mu\bar{X}-\mu^2=\frac{1}{n}\sum_{i=1}^{n}X_i^2-\bar{X}^2,$$

ein Ergebnis, das wegen des Verschiebungssatzes (12) mit der linken Seite übereinstimmt.

Folglich ist

$$E\left[\frac{1}{n}\sum_{i=1}^{n}(X_i-\bar{X})^2\right]=E\left[\frac{1}{n}\sum_{i=1}^{n}(X_i-\mu)^2\right]-E[(\bar{X}-\mu)^2]=$$

$$=\sigma^2-\text{Var}(\bar{X})=\sigma^2-\frac{\sigma^2}{n}=\frac{n-1}{n}\sigma^2,$$

wie behauptet. Hieraus folgt sofort die letzte Behauptung von Fig. 38

$$E(S^2)=\sigma^2.$$

Der Erwartungswert der Stichproben-Standardabweichung S läßt sich zwar im allgemeinen nicht allein durch μ und σ^2 ausdrücken; aufgrund der Jensenschen Ungleichung gilt aber die Abschätzung:

$$E(S)=E(\sqrt{S^2})\leq\sqrt{E(S^2)}=\sqrt{\sigma^2}=\sigma.$$

Abgesehen vom trivialen Sonderfall $\sigma=0$, bei dem alle Elemente der Grundgesamtheit dieselbe Merkmalsausprägung besitzen, gilt hier sogar die strenge Ungleichung. Die Stichproben-Standardabweichung wird in aller Regel zur Schätzung der Standardabweichung von G benutzt, was infolge der Ungleichung

$$E(S)<\sigma$$

und der in Kapitel 12 dargelegten Prinzipien als problematisch angesehen werden muß.

Die in Fig. 38 schließlich noch erwähnte t-Statistik spielt ebenso wie die Gauß-Statistik bei den Hypothesentests eine besondere Rolle. Über ihren Erwartungswert und ihre Varianz können wir Angaben machen, wenn wir ihre (approximative) Verteilung kennen; dies wird erst in 11.2.4 der Fall sein.

---

[2] vgl. (88) und (92) sowie den Abschnitt 9.4.

Aufgabe 79: *Die Grundgesamtheit G sei dichotom, d.h. die (unabhängigen) Stichprobenvariablen X_i seien jeweils $B(1;p)$-verteilt.*

a) Zeigen Sie, daß die Beziehung

$$\frac{1}{n} \sum_{i=1}^{n} (X_i - \bar{X})^2 = \bar{X}(1 - \bar{X})$$

gilt. Nutzen Sie dazu die Gleichheit $X_i^2 = X_i$ aus.
b) Geben Sie die Erwartungswerte von $\bar{X}(1 - \bar{X})$ und von S^2 an.

Für eine Reihe von Verfahren der induktiven Statistik ist die Kenntnis der (exakten oder approximativen) Wahrscheinlichkeitsverteilung gewisser Stichprobenfunktionen erforderlich. Aus diesen Gründen müssen wir nun einige aus der Normalverteilung hergeleitete und als Testverteilungen bezeichnete Verteilungen besprechen.

11.2.3 Testverteilungen

1. Die Chi-Quadrat-Verteilung

Sind $X_1, \ldots, X_n$ unabhängige, jeweils $N(0;1)$-verteilte Zufallsvariablen, so wird die Verteilung der Zufallsvariablen

$$Z = \sum_{i=1}^{n} X_i^2$$

als **Chi-Quadrat-Verteilung mit n Freiheitsgraden** oder kürzer als $\chi^2(n)$-Verteilung bezeichnet.

In Tabelle 5 des Anhangs sind für eine Reihe von α-Werten und $n \leq 30$ die α-Fraktile der $\chi^2(n)$-Verteilung vertafelt. Bei $n > 30$ ergeben sich die α-Fraktile x_α der $\chi^2(n)$-Verteilung näherungsweise gemäß

$$x_\alpha = \frac{1}{2}(\tilde{x}_\alpha + \sqrt{2n-1})^2$$

wobei $\tilde{x}_\alpha$ das α-Fraktil der $N(0;1)$-Verteilung bedeutet.[1]

Beispiel 66: Das $0{,}05$-Fraktil der $\chi^2(n)$-Verteilung ist
a) gleich $10{,}85$ für $n = 20$
b) näherungsweise gleich $\frac{1}{2} \cdot (-1{,}645 + \sqrt{99})^2 = 34{,}49$ für $n = 50$.

Eine $\chi^2(n)$-verteilte Zufallsvariable Z besitzt
den Erwartungswert $E(Z) = n$
und die Varianz $\text{Var}(Z) = 2n$.

Aufgabe 80: *Bestimmen Sie zur $\chi^2(n)$-verteilten Zufallsvariablen Z die Zahlen z_1 und z_2, so daß $P(Z < z_1) = P(Z > z_2)$ und $P(z_1 \leq Z \leq z_2) = 0{,}8$ gelten, und zwar*
a) für $n = 25$
b) für $n = 41$.

---

[1] Denn für eine $\chi^2(n)$-verteilte Zufallsvariable Z ist bei hohem n die Zufallsvariable $\sqrt{2Z} - \sqrt{2n-1}$ hinreichend genau $N(0;1)$-verteilt; die Approximation wird bei wachsendem n immer besser, vgl. auch Tabelle 8.

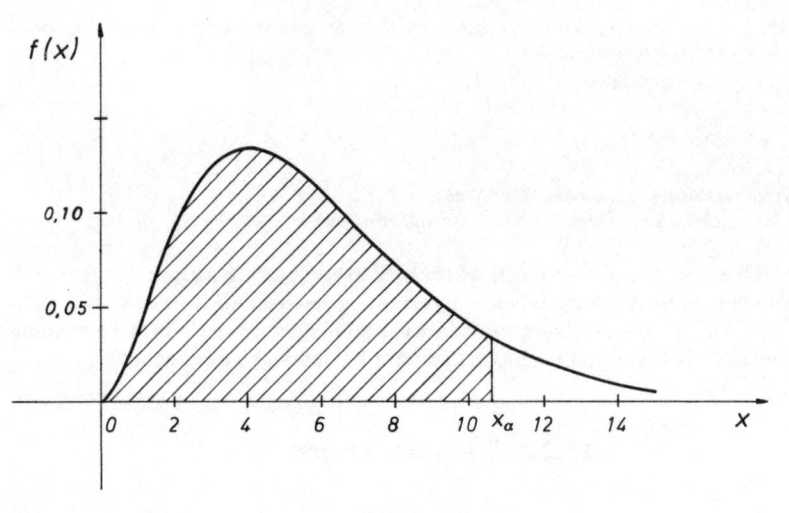

Fig. 39: Dichtefunktion f(x) und α-Fraktil $x_α$ der $\chi^2(6)$-Verteilung

2. Die t-Verteilung

Ist X standardnormalverteilt, besitzt Z eine $\chi^2(n)$-Verteilung und sind die beiden Zufallsvariablen X und Z unabhängig, so wird die Verteilung der Zufallsvariablen

$$T = \frac{X}{\sqrt{\frac{1}{n}Z}}$$

als **t-Verteilung mit n Freiheitsgraden** oder kurz als t(n)-Verteilung bezeichnet.

Auch bzgl. der t(n)-Verteilung sind für n ≤ 30 bestimmte α-Fraktile in Tabelle 4 des Anhangs aufgelistet, und zwar nur für α-Werte größer als 0,5, da die Dichte der t(n)-

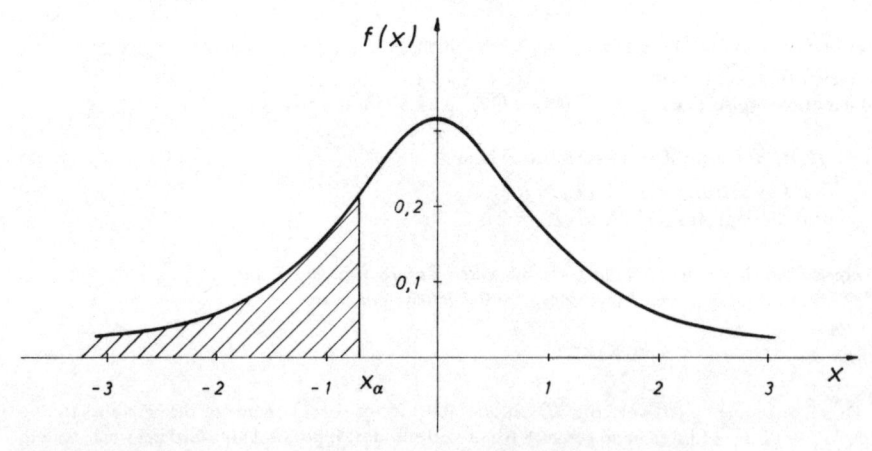

Fig. 40: Dichtefunktion f(x) und α-Fraktil $x_α$ einer t-Verteilung (für n = 1)

Verteilung symmetrisch zum Nullpunkt ist. Für n > 30 läßt sich als Näherung des α-Fraktils der t(n)-Verteilung das α-Fraktil der N(0;1)-Verteilung verwenden.[1]

Eine t(n)-verteilte Zufallsvariable T besitzt (für n > 2)
den Erwartungswert $E(T) = 0$
und die Varianz $Var(T) = \dfrac{n}{n-2}$.

Aufgabe 81: *Bestimmen Sie den Punkt x so, daß für eine t(24)-verteilte Zufallsvariable T gilt: P(x ≤ T ≤ 0) = 0,49.*

3. Die F-Verteilung

Ist X gemäß $\chi^2(m)$ und Y gemäß $\chi^2(n)$ verteilt und sind ferner X und Y unabhängig, so wird die Verteilung der Zufallsvariablen

$$Z = \dfrac{\dfrac{1}{m}X}{\dfrac{1}{n}Y}$$

als **F-Verteilung mit den Freiheitsgraden m und n** oder kürzer als F(m, n)-Verteilung bezeichnet.

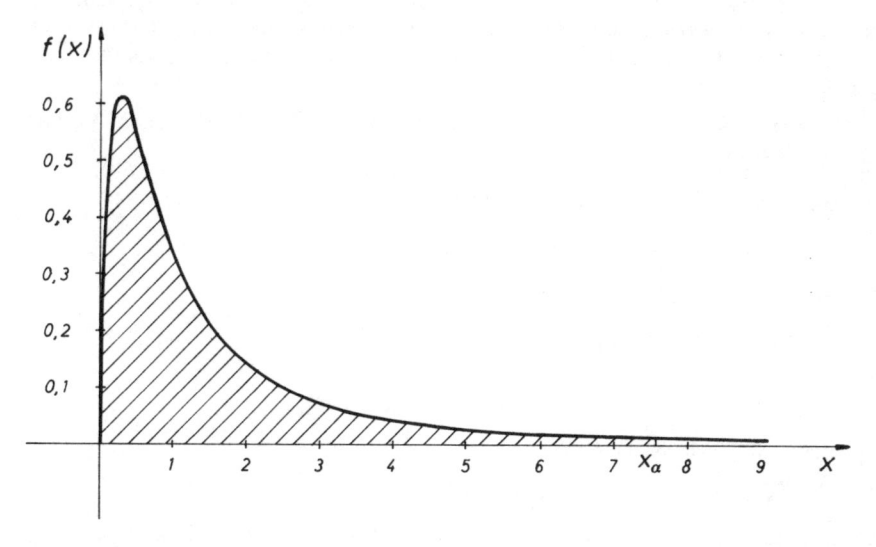

Fig. 41: *Dichtefunktion f(x) und α-Fraktil x_α einer F-Verteilung (für m = 4, n = 3)*

In Tabelle 6 des Anhangs sind die 0,95- und 0,99-Fraktile der F(m, n)-Verteilung für m, n = 1, 2, ..., 10, 15, 20, 30, 40, 50 und 100 vertafelt. Es ist für unsere Zwecke ausreichend, wenn wir für die sonstigen m- und n-Werte die Fraktile durch Interpolation bestimmen. Aus Tabelle 6 sind auch die 0,05- und 0,01-Fraktile der F(m, n)-

---

[1] Die t(n)-Dichtefunktionen konvergieren nämlich für n → ∞ gegen die Dichtefunktion der Standardnormalverteilung.

Verteilung abzulesen; denn es gilt für das α-Fraktil x_α der $F(m,n)$-Verteilung und das $(1-\alpha)$-Fraktil $\tilde{x}_{1-\alpha}$ der $F(n,m)$-Verteilung stets die Beziehung

$$x_\alpha = \frac{1}{\tilde{x}_{1-\alpha}} \qquad (98)$$

Eine $F(m,n)$-verteilte Zufallsvariable Z besitzt

den Erwartungswert $E(Z) = \dfrac{n}{n-2}$ (für $n \geq 3$)

und die Varianz $Var(Z) = \dfrac{2n^2(n+m-2)}{m(n-4)(n-2)^2}$ (für $n \geq 5$).

Aufgabe 82: $X_1, \ldots, X_8, Y_1, \ldots, Y_{10}$ seien unabhängig und jeweils $N(0;1)$-verteilt. Geben Sie das 0,95- und das 0,01-Fraktil der Verteilung von

$$\frac{5 \sum_{i=1}^{8} X_i^2}{4 \sum_{i=1}^{10} Y_i^2}$$

sowie den Erwartungswert und die Standardabweichung dieser Zufallsvariablen an.

11.2.4 Verteilungen von Stichprobenfunktionen

Über die Verteilungen der in 11.2.2 aufgelisteten Stichprobenfunktionen läßt sich unter der Voraussetzung, daß alle Stichprobenvariablen X_i unabhängig und identisch verteilt sind mit $E(X_i) = \mu$ und der (als positiv angenommenen) Varianz $Var(X_i) = \sigma^2$, folgendes aussagen:

1. Ist die Grundgesamtheit normalverteilt, d.h. besitzen die X_i eine $N(\mu;\sigma)$-Verteilung, so genügt

   a) die Summe $\sum_{i=1}^{n} X_i$ einer $N(n\mu;\sqrt{n}\sigma)$-Verteilung,

   das Stichprobenmittel $\bar{X}$ einer $N\left(\mu; \dfrac{\sigma}{\sqrt{n}}\right)$-Verteilung,

   die Gauß-Statistik $\dfrac{\bar{X}-\mu}{\sigma}\sqrt{n}$ einer $N(0;1)$-Verteilung,

   b) $\dfrac{1}{\sigma^2} \sum_{i=1}^{n} (X_i - \mu)^2$ einer $\chi^2(n)$-Verteilung[1],

   $\dfrac{1}{\sigma^2} \sum_{i=1}^{n} (X_i - \bar{X})^2 = \dfrac{n-1}{\sigma^2} S^2$ einer $\chi^2(n-1)$-Verteilung

   c) und schließlich die t-Statistik

   $\dfrac{\bar{X}-\mu}{S}\sqrt{n}$ einer $t(n-1)$-Verteilung.[2]

---

[1] da die standardisierten Variablen

$\dfrac{X_i - \mu}{\sigma}$

jeweils $N(0;1)$-verteilt sind.

[2] da diese t-Statistik als Quotient von

$\dfrac{\bar{X}-\mu}{\sigma}\sqrt{n}$ und $\sqrt{\dfrac{1}{n-1}\left(\dfrac{n-1}{\sigma^2}S^2\right)}$

darstellbar ist, wobei gezeigt werden kann, daß unter unseren Prämissen $\bar{X}$ und S^2 unabhängig sind.

2. Bei einer beliebigen Verteilung der Grundgesamtheit sind sowohl die Gauß- als auch die t-Statistik approximativ $N(0;1)$-verteilt.

Ergänzend kann bemerkt werden:

• Je stärker die Verteilung der Grundgesamtheit einer Gaußschen Glockenkurve gleicht, desto geringer kann der Stichprobenumfang n sein, um eine brauchbare Annäherung der Verteilung

von $\frac{\bar{X}-\mu}{\sigma}\sqrt{n}$ durch die $N(0;1)$-Verteilung bzw.

von $\frac{\bar{X}-\mu}{S}\sqrt{n}$ durch die $t(n-1)$-Verteilung (die ja ihrerseits gegen die $N(0;1)$-Verteilung konvergiert) zu erreichen.

Beispielsweise erhält man bei einer Grundgesamtheit, die im Intervall $[0;1]$ gleichverteilt ist, bereits für $n=12$ Summanden sehr gute Ergebnisse. Für $n>30$ kann man in aller Regel, ohne sich über die Verteilung der Grundgesamtheit Gedanken machen zu müssen, sowohl die Gauß-Statistik als auch die t-Statistik als hinreichend genau $N(0;1)$-verteilt annehmen. Bei dichotomer Grundgesamtheit jedoch sollte $np \geq 5$ und $n(1-p) \geq 5$ sein; die Approximationsgüte hängt hierbei nämlich von p ab (vgl. Tabelle 8).

• Für die unter 1b) angegebenen Stichprobenfunktionen kann man im allgemeinen nur dann (näherungsweise) mit dem Vorliegen einer Chi-Quadrat-Verteilung rechnen, wenn die Grundgesamtheit (weitgehend) Normalverteilungsgestalt besitzt; eine Erhöhung des Stichprobenumfangs n bietet hier keine Gewähr für eine verbesserte Annäherung.[1]

Aufgabe 83: *Aus den beiden normalverteilten Grundgesamtheiten G_1 bzw. G_2 werde unabhängig voneinander je eine einfache Stichprobe vom Umfang n_1 bzw. n_2 gezogen. Seien $X_i, i=1, \ldots, n_1$ die Stichprobenvariablen zu G_1 und $Y_i, i=1, \ldots, n_2$ diejenigen zu G_2; ferner seien $\bar{X}$ bzw. $\bar{Y}$ die zugehörigen Stichprobenmittel und σ_j^2 die Varianz von G_j. Bestimmen Sie die Verteilung von*

$$\frac{(n_2-1)\sigma_2^2 \sum_{i=1}^{n_1}(X_i-\bar{X})^2}{(n_1-1)\sigma_1^2 \sum_{i=1}^{n_2}(Y_i-\bar{Y})^2}.$$

---

[1] Vielmehr ist die Grenzverteilung hierbei in der Regel eine Normalverteilung, deren Varianz man allerdings in praktischen Anwendungsfällen nicht kennt, so daß man keine Standardisierung durchführen kann.

12. Kapitel:
Punkt-Schätzung

In vielen Situationen ist es wünschenswert, einen unbekannten charakteristischen Wert der Verteilung einer Grundgesamtheit möglichst genau zu kennen. So interessiert sich z. B.

- eine Partei für ihren Stimmenanteil bei der nächsten Wahl
- eine Versicherungsgesellschaft für die Lebenserwartung übergewichtiger Raucher
- ein Produzent von Tennisbällen für den Mittelwert und die Varianz des Gewichts der von ihm hergestellten Bälle
- ein Absatzforscher für das Marktpotential eines bestimmten Produkts
- ein soziologisches Institut für den Zusammenhang zwischen Intelligenz und Fortschrittsgläubigkeit
- ein Wirtschaftsforschungsinstitut für die marginale Konsumneigung.

Wird für einen solchen unbekannten Parameter ϑ der Verteilung einer Grundgesamtheit G aufgrund des Ergebnisses $(x_1, \ldots, x_n)$ einer Stichprobe ein numerischer **Schätzwert** $\hat{\vartheta}$ festgelegt, so spricht man von einer **Punkt-Schätzung**.

Ein Schätzwert $\hat{\vartheta}$ kann als Realisierung einer Stichprobenfunktion

$$\hat{\Theta} = g(X_1, \ldots, X_n)$$

aufgefaßt werden, die wir **Schätzfunktion** nennen.

In den folgenden Abschnitten werden einige Kriterien diskutiert, nach denen Schätzfunktionen beurteilt bzw. geeignete Schätzfunktionen konstruiert werden können. Sofern nichts Gegenteiliges vermerkt wird, sollen stets Stichprobenvariablen $X_1, \ldots, X_n$ einer einfachen Stichprobe vorliegen.

12.1 Erwartungstreue und wirksamste Schätzfunktionen

Eine Schätzfunktion $\hat{\Theta} = g(X_1, \ldots, X_n)$ heißt **erwartungstreu** (oder **unverzerrt**) für den Parameter ϑ, wenn

$$E(\hat{\Theta}) = \vartheta \tag{99}$$

gilt (und zwar unabhängig davon, welchen numerischen Wert das unbekannte ϑ tatsächlich besitzt).

Beispiel 67: Es sei μ der Erwartungswert und σ^2 die Varianz der Verteilung einer Grundgesamtheit G. Dann gelten, wie auch immer die Verteilung von G aussehen mag, wegen Abschnitt 11.2.2 folgende Aussagen:

a) Das **Stichprobenmittel** $\bar{X}$ ist **erwartungstreu für μ**. Dies gilt übrigens auch dann, wenn $X_1, \ldots, X_n$ das Ziehen ohne Zurücklegen aus einer endlichen Grundgesamtheit G beschreibt. Im Spezialfall einer dichotomen Grundgesamtheit besagt die Erwartungstreue von $\bar{X}$, daß die **relative Häufigkeit** der Ausprägung 1 in der Stichprobe eine **erwartungstreue Schätzfunktion für p** ist.

b) $\dfrac{1}{n} \sum_{i=1}^{n} (X_i - \mu)^2$ ist zwar erwartungstreu für σ^2, jedoch nur dann als Schätzfunktion für σ^2 verwendbar, wenn μ bekannt ist.

c) Die mittlere quadratische Abweichung der Stichprobe

$$\frac{1}{n} \sum_{i=1}^{n} (X_i - \bar{X})^2$$

ist nicht erwartungstreu für σ^2. Ihr Erwartungswert $\sigma^2 \frac{n-1}{n}$ konvergiert allerdings für $n \to \infty$ gegen σ^2. Derartige Schätzfunktionen $\hat{\Theta}_n$, für die

$$\lim_{n \to \infty} E(\hat{\Theta}_n) = \vartheta$$

gilt, deren Erwartungswerte also bei laufender Erhöhung des Stichprobenumfangs gegen den zu schätzenden Parameter ϑ konvergieren, heißen **asymptotisch erwartungstreu** für ϑ.

d) Die **Stichprobenvarianz** S^2 ist **erwartungstreu für σ^2**.
e) $S = \sqrt{S^2}$ ist nicht erwartungstreu für σ.

Allerdings sind neben dem Stichprobenmittel $\bar{X}$ auch, wie man leicht nachweist, beispielsweise

- jede einzelne Stichprobenvariable X_j
- oder etwa $\frac{1}{3} \left(\frac{1}{n-1} \sum_{i=1}^{n-1} X_i \right) + \frac{2}{3} X_n$ $(n \geq 2)$

erwartungstreue Schätzfunktionen für den Erwartungswert μ der Grundgesamtheit. Die Intuition spricht jedoch dafür, alle erhobenen Beobachtungswerte $x_1, \ldots, x_n$ zur Schätzung zu verwenden und jedem x_i dasselbe Gewicht zuzuordnen. In der Tat ist die Erwartungstreue allein noch kein ausreichendes Gütesiegel. Sie sollte durch weitere Optimalitätseigenschaften, denen wir uns nun zuwenden, flankiert werden.

Dazu überlegen wir uns, daß die Wahrscheinlichkeit, mit der eine erwartungstreue Schätzfunktion $\hat{\Theta}$ einen Schätzwert $\hat{\vartheta}$ liefert, der um mehr als eine vorgegebene Zahl $c > 0$ vom gesuchten Parameterwert ϑ abweicht, nach der Tschebyscheff-Ungleichung mit Hilfe der Varianz $\text{Var}(\hat{\Theta})$ abgeschätzt werden kann:

$$P(|\hat{\Theta} - \vartheta| \geq c) \leq \frac{\text{Var}(\hat{\Theta})}{c^2}$$

Dies bedeutet: Man muß um so weniger damit rechnen, den unbekannten Parameter mit einer erwartungstreuen Schätzfunktion um einen bestimmten Wert c (oder mehr) zu verfehlen, je geringer die Varianz dieser Schätzfunktion ist. Deshalb nennt man von zwei erwartungstreuen Schätzfunktionen $\hat{\Theta}$ und $\hat{\Theta}'$ für ϑ die Schätzfunktion $\hat{\Theta}$ **wirksamer** (oder auch effizienter) als die Schätzfunktion $\hat{\Theta}'$, wenn

$$\text{Var}(\hat{\Theta}) < \text{Var}(\hat{\Theta}')$$

gilt.[1]

Aufgabe 84: *Oben wurden drei Schätzfunktionen angesprochen, die jeweils für den Erwartungswert μ einer Grundgesamtheit erwartungstreu sind. Die Dichtefunktionen dieser Schätzfunktionen*

$$\hat{\Theta}_1 = \bar{X}$$
$$\hat{\Theta}_2 = X_j \quad \text{für ein festes } j \in \{1, \ldots, n\}$$
$$\hat{\Theta}_3 = \frac{1}{3} \left(\frac{1}{n-1} \sum_{i=1}^{n-1} X_i \right) + \frac{2}{3} X_n$$

---

[1] Hängen diese Varianzen vom unbekannten Parameter ϑ ab, so muß diese Ungleichung für alle in Frage kommenden ϑ-Werte gelten.

sind in Fig. 42 für den Spezialfall einer N(μ;1)-verteilten Grundgesamtheit und n = 3 skizziert worden. Berechnen Sie die zugehörigen Varianzen allgemein und ordnen Sie diese (n ≥ 2 vorausgesetzt) der Größe nach.

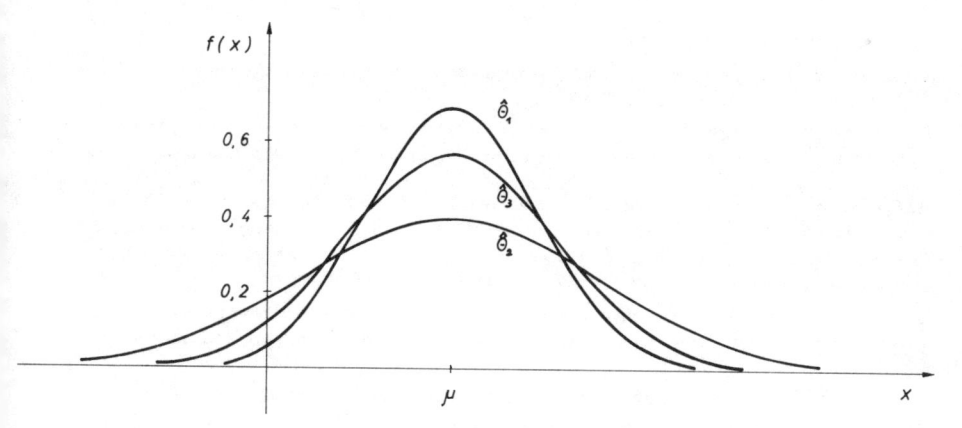

Fig. 42: *Die Dichten der drei Schätzfunktionen von Aufgabe 84 im Falle einer N(μ;1)-verteilten Grundgesamtheit*

In einer gegebenen Menge von Schätzfunktionen, die im Rahmen eines bestimmten Schätzproblems erwartungstreu sind[1], kann man demnach eine Schätzfunktion $\hat{\Theta}$ als eine **wirksamste** bezeichnen, wenn ihre Varianz höchstens so groß ist wie die aller übrigen zur Konkurrenz zugelassenen Schätzfunktionen.

Die Suche einer wirksamsten Schätzfunktion unter **allen** erwartungstreuen Schätzfunktionen ist ein relativ schwieriges Problem, mit dem wir uns im Rahmen dieses Buches nicht beschäftigen können. Einige einschlägige Ergebnisse sind in folgendem Beispiel zusammengestellt:

Beispiel 68:

1. Das Stichprobenmittel $\bar{X}$ ist die wirksamste unter allen erwartungstreuen Schätzfunktionen
    a) für den Erwartungswert μ einer Grundgesamtheit G, sofern beliebige Verteilungen von G (mit endlicher Varianz) zugelassen sind,
    b) für den Erwartungswert μ einer normalverteilten Grundgesamtheit,
    c) für den Anteilswert p einer dichotomen Grundgesamtheit.

2. Die mittlere quadratische Abweichung bzgl. μ, d. h. $\frac{1}{n} \sum_{i=1}^{n} (X_i - \mu)^2$,

    bzw. die Stichprobenvarianz S^2, ist die wirksamste unter allen erwartungstreuen Schätzfunktionen für die Varianz σ^2 einer N(μ;σ)-verteilten Grundgesamtheit, wenn μ bekannt bzw. μ unbekannt ist.

---

[1] Ob eine Schätzfunktion erwartungstreu ist oder nicht, kann auch davon abhängen, welche Verteilungen der Grundgesamtheit G zugelassen sind; so ist die Stichprobenvarianz S^2
 – erwartungstreu für den Erwartungswert einer Poisson-verteilten Grundgesamtheit (weil für eine solche Erwartungswert und Varianz übereinstimmen),
 – jedoch nicht erwartungstreu für den Erwartungswert von G, wenn beliebige Verteilungen von G zugelassen werden.

Aufgabe 85: Zur Schätzung des Erwartungswertes μ einer Grundgesamtheit mit der Varianz σ^2 seien alle linearen Schätzfunktionen der Gestalt

$$\sum_{i=1}^{n} \alpha_i X_i$$

zugelassen (bei festem Stichprobenumfang n).

a) Die drei in Aufgabe 84 verwendeten Schätzfunktionen sind von diesem Typ. Geben Sie jeweils die zugehörigen Gewichte $\alpha_1, \ldots, \alpha_n$ an.
b) Unter welcher Bedingung an $\alpha_1, \ldots, \alpha_n$ sind solche Schätzfunktionen erwartungstreu für μ?
c) Bestimmen Sie die wirksamste aller linearen erwartungstreuen Schätzfunktionen für μ.

Aufgabe 86: Eine Firma ist in zwei Werke aufgeteilt. In Werk I arbeiten 2200 Beschäftigte (= Grundgesamtheit G_1), und in Werk II arbeiten 600 Beschäftigte (= Grundgesamtheit G_2). Die Firmenleitung will die Anteile p_1, p_2 bzw. p der Befürworter einer vorgeschlagenen neuen Arbeitszeitregelung in G_1, G_2 bzw. in der Gesamtbelegschaft $G = G_1 \cup G_2$ schätzen.

Dazu wird aus jeder der beiden Belegschaften G_j eine einfache Stichprobe vom Umfang n_j gezogen, in der jeder Befragte die neue Regelung befürworten kann (= Ergebnis 1) oder nicht (= Ergebnis 0).

Es sei $\bar{X}$ bzw. $\bar{Y}$ der zufallsabhängige Anteil der Befürworter in der Stichprobe aus G_1 bzw. aus G_2.

Wir betrachten folgende drei Schätzfunktionen für p:

$\hat{\Theta} = \dfrac{1}{n_1 + n_2}(n_1 \bar{X} + n_2 \bar{Y})$, also die relative Häufigkeit der Befürworter in der Gesamtstichprobe aus beiden Belegschaften zusammen;

$\hat{\Theta}' = \dfrac{1}{2}(\bar{X} + \bar{Y})$, also das arithmetische Mittel aus den beiden relativen Häufigkeiten der Befürworter in den Teilstichproben;

$\hat{\Theta}'' = \dfrac{1}{2800}(2200 \bar{X} + 600 \bar{Y})$, also ein gewogenes arithmetisches Mittel der beiden relativen Häufigkeiten in den Teilstichproben mit Gewichten proportional zum Umfang der jeweiligen Grundgesamtheit.

a) Welche dieser drei Schätzfunktionen sind (für beliebige Stichprobenumfänge $n_1, n_2 > 0$) erwartungstreu für p?

Man beachte dazu, daß nach (5) gilt: $p = \dfrac{2200 p_1 + 600 p_2}{2800}$.

b) Von $n_1 = 70$ Befragten aus G_1 waren 42 und von $n_2 = 30$ Befragten aus G_2 waren 25 für die neue Regelung. Geben Sie „geeignete" Schätzwerte für p_1, p_2 und p an.

Bemerkungen zu den Schätzfunktionen aus Aufgabe 86:

1) Im Fall $n_1 : n_2 = 2200 : 600$ stimmen $\hat{\Theta}$ und $\hat{\Theta}''$ überein (vgl. hierzu den Begriff der Quotenauswahl in 2.4).

2) Schätzfunktionen vom Typ $\hat{\Theta}''$ sind in Situationen, in denen eine endliche Grundgesamtheit aus mehreren Teilgesamtheiten besteht, von allgemeiner Bedeutung (siehe Abschnitt 18.2). Im Sinne der Varianzminimierung kann man sich dabei noch Gedanken machen über die optimale Aufteilung eines (vorgegebenen) Gesamtstichprobenumfangs auf die Umfänge n_j der Teilstichproben.

12.2 Konsistente Schätzfunktionen

Durch Erhöhung des Stichprobenumfangs läßt sich in der Regel die Schätzgenauigkeit verbessern. Um diesen Sachverhalt untersuchen zu können, wird nun der Stichprobenumfang n variabel gehalten.

12.3 Das Prinzip der kleinsten Quadrate

Eine Folge von Schätzfunktionen $\hat{\Theta}_n$ gemäß

$$\hat{\Theta}_1 = g_1(X_1),$$
$$\hat{\Theta}_2 = g_2(X_1, X_2),$$
$$\vdots$$
$$\hat{\Theta}_n = g_n(X_1, \ldots, X_n),$$
$$\vdots$$

heißt **konsistent** für den Parameter ϑ, wenn für jede Zahl $c > 0$ die Beziehung

$$P(|\hat{\Theta}_n - \vartheta| \geq c) \to 0 \quad \text{für} \quad n \to \infty \tag{100}$$

gilt; d.h. wenn durch die Wahl eines hinreichend großen Stichprobenumfangs die Wahrscheinlichkeit, daß die Schätzfunktion $\hat{\Theta}_n$ ein vorgegebenes (kleines) Intervall $(\vartheta - c; \vartheta + c)$ um ϑ nicht trifft, beliebig klein gemacht werden kann.

Konsistenz einer Folge von Schätzfunktionen $\hat{\Theta}_n$ liegt, wie sich aus der Tschebyscheffschen Ungleichung folgern läßt, etwa dann vor, wenn

- die $\hat{\Theta}_n$ erwartungstreu oder asymptotisch erwartungstreu für ϑ sind, und
- die Folge der Varianzen Var $(\hat{\Theta}_n)$ eine Nullfolge bildet.[1]

So ist beispielsweise die Folge der Stichprobenmittel $\bar{X}_n$ wegen 11.2.2, Fig. 38, konsistent für den Erwartungswert μ der Grundgesamtheit; diese Aussage entspricht übrigens genau dem in 10.1 formulierten Gesetz der großen Zahlen.

Beispiel 69: Es sei ϱ der Korrelationskoeffizient der gemeinsamen Verteilung einer Grundgesamtheit G bezüglich der beiden Merkmale X und Y. Zur Schätzung von ϱ wird eine zweidimensionale einfache Stichprobe aus G entnommen; die Feststellung der Merkmalsausprägungen zu X und Y beim i-ten entnommenen Objekt wird durch die Stichprobenvariable (X_i, Y_i) beschrieben.

Die dem Bravais-Pearson-Korrelationskoeffizienten nachgebildeten Stichprobenfunktionen

$$\hat{R}_n = \frac{\sum\limits_{i=1}^{n}(X_i - \bar{X})(Y_i - \bar{Y})}{\sqrt{\sum\limits_{i=1}^{n}(X_i - \bar{X})^2 \cdot \sum\limits_{i=1}^{n}(Y_i - \bar{Y})^2}}, \quad n = 2, 3, 4, \ldots$$

sind im allgemeinen nicht erwartungstreu für ϱ, wohl aber konsistent (unter der Zusatzvoraussetzung, daß X_i^4 und Y_i^4 einen endlichen Erwartungswert besitzen).

12.3 Das Prinzip der kleinsten Quadrate

Durch das Prinzip der kleinsten Quadrate lassen sich in manchen Situationen sinnvolle Schätzfunktionen explizit erzeugen. An zwei derartigen Situationen soll dieses – uns bereits aus der deskriptiven Statistik bekannte – Prinzip verdeutlicht werden.

a) **Schätzung eines Erwartungswertes**

Sind $x_1, \ldots, x_n$ die Beobachtungswerte einer einfachen Stichprobe aus einer Grundgesamtheit G, so kann man als geeigneten Schätzwert für den Erwartungswert μ von G

---

[1] Selbst für eine Folge erwartungstreuer Schätzfunktionen ist jedoch das asymptotische Verschwinden der Varianzen keine notwendige Bedingung für Konsistenz.

denjenigen Wert $\hat{\mu}$ ansehen, durch den die Summe

$$\sum_{i=1}^{n} (x_i - \mu)^2$$

der Abstandsquadrate zwischen den Beobachtungswerten x_i und dem möglichen Parameterwert μ minimiert wird; d. h. $\hat{\mu}$ ist so zu bestimmen, daß

$$\sum_{i=1}^{n} (x_i - \hat{\mu})^2 \leq \sum_{i=1}^{n} (x_i - \mu)^2 \quad \text{für alle möglichen Werte von } \mu$$

gilt. Als Lösung dieser Minimierung erhält man[1] den Wert $\hat{\mu} = \bar{x}$, so daß wir das Stichprobenmittel $\bar{X}$ als **Kleinst-Quadrate-Schätzfunktion** für μ bezeichnen können.

b) **Schätzung von Regressionskoeffizienten**

Sind $(x_1, y_1), \ldots, (x_n, y_n)$ Paare von Beobachtungswerten zu zwei Merkmalen X und Y, bei denen man davon ausgehen kann, daß die y-Werte „bis auf zufällige Schwankungen" linear von den x-Werten abhängen, so ist es oft sinnvoll,

- die x_i als fest gegebene Werte
- und die y_i als Realisierungen von Zufallsvariablen Y_i mit den Erwartungswerten

    $E(Y_i) = a + b\, x_i$

anzusehen. In die Sprache der induktiven Statistik übertragen, bedeuten diese Prämissen, daß zu jeder von n verschiedenen Grundgesamtheiten G_i mit dem Erwartungswert $a + b\, x_i$ je eine Stichprobenvariable Y_i beobachtet wird.

Die Regressionskoeffizienten a und b sind in diesem Modell unbekannte Parameter, die anhand der Stichprobenergebnisse $y_1, \ldots, y_n$ geschätzt werden sollen.

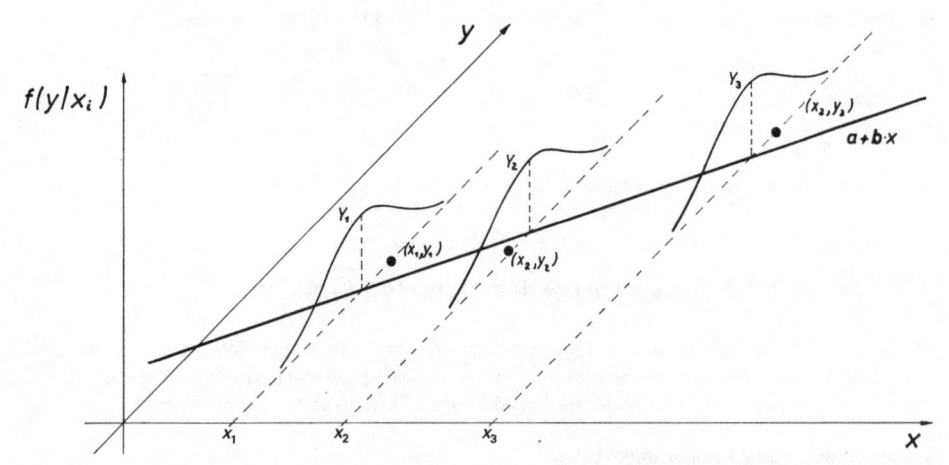

Fig. 43: Darstellung der Dichtefunktionen der Y_i, falls die Y_i normalverteilt sind und dieselbe Varianz besitzen

---

[1] durch Nullsetzen der ersten Ableitung nach μ der Funktion

$$\sum_{i=1}^{n} (x_i - \mu)^2, \text{ vgl. Aufgabe 7.}$$

Nach der Methode der kleinsten Quadrate werden die Schätzwerte â für a bzw. b̂ für b so bestimmt, daß

$$\sum_{i=1}^{n} (y_i - \hat{a} - \hat{b} x_i)^2 \leq \sum_{i=1}^{n} (y_i - a - b x_i)^2 \quad \text{für alle a und b}$$

gilt. Die Lösung dieses Minimierungsproblems kennen wir bereits aus der deskriptiven Statistik. Unter der Voraussetzung, daß nicht alle x_i gleich sind, ergeben sich wegen (36) und (37) demnach

$$\hat{B} = \frac{\sum_{i=1}^{n} (x_i - \bar{x}) \cdot (Y_i - \bar{Y})}{\sum_{i=1}^{n} (x_i - \bar{x})^2}, \quad \text{bzw.}$$

$$\hat{A} = \bar{Y} - \hat{B} \bar{x}$$

als **Kleinst-Quadrate-Schätzfunktionen** für b bzw. a.

Aufgabe 87: *Nach Voraussetzung besitze jedes Y_i den Erwartungswert $E(Y_i) = a + bx_i$, wobei nicht alle x_i gleich seien.*
a) Beschreibt $(Y_1, \ldots, Y_n)$ eine einfache Stichprobe?
b) Berechnen Sie $E(\bar{Y})$ und $E(Y_i - \bar{Y})$.
c) Zeigen Sie, daß $\hat{B}$ erwartungstreu für b und $\hat{A}$ erwartungstreu für a ist.

12.4 Das Maximum-Likelihood-Prinzip

Das Maximum-Likelihood-Prinzip[1] zur Schätzung eines unbekannten (ein- oder mehrdimensionalen) Parameters ϑ der gemeinsamen Verteilung der Stichprobenvariablen $X_1, \ldots, X_n$ besagt:

Man wähle zum Stichprobenergebnis $(x_1, \ldots, x_n)$ denjenigen Wert $\hat{\vartheta}$ als Schätzwert für ϑ, unter dem die Wahrscheinlichkeit für das Eintreten dieses Ergebnisses am größten (bzw. die entsprechende Wahrscheinlichkeitsdichte maximal) ist. Die so konstruierte Schätzfunktion $\hat{\Theta} = g(X_1, \ldots, X_n)$ heißt **Maximum-Likelihood-Schätzfunktion**.

In 11.2.1 haben wir die gemeinsame Wahrscheinlichkeitsfunktion bzw. Dichte der $X_1, \ldots, X_n$ in Abhängigkeit vom unbekannten Parameter ϑ als Likelihood-Funktion bezeichnet und mit dem Symbol $f(x_1, \ldots, x_n | \vartheta)$ charakterisiert, so daß wir das Maximum-Likelihood-Prinzip auch folgendermaßen formulieren können:

Zu fester Stichprobenrealisation $(x_1, \ldots, x_n)$ ist der Maximum-Likelihood-Schätzwert $\hat{\vartheta}$ so zu bestimmen, daß

$$f(x_1, \ldots, x_n | \hat{\vartheta}) \geq f(x_1, \ldots, x_n | \vartheta)$$

für alle als möglich erachteten ϑ-Werte gilt.

---

[1] Es wurde bereits 1821 von C.F. Gauß vorgeschlagen und insbesondere von R.A. Fisher [1922] energisch propagiert.

Oft ist diese Maximum-Bestimmung durch Differenzieren der Likelihood-Funktion nach ϑ zu bewerkstelligen; dabei ist es meist einfacher – und liefert dasselbe $\hat{\vartheta}$ – wenn der Logarithmus der Likelihood-Funktion maximiert wird, also $\hat{\vartheta}$ gemäß

$$ln\ f(x_1, \ldots, x_n|\hat{\vartheta}) = \max_{\vartheta}\ [ln\ f(x_1, \ldots, x_n|\vartheta)]$$

bestimmt wird.

Beispiel 70: Es sei $(x_1, \ldots, x_{12}) = (0, 1, 0, 0, 0, 0, 0, 1, 1, 0, 0, 1)$ als Ergebnis der unabhängigen, $B(1;p)$-verteilten Stichprobenvariablen $X_1, \ldots, X_{12}$ beobachtet worden. Die Wahrscheinlichkeit für dieses Ergebnis in Abhängigkeit von p, also die Likelihood-Funktion, ist

$$f(x_1, \ldots, x_{12}|p) = p^4(1-p)^8.$$

Als Schätzwert $\hat{p}$ ist nach dem Maximum-Likelihood-Prinzip der p-Wert zu nehmen, der diese Wahrscheinlichkeit maximiert. Zur Berechnung von $\hat{p}$ bilden wir

$$\frac{\partial}{\partial p} f(x_1, \ldots, x_n|p) = 4p^3(1-p)^8 + p^4 \cdot 8 \cdot (1-p)^7 \cdot (-1) =$$
$$= 4p^3(1-p)^7[(1-p)-2p]$$

und setzen diese Ableitung gleich 0, womit sich $\hat{p} = \frac{1}{3} = \bar{x}$ ergibt.[1]
Etwas einfacher gestaltet sich die Ableitung

$$\frac{\partial}{\partial p}[ln\ f(x_1, \ldots, x_n|p)] = \frac{\partial}{\partial p}[4\ ln\ p + 8\ ln\ (1-p)] = \frac{4}{p} - \frac{8}{1-p};$$

Nullsetzen liefert die Gleichung $4(1-\hat{p}) = 8\hat{p}$, also wiederum $\hat{p} = \frac{4}{12} = \frac{1}{3} = \bar{x}$.
Die zweite Ableitung

$$-\frac{4}{p^2} - \frac{8}{(1-p)^2}$$

ist (sogar stets) negativ.

Beispiel 71: Für eine einfache Stichprobe aus einer $N(\mu;\sigma)$-verteilten Grundgesamtheit ergibt sich die Likelihood-Funktion

$$f(x_1, \ldots, x_n|\mu,\sigma) = \left(\frac{1}{\sqrt{2\pi}\,\sigma}\right)^n \cdot e^{-\frac{\sum_{i=1}^{n}(x_i-\mu)^2}{2\sigma^2}}$$

wovon wir uns bereits in Beispiel 65 überzeugt haben. Hieraus erhalten wir:

$$ln\ f(x_1, \ldots, x_n|\mu,\sigma) = -n[ln\ (\sqrt{2\pi}) + ln\ \sigma] - \frac{\sum_{i=1}^{n}(x_i-\mu)^2}{2\sigma^2}.$$

1. Unabhängig vom Wert σ wird diese Funktion bezüglich μ genau dann maximal, wenn $\Sigma(x_i-\mu)^2$ minimal wird; dies ist, wie in 12.3 gezeigt wurde, genau für $\hat{\mu} = \bar{x}$ der Fall. Insbesondere gilt $\frac{\partial}{\partial \mu}[ln\ f(x_1, \ldots, x_n|\mu,\sigma)] = 0$ genau für $\mu = \hat{\mu} = \bar{x}$.

2. Es ist $\frac{\partial}{\partial \sigma}[ln\ f(x_1, \ldots, x_n|\mu,\sigma)] = -\frac{n}{\sigma} - \frac{\Sigma(x_i-\mu)^2}{2\sigma^3}(-2) = \frac{\Sigma(x_i-\mu)^2}{\sigma^3} - \frac{n}{\sigma}$.

---

[1] An den beiden anderen Nullstellen der Ableitung, nämlich in $p=0$ und in $p=1$, nimmt die Likelihood-Funktion $p^4(1-p)^8$ ihren Minimalwert 0 an, so daß wir ohne Kenntnis der 2. Ableitung schließen können, daß bei $\hat{p} = 1/3$ tatsächlich das Maximum liegt.

12.4 Das Maximum-Likelihood-Prinzip

a) Falls μ bekannt ist, ergibt sich durch Nullsetzen dieses Ausdrucks,[1] daß $f(x_1, \ldots, x_n | \mu, \sigma)$ im Punkt

$$\hat{\sigma} = \sqrt{\frac{1}{n} \Sigma (x_i - \mu)^2}$$

maximal wird.

b) Falls μ und σ unbekannt sind, erhält man durch Nullsetzen beider partieller Ableitungen[1] das Ergebnis, daß das Maximum von $f(x_1, \ldots, x_n | \mu, \sigma)$ für

$$(\hat{\mu}, \hat{\sigma}) = \left(\bar{x}, \sqrt{\frac{1}{n} \Sigma (x_i - \bar{x})^2} \right)$$

angenommen wird.

Maximum-Likelihood-Schätzfunktionen für die Parameter einer $N(\mu; \sigma)$-Verteilung sind also:

$\bar{X}$ für μ

$$\sqrt{\frac{1}{n} \sum_{i=1}^{n} (X_i - \mu)^2} \quad \text{für } \sigma, \text{ falls } \mu \text{ bekannt}$$

$$\sqrt{\frac{1}{n} \sum_{i=1}^{n} (X_i - \bar{X})^2} \quad \text{für } \sigma, \text{ falls } \mu \text{ unbekannt}.$$

Aus diesen Maximum-Likelihood-Schätzfunktionen für σ lassen sich sofort Maximum-Likelihood-Schätzfunktionen für σ^2 erzeugen. Denn es gilt allgemein der folgende Satz:[2]

> Ist h eine streng monotone Funktion (gleichgültig ob wachsend oder fallend) und ist $\hat{\Theta}$ eine Maximum-Likelihood-Schätzfunktion für den Parameter ϑ, so ist die Stichprobenfunktion $h(\hat{\Theta})$ eine Maximum-Likelihood-Schätzfunktion für den transformierten Parameter $h(\vartheta)$.

Aufgabe 88: *Welche Schätzfunktionen ergeben sich nach dem Maximum-Likelihood-Prinzip für die Schätzung der Varianz σ^2 einer $N(\mu; \sigma)$-verteilten Grundgesamtheit,*

a) wenn μ bekannt ist,
b) wenn μ unbekannt ist,
und jeweils eine einfache Stichprobe vom Umfang n zur Verfügung steht? Sind diese Schätzfunktionen erwartungstreu für σ^2?

Aufgabe 89: *Eine Grundgesamtheit G genüge bezüglich eines Merkmals X einer Exponentialverteilung mit dem unbekannten Parameter λ.*

a) Stellen Sie die Likelihood-Funktion $f(x_1, \ldots, x_n | \lambda)$ zu den n unabhängigen, exponentialverteilten Stichprobenvariablen $X_1, \ldots, X_n$ auf.
b) Berechnen Sie $\ln f(x_1, \ldots, x_n | \lambda)$.
c) Bestimmen Sie die Maximum-Likelihood-Schätzfunktion für λ.
d) Bestimmen Sie die Maximum-Likelihood-Schätzfunktionen für den Erwartungswert und für die Varianz der Grundgesamtheit G.

---

[1] unter Beachtung der zweiten Ableitung(en)
[2] Eine vergleichbare Aussage gilt für erwartungstreue Schätzfunktionen leider nicht, vgl. auch Beispiel 67 e.

12.5 Bayes-Schätzfunktionen

Wieder seien $X_1, \ldots, X_n$ die Stichprobenvariablen einer einfachen Stichprobe aus einer Grundgesamtheit G. Die Wahrscheinlichkeitsfunktion oder Dichte der X_i sei bis auf einen unbekannten Parameter ϑ gegeben, so daß wir wie üblich die **Likelihood-Funktion**

$$f(x_1, \ldots, x_n | \vartheta)$$

aufstellen können.

Ferner bestehe vor dem Ziehen der Stichprobe eine (subjektive) Vorinformation über den unbekannten Parameter ϑ in Gestalt einer **a priori Wahrscheinlichkeits- oder Dichtefunktion**

$$\varphi(\vartheta).$$

$\varphi(\vartheta)$ beschreibt, grob gesprochen, welche Chancen ein sachkundiger Betrachter den einzelnen ϑ-Werten zumißt, mit dem wahren Parameterwert identisch zu sein.

Zur Schätzung von ϑ wird man sinnvollerweise sowohl die Information, die das eingetretene Stichprobenergebnis $(x_1, \ldots, x_n)$ beinhaltet, als auch die Vorinformation $\varphi(\vartheta)$ benutzen wollen. Eine Schätzfunktion, die sowohl die Stichproben-Information als auch die Vorinformation einbezieht, heißt eine **Bayes-Schätzfunktion**. Als wichtiges Hilfsmittel für die Konstruktion von Bayes-Schätzfunktionen erweist sich die nach der Formel von Bayes berechnete **a posteriori Wahrscheinlichkeitsfunktion** bzw. **a posteriori Dichte** $\psi(\vartheta | x_1, \ldots, x_n)$.

Falls $\varphi(\vartheta)$ eine Wahrscheinlichkeitsfunktion ist mit $\varphi(\vartheta_j) > 0$ für $j = 1, 2, \ldots$, so gilt

$$\psi(\vartheta|x_1, \ldots, x_n) = \frac{f(x_1, \ldots, x_n|\vartheta) \cdot \varphi(\vartheta)}{\sum_j f(x_1, \ldots, x_n|\vartheta_j) \cdot \varphi(\vartheta_j)} = \begin{cases} \dfrac{f(x_1, \ldots, x_n|\vartheta_i)\varphi(\vartheta_i)}{\sum_j f(x_1, \ldots, x_n|\vartheta_j)\varphi(\vartheta_j)}, & \text{für } \vartheta = \vartheta_i \\ 0 & \text{sonst} \end{cases}$$

Falls $\varphi(\vartheta)$ eine Dichtefunktion ist, gilt entsprechend

$$\psi(\vartheta|x_1, \ldots, x_n) = \frac{f(x_1, \ldots, x_n|\vartheta)\varphi(\vartheta)}{\int_{-\infty}^{\infty} f(x_1, \ldots, x_n|\vartheta)\varphi(\vartheta)d\vartheta}.$$

In der statistischen Entscheidungstheorie (vgl. 19.2) wird eingehender begründet

- inwiefern die a posteriori Verteilung die geeignete Aggregation der beiden zur Verfügung stehenden Informationsquellen darstellt
- wie die a posteriori Verteilung zum Zwecke der Schätzung von ϑ auszuwerten ist.

Die bekannteste Auswertungsmethode besteht in der Bildung des a posteriori Erwartungswertes. Die hierdurch definierte spezielle Bayes-Schätzfunktion wird in dem nachfolgenden Beispiel detaillierter behandelt.

Beispiel 72: Die Grundgesamtheit G sei dichotom, also $B(1;p)$-verteilt. Jeder Zahl zwischen 0 und 1 wird dieselbe Chance zugebilligt, der unbekannte Anteilswert p zu sein, d.h. es wird mit der Gleichverteilung auf dem Intervall $[0; 1]$ als a priori Verteilung kalkuliert:

$$\varphi(p) = \begin{cases} 1, & \text{für } 0 \leq p \leq 1 \\ 0, & \text{sonst.} \end{cases}$$

$X_1, \ldots, X_n$ beschreibe das Ziehen einer einfachen Stichprobe aus G.

1. Als Likelihood-Funktion ergibt sich dann:

$$f(x_1, \ldots, x_n|p) = p^{\sum_{i=1}^{n} x_i} \cdot (1-p)^{n - \sum_{i=1}^{n} x_i}$$

$$= p^k \cdot (1-p)^{n-k},$$

wenn wir $\sum_{i=1}^{n} x_i$ mit k abkürzen.

2. Die a posteriori Wahrscheinlichkeitsdichte berechnet sich für $0 < p < 1$ gemäß

$$\psi(p|x_1, \ldots, x_n) = \frac{f(x_1, \ldots, x_n|p)\varphi(p)}{\int_{-\infty}^{\infty} f(x_1, \ldots, x_n|p)\varphi(p)\,dp} = \frac{p^k \cdot (1-p)^{n-k}}{\int_0^1 p^k(1-p)^{n-k}\,dp}.$$

Zur Berechnung des Nenners (und später zur Bestimmung des a posteriori Erwartungswertes) benutzen wir die Formel

$$\int_0^1 p^a(1-p)^b\,dp = \frac{a!\,b!}{(a+b+1)!},$$

die für alle natürlichen Zahlen a und b gilt, und erhalten damit für $0 < p < 1$:

$$\psi(p|x_1, \ldots, x_n) = \frac{p^k \cdot (1-p)^{n-k}}{k!(n-k)!} \cdot [k + (n-k) + 1]! = \frac{(n+1)!\,p^k(1-p)^{n-k}}{k!(n-k)!}.$$

Für $p \notin (0;1)$ verschwindet die a posteriori Wahrscheinlichkeitsdichte.

3. Verwenden wir als Schätzwert $\hat{p}$ den a posteriori Erwartungswert, so ergibt sich

$$\hat{p} = \int_{-\infty}^{\infty} p \cdot \psi(p|x_1, \ldots, x_n)\,dp = \frac{(n+1)!}{k!(n-k)!} \cdot \int_0^1 p \cdot p^k \cdot (1-p)^{n-k}\,dp =$$

$$= \frac{(n+1)!}{k!(n-k)!} \cdot \frac{(k+1)!(n-k)!}{[(k+1) + (n-k) + 1]!} = \frac{(n+1)!(k+1)!}{k!(n+2)!} = \frac{k+1}{n+2},$$

wobei $\int_0^1 p^{k+1}(1-p)^{n-k}\,dp$ wieder nach der in 2. angegebenen Formel berechnet wurde. Erinnern wir uns, daß k für $\sum_{i=1}^{n} x_i$ steht, so haben wir also die Bayes-Schätzfunktion

$$\hat{P} = \frac{\sum_{i=1}^{n} X_i + 1}{n+2}$$

für p erhalten.

Die in diesem Beispiel erarbeitete Bayes-Schätzfunktion

$$\frac{\sum_{i=1}^{n} X_i + 1}{n+2}$$

ist zwar nicht erwartungstreu, jedoch asymptotisch erwartungstreu für p; ihr Erwartungswert ist $\frac{np+1}{n+2}$. Die Schätzfunktion läßt sich auch in der Gestalt

$$\frac{n}{n+2} \cdot \bar{X} + \frac{2}{n+2} \cdot \frac{1}{2}$$

schreiben, d.h. als gewogenes arithmetisches Mittel von $\bar{X}$ und dem Erwartungswert $\frac{1}{2}$ der a priori Verteilung. Durch das Gewicht $\frac{n}{n+2}$ wird dabei $\bar{X}$ und damit die Stichprobeninformation gegenüber der a priori Information $\varphi(\vartheta)$ um so stärker berücksichtigt, je größer der Stichprobenumfang n ist.

Aufgabe 90: *In Beispiel 43 wurden die Werte $p_j = j/5$ ($j = 1, 2, 3, 4$) als mögliche Anteilswerte der Streikwilligen einer Firmenbelegschaft angesehen. Eine einfache Stichprobe vom Umfang $n = 20$ ergab 16 Stimmen für Streik und 4 dagegen. Daneben war eine a priori Verteilung zugrundegelegt; in Aufgabe 52 wurde die zugehörige a posteriori Verteilung berechnet. Folgende Werte sind demnach bekannt:*

j	1	2	3	4	
p_j	0,2	0,4	0,6	0,8	
$\varphi(p_j)$	0,2	0,6	0,15	0,05	a priori Wahrscheinlichkeiten
$\psi(p_j \mid x_1, \ldots, x_{20})$	0,000	0,011	0,321	0,668	a posteriori Wahrscheinlichkeiten

Welcher Schätzwert $\hat{p}$ für den unbekannten Anteil p der Streikwilligen ergibt sich, wenn man
1. *sich allein auf die a priori Verteilung verläßt (in diesem Fall würde man sich die Stichprobenerhebung natürlich sparen) und als $\hat{p}$*
   a) den Erwartungswert
   b) den Modus
   der a priori Verteilung verwendet?
2. *allein dem Stichprobenergebnis vertraut (und das a priori Wissen nicht berücksichtigt)*
3. *sowohl die a priori Verteilung als auch das Stichprobenergebnis einbezieht und*
   a) den Erwartungswert
   b) den Modus
   der a posteriori Verteilung als Schätzwert ansetzt?

12.6 Kritische Zusammenfassung, Literaturhinweise

1. Bezüglich des **Informationsstandes**, in dem man sich der Verteilung der Grundgesamtheit gegenüber vor der Ziehung einer Stichprobe befindet, lassen sich Punkt-Schätzprobleme folgendermaßen einteilen:

a) Über die Verteilung der Grundgesamtheit ist bekannt, zu welcher Verteilungsklasse sie gehört; lediglich einige Parameter, unter ihnen der zu schätzende Wert ϑ, sind unbekannt. Dabei kann noch weiter unterschieden werden, ob über die unbekannten Parameterwerte eine a priori Verteilung zur Verfügung steht oder nicht.

b) Über die Verteilung der Grundgesamtheit ist nicht einmal bekannt, daß sie zu einer bestimmten – parametrisch beschreibbaren – Verteilungsklasse gehört.

Die Maximum-Likelihood-Schätzungen und die Bayes-Verfahren haben die Bedingung a) zur Voraussetzung. Das Prinzip der kleinsten Quadrate dagegen ist verteilungsunabhängig; es liefert unbeeinflußt davon, ob a) oder b) vorliegt, stets dieselben Schätzfunktionen. Die Frage nach Erwartungstreue, Wirksamkeit oder Konsistenz läßt sich ebenfalls sowohl für a) als auch für b) untersuchen; doch kann ihre Beantwortung, wie wir gesehen haben, davon abhängen, ob nun a) vorliegt oder b).

2. Die angegebenen Schätzkriterien hatten das Ziel, Schätzfunktionen zu liefern, die den unbekannten Parameterwert ϑ „möglichst genau" treffen. Ist man in einer konkreten Anwendungssituation jedoch in der Lage, die **Konsequenzen**, die ein falscher Schätzwert $\hat{\vartheta}$ nach sich zieht, quantitativ anzugeben (in Kapitel 19 wird dies vorausgesetzt), so können andere Schätzmethoden sinnvoller sein. Als Beispiel für eine solche Situation sei eine Großbank erwähnt, die den Anteil p derjenigen Kreditnehmer schätzen will, die Schwierigkeiten mit der Rückzahlung des eingeräumten Kleinkredits hatten, wobei die Bank eine Unterschätzung von p für gravierender als eine Überschätzung erachtet.

3. Bei einer Parameterpunktschätzung ist im allgemeinen die **Wahrscheinlichkeit**, daß die Schätzfunktion $\hat{\Theta}$ den unbekannten Parameter genau trifft, **gleich 0**, auch wenn durch die Wahl der Schätzfunktion $\hat{\Theta}$ garantiert ist, daß bei großem Stichprobenumfang mit hoher Wahrscheinlichkeit ein Schätzwert „in der Nähe" von ϑ erhalten wird. Deshalb bietet es sich an, als Ergebnis einer Schätzung statt eines einzelnen Wertes ein Intervall zuzulassen, womit wir beim Thema des nachfolgenden Kapitels wären.

4. Komplexere Punkt-Schätzverfahren werden insbesondere in der Ökonometrie, Stichprobentheorie und statistischen Entscheidungstheorie entwickelt. Deshalb sei an dieser Stelle global auf die in den Kapiteln 16, 18 und 19 zitierte Literatur verwiesen.

13. Kapitel:
Intervall-Schätzung

Generelle **Voraussetzung** zu diesem Kapitel ist, daß aus einer Grundgesamtheit G mit dem Erwartungswert μ und der Varianz σ^2 eine einfache Stichprobe vom Umfang n mit $X_1, \ldots, X_n$ als zugehörigen Stichprobenvariablen gezogen wird.

Das **Ziel einer Intervall-Schätzung** besteht darin, einen unbekannten Parameter ϑ der Verteilung von G so zu schätzen, daß
- als Schätzergebnis ein Intervall auftritt
- die Wahrscheinlichkeit, mit der das verwendete Verfahren ein Intervall liefert, das den wahren ϑ-Wert enthält, gleich einem vorgegebenen (hohen) Wert $1 - \alpha$ ist.

Ein solches **Verfahren** der Intervall-Schätzung legt die Intervallgrenzen natürlich aufgrund des Stichprobenergebnisses fest, d. h. die Intervallgrenzen ergeben sich als Realisierungen v_u und v_o gewisser Stichprobenfunktionen $V_u = g(X_1, \ldots, X_n)$ und $V_o = h(X_1, \ldots, X_n)$. An diese beiden Stichprobenfunktionen stellen wir folgende **Forderungen:**

1) Es gelte sicher

$$V_u \leq V_o, \tag{101}$$

d. h. für alle möglichen Stichprobenrealisierungen sei $v_u \leq v_o$.

2) Die Wahrscheinlichkeit, daß der wahre ϑ-Wert von den beiden Stichprobenfunktionen V_u und V_o eingeschlossen wird, sei gleich einem vorgegebenen Wert $1 - \alpha$, also

$$\boxed{P(V_u \leq \vartheta \leq V_o) = 1 - \alpha} \tag{102}$$

Um dies zu sichern, muß die Einschlußwahrscheinlichkeit tatsächlich (zumindest approximativ) berechenbar sein, und zwar ohne die Kenntnis des wahren ϑ-Wertes.

Erfüllen zwei Stichprobenfunktionen V_u und V_o diese beiden Bedingungen, so heißt das Zufallsintervall

$[V_u; V_o]$

ein **Konfidenzintervall** für ϑ zum **Konfidenzniveau** (oder zur **Vertrauenswahrscheinlichkeit**) $1 - \alpha$. Die Realisierung

$[v_u; v_o]$

heißt das **Ergebnis der Intervall-Schätzung** (oder auch das **Schätzintervall**).

Gemäß (102) legt das Konfidenzniveau $1 - \alpha$ fest, mit welcher Wahrscheinlichkeit durch Einsetzen des Stichprobenergebnisses in V_u und V_o ein Intervall entsteht, das den unbekannten Wert ϑ enthält. Dagegen mißt α, wie wahrscheinlich es ist, bei dieser Vorgehensweise ein Intervall zu erhalten, das ϑ nicht einschließt. Man nennt deshalb α die **Irrtumswahrscheinlichkeit**.

Die Vorgabe eines geeigneten Konfidenzniveaus – meist wählt man $(1 - \alpha) = 0,9$; 0,95 oder 0,99 – ist Sache des Anwenders; er muß vom Sachverhalt her beurteilen, welche Irrtumswahrscheinlichkeit zugelassen werden kann. Eine Vergrößerung des

Konfidenzniveaus (d. h. eine Verkleinerung der Irrtumswahrscheinlichkeit) hat eine Vergrößerung des Schätzintervalls zur Folge und führt insofern zu einer „vergröberten" Schätzung. Auf die Interpretation von α werden wir in 13.3 noch einmal zu sprechen kommen.

Ein Konfidenzintervall $[V_u; V_o]$ für ϑ heißt **symmetrisch**, wenn

$$P(V_u > \vartheta) = P(V_o < \vartheta)$$

gilt, wenn also die Wahrscheinlichkeiten, daß V_u zu große oder V_o zu kleine Werte annimmt, übereinstimmen.

Zwei Stichprobenfunktionen V_u und V_o erzeugen genau dann ein symmetrisches Konfidenzintervall für ϑ, wenn (101) richtig ist und die Beziehung

$$P(V_u > \vartheta) = P(V_o < \vartheta) = \frac{\alpha}{2} \tag{103}$$

gilt. Denn das Komplementärereignis zu $V_u \leq \vartheta \leq V_o$, das gemäß (102) die Wahrscheinlichkeit α besitzen soll, besteht gerade aus den beiden – wegen (101) disjunkten – Ereignissen $V_u > \vartheta$ und $V_o < \vartheta$.

Unter einer Intervall-Schätzung verstehen wir im folgenden immer die Realisierung eines symmetrischen Konfidenzintervalls. Wir behandeln exemplarisch Intervall-Schätzungen für die beiden Parameter μ und σ^2. Benötigt werden also Funktionen V_u und V_o, die (zumindest näherungsweise) die Beziehungen (101) und (103) und folglich auch (102) für $\vartheta = \mu$ bzw. $\vartheta = \sigma^2$ erfüllen.

13.1 Symmetrische Konfidenzintervalle für den Erwartungswert μ

13.1.1 Normalverteilte Grundgesamtheit mit bekannter Varianz

Ist die Grundgesamtheit $N(\mu; \sigma)$-verteilt, so besitzt die Gauß-Statistik

$$\frac{\overline{X} - \mu}{\sigma} \sqrt{n}$$

eine $N(0;1)$-Verteilung. Bezeichnen wir das $\left(1 - \frac{\alpha}{2}\right)$-Fraktil der $N(0;1)$-Verteilung mit c, so gilt

$$P\left(\frac{\overline{X} - \mu}{\sigma} \sqrt{n} > c\right) = 1 - P\left(\frac{\overline{X} - \mu}{\sigma} \sqrt{n} \leq c\right) = 1 - \left(1 - \frac{\alpha}{2}\right) = \frac{\alpha}{2}, \tag{104a}$$

und aufgrund der Symmetrie der $N(0;1)$-Verteilung auch

$$P\left(\frac{\overline{X} - \mu}{\sigma} \sqrt{n} < -c\right) = \frac{\alpha}{2}. \tag{104b}$$

Die Ereignisse

$$\frac{\overline{X} - \mu}{\sigma} \sqrt{n} > c \quad \text{bzw.} \quad \frac{\overline{X} - \mu}{\sigma} \sqrt{n} < -c$$

13.1 Symmetrische Konfidenzintervalle für den Erwartungswert μ

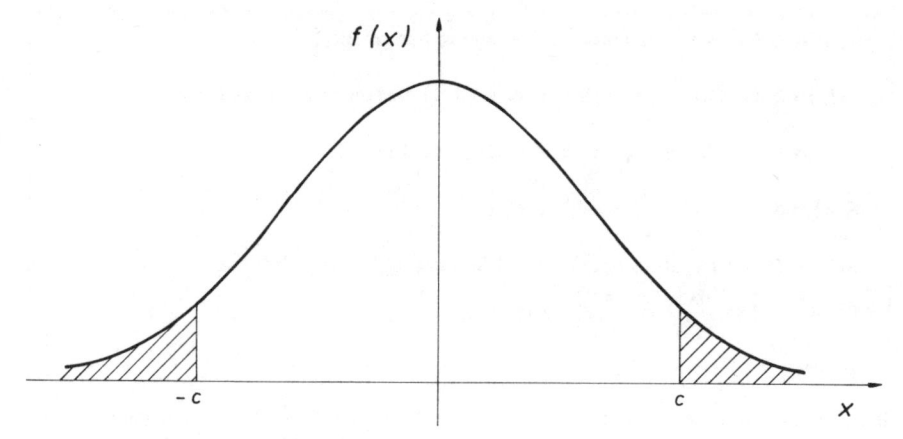

Fig. 44: *Dichtefunktion und* $\left(1 - \frac{\alpha}{2}\right)$- *sowie* $\frac{\alpha}{2}$-*Fraktil der* $N(0;1)$-*Verteilung*

lassen sich umformen zu

$$\bar{X} - \mu > \frac{\sigma c}{\sqrt{n}} \quad \text{bzw.} \quad \bar{X} - \mu < \frac{-\sigma c}{\sqrt{n}}$$

und schließlich zu

$$\bar{X} - \frac{\sigma c}{\sqrt{n}} > \mu \quad \text{bzw.} \quad \bar{X} + \frac{\sigma c}{\sqrt{n}} < \mu.$$

Daher sind mit den Stichprobenfunktionen

$$V_u = \bar{X} - \frac{\sigma c}{\sqrt{n}} \quad \text{und} \quad V_o = \bar{X} + \frac{\sigma c}{\sqrt{n}} \tag{105}$$

die Gleichungen (104 a) und (104 b) mit

$$P(V_u > \mu) = P(V_o < \mu) = \frac{\alpha}{2},$$

also mit (103), äquivalent. Durch die angegebene Wahl von V_u und V_o ist ferner (101) trivialerweise erfüllt. Da σ bekannt ist, sind V_u und V_o auch konkret berechenbar.

Das Zufallsintervall

$$[V_u; V_o] = \left[\bar{X} - \frac{\sigma c}{\sqrt{n}}; \bar{X} + \frac{\sigma c}{\sqrt{n}}\right]$$

ist daher ein symmetrisches Konfidenzintervall für μ zum Konfidenzniveau $1 - \alpha$. Die Unter- und die Obergrenze ergeben sich hier dadurch, daß von der für μ geeigneten Punkt-Schätzfunktion $\bar{X}$ ein bestimmter Wert subtrahiert bzw. zu ihr addiert wird.

Die praktische Durchführung der Intervall-Schätzung für μ bei **Normalverteilung mit bekannter Varianz** vollzieht sich demnach folgendermaßen:

> **Schritt 1:** Ein Konfidenzniveau $1 - \alpha$ wird festgelegt.
>
> **Schritt 2:** Das $\left(1 - \frac{\alpha}{2}\right)$-Fraktil c der $N(0;1)$-Verteilung wird bestimmt.
>
> **Schritt 3:** Das Stichprobenmittel $\bar{x}$ wird errechnet.
>
> **Schritt 4:** Der Wert $\dfrac{\sigma c}{\sqrt{n}}$ wird berechnet.
>
> **Schritt 5:** Als Ergebnis der Intervall-Schätzung wird das Intervall
> $$\left[\bar{x} - \frac{\sigma c}{\sqrt{n}}; \bar{x} + \frac{\sigma c}{\sqrt{n}}\right] \text{ angegeben.}$$

Beispiel 73: Ein schwierig zu justierendes Papierschneidegerät schneidet von einem durchlaufenden Papierband Stücke ab, die eine bestimmte Länge µ haben sollen. Auch bei fest gewählter Einstellung können zufällige Schwankungen in der Länge der abgeschnittenen Papierstücke auftreten. Aufgrund langer Erfahrung sieht man diese Schwankungen als normalverteilt an mit dem Erwartungswert 0 und der (von der Einstellung unabhängigen) Standardabweichung $\sigma = 2,4$ [mm].

Aus der laufenden Produktion werden $n = 9$ Stücke (zufällig) entnommen und ihre Länge nachgemessen. Dabei ergeben sich die Werte
184,2; 182,6; 185,3; 184,5; 186,2; 183,9; 185,0; 187,1; 184,4 [mm].
Zum Konfidenzniveau 0,99 soll eine Intervall-Schätzung für den Erwartungswert µ durchgeführt werden. Es ergeben sich in den Schritten 2 bis 4 die Resultate:

$$c = 2,576; \quad \bar{x} = 184,8; \quad \frac{\sigma c}{\sqrt{n}} = \frac{2,4 \cdot 2,576}{3} = 2,0608 \approx 2,06;$$

Damit erhalten wir [182,74; 186,86] als Ergebnis der Intervall-Schätzung.

Die **Länge** des angegebenen Konfidenzintervalls $[V_u; V_o]$ beträgt

$$V_o - V_u = \frac{2\sigma c}{\sqrt{n}} \tag{106}$$

und hängt in diesem Fall nicht vom Stichprobenergebnis ab.

Bei gegebener Vertrauenswahrscheinlichkeit $1 - \alpha$ kann man deshalb durch die Wahl eines geeigneten Stichprobenumfangs n stets erreichen, daß die Länge des Konfidenzintervalls höchstens gleich einem vorgegebenen Wert L ist, nämlich durch die Wahl

$$\boxed{n \geq \left(\frac{2\sigma c}{L}\right)^2} \tag{107}$$

Eine Halbierung der Länge des Konfidenzintervalls erfordert beispielsweise eine Vervierfachung des Stichprobenumfangs. In Beispiel 73 hatten wir bei $n = 9$ die Länge 4,12 [mm] erhalten. Um ein Konfidenzintervall von höchstens 3 [mm] Länge zu erhalten, hätte

$$n \geq \left(\frac{2 \cdot 2,4 \cdot 2,576}{3}\right)^2 = 16,988$$

gelten müssen, d. h. n hätte mindestens 17 sein müssen.

Aufgabe 91: *Welche Intervall-Schätzung für μ ergibt sich mit den Daten von Beispiel 73, wenn eine Irrtumswahrscheinlichkeit von 0,05 zugelassen wird? Wie viele Beobachtungen wären zu dieser Irrtumswahrscheinlichkeit erforderlich, um ein Schätzintervall von höchstens 1 [mm] Länge zu erreichen?*

13.1.2 Normalverteilte Grundgesamtheit mit unbekannter Varianz

Bei einer $N(\mu;\sigma)$-verteilten Grundgesamtheit mit unbekannter Varianz σ^2 sind die in (105) angegebenen Intervallgrenzen V_u und V_o nicht berechenbar. Deshalb nützen wir jetzt aus, daß die t-Statistik

$$\frac{\overline{X}-\mu}{S}\sqrt{n}$$

einer $t(n-1)$-Verteilung genügt. Mit der gleichen Umformung wie in 13.1.1 ergibt sich dann, daß die Stichprobenfunktionen

$$V_u = \overline{X} - \frac{Sc}{\sqrt{n}} \quad \text{und} \quad V_o = \overline{X} + \frac{Sc}{\sqrt{n}}, \tag{108}$$

wobei c nun das $\left(1-\frac{\alpha}{2}\right)$-Fraktil der $t(n-1)$-Verteilung bedeutet, die Beziehungen (101) und (103) für $\vartheta = \mu$ erfüllen.

Das Verfahren der Intervall-Schätzung für μ läuft bei **Normalverteilung mit unbekannter Varianz** also in folgenden Schritten[1] ab:

Schritt 1: Ein Konfidenzniveau $1-\alpha$ wird festgelegt.

Schritt 2: Das $\left(1-\frac{\alpha}{2}\right)$-Fraktil c der $t(n-1)$-Verteilung wird bestimmt.

Schritt 3: Das Stichprobenmittel $\bar{x}$ und die Stichproben-Standardabweichung s werden errechnet.

Schritt 4: Der Wert $\frac{sc}{\sqrt{n}}$ wird berechnet.

Schritt 5: Als Ergebnis der Intervall-Schätzung wird das Intervall

$$\left[\bar{x} - \frac{sc}{\sqrt{n}}; \bar{x} + \frac{sc}{\sqrt{n}}\right] \quad \text{angegeben.}$$

Im Gegensatz zu 13.1.1 hängt jetzt die Länge des Konfidenzintervalls, also

$$V_o - V_u = \frac{2Sc}{\sqrt{n}},$$

vom Stichprobenergebnis und damit vom Zufall ab, so daß es hier nicht möglich ist, einen Mindeststichprobenumfang n festzulegen, durch den eine vorgegebene Maximallänge des Konfidenzintervalls zu gegebenem α mit Sicherheit eingehalten wird.

Aufgabe 92: *In Beispiel 73 sei die Standardabweichung σ jetzt als unbekannt anzusehen; die Normalverteilungsannahme werde beibehalten. Führen Sie mit den gegebenen Beobachtungsdaten eine Intervall-Schätzung für μ zur Vertrauenswahrscheinlichkeit 0,99 durch.*

---

[1] Für großes n approximiert man die $t(n-1)$-Verteilung durch die $N(0;1)$-Verteilung; die Vorgehensweise ist dann dem folgenden Abschnitt zu entnehmen.

13.1.3 Beliebig verteilte, insbesondere dichotome Grundgesamtheit

Wie wir aus 11.2.4 wissen, erhält man für die Verteilungen der Gauß- bzw. t-Statistik

$$\frac{\overline{X}-\mu}{\sigma}\sqrt{n} \quad \text{bzw.} \quad \frac{\overline{X}-\mu}{S}\sqrt{n}$$

in aller Regel bei $n > 30$ durch die $N(0;1)$-Verteilung brauchbare Näherungen. Für hinreichend großen Stichprobenumfang ergeben sich daher mit derselben Umrechnung wie in 13.1.1:

a) falls σ^2 bekannt ist, die Stichprobenfunktionen

$$V_u = \overline{X} - \frac{\sigma c}{\sqrt{n}} \quad \text{und} \quad V_o = \overline{X} + \frac{\sigma c}{\sqrt{n}}$$

bzw.

b) falls σ^2 unbekannt ist, die Stichprobenfunktionen

$$V_u = \overline{X} - \frac{Sc}{\sqrt{n}} \quad \text{und} \quad V_o = \overline{X} + \frac{Sc}{\sqrt{n}}$$

als geeignete Intervallgrenzen eines symmetrischen Konfidenzintervalls für den Mittelwert μ bei beliebiger Verteilung der Grundgesamtheit. Dabei ist c jeweils das $\left(1-\frac{\alpha}{2}\right)$-Fraktil der $N(0;1)$-Verteilung. Die Beziehungen (102) und (103) sind jetzt allerdings nur noch **näherungsweise** erfüllt.

Der Fall einer **dichotomen Grundgesamtheit** G mit unbekanntem Anteilswert p stellt einen wichtigen Spezialfall[1] von b) dar; denn mit p ist auch die Varianz $p(1-p)$ von G unbekannt. In diesem Falle ersetzt man die Funktion S meist durch den Ausdruck $\sqrt{\overline{X}(1-\overline{X})}$, der sich für hohes n von S kaum unterscheidet (siehe Aufgabe 79). Da sich die im Sinne einer guten Normalverteilungsapproximation notwendigen Bedingungen $np \geq 5$ und $n(1-p) \geq 5$ bei unbekanntem p nicht nachprüfen lassen, verlangt man statt dessen die entsprechenden Beziehungen für den Schätzwert $\hat{p} = \bar{x}$ von p, also $n\bar{x} \geq 5$ und $n(1-\bar{x}) \geq 5$.

Auch hier stellen wir die einzelnen Schritte der Intervall-Schätzung für μ bei **beliebiger Verteilung** schematisch zusammen. Vorausgesetzt sei also $n > 30$, im Spezialfall einer dichotomen Grundgesamtheit jedoch
$n\bar{x} \geq 5$ und $n(1-\bar{x}) \geq 5$, was gleichbedeutend mit $5 \leq \sum_{i=1}^{n} x_i \leq n-5$ ist:

---

[1] Da bei der $B(1;p)$-Verteilung σ^2 durch $\mu = p$ gemäß $\sigma^2 = p(1-p)$ festgelegt ist (entsprechendes gilt übrigens auch bei der Poisson- bzw. der Exponentialverteilung), kann man zur Bestimmung von V_u und V_o auch von der Gauß-Statistik ausgehen und die Gleichung

$$\left|\frac{\overline{X}-p}{\sqrt{p(1-p)}}\sqrt{n}\right| = c \text{ nach p auflösen, woraus sich}$$

$$V_u = \frac{2n\overline{X} + c^2 - c\sqrt{4n\overline{X}(1-\overline{X}) + c^2}}{2(n+c^2)} \quad \text{bzw.} \quad V_o = \frac{2n\overline{X} + c^2 + c\sqrt{4n\overline{X}(1-\overline{X}) + c^2}}{2(n+c^2)}$$

ergibt (vgl. etwa K. Bosch [1976, S. 55]). Bei großem $n\bar{x}$ bzw. $n(1-\bar{x})$ unterscheiden sich die Realisierungen dieser beiden Stichprobenfunktionen kaum von den Intervallgrenzen, die man bei Benutzung des nachstehenden Tableaus erhält.

13.1 Symmetrische Konfidenzintervalle für den Erwartungswert μ

Schritt 1: Ein Konfidenzniveau $1 - \alpha$ wird festgelegt.

Schritt 2: Das $\left(1 - \dfrac{\alpha}{2}\right)$-Fraktil c der $N(0;1)$-Verteilung wird bestimmt.

Schritt 3: Das Stichprobenmittel $\bar{x}$ sowie ein Schätzwert $\hat{\sigma}$ für σ werden errechnet, und zwar setzt man

$$\hat{\sigma} = \begin{cases} \sigma, & \text{falls } \sigma \text{ bekannt ist} \\ \sqrt{\bar{x}(1-\bar{x})}, & \text{falls G dichotom ist} \\ s, & \text{sonst}^1 \end{cases}$$

Schritt 4: Der Wert $\dfrac{\hat{\sigma}c}{\sqrt{n}}$ wird berechnet.

Schritt 5: Als Ergebnis der Intervall-Schätzung wird das Intervall

$$\left[\bar{x} - \frac{\hat{\sigma}c}{\sqrt{n}}; \bar{x} + \frac{\hat{\sigma}c}{\sqrt{n}}\right] \quad \text{angegeben.}$$

Beispiel 74: Die Anzahl X der Bestellungen, die für einen bestimmten Artikel pro Tag bei einem Versandhaus eingehen, wird als Poisson-verteilt angesehen. Zur Intervall-Schätzung des unbekannten Parameters λ dieser Verteilung werden 40 Tage lang die auftretenden Bestellungen $x_1, \ldots, x_{40}$ registriert; man interpretiert sie als Ergebnisse einer einfachen Stichprobe. Es ergaben sich die Werte:

3 8 6 7 4 5 6 6 13 9 4 11 5 7 8 8 7 6 3 6
9 4 5 5 7 6 8 3 10 5 6 6 7 5 4 9 15 6 2 6.

Zur Vertrauenswahrscheinlichkeit 0,9 erhält man das korrespondierende Fraktil $c = 1{,}645$. Da bei der Poisson-Verteilung $\mu = \sigma^2 = \lambda$ gilt, ist

$$\hat{\sigma} = \sqrt{\bar{x}} = \sqrt{\frac{260}{40}} = 2{,}55$$

ein geeigneter Schätzwert für σ. Damit erhält man wegen $\bar{x} = 6{,}5$ und $\dfrac{\hat{\sigma}c}{\sqrt{40}} = 0{,}66$
schließlich das Ergebnis: $[5{,}84; 7{,}16]$.

Ist σ^2 bekannt, so kann man den zu einer vorgegebenen Länge L des Konfidenzintervalls gehörenden Stichprobenumfang n wie in 13.1.1 gemäß Formel (107) bestimmen, während dies bei unbekanntem σ^2 wie in 13.1.2 im allgemeinen nicht möglich ist. Allerdings ist in Fällen, in denen der in obigem Tableau zu errechnende Schätzwert $\hat{\sigma}$ für σ mit Sicherheit kleiner oder gleich einem bekannten Wert d ist, die Einhaltung einer als zulässig angesehenen maximalen Intervallänge L dadurch zu garantieren, daß man

$$n \geq \left(\frac{2dc}{L}\right)^2$$

wählt. Bei einer dichotomen Grundgesamtheit beispielsweise ist sicher

$$\hat{\sigma} = \sqrt{\bar{x}(1-\bar{x})} \leq \sqrt{\frac{1}{4}} = \frac{1}{2},$$

---

[1] Manchmal kann aber auch ein anderer (aus einer konsistenten Schätzfunktion herrührender) Schätzwert $\hat{\sigma}$ für σ sinnvoller sein, siehe Beispiel 74.

auch die wahre Standardabweichung σ selbst ist stets kleiner oder gleich $1/2$, so daß bei $n \geq (c/L)^2$ ein Konfidenzintervall entsteht, das mit Gewißheit höchstens die Länge L besitzt.

Aufgabe 93: *Führen Sie in Beispiel 74 eine Intervall-Schätzung zum Konfidenzniveau 0,95 durch für die unbekannte Wahrscheinlichkeit p, daß mindestens 9 Bestellungen pro Tag für den Artikel eingehen.*

Aufgabe 94: *Eine Partei läßt, um Aufschluß über ihren derzeitigen Wähleranteil zu gewinnen, 2000 zufällig ausgewählte wahlberechtigte Bundesbürger befragen. Davon würden im Moment 108 für diese Partei stimmen, 1744 würden andere Parteien wählen, der Rest legt sich nicht fest.*

Gesucht ist ein Konfidenzintervall zum Konfidenzniveau 0,99 für den Prozentanteil p [%] derjenigen Wahlberechtigten, auf die sich die Partei zur Zeit verlassen kann.

a) Errechnen Sie das Ergebnis dieser Intervall-Schätzung.
b) Welcher Stichprobenumfang n garantiert eine Intervallänge von höchstens 1[%]?
c) Aufgrund des Befragungsergebnisses der 2000 Personen werde als sicher angesehen, daß sich das Stichprobenmittel x̄ bei Erhöhung des Stichprobenumfangs n allenfalls noch auf den Wert 0,1 erhöht; welches n reicht dann aus, um die in b) angegebene Länge von 1[%] einzuhalten?

Aufgabe 95: *Die Grundgesamtheit genüge einer Gleichverteilung über dem Intervall $[\mu - 1/2; \mu + 1/2]$. Zur Vertrauenswahrscheinlichkeit $1 - \alpha = 0,9$ ist eine Intervall-Schätzung für μ vorzunehmen. Wie groß muß der Stichprobenumfang n gewählt werden, damit die Länge des Konfidenzintervalls höchstens 0,1 beträgt?*

13.2 Symmetrische Konfidenzintervalle für die Varianz σ^2 bei normalverteilter Grundgesamtheit

Bei $N(\mu; \sigma)$-verteilter Grundgesamtheit besitzt die Stichprobenfunktion

$$\frac{1}{\sigma^2} \cdot \sum_{i=1}^{n} (X_i - \bar{X})^2 = \frac{(n-1) \cdot S^2}{\sigma^2}$$

nach Abschnitt 11.2.4 eine Chi-Quadrat-Verteilung mit $(n-1)$ Freiheitsgraden.

Es seien c_1 das $\frac{\alpha}{2}$ - und c_2 das $\left(1 - \frac{\alpha}{2}\right)$ -Fraktil der $\chi^2(n-1)$-Verteilung. Dann ist

$$P\left(\frac{(n-1)S^2}{\sigma^2} < c_1\right) = \frac{\alpha}{2}, \quad \text{und auch}$$

$$P\left(\frac{(n-1)S^2}{\sigma^2} > c_2\right) = 1 - P\left(\frac{(n-1)S^2}{\sigma^2} \leq c_2\right) = 1 - \left(1 - \frac{\alpha}{2}\right) = \frac{\alpha}{2}.$$

Setzen wir

$$V_u = \frac{(n-1)S^2}{c_2} \quad \text{und} \quad V_o = \frac{(n-1)S^2}{c_1}, \tag{109}$$

so ist $V_u \leq V_o$ sicher, und es gilt $P(V_u > \sigma^2) = P(V_o < \sigma^2) = \frac{\alpha}{2}$. D.h. (101) und (103) sind erfüllt, und $[V_u; V_o]$ beschreibt ein symmetrisches[1] Konfidenzintervall für σ^2.

---

[1] Ob die Verteilung der benutzten Stichprobenfunktionen symmetrisch ist (wie in 13.1 die $N(0;1)$- oder die $t(n-1)$-Verteilung) oder nicht (wie hier die $\chi^2(n-1)$-Verteilung), spielt für die Bezeichnung „symmetrisches Konfidenzintervall" keine Rolle.

13.2 Symmetrische Konfidenzintervalle für die Varianz σ^2

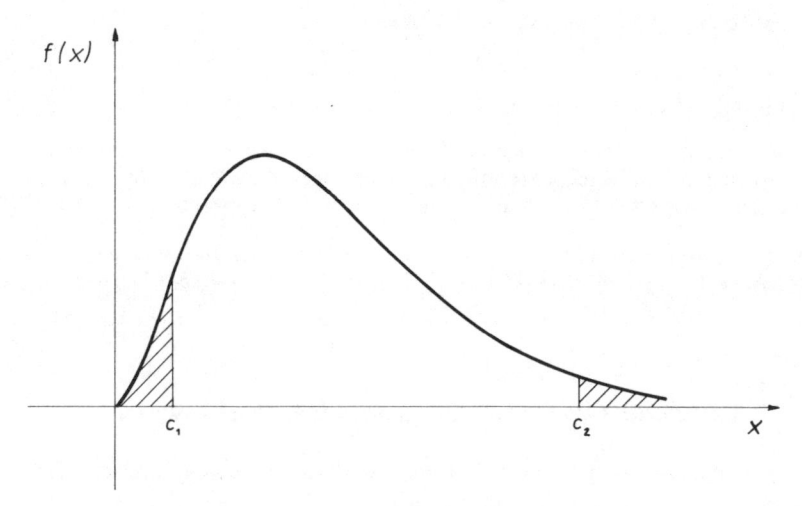

Fig. 45: *Dichtefunktion und $\frac{\alpha}{2}$- sowie $(1-\frac{\alpha}{2})$-Fraktil einer χ^2-Verteilung.*

In der Praxis gehen wir also wie folgt vor:

Schritt 1: Ein Konfidenzniveau $1 - \alpha$ wird festgelegt.

Schritt 2: Die $\alpha/2$- bzw. $(1 - \alpha/2)$-Fraktile c_1 bzw. c_2 der $\chi^2(n-1)$-Verteilung werden bestimmt.

Schritt 3: Die Größe $(n-1)s^2 = \sum_{i=1}^{n}(x_i - \bar{x})^2 = \sum_{i=1}^{n} x_i^2 - n\bar{x}^2$

wird aus dem Stichprobenergebnis errechnet.

Schritt 4: Die Werte $v_u = \dfrac{(n-1)s^2}{c_2}$ und $v_o = \dfrac{(n-1)s^2}{c_1}$

werden errechnet.

Schritt 5: Als Ergebnis der Intervall-Schätzung wird das Intervall $[v_u; v_o]$ angegeben.

Bemerkungen:

1) Ist der Erwartungswert μ der Grundgesamtheit bekannt, so verwendet man statt der $\chi^2(n-1)$-verteilten Stichprobenfunktion

$$\frac{(n-1)S^2}{\sigma^2}$$

besser die $\chi^2(n)$-verteilte Stichprobenfunktion

$$\frac{1}{\sigma^2} \sum_{i=1}^{n} (X_i - \mu)^2;$$

obiges Tableau ist dann entsprechend abzuändern.

2) Die Länge des Konfidenzintervalls ist hier wegen

$$V_o - V_u = (n-1) S^2 \cdot (1/c_1 - 1/c_2)$$

zufallsabhängig. (Der Quotient von V_o und V_u dagegen ist fest.)

3) Bei nicht-normalverteilter Grundgesamtheit ist die hier beschriebene Vorgehensweise auch bei hohem Stichprobenumfang nicht generell als Näherung für eine Intervall-Schätzung von σ^2 zu gebrauchen (siehe die Schlußbemerkung in 11.2.4).

Aufgabe 96: *Schätzen Sie in Beispiel 73 die Varianz σ^2 durch ein Konfidenzintervall zur Vertrauenswahrscheinlichkeit $1 - \alpha = 0{,}9$. (Der Wert $s^2 = 1{,}725$ wurde bereits in Aufgabe 92 errechnet.)*

13.3 Kritische Zusammenfassung, Literaturhinweise

1. Um Mißverständnisse und Unklarheiten bzgl. der **Interpretation** von Intervall-Schätzungen zu vermeiden, sollte folgendes beachtet werden:

Durch die Auswahl eines Konfidenzintervalls $[V_u; V_o]$ sowie durch die Vorschrift, das beobachtete Stichprobenergebnis in die Funktionen V_u und V_o einzusetzen, ist ein **Verfahren** der Intervall-Schätzung festgelegt.

Ergebnis der Schätzung ist das konkrete Schätzintervall $[v_u; v_o]$, wie das Intervall [182,74; 186,86] in Beispiel 73. Bezeichnet man ein Schätzergebnis als „richtig" bzw. als „falsch", je nach dem, ob es den unbekannten wahren ϑ-Wert enthält bzw. nicht enthält, so weiß man nach Durchführung der Schätzung nicht, ob das erhaltene Ergebnis richtig oder falsch ist. Insofern ist erkenntnistheoretisch noch nichts gewonnen. Die Behauptung, daß der wahre ϑ-Wert im Schätzintervall liegt, ist jedoch in dem Sinne wohlbegründet als die Wahrscheinlichkeit relativ hoch (nämlich $1 - \alpha$) ist, daß das benutzte Verfahren zu einem richtigen Ergebnis führt.

Dagegen ist eine Wahrscheinlichkeitsaussage, die sich auf das Schätzergebnis bezieht, wie „der wahre ϑ-Wert liegt mit Wahrscheinlichkeit $1 - \alpha$ im entstandenen Schätzintervall $[v_u; v_o]$" nicht aus der Beziehung (102) zu folgern. Damit überhaupt von einer derartigen Wahrscheinlichkeit gesprochen werden kann, müßte die dem unbekannten Parameter ϑ gegenüber bestehende Ungewißheit als Zufallsvorgang interpretiert werden, wohingegen in (102) das Zufallsgeschehen im Ziehen der Stichprobe besteht.

Festzuhalten bleibt: Die Wahrscheinlichkeit α kommt vom Ansatz her (wie auch später bei den Tests) dem statistischen Verfahren zu und nicht dem Ergebnis.

Die Bedeutung von α kann man (nach dem Gesetz der großen Zahlen) auch so ausdrücken: Wird ein Verfahren der Intervall-Schätzung, das die Vertrauenswahrscheinlichkeit $1 - \alpha$ besitzt, z.B. $1 - \alpha = 0{,}99$, „sehr oft" angewandt, so erhält man in 99 Prozent der Fälle ein richtiges und nur in 1 Prozent der Fälle ein falsches Ergebnis.

2. Eine eventuell bereits vor dem Ziehen der Stichprobe vorhandene **a priori Wahrscheinlichkeitsverteilung** auf der Menge aller Werte, die für den unbekannten Parameter ϑ in Frage kommen, kann bei der Intervall-Schätzung mitberücksichtigt werden (wie dies in 12.5 bei der Punkt-Schätzung geschah). Entsprechende **Bayes-Konfidenzintervalle** sind etwa bei L. Schmetterer [1966] oder P. Schönfeld [1971, S. 137] beschrieben.

13.3 Kritische Zusammenfassung, Literaturhinweise

3. Manchmal ist es sinnvoll, zur Schätzung eines unbekannten Parameters ϑ ein **unsymmetrisches Konfidenzintervall** zu verwenden, etwa weil man bei Unterschätzung von ϑ mit anderen Konsequenzen rechnet als bei Überschätzung. Im Extremfall kann man ein **einseitiges Konfidenzintervall** benutzen.

Will beispielsweise eine Partei bei einer Intervall-Schätzung ihres derzeitigen Wähleranteils eine Überschätzung mit Sicherheit ausschließen, so kann sie dies durch ein Konfidenzintervall $[V_u; V_o]$ erreichen, bei dem $V_u = 0$ gesetzt und dann, um (102) zu gewährleisten, V_o so gewählt wird, daß die Wahrscheinlichkeit $P(V_o \geq p)$ gleich dem vorgegebenen Konfidenzniveau $1 - \alpha$ ist. Damit gilt $P(V_u > p) = 0$ und $P(V_o < p) = \alpha$, d. h. im Gegensatz zu (103) wird die gesamte zugelassene Irrtumswahrscheinlichkeit α dem Ereignis eingeräumt, daß die Obergrenze V_o zu klein wird.[1]

4. Bei den Punkt-Schätzungen wurde die Frage der Vergleichbarkeit verschiedener Verfahren und der Optimalität bestimmter Verfahren ausführlich behandelt. Daß diese Frage in diesem Kapitel weder gestellt noch beantwortet wurde, liegt nicht daran, daß sie hier weniger sinnvoll ist, sondern vielmehr an der größeren Komplexität der erforderlichen Begriffe. Wir wollen uns an dieser Stelle – unter Verzicht auf detaillierte Symbolik – auf einige verbale Andeutungen beschränken. Ein Konfidenzintervall heißt **unverfälscht**, wenn die Überdeckungswahrscheinlichkeit für jeden falschen Parameterwert höchstens gleich dem Konfidenzniveau $1 - \alpha$ ist. Ein Konfidenzintervall, das unter allen unverfälschten Konfidenzintervallen (zu demselben Konfidenzniveau) die Überdeckungswahrscheinlichkeit falscher Parameterwerte minimiert, wird als **trennscharf** bezeichnet. Die Konfidenzintervalle aus 13.1.1 und 13.1.2 sind übrigens trennscharf, das Konfidenzintervall aus 13.2 dagegen nicht. Weitere Aussagen über die Optimalität von Konfidenzintervallen sind beispielsweise bei L. Schmetterer [1966, S. 320], H. Witting [1966, S. 43] und G. Bamberg [1972, S. 92] zusammengestellt.

5. In der Literatur findet man Konfidenzintervalle auch für eine Reihe weiterer Parameter abgehandelt, so beispielsweise bei W. Uhlmann [1966, S. 66], W. Wetzel [1973, S. 186], K. Bosch [1976, S. 186] für den Median und andere Fraktile einer Verteilung, und in der zur Ökonometrie angegebenen Literatur für Regressionskoeffizienten. Darüberhinaus gibt es Konfidenzbereiche, insbesondere Konfidenzellipsen bzw. Konfidenzellipsoide für zwei- und höherdimensionale Parameter ϑ, die beispielsweise von H. Schneeweiß [1974, S. 115] beschrieben werden.

6. **Sämtliche in 13.1 und 13.2 behandelten symmetrischen Konfidenzintervalle** (und gegebenenfalls Möglichkeiten zur Einhaltung einer vorgegebenen Intervallänge L) sind in folgendem Schema noch einmal zusammengestellt.

---

[1] Konkret könnte man in diesem Beispiel übrigens, sofern n hinreichend groß ist,

$$V_o = \overline{X} + \frac{\sqrt{\overline{X}(1-\overline{X})}\, c}{\sqrt{n}}$$

wählen mit dem $(1 - \alpha)$-Fraktil c der $N(0; 1)$-Verteilung.

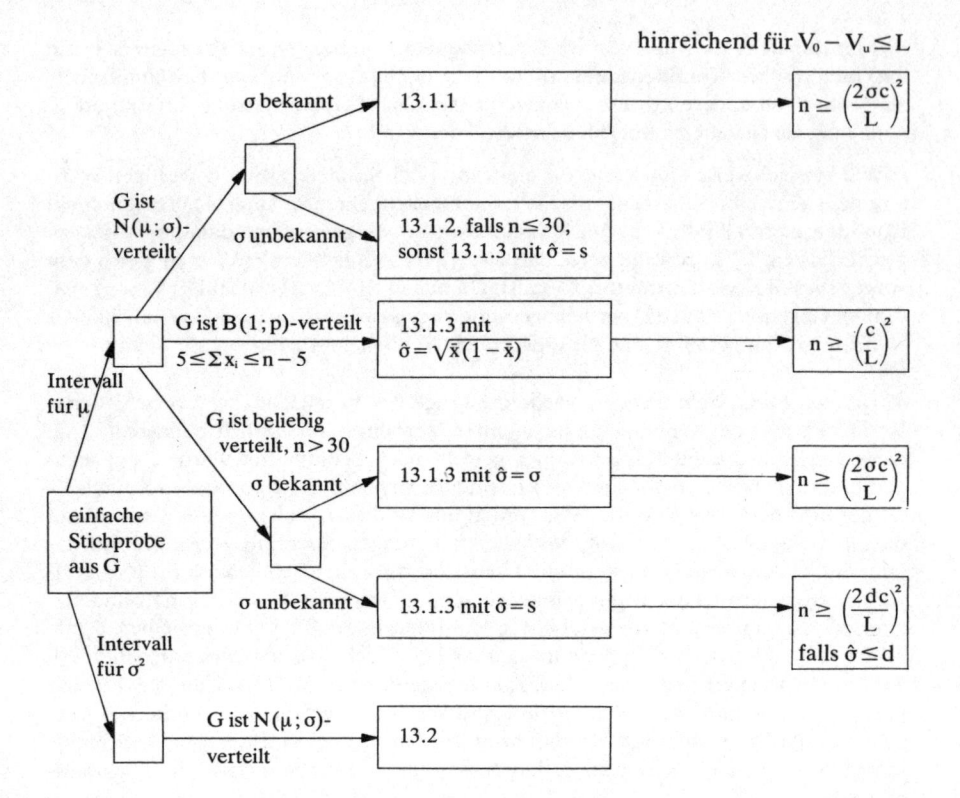

13. Kapitel: Intervall-Schätzung

hinreichend für $V_o - V_u \leq L$

```
                                                              σ bekannt    ┌─────────┐           ┌─────────────────────┐
                                                         ┌───────────────→ │ 13.1.1  │ ────────→ │ n ≥ (2σc/L)²        │
                                                         │                 └─────────┘           └─────────────────────┘
                        G ist                            │
                        N(μ;σ)-                          │   σ unbekannt   ┌──────────────────────┐
                        verteilt                         │   ────────────→ │ 13.1.2, falls n ≤ 30,│
                                                         │                 │ sonst 13.1.3 mit σ̂=s │
                                                         │                 └──────────────────────┘
                                G ist B(1;p)-verteilt    ┌──────────────────┐                      ┌─────────────────┐
                          ────────────────────────────→  │ 13.1.3 mit       │ ──────────────────→  │ n ≥ (c/L)²      │
                                5 ≤ Σxᵢ ≤ n − 5          │ σ̂=√(x̄(1−x̄))    │                      └─────────────────┘
                                                         └──────────────────┘
   Intervall
   für μ
                                G ist beliebig
                                verteilt, n > 30
                                                  σ bekannt    ┌─────────────────┐           ┌─────────────────┐
                                              ──────────────→  │ 13.1.3 mit σ̂=σ  │ ────────→ │ n ≥ (2σc/L)²    │
                                                               └─────────────────┘           └─────────────────┘
   ┌────────────┐
   │ einfache   │
   │ Stichprobe │
   │ aus G      │
   └────────────┘
                                                  σ unbekannt  ┌─────────────────┐           ┌─────────────────┐
                                              ──────────────→  │ 13.1.3 mit σ̂=s  │ ────────→ │ n ≥ (2dc/L)²    │
                                                               └─────────────────┘           │ falls σ̂ ≤ d     │
                                                                                             └─────────────────┘
   Intervall
   für σ²
                          G ist N(μ;σ)-       ┌───────┐
                          ────────────────→   │ 13.2  │
                          verteilt            └───────┘
```

14. Kapitel:
Signifikanztests

Über die Verteilung einer Grundgesamtheit liege eine **Hypothese** vor, in der etwa Erfahrungen, Vermutungen oder theoretische Überlegungen zum Ausdruck kommen, die aber auch nur in einer Behauptung bestehen kann, z. B. daß ein Verteilungsparameter einen vorgeschriebenen Sollwert einhält.

Solche Hypothesen werden anhand der Ergebnisse einer Stichprobe überprüft. Dabei wird eine Hypothese als statistisch widerlegt angesehen und abgelehnt oder verworfen, wenn das Stichprobenergebnis in deutlichem (= signifikantem) Gegensatz zu ihr steht. Entsprechende Überprüfungsverfahren heißen daher **Signifikanztests** oder kurz Tests.

Zur Erläuterung behandeln wir zunächst einen Spezialfall.

14.1 Einführungsbeispiel: Einstichproben-Gaußtest

Es liege eine $N(\mu;\sigma)$-verteilte Grundgesamtheit G mit bekannter Standardabweichung σ vor. $X_1, \ldots, X_n$ seien die Variablen einer einfachen Stichprobe aus G. Über den unbekannten Erwartungswert μ von G bestehe die Hypothese H_0, daß μ gleich einem gegebenen Wert μ_0 ist.

Beispiel 75: Von der Abfüllanlage einer Brauerei werden Flaschen gefüllt, wobei die Füllmenge X pro Flasche gewissen Schwankungen unterliegt und als normalverteilte Zufallsvariable mit bekannter Standardabweichung $\sigma = 1,5$ [cm^3] angesehen werden kann. Die Hypothese H_0, daß der Erwartungswert μ dieser Normalverteilung gleich dem Sollwert $\mu_0 = 500$ [cm^3] ist, soll anhand einer einfachen Stichprobe vom Umfang n = 25 überprüft werden.

Aufgrund der Interessenlage derjenigen Personen, die die Untersuchung vornehmen, unterscheiden wir drei Fälle, nämlich:

Die Überprüfung geschieht durch
a) eine Eichkommission, die an einer Abweichung vom Sollwert $\mu_0 = 500$ sowohl nach unten als auch nach oben interessiert ist,
b) eine Verbraucherorganisation, deren Interesse nur der Frage gilt, ob der wahre Erwartungswert μ kleiner als der Sollwert μ_0 ist,
c) den Brauereibesitzer, von dem wir hier annehmen, daß er lediglich wissen will, ob im Mittel zu viel abgefüllt wird.

Dieses Beispiel zeigt bereits, daß zur gegebenen Hypothese

$H_0 : \mu = \mu_0$

verschiedene Alternativen bestehen können. Wir bezeichnen von jetzt an die zu untersuchende Hypothese H_0 als die **Nullhypothese** und formulieren die jeweils relevante Alternative als die **Gegenhypothese** oder **Alternativhypothese** H_1. Dabei lassen wir in diesem Abschnitt generell die drei Fälle zu, nach denen in Beispiel 75 unterschieden wurde, nämlich

a) $H_1 : \mu \neq \mu_0$
b) $H_1 : \mu < \mu_0$ (110)
c) $H_1 : \mu > \mu_0$

Wie wir aus Kapitel 12 wissen, ist das Stichprobenmittel $\bar{X}$ eine geeignete (erwartungstreue) Schätzfunktion für den unbekannten Erwartungswert μ, d. h. man kann in der Regel damit rechnen, daß die Realisierung $\bar{x}$ nicht allzusehr von μ abweicht. Deshalb wird man sich, falls $\bar{x}$ stark gegen die Nullhypothese H_0 und für die betrachtete Gegenhypothese H_1 spricht, nicht damit begnügen, das Stichprobenergebnis als Ausreißer zu interpretieren. Vielmehr wird man $H_0: \mu = \mu_0$ als statistisch widerlegt ansehen und deshalb verwerfen. Dies bedeutet in den einzelnen Fällen von (110):

$H_0: \mu = \mu_0$ wird abgelehnt gegenüber
a) $H_1: \mu \neq \mu_0$, wenn $|\bar{x} - \mu_0|$ „sehr groß" ist
b) $H_1: \mu < \mu_0$, wenn $\bar{x}$ „weit kleiner" als μ_0 ist
c) $H_1: \mu > \mu_0$, wenn $\bar{x}$ „weit größer" als μ_0 ist
(111)

Diese noch sehr vage Entscheidungsvorschrift gilt es nun zu präzisieren. Dazu überlegt man sich zunächst, daß große Abweichungen zwischen $\bar{x}$ und μ_0 auch dann nicht ausgeschlossen sind, wenn $\mu = \mu_0$ zutrifft, so daß die in (111) angedeutete Vorgehensweise zur Ablehnung der Nullhypothese führen kann, obwohl diese richtig ist.

Wir fordern nunmehr, daß eine derartige **Fehlentscheidung**

„Ablehnung von H_0, wenn H_0 richtig ist"

lediglich mit einer als zulässig vorgegebenen kleinen Irrtumswahrscheinlichkeit α, dem sogenannten **Signifikanzniveau**, vorkommen darf.

Um (111) mit dieser Forderung in Einklang zu bringen, benutzen wir die bereits mehrfach angesprochene Gauß-Statistik

$$V = \frac{\bar{X} - \mu_0}{\sigma} \sqrt{n},$$

die wir in diesem Zusammenhang als **Testfunktion** bezeichnen. Wir formulieren mit Hilfe ihrer Realisierung v sowie mit den $(1 - \alpha/2)$- bzw. $(1 - \alpha)$-Fraktilen $x_{1-\alpha/2}$ bzw. $x_{1-\alpha}$ der $N(0;1)$-Verteilung folgende **Entscheidungsregel**, aufgeschlüsselt nach den einzelnen Gegenhypothesen H_1 aus (110):

$H_0: \mu = \mu_0$ ist zu verwerfen
a) gegen $H_1: \mu \neq \mu_0$, falls $|v| > x_{1-\alpha/2}$
b) gegen $H_1: \mu < \mu_0$, falls $v < -x_{1-\alpha}$
c) gegen $H_1: \mu > \mu_0$, falls $v > x_{1-\alpha}$
(112)

Benutzt man (112), so kommt es tatsächlich nur mit Wahrscheinlichkeit α zu einer fälschlichen Ablehnung von H_0. Denn, wenn $H_0: \mu = \mu_0$ richtig ist, genügt, wie aus 11.2.4 bekannt ist, V einer $N(0;1)$-Verteilung. Hieraus läßt sich beispielsweise im Fall a) als Wahrscheinlichkeit des zur Ablehnung von H_0 führenden Ereignisses „$|V| > x_{1-\alpha/2}$" folgender Wert berechnen:[1]

$P(|V| > x_{1-\alpha/2}|\mu_0) =$
$= P(V < -x_{1-\alpha/2}|\mu_0) + P(V > x_{1-\alpha/2}|\mu_0) =$
$= 2 \cdot P(V > x_{1-\alpha/2}|\mu_0) =$
$= 2 \cdot [1 - P(V \leq x_{1-\alpha/2}|\mu_0)] =$
$= 2 \cdot [1 - (1 - \alpha/2)] = \alpha.$

Entsprechend macht man sich dies in den Fällen b) und c) klar. Fig. 46 verdeutlicht diese Wahrscheinlichkeitsberechnungen.

---

[1] $P(A|\mu_0)$ bezeichnet die Wahrscheinlichkeit eines Ereignisses A, berechnet gemäß der durch $\mu = \mu_0$ festgelegten Verteilung.

a)

b)

c)

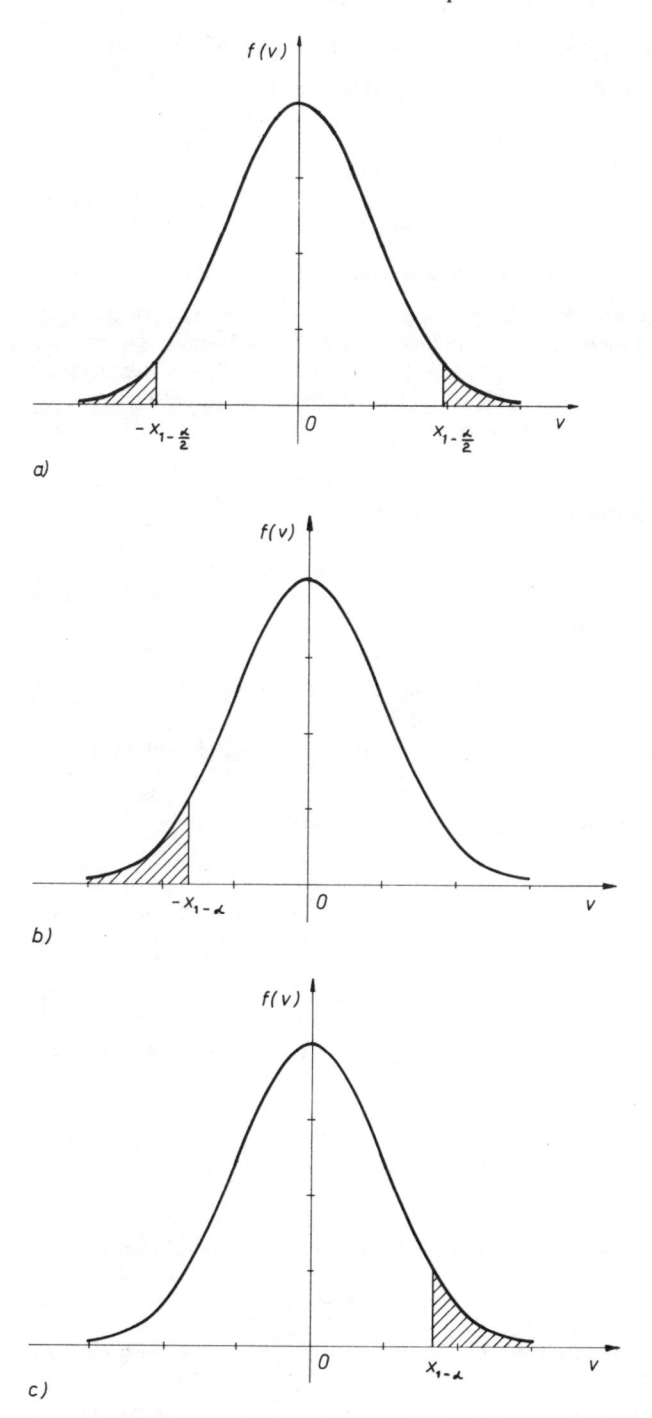

Fig. 46: *Dichtefunktion von V, sofern H_0 richtig ist. Die schraffierten Bereiche veranschaulichen in den Fällen a), b) und c), wann H_0 abgelehnt wird*

Die Entscheidungsregel (112) läßt sich auch einheitlich formulieren in der Form

H_0 ist zu verwerfen, wenn V Werte im Bereich B annimmt,

indem man B folgendermaßen festlegt:

$$\left.\begin{array}{ll} B = (-\infty; -x_{1-\alpha/2}) \cup (x_{1-\alpha/2}; \infty) & \text{im Fall a)} \\ B = (-\infty; -x_{1-\alpha}) & \text{im Fall b)} \\ B = (x_{1-\alpha}; \infty) & \text{im Fall c)} \end{array}\right\} \quad (113)$$

B wird als **Verwerfungsbereich** oder als **Ablehnungsbereich** bezeichnet.

Das beschriebene Verfahren zur Überprüfung der Nullhypothese $H_0: \mu = \mu_0$ gegen eine der Alternativhypothesen a), b) oder c) aus (110) unter der Voraussetzung einer normalverteilten Grundgesamtheit mit bekannter Varianz σ^2 heißt der **Einstichproben-Gaußtest**. Die einzelnen Größen, die zu seiner Durchführung zu bestimmen sind, werden in folgendem Tableau festgehalten:

Schritt 1: Ein Signifikanzniveau α wird festgelegt.

Schritt 2: Der Testfunktionswert $v = \dfrac{\bar{x} - \mu_0}{\sigma} \sqrt{n}$ wird errechnet.

Schritt 3: Der Verwerfungsbereich

$$\begin{array}{ll} B = (-\infty; -x_{1-\alpha/2}) \cup (x_{1-\alpha/2}; \infty) & \text{im Fall a)} \\ B = (-\infty; -x_{1-\alpha}) & \text{im Fall b)} \\ B = (x_{1-\alpha}; \infty) & \text{im Fall c)} \end{array}$$

wird festgelegt, wobei $x_{1-\alpha/2}$ bzw. $x_{1-\alpha}$ das $(1-\alpha/2)$- bzw. das $(1-\alpha)$-Fraktil der $N(0;1)$-Verteilung ist.

Schritt 4: H_0 wird genau dann verworfen, wenn $v \in B$ gilt.

Beispiel 76: Als Stichprobenmittel für die Füllmenge der $n = 25$ überprüften Flaschen habe sich in Beispiel 75 der Wert $\bar{x} = 499,28 \, [\text{cm}^3]$ ergeben. Wir testen damit die Hypothese $H_0: \mu = 500 \, [\text{cm}^3]$ vom Standpunkt

a) der Eichkommission, b) der Verbraucherorganisation und c) des Brauereibesitzers aus, wobei wir uns erinnern, daß $\sigma = 1,5 \, [\text{cm}^3]$ ist.

1. Als zulässige Irrtumswahrscheinlichkeit (= Signifikanzniveau) legen wir den Wert $\alpha = 0,01$ fest

2. $v = \dfrac{499,28 - 500}{1,5} \sqrt{25} = -2,4$

3. a) $B = (-\infty; -2,576) \cup (2,576; \infty)$
   b) $B = (-\infty; -2,326)$
   c) $B = (2,326; \infty)$

4. a) $v \notin B$; die Eichkommission kommt zu keiner Ablehnung der Hypothese H_0, daß der Sollwert 500 eingehalten wird.
   b) $v \in B$; die Verbraucherorganisation verwirft die Hypothese H_0.
   c) $v \notin B$; der Brauereibesitzer verwirft H_0 nicht.
   Daß der Brauereibesitzer zu diesem Ergebnis kommt, ist wegen $\bar{x} < \mu_0$ auch ohne die Durchführung der Schritte 2 und 3 klar.

Einstichproben-Gaußtests sind ein wichtiges Hilfsmittel der **statistischen Qualitätskontrolle**. Das folgende Beispiel beschreibt die Vorgehensweise:

Beispiel 77: Es wird vorausgesetzt, daß die von einem Produktionsvorgang gefertigten Werkstücke bezüglich eines Merkmals X, z.B. der Länge, des Gewichts usw., als $N(\mu;\sigma)$-verteilt angesehen werden können, wobei die Varianz σ^2 aufgrund langer Erfahrung bekannt ist. Aus der laufenden Produktion wird zu gewissen Zeitpunkten, etwa jede Stunde, eine Stichprobe von kleinem Umfang n entnommen; n liegt meist im Bereich von 5 bis 10 Stück. Mit Hilfe des Ergebnisses jeder solchen Stichprobe wird dann die Hypothese H_0, daß ein vorgegebener Sollwert μ_0 eingehalten wird, gegen $H_1: \mu \neq \mu_0$ nach dem in obigem Tableau beschriebenen Verfahren getestet. Dabei berücksichtigt man jeweils zwei Signifikanzniveaus, nämlich $\alpha = 0{,}01$ und $\alpha = 0{,}05$, wobei folgende Konsequenzen gezogen werden:

- Wird H_0 zu $\alpha = 0{,}01$ abgelehnt, so stoppt man die Produktion und nimmt eine Reparatur (oder eine Neueinstellung oder sogar eine Erneuerung) der Produktionsanlage vor.
- Wird H_0 nicht zu $\alpha = 0{,}01$, wohl aber zu $\alpha = 0{,}05$ abgelehnt, so entnimmt man sofort eine weitere Stichprobe.
- Wird H_0 zu $\alpha = 0{,}05$ nicht abgelehnt, so läßt man die Produktion weiterlaufen.

Eine graphische Veranschaulichung dieser Vorgehensweise geschieht mit Hilfe einer **Kontrollkarte**. Dabei werden im allgemeinen obiger Testfunktionswert v und der Verwerfungsbereich $B = (-\infty; -x_{1-\alpha/2}) \cup (x_{1-\alpha/2}; \infty)$ nicht explizit benutzt, sondern die Beziehung

$$v \notin B, \quad \text{d.h.} \quad -x_{1-\alpha/2} \leq v \leq x_{1-\alpha/2}$$

wird umgeformt zu

$$\mu_0 - \frac{\sigma}{\sqrt{n}} \cdot x_{1-\alpha/2} \leq \bar{x} \leq \mu_0 + \frac{\sigma}{\sqrt{n}} \cdot x_{1-\alpha/2}.$$

Für $\alpha = 0{,}01$ ergeben sich so die Grenzen

$$\mu_0 - 2{,}58 \cdot \frac{\sigma}{\sqrt{n}} \quad \text{bzw.} \quad \mu_0 + 2{,}58 \cdot \frac{\sigma}{\sqrt{n}},$$

die man als **Kontrollgrenzen** bezeichnet, während die entsprechenden Größen für $\alpha = 0{,}05$, also

$$\mu_0 - 1{,}96 \cdot \frac{\sigma}{\sqrt{n}} \quad \text{bzw.} \quad \mu_0 + 1{,}96 \cdot \frac{\sigma}{\sqrt{n}}$$

aufgrund der beschriebenen Konsequenzen **Warngrenzen** genannt werden.

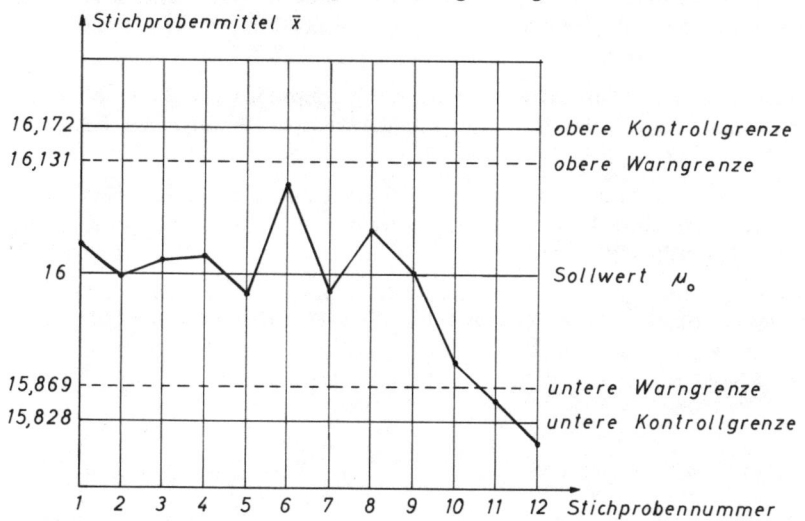

Fig. 47: Kontrollkarte für den Erwartungswert μ einer $N(\mu;\sigma)$-verteilten Grundgesamtheit zu nachstehenden Daten

14. Kapitel: Signifikanztests

In einer Kontrollkarte wird, wie Fig. 47 zeigt, zu jeder gezogenen Stichprobe das zugehörige Stichprobenmittel eingetragen und mit den Kontroll- bzw. den Warngrenzen, die als horizontale Geraden eingesetzt sind, verglichen.

Als Zahlenbeispiel wählen wir einen Produktionsvorgang mit dem Sollwert $\mu_0 = 16$ und der Varianz $\sigma^2 = 0,04$, zu dem in der Regel stündlich eine Stichprobe vom Umfang n = 9 entnommen wird. Folgende Stichprobenmittel haben sich ergeben:

Stichprobe:											
1	2	3	4	5	6	7	8	9	10	11	12
Stichprobenmittel:											
16,034	15,998	16,016	16,020	15,976	16,104	15,982	16,051	16,003	15,897	15,852	15,803

Die 12te Stichprobe wurde unmittelbar nach der Stichprobe 11 entnommen, da der Wert 15,852 die untere Warngrenze unterschritten hatte; aufgrund des Ergebnisses der 12ten Stichprobe wird die Produktion gestoppt.

Der Einstichproben-Gaußtest ist auch geeignet, um

- die Nullhypothese $H_0: \mu \geq \mu_0$ gegen $H_1: \mu < \mu_0$
  (vgl. Fall b von (110)), bzw.

- die Nullhypothese $H_0: \mu \leq \mu_0$ gegen $H_1: \mu > \mu_0$
  (vgl. Fall c von (110))

zu testen. So kommt die Verbraucherorganisation in Beispiel 76 auch zu einer Ablehnung, wenn die Nullhypothese $\mu \geq 500$ [cm^3] lautet.

Auf die Interpretation von Signifikanztests und insbesondere auf die Erörterung der Frage, ob die Nichtablehnung der Nullhypothese einer Bestätigung von H_0 gleichkommt, wird im folgenden Abschnitt 14.2 ausführlich eingegangen. Dort und vor allem in 14.11 wird die beschriebene Vorgehensweise des Einstichproben-Gaußtests auch weiter begründet. Tests für den Erwartungswert μ einer normalverteilten Grundgesamtheit mit unbekannter Varianz σ^2 bzw. einer beliebig verteilten Grundgesamtheit behandeln wir in 14.4.

Zu erwähnen ist noch, daß das Verfahren des Einstichproben-Gaußtests im Fall a), d.h. zur Gegenhypothese $H_1: \mu \neq \mu_0$, gleichbedeutend ist mit folgender Entscheidungsvorschrift[1]:

Man errechne, wenn α das vorgeschriebene Signifikanzniveau ist, ein Schätzintervall $[v_u; v_o]$ für μ gemäß 13.1.1 zum Konfidenzniveau $1 - \alpha$ und lehne $H_0: \mu = \mu_0$ genau dann ab, wenn μ_0 nicht in $[v_u; v_o]$ liegt.

Aufgabe 97: *Eine einfache Stichprobe vom Umfang 16 aus einer $N(\mu; 2,5)$-verteilten Grundgesamtheit ergab den Wert $\bar{x} = 998,2875$. Testen Sie jeweils zum Signifikanzniveau $\alpha = 0,05$*

a) $H_0: \mu = 1000$ gegen $H_1: \mu \neq 1000$
b) $H_0: \mu \geq 1000$ gegen $H_1: \mu < 1000$
c) $H_0: \mu \leq 1000$ gegen $H_1: \mu > 1000$

---

[1] Entsprechend lassen sich auch aus den anderen in Kap. 13 behandelten Konfidenzintervallen Entscheidungsregeln für Tests ableiten.

14.2 Aufbau und Interpretation von Signifikanztests

Signifikanztests finden in vielerlei Situationen Anwendung. So brauchen wir uns nicht auf den Fall zu beschränken, daß wie in 14.1 nur eine Grundgesamtheit und ein Merkmal vorliegen, sondern wir werden auch Fälle behandeln, in denen

- zu einer Grundgesamtheit mehrere Merkmale relevant sind und sich die Hypothesen auf die gemeinsame Verteilung der Merkmale beziehen
- in mehreren Grundgesamtheiten ein Merkmal von Interesse ist und die Hypothesen etwa einen Vergleich der Merkmalsverteilungen in den einzelnen Grundgesamtheiten zum Inhalt haben.

Als Beispiele hierfür mögen die Fragestellungen dienen,

- ob bei Abiturienten der Notendurchschnitt von der beruflichen Stellung des Vaters abhängt
- ob zwei verschiedene PKW-Typen im Mittel den gleichen Benzinverbrauch haben.

Alle Signifikanztests sind nach einem **einheitlichen Schema** aufgebaut, dessen wesentliche Punkte bereits im Spezialfall 14.1 deutlich wurden.

Man legt zunächst die **Nullhypothese** H_0 und die relevante **Alternativhypothese** H_1 fest. Dann ist ein Signifikanztest, der H_0 gegen H_1 überprüft, durch folgende vier Größen bestimmt:

1. **ein Signifikanzniveau** α, das die Wahrscheinlichkeit angibt, mit der es zu einer fälschlichen Ablehnung von H_0 kommen darf,
2. eine Stichprobenfunktion (= **Testfunktion**) V,
3. einen **Verwerfungsbereich** B,
4. die **Entscheidungsregel:** lehne H_0 genau dann ab, wenn die Realisierung v der Testfunktion V im Verwerfungsbereich B liegt.

Die Anwendung eines Signifikanztests ist demnach denkbar einfach. Schwierigkeiten bestehen nur in der Auswahl eines für die jeweilige Problemstellung geeigneten Tests. Deshalb sind einige Bemerkungen nötig über die Größen, die den Signifikanztest charakterisieren und den zwischen ihnen bestehenden Zusammenhang.

Die Hypothesen H_0 und H_1

Die Festlegung der Hypothesen H_0 und H_1 muß korrekterweise unabhängig von den Stichprobenergebnissen erfolgen, mit denen der Test durchgeführt wird, d.h. ein Beobachtungsmaterial, das eventuell die Aufstellung der Hypothesen inspiriert hat, darf **nicht** auch noch zur statistischen Überprüfung dieser Hypothesen benutzt werden.

Bezüglich des Inhalts von Hypothesen sind zwei Typen zu unterscheiden, nämlich

- Hypothesen, die sich auf einen (möglicherweise mehrdimensionalen) unbekannten Parameter ϑ beziehen, wie dies etwa in 14.1 der Fall war, und
- Hypothesen, die sonstige Aussagen über eine unbekannte Verteilung beinhalten, z.B. „die Grundgesamtheit besitzt bezüglich des Untersuchungsmerkmals eine Normalverteilung".

Hypothesen des ersten Typs und die zugehörigen Tests heißen **parametrisch**, die anderen **nichtparametrisch**.[1]

Bei parametrischen Hypothesen faßt man die möglichen (oder zur Debatte stehenden) Parameterwerte ϑ zusammen im **Parameterbereich** Θ. Die Nullhypothese H_0 und die Gegenhypothese H_1 zerlegen Θ in zwei disjunkte Teile Θ_0 und Θ_1, so daß sich H_0 und H_1 auch in der Form

$$H_0: \vartheta \in \Theta_0$$
$$H_1: \vartheta \in \Theta_1 = \Theta - \Theta_0$$

darstellen lassen, wobei für $i = 0$ und $i = 1$ die Aussage „$\vartheta \in \Theta_i$" bedeutet, daß der unbekannte wahre ϑ-Wert in Θ_i liegt.

Eine Hypothese H_i bezeichnen wir als **einfache Hypothese**, falls Θ_i nur aus einem Element besteht, andernfalls heißt H_i **zusammengesetzte Hypothese**.

Ferner spricht man im Fall $\Theta = \mathrm{IR}$ von einer **einseitigen Hypothese** H_i, wenn Θ_i die Gestalt $(-\infty; \vartheta_i)$ oder $(-\infty; \vartheta_i]$ bzw. $(\vartheta_i; \infty)$ oder $[\vartheta_i; \infty)$ besitzt, und von einer **zweiseitigen Hypothese** H_i, wenn Θ_{1-i} einelementig oder ein endliches Intervall ist.

Beispiel 78: Die eben definierten Begriffe lassen sich anhand von Beispiel 75 verdeutlichen. Für die Eichkommission ist $\mu = 500$ gegen $\mu \neq 500$ zu testen, so daß $\Theta = \mathrm{IR}$ zu wählen ist und Null- und Gegenhypothese in der Form

$$H_0: \mu \in \Theta_0 = \{500\}; \quad H_1: \mu \in \Theta_1 = \mathrm{IR} - \{500\} = (-\infty; 500) \cup (500; \infty)$$

geschrieben werden können. Folglich ist hierbei H_0 einfach und H_1 zusammengesetzt und zweiseitig.

Die Verbraucherorganisation überprüft $\mu = 500$ gegen $\mu < 500$, was durch $\Theta = (-\infty; 500]$, $\Theta_0 = \{500\}$ und $\Theta_1 = (-\infty; 500)$ dargestellt werden kann, d. h. hier ist ebenfalls H_0 einfach und H_1 zusammengesetzt.

Wie am Schluß von 14.1 festgestellt wurde, ist der Einstichproben-Gaußtest auch geeignet, um $H_0: \mu \geq 500$ gegen $H_1: \mu < 500$ zu testen. In diesem Fall sind $\Theta = \mathrm{IR}$, $\Theta_0 = [500; \infty)$ und $\Theta_1 = (-\infty; 500)$, was bedeutet, daß sowohl H_0 als auch H_1 zusammengesetzt und einseitig sind.

Bei nichtparametrischen Tests lassen sich die Hypothesen H_0 und H_1 formal auf ähnliche Weise trennen, indem man eine Gesamtmenge von möglichen Wahrscheinlichkeitsverteilungen ansetzt, von der ein bestimmter Teil die Nullhypothese H_0 repräsentiert, während der Rest H_1 charakterisiert; auf eine explizite Darstellung wollen wir verzichten.

Das Signifikanzniveau α

Der Anwender muß vor Durchführung des Tests das Signifikanzniveau α festlegen als die Wahrscheinlichkeit, die er für die Fehlentscheidung zulassen will, daß H_0 zu Unrecht abgelehnt wird. Je kleiner er α wählt, desto unwahrscheinlicher wird zwar diese Fehlentscheidung, desto geringer wird jedoch auch die Chance, bei falschem H_0 zu einer Ablehnung von H_0 zu kommen. Gebräuchlich sind für α vor allem Werte wie 0,1; 0,05 oder 0,01.

Da Ablehnung von H_0 mit dem Ereignis „$V \in B$" äquivalent ist, wird ein Signifikanztest zum Niveau α etwa im parametrischen Fall mit der Nullhypothese $H_0: \vartheta \in \Theta_0$ durch die Gleichung

$$\alpha = \sup_{\vartheta \in \Theta_0} P(V \in B | \vartheta) \tag{114}$$

---

[1] Die Verwendung dieses Begriffs in der Literatur ist nicht einheitlich.

definiert, d. h. das Supremum aller Wahrscheinlichkeiten, H_0 abzulehnen, wenn ϑ der wahre Parameter ist und zu Θ_0 gehört, muß gleich dem Signifikanzniveau sein. Im Spezialfall einer einfachen Nullhypothese $H_0: \vartheta = \vartheta_0$ vereinfacht sich (114) zu

$$\alpha = P(V \in B | \vartheta_0).$$

Nachdem α festliegt, ist (114) als eine Bestimmungsgleichung für den Verwerfungsbereich B anzusehen; hierauf kommen wir später noch zu sprechen.

Ist V eine diskrete Zufallsvariable, so läßt sich (114) nicht immer exakt einhalten. Man behilft sich dann damit, daß man $\sup_{\vartheta \in \Theta_0} P(V \in B | \vartheta) \leq \alpha$ zu erfüllen sucht, und zwar so, daß dieses Supremum möglichst nahe an α herankommt.

Die Testfunktion V

An die Testfunktion V, die die Stichprobe verarbeitet, stellen wir zwei Bedingungen. Zum ersten soll sie geeignet sein zur Beurteilung der Hypothesen H_0 und H_1, d. h. ihre Wahrscheinlichkeitsverteilung muß davon abhängen, ob H_0 oder H_1 richtig ist. Beim Einstichproben-Gaußtest ist dies natürlich erfüllt, da die Testfunktion V bis auf die normierenden Bestandteile aus einer erwartungstreuen Schätzfunktion für μ besteht. Zweitens muß die Verteilung von V, sofern die Nullhypothese zutrifft, zumindest approximativ berechnet werden können; denn nur dann läßt sich nachprüfen, ob das gegebene Signifikanzniveau α eingehalten wird, bzw. im parametrischen Fall nachrechnen, ob Gleichung (114) erfüllt ist.

Der Verwerfungsbereich B

Bisher haben wir immer nur von der Fehlentscheidung gesprochen, daß die Hypothese H_0 abgelehnt wird, obwohl sie richtig ist; wir bezeichnen sie von jetzt an als den **Fehler 1. Art**. Daneben kann die Entscheidungsregel aber noch zu einer anderen Fehlentscheidung, dem sogenannten **Fehler 2. Art**, führen, nämlich daß die Nullhypothese nicht verworfen wird, obwohl sie falsch ist. Natürlich ist es wünschenswert, die Wahrscheinlichkeiten für beide Arten von Fehlern möglichst gering zu halten.

In der Regel ist es allerdings nicht möglich, einen Verwerfungsbereich B so festzulegen, daß beide Fehlerwahrscheinlichkeiten simultan unter vorgegebene Schranken gedrückt werden. Deshalb geht man bei der **Konstruktion des Verwerfungsbereichs B nach folgendem Prinzip** vor:

a) Man sorgt zunächst dafür, daß die maximale Wahrscheinlichkeit für den Fehler 1. Art gleich einem vorgegebenen Wert, nämlich gleich dem Signifikanzniveau α ist; vgl. Bedingung (114).

b) Den Spielraum, den man unter Einhaltung von a) noch hat, benutzt man dazu, die Wahrscheinlichkeit für den Fehler 2. Art so klein wie möglich zu halten.

Forderung a) wird also genau durch die Benutzung eines Tests zum Niveau α erfüllt. Forderung b) erreicht man, grob gesprochen, indem man B so legt, daß ein Testfunktionswert v, der in B fällt, stark gegen H_0 und für H_1 spricht. Mit eben dieser Begründung (vgl. (111)) haben wir beim Einstichproben-Gaußtest die Verwerfungsbereiche gemäß (113) festgelegt.

Zur Interpretation der Entscheidungsregel

Die Entscheidungsregel läßt als Ergebnisse eines Signifikanztests nur die Ablehnung bzw. die Nichtablehnung der Nullhypothese zu.

Eine **Ablehnung von H_0** kommt zustande, wenn das Beobachtungsmaterial in signifikantem Widerspruch zu H_0 steht; sie wird als **Bestätigung der gewählten Gegenhy-**

pothese H_1 interpretiert, d.h. bei Ablehnung von H_0 stellt man die Behauptung auf, H_1 sei zutreffend. Dabei handelt es sich um eine statistische Behauptung, die entweder richtig oder falsch sein kann. Man hat jedoch die Gewißheit, daß der benutzte Signifikanztest nur mit der Wahrscheinlichkeit α zu dieser statistischen Behauptung führt, obwohl sie falsch ist.

Zu **keiner Ablehnung von H_0** kommt man, wenn das Beobachtungsmaterial nicht in signifikantem Widerspruch zu H_0 steht. Dies **bedeutet nicht, daß die Hypothese H_0 bestätigt ist**, sondern nur, daß die Beobachtungsdaten nicht zu einer Ablehnung von H_0 ausreichen (sozusagen eine Stimmenthaltung oder ein Freispruch aus Mangel an Beweisen). So bestätigt in Beispiel 76 die Tatsache, daß die Eichkommission nicht zu einer Ablehnung von H_0 kommt, keineswegs die Einhaltung des Sollwerts 500 [cm^3]. Möglicherweise war nur der Stichprobenumfang n = 25 zu gering, um H_0 verwerfen zu können.

Bei Nichtablehnung von H_0 wird dennoch in der Praxis gelegentlich von einer Annahme der Nullhypothese gesprochen, wenn im Moment weitere Beobachtungen nicht in Frage kommen, die Situation aber eine Entscheidung verlangt. So wurde in Beispiel 77 die Hypothese, daß der Sollwert μ_0 eingehalten wird, de facto immer dann als (hinreichend) richtig angenommen, wenn das Stichprobenmittel die Warngrenzen nicht über- bzw. unterschritt. Diese Interpretation der Nichtablehnung von H_0 als eine Entscheidung für H_0 ist allerdings nicht statistisch abgesichert, d.h. die Wahrscheinlichkeit, mit der man so zu einer Fehlentscheidung kommt, ist nicht durch einen vorgegebenen kleinen Wert beschränkt[1] wie dies der Fall ist, wenn man sich bei Ablehnung von H_0 für H_1 entscheidet.

Ablehnung bzw. Nichtablehnung von H_0 stellen somit Aussagen unterschiedlicher Qualität dar. Dies hat seinen Grund in der beim Konstruktionsprinzip des Verwerfungsbereichs deutlich gewordenen Ungleichbehandlung von Fehlern 1. und 2. Art bzw. von Null- und Gegenhypothese. Praktiker der empirischen Wirtschafts- oder Sozialforschung wählen daher diejenige Hypothese als Gegenhypothese H_1, die sie „bestätigen" oder „statistisch untermauern" wollen.

Im folgenden Beispiel werden die oben dargestellten Prinzipien des Signifikanztests noch einmal verdeutlicht.

Beispiel 79: Für die Produktion eines Werkstücks soll die alte Maschine M_1 durch eine neue Maschine M_2 ersetzt werden, falls diese einen geringeren Ausschußanteil produziert. Die alte Maschine hatte einen Ausschußanteil $p_0 = 0,3$. Beim Probelauf von M_2 wird eine einfache Stichprobe von n = 20 Stück entnommen und geprüft. Es soll getestet werden, ob der Ausschußanteil p von M_2 kleiner als 0,3 ist oder nicht. Um die Beziehung $p < 0,3$ statistisch sichern zu können, wählen wir sie als Gegenhypothese und erhalten so $H_0: p \geq 0,3$ und $H_1: p < 0,3$. (Der gesamte Parameterbereich ist $\Theta = [0,1]$). Das Testverfahren legen wir wie folgt fest:

1. Als Signifikanzniveau verwenden wir $\alpha = 0,05$.

2. Als Testfunktion eignet sich $V = \sum_{i=1}^{20} X_i$ mit

$$X_i = \begin{cases} 1, & \text{falls das i-te geprüfte Stück defekt ist} \\ 0, & \text{sonst} \end{cases}$$

Denn V genügt einer B(20;p)-Verteilung, so daß die Verteilung von V, wie gefordert
– davon abhängt, ob H_0 oder H_1 zutrifft
– berechenbar ist für $p \geq p_0 = 0,3$.

---

[1] Bei gegebenem Signifikanzniveau α kann diese Irrtumswahrscheinlichkeit im ungünstigsten Fall $1 - \alpha$ betragen.

3. Je kleiner der Wert v ist, desto deutlicher spricht er für H_1 und gegen H_0. Deshalb wählen wir den Verwerfungsbereich von der Gestalt $B = \{0, 1, \ldots, c\}$, wobei $\sup_{p \geq 0,3} P(V \leq c|p) \leq 0,05$ und $\sup_{p \geq 0,3} P(V \leq c + 1|p) > 0,05$ gefordert wird.

Dies ergibt $B = \{0, 1, 2\}$, vgl. Tabelle 1 des Anhangs.

4. Die Entscheidungsregel bedeutet dann: Sind von den 20 geprüften Stücken höchstens 2 defekt, so wird H_0 abgelehnt, d.h. man hält M_2 für besser als M_1. Andernfalls, wenn H_0 nicht abgelehnt werden kann, wird man sich in der Praxis wohl für eine Weiterverwendung von M_1 entscheiden.

Aufgabe 98: *Welcher Verwerfungsbereich ergibt sich in Beispiel 79, wenn der Stichprobenumfang $n = 5$ oder $n = 10$ vorliegt?*

14.3 Klassifikation der Signifikanztests

In diesem Abschnitt verschaffen wir uns mit Hilfe einiger Baum-Darstellungen einen Überblick[1] über Signifikanztests, indem wir eine Untergliederung nach Ausgangssituation, Verteilungsvoraussetzungen, Art der Hypothesen[2] usw. vornehmen. Insbesondere sind darin diejenigen Tests aufgeführt, die wir anschließend ausführlich behandeln werden; sie sind stets durch die durchgezogenen Pfeile gekennzeichnet. Dagegen deuten gestrichelte Pfeile auf Tests hin, deren explizite Darstellung beispielsweise in der jeweils zitierten Literatur zu finden ist.

Hauptgliederungsgesichtspunkte sind im folgenden die Art und die Anzahl der verwendeten Stichproben.

14.3.1 Signifikanztests bei einer einfachen Stichprobe

Betrachtet wird eine Grundgesamtheit G mit einem relevanten Untersuchungsmerkmal X, zu dem **eine einfache Stichprobe** vom Umfang n aus G entnommen wird. Dabei bezeichnet μ den Erwartungswert, σ^2 die Varianz und F die Verteilungsfunktion der Verteilung der Grundgesamtheit G bezüglich X. Ferner sind μ_0, σ_0^2 und F_0 die entsprechenden hypothetischen Größen.

Alle in Fig. 48 auf Seite 184 angegebenen Tests benötigen kardinalskalierte Daten mit Ausnahme

- des χ^2-Anpassungstests, der mit nominalen Daten auskommt, und
- des approximativen Gaußtests im Fall einer dichotomen Grundgesamtheit.

14.3.2 Signifikanztests bei mehreren unabhängigen Stichproben

Hypothesen beziehen sich oft auf einen Vergleich mehrerer Wahrscheinlichkeitsverteilungen. Beispielsweise kann man sich dafür interessieren,

- welcher von zwei neu entwickelten Transistortypen eine größere mittlere Lebensdauer besitzt
- ob mehrere verschiedene Lehrmethoden gleich wirksam sind.

---

[1] Die Darstellung erhebt keinen Anspruch auf Vollständigkeit.
[2] In den Figuren wird immer nur die Nullhypothese angegeben. Die jeweils in Frage kommenden Alternativhypothesen sind bei der expliziten Behandlung der einzelnen Testverfahren zu finden.

```
                                                                      ┌─────────────────────┐
                                              σ bekannt        ┌──▶  │ Einstichproben-     │
                        G ist N(μ;σ)-        ───────────▶      │     │ Gaußtest: 14.1      │
                        verteilt                               │     └─────────────────────┘
                                          ┌──┐
          H₀: μ = μ₀                 ────▶│  │
                                          └──┘     σ unbekannt        ┌─────────────────────┐
                   ┌──┐                                        ──▶   │ Einstichproben-     │
                   │  │                                               │ t-Test: 14.4        │
                   └──┘    G beliebig verteilt,                       └─────────────────────┘
                           n hinreichend groß    ──▶  approximativer Gaußtest: 14.4
 parametrisch
                     H₀: σ² = σ₀²
                                          G ist N(μ;σ)-
                                   ────▶  verteilt       ──▶  χ²-Test für die Varianz: 14.5
```

eine einfache Stichprobe

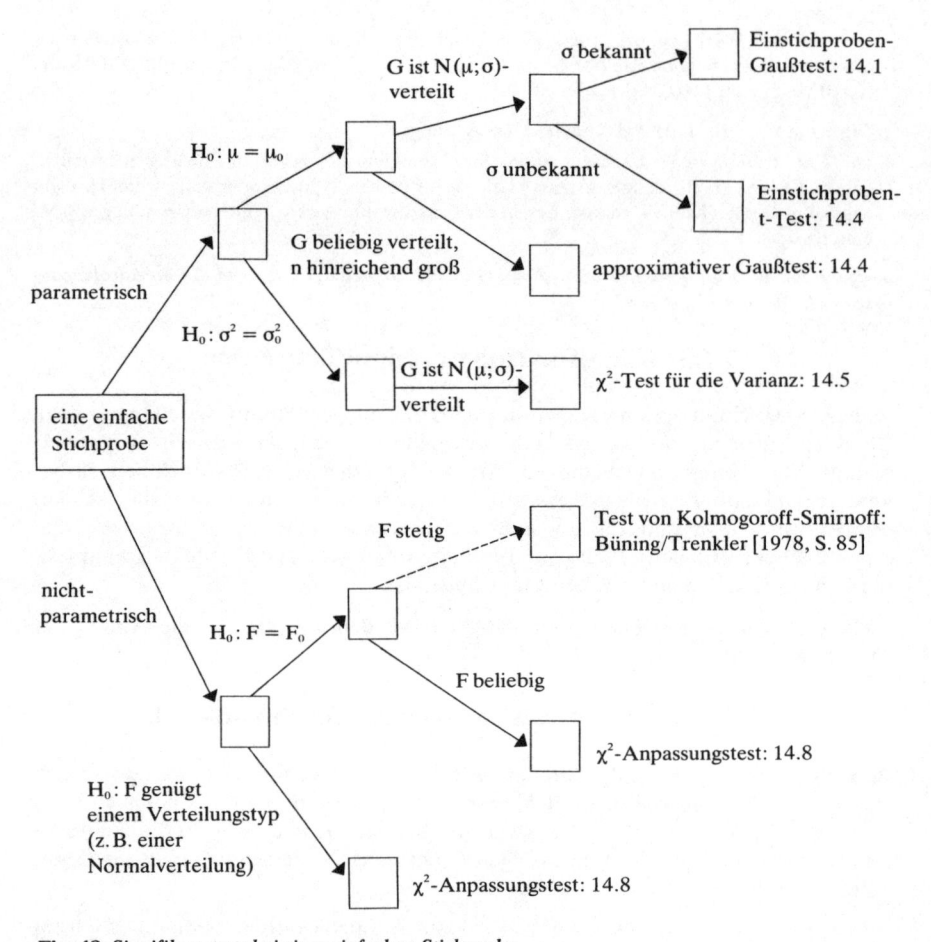

```
                                                               ┌─────────────────────────────┐
                                      F stetig         ──▶    │ Test von Kolmogoroff-Smirnoff:│
                                                               │ Büning/Trenkler [1978, S. 85] │
 nicht-                                                        └─────────────────────────────┘
 parametrisch        H₀: F = F₀
                                      F beliebig

                                                     ──▶  χ²-Anpassungstest: 14.8

 H₀: F genügt
 einem Verteilungstyp
 (z.B. einer
 Normalverteilung)          ──▶  χ²-Anpassungstest: 14.8
```

Fig. 48: Signifikanztests bei einer einfachen Stichprobe

In diesem Unterabschnitt setzen wir voraus, daß zu jeder von r relevanten Wahrscheinlichkeitsverteilungen $j = 1, \ldots, r$ eine einfache Stichprobe vom Umfang n_j vorliegt, wobei die r Stichprobenentnahmen voneinander unabhängig sein müssen.

Dabei ist es unerheblich, ob die r Verteilungen davon herrühren, daß r Grundgesamtheiten $G_1, \ldots, G_r$ auf ein gemeinsames Merkmal (oder auch auf verschiedene Merkmale) hin untersucht werden, oder davon, daß r Merkmale in einer einzigen Grundgesamtheit G interessieren. Entscheidend ist stets nur die **Unabhängigkeit der r einfachen Stichproben**. Diese Unabhängigkeit wird z.B. beim Vergleich mehrerer Lehrmethoden dadurch gewährleistet, daß man aus der Grundgesamtheit aller in Frage kommenden Schüler insgesamt n Schüler nach einer uneingeschränkten Zufallsauswahl auswählt und diese zufällig in r Gruppen aufteilt, wobei die j-te Gruppe n_j Schüler enthält. In der j-ten Gruppe wird dann die Lehrmethode j benutzt.

In Fig. 49 bezeichnet μ_j den Erwartungswert, σ_j^2 die Varianz und F_j die Verteilungsfunktion der Wahrscheinlichkeitsverteilung, aus der die j-te Stichprobe stammt.

14.3 Klassifikation der Signifikanztests

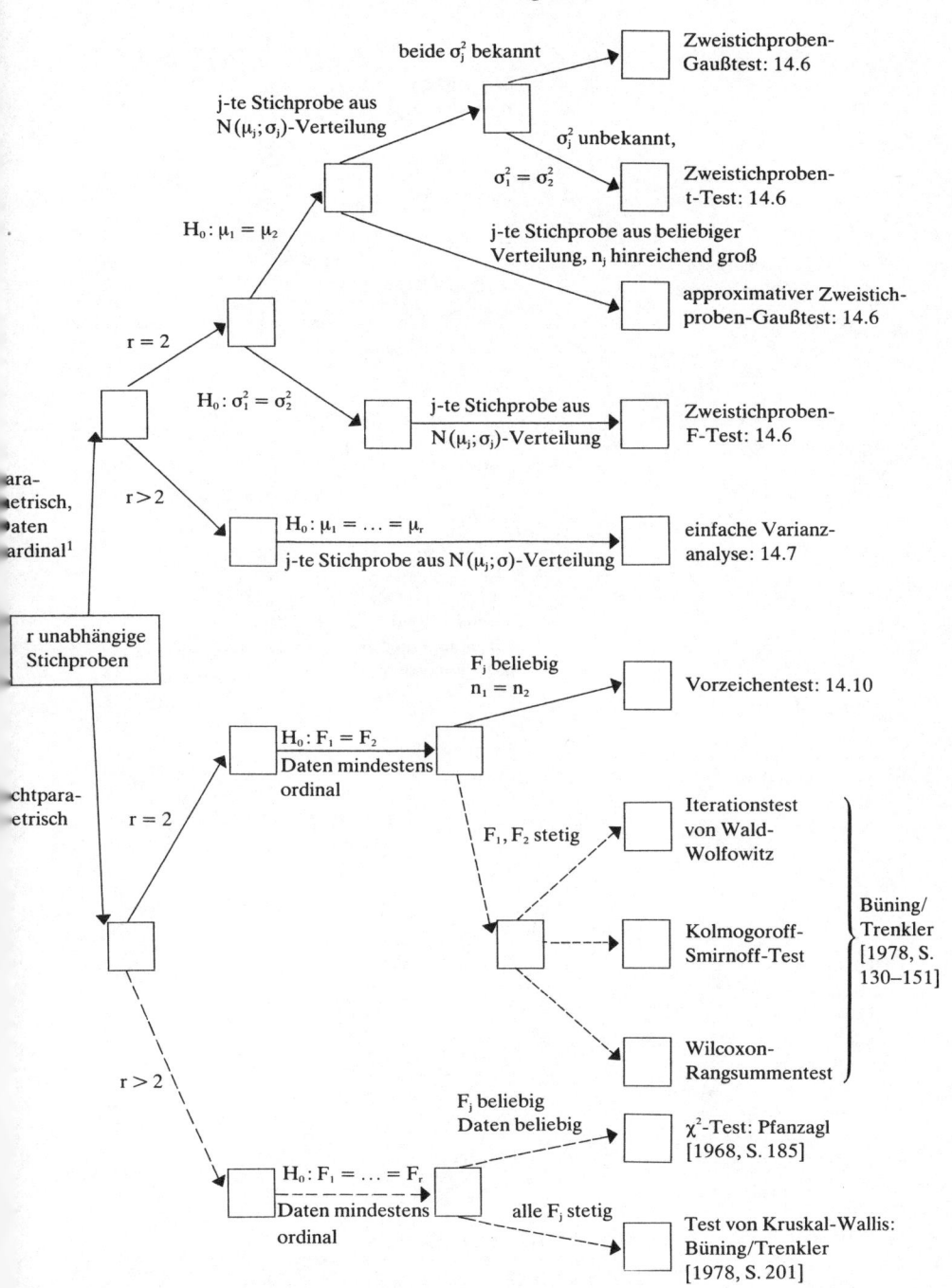

Fig. 49: *Signifikanztests bei unabhängigen Stichproben*

Diagramm-Inhalt:

r unabhängige Stichproben

Parametrisch, Daten kardinal[1]:

- $r = 2$:
  - $H_0: \mu_1 = \mu_2$, j-te Stichprobe aus $N(\mu_j; \sigma_j)$-Verteilung
    - beide σ_j^2 bekannt → Zweistichproben-Gaußtest: 14.6
    - σ_j^2 unbekannt, $\sigma_1^2 = \sigma_2^2$ → Zweistichproben-t-Test: 14.6
    - j-te Stichprobe aus beliebiger Verteilung, n_j hinreichend groß → approximativer Zweistichproben-Gaußtest: 14.6
  - $H_0: \sigma_1^2 = \sigma_2^2$, j-te Stichprobe aus $N(\mu_j; \sigma_j)$-Verteilung → Zweistichproben-F-Test: 14.6
- $r > 2$: $H_0: \mu_1 = \ldots = \mu_r$, j-te Stichprobe aus $N(\mu_j; \sigma)$-Verteilung → einfache Varianzanalyse: 14.7

Nichtparametrisch:

- $r = 2$: $H_0: F_1 = F_2$, Daten mindestens ordinal
  - F_j beliebig, $n_1 = n_2$ → Vorzeichentest: 14.10
  - F_1, F_2 stetig → Iterationstest von Wald-Wolfowitz
  - → Kolmogoroff-Smirnoff-Test
  - → Wilcoxon-Rangsummentest

  (Büning/Trenkler [1978, S. 130–151])

- $r > 2$: $H_0: F_1 = \ldots = F_r$, Daten mindestens ordinal
  - F_j beliebig, Daten beliebig → χ^2-Test: Pfanzagl [1968, S. 185]
  - alle F_j stetig → Test von Kruskal-Wallis: Büning/Trenkler [1978, S. 201]

---

[1] Der approximative Zweistichproben-Gaußtest ist auch auf dichotome Stichprobenvariablen anwendbar.

14. Kapitel: Signifikanztests

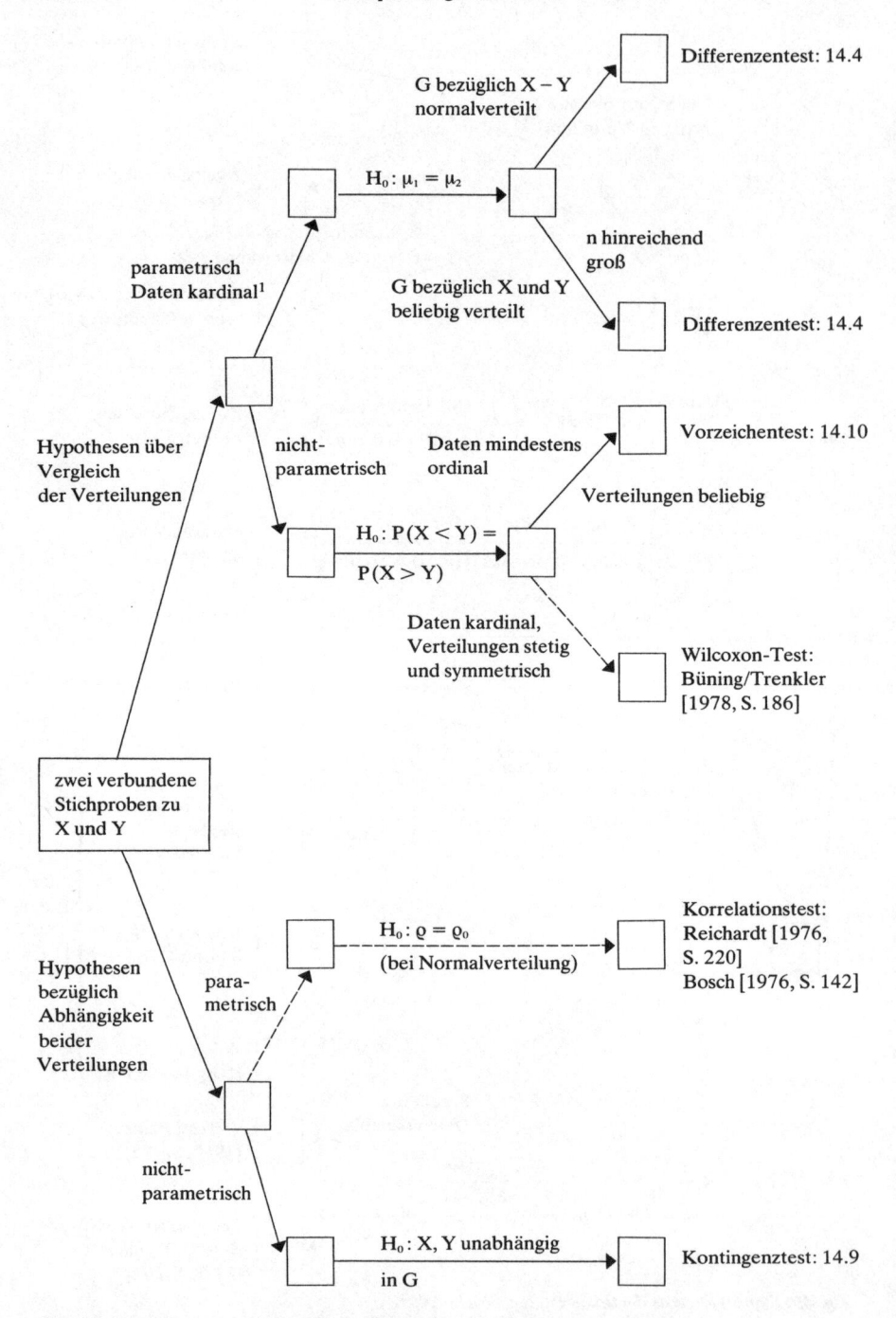

```
                                                  G bezüglich X − Y
                                                   normalverteilt      ──▶  Differenzentest: 14.4
                                           ┌──  H₀: μ₁ = μ₂  ──┐
                                           │                   │
                                           │                   │    n hinreichend
                parametrisch                                         groß
                Daten kardinal¹              G bezüglich X und Y
                                             beliebig verteilt  ──▶  Differenzentest: 14.4

Hypothesen über                                          Daten mindestens
Vergleich             nicht-                              ordinal        ──▶  Vorzeichentest: 14.10
der Verteilungen      parametrisch                  Verteilungen beliebig
                                    H₀: P(X < Y) =
                                       P(X > Y)
                                                    Daten kardinal,
                                                    Verteilungen stetig     Wilcoxon-Test:
                                                    und symmetrisch     ──▶ Büning/Trenkler
                                                                            [1978, S. 186]

zwei verbundene
Stichproben zu
X und Y

                                                                            Korrelationstest:
                                        H₀: ϱ = ϱ₀                          Reichardt [1976,
                         para-          (bei Normalverteilung)  ──▶         S. 220]
Hypothesen               metrisch                                           Bosch [1976, S. 142]
bezüglich
Abhängigkeit
beider
Verteilungen

                    nicht-
                    parametrisch
                                        H₀: X, Y unabhängig     ──▶         Kontingenztest: 14.9
                                           in G
```

Fig. 50: *Signifikanztests bei zwei verbundenen Stichproben*

---

[1] Auch hier sind wieder dichotome Stichprobenvariablen zugelassen.

14.3.3 Signifikanztests bei zwei verbundenen Stichproben

In diesem Unterabschnitt wird aus einer Grundgesamtheit G eine zweidimensionale einfache Stichprobe vom Umfang n gezogen; d.h. bei jedem aus G entnommenen Objekt werden zu zwei relevanten Untersuchungsmerkmalen X und Y die beiden Merkmalsausprägungen registriert. Betrachtet man die Datenerhebung zu X und Y getrennt, so spricht man vom Vorliegen **zweier verbundener einfacher Stichproben** vom Umfang n.

Hypothesen können sich hierbei mit zwei Arten von Problemstellungen beschäftigen, nämlich

- mit der Frage der Unabhängigkeit der beiden Merkmalsverteilungen in G, z.B. ob bei Studenten der Wirtschaftswissenschaften die Prüfungsleistungen in den Fächern Mathematik und Statistik voneinander abhängen oder nicht
- mit einem Vergleich der zwei Merkmalsverteilungen, beispielsweise dem Vergleich der Ernteerträge bei zwei verschiedenen Düngemitteln. Um dabei tatsächlich verbundene Stichproben zu erhalten, geht man etwa so vor, daß man n Äcker je zur Hälfte mit Düngemittel A bzw. Düngemittel B behandelt. (Würde man dagegen bei n_1 Äckern Mittel A und unabhängig davon bei n_2 weiteren Äckern Mittel B anwenden, so wären die Tests aus 14.3.2 zu benutzen.)

In Fig. 50 sind mit μ_1 bzw. μ_2 die Erwartungswerte der Merkmalsverteilung von X bzw. von Y in G bezeichnet; ϱ ist der Korrelationskoeffizient der gemeinsamen Verteilung von X und Y.

14.4 Einstichproben-t-Test, approximativer Gaußtest, Differenzentests

Wir setzen zunächst wie in 14.3.1 voraus, daß eine Grundgesamtheit G vorliegt, die bezüglich des Untersuchungsmerkmals X den Erwartungswert μ und die Varianz σ^2 besitzt. $X_1, \ldots, X_n$ sind die Variablen **einer einfachen Stichprobe** aus G.

Der unbekannte Erwartungswert μ wird mit einem hypothetischen Wert μ_0 verglichen. Dabei lassen wir explizit folgende Paare von Hypothesen H_0 und H_1 zu:

$$
\begin{array}{ll}
\text{a)} \ H_0: \mu = \mu_0 & H_1: \mu \neq \mu_0 \\
\text{b)} \ H_0: \mu = \mu_0 \ (\text{oder } \mu \geq \mu_0), & H_1: \mu < \mu_0 \\
\text{c)} \ H_0: \mu = \mu_0 \ (\text{oder } \mu \leq \mu_0), & H_1: \mu > \mu_0
\end{array}
\tag{115}
$$

Unter zwei verschiedenen Voraussetzungen werden nun Testfunktionen angegeben, die zur Überprüfung dieser Hypothesen geeignet sind.

Voraussetzung 1: G genügt bezüglich X einer $N(\mu; \sigma)$-Verteilung mit unbekannter[1] Standardabweichung σ.

---

[1] der Fall „σ bekannt" wurde in 14.1 behandelt.

14. Kapitel: Signifikanztests

In diesem Fall benutzen wir die t-Statistik

$$V = \frac{\bar{X} - \mu_0}{S} \sqrt{n}$$

als Testfunktion. Sie besitzt, wie wir aus 11.2.4 wissen, eine $t(n-1)$-Verteilung, sofern μ gleich dem hypothetischen Wert μ_0 ist.

Voraussetzung 2: Die Verteilung von G bezüglich X ist beliebig; der Stichprobenumfang n ist größer als 30 bzw. es liegen, falls G dichotom ist, mindestens so viele Beobachtungen vor, daß $n\bar{x} \geq 5$ und $n(1-\bar{x}) \geq 5$ gilt, d.h. $5 \leq \Sigma x_i \leq n-5$. Geeignete Testfunktionen sind dann

$$V = \frac{\bar{X} - \mu_0}{\sigma} \sqrt{n}, \quad \text{sofern } \sigma \text{ bekannt ist, bzw.}$$

$$V = \frac{\bar{X} - \mu_0}{S} \sqrt{n}, \quad \text{sofern } \sigma \text{ unbekannt ist.}$$

Im Fall einer dichotomen Grundgesamtheit, wenn also $\mu = p$ ein unbekannter Anteilswert und $\mu_0 = p_0$ ein hypothetischer Wert ist, nimmt man als Testfunktion meist

$$V = \frac{\bar{X} - p_0}{\sqrt{p_0(1-p_0)}} \sqrt{n},$$

d.h. man setzt in den Nenner die bei $p = p_0$ gültige Standardabweichung der Verteilung von G.

Nach 11.2.4 sind die angegebenen Testfunktionen hinreichend genau $N(0;1)$-verteilt, sofern $\mu = \mu_0$ zutrifft.

Das im folgenden Tableau zusammengestellte Testverfahren heißt

- **Einstichproben-t-Test**, sofern Voraussetzung 1 vorliegt
- **approximativer Gaußtest**, falls Voraussetzung 2 erfüllt ist.

Schritt 1: Ein Signifikanzniveau α wird festgelegt.

Schritt 2: Der Testfunktionswert v wird errechnet, nämlich:

unter	Voraus-setzung 1	Voraussetzung 2 und		G ist $B(1;p)$-verteilt
		σ bekannt	σ unbekannt	
gemäß v =	$\dfrac{\bar{x} - \mu_0}{s} \sqrt{n}$	$\dfrac{\bar{x} - \mu_0}{\sigma} \sqrt{n}$	$\dfrac{\bar{x} - \mu_0}{s} \sqrt{n}$ [1]	$\dfrac{\bar{x} - p_0}{\sqrt{p_0(1-p_0)}} \sqrt{n}$

Schritt 3: Der Verwerfungsbereich

$B = (-\infty; -x_{1-\alpha/2}) \cup (x_{1-\alpha/2}; \infty)$ im Fall (115a)
$B = (-\infty; -x_{1-\alpha})$ im Fall (115b)
$B = (x_{1-\alpha}; \infty)$ im Fall (115c)

---

[1] Statt s kann auch ein anderer Schätzwert für σ sinnvoll sein.

wird festgelegt, wobei die Fraktilswerte $x_{1-\alpha/2}$ bzw. $x_{1-\alpha}$
- der $t(n-1)$-Verteilung unter Voraussetzung 1 bei $n-1 \leq 30$
- der $N(0;1)$-Verteilung unter Voraussetzung 2 und unter Voraussetzung 1 bei $n-1 > 30$

zu entnehmen sind.

Schritt 4: H_0 wird genau dann verworfen, wenn $v \in B$ gilt.

Beispiel 80: In Aufgabe 94 ergab sich in einer einfachen Stichprobe vom Umfang $n = 2000$ eine Anzahl von 108 Stimmen für eine bestimmte Partei. Wir testen die Hypothese H_0, daß der Stimmenanteil p dieser Partei unter allen Wahlberechtigten höchstens 5% beträgt, gegen $H_1 : p > 0,05$.

Wegen $5 \leq \Sigma x_i = 108 \leq 2000 - 5$ ist Voraussetzung 2 erfüllt.

1. Als Signifikanzniveau wählen wir $\alpha = 0,02$.

2. Die Testfunktion nimmt den Wert

$$v = \frac{0,054 - 0,05}{\sqrt{0,05 \cdot 0,95}} \sqrt{2000} = 0,8208 \text{ an.}$$

3. Der Verwerfungsbereich ist $B = (2,054; \infty)$.
4. Wegen $v \notin B$ kann H_0 nicht verworfen werden.

Bei den in Fig. 50 aufgeführten **Differenzentests** handelt es sich um Anwendungen des Einstichproben-t-Tests bzw. des approximativen Gaußtests auf Differenzen von Stichprobenvariablen. Sei also G wie in 14.3.3 eine Grundgesamtheit, die bezüglich der beiden Untersuchungsmerkmale X bzw. Y die Erwartungswerte μ_1 bzw. μ_2 besitzt. Die Stichprobenvariablen $X_1, \ldots, X_n$ bzw. $Y_1, \ldots, Y_n$ beschreiben das Ziehen **zweier verbundener einfacher Stichproben** aus G zu X bzw. Y.

Die Stichprobenfunktionen

$$Z_i = X_i - Y_i, i = 1, \ldots, n$$

sind dann unabhängige, identisch verteilte Zufallsvariablen, welche bei jedem untersuchten Objekt aus G die Differenzen der beiden Merkmalsausprägungen messen. Setzen wir

$$\mu = \mu_1 - \mu_2,$$

so ist μ der Erwartungswert der Z_i, und Hypothesen der Form $\mu_1 = \mu_2$, $\mu_1 \leq \mu_2$, $\mu_1 \neq \mu_2$ usw. sind äquivalent zu $\mu = 0$, $\mu \leq 0$, $\mu \neq 0$ usw. Deshalb ist ein Einstichproben-t-Test bzw. ein approximativer Gaußtest, der mit Hilfe der Z_i zu einem Paar von Hypothesen gemäß (115) mit $\mu_0 = 0$ durchgeführt wird, ein geeignetes Verfahren zur Überprüfung der entsprechenden Hypothesen bezüglich μ_1 und μ_2.

Im einzelnen ergibt sich folgende Vorgehensweise:

Voraussetzung	anzuwendender Test	Testfunktionswert v
Z_i normalverteilt	Einstichproben-t-Test[1]	$v = \dfrac{\bar{z}}{\sqrt{\dfrac{1}{n-1} \sum_{i=1}^{n} (z_i - \bar{z})^2}} \sqrt{n}$
X_i, Y_i dichotom $5 \leq \Sigma x_i \leq n - 5$ $5 \leq \Sigma y_i \leq n - 5$	approximativer Gaußtest[2]	$v = \dfrac{\sum_{i=1}^{n} z_i}{\sqrt{\sum_{i=1}^{n} z_i^2}}$
Z_i beliebig verteilt $n > 30$	approximativer Gaußtest	$v = \dfrac{\bar{z}}{\sqrt{\dfrac{1}{n-1} \sum_{i=1}^{n} (z_i - \bar{z})^2}} \sqrt{n}$

Beispiel 81: Von einer Meßstation wird die relative Luftfeuchtigkeit an 5 Tagen jeweils um 8 Uhr (Merkmal X) und um 20 Uhr (Merkmal Y) registriert. Dabei ergeben sich die Prozent-Werte:

x_i	72,2	56,1	88,4	63,9	65,9
y_i	74,5	56,5	87,9	64,2	67,4

Wir nehmen an, daß die Differenzen $z_i = x_i - y_i$ als Realisierungen identisch normalverteilter Zufallsvariablen angesehen werden können, und testen, ob im Mittel um 8 Uhr die gleiche Luftfeuchtigkeit vorliegt wie um 20 Uhr (Hypothese H_0) oder nicht (Hypothese H_1).

1. Als Signifikanzniveau wählen wir $\alpha = 0{,}05$.
2. z_i: $-2{,}3$; $-0{,}4$; $0{,}5$; $-0{,}3$; $-1{,}5$ liefert $\bar{z} = -0{,}8$ und

$$s_z^2 = \frac{1}{n-1} \sum_{i=1}^{n} (z_i - \bar{z})^2 = 1{,}21;$$

---

[1] Der Fall, daß die Varianz der Z_i bekannt ist, kommt in der Praxis kaum vor.
[2] Bezeichnet man für jedes mögliche Paar $(0,0)$, $(0,1)$, $(1,0)$ bzw. $(1,1)$ von Stichprobenergebnissen (x_i, y_i) mit h_{00}, h_{01}, h_{10} bzw. h_{11} die zugehörige absolute Häufigkeit, wie nebenstehendes Diagramm verdeutlicht, so ist

$v = \dfrac{h_{10} - h_{01}}{\sqrt{h_{10} + h_{01}}}$.

x \ y	0	1	
0	h_{00}	h_{01}	
1	h_{10}	h_{11}	$\sum_{i=1}^{n} x_i$
		$\sum_{i=1}^{n} y_i$	n

der Testfunktionswert ist daher $v = \dfrac{-0,8}{1,1} \sqrt{5} = -1,626$.

3. $B = (-\infty; -2,776) \cup (2,776; +\infty)$ ist der Verwerfungsbereich.
4. Wegen $v \notin B$ wird H_0 nicht abgelehnt.

Aufgabe 99: *Zehn Hohlkarabiner einer bestimmten Marke wurden der Produktion zufällig entnommen und dem Zerreißversuch unterzogen, d.h. die Belastung des Karabiners wurde solange kontinuierlich erhöht, bis er brach. Der Bruch geschah bei folgenden Werten x_i:*

2100, 2130, 2150, 2170, 2210, 2070, 2230, 2150, 2230, 2200 [kp].

(Daten aus „Deutscher Alpenverein", 1, München 1979, Februar)

Testen Sie unter der Voraussetzung, daß die Karabiner bezüglich ihrer Bruchlast X einer Normalverteilung genügen, die Hypothese H_0, daß die mittlere Bruchlast μ höchstens 2000 kp beträgt (gegen $H_1 : \mu > 2000$), und zwar zum Signifikanzniveau $\alpha = 0,01$.

Aufgabe 100: *500 zufällig ausgewählten Bundesbürgern wurden die beiden Fragen vorgelegt, ob sie*

a) den Bau weiterer Kernkraftwerke befürworten oder ablehnen
b) ein Energiesparprogramm für notwendig erachten oder nicht.

Dabei ergaben sich folgende Daten

Sparprogramm weitere KKW	nicht notwendig	notwendig	Σ
befürwortet	165	71	236
abgelehnt	118	146	264
Σ	283	217	500

Testen Sie zum Signifikanzniveau $\alpha = 0,05$ die Hypothese H_0, daß die Anteile p_1 bzw. p_2 der Personen, die den Bau weiterer Kernkraftwerke ablehnen bzw. ein Energiesparprogramm für notwendig ansehen, gleich groß sind, gegen $H_1 : p_1 > p_2$.

14.5 Chi-Quadrat-Test für die Varianz

Sind $X_1, \ldots, X_n$ die Variablen **einer einfachen Stichprobe** vom Umfang n aus einer **$N(\mu; \sigma)$-verteilten Grundgesamtheit** G, und ist σ_0^2 ein hypothetischer Wert für σ^2, so ist die Stichprobenfunktion

$$V = \frac{(n-1) S^2}{\sigma_0^2} = \frac{1}{\sigma_0^2} \cdot \sum_{i=1}^{n} (X_i - \bar{X})^2$$

$\chi^2(n-1)$-verteilt, sofern $\sigma^2 = \sigma_0^2$ richtig ist (siehe 11.2.4). Da S^2 eine erwartungstreue Schätzfunktion für σ^2 ist, sprechen kleine Werte von V für $\sigma^2 < \sigma_0^2$ und große Werte von V für $\sigma^2 > \sigma_0^2$. Somit ist V geeignet als Testfunktion zur Überprüfung folgender Paare von Hypothesen H_0 und H_1:

$$\begin{array}{ll} \text{a)} \ H_0 : \sigma^2 = \sigma_0^2 & H_1 : \sigma^2 \neq \sigma_0^2 \\ \text{b)} \ H_0 : \sigma^2 = \sigma_0^2 \ (\text{oder } \sigma^2 \geq \sigma_0^2), & H_1 : \sigma^2 < \sigma_0^2 \\ \text{c)} \ H_0 : \sigma^2 = \sigma_0^2 \ (\text{oder } \sigma^2 \leq \sigma_0^2), & H_1 : \sigma^2 > \sigma_0^2 \end{array} \quad (116)$$

Das Verfahren, das nun beschrieben wird, heißt χ^2-**Test für die Varianz:**

Schritt 1: Ein Signifikanzniveau α wird festgelegt.

Schritt 2: Der Testfunktionswert $v = \dfrac{(n-1)s^2}{\sigma_0^2} = \dfrac{1}{\sigma_0^2} \cdot \sum\limits_{i=1}^{n} (x_i - \bar{x})^2$

wird errechnet.

Schritt 3: Der Verwerfungsbereich

$B = [0; x_{\alpha/2}) \cup (x_{1-\alpha/2}; \infty)$ im Fall (116a)
$B = [0; x_{\alpha})$ im Fall (116b)
$B = (x_{1-\alpha}; \infty)$ im Fall (116c)

wird festgelegt mit Hilfe der Fraktilswerte der $\chi^2(n-1)$-Verteilung.

Schritt 4: H_0 wird genau dann abgelehnt, wenn $v \in B$ gilt.

Wie im Abschnitt 13.2 ist auch hier anzumerken, daß

- bei nicht-normalverteilter Grundgesamtheit G das Verfahren des χ^2-Tests selbst bei hohem Stichprobenumfang n nicht generell anwendbar ist; G sollte zumindest „näherungsweise" normalverteilt (und $n > 100$) sein

- bei $N(\mu; \sigma)$-verteilter Grundgesamtheit mit bekanntem μ statt $(n-1)S^2/\sigma_0^2$ die Stichprobenfunktion $\sum\limits_{i=1}^{n} (X_i - \mu)^2/\sigma_0^2$ verwendet werden sollte; sie genügt im Fall $\sigma^2 = \sigma_0^2$ einer $\chi^2(n)$-Verteilung.

Aufgabe 101: Überprüfen Sie mit den Daten von Aufgabe 99 die Hypothese $H_0: \sigma = 40$ gegen $H_1: \sigma \neq 40$, wobei σ^2 die Varianz der Bruchlast in der Gesamtheit aller produzierten Karabiner des untersuchten Typs bedeute. Wählen Sie dazu $\alpha = 0,1$ als zulässige Wahrscheinlichkeit für den Fehler 1. Art.

14.6 Zweistichproben-Tests

Wie Fig. 49 zu entnehmen ist, haben Zweistichproben-Tests den Vergleich zweier Erwartungswerte bzw. zweier Varianzen bei unabhängigen Stichproben zum Ziel.

Voraussetzung ist also das Vorliegen **zweier unabhängiger einfacher Stichproben** vom Umfang n_1 bzw. n_2. Die zugehörigen Stichprobenvariablen bezeichnen wir mit

$X_1, \ldots, X_{n_1}$ bzw. $Y_1, \ldots, Y_{n_2}$.

$\bar{X}$ und S_1^2 bzw. $\bar{Y}$ und S_2^2 seien die entsprechenden Stichprobenmittel und Stichprobenvarianzen. Mit μ_1 und σ_1^2 werden der Erwartungswert und die Varianz der X_i abgekürzt, μ_2 und σ_2^2 besitzen die analoge Bedeutung für die Variablen Y_i.

14.6.1 Vergleich zweier Erwartungswerte

Wir betrachten folgende Fälle von Hypothesen H_0 und H_1:

$$\begin{array}{ll} \text{a)} \ H_0: \mu_1 = \mu_2 & H_1: \mu_1 \neq \mu_2 \\ \text{b)} \ H_0: \mu_1 = \mu_2 \ (\text{oder } \mu_1 \geq \mu_2), & H_1: \mu_1 < \mu_2 \\ \text{c)} \ H_0: \mu_1 = \mu_2 \ (\text{oder } \mu_1 \leq \mu_2), & H_1: \mu_1 > \mu_2 \end{array} \quad (117)$$

14.6 Zweistichproben-Tests

Die Differenz $\bar{X}-\bar{Y}$ ist zur Überprüfung dieser Hypothesen geeignet. Denn die Stichprobenmittel $\bar{X}$ bzw. $\bar{Y}$ sind erwartungstreue Schätzfunktionen für μ_1 bzw. für μ_2, so daß $\mu_1 > \mu_2$ bzw. $\mu_1 < \mu_2$ zu vermuten ist, wenn $\bar{x}$ deutlich größer als $\bar{y}$ bzw. deutlich kleiner als $\bar{y}$ ausfüllt, wohingegen Werte $\bar{x} - \bar{y}$, die nahe bei 0 liegen, nicht gegen $\mu_1 = \mu_2$ sprechen. Die in nachstehendem Schema zu verschiedenen Voraussetzungen angegebenen Testfunktionen V enthalten daher $\bar{X} - \bar{Y}$ als wesentlichen Bestandteil.

Voraussetzung	Testfunktion V	Verteilung von V unter $\mu_1 = \mu_2$
1. X_i gemäß $N(\mu_1;\sigma_1)$ verteilt Y_i gemäß $N(\mu_2;\sigma_2)$ verteilt σ_1 und σ_2 bekannt	$\dfrac{\bar{X}-\bar{Y}}{\sqrt{\dfrac{\sigma_1^2}{n_1}+\dfrac{\sigma_2^2}{n_2}}}$	$N(0;1)$
2. X_i gemäß $N(\mu_1;\sigma_1)$ verteilt Y_i gemäß $N(\mu_2;\sigma_2)$ verteilt σ_1 und σ_2 unbekannt, aber[1] $\sigma_1 = \sigma_2$	$\dfrac{\bar{X}-\bar{Y}}{\sqrt{\dfrac{(n_1-1)S_1^2+(n_2-1)S_2^2}{n_1+n_2-2} \cdot \dfrac{n_1+n_2}{n_1 \cdot n_2}}}$	$t(n_1+n_2-2)$ (Fraktile für $n_1+n_2-2>30$ aus $N(0;1)$)
3. X_i gemäß $B(1;p_1)$ verteilt Y_i gemäß $B(1;p_2)$ verteilt $5 \leq \Sigma x_i \leq n_1 - 5$; $5 \leq \Sigma y_i \leq n_2 - 5$	$\dfrac{\bar{X}-\bar{Y}}{\sqrt{\dfrac{(\Sigma X_i + \Sigma Y_i)(n_1+n_2-\Sigma X_i - \Sigma Y_i)}{(n_1+n_2) \cdot n_1 \cdot n_2}}}$	approximativ $N(0;1)$
4. X_i, Y_i beliebig verteilt[2] $n_1 > 30, n_2 > 30$	$\dfrac{\bar{X}-\bar{Y}}{\sqrt{\dfrac{S_1^2}{n_1}+\dfrac{S_2^2}{n_2}}}$	approximativ $N(0;1)$

Fig. 51: *Testfunktionen für den Vergleich zweier Erwartungswerte im Fall unabhängiger Stichproben*

Ein Test ist wieder nach den üblichen vier Schritten durchzuführen. Die im folgenden beschriebene Vorgehensweise nennt man

- **Zweistichproben-Gaußtest** unter Voraussetzung 1
- **Zweistichproben-t-Test** unter Voraussetzung 2
- **approximativer Zweistichproben-Gaußtest** unter den Voraussetzungen 3 und 4 aus Fig. 51.

Schritt 1: Ein Signifikanzniveau α wird festgelegt.

Schritt 2: Je nach Voraussetzung wird der Testfunktionswert v nach der in Fig. 51 angegebenen Formel errechnet.

---

[1] Im Fall $n_1 = n_2 = n$ ist der Test auch ohne die Voraussetzung $\sigma_1 = \sigma_2$ brauchbar. Die angegebene Testfunktion ist dann näherungsweise t-verteilt, wobei als Anzahl der Freiheitsgrade der Wert
$$(n-1)\left[1 + \frac{2}{s_1^2/s_2^2 + s_2^2/s_1^2}\right]$$
(bzw. die nächstliegende ganze Zahl) zu benutzen ist, vgl. J. Pfanzagl [1968, S. 217].

[2] Sofern man σ_1^2 oder σ_2^2 kennt, setzt man in V den Wert σ_i^2 an die Stelle von S_i^2.

14. Kapitel: Signifikanztests

Schritt 3: Der Verwerfungsbereich

$B = (-\infty; -x_{1-\alpha/2}) \cup (x_{1-\alpha/2}; \infty)$ im Fall (117a)
$B = (-\infty; -x_{1-\alpha})$ im Fall (117b)
$B = (x_{1-\alpha}; \infty)$ im Fall (117c)

wird festgelegt, wobei die Fraktilswerte jeweils der in Fig. 51 enthaltenen Verteilung von V unter $\mu_1 = \mu_2$ zu entnehmen sind.

Schritt 4: H_0 wird genau dann abgelehnt, wenn $v \in B$ gilt.

Beispiel 82: Es besteht die Hypothese H_0, daß sich die Anzahl der Fahrzeuge, die zur Hauptverkehrszeit im Mittel pro Minute an einer Engstelle ankommen, durch den Bau einer Umgehungsstraße nicht verringert hat.

Eine einfache Stichprobe vom Umfang $n_1 = 100$ lieferte vor dem Bau der Umgehungsstraße ein Stichprobenmittel $\bar{x} = 11{,}8$ [Fahrzeuge/min] bei einer Stichprobenvarianz $s_1^2 = 6{,}4$. Nach Eröffnung der Umgehungsstraße wurden zu zufällig ausgewählten Zeitpunkten $i = 1, \ldots, 45$ der Hauptverkehrszeit jeweils für eine Minute die ankommenden Fahrzeuge gezählt. Für die verschiedenen Anzahlen y ankommender Fahrzeuge ergaben sich die absoluten Häufigkeiten in der Stichprobe wie folgt:

Anzahl y der ankommenden Fahrzeuge	5	6	7	8	9	10	11	12	13	15
absolute Häufigkeit in der Stichprobe	1	1	3	4	9	10	7	6	2	2

Mit der mittleren Anzahl μ_1 bzw. μ_2 der vor bzw. nach dem Bau der Umgehungsstraße ankommenden Fahrzeuge testen wir $H_0: \mu_1 \leq \mu_2$ gegen $H_1: \mu_1 > \mu_2$.

1. Wir wählen dazu $\alpha = 0{,}01$ als Signifikanzniveau.

2. Es ist $v = \dfrac{\bar{x} - \bar{y}}{\sqrt{\dfrac{6{,}4}{100} + \dfrac{s_2^2}{45}}} = \dfrac{11{,}8 - 10}{\sqrt{0{,}064 + 0{,}097}} = 4{,}49$

3. $B = (2{,}326; \infty)$
4. Wegen $v \in B$ wird H_0 abgelehnt.

Aufgabe 102: *Um Anhaltspunkte über die Zusammensetzung von Montageteams für die Montage genormter Automatiktüren zu erhalten, wurden die Montagezeiten (pro Türe) bei zwei Teams 1 (2 Fachmonteure) und 2 (1 Fachmonteur, 2 Hilfskräfte) gemessen. Dabei ergab sich (in Minuten pro Türe)*

Team 1	100, 120, 135, 140, 105
Team 2	150, 105, 135, 125, 130, 125, 105

Testen Sie unter der Annahme, daß die Montagezeiten der beiden Teams als normalverteilt mit gleichen Varianzen angesehen werden können, zum Signifikanzniveau $\alpha = 0{,}05$ die Hypothese, daß auch die Erwartungswerte μ_1 und μ_2 der Montagezeiten bei beiden Teams gleich sind (gegen $H_1: \mu_1 \neq \mu_2$).

Aufgabe 103: *Weisen Sie nach, daß unter Voraussetzung 1 die angegebene Testfunktion $V = (\bar{X} - \bar{Y})/\sqrt{\sigma_1^2/n_1 + \sigma_2^2/n_2}$ im Fall $\mu_1 = \mu_2$ tatsächlich $N(0; 1)$-verteilt ist.*

14.6.2 Vergleich zweier Varianzen

Bezüglich der Varianzen σ_1^2 bzw. σ_2^2 der unabhängigen Stichprobenvariablen X_i bzw. Y_i sei einer der folgenden Fälle zu untersuchen:

$$\begin{array}{ll} \text{a)} \ H_0: \sigma_1^2 = \sigma_2^2 & H_1: \sigma_1^2 \neq \sigma_2^2 \\ \text{b)} \ H_0: \sigma_1^2 = \sigma_2^2 \ (\text{oder } \sigma_1^2 \geq \sigma_2^2), & H_1: \sigma_1^2 < \sigma_2^2 \\ \text{c)} \ H_0: \sigma_1^2 = \sigma_2^2 \ (\text{oder } \sigma_1^2 \leq \sigma_2^2), & H_1: \sigma_1^2 > \sigma_2^2 \end{array} \qquad (118)$$

Sind die Stichprobenvariablen $X_1, \ldots, X_{n_1}$ und $Y_1, \ldots, Y_{n_2}$ alle normalverteilt, so genügt die Stichprobenfunktion $(\sigma_2^2 \cdot S_1^2)/(\sigma_1^2 \cdot S_2^2)$ einer F-Verteilung mit den Freiheitsgraden $n_1 - 1$ und $n_2 - 1$ (vgl. Aufgabe 83). Falls $\sigma_1^2 = \sigma_2^2$ zutrifft, ist somit die Stichprobenfunktion

$$V = \frac{S_1^2}{S_2^2}$$

$F(n_1 - 1, n_2 - 1)$-verteilt. Dabei spricht ein hoher bzw. ein niedriger Wert v für $\sigma_1^2 > \sigma_2^2$ bzw. für $\sigma_1^2 < \sigma_2^2$. Deshalb ist V geeignet als Testfunktion für die Problemstellung (118). Die Durchführung des Tests geschieht dann in folgenden Schritten:

Schritt 1: Ein Signifikanzniveau α wird festgelegt.

Schritt 2: Der Testfunktionswert $v = s_1^2/s_2^2$ wird errechnet.

Schritt 3: Der Verwerfungsbereich

$$B = \left[0; \frac{1}{\tilde{x}_{1-\alpha/2}}\right) \cup (x_{1-\alpha/2}; \infty) \qquad \text{im Fall (118a)}$$

$$B = \left[0; \frac{1}{\tilde{x}_{1-\alpha}}\right) \qquad \text{im Fall (118b)}$$

$$B = (x_{1-\alpha}; \infty) \qquad \text{im Fall (118c)}$$

wird festgelegt mit Hilfe der Fraktilswerte $x_{1-\alpha/2}$ bzw. $x_{1-\alpha}$ der $F(n_1 - 1, n_2 - 1)$-Verteilung sowie $\tilde{x}_{1-\alpha/2}$ bzw. $\tilde{x}_{1-\alpha}$ der $F(n_2 - 1, n_1 - 1)$-Verteilung.

Schritt 4: H_0 wird genau dann verworfen, wenn $v \in B$ gilt.

Diese Vorgehensweise heißt **Zweistichproben-F-Test**. Die **Normalverteilungsvoraussetzung** ist wesentlich für seine Anwendbarkeit.[1] Zu den in Schritt 3 angegebenen Fraktilswerten vergleiche man die Beziehung (98) aus 11.2.3.

Aufgabe 104: *Testen Sie die Hypothese H_0, daß die Varianzen σ_1^2 bzw. σ_2^2 der Montagezeiten bei Team 1 bzw. Team 2 aus Aufgabe 102 gleich sind,*

– *gegen $H_1: \sigma_1^2 > \sigma_2^2$ zum Signifikanzniveau $\alpha = 0,05$*
– *gegen $H_1: \sigma_1^2 \neq \sigma_2^2$ zum Signifikanzniveau $\alpha = 0,02$.*

---

[1] Bei nicht-normalverteilten Grundgesamtheiten gibt es den Ausweg, die Stichprobenfunktionen $X_i' = |X_i - \bar{X}|$ bzw. $Y_i' = |Y_i - \bar{Y}|$ zu benutzen, deren Erwartungswerte zu σ_1 bzw. σ_2 proportional sind, und einen approximativen Zweistichproben-Gaußtest auf $E(X_i') = E(Y_i')$ durchzuführen.

14.7 Einfache Varianzanalyse

Liegen **r > 2 unabhängige einfache Stichproben** vor, so kennzeichnet man die Stichprobenvariablen zweckmäßigerweise durch eine Doppelindizierung und schreibt

$$X_{j1}, \ldots, X_{jn_j}$$

für die Variablen der j-ten Stichprobe, welche den Umfang n_j besitzt. Wir setzen nun voraus, daß die Stichprobenvariablen X_{ji} jeweils $N(\mu_j; \sigma)$-verteilt sind, insbesondere also die Varianz stets (unabhängig von der Stichprobennummer j) dieselbe ist.

Zu testen ist, ob die Verteilungen, aus denen die r Stichproben stammen, alle den gleichen Erwartungswert besitzen oder nicht, d. h.

$$\boxed{\begin{array}{l} H_0 : \mu_1 = \mu_2 = \ldots = \mu_r \text{ gegen} \\ H_1 : \text{mindestens zwei der } \mu_j \text{ sind verschieden} \end{array}} \tag{119}$$

Um eine geeignete Testfunktion hierzu zu erhalten, nutzen wir aus, daß die Gesamtstichprobenvarianz S^2_{Ges} aller

$$n = \sum_{j=1}^{r} n_j$$

Beobachtungen sich in der Form

$$S^2_{Ges} = \frac{1}{n-1} \sum_{j=1}^{r} \sum_{i=1}^{n_j} (X_{ji} - \bar{X}_j)^2 + \frac{1}{n-1} \sum_{j=1}^{r} n_j (\bar{X}_j - \bar{X}_{Ges})^2$$

als Summe der internen und der externen Stichprobenvarianz schreiben läßt. Dabei bezeichnet

$$\bar{X}_j = \frac{1}{n_j} \sum_{i=1}^{n_j} X_{ji}$$

das Stichprobenmittel der j-ten Stichprobe und

$$\bar{X}_{Ges} = \frac{1}{n} \cdot \sum_{j=1}^{r} n_j \bar{X}_j$$

das Gesamtstichprobenmittel aller n Beobachtungen. (Zu diesen Größen vergleiche man die Formeln (5) und (13) aus der deskriptiven Statistik.)

Wir definieren nun

$$Q_1 = \sum_{j=1}^{r} n_j (\bar{X}_j - \bar{X}_{Ges})^2 \quad \text{und} \quad Q_2 = \sum_{j=1}^{r} \sum_{i=1}^{n_j} (X_{ji} - \bar{X}_j)^2$$

und wählen als Testfunktion

$$V = \frac{\dfrac{1}{r-1} Q_1}{\dfrac{1}{n-r} Q_2}.$$

Diese Funktion V genügt, sofern die Nullhypothese $\mu_1 = \ldots = \mu_r$ richtig ist, einer $F(r-1, n-r)$-Verteilung. Da die $\bar{X}_j$ erwartungstreue Schätzfunktionen für μ_j sind, ist

14.7 Einfache Varianzanalyse

dabei im Fall $\mu_1 = \ldots = \mu_r$ zu erwarten, daß der Wert q_1 von Q_1 und damit auch der Testfunktionswert v klein ausfällt; umgekehrt deutet ein hoher Wert q_1 bzw. ein hoher Testfunktionswert v darauf hin, daß die Gegenhypothese H_1 zutrifft.

Das im folgenden Tableau zusammengestellte Testverfahren heißt **einfache Varianzanalyse**.

Schritt 1: Ein Signifikanzniveau α wird festgelegt.

Schritt 2: Die Größen $q_1 = \sum_{j=1}^{r} n_j (\bar{x}_j - \bar{x}_{Ges})^2$ und $q_2 = \sum_{j=1}^{r} \sum_{i=1}^{n_j} (x_{ji} - \bar{x}_j)^2$

werden errechnet und aus ihnen der Testfunktionswert $v = \dfrac{(n-r)q_1}{(r-1)q_2}$ bestimmt.

Schritt 3: Mit Hilfe des $(1 - \alpha)$-Fraktilswertes der $F(r - 1, n - r)$-Verteilung wird der Verwerfungsbereich $B = (x_{1-\alpha}; \infty)$ festgelegt.

Schritt 4: H_0 wird genau dann verworfen, wenn $v \in B$ gilt.

Die Berechnung der Größen q_1 und q_2 vereinfacht sich oft durch Anwendung des Verschiebungssatzes gemäß

$$q_1 = \sum_{j=1}^{r} n_j \bar{x}_j^2 - n \bar{x}_{Ges}^2$$

$$q_2 = \sum_{j=1}^{r} \sum_{i=1}^{n_j} x_{ji}^2 - \sum_{j=1}^{r} n_j \bar{x}_j^2.$$

Eine weitere Vereinfachung ist vielfach dadurch zu erzielen, daß man sämtliche Beobachtungswerte x_{ji} geeignet linear transformiert gemäß

$$y_{ji} = a + b x_{ji}; \quad a, b \in \mathbb{R}, b \neq 0,$$

und die Varianzanalyse mit den transformierten Werten y_{ji} durchführt. Wie man leicht nachweist, ergibt sich nämlich aus den y_{ji}-Werten derselbe Testfunktionswert v wie aus den x_{ji}-Werten.

Beispiel 83: Drei verschiedene Kartoffelsorten K_1, K_2 und K_3 wurden auf 5, auf 7 bzw. auf 4 gleich großen Äckern angebaut, wobei sich folgende Erträge (in [dz]) ergaben.

Sorte K_1	13,4	11,8	10,7	9,1	12,0		
Sorte K_2	9,3	11,6	10,1	11,2	9,8	13,5	12,9
Sorte K_3	10,2	9,9	13,4	11,7			

Wir testen die Hypothese, daß die drei Sorten im Mittel den gleichen Ertrag liefern, wobei wir annehmen, die Ergebnisse seien Realisierungen normalverteilter unabhängiger Zufallsvariablen mit stets derselben Varianz.
1. Wir wählen $\alpha = 0,01$ als Signifikanzniveau.
2. Zur Berechnung von v transformieren wir die gegebenen Werte x_{ji} zu $y_{ji} = -100 + 10 x_{ji}$ und erhalten

y_{1i}	34	18	7	−9	20		$\bar{y}_1 = 14$
y_{2i}	−7	16	1	12	−2	35	29	$\bar{y}_2 = 12$, $\bar{y}_{Ges} = 12{,}875$
y_{3i}	2	−1	34	17			$\bar{y}_3 = 13$

$$\sum_{j=1}^{3} n_j \bar{y}_j^2 - n\bar{y}_{Ges}^2 = 2664 - 2652{,}25 = 11{,}75$$

$$\sum_{j=1}^{3} \sum_{i=1}^{n_j} (y_{ji} - \bar{y}_j)^2 = 1030 + 1512 + 774 = 3316$$

$$v = \frac{13 \cdot 11{,}75}{2 \cdot 3316} = 0{,}023.$$

3. $B = (x_{0,99}; \infty)$, wobei $7{,}56 \geq x_{0,99} \geq 6{,}36$ gilt, siehe Tabelle 6.
4. Wegen $v \notin B$ wird H_0 nicht abgelehnt.

Die einfache Varianzanalyse ist als approximativer Test auch dann anwendbar, wenn die Normalverteilungsvoraussetzung nur näherungsweise erfüllt ist.

Führt man die Varianzanalyse im Fall $r = 2$ durch, so ergibt sich stets dieselbe Testentscheidung wie beim Zweistichproben-t-Test mit der beidseitigen Gegenhypothese (117a).

Aufgabe 105: Je 5 gleichaltrige Schüler zweier Volksschulklassen (eine Mädchen- und eine Jungenklasse) und zweier Klassen aus Gymnasien (ebenfalls eine Mädchen- und eine Jungenklasse) sollen auf unterschiedliches technisches Verständnis untersucht werden. Bei dem Versuch hat jedes Kind einige einfache Apparaturen zusammenzusetzen. Es wurde für jedes Kind die Zeit (in Minuten) gemessen, bis die Aufgabe gelöst war.

Klasse \ Schüler	1	2	3	4	5
1	12	13	11	13	11
2	13	14	12	15	11
3	15	15	15	13	12
4	16	18	17	14	20

Zum Signifikanzniveau $\alpha = 0{,}01$ ist zu testen, ob die Schüler der vier Klassen im Mittel gleich geschickt sind, wobei alle Bearbeitungszeiten als normalverteilt mit gleicher Varianz angesehen werden.
Was ändert sich am Ergebnis des Tests, wenn die Zeit nicht in Minuten, sondern in Stunden gemessen wird?

14.8 Chi-Quadrat-Anpassungstest

In vielen Anwendungsfällen ist man daran interessiert, ob die unbekannte Verteilung einer Grundgesamtheit G gleich einer gegebenen hypothetischen Verteilung ist bzw. ob sie zu einem bestimmten, von wenigen Parametern abhängigen Verteilungstyp gehört. So kann eine Hypothese beispielsweise lauten „G ist Poisson-verteilt mit dem Parameter $\lambda = 7$", aber auch nur „G ist Poisson-verteilt (mit irgendeinem Parameter λ)".

Eine Methode, um derartige Hypothesen zu überprüfen, ist der χ^2-Anpassungstest. Wir setzen voraus, daß aus der Grundgesamtheit G zum Untersuchungsmerkmal X **eine einfache Stichprobe** vom Umfang n gezogen wird, beschrieben durch die Stichprobenvariablen $X_1, \ldots, X_n$. Die unbekannte Verteilungsfunktion der X_i bezeichnen wir mit F. Die zwei möglichen Fälle von Hypothesen lassen sich dann folgendermaßen formulieren:

---

a) $H_0 : F = F_0$, wobei F_0 eine hypothetische Verteilungsfunktion ist
$H_1 : F \neq F_0$

b) H_0: F gehört zu einer gegebenen Menge von Verteilungsfunktionen, deren Elemente sich nur durch endlich viele Parameter $\vartheta_1, \ldots, \vartheta_r$ voneinander unterscheiden
H_1: F gehört nicht zu dieser Menge.

(120)

Z.B. unterscheiden sich die Elemente der Menge aller Poisson-Verteilungen nur durch den einen Parameter λ (also $r = 1$), während die Normalverteilungen von den $r = 2$ Parametern μ und σ abhängen.

Wir beschreiben die Vorgehensweise des χ^2**-Anpassungstests** zunächst **für den Fall (120a) einer gegebenen hypothetischen Verteilungsfunktion F_0**.

Schritt 1: Ein Signifikanzniveau α wird festgelegt.

Schritt 2: Die Ermittlung des Testfunktionswerts v geschieht wie folgt:

2.1: Die x-Achse wird in $k \geq 2$ disjunkte, aneinander angrenzende Intervalle $A_1 = (-\infty ; z_1]$, $A_2 = (z_1 ; z_2], \ldots, A_k = (z_{k-1} ; \infty)$ unterteilt.

2.2: Für jedes $j = 1, \ldots, k$ wird die Anzahl h_j der in A_j liegenden Stichprobenwerte notiert.

2.3: Für jedes $j = 1, \ldots, k$ wird die Wahrscheinlichkeit $p_j = P(X \in A_j | F_0)$ errechnet, nämlich daß ein Beobachtungswert zum Merkmal X ins Intervall A_j fällt, wenn G bezüglich X gemäß F_0 verteilt ist.

2.4: Der Testfunktionswert

$$v = \sum_{j=1}^{k} \frac{(h_j - n p_j)^2}{n p_j} = \frac{1}{n} \cdot \sum_{j=1}^{k} \frac{h_j^2}{p_j} - n$$

wird errechnet.

Schritt 3: Mit dem Fraktilswert $x_{1-\alpha}$ der $\chi^2 (k-1)$-Verteilung wird der Verwerfungsbereich $B = (x_{1-\alpha}; \infty)$ festgelegt.

Schritt 4: H_0 wird genau dann abgelehnt, wenn $v \in B$ gilt.

Der χ^2-Anpassungstest beruht also auf folgender Grundidee: Für jedes Intervall A_j wird die Anzahl h_j der Stichprobenergebnisse, die tatsächlich in A_j fallen, verglichen mit der Anzahl $n \cdot p_j$ der Werte, die in A_j zu erwarten sind, wenn H_0 zutrifft.

Jedes h_j ist nämlich als Realisierung einer Stichprobenfunktion anzusehen, welche im Fall $F = F_0$ den Erwartungswert $n \cdot p_j$ besitzt.

Ein hoher Testfunktionswert v deutet darauf hin, daß die hypothetische Verteilungsfunktion F_0 nicht richtig ist. Dabei genügt die Testfunktion V unter der Nullhypothese $F = F_0$ hinreichend genau einer $\chi^2(k - 1)$-Verteilung, falls

$np_j \geq 5$ (oder auch $h_j \geq 5$) für alle $j = 1, \ldots, k$

gilt. Trifft dies bei der in Schritt 2.1 gewählten Zerlegung nicht zu, so behilft man sich meist dadurch, daß man benachbarte Intervalle zusammenfaßt.

Bezüglich der Anzahl k der zu bildenden Intervalle ist ferner zu bedenken, daß sich im allgemeinen durch Erhöhung von k die Wahrscheinlichkeit für den Fehler 2. Art (d. h. H_0 nicht abzulehnen, obwohl es falsch ist) senken läßt. Kommt man bei Anwendung des χ^2-Anpassungstests zu keiner Ablehnung von H_0, so kann dies durchaus auf eine zu grobe Intervalleinteilung zurückzuführen sein.

Im Fall einer diskret verteilten Grundgesamtheit G mit nur wenigen möglichen Ausprägungen legt man die Intervalle sinnvollerweise so, daß jedes Intervall genau eine mögliche Ausprägung a_j enthält (sofern man nicht, um $np_j \geq 5$ zu erreichen, mehrere Ausprägungen zusammenfassen muß). Natürlich verzichtet man dann auf die explizite Angabe der A_j.

Der χ^2-Anpassungstest ist bereits bei nominal skalierten Daten verwendbar.

Beispiel 84: In einem Supermarkt wurden über einen langen Zeitraum hinweg drei Kaffeesorten K_1, K_2 und K_3 im Verhältnis 1 : 1 : 3 nachgefragt. Nachdem für Sorte K_1 eine Werbekampagne durchgeführt und bei Sorte K_2 eine geringe Preissenkung vorgenommen wurde, entfielen von 150 kg verkauften Kaffees in diesem Supermarkt 36 kg auf Sorte K_1, 42 kg auf Sorte K_2 und 72 kg auf Sorte K_3.[1]

Ist damit die Hypothese H_0, daß die Marktaufteilung 1 : 1 : 3 erhalten geblieben ist, zum Signifikanzniveau $\alpha = 0,05$ abzulehnen?

Diese Frage wollen wir mit Hilfe des χ^2-Anpassungstests beantworten.

Nebenstehende Tabelle ersetzt die Durchführung von 2.1, 2.2 und 2.3, wobei in 2.1 nicht nur auf die Intervalleinteilung, sondern sogar auf die Quantifizierung der Ausprägungen K_1, K_2 und K_3 verzichtet wird. Als Testfunktionswert erhalten wir

j	K_1	K_2	K_3
h_j	36	42	72
p_j	0,2	0,2	0,6

$$v = \frac{(36-30)^2}{30} + \frac{(42-30)^2}{30} + \frac{(72-90)^2}{90} = 9,6.$$

Wegen $B = (5,99; \infty)$ ist daher H_0 abzulehnen.

Ein χ^2-**Anpassungstest im Fall (120b) eines hypothetischen**, nur von endlich vielen Parametern $\vartheta_1, \ldots, \vartheta_r$ abhängigen **Verteilungstyps** läuft im wesentlichen ebenso ab wie im Fall a) einer gegebenen Verteilungsfunktion F_0. An die Stelle von F_0 tritt dabei im Schritt 2.3 eine „geschätzte" Verteilungsfunktion $\hat{F}_0$, die aufgrund von Maximum-Likelihood-Schätzwerten $\hat{\vartheta}_1, \ldots, \hat{\vartheta}_r$ bestimmt wird. In Schritt 3 ist nun das $(1-\alpha)$-Fraktil $x_{1-\alpha}$ aus der $\chi^2(k-r-1)$-Verteilung zu nehmen.[2]

---

[1] Wir sehen diese Daten als Ergebnisse von 150 unabhängigen, identisch verteilten Zufallsvariablen X_i an, wobei ein einzelnes X_i durchaus aus mehreren Einzelkäufen (von $1/4$ kg oder $1/2$ kg) zusammengesetzt sein kann.

[2] Obige Vorgehensweise ist korrekt, wenn die Maximum-Likelihood-Schätzungen aus den klassierten Daten gewonnen werden. Werden die Maximum-Likelihood-Schätzungen aus den unklassierten Daten gewonnen, so ist die Grenzverteilung der resultierenden Testgröße V keine χ^2-Verteilung mehr; allerdings liegt (vgl. P. Albrecht [1980]) das zur Grenzverteilung von V gehörende $(1-\alpha)$-Fraktil zwischen den entsprechenden Fraktilen der $\chi^2(k-r-1)$- und der $\chi^2(k-1)$-Verteilung. Für hinreichend großes k sind diese drei Fraktile jedoch nahezu identisch.

Beispiel 85: Für die Messung eines bestimmten Schadstoffes in der Luft existiert neben der exakten Meßmethode I eine ungenauere, aber wesentlich billigere Methode II. Zur Beurteilung der Methode II wurden 81mal beide Messungen durchgeführt und jeweils die Differenz X [mg/m^3] der Meßwerte zu I bzw. zu II festgestellt. Dabei ergab sich ein Stichprobenmittel von $\bar{x} = -0{,}085$ und eine Stichprobenvarianz von $s^2 = 0{,}52488$. Ferner lagen in jedem der folgenden Intervalle A_j die angegebenen Anzahlen h_j von Stichprobenwerten x_i.

A_j	$(-\infty; -1]$	$(-1; -0{,}5]$	$(-0{,}5; -0{,}1]$	$(-0{,}1; 0{,}1]$	$(0{,}1; 0{,}5]$	$(0{,}5; 1]$	$(1; \infty)$
h_j	9	11	16	13	15	9	8

Wir testen zum Signifikanzniveau $\alpha = 0{,}05$ die Hypothese H_0, daß der bei Methode II entstehende Meßfehler X normalverteilt ist.

Aus den unklassierten Daten gewonnene Maximum-Likelihood-Schätzwerte für die Parameter μ und σ der Normalverteilung sind nach Beispiel 71 (S. 154) die Größen $\hat{\mu} = \bar{x} = -0{,}085$ und

$$\hat{\sigma} = \sqrt{\frac{1}{n} \sum_{i=1}^{n} (x_i - \bar{x})^2} = \sqrt{\frac{n-1}{n} s^2} = 0{,}72,$$

so daß als $\hat{F}_0$ die Verteilungsfunktion der $N(-0{,}085; 0{,}72)$-Verteilung zu verwenden ist.

Die Einteilung der Daten in Intervalle A_j ist bereits vorweggenommen (mit $h_j \geq 5$ für alle j). Folgende Tabelle enthält die Berechnung der $p_j = P(X \in A_j | \hat{F}_0)$; dabei bezeichnet z_j jeweils das obere Intervallende:

z_j		-1	$-0{,}5$	$-0{,}1$	$0{,}1$	$0{,}5$	1	∞
$\dfrac{z_j + 0{,}085}{0{,}72}$		$-1{,}2708$	$-0{,}5764$	$-0{,}0208$	$0{,}2569$	$0{,}8125$	$1{,}5069$	∞
$P(X \leq z_j | \hat{F}_0) = \Phi\left(\dfrac{z_j + 0{,}085}{0{,}72}\right)$		$0{,}102$	$0{,}282$	$0{,}492$	$0{,}601$	$0{,}792$	$0{,}934$	1
p_j		$0{,}102$	$0{,}180$	$0{,}210$	$0{,}109$	$0{,}191$	$0{,}142$	$0{,}066$

Zur Berechnung von v verwenden wir die Formel

$$v = \frac{1}{n} \sum_{j=1}^{k} \frac{h_j^2}{p_j} - n$$

und erhalten $v = 4{,}85$. Wegen $(k - r - 1) = 4$ ergibt sich $B = (9{,}49; \infty)$; H_0 wird also nicht verworfen. (Auch bei Verwendung der $\chi^2(k-1)$-Verteilung ergibt sich keine Ablehnung).

Aufgabe 106: *Überprüfen Sie in Beispiel 85 die Hypothese, daß der Meßfehler bei Methode II*
a) einer Normalverteilung mit dem Erwartungswert $\mu = 0$ genügt,
b) einer Standardnormalverteilung genügt,
und zwar jeweils zu $\alpha = 0{,}05$.

Aufgabe 107: *Die Anzahl der Fadenrisse pro Zeiteinheit, die beim Webvorgang auftreten, ist eine – unter anderem durch die Garnart bedingte – Zufallsvariable. Wir bezeichnen diese Zufallsvariable für die von einer Firma bisher verwendete Garnsorte mit X'; ihre Wahrscheinlichkeitsverteilung konnte aufgrund langer Erfahrung wie folgt bestimmt werden:*

j	0	1	2	3	4	5	6	7	8	9	10
$p_j = P(X' = j)$	*0,05*	*0,05*	*0,05*	*0,1*	*0,2*	*0,2*	*0,1*	*0,1*	*0,05*	*0,05*	*0,05*

Aus Kostengründen beschließt die Firmenleitung, eine andere Garnart zu verwenden. Sie will jedoch Aufschluß über die Verteilung der Anzahl X der Fadenrisse pro (obiger) Zeiteinheit für diese Garnsorte erhalten und läßt während 100 zufällig ausgewählten Zeiteinheiten die Anzahl der Fadenrisse registrieren. Die Häufigkeiten h_j, mit denen j Fadenrisse während der 100 Zeiteinheiten beobachtet wurden, sind in der folgenden Tabelle enthalten.

j	0	1	2	3	4	5	6	7	8	9	10
h_j	5	7	6	5	18	23	8	10	5	7	6

Testen Sie zum Signifikanzniveau $\alpha = 0{,}025$ die Hypothese, daß X der oben für X' angegebenen Verteilung genügt.

14.9 Kontingenztest

Werden in einer Grundgesamtheit G zwei Merkmale X und Y beobachtet, so kann die Frage von Belang sein, ob X und Y voneinander unabhängig sind oder nicht.

Unter der Voraussetzung, daß eine zweidimensionale einfache Stichprobe aus G bzw. **zwei verbundene einfache Stichproben** mit den Variablen $X_1, \ldots, X_n$ zu X und $Y_1, \ldots, Y_n$ zu Y gegeben sind, sind also folgende Hypothesen zu testen:

H_0: die beiden Merkmale X und Y sind in G unabhängig
H_1: X und Y sind in G abhängig. (121)

Dabei geht man nach dem gleichen Prinzip vor, das dem χ^2-Anpassungstest zugrundeliegt. Das Verfahren wird als **Kontingenztest** bezeichnet und ist in folgendem Tableau zusammengestellt:

Schritt 1: Ein Signifikanzniveau α wird festgelegt.

Schritt 2: Die Ermittlung des Testfunktionswerts v geschieht wie folgt:

2.1: Die x-Achse wird in $k \geq 2$ und die y-Achse in $l \geq 2$ disjunkte, aneinander angrenzende Intervalle $A_1, \ldots, A_k$ bzw. $B_1, \ldots, B_l$ unterteilt.

2.2: Es wird eine Kontingenztabelle mit Randhäufigkeiten erstellt:

x \ y	B_1	$B_2 \ldots B_l$	
A_1	h_{11}	$h_{12} \ldots h_{1l}$	$h_{1\cdot}$
A_2	h_{21}	$h_{22} \ldots h_{2l}$	$h_{2\cdot}$
$\vdots$	$\vdots$	$\vdots \quad \vdots$	$\vdots$
A_k	h_{k1}	$h_{k2} \ldots h_{kl}$	$h_{k\cdot}$
	$h_{\cdot 1}$	$h_{\cdot 2} \quad h_{\cdot l}$	n

Dabei bezeichnet wie in 4.1 $h_{ij}, h_{i\cdot}$ bzw. $h_{\cdot j}$ die Anzahl der beobachteten Paare (x, y) in $A_i \times B_j$, in A_i bzw. in B_j.

2.3: Zu jedem $i = 1, \ldots, k$ und jedem $j = 1, \ldots, l$ werden die Größen

$$\tilde{h}_{ij} = \frac{h_{i\cdot} h_{\cdot j}}{n}$$

errechnet.

2.4: Der Testfunktionswert

$$v = \sum_{i=1}^{k} \sum_{j=1}^{l} \frac{(h_{ij} - \bar{h}_{ij})^2}{\bar{h}_{ij}} = \sum_{i=1}^{k} \sum_{j=1}^{l} \frac{h_{ij}^2}{\bar{h}_{ij}} - n$$

wird errechnet.[1]

Schritt 3: Mit dem Fraktilswert $x_{1-\alpha}$ der $\chi^2((k-1) \cdot (l-1))$-Verteilung wird der Verwerfungsbereich $B = (x_{1-\alpha}; \infty)$ festgelegt.

Schritt 4: H_0 wird genau dann abgelehnt, wenn $v \in B$ gilt.

Zu den Größen $\bar{h}_{ij}$ und v vergleiche man die Formeln (30) und (31) in 4.2.3.

Ist H_0 richtig, so ist die Wahrscheinlichkeit, mit der (X, Y) Werte in $A_i \times B_j$ annimmt, aufgrund der Unabhängigkeitsdefinition (67) gleich dem Produkt der Wahrscheinlichkeiten, daß die Ausprägung von X in A_i und die von Y in B_j fällt, d. h.

$$P(X \in A_i, Y \in B_j | H_0) = P(X \in A_i) \cdot P(Y \in B_j).$$

Im Fall der Unabhängigkeit ist daher zu erwarten, daß $h_{ij} = \bar{h}_{ij}$ gilt und somit ein kleiner Testfunktionswert v entsteht, wohingegen ein hoher Wert v für Abhängigkeit spricht.

Wieder ist die benutzte Verteilungsapproximation hinreichend genau, falls

$h_{ij} \geq 5$ (oder auch $\bar{h}_{ij} \geq 5$)
für alle $i = 1, \ldots, k$ und alle $j = 1, \ldots, l$

gilt.

Auch für den Kontingenztest reichen nominale Daten aus. Bei diskreten Merkmalen X und Y mit den möglichen Ausprägungen $a_1, \ldots, a_k$ bzw. $b_1, \ldots, b_l$ verzichtet man, sofern alle Häufigkeiten $h_{ij} = h(a_i, b_j) \geq 5$ sind, auf die Angabe der A_i und B_j.

Wenn die Randwahrscheinlichkeiten

$$p_i = P(X \in A_i), \quad q_j = P(Y \in B_j)$$

bekannt sind, so ist eine **Modifikation** der Testfunktion zu verwenden. In diesem Fall kann auf die Ermittlung der Randhäufigkeiten in 2.2 verzichtet werden. In 2.3 und 2.4 wird nämlich

$\bar{h}_{ij}$ durch $n \cdot p_i \cdot q_j$ ersetzt.

Bei der Bildung des Verwerfungsbereichs B in Schritt 3 ist dann das $(1 - \alpha)$-Fraktil der $\chi^2(k \cdot l - 1)$-Verteilung zu benutzen.

Beispiel 86: In Beispiel 12 wurde zu den Merkmalen „Berufsgruppe" und „sportliche Betätigung" eine Kontigenztabelle aufgrund von 1000 Befragungen erstellt. Wir gehen davon aus, daß es sich bei diesen Daten um Ergebnisse einer einfachen Stichprobe handelt und daß die Wahrscheinlichkeit p_i bzw. q_j bekannt ist, mit der eine zufällig ausgewählte berufstätige Person beruflich

---

[1] Im Fall $k = l = 2$ vereinfacht sich die Berechnung; es ist dann

$$v = \frac{n(h_{11}h_{22} - h_{12}h_{21})^2}{h_{1.}h_{2.}h_{.1}h_{.2}}.$$

bzw. sportlich zur Gruppe i bzw. j gehört. Insgesamt liegen folgende Werte vor:

Berufsgruppe \ sportliche Betätigung	1. nie	2. gelegentlich	3. regelmäßig	p_i
1. Arbeiter	240	120	70	0,43
2. Angestellter	160	90	90	0,34
3. Beamter	30	30	30	0,09
4. Landwirt	37	7	6	0,05
5. sonstiger freier Beruf	40	32	18	0,09
q_j	0,5	0,3	0,2	

Wir testen nun zum Signifikanzniveau $\alpha = 0,01$, ob der Grad der sportlichen Betätigung von der Berufsgruppe unabhängig ist oder nicht.
Die Schritte 1, 2.1 und 2.2 sind bereits vorweggenommen. Für 2.3 erstellen wir eine Tabelle der $n\, p_i\, q_j$:

i \ j	1	2	3
1	215	129	86
2	170	102	68
3	45	27	18
4	25	15	10
5	45	27	18

2.4: Als Testfunktionswert ergibt sich

$$v = \frac{(240-215)^2}{215} + \cdots + \frac{(18-18)^2}{18} = 42,07$$

Schritt 3: $B = (29, 14; \infty)$, wobei 29, 14 das 0,99-Fraktil der $\chi^2(14)$-Verteilung ist.
Schritt 4: Wegen $v \in B$ wird die Unabhängigkeitshypothese abgelehnt.

Aufgabe 108: *Einer Werbeagentur liegen nach einer auf drei Zielgruppen gerichteten Anzeige folgende Beobachtungen über die Anzahl der Zielpersonen vor, die sich an die Anzeige erinnern:*

aus Zielgruppe	1	2	3	$h_{i.}$
erinnern sich	60	100	104	264
erinnern sich nicht	40	50	46	136
$h_{.j}$	100	150	150	400

Testen Sie zum Signifikanzniveau $\alpha = 0,05$, ob die Erinnerung an die Anzeige von der Zielgruppen-Zugehörigkeit unabhängig ist.

14.10 Vorzeichentest

Die Tests, die wir bisher zu einem Vergleich zweier Verteilungen sowohl bei unabhängigen als auch bei verbundenen Stichproben kennengelernt haben, erfordern entweder normalverteilte Stichprobenvariablen oder relativ hohe Stichprobenumfänge (die gewährleisten, daß zumindest approximativ mit denselben Testverteilungen gerechnet werden kann wie bei normalverteilten Variablen). Als Beispiel eines Testverfahrens, das ohne Verteilungsannahmen[1] auch bei niedrigem Stichprobenumfang einen Vergleich zweier Verteilungen gestattet, behandeln wir jetzt den Vorzeichentest.

Wir setzen voraus, daß **zwei einfache Stichproben gleichen Umfangs** n vorliegen, die durch die Stichprobenvariablen $X_1, \ldots, X_n$ und $Y_1, \ldots, Y_n$ beschrieben werden. Für die Praxis ist vor allem der Fall von Bedeutung, daß es sich dabei um zwei verbundene Stichproben handelt, jedes Beobachtungspaar (x_i, y_i) also die bei einem Merkmalsträger erhobenen Ausprägungen zu zwei Merkmalen X und Y beschreibt. Jedoch ist der Vorzeichentest auch bei zwei unabhängigen Stichproben anwendbar; in diesem Fall faßt man die beiden mit der gleichen Nummer versehenen Beobachtungswerte x_i und y_i zu einem Beobachtungspaar zusammen, wobei folgendes zu bemerken ist:

- die in Fig. 49 als Konkurrenten vorgeschlagenen Tests, so etwa der Wilcoxon-Rangsummentest, sind (aus Gründen, die in 14.12,4 angesprochen werden) dem Vorzeichentest vorzuziehen
- durch die Zusammenfassung je eines x- und eines y-Wertes entstehen künstlich zwei verbundene Stichproben; durch die Vorgehensweise, gleichnumerierte Paare zusammenzufassen, sind diese beiden „verbundenen" Stichproben einfache Stichproben.

Durch den Vorzeichentest läßt sich überprüfen, ob die beiden Ereignisse, daß die x-Werte die y-Werte übertreffen bzw. daß die y-Werte größer als die x-Werte ausfallen, gleichwahrscheinlich sind. Explizit sind folgende Paare von Hypothesen zugelassen:[2]

$$
\begin{aligned}
&\text{a) } H_0:\ P(X > Y) = P(X < Y), \quad H_1:\ P(X > Y) \neq P(X < Y) \\
&\text{b) } H_0:\ P(X > Y) \geq P(X < Y), \quad H_1:\ P(X > Y) < P(X < Y) \\
&\text{c) } H_0:\ P(X > Y) \leq P(X < Y), \quad H_1:\ P(X > Y) > P(X < Y)
\end{aligned}
\qquad (122)
$$

Im Fall unabhängiger Stichproben ist hiermit auch ein Vergleich der beiden Verteilungsfunktionen F_1 von X und F_2 von Y möglich. Denn bei Unabhängigkeit von X und Y folgt aus $F_1 = F_2$ die Beziehung $P(X > Y) = P(X < Y)$. In diesem Fall wird mit (122a) daher stets auch

$$H_0:\ F_1 = F_2 \quad \text{gegen} \quad H_1:\ F_1 \neq F_2$$

getestet (vgl. Fig. 49).

---

[1] Tests, die unter solchen Voraussetzungen anwendbar sind, werden oft als **verteilungsfrei** bezeichnet; hierzu zählen insbesondere auch die in Fig. 49 und Fig. 50 aufgeführten Tests von Wilcoxon bzw. von Wald-Wolfowitz. In der Literatur wird allerdings vielfach nicht zwischen verteilungsfrei und nichtparametrisch unterschieden.

[2] In den Fällen b) und c) ist ebenfalls $P(X > Y) = P(X < Y)$ als Nullhypothese möglich.

Der Vorzeichentest beruht auf folgendem Grundgedanken: Sind die Ereignisse $X < Y$ und $X > Y$ gleichwahrscheinlich, so ist damit zu rechnen, daß die Relation $x_i > y_i$ bei etwa gleichvielen Beobachtungspaaren (x_i, y_i) auftritt wie die umgekehrte Beziehung $x_i < y_i$. Dagegen spricht es für $P(X>Y) > P(X<Y)$ bzw. für $P(X>Y) < P(X<Y)$, wenn unter den Beobachtungspaaren mit $x_i \neq y_i$ nahezu immer $x_i > y_i$ bzw. nahezu immer $x_i < y_i$ gilt.

Der **Vorzeichentest** ist daher wie folgt durchzuführen:

Schritt 1: Ein Signifikanzniveau α wird festgelegt.

Schritt 2: Der Testfunktionswert v = Anzahl der Paare (x_i, y_i) mit $x_i > y_i$ wird ermittelt.

Schritt 3: Zur Festlegung des Verwerfungsbereichs B werden benötigt:

3.1: der Wert m = Anzahl der Paare (x_i, y_i) mit $x_i = y_i$

3.2: im Fall (122a) die Zahl $c \in \{0, \ldots, n-m\}$ bzw. in den Fällen (122b und c) die Zahl $c' \in \{0, \ldots, n-m\}$, für die mit der Verteilungsfunktion F der $B(n-m; 1/2)$-Verteilung gilt:

$$F(c) \leq \frac{\alpha}{2} \text{ und } F(c+1) > \frac{\alpha}{2} \text{ bzw. } F(c') \leq \alpha \text{ und } F(c'+1) > \alpha$$

Hiermit wird der Verwerfungsbereich gebildet gemäß

$B = \{0, 1, \ldots, c\} \cup \{n-m-c, \ldots, n-m\}$ im Fall (122a)
$B = \{0, 1, \ldots, c'\}$ im Fall (122b)
$B = \{n-m-c', \ldots, n-m\}$ im Fall (122c)

Schritt 4: H_0 wird genau dann abgelehnt, wenn $v \in B$ gilt.

Da es sich bei der Binomialverteilung um eine diskrete Verteilung handelt, wird in der Regel nicht die gesamte zugelassene Irrtumswahrscheinlichkeit α ausgeschöpft.

Der Vorzeichentest ist bei ordinalen und kardinalen Daten (und bei dichotomen Variablen) verwendbar. Bei kardinalen Daten läßt er sich auch mit Hilfe der Differenzen $Z_i = X_i - Y_i$ formulieren. Die Testfunktion V zählt dann die Anzahl der positiven Vorzeichen bei den Werten z_i. Dies erklärt seinen Namen.

Beispiel 87: Ein Großbetrieb, bei dem die meisten Arbeiter am Fließband beschäftigt sind, will prüfen, ob durch eine neue Produktionsform II, die ebenso effektiv ist wie die Fließbandproduktion I, bei der aber im Gegensatz zu I der einzelne Arbeiter nicht immer nur denselben Arbeitsgang auszuführen hat, die subjektive Zufriedenheit bei der Mehrheit der Arbeiter gesteigert werden kann. Genau soll die Hypothese H_0: „von sämtlichen Fließbandarbeitern im Betrieb geben höchstens so viele II den Vorzug vor I wie umgekehrt" gegen H_1: „der Anteil derer, die II vorziehen, ist größer als der Anteil der Befürworter von I" zum Signifikanzniveau $\alpha = 0,05$ getestet werden.

Dazu werden 14 bisher am Fließband eingesetzte Arbeiter zufällig ausgewählt und 3 Monate lang nach Methode II beschäftigt. Abschließend sprechen sich 9 der 14 Personen für II aus, 3 entscheiden sich für I, die restlichen 2 sind der Ansicht, daß sich Vor- und Nachteile von II gegenüber I gegenseitig aufwiegen.

Damit sind uns zur Durchführung des Vorzeichentests nicht mehr die einzelnen Beobachtungspaare (x_i, y_i)[1] gegeben, sondern gleich die Werte v und m. Die vier Schritte ergeben sich wie folgt:

---

[1] x_i bzw. y_i könnte etwa eine Punktewertung zu II bzw. zu I sein.

1. $\alpha = 0{,}05$;
2. $v = 9$;
3. $m = 2$, $c' = 2$, weil für die Verteilungsfunktion F der $B(12; 1/2)$-Verteilung $F(2) = 0{,}0193 < 0{,}05$ und $F(3) = 0{,}0730 > 0{,}05$ ist; also $B = \{10, 11, 12\}$;
4. Die Hypothese H_0, daß der Anteil der Befürworter von II nicht größer ist als der Anteil der Befürworter von I, kann wegen $v \notin B$ nicht abgelehnt werden.

Es ist noch zu erwähnen, daß beim Vorzeichentest für größere Werte $n - m$ die Binomialverteilung durch die Normalverteilung approximiert werden kann. Dies bringt jedoch für die Zahlen $n - m$, für die die $B(n - m; 1/2)$-Tabelle zur Verfügung steht, keine Vereinfachung mit sich. Für große Stichprobenumfänge n sollte in der Regel auf den Vorzeichentest ohnehin verzichtet werden. Denn je größer n ist, desto mehr wirkt sich im Vergleich zu anderen in Frage kommenden Tests die Tatsache zu seinem Nachteil aus, daß er stets nur die Richtung der Abweichungen zweier Beobachtungswerte und nicht ihre Größe berücksichtigt.

Aufgabe 109: *Ein Student fährt an 16 Tagen mit dem eigenen PKW zur Hochschule und an 16 weiteren Tagen mit dem Bus. Dabei ergeben sich der Reihe nach für die Hin- und Rückfahrt folgende täglichen Gesamtfahrzeiten x_i mit dem PKW und y_i mit dem Bus (jeweils in Minuten):*

x_i	48	53	42	81	47	57	44	46	48	72	53	44	49	48	56	65
y_i	51	54	50	51	52	59	50	54	53	51	53	62	58	49	54	52

a) *Testen Sie zum Signifikanzniveau $\alpha = 0{,}075$ die Hypothese*
H_0: *die Wahrscheinlichkeit p_1, mit dem PKW langsamer zu sein als mit dem Bus, ist mindestens ebenso groß wie die Wahrscheinlichkeit p_2, mit dem Bus langsamer zu sein als mit dem PKW,*
(*gegen H_1: $p_1 < p_2$*).
b) *Errechnen Sie die Stichprobenmittel $\bar{x}$ und $\bar{y}$ und testen Sie unter der Annahme, daß alle Daten Realisierungen normalverteilter Zufallsvariablen sind, ebenfalls zu $\alpha = 0{,}075$ die Hypothese*
H_0: *der Erwartungswert μ_1 der täglichen Fahrzeit beim PKW ist größer gleich dem entsprechenden Erwartungswert μ_2 bei Benutzung des Busses*
(*gegen H_1: $\mu_1 < \mu_2$*).

14.11 Gütefunktion

In diesem Abschnitt beschäftigen wir uns mit dem Problem der Beurteilung von Testverfahren. Wir haben in 14.2 festgestellt, daß bei der Wahl der einzelnen Größen, die einen Test bestimmen, insbesondere bei der Festlegung des Verwerfungsbereichs B, darauf zu achten ist, daß

a) die maximale Wahrscheinlichkeit für den Fehler 1. Art (nämlich H_0 zu verwerfen, obwohl H_0 richtig ist) gleich dem vorgegebenen Signifikanzniveau α sein muß;

b) unter Einhaltung von a) die Wahrscheinlichkeit für den Fehler 2. Art (nämlich H_0 nicht abzulehnen, obwohl H_0 falsch ist) so klein wie möglich gehalten werden sollte.

Die Gütefunktion, die wir nun für den Fall eines reellen Parameterbereichs $\Theta \subset \mathbb{R}$ einführen, gestattet eine anschauliche Darstellung, ob und inwieweit ein bestimmter Test diese beiden Kriterien a) und b) erfüllt.

Wir setzen voraus, daß die Hypothesen

H_i: der unbekannte Parameterwert liegt in Θ_i

getestet werden sollen, wobei der Parameterbereich $\Theta = \Theta_0 \cup \Theta_1$ eine Teilmenge der reellen Zahlen ist. Ferner sei V die Testfunktion und B der Verwerfungsbereich eines gegebenen Tests.

Als **Gütefunktion** des Tests bezeichnen wir die Funktion

$$g(\vartheta) = P(V \in B | \vartheta), \qquad (123)$$

die die Wahrscheinlichkeit angibt, H_0 abzulehnen, wenn der unbekannte wahre Parameter gleich ϑ ist. Um $g(\vartheta)$ bestimmen zu können, muß also die Verteilung von V nicht nur unter der Nullhypothese, sondern stets (zumindest approximativ) bekannt sein.

Ein Test ist genau dann Signifikanztest zu einem vorgegebenen Niveau α, d.h. er erfüllt obige Forderung a) bzw. die Gleichung (114) aus 14.2, wenn für seine Gütefunktion die Beziehung

$$\sup_{\vartheta \in \Theta_0} g(\vartheta) = \alpha$$

gilt, der Maximalwert der Gütefunktion im Bereich Θ_0 also gleich α ist. Bei einfacher Nullhypothese H_0, d.h. bei $\Theta_0 = \{\vartheta_0\}$, heißt dies, daß $g(\vartheta_0) = \alpha$ sein muß.

Andererseits ist der Verlauf der Gütefunktion auf dem Bereich Θ_1 maßgebend für die Wahrscheinlichkeit des Fehlers 2. Art und damit für die Einhaltung der Forderung b) von oben. Denn für die Wahrscheinlichkeit, H_0 nicht abzulehnen, wenn der Wert $\vartheta \in \Theta_1$ richtig ist, ergibt sich

$$P(V \notin B | \vartheta) = 1 - P(V \in B | \vartheta) = 1 - g(\vartheta),$$

so daß ein Fehler 2. Art um so unwahrscheinlicher ist, je größer $g(\vartheta)$ auf dem Bereich Θ_1 ist. Die in der statistischen Qualitätskontrolle häufig benutzte Funktion $1 - g(\vartheta)$ wird als **Operationscharakteristik** (oder OC-Kurve) bezeichnet.

Oft sieht man unter den Signifikanztests zum Niveau α überhaupt nur noch solche als geeignet an, bei denen die Gütefunktion $g(\vartheta)$ für alle $\vartheta \in \Theta_1$ größer oder gleich α ist. Tests zum Niveau α mit dieser Eigenschaft, nämlich

$$g(\vartheta) \geq \alpha \text{ für alle } \vartheta \in \Theta_1, \qquad (124)$$

nennt man **unverfälscht**. Bei einem unverfälschten Test ist also die Wahrscheinlichkeit, mit der H_0 abgelehnt wird, bei Zutreffen von H_0 nie größer als bei Nichtzutreffen. Die Gütefunktion eines unverfälschten Tests hat etwa folgenden Verlauf:

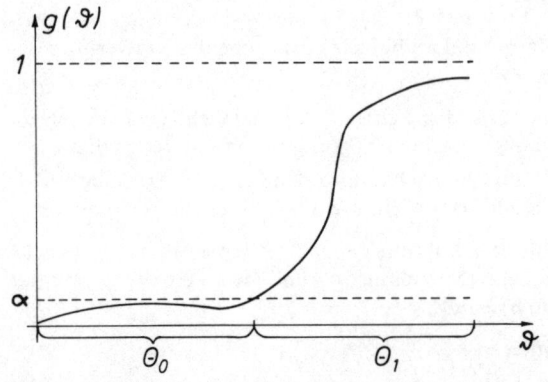

Fig. 52: Gütefunktion eines unverfälschten Tests

14.11 Gütefunktion

Für ein Anwendungsbeispiel greifen wir nun auf die Ausgangssituation des Einstichproben-Gaußtests zurück.

Beispiel 88: Gegeben seien
- eine normalverteilte Grundgesamtheit G mit bekannter Standardabweichung σ
- der Parameterbereich $\Theta = \mathbb{R}$ als Menge der möglichen Werte für den unbekannten Erwartungswert von G
- die Nullhypothese H_0, daß der unbekannte Erwartungswert gleich dem hypothetischen Wert μ_0 ist; dies bedeutet: $\Theta_0 = \{\mu_0\}$, $\Theta_1 = \Theta - \Theta_0 = \mathbb{R} - \{\mu_0\}$
- eine einfache Stichprobe vom Umfang n aus G, beschrieben durch die Variablen $X_1, \ldots, X_n$
- die Testfunktion $V = \dfrac{\bar{X} - \mu_0}{\sigma} \sqrt{n}$
- ein Signifikanzniveau α, wofür wir den Wert 0,05 wählen.

Unter diesen Voraussetzungen gibt es offensichtlich noch unendlich viele Möglichkeiten der Wahl eines Verwerfungsbereichs B, so daß ein Signifikanztest zum Niveau α entsteht. Denn jeder reelle Zahlenbereich B, über dem die durch die Dichtefunktion der N(0;1)-Verteilung begrenzte Fläche den Wert α besitzt, erfüllt die Bedingung $P(V \in B \mid \mu_0) = \alpha$.

Für vier dieser Möglichkeiten wollen wir uns den Verlauf der zugehörigen Gütefunktion verdeutlichen, nämlich für

(a) $B = (-\infty; -x_{1-\alpha/2}) \cup (x_{1-\alpha/2}; \infty)$ $\quad = (-\infty; -1{,}96) \cup (1{,}96; \infty)$

(b) $B = (-\infty; -x_{1-\alpha})$ $\quad = (-\infty; -1{,}645)$

(c) $B = (x_{1-\alpha}; \infty)$ $\quad = (1{,}645; \infty)$

(d) $B = \left(-x_{\frac{1+\alpha}{2}}; x_{\frac{1+\alpha}{2}}\right)$ $\quad = (-0{,}063; 0{,}063)$

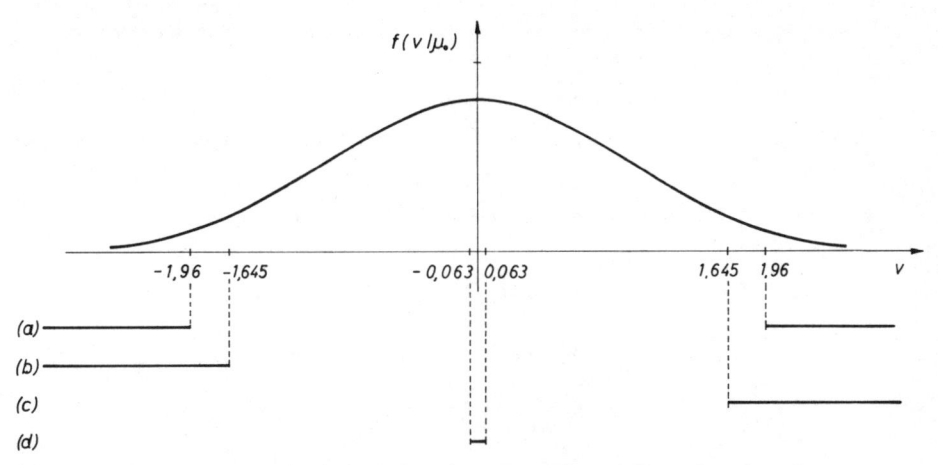

Fig.: 53: *Dichtefunktion der Testfunktion V, sofern H_0 zutrifft, und Verwerfungsbereiche zu (a), (b), (c), (d)*

Der unter (a) angegebene Verwerfungsbereich ist in 14.1 für den vorliegenden Fall einer beidseitigen Gegenhypothese als geeignet erklärt worden, wohingegen die gemäß (b) und (c) angegebenen Bereiche nach 14.1 zu den einseitigen Alternativhypothesen zu verwenden sind. Die Gütefunktionen werden zeigen, daß diese in 14.1 getroffene Festlegung sinnvoll ist. Der in (d) angegebene Bereich ist so angelegt, daß der hypothetische Wert μ_0 gerade dann abgelehnt wird, wenn das Stichprobenergebnis am stärksten für die Richtigkeit von μ_0 spricht. Daß diese Vorgehensweise unsinnig ist, ist bereits intuitiv klar; die zugehörige Gütefunktion wird dies bestätigen.

Den wesentlichen Verlauf der vier Gütefunktionen können wir uns (ohne Rechnung) mit Hilfe von Fig. 53 klar machen. Der Wert $g(\mu)$ der Gütefunktion mißt nämlich jeweils die Fläche, die oberhalb des Bereichs B sowie unterhalb der Dichtefunktion $f(v|\mu)$ liegt, wobei $f(v|\mu)$ die Dichte von V unter der Bedingung beschreibt, daß der Wert μ gleich dem Erwartungswert von G ist. Im Vergleich zu der in Fig. 53 skizzierten Dichte $f(v|\mu_0)$ stellt $f(v|\mu)$ lediglich eine Verschiebung dar, und zwar eine Verschiebung nach rechts, wenn $\mu > \mu_0$ ist, bzw. eine Verschiebung nach links, wenn $\mu < \mu_0$ ist. Die Konsequenzen, die eine solche Verschiebung von μ_0 aus nach rechts bzw. nach links in den Fällen (a), (b), (c), (d) nach sich zieht, sind in folgendem Schema zusammengestellt.

Verschiebung Fall	nach rechts ($\mu > \mu_0$)	nach links ($\mu < \mu_0$)
(a)	Fläche über $(1,96; \infty)$ stark vergrößert, Fläche über $(-\infty; -1,96)$ noch geringfügig verkleinert; d.h. $g(\mu) > g(\mu_0) = \alpha$	Fläche über $(1,96; \infty)$ noch geringfügig verkleinert, Fläche über $(-\infty; -1,96)$ stark vergrößert; d.h. $g(\mu) > g(\mu_0) = \alpha$
(b)	Fläche über B noch geringfügig verkleinert; d.h. $g(\mu) < g(\mu_0) = \alpha$	Fläche über B stark vergrößert; d.h. $g(\mu) > g(\mu_0) = \alpha$
(c)	Fläche über B stark vergrößert; d.h. $g(\mu) > g(\mu_0) = \alpha$	Fläche über B noch geringfügig verkleinert; d.h. $g(\mu) < g(\mu_0) = \alpha$
(d)	Fläche über B stark verkleinert; d.h. $g(\mu) < g(\mu_0) = \alpha$	Fläche über B stark verkleinert; d.h. $g(\mu) < g(\mu_0) = \alpha$

Natürlich läßt sich jeder Wert der Gütefunktionen auch rechnerisch ermitteln, wie nun exemplarisch in Fall (b) dargestellt wird:

Zum Ereignis $V \in B$ gibt es folgende äquivalenten Formulierungen:

$$\frac{\bar{X} - \mu_0}{\sigma} \sqrt{n} < -1{,}645, \quad \text{bzw.}$$

$$\frac{\bar{X} - \mu + \mu - \mu_0}{\sigma} \sqrt{n} < -1{,}645, \quad \text{bzw.}$$

$$\frac{\bar{X} - \mu}{\sigma} \sqrt{n} < -1{,}645 - \frac{\mu - \mu_0}{\sigma} \sqrt{n}.$$

Hieraus folgt:

$$g(\mu) = P(V \in B | \mu) = \Phi(-1{,}645 - \frac{\mu - \mu_0}{\sigma} \sqrt{n}),$$

wobei Φ die Verteilungsfunktion der Standardnormalverteilung beschreibt.
Beispielsweise ergibt sich so für $n = 25$, $\sigma = 5$ und $\mu_0 = 3$:

$g(2) = \Phi(-0{,}645) = 1 - \Phi(0{,}645) = 1 - 0{,}7405 = 0{,}2595;$
$g(4) = \Phi(-2{,}645) = 1 - \Phi(2{,}645) = 1 - 0{,}9959 = 0{,}0041.$

Insgesamt ergibt sich somit grob skizziert folgender Verlauf der vier Gütefunktionen

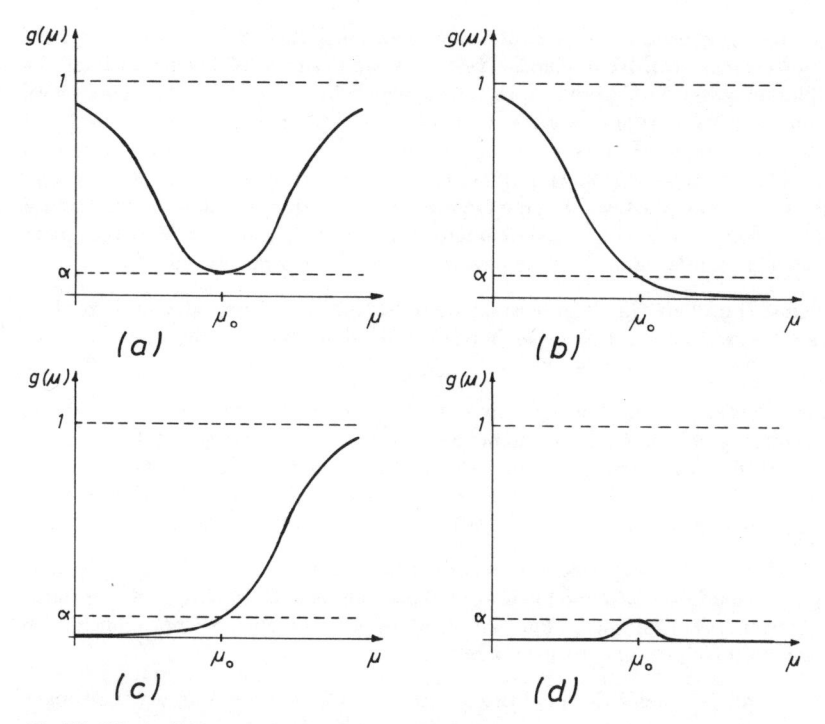

Fig. 54: *Gütefunktionen zu den vier Verwerfungsbereichen (a), (b), (c), (d)*

Aus Fig. 54 läßt sich ablesen, daß im vorliegenden Fall, nämlich bei $\Theta_0 = \{\mu_0\}$, $\Theta_1 = \mathbb{R} - \{\mu_0\}$, nur der gemäß (a) gebildete Verwerfungsbereich, der auch in 14.1 für diese Ausgangssituation benutzt wurde, einen unverfälschten Test liefert.

Aufgabe 110: *Welche der in Fig. 54 dargestellten Gütefunktionen beschreibt einen unverfälschten Test*
- *im Fall $\Theta_0 = \{\mu_0\}$, $\Theta_1 = (-\infty; \mu_0)$*
- *im Fall $\Theta_0 = \{\mu_0\}$, $\Theta_1 = (\mu_0; \infty)$*
- *im Fall $\Theta_0 = [\mu_0; \infty)$, $\Theta_1 = (-\infty; \mu_0)$,*

wenn alle übrigen Voraussetzungen aus Beispiel 88 beibehalten werden?

14.12 Kritische Zusammenfassung, Literaturhinweise

1. Die in diesem Buch explizit behandelten bzw. in 14.3 aufgeführten Tests stellen nur eine kleine Auswahl dar; in der statistischen Literatur sind sehr viele weitere Testverfahren beschrieben. Verwiesen sei etwa auf J. Pfanzagl [1968], K. Stange [1970, 1971], J. Bortz [1977], L. Sachs [1978] sowie speziell für nichtparametrische Tests auf Büning/Trenkler [1978] und Schaich/Hamerle [1984]. Der Varianzanalyse und ihren vielfältigen Fragestellungen sind z.B. W.R. Glaser [1978] und Hochstädter/Kaiser [1988] gewidmet. Tests, ob Regressionskoeffizienten signifikant von Null verschieden sind, können vor allem in der zu Kap. 16 angegebenen ökonomischen Literatur gefunden werden.

2. Zu einer gegebenen Ausgangssituation heißt ein Test zum Niveau α ein **gleichmäßig bester** oder auch **trennscharfer Test** zu α, wenn er die Wahrscheinlichkeit für eine Ablehnung der Nullhypothese H_0 bei allen zur Gegenhypothese H_1 gehörenden Verteilungen oder Parameterwerten maximiert (im Vergleich zu allen übrigen in dieser Situation möglichen Tests). Liegt wie in 14.11 ein reeller Parameterbereich $\Theta = \Theta_0 \cup \Theta_1$ vor, wobei Θ_i die Hypothese H_i repräsentiert, so ist ein Test zum Niveau α genau dann trennscharf, wenn seine Gütefunktion auf Θ_1 mindestens so groß ist wie die aller anderen zur Verfügung stehenden Tests. Oft läßt man zum Vergleich nicht alle möglichen, sondern nur noch die unverfälschten[1] Tests zum Niveau α zu.

Der Einstichproben-Gaußtest beispielsweise ist trennscharf im Fall einseitiger Hypothesen, im zweiseitigen Fall dagegen ist er (nur) gleichmäßig bester unverfälschter Test.

Weitere diesbezügliche Aussagen sind etwa bei Witting/Nölle [1970, S. 186] und bei G. Bamberg [1972, S. 77] zusammengestellt. Die zugrundeliegende Theorie, aus der sich solche Aussagen ergeben, ist z.B. bei L. Schmetterer [1966, S. 201], H. Witting [1966, ab S. 166] oder M. Fisz [1970, S. 628] dargestellt. Mit der Optimalität bei approximativen Tests beschäftigen sich Witting/Nölle [1970, S. 37].

3. Beim Vergleich zweier oder mehrerer Erwartungswerte stehen bei der Datenerhebung u.U. die beiden Möglichkeiten, **verbundene oder unabhängige Stichproben** zu realisieren, zur Verfügung. Die Verwendung verbundener Stichproben hat im Vergleich mit unabhängigen Stichproben

- in der Regel den wesentlichen Vorteil, daß die auftretenden Varianzen geringer sind
- den Nachteil, daß die Anzahl der Freiheitsgrade verringert ist, wie ein Vergleich der Differenzentests aus 14.4 mit den Zweistichprobentests aus 14.6 deutlich macht.

Welche der beiden Möglichkeiten günstiger ist, bleibt im Einzelfall zu klären; siehe etwa J. Pfanzagl [1968, S. 219].

4. Einen verteilungsfreien Test beurteilt man oft danach, um wieviel Prozent bei Vorliegen einer bestimmten Verteilung der Grundgesamtheit, insbesondere der Normalverteilung, der Stichprobenumfang reduziert werden könnte, damit der dann anwendbare Test von derselben „Güte" ist wie der betrachtete verteilungsfreie Test. Als **Wirksamkeit** des verteilungsfreien Tests bezeichnet man dann (vereinfacht dargestellt) den Prozentanteil der Anzahl von Beobachtungen, mit denen der parametrische Test bei gleicher „Güte" auskommt. So besitzt z.B. der in Fig. 50 aufgeführte Wilcoxon-Test eine Wirksamkeit von etwa 95% im Vergleich mit dem bei Normalverteilung möglichen Differenzentest; die Wirksamkeit des Vorzeichentests dagegen beträgt bei hohem n nur noch 64%. Genaue Definitionsansätze und weitere Angaben zur Wirksamkeit einzelner Tests sind bei J. Pfanzagl [1968, Kap. 6] sowie vor allem bei Büning/Trenkler [1978] zu finden.

5. Auch bei Tests kann ein eventuell vorhandenes a priori Wissen mitberücksichtigt werden. Verfahren, die dies leisten, heißen **Bayestests**. Ausführlich behandelt sind sie etwa bei M.H. DeGroot [1970, S. 237].

---

[1] Der Begriff „unverfälscht" ist nicht auf die in 14.11 behandelte Situation eines reellen Parameterbereichs $\Theta \subset \mathbb{R}$ beschränkt; (124) läßt sich geeignet verallgemeinern.

6. Wie in 14.2 dargelegt wurde, stellt bei der Verwendung von Signifikanztests lediglich die Verwerfung der Nullhypothese eine statistisch gesicherte Entscheidung dar. Daher ist das Prinzip des Signifikanztests in pragmatischen Fragestellungen oft unbrauchbar, beispielsweise dann, wenn zu testen ist, ob ein neu entwickeltes Medikament besser ist als ein bisher verwendetes, oder welcher von zwei konkurrierenden Werbespots wirksamer ist, usw. Solche Fragestellungen sind unmittelbar mit Entscheidungen, z.B. über die Massenherstellung eines bestimmten Medikaments verknüpft. Stimmenthaltungen sind hierbei wenig sinnvoll; man muß sich aufgrund der beobachteten Stichprobenrealisation auf eine der beiden Hypothesen bzw. der damit verknüpften Entscheidungen festlegen.

Tests, die als Ergebnis eine der beiden Antworten, nämlich Annahme von H_0 oder Annahme von H_1 zulassen, heißen **Alternativtests**. Von Ausnahmefällen abgesehen, sind Alternativtests jedoch erst im Rahmen der **statistischen Entscheidungstheorie** (vgl. Kap. 19) durchführbar, wenn zur Konstruktion der Tests statt der Fehlerwahrscheinlichkeiten die konkreten Entscheidungen und ihre Konsequenzen berücksichtigt werden.

7. Neben den Testverfahren, denen ein fester Stichprobenumfang n zugrundeliegt, gibt es auch Tests, bei denen der Stichprobenumfang variabel und selbst Gegenstand einer Optimierung ist; sie heißen **sequentielle Tests**. Die Grundidee einer sequentiellen Vorgehensweise wird in Kapitel 18 (im Beispiel 97) verdeutlicht. Bezüglich der Darstellung sequentieller Verfahren sei wiederum auf M.H. DeGroot [1970, S. 306] verwiesen. Speziell für Probleme der statistischen Qualitätskontrolle werden sequentielle Tests bei W. Uhlmann [1966, S. 131] vorgestellt.

8. **Die Wahrscheinlichkeit α kommt** auch bei Signifikanztests **dem Verfahren zu** und **nicht dem Ergebnis**. Dies bedeutet: Führt man ein Testverfahren zum Signifikanzniveau α = 0,05 sehr oft durch, so kann man in 95% der Fälle, in denen H_0 richtig ist, damit rechnen, daß das Verfahren zu keiner Ablehnung von H_0 führt. Dagegen ist eine Formulierung wie: „die Hypothese H_0 ist, falls sie abgelehnt wird, mit der Wahrscheinlichkeit 0,95 unzutreffend" nicht haltbar im Sinne der Definition des Signifikanzniveaus. Im übrigen sei noch darauf hingewiesen, daß bei vielen der in Kapitel 20 angesprochenen **statistischen Programmsystemen** zur Durchführung eines Tests die Angabe des Signifikanzniveaus α nicht benötigt wird. Diese Programme drucken nämlich mit dem Testfunktionswert v einen Wahrscheinlichkeitswert α' aus, der folgendes besagt: Wäre das verwendete Datenmaterial zum Signifikanzniveau α' getestet worden, so wäre v genau der Randpunkt des Verwerfungsbereichs. Dies bedeutet, daß zu jedem Signifikanzniveau α > α' die Nullhypothese H_0 zu verwerfen ist, dagegen bei α ≤ α' keine Ablehnung von H_0 erfolgen kann.

Im Beispiel 76 zum Einstichproben-Gaußtest etwa ergibt sich mit dem gegebenen Testfunktionswert v = −2,4

im Fall a) der beidseitigen Alternativhypothese H_1: μ ≠ 500 der Wert α' so, daß die kleinere der beiden Wahrscheinlichkeiten $P(V<v|\mu_0)$ und $P(V>v|\mu_0)$ gleich α'/2 ist, also (wegen $\Phi(-2,4) = 0,0082$ und $\Phi(2,4) = 0,9918$) der Wert α' = 2 · 0,0082 = 0,0164

im Fall b) der einseitigen Alternativhypothese H_1: μ < 500 der Wert α' = $P(V<v|\mu_0) = \Phi(-2,4) = 0,0082$

im Fall c) der einseitigen Alternativhypothese H_1: μ > 500 der Wert α' = $P(V>v|\mu_0) = \Phi(2,4) = 0,9918$.

Mit α = 0,01 wird daher nur in Fall b) die Hypothese H_0 verworfen.

9. Nicht nur bei Signifikanztests und auch nicht allein in der induktiven Statistik, sondern generell in Situationen, in denen ein statistisches Verfahren zum Einsatz kommen soll, ist folgendes **Grundschema der Vorgehensweise in der Statistik** einzuhalten:

a) Klärung der Problemstellung
b) begründete Auswahl eines Verfahrens
c) Datenerhebung
d) Durchführung des Verfahrens
e) Interpretation des Ergebnisses.

Bei einem Signifikanztest gehören

- zu Punkt a) die Festlegung der Hypothesen H_0 und H_1, aber auch die Überlegung, welche Verteilungsannahmen über die Grundgesamtheit gemacht werden können.
- zu Punkt b) die Auswahl der Testfunktion V, die Festlegung der Gestalt des Verwerfungsbereichs B (z. B. ob B einseitig oder beidseitig zu wählen ist), jedoch auch die Angabe des Signifikanzniveaus α.
- zu Punkt d) die Errechnung des Testfunktionswertes v, die konkrete Bestimmung des Verwerfungsbereichs B sowie die Anwendung der Entscheidungsregel (Ergebnis: Ablehnung bzw. Nichtablehnung von H_0).
- zu Punkt e) etwa das Ziehen von Konsequenzen aus dem erhaltenen Testergebnis, z. B. ein Austausch der Maschine beim Überschreiten der Kontrollgrenzen im Qualitätskontrolle-Beispiel 77.

Wie diese Einteilung zeigt, enthalten die jeweils aus den Schritten 1 bis 4 bestehenden Tableaus, die bei der Beschreibung der einzelnen Testverfahren aufgestellt wurden, sowohl Vorschriften zu Punkt b) „Auswahl des Verfahrens" als auch zu Punkt d) „Durchführung des Verfahrens".

Wichtig ist bei obigem Grundschema ganz allgemein, daß die Punkte a) und b) unbeeinflußt von c) durchgeführt werden. (In der Regel geschieht dies, indem man die Daten erst erhebt, nachdem die Problemstellung geklärt und das zu verwendende Verfahren festgelegt ist.)

Dies bedeutet im Fall der Signifikanztests, daß

- weder, wie bereits in 14.2 erwähnt, die Festlegung der Hypothesen
- noch die jeweils als Schritt 1 bezeichnete Wahl des Signifikanzniveaus α

in Abhängigkeit vom Datenmaterial geschehen darf, das zur Berechnung des Testfunktionswertes v verwendet wird.

Teil IV:
Überblick über einige weitere wichtige Teilgebiete der Statistik

Die nachfolgenden Kapitel beschäftigen sich mit der Zeitreihenanalyse und Prognoserechnung, der Ökonometrie, den multivariaten Verfahren, der Stichprobenplanung, der statistischen Entscheidungstheorie und der statistischen Software. Da über diese Gebiete jeweils dicke Monographien existieren – auf die in den betreffenden Kapiteln aufmerksam gemacht wird – versteht es sich von selbst, daß sich die Behandlung auf die Skizzierung typischer Fragestellungen und die exemplarische Vorstellung einschlägiger Verfahren beschränken mußte.

Auf die Behandlung weiterer Teilgebiete, die ebenfalls mit gewissem Recht ein eigenes Kapitel beansprucht hätten, mußte aus Platzgründen verzichtet werden. So blieb die **statistische Qualitätskontrolle** (sieht man von einigen Beispielen ab) im wesentlichen ausgeklammert; der interessierte Leser sei insbesondere auf W. Uhlmann [1982], Schindowski/Schürz [1966], D. Fitzner [1979], E. v. Collani [1984] und H. Vogt [1988] hingewiesen. Auch viele **nichtparametrische Verfahren** blieben unbehandelt; mit Büning/Trenkler [1978] und Schaich/Hamerle [1984] stehen hierüber umfangreiche Werke zu Verfügung. Nicht behandelt wurden ferner die **amtliche Statistik**, die **Bevölkerungsstatistik** und die eigentliche materielle **Wirtschaftsstatistik** (Landwirtschaftsstatistik, Industriestatistik, Bankenstatistik usw.). Wegen der letzteren Problemkreise sei insbesondere auf I. Esenwein-Rothe [1969], M. Hüttner [1973], H. Kuchenbecker [1973], H. Abels [1976], R. Zwer [1982], Anderson/Schaffranek/Stenger/Szameitat [1983], P. von der Lippe [1985], Hanau/Hujer/Neubauer [1986] und Litz/Lipowatz [1986] verwiesen. Bevölkerungsprognosen werden von G. Buttler [1979] und G. Hansen [1985] behandelt; das Buch von G. Feichtinger [1973] kann als Standardwerk über die Bevölkerungsstatistik gelten. Über die Organisation der amtlichen Statistik, über die Fachserien des Statistischen Bundesamtes, über die vielfältigen Erhebungen und ihre Periodizität informiert am umfassendsten die vom Statistischen Bundesamt 1976 herausgegebene Schrift: Das Arbeitsgebiet der Bundesstatistik.

15. Kapitel:
Zeitreihenanalyse und Prognoserechnung

Sieht man von der Befriedigung wissenschaftlicher Neugier ab, so dient die Zeitreihenanalyse ausschließlich Prognosezwecken; insofern kann die Zeitreihenanalyse als Teilgebiet der Prognoserechnung aufgefaßt werden. Von den vielfältigen Gesichtspunkten zur Untergliederung der Prognoseverfahren seien die folgenden erwähnt:[1]

1) Nach der Länge der Prognosedistanz wird zwischen kurz-, mittel- und langfristigen Prognosen unterschieden.
2) Nach der Art der verwendeten Einflußgrößen teilt man ein in
   - **univariate** (oder **autoprojektive**) Prognoseverfahren, wenn nur die Zeit oder die Zeitreihenwerte selbst benutzt werden
   - **multivariate** (oder **kausale** oder **ökonometrische**) Prognoseverfahren, wenn zusätzliche Einflußgrößen (Regressoren) herangezogen werden.
3) Nach der Art des Prognoseergebnisses kann ferner zwischen **Punkt-** und **Intervallprognosen** sowie zwischen **bedingten** und **unbedingten** Prognosen unterschieden werden.

Langfristige Prognosen beruhen meist auf Sättigungsmodellen, d. h. auf s-förmig verlaufenden Sättigungskurven; sie wollen wir hier nicht behandeln. Ökonometrische Modelle sind der Gegenstand von Kapitel 16; sie wollen wir hier ebenfalls ausklammern und uns auf die Diskussion einiger univariater (Punkt-)Prognoseverfahren beschränken. Ihre Anwendung bedingt, daß es sich bei den Zeitreihenwerten y_t um die Ausprägungen eines kardinalen Merkmals handelt. Auch die univariaten Prognoseverfahren können wiederum untergliedert werden, und zwar nach der Art des zugrundegelegten Zeitreihenmodells in

- heuristische Verfahren, denen überhaupt kein explizit formuliertes Zeitreihenmodell zugrundeliegt (ein Prototyp wird in 15.1 behandelt)
- Verfahren, denen ein spezielles parametrisches Zeitreihenmodell zugrundeliegt (vgl. 15.2)
- spektralanalytische Verfahren (die Idee wird in 15.3 geschildert).

15.1 Exponentielles Glätten

Eine Methode zur Erstellung kurzfristiger Prognosen, welche in der Praxis aufgrund ihrer bestechenden Einfachheit eine relativ weite Verbreitung gefunden hat[2], ist die Ende der 50er Jahre von R. G. Brown vorgeschlagene **exponentielle Glättung** (exponential smoothing) **erster Ordnung**. Bezeichnen wir die Zeitreihenwerte wie in Kapitel 6 mit y_t und die **Ein-Schritt-Prognose**, d. h. den auf der Basis der Informationen bis zur Periode t für die nachfolgende (t + 1)-te Periode zu erstellenden Progno-

---

[1] Einen ausführlichen Katalog von Klassifikationsgesichtspunkten findet man bei K. Rothschild [1969] (für volkswirtschaftlich relevante Prognoseverfahren) und K. Brockhoff [1977] (für betriebswirtschaftlich relevante Prognoseverfahren).
[2] Empirische Untersuchungen über die Verbreitung verschiedener Prognoseverfahren in der Praxis werden z. B. von W. Schütz [1975] und K. Brockhoff [1977] zitiert.

sewert, mit $\hat{y}_{t+1}$, so ist das exponentielle Glätten erster Ordnung durch die Vorschrift definiert:

$$\hat{y}_{t+1} = \alpha y_t + (1 - \alpha)\hat{y}_t. \tag{125}$$

Der Prognosewert $\hat{y}_{t+1}$ für die Periode $(t+1)$ ist demnach ein gewogenes (arithmetisches) Mittel aus dem Zeitreihenwert y_t der Periode t und dem – in der $(t-1)$-ten Periode erstellten – Prognosewert $\hat{y}_t$ für die Periode t. Der zwischen 0 und 1 festzulegende Parameter α heißt **Glättungsparameter**.

Zu diesem Verfahren ist folgendes anzumerken:

1) Mittels sukzessiver Anwendung von (125) kann der Prognosewert $\hat{y}_{t+1}$ auch unter alleiniger Verwendung der Zeitreihenwerte dargestellt werden:

$$\hat{y}_{t+1} = \alpha \sum_{i=0}^{\infty} (1-\alpha)^i y_{t-i}. \tag{126}$$

Hierbei wurde der Einfachheit halber eine Zeitreihe mit beliebig langer Vorgeschichte (negative Indizes) unterstellt. Bei einer mit y_1 beginnenden Zeitreihe wird die Vorschrift (125) üblicherweise durch die Festsetzung $\hat{y}_1 = y_1$ initialisiert, was bei größeren t-Werten praktisch keinen Unterschied zu (126) hervorruft. Die Formel (126) zeigt, daß die Vergangenheitswerte – im Gegensatz zum Verfahren der gleitenden Durchschnitte – exponentiell abnehmend gewichtet werden.

2) Die Bedeutung des Glättungsparameters α ergibt sich aus dem Tableau:

	α klein, d.h. $\alpha \approx 0$	α groß, d.h. $\alpha \approx 1$
Berücksichtigung aktueller Werte	schwach	stark
Berücksichtigung alter Werte	stark	schwach
Glättungseffekt der Prognose	groß	klein
Reagibilität der Prognose	klein	groß

Die traditionelle Wahl von α ist: $0{,}1 \leq \alpha \leq 0{,}3$.

3) Das Prognoseverfahren genügt einem deskriptiv orientierten Optimalitätskriterium; es ergibt sich nämlich durch Minimierung der **diskontierten Summe der Abweichungsquadrate**. Wieder für eine beliebig lange Zeitreihe formuliert, bedeutet dies: Die Minimierung von

$$\sum_{i=0}^{\infty} (1-\alpha)^i [y_{t-i} - a]^2$$

bezüglich a liefert als Minimalstelle gerade $\hat{y}_{t+1}$.

4) Das Verhalten (bzw. Fehlverhalten) des Prognoseverfahrens bei einigen typischen Situationen wird in Fig. 55 graphisch veranschaulicht.

15.1 Exponentielles Glätten

Beispiel 89: Für die tabellarisch angegebene Zeitreihe $y_1, \ldots, y_6$ errechnet man nach Festsetzung von $\hat{y}_1 = y_1$ und $\alpha = 0{,}5$ die (ebenfalls tabellarisch angegebenen) Prognosewerte $\hat{y}_1, \ldots, \hat{y}_7$:

t	1	2	3	4	5	6	7
y_t	1	2	3	3	2	3	?
$\hat{y}_t$	1	1	$\frac{3}{2}$	$\frac{9}{4}$	$\frac{21}{8}$	$\frac{37}{16}$	$\frac{85}{32}$

Fig. 55 zeigt die Zeitreihenpolygone dieser sowie einiger weiterer korrespondierender Zeitreihen y_t und $\hat{y}_t$.

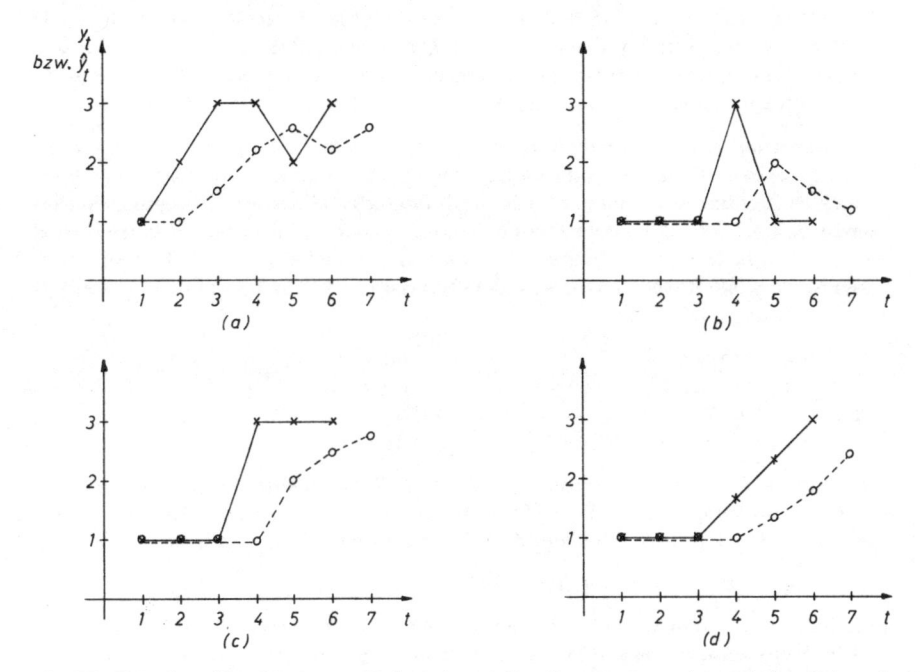

Fig. 55: *Zeitreihen (durchgezogenes Polygon) und ihre Prognosewerte (gestricheltes Polygon); Verhalten der Prognose (a) bei obigen numerischen Daten, (b) bei einem Impuls, (c) bei einer Niveauänderung, (d) bei einsetzendem Trend*

Das in Fig. 55(d) verdeutlichte „Nachhinken" der Prognosewerte bei einsetzendem Trend verschwindet auch asymptotisch nicht. Es läßt sich nachrechnen, daß der Prognosefehler gegen b/α konvergiert, wobei b der Anstieg des Trends ist. Insbesondere dieses Fehlverhalten gab den Anlaß zur Entwicklung des **exponentiellen Glättens 2ter** (und höherer) **Ordnung**, das beispielsweise bei M. Schröder [1973] und Burdelski/Dub/Opitz [1975] beschrieben ist.

15.2 Zugrundelegung eines parametrischen Zeitreihenmodells, Box-Jenkins-Modelle

Postuliert man beispielsweise, daß die n Zeitreihenwerte $y_1, \ldots, y_n$ durch ein Polynom

$$y_t = a_0 + a_1 t + a_2 t^2 + \ldots + a_g t^g \qquad (t = 1, \ldots, n) \tag{127}$$

beschrieben werden können, so lassen sich stets ein passender Polynomgrad $g \leq n - 1$ und passende Parameterwerte a_i finden. Mit der Ermittlung einer Kurve, die durch alle n Punkte des Zeitreihendiagramms verläuft, ist aus den folgenden Gründen jedoch noch kein befriedigender Abschluß der Zeitreihenanalyse erreicht:

1) Das Polynom vollführt wegen seines i.a. hohen Polynomgrads derart wilde Schwankungen, daß es für Prognosezwecke unbrauchbar ist.

2) Selbst im Rahmen des Modells (127) gibt es (ohne die Restriktion $g \leq n - 1$) unendlich viele Kurven, die sich allen n Zeitreihenpunkten (t, y_t) exakt anpassen. Infolgedessen kann man von keiner dieser Kurven behaupten, daß sie den „wahren Erzeugungsmechanismus" der beobachteten Zeitreihe darstellt.

Die Erkenntnis, daß eine hohe Anpassungsgüte keine hohe Prognosegüte impliziert, und daß die Ermittlung des „wahren Erzeugungsmechanismus" offenbar ein zu hoch gestecktes Ziel bedeutet, hat zur Suche nach **möglichst einfachen Erzeugungsmechanismen** geführt, die die beobachteten Zeitreihendaten einigermaßen befriedigend erklären und für Prognosezwecke verwertbar sind. Man betrachtet deshalb die Zeitreihenwerte y_t als Realisationen von Zufallsvariablen Y_t, die beispielsweise von folgendem Typus sein sollen:

$Y_t = a + bt + U_t$ oder
$Y_t = a + bY_{t-1}^2 + U_t$ oder
$Y_t = \varphi_0 + \varphi_1 Y_{t-1} + U_t$ oder
$Y_t = \varphi_0 + \varphi_1 Y_{t-1} + \varphi_2 Y_{t-2} + U_t$ usw.

Dabei sind $a, b, \varphi_0, \varphi_1, \varphi_2$ Parameter und die U_t **Störvariablen**, d.h. Zufallsvariablen mit dem Erwartungswert 0, die wie die irregulären Komponenten in Kapitel 6 interpretiert werden. Die letzten beiden Modelle sind offenbar Spezialfälle des Modells:

$$Y_t = \varphi_0 + \varphi_1 Y_{t-1} + \ldots + \varphi_p Y_{t-p} + U_t. \tag{128}$$

Eine Folge von Zufallsvariablen Y_t, die gemäß (128) erzeugt werden, bezeichnet man als (linearen) **autoregressiven Prozeß der Ordnung p** und verwendet hierfür das Kürzel **AR(p)-Prozeß**. Bei bekanntem AR(p)-Prozeß wird die Ein-Schritt-Prognose durch schlichte Fortschreibung bewerkstelligt:

$$\hat{y}_{t+1} = \varphi_0 + \varphi_1 y_t + \ldots + \varphi_p y_{t+1-p}.$$

Deshalb konzentriert sich das Interesse auf die folgenden Fragen:

1) Liegt überhaupt ein autoregressiver Prozeß zugrunde? Wenn ja, wie groß ist die Ordnung p?
2) Wie sollen die $(p + 1)$ Parameter $\varphi_0, \ldots, \varphi_p$ geschätzt werden?

Wegen einer Beantwortung der zweiten Frage muß auf die Literatur verwiesen werden.[1] Wichtige Hinweise für eine Beantwortung der ersten Frage liefert der Vergleich

---

[1] Die Schätzung der autoregressiven Parameter φ_i erfolgt entweder über eine Lösung der Yule-Walker-Gleichungen oder gemäß dem Prinzip der kleinsten Quadrate. Beides ist beispiels-

zwischen dem für schwach stationäre Prozesse definierten theoretischen Korrelogramm und dem Stichprobenkorrelogramm: Eine Folge $Y_1, Y_2, \ldots$ von Zufallsvariablen wird **schwach stationärer** Prozeß genannt, wenn die Erwartungswerte $E(Y_t)$, Varianzen $Var(Y_t)$ und Korrelationskoeffizienten

$$\varrho_k = \varrho(Y_t, Y_{t+k})$$

vom Zeitindex t unabhängig sind. Die Folge der Korrelationskoeffizienten $\varrho_0, \varrho_1, \varrho_2, \ldots$ eines schwach stationären Prozesses wird als **theoretisches Korrelogramm** bezeichnet und – wie in Fig. 56 – meist anhand eines Stabdiagramms graphisch veranschaulicht. AR(p)-Prozesse sind (wenn die φ_i gewisse Bedingungen erfüllen) schwach stationär; ihre theoretischen Korrelogramme sind seit langem bekannt. Hat man nun anstelle des stochastischen Prozesses $Y_1, Y_2, \ldots$ lediglich die Zeitreihendaten $y_1, y_2, \ldots$ zur Verfügung, so bietet es sich an, ϱ_k vermöge des Bravais-Pearson-Korrelationskoeffizienten zwischen den um k Zeitperioden verschobenen Zeitreihendaten zu schätzen. In leichter Abwandlung dieser Idee wird der Schätzwert

$$\hat{\varrho}_k = \frac{\sum_{t=1}^{n-k} (y_t - \bar{y})(y_{t+k} - \bar{y})}{\sum_{t=1}^{n} (y_t - \bar{y})^2} \tag{129}$$

präferiert. Die Gesamtheit der Werte $\hat{\varrho}_0, \hat{\varrho}_1, \ldots, \hat{\varrho}_{n-1}$ heißt **empirisches Korrelogramm** oder **Stichprobenkorrelogramm**. Die Beantwortung unserer Frage läuft darauf hinaus, das gegebene empirische Korrelogramm mit dem (prinzipiell bekannten) Katalog der theoretischen Korrelogramme von AR-Prozessen zu vergleichen.

Selbstverständlich erfordert dieser Vergleich eine gehörige Portion an Intuition und Mustererkennungsvermögen.

Beispiel 90: Besitzen die Störvariablen U_t des autoregressiven Prozesses (128) die Eigenschaften, die man von einem **reinen Zufallsprozeß** erwartet, nämlich

$E(U_t) = 0$, $Var(U_t) = \sigma^2$ (unabhängig von t)
$\varrho(U_t, U_{t+k}) = 0$ für $k \neq 0$,

so ist $U_1, U_2, \ldots$ ebenfalls ein schwach stationärer Prozeß; man bezeichnet ihn üblicherweise als **weißes Rauschen**. Dieser Prozeß besitzt ebenso wie der AR(0)-Prozeß

$$Y_t = \varphi_0 + U_t$$

das theoretische Korrelogramm

$$\varrho_k = \begin{cases} 1, & \text{für } k = 0 \\ 0, & \text{für } k \neq 0. \end{cases}$$

Dagegen besitzt der AR(1)-Prozeß

$$Y_t = \varphi_0 + \varphi_1 Y_{t-1} + U_t$$

das theoretische Korrelogramm

$$\varrho_k = \varphi_1^k.$$

Für die Ordnung $p = 2$ verläuft ϱ_k wie eine exponentiell abklingende harmonische Schwingung. Ordnungen $p \geq 3$ werden in der Prognosepraxis nur selten in Betracht gezogen.

---

weise in Box/Jenkins [1970] und O.D. Anderson [1976] beschrieben. Dort werden auch die Restriktionen behandelt, die den φ_i sinnvollerweise auferlegt werden sollten.

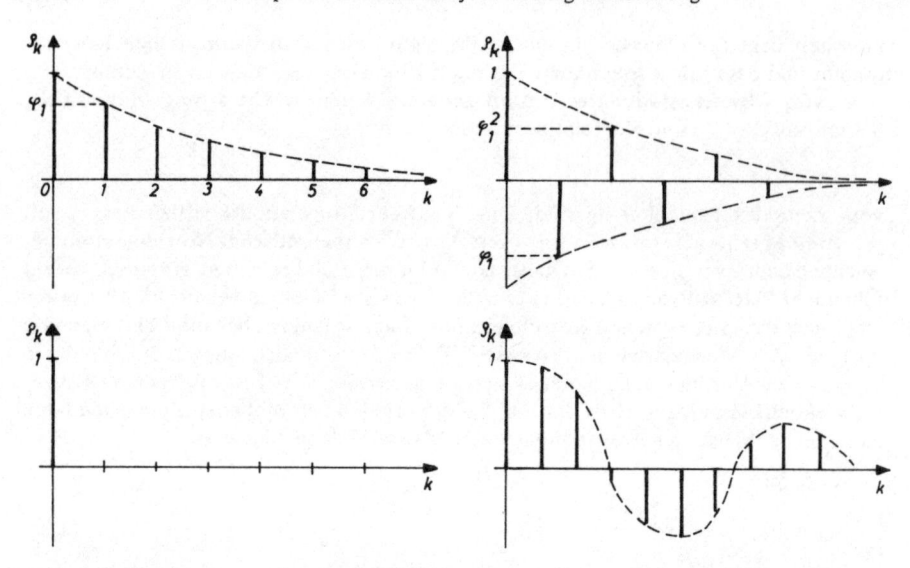

Fig. 56: Theoretische Korrelogramme von autoregressiven Prozessen der Ordnung $p = 1$ für $\varphi_1 > 0$ (oben links), für $\varphi_1 < 0$ (oben rechts), der Ordnung $p = 0$ (unten links) und der Ordnung $p = 2$ (unten rechts)

Eine größere Vielfalt an parametrischen Modellen ergibt sich, wenn in (128) das weiße Rauschen U_t durch einen sogenannten MA(q)-Prozeß, d.h. einen **Moving-Average-Prozeß** der Ordnung q

$$U_t - \vartheta_1 U_{t-1} - \vartheta_2 U_{t-2} - \ldots - \vartheta_q U_{t-q}$$

ersetzt wird.[1] Damit sind auch Prozesse darstellbar, für deren theoretisches Korrelogramm beispielsweise nur ϱ_0 und ϱ_1 positiv sind (was bei einem autoregressiven Prozeß unmöglich ist). Eine derartige Kombination eines AR(p)-Prozesses mit einer Störvariablen, die einen MA(q)-Prozeß bildet, wird als **ARMA(p, q)-Prozeß** bezeichnet. So wäre etwa

$$Y_t = \varphi_0 + \varphi_1 Y_{t-1} + U_t - \vartheta_1 U_{t-1}$$

als ARMA(1, 1)-Prozeß zu bezeichnen; ein ARMA(p, 0)-Prozeß ist natürlich mit einem AR(p)-Prozeß identisch.

ARMA-Prozesse bilden den Ausgangspunkt der von Box/Jenkins [1970] beschriebenen Prognoseverfahren. Deshalb hat sich für ARMA-Prozesse auch der Begriff **Box-Jenkins-Modell** und für die darauf basierenden Prognoseverfahren der Begriff **Box-Jenkins-Verfahren** eingebürgert. Auf Details können wir hier natürlich nicht weiter eingehen. Es sei abschließend jedoch folgendes angemerkt:

1) Der Verwendung von ARMA-Prozessen sind natürlich Grenzen gesetzt infolge der relativ einschneidenden Prämisse der schwachen Stationarität. Um die zeitliche Konstanz der Erwartungswerte, Varianzen und Korrelationskoeffizienten zu gewährleisten, muß eine Bereinigung um Trendeinflüsse vorgeschaltet werden.

---

[1] Die Bezeichnung „gleitender Durchschnittsprozeß" ist hierfür weniger gebräuchlich, da sie (wie in Kap. 6) meist für die Gewichtung von beobachteten Werten mit Gewichten ≥ 0 und der Gewichtssumme 1 reserviert wird.

Box und Jenkins bilden aus diesem Grund die ersten oder zweiten oder allgemein d-ten Differenzen und sehen erst die so transformierte Zeitreihe als Realisation eines ARMA-Prozesses an. Ein stochastischer Prozeß, der nach Bildung d-ter Differenzen zu einem ARMA(p,q)-Prozeß wird, heißt in der Terminologie von Box/Jenkins ein **ARIMA (p, d, q)-Prozeß**.[1]

2) Wegen der etwas problematischen Festlegung der Ordnungen p, d und q wird häufig die Ansicht vertreten, daß die Erstellung einer Box-Jenkins-Prognose eher eine Kunst denn eine Technik sei. Neuerdings mehren sich aber die Ansätze für eine automatische Erstellung von Box-Jenkins-Prognosen; vgl. etwa W. Mohr [1984].

15.3 Idee der Spektralanalyse

Von zyklischen Bestandteilen ökonomischer Zeitreihen war schon in Kapitel 6 die Rede. Die Tatsache, daß a priori Annahmen über die Frequenzen gemacht wurden, hat vielfältige Kritik heraufbeschworen. In der Tat können ganz unterschiedliche Frequenzen beteiligt sein. So wurden aus den ökonomischen Daten des 18ten und 19ten Jahrhunderts Komponenten extrem kleiner Frequenz (Juglar-Wellen, Kondratieff-Wellen usw.) extrahiert. Bei der statistischen Analyse von Zahlungsprozessen in Unternehmungen und Kreditinstituten wurden dagegen zahlreiche hochfrequente Schwingungen (Zahlungen per Ultimo, Medio usw.) festgestellt. In anderen Zeitreihen – wie etwa der für die Entwicklung der Spektralanalyse bedeutsamen Zeitreihe der Sonneneruptionen – sind keinerlei Anhaltspunkte für die a priori Festlegung von Frequenzen vorhanden.

Konsequenterweise verzichtet die Spektralanalyse gänzlich auf die Festlegung spezieller Frequenzen. Sie möchte die vorhandenen (und durch Überlagerung sowie durch Zufallsstörungen verborgenen) Frequenzen allein aus den gegebenen Zeitreihendaten heraus ermitteln.

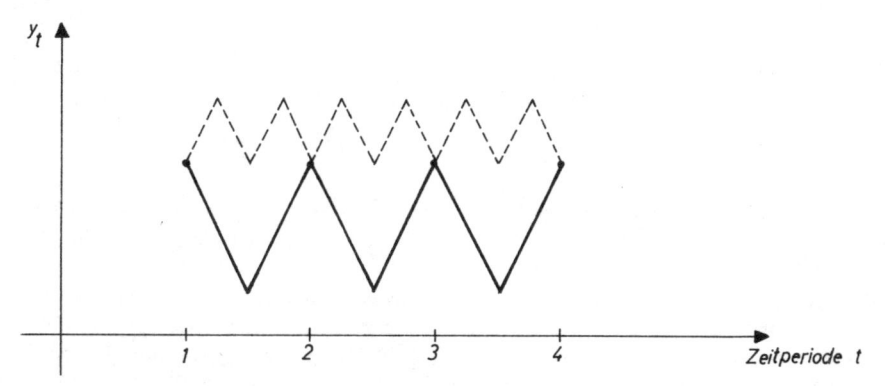

Fig. 57: Aufgrund der zu äquidistanten Zeitpunkten beobachteten Zeitreihendaten y_t kann nicht erkannt werden, ob in Wirklichkeit eine Frequenz von $v = 1$ oder $v = 2$ (oder eine noch größere ganzzahlige Frequenz) vorliegt

---

[1] Aus den Differenzen können die originalen Zeitreihenwerte durch Summationen wiedergewonnen werden. Das Symbol I in ARIMA erklärt sich daraus, daß der Begriff „Summation" durch den vornehmer klingenden Begriff „Integration" ersetzt wird.

15. Kapitel: Zeitreihenanalyse und Prognoserechnung

Die technische Ausgestaltung dieser ehrgeizigen Zielsetzung ist nicht einfach. Der interessierte Leser kann sich beispielsweise in den deutschsprachigen Lehrbüchern von P. Naeve [1969], S. Heiler [1971], König/Wolters [1972], B. Leiner [1978] und Schlittgen/Streitberg [1987] hierüber informieren.

Das wichtigste Ergebnis einer Spektralanalyse ist die geschätzte Spektraldichte $f(v)$. Sie gibt an, mit welcher Intensität die Frequenz v am Zustandekommen der Zeitreihendaten beteiligt ist. Frequenzen, die größer als $1/2$ sind, können aus einer Zeitreihe prinzipiell nicht mehr ermittelt werden; Fig. 57 möge der Verdeutlichung dieses Sachverhalts dienen. Sind die höheren Frequenzen wirklich von ökonomischem Interesse, so war die Wahl der „Abtastperiode" falsch gewählt.

Die Spektraldichte $f(v)$ ist also eine über dem Intervall $[0; 1/2]$ definierte nichtnegative Funktion. Aus einem Verlauf wie in Fig. 58 kann beispielsweise abgelesen werden,

- daß die Frequenz $v = 0$ einen starken Beitrag liefert (was i. a. darauf hindeutet, daß die Trendausschaltung nicht völlig gelungen ist) und
- daß die Frequenz $v = 1/5$, also eine Schwingung der Dauer von 5 Perioden, ebenfalls einen starken Beitrag liefert.

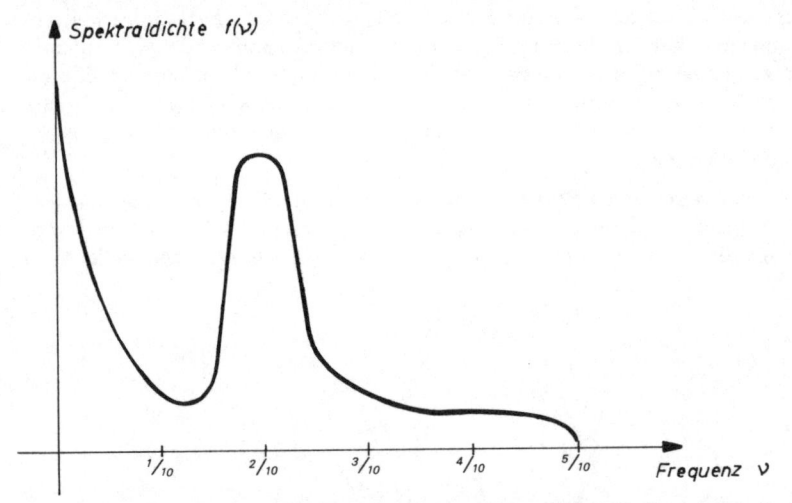

Fig. 58: Verlauf der Spektraldichte, die auf einen starken Beitrag der Frequenzen 0 und $1/5$ hindeutet

Anstelle der Frequenz v wird auch häufig die **Kreisfrequenz** $\omega = 2\pi v$ benutzt; sie ist die auf dem Einheitskreis während einer Zeitperiode zurückgelegte Strecke. Mit dieser Normierung erhält man eine Spektraldichte $f(\omega)$, die eine auf dem Intervall $[0; \pi]$ definierte Funktion ist.

Literatur zur Zeitreihenanalyse und Prognoserechnung: P. Naeve [1969], K. Rothschild [1969], Box/Jenkins [1970], S. Heiler [1971], König/Wolters [1972], M. Schröder [1973], W. Birkenfeld [1973], Burdelski/Dub/Opitz [1975], W. Schütz [1975], O. D. Anderson [1976], W. Mohr [1976, 1984], K. Brockhoff [1977], B. Leiner [1978], J. Schwarze [1980], P. Mertens [1981], Fahrmeir/Kaufmann/Ost [1981], L. Fahrmeir [1981], G. Kirchgässner [1981], J. Bastian [1985], M. Hüttner [1986], Schlittgen/Streitberg [1987], H. Lütkepohl [1987].

16. Kapitel:
Ökonometrie und multiple Regressionsrechnung

Im Gegensatz zum autoprojektiven Ansatz der Zeitreihenmodelle sollen die ökonomischen Variablen in der Ökonometrie „kausal" erklärt werden. Ökonometrische Modelle versuchen, das Zusammenspiel der verschiedenen Variablen darzustellen und die Auswirkungen wirtschaftspolitischer Instrumente (Wechselkurse, Freibeträge, Investitionsanreize, Diskontsätze usw.) quantitativ zu erfassen.

In einem ökonometrischen **Eingleichungsmodell** wird nur eine einzige Variable (die endogene Variable) mit Hilfe eines Satzes anderer Variablen (den exogenen Variablen) erklärt. In einem ökonometrischen **Mehrgleichungsmodell** werden mehrere endogene Variablen simultan erklärt. Die großen ökonometrischen Modelle für die Bundesrepublik Deutschland enthalten Hunderte von Gleichungen sowie Hunderte von Variablen. Da für alle entwickelten Länder ökonometrische Modelle existieren, wurde im Rahmen des Projekts **Link** bereits damit begonnen, die größten ökonometrischen Modelle bedeutsamer Volkswirtschaften zu einem **ökonometrischen Weltmodell** zusammenzufügen.

16.1 Ökonometrische Eingleichungsmodelle

Die Begriffe **lineares ökonometrisches Eingleichungsmodell** und **lineares multiples Regressionsmodell** werden synonym verwandt. Ein solches Modell besitzt die Form

$$y = \beta_0 + \beta_1 x_1 + \ldots + \beta_k x_k + u; \tag{130}$$

dabei bedeuten

y   die endogene Variable (= Regressand)
$x_1, \ldots, x_k$ die exogenen Variablen (= Regressoren)
u   eine Störvariable, deren Erwartungswert $E(u)$ verschwindet[1]
$\beta_0, \ldots, \beta_k$ die Regressionskoeffizienten.

Von vorrangigem Interesse ist die Schätzung der Regressionskoeffizienten β_i; denn β_i gibt (für $i \neq 0$) an, um wieviel sich die y-Variable verändert, wenn der Regressor x_i – ceteris paribus – um eine Einheit vergrößert wird. Aus dieser Interpretation ergibt sich die Prämisse, daß die Regressoren x_i entweder kardinale Variablen oder Dummies (= Indikatorvariablen) sein müssen; y sei eine kardinale Variable. Auf eine weitere Prämisse, das Verbot der Multikollinearität, kommen wir gleich zu sprechen.

Wenn wir mit

y_t bzw. x_{ti} bzw. u_t

die Werte obiger Variablen bei der t-ten Beobachtung bezeichnen, so erhalten wir für n Beobachtungen folgendes Gleichungssystem:

$$y_t = \beta_0 + \beta_1 x_{t1} + \ldots + \beta_k x_{tk} + u_t \quad (t = 1, \ldots, n). \tag{131}$$

---

[1] Wir passen uns in diesem Abschnitt der traditionellen ökonometrischen Symbolik an, bezeichnen Zufallsvariablen (wie y und u) mit Kleinbuchstaben, verwenden für ihre Realisationen dasselbe Symbol und reservieren die Großbuchstaben für Matrizen.

16. Kapitel: Ökonometrie und multiple Regressionsrechnung

Zweckmäßigerweise führt man die Matrizen

$$\mathbf{y} = \begin{pmatrix} y_1 \\ y_2 \\ \vdots \\ y_n \end{pmatrix}, \quad \mathbf{X} = \begin{pmatrix} 1 & x_{11} & \cdots & x_{1k} \\ 1 & x_{21} & \cdots & x_{2k} \\ \vdots & \vdots & & \vdots \\ 1 & x_{n1} & \cdots & x_{nk} \end{pmatrix}, \quad \boldsymbol{\beta} = \begin{pmatrix} \beta_0 \\ \beta_1 \\ \vdots \\ \beta_k \end{pmatrix}, \quad \mathbf{u} = \begin{pmatrix} u_1 \\ u_2 \\ \vdots \\ u_n \end{pmatrix}$$

ein, mit deren Hilfe sich das Gleichungssystem in der übersichtlicheren matriziellen Form:

$$\boxed{\mathbf{y} = \mathbf{X}\boldsymbol{\beta} + \mathbf{u}} \tag{132}$$

schreiben läßt. Hierbei ist **u** unbeobachtbar; für die Schätzung von $\boldsymbol{\beta}$ müssen also die beiden **Beobachtungsmatrizen** **y** und **X** benutzt werden. Bevor wir uns dieser Schätzung zuwenden, wollen wir uns mit der matriziellen Darstellung (132) des Modells noch etwas vertrauter machen.

Beispiel 91: Soll die Abhängigkeit des Imports y vom Importpreisindex x_1, Volkseinkommen x_2 und Zahlungsbilanzüberschuß x_3 der laufenden Periode in einem linearen ökonometrischen Eingleichungsmodell erfaßt werden, so lauten hierfür die Gleichungen (131):

$$y_t = \beta_0 + \beta_1 x_{t1} + \beta_2 x_{t2} + \beta_3 x_{t3} + u_t.$$

Liegen für n = 6 Quartale die Beobachtungsdaten vor

Quartal t	y_t	x_{t1}	x_{t2}	x_{t3}
1	60	100	500	15
2	70	102	600	10
3	65	105	700	12
4	90	104	700	10
5	80	108	750	17
6	75	111	800	20

so sind in (132) folgende Matrizen zu verwenden:

$$\mathbf{y} = \begin{pmatrix} 60 \\ 70 \\ 65 \\ 90 \\ 80 \\ 75 \end{pmatrix}, \quad \mathbf{X} = \begin{pmatrix} 1 & 100 & 500 & 15 \\ 1 & 102 & 600 & 10 \\ 1 & 105 & 700 & 12 \\ 1 & 104 & 700 & 10 \\ 1 & 108 & 750 & 17 \\ 1 & 111 & 800 & 20 \end{pmatrix}, \quad \boldsymbol{\beta} = \begin{pmatrix} \beta_0 \\ \beta_1 \\ \beta_2 \\ \beta_3 \end{pmatrix}, \quad \mathbf{u} = \begin{pmatrix} u_1 \\ u_2 \\ u_3 \\ u_4 \\ u_5 \\ u_6 \end{pmatrix}.$$

Beispiel 92: Vermutet man in der Situation von Beispiel 91 die Einwirkung eines linearen Trends, so bietet sich die zusätzliche Einführung einer vierten exogenen Variablen x_4 mit

$$x_{t4} = t$$

an. Ist sogar ein quadratischer Trend zu vermuten, so muß darüber hinaus eine fünfte exogene Variable x_5 mit

$$x_{t5} = t^2$$

eingeführt werden. Ist dagegen anstelle eines Trends eine Saisonabhängigkeit zu erwarten, so können entweder saisonbereinigte Daten benutzt werden oder Saisondummies eingeführt wer-

16.1 Ökonometrische Eingleichungsmodelle

den. Letzteres bedeutet für das Modell aus Beispiel 91 (das als Quartalsmodell unterstellt sei), die Einführung von drei zusätzlichen Variablen x_4, x_5, x_6 mit

$$x_{t4} = \begin{cases} 1, & \text{falls } t = \text{erstes Quartal,} \\ 0, & \text{sonst} \end{cases}$$

$$x_{t5} = \begin{cases} 1, & \text{falls } t = \text{zweites Quartal,} \\ 0, & \text{sonst} \end{cases}$$

$$x_{t6} = \begin{cases} 1, & \text{falls } t = \text{drittes Quartal.} \\ 0, & \text{sonst} \end{cases}$$

Diese Variablen sind also Indikatorvariablen für das erste, zweite bzw. dritte Quartal. Die Einführung einer vierten derartigen Variablen für das restliche Quartal wäre nicht nur überflüssig, sondern sogar äußerst schädlich (vgl. Beispiel 94).

Beispiel 93: Durch obige Beispiele mag der Eindruck entstanden sein, daß das ökonometrische Eingleichungsmodell nur für gesamtwirtschaftliche Fragestellungen nützlich sein kann, und daß der Index t stets eine Zeitperiode bedeutet. Um diesem Eindruck entgegenzuwirken, seien die beiden folgenden Fälle erwähnt:
a) Analysiert man aufgrund einer Querschnittsanalyse von n Familien die Abhängigkeit der jährlichen Sparleistung y vom Vermögen x_1 und vom Jahreseinkommen x_2, so erhält man das Gleichungssystem

$$y_t = \beta_0 + \beta_1 x_{t1} + \beta_2 x_{t2} + u_t \quad (t = 1, \ldots, n),$$

bei dem t die Nummer der t-ten befragten Familie bedeutet.
b) Das ökonometrische Eingleichungsmodell kann auch für betriebswirtschaftlich relevante Ursachenanalysen und Prognosen verwandt werden, etwa dann, wenn untersucht wird, wie der Absatz y eines Produktes variiert in Abhängigkeit vom Produktpreis x_1, vom Preis x_2 des wichtigsten Konkurrenzproduktes, von den Aufwendungen x_3 für die Fernsehwerbung und von den Aufwendungen x_4 für die Inseratenwerbung.[1]

Die wichtigste Schätzfunktion für den Vektor β der Regressionskoeffizienten ist die Kleinst-Quadrate-Schätzfunktion $\hat{\beta}$, die folgendermaßen aus den Beobachtungsmatrizen y und X sowie der transponierten Matrix X' errechnet wird:

$$\boxed{\hat{\beta} = (X'X)^{-1} X'y} . \tag{133}$$

Diese formelmäßige Darstellung funktioniert natürlich nur dann, wenn die Inverse der Matrix $X'X$ existiert. Es läßt sich zeigen, daß dies genau dann der Fall ist, wenn die Beobachtungsmatrix X den Rang $k + 1$ (= Anzahl ihrer Spalten) besitzt. Sobald diese Prämisse verletzt ist, liegt **Multikollinearität** vor; gewisse Regressoren bewegen sich dann so eng gekoppelt, daß die betreffenden Spaltenvektoren linear abhängig werden.

Beispiel 94:
1) Daß die mit der Multikollinearität verbundenen Probleme nicht nur von formalmathematischer Natur sind, kann man sich leicht an dem Extremfall verdeutlichen, daß ein Regressor (etwa x_1) stets doppelt so große Werte wie ein anderer Regressor (etwa x_2) annimmt. Dann sind nämlich

$$y = \beta_0 + \beta_1 x_1 + \beta_2 x_2 + \beta_3 x_3 + \ldots$$
und $$y = \beta_0 + (2\beta_1 + \beta_2) x_2 + \beta_3 x_3 + \ldots$$
und $$y = \beta_0 + (\beta_1 + \frac{1}{2}\beta_2) x_1 + \beta_3 x_3 + \ldots$$

---
[1] Nähere Angaben über die Verwendung derartiger ökonometrischer Modelle in der Unternehmenspraxis sind z. B. der Arbeit von F. Rosenkranz [1973] zu entnehmen.

einander gleichwertig. Aus den Beobachtungswerten kann infolgedessen nicht ermittelt werden, wie der von beiden Regressoren gemeinsam ausgeübte Einfluß den einzelnen Regressoren x_1 und x_2 separat zuzurechnen ist.

2) Hätten wir im Beispiel 92 vier Saisondummies eingeführt, so wäre Multikollinearität entstanden. Die Summe dieser 4 Dummies nimmt stets den Wert 1 an und ist somit mit der Einserspalte der **X**-Matrix identisch.

3) Ein weiterer Fall von Multikollinearität entsteht, wenn in der Regionalforschung beispielsweise untersucht werden soll, wie sich der Wanderungssaldo einer Stadtregion aus den 4 Regressoren

x_1 = Erwerbspersonen insgesamt
x_2 = Selbständige
x_3 = Beamte
x_4 = Arbeiter und Angestellte

und weitere Regressoren erklären läßt; offensichtlich gilt hier $x_1 = x_2 + x_3 + x_4$.

Für die numerische Auswertung der Formel (133) kann auf eine Vielzahl von Software-Paketen zurückgegriffen werden (vgl. Kap. 20). Wegen der statistischen Eigenschaften der Schätzfunktion $\hat{\beta}$, die wesentlich von den stochastischen Eigenschaften der Störvariablen abhängen, muß auf die am Ende des Kapitels angegebene ökonometrische Lehrbuchliteratur verwiesen werden. Gleiches gilt für Schätzfunktionen (wie zum Beispiel die verallgemeinerte Kleinst-Quadrate-Schätzfunktion), die der Schätzfunktion $\hat{\beta}$ unter gewissen Voraussetzungen vorzuziehen sind.

16.2 Ökonometrische Mehrgleichungsmodelle

Eingleichungsmodelle sind angemessen, wenn von einer in dem Sinne asymmetrischen Beziehung zwischen den Variablen ausgegangen werden kann, daß lediglich ein von den Regressoren auf die y-Variable ausgeübter Einfluß zu berücksichtigen ist. Beeinflußt die y-Variable ihrerseits einige der zu ihrer Erklärung benutzten Regressoren, so liegt **Interdependenz** vor. Anstelle des Eingleichungsmodells, das dann nicht mehr die adäquate Modellform darstellt, sollte ein Mehrgleichungsmodell verwendet werden.

Beispiel 95: Ein makroökonomisches Dreigleichungsmodell zur Erklärung der interdependenten Variablen I (= private Nettoinvestition), C (= privater Konsum) und Y (= Nettosozialprodukt) könnte beispielsweise so aussehen:

$I_t = \alpha_0 + \alpha_1 I_{t-1} + \alpha_2 C_{t-1} + \alpha_3 Y_t + u_{t1}$ (Investitionsfunktion)
$C_t = \beta_0 + \beta_1 I_{t-1} + \beta_2 Y_t + u_{t2}$ (Konsumfunktion)
$Y_t = C_t + I_t + Z_t$

Dabei seien Z_t die als exogen unterstellten öffentlichen Ausgaben in der Periode t.

Dieses Modell ist linear und außerdem **dynamisch**, da sich nicht alle vorkommenden Variablen auf dieselbe Zeitperiode beziehen. Die ersten beiden Gleichungen sind **Verhaltensgleichungen**. Die restliche Gleichung ist eine **Definitionsgleichung**; sie enthält infolgedessen weder einen zu schätzenden Koeffizienten noch eine Störvariable. Werden alle Koeffizienten eines Modells (sowie etwaige Parameter der Verteilungen der Störvariablen) numerisch festgelegt, so erhält man eine spezielle **Struktur** des Modells. Ein Ziel der ökonometrischen Analyse ist die Schätzung der wahren Struktur. Behandelt man zu diesem Zweck die Verhaltensgleichungen eines ökonometrischen Mehrgleichungsmodells wie isolierte Eingleichungsmodelle, so verliert die

16.2 Ökonometrische Mehrgleichungsmodelle

Kleinst-Quadrate-Schätzfunktion $\hat{\beta}$ alle statistischen Optimalitätseigenschaften, die sie im Eingleichungsmodell besitzt; darauf hat T. Haavelmo bereits 1943 hingewiesen.

Wegen einer Darstellung alternativer Schätzmethoden, die den Systemzusammenhang berücksichtigen, sei ebenfalls auf die am Kapitelende zitierte Literatur hingewiesen. Dort wird auch das im Zusammenhang mit Mehrgleichungsmodellen besonders wichtige **Identifikationsproblem** behandelt. Ein Identifikationsproblem tritt stets dann auf, wenn verschiedene Strukturen eines Modells existieren, die dieselbe Verteilung der Beobachtungswerte zur Folge haben. Solche Strukturen werden als **beobachtungsäquivalent** bezeichnet. Es ist klar, daß aufgrund empirischer Daten (seien sie noch so umfangreich) nicht zwischen den verschiedenen beobachtungsäquivalenten Strukturen diskriminiert werden kann. Infolgedessen ist der Rückschluß von den Beobachtungsdaten auf die wahre Struktur prinzipiell in Frage gestellt. Die ökonometrische Forschung hat verschiedene **Identifikationskriterien** entwickelt, aus denen ersehen werden kann, ob bei einem vorgelegten Modell derartige Probleme auftauchen. Sie sollten vor der mechanischen Anwendung eines Schätzverfahrens beachtet werden.

Literatur zur Ökonometrie: G. Menges [1961], D. Lüdeke [1964], J. Gruber [1968], P. Schönfeld [1969, 1971], Hochstädter/Uebe [1970], E. Malinvaud [1970], H. Theil [1971], H. Rinne [1976], Hujer/Cremer [1978], H. Schneeweiß [1978], Bamberg/Schittko [1979], Frerichs/Kübler [1980], Gollnick/Thiel [1980], J. Frohn [1980], M. Leserer [1980], G. Trenkler [1981], G. Kirchgässner [1981], Frohn/Haas [1982], Judge/Hill/Griffiths/Lütkepohl/Lee [1982], J. Gruber [1983], F. Schmid [1983], F. Baur [1984], P. Müller [1984], W. Assenmacher [1984], D. Trenkler [1986], Krämer/Sonnberger [1986], A. Börsch-Supan [1987], P. Stahlecker [1987].

17. Kapitel:
Multivariate Verfahren

17.1 Einteilung der multivariaten Verfahren

Würde man ein multivariates Verfahren durch die Forderung definieren, daß mehr als zwei Merkmale (= Variablen) ins Spiel kommen, so wäre dieser Begriff sehr weit gefaßt. Es fielen dann die ökonometrischen Verfahren ebenso darunter wie die varianzanalytischen Verfahren. Bei diesen beiden Verfahrenstypen werden die Variablen a priori in endogene und exogene untergliedert. Die „typischen" multivariaten Verfahren gehen dagegen von „gleichberechtigten" Variablen aus, mithin also von der bereits in 4.4 eingeführten Datenmatrix (40), die hier rekapituliert sei:

$$\begin{pmatrix} x_{11} & x_{12} & \ldots & x_{1m} \\ x_{21} & x_{22} & \ldots & x_{2m} \\ \vdots & \vdots & & \vdots \\ x_{n1} & x_{n2} & \ldots & x_{nm} \end{pmatrix}.$$

Dabei bedeutet n die Anzahl der untersuchten Objekte und m die Anzahl der erhobenen Merkmale. Auch für diejenigen Verfahren, die von der Datenmatrix (40) ausgehen, ist eine Reihe von Gliederungsgesichtspunkten denkbar, so etwa die Einteilung

- nach dem Skalenniveau der verschiedenen Variablen
- danach, ob der deskriptive Charakter oder der Stichprobencharakter stärker betont wird
- danach, ob das Interesse primär auf die Variablen oder auf die Untersuchungsobjekte gerichtet ist.

Das letztere Einteilungskriterium führt zu einer besonders einfachen Systematik, nämlich zu einer Zweiteilung der multivariaten Verfahren in die sogenannten R-Techniken und die sogenannten Q-Techniken:

1) Von einer **R-Technik** wird gesprochen, wenn sich das Interesse primär auf die Variablen richtet, wenn Zusammenhänge zwischen den Variablen aufgedeckt werden sollen, redundante Variablen eliminiert werden sollen usw. Die wohl bekanntesten R-Techniken sind die **Hauptkomponentenanalyse**, die **Faktorenanalyse** und die **kanonische Korrelationsanalyse**. Das äußerliche Kennzeichen einer R-Technik ist die vorrangige Verwendung der (den Variablen entsprechenden) Spaltenvektoren der Datenmatrix (40).

2) Von einer **Q-Technik** wird gesprochen, wenn sich das Interesse primär auf die Untersuchungsobjekte richtet, wenn also die Zusammenhänge bzw. die Unterschiede zwischen den Untersuchungsobjekten erforscht werden sollen. Die wohl bekanntesten Q-Techniken sind die **Diskriminanzanalyse** und die **Clusteranalyse**. Formal erkennt man ein Q-Verfahren an der vorrangigen Verwendung der Zeilenvektoren von (40).

Diese Zweiteilung ist nicht voll befriedigend. So gibt es sowohl eine R- als auch eine (seltener benutzte) Q-Faktorenanalyse. Ferner paßt die **multidimensionale Skalierung**, die nach herkömmlicher Meinung ein typisches multivariates Verfahren ist, nicht ohne weiteres in obiges System. Sie geht nämlich nicht von einer Datenmatrix des Typs (40) aus, sondern von globalen Urteilen über die Ähnlichkeit der Untersuchungsobjekte und versucht, hieraus die „passenden Merkmale zu errechnen". Schließlich gibt es die multivariaten Analoga der univariaten Schätz- und Testprobleme aus Teil III, so beispielsweise den Test der Hypothese, daß die n Beobachtungen aus einer multivariaten Normalverteilung mit vorgegebenem Erwartungswert (-Vektor) stammen. Diese Tests gehen zwar von der Datenmatrix (40) aus, können aber weder als typische R- noch als typische Q-Techniken gelten.

Wir wollen in den nachfolgenden Abschnitten die Faktorenanalyse exemplarisch behandeln. Nähere Angaben über die anderen multivariaten Verfahren sind der am Kapitelende zitierten Literatur zu entnehmen. Wegen der Diskriminanzanalyse sei insbesondere auf H. Skarabis [1970] verwiesen, wegen der Clusteranalyse – die auch als **Taxonomie** oder **automatische Klassifikation** bezeichnet wird – insbesondere auf M. R. Anderberg [1973], H. H. Bock [1974], H. Späth [1975], Steinhausen/Langer [1977] und O. Opitz [1980] sowie wegen der multidimensionalen Skalierung insbesondere auf H. J. Ahrens [1974], W. Kühn [1976] und Dichtl/Schobert [1979]. Die Anwendungsmöglichkeiten multivariater Verfahren sind im Marketing besonders vielfältig, so daß J. N. Sheth [1971] bereits von der „Multivariaten Revolution in der Marketing-Forschung" sprechen konnte; den Anwendungen im Marketing sind insbesondere die Lehrbücher von O. Opitz [1978] und M. Hüttner [1978] gewidmet.

17.2 Standardisierte Datenmatrix und Korrelationsmatrix

Subtrahieren wir von jedem Element der j-ten Spalte der Datenmatrix (40) – ihre m Variablen seien als kardinalskaliert vorausgesetzt – das arithmetische Mittel

$$\bar{x}_j = \frac{1}{n} \sum_{i=1}^{n} x_{ij}$$

und dividieren wir die entstehenden Differenzen durch die Standardabweichung

$$s_j = \sqrt{\frac{1}{n} \sum_{i=1}^{n} (x_{ij} - \bar{x}_j)^2},$$

so erhalten wir die Matrixelemente

$$z_{ij} = \frac{x_{ij} - \bar{x}_j}{s_j}$$

der (auf das Spaltenmittel 0 und die Spaltenvarianz 1) **standardisierten Datenmatrix**:

$$\mathbf{Z} = \begin{pmatrix} z_{11} & \ldots & z_{1m} \\ \vdots & & \vdots \\ z_{n1} & \ldots & z_{nm} \end{pmatrix}. \tag{134}$$

Ihre m Variablen wollen wir mit $Z_1, \ldots, Z_m$ bezeichnen. Die Berechnung der Matrix $\mathbf{Z}$ stellt den ersten Schritt einer Faktorenanalyse dar.

Bezeichnen wir ferner den Bravais-Pearson-Korrelationskoeffizienten zwischen dem j-ten und dem l-ten Merkmal mit r_{jl} und fassen wir diese Koeffizienten zu einer Matrix zusammen, so erhalten wir die **Korrelationsmatrix**

$$\mathbf{R} = \begin{pmatrix} r_{11} & \ldots & r_{1m} \\ \vdots & & \vdots \\ r_{m1} & \ldots & r_{mm} \end{pmatrix}. \tag{135}$$

Sie ist natürlich symmetrisch; alle Hauptdiagonalelemente sind gleich Eins. Wie man unmittelbar verifizieren kann, läßt sich die Korrelationsmatrix folgendermaßen aus der standardisierten Datenmatrix berechnen:

$$R = \frac{1}{n} Z'Z. \qquad (136)$$

Mit der Aufstellung von **R** ist bereits der zweite Schritt einer Faktorenanalyse geleistet. Die Matrix **R** ist jedoch nicht nur als ein Etappenziel auf dem Weg zu einer Faktorenanalyse zu sehen; sie beansprucht – wie das nachfolgende Beispiel zu verdeutlichen sucht – auch ein eigenständiges Interesse.

Beispiel 96: Ein Test, der für die Regelung des Hochschulzugangs in einem Numerus-Clausus-Fach entworfen wurde, zerfalle in die vier Untertests: Test für räumliches Vorstellungsvermögen, Gedächtnistest, Test für sorgfältiges Arbeiten, Test für mathematisches Grundverständnis. Wenn wir die im j-ten Untertest erreichte Punktzahl als Ausprägung des j-ten Merkmals auffassen, bekommen wir bei n = 1000 getesteten Abiturienten eine Datenmatrix mit 1000 Zeilen und 4 Spalten.

Die bloße Betrachtung der (4000 Elemente umfassenden) Datenmatrix dürfte kaum geeignet sein, Aussagen darüber zu gewinnen, ob die Untertests weitgehend voneinander unabhängig oder beispielsweise alle positiv korreliert sind. Ein Blick auf die übersichtlichere Korrelationsmatrix kann einen wesentlicheren Beitrag zur Klärung derartiger Fragen leisten. Für vier Merkmale wird eine Korrelationsmatrix – unter Berücksichtigung der Symmetrie und der Informationslosigkeit der Hauptdiagonalelemente – bereits durch 6 Zahlen vollständig beschrieben. Wenn beispielsweise folgende (hypothetische) Korrelationsmatrix

$$R = \begin{pmatrix} 1 & 0{,}72 & 0{,}56 & 0{,}64 \\ 0{,}72 & 1 & 0{,}63 & 0{,}72 \\ 0{,}56 & 0{,}63 & 1 & 0{,}56 \\ 0{,}64 & 0{,}72 & 0{,}56 & 1 \end{pmatrix}$$

vorliegt, ist sofort ersichtlich, daß alle Untertests positiv korreliert sind; die (in einer Faktorenanalyse genauer zu untersuchende) Vermutung liegt nahe, daß hinter allen 4 Untertests ein gemeinsamer Faktor steckt, etwa die „allgemeine Studierfähigkeit", auf den die hohen positiven Korrelationen zurückzuführen sind.

17.3 Das faktorenanalytische Modell

Die in der Faktorenanalyse[1] verfolgte Zielsetzung läßt sich durch die Wunschvorstellung umreißen, die m gemessenen Variablen durch möglichst wenige Faktoren möglichst genau und möglichst einfach zu erklären. Für die beiden Forderungen „möglichst wenige Faktoren" und „möglichst genau", die sich als gegenläufig erweisen, müssen Kompromißlösungen gefunden werden, auf die wir erst im Abschnitt 17.4 zu sprechen kommen. Die Forderung nach einer möglichst einfachen Erklärung führt dazu, daß ein linearer Zusammenhang zwischen den standardisierten Variablen Z_j und den (ebenfalls als standardisiert vorausgesetzten) Faktoren F_j bzw. U_j postuliert wird:

$$\boxed{Z_j = a_{j1} F_1 + a_{j2} F_2 + \ldots + a_{jk} F_k + d_j U_j} \qquad (j = 1, \ldots, m). \qquad (137)$$

Eine Fülle von Bezeichnungen und Kommentaren rankt sich um dieses Modell (137). Wir wollen uns hier auf die folgenden Punkte beschränken:

---
[1] Die Formulierungen in 17.3 und 17.4 lehnen sich teilweise an G. Bamberg [1976] an.

1) Die Faktoren $F_1, \ldots, F_k$ heißen **gemeinsame Faktoren**; die Faktoren $U_1, \ldots, U_m$, die jeweils nur eine einzige Variable beeinflussen, heißen **spezifische Faktoren** (oder merkmalseigene Faktoren oder Einzelrestfaktoren).

2) Äußerlich sieht das Modell (137) aus wie ein System von m multiplen Regressionsmodellen (bei denen jeweils dieselben Regressoren $F_1, \ldots, F_k$ benutzt werden). Der entscheidende Unterschied besteht darin, daß die Einflußgrößen bei den Regressionsmodellen vorgegeben und mit der (bzw. den) eigentlichen Variablen zusammen explizit gemessen werden, wohingegen die Faktoren hypothetische Konstrukte sind, die aus der standardisierten Datenmatrix **Z** herausgerechnet (im faktorenanalytischen Jargon **extrahiert**) werden sollen.

3) Die Anzahl k der gemeinsamen Faktoren ist ebenfalls nicht fest vorgegeben. Sie ergibt sich im Verlaufe der sukzessive durchgeführten Faktorenextraktion aufgrund spezieller Abbruchkriterien.

4) Die Koeffizienten a_{jl} der gemeinsamen Faktoren und die Koeffizienten d_j der spezifischen Faktoren werden als **Faktorladungen** bezeichnet. Die primär interessierende Matrix

$$\mathbf{A} = \begin{pmatrix} a_{11} & \ldots & a_{1k} \\ \vdots & & \vdots \\ a_{m1} & \ldots & a_{mk} \end{pmatrix}$$

sowie die (um die Diagonalmatrix **D** der d_j) erweiterte Matrix

$$(\mathbf{A} \mid \mathbf{D}) = \begin{pmatrix} a_{11} & \ldots & a_{1k} & d_1 & \ldots & 0 \\ \vdots & & \vdots & \vdots & \ddots & \vdots \\ a_{m1} & \ldots & a_{mk} & 0 & \ldots & d_m \end{pmatrix}$$

aller Faktorladungen werden als **Faktorenmuster** bezeichnet.

5) Setzen wir in (137) anstelle der Variablen Z_j die entsprechenden Meßwerte z_{ij} und anstelle der Faktoren die (ebenso wie die Faktoren hypothetischen) **Faktorenwerte**, d. h. die „Meßwerte" f_{il} bzw. u_{ij} ein, so erhalten wir ein System

$$z_{ij} = a_{j1}f_{i1} + a_{j2}f_{i2} + \ldots + a_{jk}f_{ik} + d_ju_{ij}$$

von $n \cdot m$ Gleichungen, das unter Verwendung der Faktorenwertmatrizen

$$\mathbf{F} = \begin{pmatrix} f_{11} & \ldots & f_{1k} \\ \vdots & & \vdots \\ f_{n1} & \ldots & f_{nk} \end{pmatrix} \quad \text{und} \quad \mathbf{U} = \begin{pmatrix} u_{11} & \ldots & u_{1m} \\ \vdots & & \vdots \\ u_{n1} & \ldots & u_{nm} \end{pmatrix}$$

auf die Matrixgleichung führt:

$$\mathbf{Z} = \mathbf{FA'} + \mathbf{UD}. \tag{138}$$

6) Über die Faktoren bzw. die Matrizen **F** und **U** ihrer Faktorenwerte setzen wir voraus

- daß die spezifischen Faktoren untereinander unkorreliert sind (d. h. $\frac{1}{n}\mathbf{U'U} = \mathbf{I}$)
- daß die spezifischen Faktoren zu den gemeinsamen Faktoren unkorreliert sind (d. h. $\mathbf{U'F} = \mathbf{0}$)
- daß die gemeinsamen Faktoren untereinander unkorreliert sind (d. h. $\frac{1}{n}\mathbf{F'F} = \mathbf{I}$).

Die beiden ersten Prämissen ergeben sich aus der Logik des Begriffs „spezifischer Faktor"; die dritte Prämisse ist dagegen einschneidender. In der am Kapitelende

17.3 Das faktorenanalytische Modell

angegebenen Literatur wird auch der allgemeine Fall korrelierter gemeinsamer Faktoren behandelt.

7) Bilden wir gemäß (136) die Korrelationsmatrix **R** und verwenden wir sowohl (138) als auch die eben gemachten Voraussetzungen, so erhalten wir aufgrund der bekannten Rechenregeln für Matrizen die Beziehung

$$\mathbf{R} = \mathbf{AA}' + \mathbf{DD}, \tag{139}$$

die den klingenden Namen **Hauptsatz der Faktorenanalyse** trägt.

8) Aufschlüsse über die Bedeutung der Faktorladungen a_{jl} liefert die Betrachtung der Hauptdiagonalelemente von (139):

$$(r_{jj} =)\ 1 = a_{j1}^2 + a_{j2}^2 + \ldots + a_{jk}^2 + d_j^2. \tag{140}$$

Diese Formel bezeichnet man als **Varianzzerlegung**, da aus ihr abgelesen werden kann, welcher Anteil der (zu 1 normierten) Varianz[1] der standardisierten Variablen Z_j vom ersten, zweiten, ..., k-ten gemeinsamen Faktor sowie vom spezifischen Faktor erklärt wird; a_{jl}^2 ist also der vom l-ten gemeinsamen Faktor herrührende Anteil an der Varianz der j-ten Variablen. Insbesondere können die Faktorladungen a_{jl} nur zwischen -1 und $+1$ variieren. Letzteres ergibt sich auch aus der leicht zu verifizierenden Tatsache, daß a_{jl} mit dem Korrelationskoeffizienten zwischen der j-ten Variablen Z_j und dem l-ten gemeinsamen Faktor F_l identisch ist.

9) Für die Bestandteile der Varianzzerlegungsformel (140) haben sich eigene Namen eingebürgert. Der von den gemeinsamen Faktoren herrührende Varianzanteil

$$h_j^2 = a_{j1}^2 + a_{j2}^2 + \ldots + a_{jk}^2$$

heißt **Kommunalität** der j-ten Variablen. Die Kommunalität h_j^2 ergänzt sich mit der **Einzelvarianz** d_j^2 zur Varianz ($= 1$) der Variablen Z_j.

Die **Gesamtkommunalität**

$$\sum_{j=1}^{m} h_j^2 = \sum_{j=1}^{m} \sum_{l=1}^{k} a_{jl}^2 \tag{141}$$

gibt entsprechend denjenigen Anteil der Gesamtvarianz ($= m$) aller standardisierten Variablen an, der von den gemeinsamen Faktoren insgesamt verursacht wird.

10) Schließlich sollte noch erwähnt werden, daß die Matrix

$$\mathbf{R}_h = \mathbf{R} - \mathbf{DD} = \begin{pmatrix} h_1^2 & r_{12} & \ldots & r_{1m} \\ r_{21} & h_2^2 & & \vdots \\ \vdots & & \ddots & \vdots \\ r_{m1} & \ldots & & h_m^2 \end{pmatrix}, \tag{142}$$

die sich aus der Korrelationsmatrix **R** infolge Ersetzung der Hauptdiagonalelemente durch die jeweiligen Kommunalitäten ergibt, als **reduzierte Korrelationsmatrix** bezeichnet wird. Der Hauptsatz der Faktorenanalyse läßt sich mit Hilfe von $\mathbf{R}_h$ auch so formulieren:

$$\boxed{\mathbf{R}_h = \mathbf{AA}'}\ . \tag{143}$$

---

[1] Der Kürze halber wird die mittlere quadratische Abweichung auch in der deskriptiv orientierten Darstellung faktorenanalytischer Methoden als Varianz bezeichnet.

17.4 Extraktion der Faktoren

Wenn wir uns das faktorenanalytische Modell – etwa in der Matrixform (138) – genauer anschauen, stellen wir fest, daß den n·m Beobachtungen eine wesentlich größere Anzahl unbekannter Parameter (Faktorladungen und Faktorenwerte) gegenübersteht; daran ändern auch die in 17.3 eingeführten Unkorreliertheitsprämissen nichts. In der Tat ist das Modell **nicht identifizierbar**. Diese Problematik, gepaart mit unsachgemäßen und unkritischen Interpretationen faktorenanalytischer Resultate, haben der Faktorenanalyse den Ruf als „schwarzes Schaf der Statistik" eingebracht.

Daß ein Identifikationsproblem vorliegt, ist unmittelbar einsichtig. Denn für eine beliebige orthogonale k × k-Matrix **T** (d. h. eine Matrix mit der Eigenschaft $\mathbf{TT}' = \mathbf{I}$) gilt:

$$\mathbf{Z} = \mathbf{FA}' + \mathbf{UD} = \mathbf{FTT}'\mathbf{A}' + \mathbf{UD} = \tilde{\mathbf{F}}\tilde{\mathbf{A}}' + \mathbf{UD},$$
wobei $\tilde{\mathbf{F}} = \mathbf{FT}$ und $\tilde{\mathbf{A}} = \mathbf{AT}$ gesetzt wurde.

Damit ist geklärt, daß die beiden (für k > 1) numerisch völlig verschiedenen Matrizenpaare **F,A** bzw. $\tilde{\mathbf{F}}, \tilde{\mathbf{A}}$ gleichermaßen für die Darstellung der standardisierten Datenmatrix **Z** geeignet sind.[1] Diese numerische Unbestimmtheit von **F** und **A** führt zum **Rotationsproblem** der Faktorenanalyse, auf das wir abschließend nochmals zurückkommen werden.

Unter der Extraktion der Faktoren versteht man die sukzessive Bestimmung der Spaltenvektoren der Faktorladungsmatrix **A** aufgrund der folgenden Prinzipien:

Über die Numerierung der Faktoren wird so verfügt, daß der **erste Faktor** in dem Sinne der wichtigste ist, daß sein Beitrag

$$a_{11}^2 + a_{21}^2 + \cdots + a_{m1}^2 = \sum_{j=1}^{m} a_{j1}^2 \tag{144}$$

zur Gesamtkommunalität (141) unter Beachtung der Nebenbedingungen (143) maximal wird. Berücksichtigen wir, daß es sich bei (144) um die Elemente des ersten Spaltenvektor $\mathbf{a}_1$ von **A** handelt, so stellt sich das Maximierungsproblem in der Form:

$\mathbf{a}_1' \mathbf{a}_1 \to$ max unter den Nebenbedingungen $\mathbf{R}_h = \mathbf{AA}'$.

Die nähere Analyse dieses Maximierungsproblems führt[2] zu der **Eigenwertgleichung:**

$$\mathbf{R}_h \mathbf{a}_1 = \left(\sum_{j=1}^{m} a_{j1}^2\right) \mathbf{a}_1.$$

Also ist der Beitrag des ersten Faktors zur Gesamtkommunalität durch den größten Eigenwert λ_1 der reduzierten Korrelationsmatrix $\mathbf{R}_h$ gegeben. Die erste Spalte von **A** ist durch den zugehörigen Eigenvektor, normiert auf die Länge $\sqrt{\lambda_1}$, gegeben.

Analog wird der **zweite Faktor** so bestimmt, daß sein Beitrag

$$\mathbf{a}_2' \mathbf{a}_2 = \sum_{j=1}^{m} a_{j2}^2$$

---

[1] $\tilde{\mathbf{F}}$ erfüllt auch die Unkorreliertheitsprämissen.
[2] nach Einführung von m^2 Lagrange-Multiplikatoren für die m^2 einzelnen Nebenbedingungen.

17.4 Extraktion der Faktoren

zur Gesamtkommunalität maximal wird unter den Nebenbedingungen $\mathbf{R_h = AA'}$, wobei in $\mathbf{A}$ die bereits festliegende erste Spalte $\mathbf{a_1}$ einzusetzen ist. Diese Maximierung führt wiederum auf eine Eigenwertgleichung:

$$\mathbf{R_h a_2} = \left(\sum_{j=1}^{m} a_{j2}^2 \right) \mathbf{a_2}$$

Also ist der Beitrag des zweiten extrahierten Faktors durch den zweitgrößten Eigenwert λ_2 von $\mathbf{R_h}$ gegeben und die zweite Spalte durch den zugehörigen und auf die Länge $\sqrt{\lambda_2}$ normierten Eigenvektor $\mathbf{a_2}$ gegeben. Entsprechend läuft das Verfahren für die restlichen Faktoren; der jeweilige Faktor ist stets durch den jeweiligen Eigenwert bzw. seinen Eigenvektor bestimmt.

Die leichte Verfügbarkeit von Software-Paketen, die Eigenwertprobleme numerisch zu lösen gestatten, darf nicht darüber hinwegtäuschen, daß die Zielsetzung der Faktorenanalyse erst dann erreicht ist, wenn die folgenden, bisher ausgeklammerten Fragen befriedigend beantwortet werden können:

1) Wie sind die Kommunalitäten h_j^2 und damit die reduzierte Korrelationsmatrix $\mathbf{R_h}$ festzulegen?
2) Wieviele Faktoren sollen extrahiert werden?
3) Wie sollen die extrahierten Faktoren substanzwissenschaftlich interpretiert werden?

Die erste Frage erfuhr in der einschlägigen Literatur unter dem Stichwort **Kommunalitätenproblem** eine breite Diskussion; dennoch kann sie nicht als endgültig beantwortet gelten. Verschiedene Vorschläge stehen einander gegenüber. Die faktorenanalytische Praxis bevorzugt einfache Kommunalitätenschätzungen wie beispielsweise den betragsmäßig größten Korrelationskoeffizienten abseits der Hauptdiagonalen

$$h_j^2 = \max_{\iota \neq j} |r_{j\iota}| \qquad (145)$$

und nimmt dabei in Kauf, daß gewisse Eigenwerte von $\mathbf{R_h}$ auch negativ werden können (die entsprechenden „Faktoren" sind nicht interpretierbar und werden infolgedessen auch nicht extrahiert). Ein anderer Vorschlag besagt, diejenigen Kommunalitäten zu wählen, die den Rang von $\mathbf{R_h}$ (und damit auch denjenigen von $\mathbf{A}$) unter der Nebenbedingung nichtnegativer Eigenwerte minimieren.[1]

Zur Beantwortung der zweiten Frage wurden eine Reihe von **Abbruchkriterien** vorgeschlagen wie etwa:

- Alle Faktoren, deren zugehöriger Eigenwert größer als 1 ist, sollen extrahiert werden.
- So viele Faktoren sind zu extrahieren, daß mindestens 90% der Gesamtkommunalität durch sie erklärt werden.

---

[1] So kann die reduzierte Korrelationsmatrix $\mathbf{R_h}$ des Beispiels 96 die Ränge 1, 2, 3 oder 4 besitzen. Den Rang 1 und damit eine perfekte Darstellung der Korrelationen mit lediglich einem einzigen gemeinsamen Faktor erreicht man übrigens bei Verwendung der Kommunalitäten:

$h_1^2 = (0,8)^2; h_2^2 = (0,9)^2; h_3^2 = (0,7)^2; h_4^2 = (0,8)^2$.

Geht man allerdings von der Vorstellung „wahrer" (aber unbekannter) Kommunalitäten aus, so wird dem Problem bei ausschließlicher Verfolgung des normativen Ziels der Rangminimierung möglicherweise Gewalt angetan.

Für die Beantwortung der dritten Frage gibt es leider kein Patentrezept. Zweckmäßigerweise legt man sich ein Schema wie dasjenige in Fig. 59 an, in dem alle erheblich von Null abweichenden (positiven oder negativen) Ladungen durch ein Kreuzchen symbolisiert werden. Bei der Interpretation läßt man sich dann von denjenigen Variablen inspirieren, die den betreffenden Faktor „hoch laden".

Faktor Variable	F_1	F_2	F_3
Z_1	×		
Z_2	×	×	
Z_3	×	×	
Z_4	×	×	
Z_5	×		×
Z_6	×		×
Z_7	×		×
Z_8	×		×

Fig. 59: Qualitativer Überblick über das numerische Ergebnis einer Faktorenanalyse; die Kreuzchen kennzeichnen betragsmäßig große Ladungen

Handelt es sich bei den Variablen der Fig. 59 beispielsweise um Variablen, die das Freizeitverhalten von Personen betreffen, wobei Z_2, Z_3 und Z_4 speziell die (kardinal gemessene) Intensität des Radiohörens, des Zeitunglesens und des Sachbuchlesens bedeuten, so liegt es nahe, den Faktor F_2 als „Informationsbedürfnis" zu interpretieren. Einen Faktor, den (wie F_1 in Fig. 59) alle Variablen hoch laden, bezeichnet man gelegentlich als **allgemeinen Faktor**, eine Bezeichnung, die auf den Begründer der Faktorenanalyse, den Psychologen Charles Spearman (1863–1945) zurückgeht. Dieser bemühte sich darum, einen einzigen allgemeinen Faktor nachzuweisen, der für das Zustandekommen der Intelligenztest-Ergebnisse verantwortlich ist.

Das eingangs etwas pointiert dargestellte Identifikationsproblem kann ebenfalls einen Beitrag zur Interpretation der Faktoren leisten. Nutzt man nämlich den (durch die Transformationsmatrix **T** repräsentierten) Spielraum dahingehend aus, daß eine Matrix **Ã** errechnet wird, bei der die betragsmäßig kleinen zugunsten der prägnanten großen Ladungen weitgehend verschwinden, so wird die Interpretation erleichtert.[1] Auch diese sogenannte **Rotation zur Einfachstruktur** ist bereits in einigen Software-Paketen berücksichtigt.

---

[1] Weiterhin sollte erwähnt werden, daß das Identifikationsproblem insofern etwas entschärft ist als wichtige Charakteristika – wie die Eigenwerte von R_h und damit die Anzahl der aufgrund eines bestimmten Abbruchkriteriums zu extrahierenden Faktoren – gegenüber der Transformation T invariant sind.

17.4 Extraktion der Faktoren

In 6 Schritte aufgegliedert, läuft eine Faktorenanalyse demnach folgendermaßen ab:

Schritt 1: Aus den Beobachtungswerten x_{ij} wird die standardisierte Datenmatrix Z mit den Elementen

$$z_{ij} = \frac{x_{ij} - \bar{x}_j}{s_j}$$

errechnet.

Schritt 2: Aus dieser Matrix wird gemäß

$$R = \frac{1}{n} Z'Z$$

die Korrelationsmatrix R errechnet.

Schritt 3: Aus R und den – beispielsweise nach (145) – geschätzten Kommunalitäten h_j^2 wird die reduzierte Korrelationsmatrix R_h gemäß (142) gebildet.

Schritt 4: Die der Größe nach geordneten Eigenwerte $\lambda_1 \geq \lambda_2 \geq \ldots$ von R_h und die zugehörigen normierten Eigenvektoren $a_1, a_2, \ldots$ werden sukzessive errechnet.

Schritt 5: Aufgrund eines Abbruchkriteriums wird die Anzahl k der zu extrahierenden gemeinsamen Faktoren festgelegt. Die k Spaltenvektoren des Faktorenmusters A sind mit den Eigenvektoren $a_1, \ldots, a_k$ identisch.

Schritt 6: Die extrahierten Faktoren sind (evtl. unter Vorschaltung einer Rotation zur Einfachstruktur) zu interpretieren.

Literatur über multivariate Verfahren: H. Skarabis [1970], Jahn/Vahle [1970], K. Überla [1971], J.N. Sheth [1971], Cooley/Lohnes [1971], J. Gordesch [1972], M.R. Anderberg [1973], E. Weber [1974], H.H. Bock [1974], H.J. Ahrens [1974], R.J. Harris [1975], H. Späth [1975], F. Vogel [1975], G, Bamberg [1976], D. Revenstorf [1976], H.H. Harman [1976], W. Kühn [1976], A.E. Maxwell [1977], Steinhausen/Langer [1977], M. Hüttner [1978], O. Opitz [1978, 1980], Dichtl/Schobert [1979], G. Arminger [1979], M. Schader [1981], Flury/Riedwyl [1983], R. Dobbener [1983], Fahrmeir/Hamerle [1984], Hartung/Elpelt [1986], Gaul/Schader [1986], G. Marinell [1986], Backhaus/Erichson/Plinke/Schuchard-Ficher/Weiber [1987].

18. Kapitel:
Stichprobenplanung

18.1 Arten von Stichprobenplänen

Die im Teil III behandelten Verfahren der induktiven Statistik setzen jeweils eine reine Zufallsauswahl von n Elementen einer bestimmten Grundgesamtheit voraus. Hierbei treten Planungsprobleme des folgenden Typs auf:

- Welches der verschiedenen konkurrierenden statistischen Verfahren ist auszuwählen?
- Welches ist (bei Vorgabe von Irrtumswahrscheinlichkeiten, Längen von Konfidenzintervallen usw.) der erforderliche Stichprobenumfang?
- Wie soll die Zufallsauswahl technisch durchgeführt werden?

Außerdem ergeben sich neben diesen bereits hinreichend geklärten Fragen zusätzliche Fragen, die erst im entscheidungstheoretischen Rahmen (vgl. Kap. 19) befriedigend beantwortet werden können:

- Soll die Stichprobe angesichts der zu berücksichtigenden Kosten (Stichproben- und Fehlentscheidungskosten) überhaupt durchgeführt werden oder sollte besser auf sie verzichtet werden?
- Welches ist der optimale Stichprobenumfang?

Solche Planungsprobleme werden üblicherweise nicht zur Stichprobenplanung gezählt. Primär versteht man unter Stichprobenplanung die Beschäftigung mit Stichprobenplänen, die

- mehrstufig sind oder
- Vorkenntnisse über die Struktur der Grundgesamtheit verwerten oder
- Vorkenntnisse über andere Merkmale einbeziehen.

Die nachfolgenden Beispiele sollen einige derartige Stichprobenpläne veranschaulichen.

Beispiel 97: Eine Unternehmung, die ein Vorprodukt in Partien zu 2000 Stück bezieht, verfährt bei der Eingangskontrolle nach dem Modus: Zunächst werden 100 Stück geprüft; falls höchstens 5 Stücke defekt sind, wird die Partie angenommen; falls mindestens 10 Stücke defekt sind, wird die Partie abgelehnt; andernfalls werden weitere 120 Stücke untersucht und genau dann abgelehnt, wenn insgesamt mehr als 16 defekte Stücke beobachtet werden. Zweckmäßigerweise stellt man solche relativ komplexen Stichprobenpläne – wie in Fig. 60 – entweder anhand eines Ablauf-Schemas oder eines Schirm-Diagramms dar.

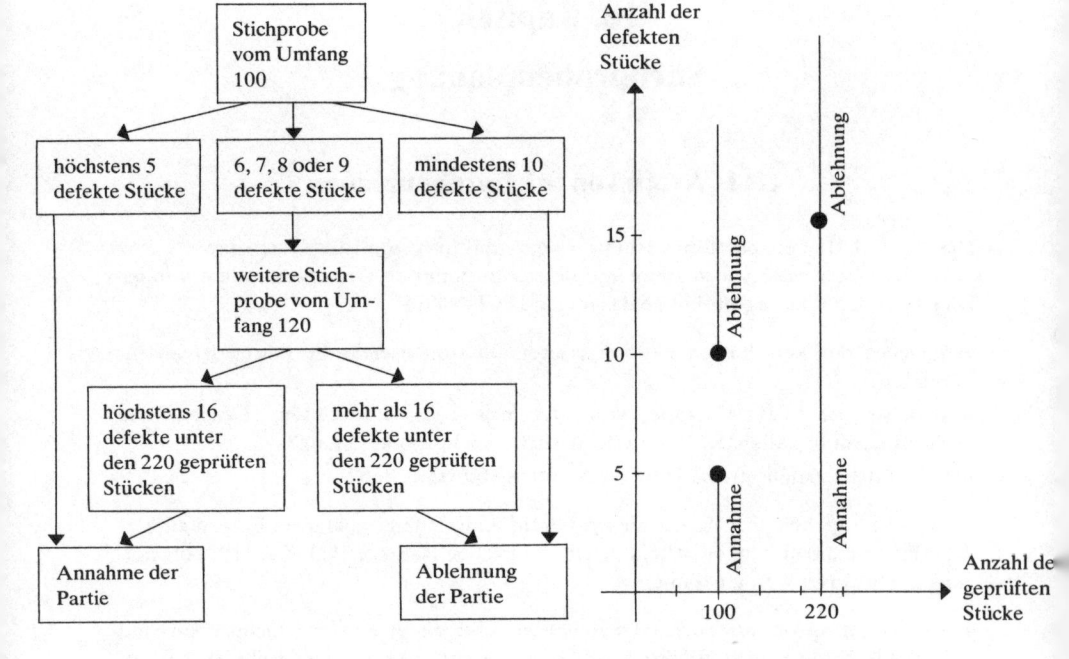

Fig. 60: Veranschaulichung des oben beschriebenen zweistufigen Stichprobenplans mittels eines Ablauf-Schemas (links) oder eines Schirm-Diagramms (rechts)

Wie in der Bildunterschrift bereits vorweggenommen, wird obiger Stichprobenplan als **zweistufig** bezeichnet, da er spätestens nach der zweiten Stichprobe zu einer endgültigen Entscheidung führt.[1] Entsprechend wird ein Stichprobenplan als **k-stufig** bezeichnet, wenn er nach höchstens k Einzelstichproben zu einer endgültigen Entscheidung führt. Im Sinne dieser Bezeichnungsweise sind alle Stichprobenpläne aus Teil III **einstufig**. In dem anderen Extremfall, daß stets eine nachgeschaltete Stichprobe zugelassen (also keine feste endliche Stufenzahl vorgegeben) wird, liegt ein **sequentieller Stichprobenplan** vor; alle Vertikalen im zugehörigen Schirm-Diagramm besitzen eine Unterbrechung.

Andere Typen von Stichprobenplänen sind erforderlich, wenn beispielsweise Vorinformationen darüber vorliegen, daß gewisse Teilgesamtheiten von G – die als **Schichten** bezeichnet werden – bzgl. des Untersuchungsmerkmals besonders homogen sind. Dann geht man so vor: Die n Elemente der Stichprobe werden nicht mehr durch reine Zufallsauswahl bestimmt; vielmehr wird der Stichprobenumfang n geeignet auf die Schichten aufgeteilt. Die durchschnittliche Merkmalsausprägung μ wird dabei nicht mehr anhand des Stichprobenmittels $\bar{X}$, sondern mittels einer **Schichtschätzfunktion** geschätzt. Hierdurch wird ein Genauigkeitsgewinn gegenüber der reinen Zufallsauswahl erzielt, den man als **Schichtungseffekt** bezeichnet. Eine ausführlichere Darstellung dieses Konzepts erfolgt im Abschnitt 18.2.

Sobald andererseits die Grundgesamtheit in Teilgesamtheiten, **Klumpen** genannt, zerlegt ist, die nicht die Eigenschaften haben, die von Schichten gefordert werden,

---

[1] Eine Analyse zweistufiger Stichprobenpläne ist bei W. Uhlmann [1982] zu finden.

18.1 Arten von Stichprobenplänen

kann es – wie im Beispiel 98 – aus organisatorischen Gründen und Kostengesichtspunkten vorteilhaft sein, zuerst einige Klumpen durch reine Zufallsauswahl auszuwählen und dann Teilstichproben innerhalb der ausgewählten Klumpen vorzunehmen.

Beispiel 98: Werden 5000 Bundesbürger rein zufällig ausgewählt und bezüglich eines interessierenden Merkmals interviewt, so ist anzunehmen, daß die 5000 Personen gleichmäßig über die Bundesrepublik verstreut wohnen und erhebliche Reisekosten entstehen. Wählt man dagegen zuerst zufällig 10 Kreise aus und interviewt in jedem Kreis 500 zufällig ausgewählte Personen, so sind die Reisekosten natürlich bedeutend geringer. Dieser Kostenverringerung steht ein Genauigkeitsverlust der Schätzung gegenüber, der als **Klumpeneffekt** bezeichnet wird.[1]

Stichprobenpläne dergestalt, daß zunächst **Primäreinheiten** (im Beispiel 98 die Kreise) und dann in jeder ausgewählten Primäreinheit eine gewisse Anzahl von **Sekundäreinheiten** (im Beispiel 98 die Personen) auszuwählen sind, werden in der Literatur ebenfalls gelegentlich als zweistufige Stichprobenpläne bezeichnet. Diese Zweistufigkeit ist natürlich nicht identisch mit derjenigen von Beispiel 97. Schließlich erfordert auch das **Problem der Nichtbeantwortung** eine zweistufige Vorgehensweise: Zuerst werden n_1 Personen postalisch befragt; unter den Nichtantwortenden werden n_2 Personen zufällig ausgewählt und persönlich interviewt.[2] Auch bei Interviews muß man mit Antwortverweigerungen oder bewußten Falschantworten rechnen, wenn das Untersuchungsmerkmal die Intimsphäre berührt oder sozial geächtete Verhaltensweisen betrifft. Für diese Fälle stehen Stichprobenpläne mit **zufallsverschlüsselten Antworten** zur Verfügung, die beispielsweise von W. Deffaa [1982] ausführlich beschrieben werden.

Die wichtigsten Stichprobenpläne, die Vorkenntnisse über andere Merkmale einbeziehen, betreffen **Hochrechnungen** auf die gesamte Merkmalssumme eines kardinalen Merkmals in einer endlichen Grundgesamtheit. Sie sind unter den Stichworten **Verhältnisschätzung**, **Differenzenschätzung** und **Regressionsschätzung** bekannt. Mit der Verhältnisschätzung wollen wir uns im Beispiel 99 exemplarisch beschäftigen. Wegen der anderen Verfahren sei insbesondere auf H. Kellerer [1963], F. Pokropp [1980] und H. Stenger [1986] verwiesen.

Beispiel 99: Für eine endliche Grundgesamtheit sei die Merkmalssumme (= Totalwert) T_x des kardinalen Untersuchungsmerkmals X zu schätzen. Der Totalwert T_y eines anderen kardinalen Merkmals Y sei bekannt. Die Verhältnisschätzung (= Quotientenschätzung) schreibt dann vor, bei jedem Element der Stichprobe sowohl die Ausprägung des Untersuchungsmerkmals X als auch diejenige des anderen Merkmals Y zu messen und die Schätzfunktion

$$\frac{\bar{X}}{\bar{Y}} T_y$$

zu verwenden. Dahinter steckt die plausible Idee, das in der Stichprobe gefundene Größenverhältnis der beiden Merkmale aufgrund des bekannten Totalwerts T_y „hochzurechnen". Bei dem Merkmal Y kann es sich durchaus auch um das auf einen anderen Stichtag bezogene X-Merkmal handeln. Betrachten wir – um etwas konkreter werden zu können – folgenden Anwendungsfall: Bei den N = 1200 Betrieben eines Landes, deren Produktionsverfahren die Umwelt mit einem bestimmten Schadstoff belasten, wurde am 16.2.1988 eine Totalerhebung vorgenommen und T_y = 14.050 [kg/Tag] gemessen. Am 15.2.1989 wird die Untersuchung auf Stichprobenbasis mit dem Stichprobenumfang n = 20 wiederholt. Es ergaben sich die Werte:

---

[1] Wegen der Fragen, welche Schätzfunktion bei Klumpenstichproben zu verwenden ist und in welchen Fällen der Klumpeneffekt gravierend bzw. weniger gravierend ist, sei beispielsweise auf H. Kellerer [1963] und H. Stenger [1986] verwiesen.

[2] J. Pfanzagl [1972] behandelt unter Zugrundelegung von Kostendaten (für die postalische bzw. mündliche Befragung) einen optimalen Stichprobenplan.

unter-suchter Betrieb	1	2	3	4	5	6	7	8	9	10	11	12	13	14	15	16	17	18	19	20
Meßwert 16.2.88	3	5	10,5	4,3	20	7	6	41	9	14	18	7,5	8,1	11,2	5	7,3	12	14	8,8	10,4
Meßwert 15.2.89	3,2	4,7	9	4,3	22	6,3	8	45	9,5	13	19	7,2	8,9	12,1	5	10	11	17,2	8,9	10,6

Hier ist

$$\bar{x} = \frac{1}{20} 234,9 \quad \text{und} \quad \bar{y} = \frac{1}{20} 222,1 \,;$$

die Verhältnisschätzung liefert infolgedessen den Schätzwert

$$\frac{234,9}{222,1} 14\,050 = 14\,860 \ [\text{kg/Tag}]$$

für die am 15.2.1989 insgesamt emittierte Menge dieses Schadstoffs.

Selbstverständlich kann diese knappe Liste an Stichprobenplänen nicht vollständig sein. So hätte eine Darstellung der relativ komplexen Stichprobenpläne, die zur **Versuchsplanung** im engeren Sinne zu zählen sind, den hier gesetzten Rahmen bei weitem gesprengt. Es sei diesbezüglich z.B. auf A. Linder [1969], E.P. Billeter [1970], E. Mittenecker [1970], Bandemer/Bellmann/Jung/Richter [1976] oder O. Krafft [1978] verwiesen.

Ferner blieben beispielsweise die **Multimoment-Verfahren** unerwähnt, über deren Anwendungen E. Haller-Wedel [1969] und Eickhoff/Krüger/Stachowiak [1971] ausführlich informieren. Bei einem Multimoment-Verfahren werden Zeitpunkte zufällig ausgewählt, zu denen die augenblickliche Art der Tätigkeit an jedem Arbeitsplatz (eines Betriebes, einer Bank, eines Amtes usw.) registriert wird. Aus den Ergebnissen dieser „Momentaufnahmen" werden Anteilswerte für unregelmäßig anfallende Tätigkeiten (Reparaturarbeiten, vorbereitende Arbeiten, Kundenbedienung usw.) geschätzt. Multimoment-Verfahren gelten als die rationellsten Methoden für die Schätzung derartiger Anteilswerte.

18.2 Geschichtete Stichproben

Für eine endliche Grundgesamtheit vom Umfang N soll das unbekannte arithmetische Mittel μ eines kardinalen oder dichotomen Merkmals X geschätzt werden. Wir wollen dabei ausnutzen, daß Grundgesamtheiten vielfach in natürlicher Weise geschichtet sind, wie z.B. die Bevölkerung nach Konfession oder nach Geschlecht oder nach sozialem Status usw. Oft wird eine Schichtung auch zum Zwecke der Untersuchung konstruiert, etwa die Schichtung von Betrieben nach ihrem Jahresumsatz.[1]

Wie bereits im vorangegangenen Abschnitt angedeutet wurde, ist es zweckmäßiger, anstelle der reinen Zufallsauswahl von n Elementen eine Aufteilung des Stichprobenumfangs auf die k Schichten vorzunehmen. Es seien

---

[1] Wegen des hier ausgeklammerten Schichtbildungs-Problems sei beispielsweise auf die Arbeiten von Dalenius/Hodges [1959], K. Stange [1961], H. Schneeberger [1971], Deutler/Bühler [1974, 1975], T. Deutler [1976/77], Schneeberger/Drefahl [1982], A. Drexl [1982] verwiesen.

$N_1, N_2, \ldots, N_k$ die Umfänge der k Schichten

$n_1, n_2, \ldots, n_k$ die (als ≥ 1 vorausgesetzten) Umfänge der auf die einzelnen Schichten entfallenden Teilstichproben und

$\overline{X}_1, \overline{X}_2, \ldots, \overline{X}_k$ die entsprechenden Stichprobenmittel in den k Schichten.

Die Eignung von $N_i \overline{X}_i$ als Schätzfunktion für die Merkmalssumme der i-ten Schicht und von

$$\sum_{i=1}^{k} N_i \overline{X}_i$$

als Schätzfunktion für den Totalwert $N\mu$ motiviert die Zugrundelegung der sogenannten **Schichtschätzfunktion**

$$\boxed{\frac{1}{N} \sum_{i=1}^{k} N_i \overline{X}_i} \tag{146}$$

für die Schätzung von μ. Hierüber lassen sich folgende Aussagen ableiten:

- Die Schichtschätzfunktion ist sowohl bei Stichproben mit Zurücklegen als auch bei Stichproben ohne Zurücklegen erwartungstreu für μ.
- Ihre Varianz ist im Falle einer Stichprobe mit Zurücklegen durch

$$\operatorname{Var}\left[\frac{1}{N} \sum_{i=1}^{k} N_i \overline{X}_i\right] = \frac{1}{N^2} \sum_{i=1}^{k} N_i^2 \frac{\sigma_i^2}{n_i} \tag{147}$$

und im Falle einer Stichprobe ohne Zurücklegen durch

$$\operatorname{Var}\left[\frac{1}{N} \sum_{i=1}^{k} N_i \overline{X}_i\right] = \frac{1}{N^2} \sum_{i=1}^{k} N_i^2 \frac{\sigma_i^2}{n_i} \frac{N_i - n_i}{N_i - 1} \tag{148}$$

gegeben; σ_i^2 bedeutet hierbei die mittlere quadratische Abweichung in der i-ten Schicht.

Man erkennt an den Formeln für die Varianz der Schichtschätzfunktion, daß die Schichten so gewählt werden müssen, daß die σ_i^2 möglichst klein ausfallen; d.h. die Schichten müssen in bezug auf das Untersuchungsmerkmal **möglichst homogen** sein. In der Praxis ist es nicht immer einfach, eine solche Eigenschaft zu garantieren. Deshalb werden größere Untersuchungen oft so durchgeführt, daß die Schichtbildung erst aufgrund einer (ungeschichteten) Vorstichprobe erfolgt und die Hauptuntersuchung diese Schichtung berücksichtigt. Bei turnusmäßigen Erhebungen (Verbrauchsstichproben usw.) kann auf Daten der zurückliegenden Erhebungen zurückgegriffen werden.

Da die Schichten voraussetzungsgemäß bereits festliegen, erhebt sich lediglich noch die Frage, wie die Teilstichprobenumfänge n_i festzulegen sind. Eine Aufteilung $(n_1, n_2, \ldots, n_k)$ des gegebenen Stichprobenumfangs n heißt **optimal**, wenn sie die Varianz der Schichtschätzfunktion minimiert. Streng genommen, entspricht die Bestimmung einer optimalen Aufteilung einem **ganzzahligen konvexen Programm**, wobei im Falle von Stichproben mit Zurücklegen die Zielfunktion (147) unter den Nebenbedingungen

$$n_1 + n_2 + \ldots + n_k = n, \quad n_i \geq 1 \; (i = 1, \ldots, k) \tag{149}$$

zu minimieren ist und im Falle von Stichproben ohne Zurücklegen die Zielfunktion (148) unter den Nebenbedingungen (149) und den Zusatzrestriktionen

$n_i \leq N_i$ (i = 1, ..., k).

Da die Lösung eines ganzzahligen Programms relativ mühsam ist, betrachtet man in der Anwendung die n_i als kontinuierliche Variablen und ermittelt[1] im Falle von Stichproben mit Zurücklegen folgende **optimale Aufteilung:**

$$n_i^* = n \frac{N_i \sigma_i}{\sum_{i=1}^{k} N_i \sigma_i} \quad (i = 1, ..., k) \qquad (150)$$

Sind die n_i^* nicht ganzzahlig, so nimmt man ganzzahlige Nachbarwerte. Im Fall von Stichproben ohne Zurücklegen tritt an die Stelle der Proportionalität $n_i^* \sim N_i \sigma_i$ die geringfügig geänderte Proportionalität

$$n_i^* \sim N_i \sigma_i \sqrt{\frac{N_i}{N_i - 1}}. \qquad (151)$$

Allerdings können nun u. U. noch die Nebenbedingungen $n_i \leq N_i$ relevant werden, was ebenfalls eine geeignete Modifikation zur Folge hat. In Schichten mit großem σ_i sind dann Totalerhebungen vorzunehmen, in den restlichen Schichten gilt die Proportionalität (151).

Als **Schichtungseffekt** bezeichnet man den dadurch erzielbaren Genauigkeitsgewinn, daß anstelle der reinen Zufallsauswahl und des Stichprobenmittels eine optimal aufgeteilte geschichtete Stichprobe und die Schichtschätzfunktion verwendet werden. Beispiel 100 verdeutlicht, daß der Schichtungseffekt beträchtlich sein kann.

Beispiel 100: Die mittleren Ausgaben μ der Bundesbürger für Urlaubszwecke sollen durch eine Stichprobe vom Umfang 3000 (die der Einfachheit halber mit Zurücklegen erfolge) ermittelt werden. Die Bevölkerung sei in zwei Schichten zerlegt, wobei die erste Schicht die besser verdienenden Personen enthalte. Die zweite Schicht sei doppelt so umfangreich wie die erste Schicht. Die Schichten seien bezüglich der Ausgaben für Urlaubszwecke relativ homogen, was wir durch

$$\sigma_1^2 = \sigma_2^2 = \frac{1}{10} \sigma^2$$

präzisieren wollen, wobei σ_1^2, σ_2^2 bzw. σ^2 die mittleren quadratischen Abweichungen in den Schichten bzw. in der Grundgesamtheit bedeuten.

Benutzen wir einerseits eine reine Zufallsauswahl und das Stichprobenmittel $\bar{X}$, so müssen wir die Varianz

$$\text{Var}(\bar{X}) = \frac{\sigma^2}{3000}$$

in Kauf nehmen. Berechnen wir andererseits gemäß (150) die optimale Aufteilung

$$n_1^* = 3000 \frac{N_1 \sigma_1}{N_1 \sigma_1 + N_2 \sigma_2} = 3000 \frac{N_1 \sigma_1}{N_1 \sigma_1 + 2 N_1 \sigma_1} = 1000$$

$$n_2^* = 3000 \frac{N_2 \sigma_2}{N_1 \sigma_1 + N_2 \sigma_2} = 3000 \frac{2 N_1 \sigma_2}{N_1 \sigma_2 + 2 N_1 \sigma_2} = 2000$$

---

[1] durch Einführung eines Lagrange-Multiplikators, Ableiten und Nullsetzen. Im Sonderfall, (der allerdings in der Praxis nicht vorkommen dürfte) daß alle Schichten perfekt homogen sind (d.h. $\sigma_1 = \cdots = \sigma_k = 0$), ist die Formel (150) nicht anwendbar. Es genügt dann natürlich, aus jeder Schicht genau ein Element zu erheben.

18.2 Geschichtete Stichproben

und verwenden wir eine derart aufgeteilte Stichprobe und die Schichtschätzfunktion, so ist nach (147) lediglich die (um den Faktor 10 kleinere) Varianz

$$\frac{1}{(N_1+2N_1)^2}\left[N_1^2\frac{\sigma^2}{10\cdot 1000}+(2N_1)^2\frac{\sigma^2}{10\cdot 2000}\right]=\frac{\sigma^2}{30\,000}$$

in Kauf zu nehmen.

Nun wollen wir abschließend noch die etwas allgemeinere Situation betrachten, daß anstelle des Stichprobenumfangs n ein **festes Budget c** für die Stichprobenerhebung vorgegeben ist. Sind weiterhin die Kostensätze c_i bekannt (die Untersuchung einer Einheit in der Schicht i kostet c_i), so tritt anstelle der Bedingung

$$n_1 + n_2 + \ldots + n_k = n$$

die Bedingung

$$c_1 n_1 + c_2 n_2 + \ldots + c_k n_k = c.$$

Dann erhält man (wiederum durch Ableiten und Nullsetzen und lediglich als Approximation für das tatsächliche ganzzahlige Optimum) im Falle von Stichproben mit Zurücklegen die **allgemeine optimale Aufteilung:**

$$\boxed{n_i^* = \alpha\frac{N_i\sigma_i}{\sqrt{c_i}}} \quad i=1,\ldots,k. \tag{152}$$

Dabei ist der Proportionalitätsfaktor α durch die Formel

$$\alpha = \frac{c}{\sum_{i=1}^{k} N_i \sigma_i \sqrt{c_i}}$$

bestimmt. Aus der vermöge (152) gegebenen Proportionalität

$$n_i \sim \frac{N_i\sigma_i}{\sqrt{c_i}}$$

liest man folgende plausible **Faustregel** ab:

> Man wähle den Stichprobenumfang in der i-ten Schicht um so größer
> - je größer der Schichtumfang ist
> - je inhomogener die Schicht ist
> - je kleiner der Kostensatz ist.

Sind speziell alle Kostensätze gleich, so sind wir wieder bei der optimalen Aufteilung eines festen Stichprobenumfangs

$$n_i^* \sim N_i\sigma_i.$$

Sind zusätzlich noch alle Standardabweichungen gleich, so ist

$$n_i^* \sim N_i$$

zu wählen; die letztere Aufteilung wird **proportionale Aufteilung** genannt. Sie wird häufig dann angewandt, wenn mehrere Untersuchungsmerkmale interessieren und die jeweils optimalen Aufteilungen einander widersprechen.

Wir wollen uns auch für die allgemeine optimale Aufteilung (152) ein Beispiel ansehen.

Beispiel 101: Eine Unternehmung beliefert 1000 Abnehmer. Die N = 1000 Abnehmer lassen sich nach der Kundenkartei in N_1 = 500 Kleinabnehmer, N_2 = 300 mittlere Abnehmer und N_3 = 200 Großabnehmer einteilen. Die Unternehmung erwägt eine Produktverbesserung und ist infolgedessen daran interessiert zu wissen, um wie viele Einheiten sich der Absatz bei konstantem Preis aufgrund der Qualitätsverbesserung erhöhen wird. Informationen über die mittlere Absatzsteigerung μ sollen durch eine Stichprobe mit Zurücklegen unter den 1000 Kunden beschafft werden. Für die Informationsbeschaffung sind c = 10000 DM veranschlagt. Bei den Kleinabnehmern und mittleren Abnehmern handelt es sich größtenteils um Familienbetriebe, bei denen der Firmenchef telefonisch eine relativ verbindliche Antwort geben kann. Bei den Großabnehmern sind persönliche Interviews erforderlich und müssen gegebenenfalls auch Gremien (Vorstand usw.) konsultiert werden. Deshalb kalkuliert die Unternehmung die folgenden Kostensätze ein:

- in der 1. Schicht (Kleinabnehmer) $c_1 =$ 9 [DM/Kunde]
- in der 2. Schicht (mittlere Abnehmer) $c_2 =$ 36 [DM/Kunde]
- in der 3. Schicht (Großabnehmer) $c_3 =$ 100 [DM/Kunde]

Aufgrund der bisherigen Bestellungen werden für die Mehrbestellungen folgende Standardabweichungen angenommen:

- in der 1. Schicht $\sigma_1 =$ 2 [Tsd. Einheiten]
- in der 2. Schicht $\sigma_2 =$ 10 [Tsd. Einheiten]
- in der 3. Schicht $\sigma_3 =$ 100 [Tsd. Einheiten]

Für diese Daten ergibt sich der Proportionalitätsfaktor

$$\alpha = \frac{10\,000}{500 \cdot 2 \cdot 3 + 300 \cdot 10 \cdot 6 + 200 \cdot 100 \cdot 10} = \frac{10}{221}$$

sowie gemäß (152) die optimale Aufteilung:

$$n_1^* = \frac{10}{221} \frac{500 \cdot 2}{3} = 15{,}08 \approx 15$$

$$n_2^* = \frac{10}{221} \frac{300 \cdot 10}{6} = 22{,}62 \approx 23$$

$$n_3^* = \frac{10}{221} \frac{200 \cdot 100}{10} = 90{,}498 \approx 90$$

Bei den ganzzahlig gerundeten Werten wird das Budget noch nicht ganz ausgeschöpft. Es ist im Rahmen des Budgets noch möglich, n_1^* auf 19 oder n_2^* auf 24 zu erhöhen.

Literatur zur Stichprobenplanung: Dalenius/Hodges [1959], K. Stange [1961], H. Kellerer [1963], A. Linder [1969], E. Haller-Wedel [1969], E. Mittenecker [1970], E.P. Billeter [1970], H. Schneeberger [1971], Eickhoff/Krüger/Stachowiak [1971], W.G. Cochran [1972], J. Pfanzagl [1972], Deutler/Bühler [1974, 1975], Bandemer/Bellmann/Jung/Richter [1976], O. Krafft [1978], F. Pokropp [1980], Lenz/Wetherill/Wilrich [1981, 1984], W. Uhlmann [1982], E. v. Collani [1984], B. Leiner [1985], H. Stenger [1986], Hartung/Elpelt/Klösener [1987], H. Vogt [1988].

19. Kapitel:
Statistische Entscheidungstheorie

19.1 Grundlegende Daten

Gegenstand der statistischen Entscheidungstheorie sind Entscheidungssituationen, bei denen eine Informationsquelle in Gestalt des Stichprobenraumes zur Verfügung steht. Bei den Entscheidungen kann es sich beispielsweise um konkrete absatz- oder produktionspolitische Entscheidungen handeln, aber auch um ,,Entscheidungen'' des in Teil III betrachteten Typs, also um die Ablehnung einer Hypothese, Angabe eines speziellen Schätzwertes, Angabe einer speziellen Intervallschätzung. Insofern ist die Auffassung berechtigt, daß die induktive Statistik als ein Spezialfall in der statistischen Entscheidungstheorie enthalten ist.

Im Gegensatz zur induktiven Statistik, bei der die isolierte Betrachtung des statistischen Problems vorherrscht, berücksichtigt die statistische Entscheidungstheorie den größeren Rahmen, in den das statistische Problem eingebettet ist. Konsequenterweise geht sie deshalb primär von den Stichproben- und Fehlentscheidungskosten aus. Sie versucht, statistische Entscheidungsfunktionen aufzustellen, die sowohl die Informationsbeschaffung als auch die darauf basierende Entscheidung optimal regeln.

Im einzelnen werden für das von A. Wald in den 40er Jahren entwickelte und in seinem 1950 erschienenen Buch ,,Statistical decision functions'' erstmals vollständig dargestellte Konzept der statistischen Entscheidungstheorie folgende – uns bereits teilweise bekannten – Daten benötigt:

- der Zustandsraum oder Parameterraum Θ
- der Entscheidungsraum D
- die Schadensfunktion oder Verlustfunktion s
- der Stichprobenraum $\mathfrak{X}$.

Auf einige weitere Daten wollen wir erst nach der Erläuterung dieser Begriffe zu sprechen kommen.

Im **Zustandsraum** Θ werden alle Zustände ϑ der ,,Umwelt'' erfaßt, die für die betrachtete Entscheidungssituation relevant sind. In der Regel wird es sich bei ϑ um einen ein- oder mehrdimensionalen Parameter handeln.

Im **Entscheidungsraum** D werden die zur Debatte stehenden Entscheidungen d zusammengefaßt.

Die **Schadensfunktion** s erfaßt die Fehlentscheidungskosten in der Form: Die reelle Zahl $s(\vartheta, d)$ gibt die resultierenden Konsequenzen an, wenn die Entscheidung d getroffen wird und ϑ der wahre Zustand der Umwelt ist. Formal ist s demnach eine Abbildung des kartesischen Produktes $\Theta \times D$ in die reellen Zahlen $\mathbb{R}$:

$s: \Theta \times D \to \mathbb{R}$.

Der **Stichprobenraum** $\mathfrak{X}$ besteht aus allen denkbaren Stichprobenrealisationen x, d.h. aus allen potentiellen Informationen über den wahren Umweltzustand ϑ. Berücksichtigen wir wie in Teil III nur einstufige statistische Verfahren mit einem festen Stichprobenumfang n, so bestehen die Stichprobenrealisationen aus n-Tupeln

$$x = (x_1, \ldots, x_n).$$

Lassen wir aber – was besonders A. Wald engagiert propagierte – sequentielle statistische Verfahren zu, so besteht jede Stichprobenrealisation aus einer Folge

$$x = (x_1, x_2, \ldots)$$

von Einzelwerten. Wie bisher wollen wir die Likelihood-Funktion, die den wahren Zustand ϑ mit den Informationen x (stochastisch) koppelt, mit $f(x \mid \vartheta)$ bezeichnen. Ferner sei die Stichprobenvariable, die die Realisationen x besitzt, mit X bezeichnet.[1]

Eine **statistische Entscheidungsfunktion** oder ein **statistisches Verfahren** δ ist im Fall eines festen Stichprobenumfangs n eine Vorschrift, die jeder möglichen Stichprobenrealisation x aus $\mathcal{X}$ eine der möglichen Entscheidungen d aus D zuordnet. Formal ist δ also eine Abbildung von $\mathcal{X}$ in D:

$$\delta : \mathcal{X} \to D.$$

Bei einer mehrstufigen oder sequentiellen Vorgehensweise hängt auch der Stichprobenumfang von den erhaltenen Beobachtungswerten, also von x, ab. Zur Abbildung $\delta : \mathcal{X} \to D$ tritt daher der Stichprobenumfang als eine weitere Abbildung $N_\delta : \mathcal{X} \to \mathbb{N}$ mit Werten in den natürlichen Zahlen hinzu.

Beispiel 102: Der in Beispiel 97 beschriebene zweistufige Stichprobenplan für die Eingangskontrolle berücksichtigt die beiden Entscheidungen:

$d_1 =$ Annahme der Partie
$d_2 =$ Ablehnung der Partie.

Unter Verwendung der Komponenten

$$x_i = \begin{cases} 1, & \text{falls das i-te geprüfte Stück defekt ist} \\ 0, & \text{sonst} \end{cases}$$

für die Stichprobenrealisation x läßt er sich in obiger Terminologie auch so formulieren

$$N_\delta(x) = \begin{cases} 100, & \text{falls } \sum_{i=1}^{100} x_i \leq 5 \text{ oder } \sum_{i=1}^{100} x_i \geq 10 \\ 220, & \text{falls } 6 \leq \sum_{i=1}^{100} x_i \leq 9 \end{cases}$$

$$\delta(x) = \begin{cases} d_1, & \text{falls } N_\delta(x) = 100 \text{ und } \sum_{i=1}^{100} x_i \leq 5 \text{ oder} \\ & \text{falls } N_\delta(x) = 220 \text{ und } \sum_{i=1}^{220} x_i \leq 16 \\ d_2, & \text{falls } N_\delta(x) = 100 \text{ und } \sum_{i=1}^{100} x_i \geq 10 \text{ oder} \\ & \text{falls } N_\delta(x) = 220 \text{ und } \sum_{i=1}^{220} x_i \geq 17 \end{cases}$$

---

[1] Einige generelle Hinweise zur Symbolik dieses Kapitels: Wir verwenden hier eine weithin eingebürgerte Symbolik. D bzw. d rührt von **d**ecision her. Das Symbol s für die Schadensfunktion hat natürlich nichts mit der Standardabweichung zu tun; ebenso sollte das Symbol Θ für den Parameterraum nicht mit Schätzfunktionen, die in Kapitel 12 mit $\hat{\Theta}$ gekennzeichnet wurden, verwechselt werden. Weiterhin sollte beachtet werden, daß die Symbole x und X außerhalb dieses Kapitels eine andere Bedeutung besitzen. Durch Θ, D und s wird bekanntlich eine Entscheidungssituation unter Ungewißheit definiert; in der vorwiegend volks- oder betriebswirtschaftlich orientierten Literatur werden anstelle von Θ das Symbol Z (wegen **Z**ustandsraum) und anstelle von D das Symbol A (wegen **A**ktionenraum) präferiert.

19.1 Grundlegende Daten

Die **Stichprobenkostenfunktion** sei c; c(n) gebe also die Kosten einer Stichprobe vom Umfang n an.

Wir können uns nun der Frage zuwenden, wie statistische Verfahren miteinander verglichen werden sollen. Der bei Einsatz eines statistischen Verfahrens insgesamt entstehende Schaden (= Summe aus den eigentlichen Fehlentscheidungskosten und den Stichprobenkosten)

$$s[\vartheta, \delta(X)] + c[N_\delta(X)]$$

ist ebenso wie X und $N_\delta(X)$ eine Zufallsvariable. Als **Risikofunktion** r(ϑ, δ) des statistischen Verfahrens δ wird der bei Einsatz von δ insgesamt **zu erwartende Schaden** bezeichnet:

$$r(\vartheta, \delta) = E_\vartheta(s[\vartheta, \delta(X)]) + E_\vartheta(c[N_\delta(X)]) \tag{153}$$

Das Erwartungswert-Symbol E ist hier mit einem ϑ versehen worden, um zu verdeutlichen, daß für X die gemäß der Dichte oder Wahrscheinlichkeitsfunktion f(x|ϑ) bestimmte Verteilung zugrundezulegen ist. Bei spezieller Wahl der Schadensfunktion s stimmt der erste Summand der Risikofunktion mit traditionellen Beurteilungsgrößen überein, die in der induktiven Statistik Verwendung finden.

Beispiel 103: Unter Zugrundelegung der quadratischen Schadensfunktion sei eine Punktschätzung des eindimensionalen Parameters ϑ zu erstellen. Die **quadratische Schadensfunktion**

$$s(\vartheta, d) = (d - \vartheta)^2 \tag{154}$$

bewertet die Diskrepanz zwischen dem Schätzwert d und dem wahren Parameterwert ϑ mit dem Quadrat des Abstandes zwischen diesen beiden Werten. Für eine erwartungstreue Schätzfunktion δ stellt man fest, daß der erste Summand der Risikofunktion mit der Varianz übereinstimmt:

$$E_\vartheta([\delta(X) - \vartheta]^2) = E_\vartheta([\delta(X) - E_\vartheta \delta(X)]^2) = Var_\vartheta[\delta(X)].$$

Das erste Gleichheitszeichen folgt aus der Erwartungstreue von δ. Das zweite Gleichheitszeichen folgt aus der Definition der Varianz.

Mit der Berechnung der Risikofunktion ist zwar ein erster wichtiger Schritt zur Bewertung statistischer Verfahren getan. Die in der Prinzipskizze von Fig. 61 illustrierte Tatsache, daß sich die Risikofunktionen zweier verschiedener statistischer Verfahren i. a. schneiden, schafft jedoch eine zusätzliche Problematik.

Die naheliegende Definition, ein Verfahren δ dann einem Verfahren δ' vorzuziehen, wenn die Risikofunktion von δ gleichmäßig unterhalb der des Verfahrens δ' verläuft, induziert leider nur eine **partielle Ordnung**; viele Paare δ, δ' von Verfahren bleiben dabei **unvergleichbar**. Angesichts dieser Unvergleichbarkeiten und der Aussichtslosigkeit, gemäß dieser Definition unter allen denkbaren Verfahren einen „Spitzenreiter" zu finden, wurden in der am Kapitelende aufgelisteten Literatur folgende Wege beschritten (die Erläuterung einiger unbekannter Begriffe erfolgt in Beispiel 104):

1) Die Klasse der zur Konkurrenz zugelassenen statistischen Verfahren wird so drastisch eingeschränkt, daß ein **gleichmäßig bestes Verfahren** existiert. Beispielsweise existiert in der Klasse der linearen erwartungstreuen Schätzfunktionen oder in der Klasse der unverfälschten Tests oft ein gleichmäßig bestes Verfahren.

2) Eine **vollständige Klasse von Verfahren** wird gesucht. Damit ist gemeint: Die offensichtlich zu schlechten Verfahren werden eliminiert und die restlichen statistischen Verfahren als zufriedenstellend und für die Anwendungen als gleichwertig angesehen. Beispielsweise bilden die Gesamtheit der Bayes-Verfahren oder die Gesamtheit der von einer suffizienten Statistik abhängigen Verfahren solche vollständigen Klassen.

3) Der zu harte „punktweise" Vergleich der Risikofunktionen wird durch ein gröberes **Vergleichskriterium** ersetzt, das den Verlauf der Risikofunktion durch eine einzige Zahl repräsentiert. Als die beiden prominentesten dieser Kriterien (beliebig viele andere sind denkbar) sollten das **Bayes-Kriterium** und das **Minimax-Kriterium** an dieser Stelle erwähnt werden. Mit dem Bayes-Kriterium wollen wir uns im nächsten Abschnitt exemplarisch etwas eingehender befassen. Das Minimax-Kriterium bewertet jedes Verfahren aufgrund des Maximums seiner Risikofunktion und definiert infolgedessen ein Verfahren δ_* als optimal, wenn dieses Maximum minimal ausfällt:

$$\max_{\vartheta} r(\vartheta, \delta_*) = \min_{\delta} \max_{\vartheta} r(\vartheta, \delta).$$

Beispiel 104: In Fig. 61 sind links die Risikofunktionen der vier Verfahren $\delta_1, \delta_2, \delta_3, \delta_4$ skizziert. Die drei Verfahren $\delta_1, \delta_2, \delta_3$ sind zwar untereinander unvergleichbar; jedes Verfahren kann aber punktweise mit δ_4 verglichen werden mit dem Resultat, daß δ_4 jeweils vorzuziehen ist. In diesem Fall wird δ_4 als ein gleichmäßig bestes Verfahren in der Klasse $\{\delta_1, \delta_2, \delta_3, \delta_4\}$ bezeichnet. In der Fig. 61 sind rechts ebenfalls die Risikofunktionen von vier Verfahren $\delta_1, \delta_2, \delta_3, \delta_4$ eingezeichnet. Unvergleichbar sind hier nur δ_3 und δ_4. Die beiden Verfahren δ_1 und δ_2 werden offensichtlich dominiert; entfernt man diese, so bleibt $\{\delta_3, \delta_4\}$ als vollständige Klasse übrig. Gemäß dem Minimax-Kriterium erweist sich jeweils δ_4 als optimal.

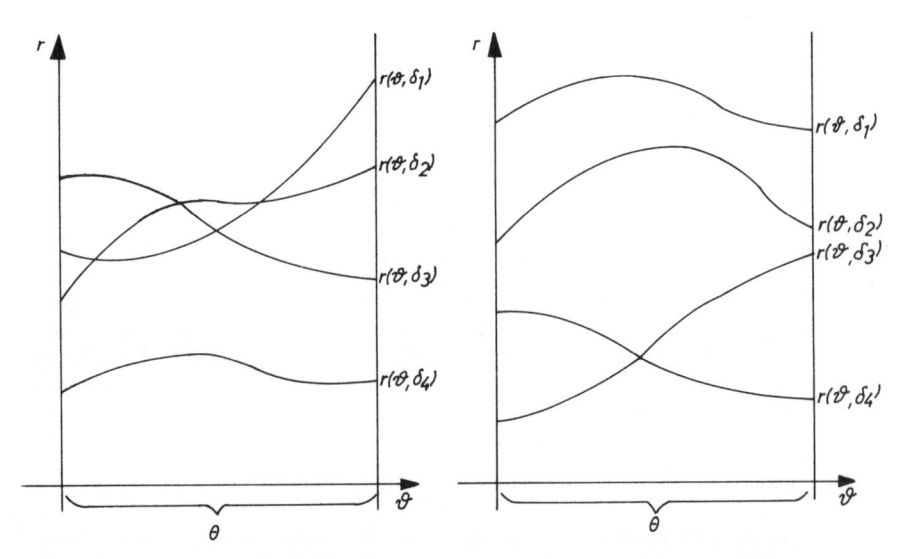

Fig. 61: Skizze einiger Risikofunktionen; δ_4 ist jeweils das Minimax-Verfahren in $\{\delta_1, \delta_2, \delta_3, \delta_4\}$. Darüberhinaus ist δ_4 in der linken Skizze ein gleichmäßig bestes Verfahren. In der rechten Skizze ist $\{\delta_3, \delta_4\}$ eine vollständige Klasse

19.2 Bayes-Verfahren

Wie im Abschnitt 12.5 bereits erwähnt wurde, liegt dem Bayes-Kriterium eine **a priori Verteilung** $\varphi(\vartheta)$ über Θ zugrunde. Sie trägt der Tatsache Rechnung, daß man bzgl. der Lage des wahren ϑ-Wertes „nicht völlig im Dunkeln tappt". Anhaltspunkte für die Festlegung von $\varphi(\vartheta)$ können aus einer (etwa gemäß der Delphi-Methode[1] organisierten) Expertenbefragung resultieren oder aus Erfahrungen in ähnlich gelagerten früheren Situationen. So weiß ein Automobilproduzent beispielsweise über den Anteil ϑ der defekten Scheinwerfer seines langjährigen Zulieferers gewiß mehr, als daß ϑ im Intervall $\Theta = [0; 1]$ variiert.

Die Prämisse, daß die Vorinformationen genügend fundiert sind, um die Zugrundelegung einer adäquaten a priori Verteilung zu ermöglichen, ist sicherlich nicht in allen Anwendungsfällen zutreffend. Dennoch wollen wir für die weitere Schilderung des Bayes-Ansatzes von der Existenz einer a priori Verteilung $\varphi(\vartheta)$ ausgehen.

Das Bayes-Kriterium bewertet jedes statistische Verfahren δ anhand seines **Risikoerwartungswertes**

$$r(\varphi, \delta) = E_\varphi \, r(\vartheta, \delta) \, ;$$

anschaulich gesprochen, wird hierbei eine Gewichtung der Risikofunktionswerte mittels der a priori Verteilung vorgenommen.

Ein **Bayes-Verfahren** δ_* bzgl. der a priori Verteilung φ ist infolgedessen durch die Minimierung des Risikoerwartungswertes definiert:

$$r(\varphi, \delta_*) = \min_\delta r(\varphi, \delta). \tag{155}$$

Zahllose Aufsätze und eine Reihe von Büchern, beispielsweise Raiffa/Schlaifer [1961], D. V. Lindley [1965], A. Zellner [1971], L. D. Phillips [1973], Box/Tiao [1973], G. Kleiter [1981], J. O. Berger [1985] beschäftigen sich ausschließlich mit der Bayes-Methode. Einer der Gründe für die Popularität der Bayes-Methode dürfte darin zu suchen sein, daß die Berechnung eines Bayes-Verfahrens eleganter bewerkstelligt werden kann als über die direkte Auswertung der Definition (155). Diese – im Abschnitt 12.5 schon teilweise vorweggenommene – Rechenmethode erfordert die Durchführung der drei Schritte:[2]

Schritt 1: Berechnung der zur a priori Verteilung $\varphi(\vartheta)$ und zur Stichprobenrealisation x gehörenden a posteriori Verteilung $\psi(\vartheta \mid x)$ mittels der Formel von Bayes.

Schritt 2: Bestimmung einer Entscheidung $d_* \in D$, die den a posteriori Schadenserwartungswert

$$E_{\psi(\vartheta \mid x)} s(\vartheta, d)$$

minimiert.

Schritt 3: Es wird $\delta_*(x) = d_*$ (aus Schritt 2) gesetzt. Führt man die Schritte 1 und 2 für alle $x \in \mathcal{X}$ durch, so erhält man insgesamt ein Bayes-Verfahren δ_*.

---

[1] Vgl. z. B. D. Becker [1974].
[2] Wir setzen dabei voraus, daß nur einstufige Verfahren betrachtet werden und der Stichprobenumfang fest gegeben ist.

Wegen einer Begründung dieser Berechnungsmethode sei wiederum auf die Literatur am Kapitelende verwiesen. Die Berechnungsmethode ist aus den folgenden Gründen rationeller als die direkte Auswertung von (155):

1) Die Minimierung in Schritt 2 erfolgt über einen wesentlich einfacheren Bereich als diejenige in (155). In (155) ist nämlich über eine Menge von Funktionen δ zu minimieren, wohingegen in Schritt 2 nur über den Wertebereich D dieser Funktionen zu minimieren ist.
2) Die Berechnung der Risikofunktion ist nicht erforderlich.
3) Will man ein Bayes-Verfahren nur in einem Einzelfall – d.h. auf eine spezielle Stichprobenrealisation x – anwenden, so erübrigt sich die Berechnung des kompletten Bayes-Verfahrens δ_*. Man kann sich mit diesem x auf die Schritte 1 und 2 beschränken.

Abschließend wollen wir diese Rechenmethode für den Spezialfall der Punktschätzung eines eindimensionalen Parameters ϑ diskutieren. Im Beispiel 105 sind einige Schadensfunktionen zusammengestellt sowie das jeweilige Ergebnis des obigen zweiten Schrittes.

Beispiel 105: Bezüglich der quadratischen Schadensfunktion aus Beispiel 103

$$s_1(\vartheta, d) = (d - \vartheta)^2$$

erweist sich

$d_* = $ a posteriori Erwartungswert

im zweiten Schritt als optimal.
Bezüglich der Betrags-Schadensfunktion

$$s_2(\vartheta, d) = \begin{cases} d - \vartheta, & \text{falls } d - \vartheta \geq 0 \text{ (Überschätzung)} \\ \vartheta - d, & \text{falls } d - \vartheta \leq 0 \text{ (Unterschätzung)} \end{cases}$$

erweist sich

$d_* = $ a posteriori Median

als optimal.
Bezüglich der allgemeineren Betrags-Schadensfunktion

$$s_3(\vartheta, d) = \begin{cases} \alpha(d - \vartheta), & \text{falls } d - \vartheta \geq 0 \text{ (Überschätzung)} \\ \beta(\vartheta - d), & \text{falls } d - \vartheta \leq 0 \text{ (Unterschätzung)} \end{cases}$$

mit $\alpha > 0, \beta > 0$ erweist sich

$$d_* = \frac{\beta}{\alpha + \beta}\text{-Fraktil der a posteriori Verteilung}$$

als optimal.
Bezüglich der Null-Eins-Schadensfunktion mit Indifferenzbereich $\pm \varepsilon$

$$s_4(\vartheta, d) = \begin{cases} 1, & \text{falls } d - \vartheta \notin [-\varepsilon, \varepsilon] \\ 0, & \text{falls } d - \vartheta \in [-\varepsilon, \varepsilon] \end{cases}$$

erweist sich (falls ε hinreichend klein ist)

$d_* = $ a posteriori Modalwert

als optimal. Die vier Schadensfunktionen hängen jeweils nur von der Differenz $d - \vartheta$ zwischen Schätzwert d und zu schätzendem Parameterwert ϑ ab; sie sind in Fig. 62 graphisch dargestellt.

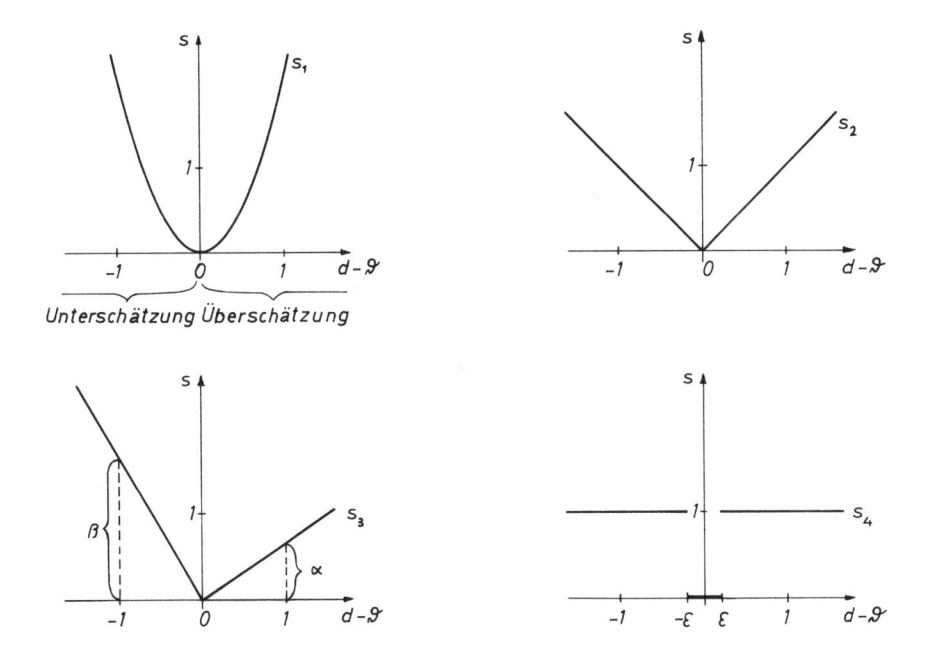

Fig. 62: *Verlauf der oben formelmäßig angegebenen Schadensfunktionen s_1, s_2, s_3 und s_4*

Im Lichte dieser Ergebnisse erweist sich die im Beispiel 72 des Abschnitts 12.5 aufgestellte Schätzfunktion $\hat{P}$ für den Anteilswert $p(=\vartheta)$ als eine Bayes-Schätzfunktion, die sich unter Zugrundelegung der quadratischen Schadensfunktion bzgl. der Gleichverteilung als a priori Verteilung φ ergibt.

Literatur zur statistischen Entscheidungstheorie: A. Wald [1947, 1950], Raiffa/Schlaifer [1961], D. V. Lindley [1965], M. H. De Groot [1970], E. Helten [1971], A. Zellner [1971], G. Bamberg [1972], L. D. Phillips [1973], Box/Tiao [1973], Bühlmann/Loeffel/Nievergelt [1975], V. Firchau [1980], K. Ehemann [1981], H. W. Brachinger [1982], L. D. Broemeling [1985], J. O. Berger [1985], Marinell/Seeber [1988].

20. Kapitel:
Statistische Software

20.1 Vorbemerkungen

Die Anwendung des statistischen Methodenspektrums auf reale Problemstellungen aus Wissenschaft und Praxis bedeutet in der Regel die Bearbeitung einer großen Fülle von Primärdaten, die wiederholte Behandlung eines Datensatzes mit verschiedenen Methoden oder die mehrmalige Anwendung einer Methode auf unterschiedliche Datensätze. Der damit verbundene Rechenaufwand ist insbesondere bei den multivariaten Verfahren, den ökonometrischen Verfahren und bei der Zeitreihenanalyse sehr umfangreich und zwingt zum Einsatz elektronischer Datenverarbeitungsanlagen.

Um Forschern und Praktikern den Zugang zu Computern zu erleichtern, wurde in den letzten Jahren eine leistungsfähige Software entwickelt. Neben Eigenentwicklungen der verschiedenen Rechenzentren wird derzeit eine Vielzahl von Programmsystemen zur statistischen Datenanalyse angeboten; einige wichtige kommen in den nachfolgenden Abschnitten zur Sprache. Darüber hinaus wurden in einige Statistik-Lehrbücher BASIC-, FORTRAN- oder PASCAL-Programme eingestreut. So findet man – um nur wenige Beispiele zu nennen –

- bei Cooley/Lohnes [1971] FORTRAN-Programme zur multivariaten Datenanalyse
- bei H. Späth [1975, 1983] und Steinhausen/Langer [1977] FORTRAN-Programme für mehrere Clusteranalyse-Algorithmen
- bei K. Holm [1975–1979] zahlreiche FORTRAN-Programme für univariate und multivariate Auswertungstechniken großer Fragebogen
- bei B. Leiner [1978] ein FORTRAN-Programm für die (multivariate) Spektralanalyse
- bei Pesaran/Slater [1980] PASCAL-Programme für Regressionsanalysen
- bei G. Hansen [1985] BASIC-Programme für einige Verfahren der deskriptiven und induktiven Statistik.

Schließlich gibt es Texte, die primär der Verbindung von statistischen Lehrinhalten und ihrer EDV-Implementierung gewidmet sind, so z.B. Müller/Kick [1983] und Cooke/Craven/Clarke [1985].

Über die laufende Neuentwicklung statistischer Software informiert (allerdings mit leichter Bevorzugung der Biometrie) die seit 1975 vierteljährlich erscheinende „Statistical Software Newsletter", herausgegeben vom Institut für Medizinische Datenverarbeitung der Gesellschaft für Strahlen- und Umweltforschung mbH München.

Welches Programmsystem jedoch letztlich implementiert werden soll, muß vom jeweiligen Nutzer selbst entschieden werden, da alle Systeme je nach Anwendungsgebiet positive wie negative Aspekte aufweisen. So liegen den einzelnen Programmen zum Teil verschiedene Algorithmen zugrunde; auch beinhalten die einzelnen Software-Pakete ein unterschiedliches Angebot an statistischen Methoden. Ein weiteres Entscheidungskriterium zum Rückgriff auf vorhandene Programmsysteme ist ihre mehr oder weniger komplizierte Implementierung sowie ihre Einfügung in bereits vorhandene Programmpakete.

Die in den Abschnitten 20.2 bis 20.5 behandelten Programmsysteme BMD, BMDP, OSIRIS, SPSS, STAT-PACK, SSP, IMSL und SAS sind wohl die wichtigsten, da sie zum einen am ausgereiftesten sind und zum anderen mittlerweile auf verschiedenen Datenverarbeitungsanlagen implementiert wurden. Im allgemeinen bieten diese Systeme ein breites statistisches Methodenspektrum an und integrierte Möglichkeiten zur Daten- und Dateibearbeitung. Teilweise lassen sich diese Systeme auch an Schnittstellen untereinander verbinden. So ist es z.B. möglich, OSIRIS-Dateien direkt in SPSS einzulesen und umgekehrt. Mit zu ihrer weiten Verbreitung hat sicherlich beigetragen, daß sie vom Anwender keine besonderen Kenntnisse über Aufbau, Funktionsweise und Programmierung von EDV-Anlagen erfordern. Es genügt im wesentlichen, daß sich der Anwender lediglich eine leicht erlernbare Steuersprache aneignet.

Den positiven Seiten der Verwendung von vorgefertigten Software-Programmen der statistischen Datenanalyse stehen jedoch einige **Gefahren**, die nicht übersehen werden sollten, gegenüber: Dadurch, daß genaue Programmierkenntnisse nicht erforderlich sind, entsteht vielfach eine unsinnige Speicherplatzorganisation oder sinnlose Ein- und Ausgabeformate. Weit negativere Auswirkungen ergeben sich jedoch dadurch, daß mit diesen Programmsystemen Verfahren zur Verfügung gestellt werden, die der Benutzer nicht kennt. Die Folge ist meist eine Verwendung statistischer Verfahren ohne adäquate Berücksichtigung der – den Verfahren zugrundeliegenden – Voraussetzungen und Implikationen. Andererseits besteht auch die Gefahr, eben nur jene Verfahren zu benützen, die im Software-Paket enthalten sind, obwohl ein anderes für den vorliegenden Datensatz und die Problemstellung weitaus geeigneter wäre. Damit wird die wissenschaftliche Datenanalyse und die darauf basierende Interpretation der Ergebnisse fragwürdig. Die Anwendung eines jeden Statistikpaketes setzt gesicherte Methodenkenntnisse sowie klare Vorstellungen über Aufbau und Zeitaufwand der Auswertung voraus.

20.2 Die Programmsysteme BMD und BMDP

Die beiden Programmsysteme BMD und BMDP (Biomedical Computer Programs) sind Entwicklungen der Health Sciences Computing Facility an der Universität von Kalifornien in Los Angeles. Die ursprünglich 35 Hauptprogramme von BMD erfuhren durch BMDP eine Erweiterung, teilweise auch eine Modifikation und Verbesserung. Insgesamt bietet derzeit BMDP mehr als 80 Hauptprogramme und damit ein vielfältiges Instrumentarium zur statistischen Datenanalyse. Neben Möglichkeiten zur Datenbeschreibung (z.B. univariate und bivariate Statistiken, einfache und mehrfache Häufigkeitsverteilungen, Histogramme) gibt es Programme zur multivariaten Analyse und Regressionsanalyse (z.B. Hauptkomponenten-, Diskriminanz-, Faktorenanalyse, kanonische Korrelationsanalyse), zur Varianz- und Kovarianzanalyse sowie zur Cluster- und Zeitreihenanalyse, um nur einige zu nennen. Beide Programmpakete bieten flexible Ein- und Ausgabemöglichkeiten und besitzen eine relativ einheitliche Programm-Steuersprache. Die Kapazität ist für einen größeren Datensatz durchaus ausreichend. Für beide Systeme existieren ausführliche Benutzermanuale von W.J. Dixon [1975, 1983], die neben einer Beschreibung der Steueranweisungen auch eine Beschreibung der Verfahren enthalten.

20.3 Die Programmsysteme OSIRIS und SPSS

Für die speziellen Bedürfnisse des sozialwissenschaftlichen Bereiches wurden die Programmpakete OSIRIS III (Organized Set of Integrated Routines for Investigation with Statistics) und SPSS (Statistical Package for Social Sciences) entwickelt. Wegen ihrer vielfältigen Möglichkeiten zur Datenaufbereitung und Datenanalyse, sowie der leichten Handhabung werden diese Programmsysteme bevorzugt auch von Wirtschaftswissenschaftlern, Behörden und Betrieben benützt. In beiden Fällen handelt es sich um umfassende integrierte Software-Pakete, in die sich bereits vorhandene Programme integrieren lassen. OSIRIS III und SPSS enthalten Programme, die Datensätze erstellen und modifizieren und Programme für statistische Verfahren wie z.B. einfache und multiple Regression, Korrelation, Faktoren-, Diskriminanz- und Clusteranalyse, Skalogrammanalyse und Häufigkeitsverteilungen. Diese und weitere Verfahren sind in den jeweiligen Benützerhandbüchern beschrieben. Die Unterlagen für OSIRIS können vom Institute for Social Research, The University of Michigan[1], bezogen werden, während das Programmsystem SPSS beispielsweise von Nie/Hull/Jenkins/Steinbrenner/Bent [1975], Hull/Nie [1981], Beutel/Schubö [1983], W.-M. Kähler [1984] und Schubö/Uehlinger [1986] beschrieben wird.

20.4 Das Programmsystem SAS

SAS (Statistical Analysis System) ist ein modular konzipiertes allgemeines Statistikpaket. Es besitzt einen mächtigen Daten- und Dateienmanipulationsteil mit eigenem Editor, sowie ein breites Methodenspektrum. Die Programmprozeduren, die mit Hilfe einfacher Macro-Befehle aufgerufen werden, beinhalten praktisch alle zur Zeit verfügbaren Methoden der Statistik und Ökonometrie. Gegenüber den vorher beschriebenen Programmpaketen ist hervorzuheben, daß SAS auch Programme zur Durchführung von linearen und nichtlinearen Schätzmethoden, zur Simultanschätzung von Zeitreihen und Querschnittsdaten und zur Bearbeitung von autoregressiven Prozessen höherer Ordnung enthält. Daneben enthält SAS einen hervorragenden Matrix-Processor, mit dem sich alle denkbaren Operationen durchführen lassen. Die Erweiterung von SAS durch FORTRAN- und andere benutzereigene Programme, wie BMDP, SPSS oder CLUSTAN, wird durch die Bereitstellung von Systemroutinen, Systemmacros und einen Parsergenerator sehr unterstützt. Dokumentiert ist dieses Programmpaket in „Eine Einführung in das SAS System" [1985], SAS Institute GmbH.[2] Eine anwendungsorientierte Beschreibung findet man in Faulbaum/Hanning/Merkel/Schuemer/Senger [1983].

20.5 Statistik-Unterprogrammpakete

In den Unterprogrammpaketen IMSL (Integrated Mathematical Subroutines Library), SSP (Scientific Subroutines Package) und STAT-PACK sind diverse Unterprogramme enthalten, die ein umfangreiches Methodenspektrum abdecken. Es finden sich unter anderem Unterprogramme zur Zeitreihen-, Varianz-, Regressions- und Korrelationsanalyse, aber auch zur Erstellung von Deskriptiv-Statistiken, Häu-

---

[1] P.O. Box 1248, Ann Arbor
[2] Neuenheimer Landstraße 28–30, Postfach 10 53 07, D-6900 Heidelberg 1

figkeitsverteilungen, Momentberechnung und Gruppenbildung. Es können Matrizen, Verteilungsfunktionen und deren inverse Funktionen berechnet werden. Weiterhin sind diverse Schätz- und Testverfahren vorhanden. Beschreibungen der Unterprogramme mit Erläuterung der zugrundeliegenden Algorithmen und Verfahren sowie Hinweisen zur Erstellung der aufrufenden FORTRAN-Hauptprogramme vermitteln die jeweiligen Handbücher: IMSL Library Reference Manual[1] [1980], SSP Programmer's Manual [1974] (IBM) und Large Scale Systems STAT-PACK Programmes Reference [1970] (Sperry-Rand-Univac).

20.6 Statistische Programmpakete für Microcomputer

Die zunehmende Verbreitung von Microcomputern führte auch zu einer steigenden Nachfrage nach statistischen Softwareprodukten für diese Geräte. Da mehrere Softwarehersteller dieser Nachfrage Rechnung getragen haben, existieren auf dem Markt eine Vielzahl statistischer Programme für die verschiedensten Microcomputer. Einen Überblick über diesen Softwaremarkt geben beispielsweise Woodward/Elliot [1983] und W.J. Keller [1986]. Hier findet man eine Auflistung der Anbieter, die Angaben des Geräts, auf dem die Programme implementierbar sind, den benötigten Speicherplatz, die Preise und den Anwendungsbereich der bis 1983 verfügbaren Programme.

Wegen der Vielfältigkeit des Angebots muß an dieser Stelle auf Berichte in den einschlägigen Zeitschriften wie Statistical Software Newsletter, Byte etc. verwiesen werden. Hilfreich bei der Auswahl geeigneter Software sind auch Marktübersichten wie die Dokumentation ‚Sozialwissenschaftliche Anwendersoftware' des Informationszentrums für Sozialwissenschaften in Bonn[2]. Erwähnenswert ist, daß wegen der verbesserten Leistungsfähigkeit der Personalcomputer die Großrechner-Programmpakete BMDP, SPSS und SAS auch auf Microcomputern ablauffähig gemacht werden konnten. Erforderlich ist ein Gerät mit ca. 320-KB-Hauptspeicher, Festplatte und arithmetischem Koprozessor sowie PC-DOS-Betriebssystem. Kennzeichnend für die Microcomputer-Programme ist die i.a. komfortable Benutzeroberfläche, die die Handhabung wesentlich erleichtert. Zum Standard zählen weiterhin die teilweise mächtigen Möglichkeiten der graphischen Aufbereitung von Daten und Ergebnissen, sowie der problemlose Datenaustausch zwischen verschiedenen Programmpaketen.

Literatur zur Statistischen Software: STAT-PACK Programmes Reference [1970], SSP Programmer's Manual [1974], H. Späth [1975, 1983], Nie/Hull/Jenkins/Steinbrenner/Bent [1975], Dixon [1975, 1983], IMSL Library Reference Manual [1980], Hull/Nie [1981], SAS User's Guide [1982], Beutel/Schubö [1983], Faulbaum/Hanning/Merkel/Schuemer/Senger [1983], Müller/Kick [1983], Woodward/Elliot [1983], W.-M. Kähler [1984], Eine Einführung in das SAS System [1985], Cooke/Craven/Clarke [1985], F. Bauer [1986], Schubö/Uehlinger [1986], Kähler/Schulte [1987], M. Kläg [1987], R. Kosfeld [1987], Steinhausen/Zörkendörfer [1987], W. Voß [1987], G. Brosius [1988], J.L. Hintze [1988], B. Leiner [1988], Marinell/Seeber [1988], F. Böker [1989], Küsters/Arminger [1989].

---

[1] IMSL 7500 Bellaire Boulevard, Houston, Texas 77036
[2] Lennéstraße 30, 5300 Bonn 1

Lösungen der Aufgaben

Aufgabe 1: Bestandsmassen sind a), d) und e); Bewegungsmassen sind b) und c).

Aufgabe 2: Diskret sind a) und c); stetig ist b).

Aufgabe 3: Kardinalskaliert sind a) und d); ordinal sind b) und c).

Aufgabe 4:

Ausprägung	1	2	3	4	5
Häufigkeit	10	20	2	4	4

Die Winkel für die Kreissektoren sind:

$\frac{10}{40} \cdot 360 = 90$ für Sektor 1

entsprechend = 180 für Sektor 2
= 18 für Sektor 3
= 36 für Sektor 4
= 36 für Sektor 5

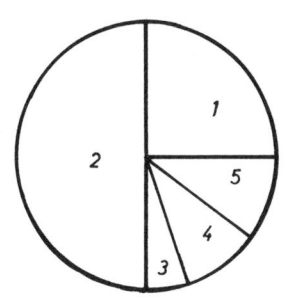

Aufgabe 5: Die vier Klassenhäufigkeiten sind 3, 4, 8 und 5

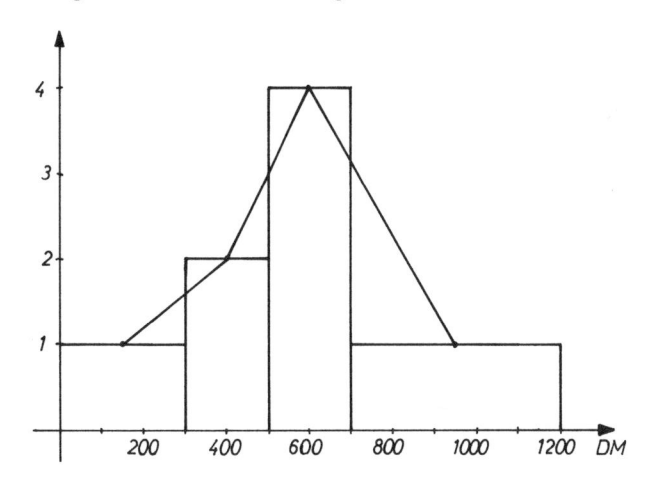

Aufgabe 6: In H(5) = 33 Fällen betrug die Lieferfrist höchstens 5 Tage; in

$$\frac{50 - H(3)}{50} \cdot 100 = \frac{50 - 4}{50} \cdot 100 = 92$$

Prozent aller Fälle betrug sie mehr als 3 Tage.

Aufgabe 7: Bezeichnen wir die zu minimierende Funktion (6) mit $g(\lambda)$, so erhalten wir als notwendige Bedingung für ein Extremum:

$$g'(\lambda) = -2 \sum_{i=1}^{n} (x_i - \lambda) = 0.$$

Hieraus ist die Gleichung (7) unmittelbar abzulesen sowie

$$\sum_{i=1}^{n} x_i - n\lambda = 0; \quad \text{d.h.} \quad \lambda = \bar{x}.$$

Wegen $g''(\lambda) = 2n > 0$ liegt ein Minimum vor.

Aufgabe 8:

$$\bar{x} = \frac{9395}{30} = 313{,}17; \quad x_{\text{Med}} = \frac{1}{2}[320 + 330] = 325.$$

Ersatzwert $= \frac{1}{30}[50 \cdot 2 + 150 \cdot 5 + 250 \cdot 6 + 350 \cdot 8 + 450 \cdot 6 + 550 \cdot 3] = \frac{9500}{30} = 316{,}67$

Aufgabe 9:

a) $x_{\text{Mod}} = 91{,}9$; $x_{\text{Med}} = \frac{1}{2}[93{,}9 + 95{,}9] = 94{,}9$.

Geht man von den Werten x_i beispielsweise gemäß

$$y_i = x_i - 95{,}9$$

zu den transformierten und einfacheren Werten y_i über, so gilt:

y_i	−4,5	−4	−3	−2	0	1	2	3
$h(y_i)$	2	5	1	2	3	1	3	3

Daraus entnimmt man $\bar{y} = -1$ und mit (4) schließlich

$-1 = -95{,}9 + \bar{x}$, also $\bar{x} = 95{,}9 - 1 = 94{,}9$.

b) Nach (5) errechnet man

$$\bar{x}_{\text{Ges}} = \frac{20 \cdot 94{,}9 + 12 \cdot 96{,}5}{32} = 95{,}5$$

Aufgabe 10: Der durchschnittliche Wachstumsfaktor ist das geometrische Mittel

$$x_{\text{Geom}} = \sqrt[4]{1{,}07 \cdot 0{,}97 \cdot 0{,}95 \cdot 1{,}06} = 1{,}0111; \text{ dagegen ist } \bar{x} = 1{,}0125.$$

Das arithmetische Mittel ist nicht nur hier, sondern generell mindestens so groß wie das geometrische Mittel.

Aufgabe 11: Registriert man für jeden der 1000 Beschäftigten die „Startposition" für den Kantinenmarsch, so erhält man die „Beobachtungswerte"

$$0, 0, 0, \underbrace{100, \ldots, 100}_{200 \text{ mal}}, \underbrace{600, \ldots, 600}_{300 \text{ mal}}, \underbrace{900, \ldots, 900}_{497 \text{ mal}}.$$

Nach der in Punkt 6 dieses Abschnitts aufgeführten Optimalitätseigenschaft des Medians muß der Kantinenstandort mit dem Median, d.h. mit

$$x_{\text{Med}} = \frac{1}{2}(x_{500} + x_{501}) = \frac{1}{2}(600 + 600) = 600$$

identisch sein. Die Kantine sollte demnach bei der zweiten Maschinenhalle errichtet werden.

Aufgabe 12: Es ist SP = 6 − 5 = 1;

$$\bar{s} = \frac{1}{50}(48|5 - 5{,}04| + 2|6 - 5{,}04|) = 0{,}0768$$

$$s^2 = \frac{1}{50}[48(5 - 5{,}04)^2 + 2(6 - 5{,}04)^2] = 0{,}0384$$

$$s = \sqrt{s^2} = 0{,}1960 \quad \text{und} \quad V = \frac{s}{5{,}04} = 0{,}0389.$$

Aufgabe 13: Nach (13) gilt

$$s_{\text{Ges}}^2 = \frac{20 \cdot 7{,}875 + 12 \cdot 2{,}875}{32} + \frac{20(94{,}9 - 95{,}5)^2 + 12(96{,}5 - 95{,}5)^2}{32} = 6{,}6.$$

Aufgabe 14: Die interne Varianz ist Null, da die beiden Teilmassen völlig homogen sind. Als externe Varianz ergibt sich nach (13):

$$\frac{1}{50}[48(5 - 5{,}04)^2 + 2(6 - 5{,}04)^2] = 0{,}0384;$$

sie stimmt natürlich mit s^2 aus Aufgabe 12 überein.

Aufgabe 15: Für $80 \leq u \leq 100$ verläuft die Lorenzkurve geradlinig. Wegen $L(80) = 60$ und $L(100) = 100$ ist $L(95) = 90$. Der gesuchte Prozentsatz ist $100 - L(95) = 10$.

Aufgabe 16: Formel (19) liefert:

$$G = \frac{2}{5}(1 \cdot 0{,}10 + 2 \cdot 0{,}10 + 3 \cdot 0{,}10 + 4 \cdot 0{,}20 + 5 \cdot 0{,}50) - \frac{6}{5} = 0{,}36$$

$$G_* = \frac{5}{4} \cdot 0{,}36 = 0{,}45$$

Aufgabe 17:
Die Lorenzkurven schneiden sich hier. Als Gini-Koeffizienten errechnet man jeweils 0,4. Der

Markt M_1 würde gemeinhin als konzentrierter bezeichnet werden; dies ist jedoch nicht am Gini-Koeffizienten bemerkbar.

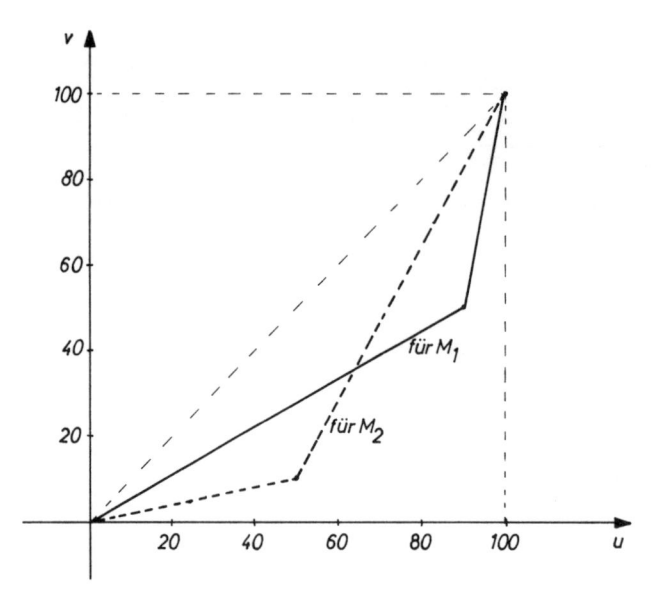

Aufgabe 18: Beziehen sich die Werte L und CR_g auf Prozentangaben, so gilt:

$$CR_g = 100 - L\left(100\,\frac{n-g}{n}\right);$$

andernfalls gilt:

$$CR_g = 1 - L\left(\frac{n-g}{n}\right).$$

Aufgabe 19:

$$h_{i.} = \sum_j h_{ij} = \sum_j \frac{h_{ij}}{h_{.j}} h_{.j} = \frac{h_{ij}}{h_{.j}} \cdot n$$

Aufgabe 20:
a)

Familiengröße \ Zimmeranzahl	1	2	3	4	$h_{i.}$
2	2	0	3	3	8
3	0	1	2	3	6
4	0	1	2	1	4
5	0	0	0	2	2
$h_{.j}$	2	2	7	9	20

Lösungen der Aufgaben

b) Die Randhäufigkeiten wurden bereits in die Kontigenztabelle eingetragen.

c) $0, \frac{1}{4}, \frac{2}{4}, \frac{1}{4}$.

Aufgabe 21: Bravais-Pearson-Korrelationskoeffizient für a) b) d); Kontingenzkoeffizient für c) f); unterstellt, daß die Intelligenz und die Aggressivität nur ordinal gemessen wird, wäre für e) und g) der Rangkorrelationskoeffizient von Spearman zu verwenden.

Aufgabe 22: Es ist $\bar{x} = 7{,}11; \bar{y} = 5{,}74$. Mit diesen Werten kann man folgende Arbeitstabelle aufstellen:

Land Nr. i	$(x_i - \bar{x})$	$(x_i - \bar{x})^2$	$(y_i - \bar{y})$	$(y_i - \bar{y})^2$	$(x_i - \bar{x})(y_i - \bar{y})$
1	−3,01	9,06	4,36	19,01	−13,12
2	−4,71	22,18	−1,74	3,03	8,20
3	1,29	1,66	−0,04	0,00	−0,05
4	1,09	1,19	4,46	19,89	4,86
5	4,79	22,94	1,76	3,10	8,43
6	−2,51	6,30	−3,64	13,25	9,14
7	2,29	5,24	2,26	5,11	5,18
8	−3,51	12,32	−4,44	19,71	15,58
9	3,49	12,18	−3,54	12,53	−12,35
10	0,79	0,62	0,56	0,31	0,44
Σ		93,69		95,94	26,31

$$r = \frac{26{,}31}{\sqrt{93{,}69 \cdot 95{,}94}} = 0{,}28$$

Aufgabe 23: Aus den Rangnummern

Student i	1	2	3	4	5	6	7	8	9	10	11
R_i	4	2	3	1	5	6	7	9	10	8	11
R_i'	3	4	5	1	2	7	8	10	9	6	11

errechnet man

$$r_{SP} = 1 - \frac{6 \cdot 26}{10 \cdot 11 \cdot 12} = 0{,}88.$$

Aufgabe 24: Die beiden Merkmale sind perfekt voneinander abhängig. Die bedingten Verteilungen sind jeweils auf eine einzige Merkmalsausprägung konzentriert; aus der Kenntnis der Ausprägung eines Merkmals kann die Ausprägung des anderen Merkmals absolut sicher prognostiziert werden. Nach der Bemerkung auf Seite 41 oben, muß sich für diesen Fall der Wert 1 ergeben, ein Wert, den man natürlich auch rechnerisch verifizieren kann.

Aufgabe 25:
a) Wegen $\bar{x} = 7$ und $\bar{y} = 2500$ ergibt sich die Arbeitstabelle (die vier letzten Spalten sind erst für b) relevant):

Monat i	$x_i - \bar{x}$	$(x_i - \bar{x})^2$	$y_i - \bar{y}$	$(x_i - \bar{x})(y_i - \bar{y})$	$(y_i - \bar{y})^2$	$\hat{y}_i$	$\hat{y}_i - \bar{y}$	$(\hat{y}_i - \bar{y})^2$
1	−1	1	500	−500	250 000	2840	340	115 600
2	−2	4	700	−1400	490 000	3180	680	462 400
3	0	0	0	0	0	2500	0	0
4	0	0	−200	0	40 000	2500	0	0
5	1	1	−500	−500	250 000	2160	−340	115 600
6	2	4	−500	−1000	250 000	1820	−680	462 400
Σ		10		−3400	1 280 000			1 156 000

Nach (36) bzw. (37) ist deshalb

$$\hat{b} = -\frac{3400}{10} = -340; \quad \hat{a} = 2500 - (-340) \cdot 7 = 4880,$$

so daß die Regressionsgerade lautet:

$$y = 4880 - 340x.$$

b) Direkte Ermittlung nach (39):

$$R^2 = \frac{1\,156\,000}{1\,280\,000} = 0{,}9031.$$

Ermittlung über $R^2 = r^2$:

$$R^2 = \left(\frac{-3400}{\sqrt{10}\sqrt{1\,280\,000}}\right)^2 = 0{,}9031.$$

c) Prognosewert für 4% Hypothekenzinssatz:

$$\hat{y} = 4880 - 340 \cdot 4 = 3520 \text{ [Mio DM]}$$

Prognosewert für 7,5% Hypothekenzinssatz:

$$\hat{y} = 4880 - 340 \cdot 7{,}5 = 2330 \text{ [Mio DM]}.$$

Aufgabe 26: Ja, durch Einsetzen von (37) erhält die Regressionsgerade nämlich die Gestalt: $y = \bar{y} + \hat{b}(x - \bar{x})$.

Aufgabe 27: a) (sinnvolle) Gliederungszahl, c) (sinnvolle) Meßzahl. Die Bildung der Verhältniszahlen b) und d) dürfte wohl kaum sinnvoll sein; infolgedessen handelt es sich gemäß der Definition in 5.1 auch nicht um Beziehungszahlen.

Aufgabe 28: Sei Benzin etwa das erste Gut, so folgt aus (41):

$$1{,}004 = P^L_{0t} = 1{,}08\,g_0(1) + \sum_{i=2}^{n} 1 \cdot g_0(i) = 1{,}08\,g_0(1) + 1 - g_0(1) = 1 + 0{,}08\,g_0(1);$$

damit erhält man $0{,}08\,g_0(1) = 0{,}004$, d.h. $g_0(1) = 0{,}05 = 5\%$.

Aufgabe 29:

a) Juni 1955: $y^* = \frac{1}{2}\left[\frac{1}{2} \cdot 24 + \frac{1}{2} \cdot 43 + 28\right] = \frac{123}{4} = 30{,}75$.

b) Dezember 1954: $y^* = \frac{1}{3}[46 + 38 + 26] = \frac{110}{3} = 36{,}67$.

Aufgabe 30:

a) $y^*_{3,7} = 41$ (gerundet), $\tilde{S}_7 = \frac{1}{3}\left[(34-39)+(43-43)+(42-41)\right] = -\frac{4}{3}$

b) Da sich hierdurch der Korrekturfaktor $\frac{1}{12}\sum_{j=1}^{12}\tilde{S}_j$ ändert, differieren nun alle $\hat{S}_j$ und damit alle saisonbereinigten Zeitreihenwerte von denjenigen aus Beispiel 30.

Aufgabe 31:

j	1	2	3	4	5	6	7	8	9	10	11	12
$\tilde{I}_j$	1,7	1,6	1,3	1,0	0,8	0,7	0,7	0,8	0,9	1,0	1,1	1,3
$\hat{I}_j$	1,58	1,49	1,21	0,93	0,74	0,65	0,65	0,74	0,84	0,93	1,02	1,21

Der Korrekturfaktor betrug hier

$$\frac{12}{\sum_{j=1}^{12}\tilde{I}_j} = 0,93.$$

Aufgabe 32: Als dreistellige Zahlen kommen in Frage: 304, 314, 324, 334; 340, 341, ..., 349; 354, 364, ..., 394, also $4 + 10 + 5 = 19$ Möglichkeiten. Vor jeder von ihnen kann EU, EV oder EY stehen, so daß insgesamt $3 \cdot 19 = 57$ „Zustände" möglich sind.

Aufgabe 33: Da lediglich jeweils 200 Exemplare geliefert wurden, gilt: $j = 0$ für A, $j = 200$ für B, $j = 382$ für C, $j = 400$ für $A \cap B$, $j = 382$ für $A \cap C$, $j = 391$ für $B \cap C$.

Aufgabe 34:

a) $\frac{1}{3}$ b) $\frac{10}{19}$ c) $\frac{1}{19}$ d) $\frac{10}{19}$ e) $\frac{2}{19}$ f) $\frac{9}{19}$.

Aufgabe 35:

a) mit Zurücklegen: $P(A) = \frac{2}{5} = 0,4$; $P(B) = \frac{3 \cdot 3 \cdot 3}{5 \cdot 5 \cdot 5} = \frac{27}{125} = 0,216$

b) ohne Zurücklegen: $P(A) = \frac{2}{5} = 0,4$; $P(B) = \frac{3 \cdot 2 \cdot 1}{5 \cdot 4 \cdot 3} = \frac{1}{10} = 0,1$

Aufgabe 36: Mit Zurücklegen: $P(A_1) = P(A_2) = \frac{4}{10}$;

nach Regel 4: $P(B) = 1 - P(\overline{B}) = 1 - P(\overline{A}_1 \cap \overline{A}_2) = 1 - \frac{6 \cdot 6}{10 \cdot 10} = \frac{16}{25}$;

nach Regel 5a: $P(B) = P(A_1 \cup A_2) = P(A_1) + P(A_2) - P(A_1 \cap A_2) =$
$$= \frac{4}{10} + \frac{4}{10} - \frac{4 \cdot 4}{10 \cdot 10} = \frac{16}{25}.$$

Ohne Zurücklegen: $P(A_1) = \frac{4}{10}$;

nach Regel 6: $P(A_2) = P(A_1 \cap A_2) + P(\overline{A}_1 \cap A_2) = \frac{4 \cdot 3}{10 \cdot 9} + \frac{6 \cdot 4}{10 \cdot 9} = \frac{4}{10}$;

nach Regel 4: $P(B) = 1 - P(\overline{B}) = 1 - P(\overline{A}_1 \cap \overline{A}_2) = 1 - \frac{6 \cdot 5}{10 \cdot 9} = \frac{2}{3}$;

nach Regel 5a: $P(B) = P(A_1) + P(A_2) - P(A_1 \cap A_2) =$
$$= \frac{4}{10} + \frac{4}{10} - \frac{4 \cdot 3}{10 \cdot 9} = \frac{2}{3}.$$

Aufgabe 37: $P(A_1) = P(A_1 \cap A_2) + P(A_1 \cap \bar{A}_2)$ nach Regel 6, d.h.

$$P(A_1 \cap \bar{A}_2) = \frac{1}{8} - \frac{1}{20} = \frac{3}{40} = 0{,}075.$$

„höchstens eine der beiden Kontrollen entdeckt Rückstände" $= \overline{A_1 \cap A_2}$;

$$P(\overline{A_1 \cap A_2}) = 1 - P(A_1 \cap A_2) = 1 - \frac{1}{20} = \frac{19}{20} = 0{,}95 \quad \text{nach Regel 4;}$$

„mindestens eine der beiden Kontrollen entdeckt Rückstände" $= A_1 \cup A_2$;

$$P(A_1 \cup A_2) = \frac{1}{8} + \frac{1}{10} - \frac{1}{20} = \frac{7}{40} = 0{,}175 \quad \text{nach Regel 5a:}$$

„genau eine der beiden Kontrollen entdeckt Rückstände" $= (A_1 \cap \bar{A}_2) \cup (A_2 \cap \bar{A}_1)$;

$$P[(A_1 \cap \bar{A}_2) \cup (A_2 \cap \bar{A}_1)] = \frac{3}{40} + \left(\frac{1}{10} - \frac{1}{20}\right) = \frac{1}{8} = 0{,}125 \quad \text{nach Axiom 3.}$$

Aufgabe 38: $P(B) = P[(A_1 \cap \bar{A}_2) \cup (A_2 \cap \bar{A}_1)] = [P(A_1) - P(A_1 \cap A_2)] + [P(A_2) - P(A_1 \cap A_2)] =$
$= P(A_1) + P(A_2) - 2P(A_1 \cap A_2).$

Nach dieser Regel ergibt sich:

$P(\text{„genau eine der beiden Kontrollen entdeckt Rückstände"}) = \frac{1}{8} + \frac{1}{10} - 2 \cdot \frac{1}{20} = \frac{1}{8}.$

Aufgabe 39: $P(A_2|\bar{A}_1) = \dfrac{P(A_2 \cap \bar{A}_1)}{P(\bar{A}_1)} = \dfrac{1/20}{1 - 1/8} = \dfrac{2}{35} = 0{,}057;$

$P(A_2|(A_1 \cap \bar{A}_2) \cup (A_2 \cap \bar{A}_1)) = \dfrac{P(A_2 \cap \bar{A}_1)}{P[(A_1 \cap \bar{A}_2) \cup (A_2 \cap \bar{A}_1)]} = \dfrac{1/20}{1/8} = \dfrac{2}{5} = 0{,}4.$

Aufgabe 40: $P(B) = \sum\limits_{i=1,2,\ldots} P(B \cap A_i)$ nach Regel 6

$\qquad\qquad\quad = \sum\limits_{i=1,2,\ldots} P(B|A_i) \cdot P(A_i)$ nach Definition der bedingten Wahrscheinlichkeit.

Hieraus ergibt sich

$$\frac{P(B|A_j) \cdot P(A_j)}{\sum\limits_{i=1,2,\ldots} P(B|A_i) \cdot P(A_i)} = \frac{P(B|A_j) \cdot P(A_j)}{P(B)} = \frac{P(B \cap A_j) \cdot P(A_j)}{P(A_j) \cdot P(B)} = P(A_j|B).$$

Aufgabe 41: Sei A bzw. M_i das Ereignis: „entnommenes Stück ist Ausschuß bzw. stammt von M_i".
Gegeben sind $P(M_i)$ und $P(A|M_i)$ für i = 1, 2, 3.

a) $P(A) = \sum\limits_{i=1}^{3} P(A|M_i) \cdot P(M_i) = 0{,}6 \cdot 0{,}09 + 0{,}25 \cdot 0{,}12 + 0{,}15 \cdot 0{,}04 = 0{,}09$

b) $P(M_i|A) = \begin{cases} \dfrac{54}{90} = 0{,}60 & \text{für } i=1 \\[4pt] \dfrac{30}{90} = 0{,}33 & \text{für } i=2 \\[4pt] \dfrac{6}{90} = 0{,}07 & \text{für } i=3 \end{cases}$

Aufgabe 42: a) A_i bedeutet: „Fehler bei Arbeitsgang i", $i = 1, 2$.
Gegeben: P („Ausschuß") = $P(A_1 \cup A_2)$, $P(A_1)$ und „A_1, A_2 unabhängig". Regel 5a liefert

$$P(A_1 \cup A_2) = P(A_1) + P(A_2) - P(A_1 \cap A_2) = P(A_1) + P(A_2) - P(A_1) \cdot P(A_2),$$

d.h. $P(A_2) = \dfrac{P(A_1 \cup A_2) - P(A_1)}{1 - P(A_1)} = \dfrac{8/100 - 1/24}{1 - 1/24} = \dfrac{1}{25} = 0{,}04$.

b) Nein, da $P(A_1) \cdot P(A_2) = \dfrac{1}{8} \cdot \dfrac{1}{10} = \dfrac{1}{80} \neq \dfrac{1}{20} = P(A_1 \cap A_2)$.

Aufgabe 43:
a) Zu X_1 und zu X_2: $\{0, 1, ..., 200\}$; zu X: $\{0, 1, ..., 400\}$.
b) $\{3\}$ = Wertebereich zu X_1; Wertebereich zu X_2 und X_3 ist $\{0, 1, ..., 9\}$

$$P(X_2 = k) = \begin{cases} \dfrac{1}{19} & \text{für } k = 0, ..., 9; k \neq 4 \\ \dfrac{10}{19} & \text{für } k = 4 \end{cases}$$

$$X_0 := \begin{cases} 1, & \text{falls EU} \\ 2, & \text{falls EV} \\ 3, & \text{falls EY} \end{cases}$$

Aufgabe 44:
a) $P(X \leq 10, Y \leq 10) = \dfrac{1}{3} \cdot \dfrac{1}{4} = \dfrac{1}{12}$; $P(X \leq 20, Y \leq 20) = \dfrac{2}{3} \cdot \dfrac{3}{4} = \dfrac{1}{2}$;

$P(X \leq 10, Y > 20) = \dfrac{1}{3} \cdot \dfrac{1}{4} = \dfrac{1}{12}$.

b) Nein; $P(Y > 20 \mid X > 20)$ müßte gleich $P(Y > 20) = \dfrac{1}{4}$ sein.

Aufgabe 45: Sicher ist $X \leq 3$, denn falls unter 3 geprüften Geräten keines defekt war, liegt der Defekt mit Gewißheit beim vierten, d.h. $F(3) = 1$ und $F(x) = 1$ für alle $x > 3$. Ferner bedeutet $X = 1$: „erstes überprüftes Gerät ist defekt", also $P(X = 1) = \dfrac{1}{4}$, und $X = 2$ bedeutet: „erstes überprüftes Gerät ist in Ordnung, das zweite ist defekt", d.h. $P(X = 2) = \dfrac{3}{4} \cdot \dfrac{1}{3} = \dfrac{1}{4}$ (nach (64)). Daraus ergibt sich insgesamt:

$$F(x) = P(X \leq x) = \begin{cases} 0, & \text{falls } x < 1 \\ \dfrac{1}{4}, & \text{falls } 1 \leq x < 2 \\ \dfrac{1}{4} + \dfrac{1}{4} = \dfrac{1}{2}, & \text{falls } 2 \leq x < 3 \\ 1, & \text{falls } x \geq 3 \end{cases}$$

Aufgabe 46: Aus Regel 3 von 7.3.4, da $(X \leq x_1) \subset (X \leq x_2)$ für $x_1 \leq x_2$.

Aufgabe 47:

a) $P(3 < X \leq 5) = F(5) - F(3) = \dfrac{5-3}{10} = \dfrac{1}{5}$;

$P(X > 3) = 1 - P(X \leq 3) = 1 - F(3) = 1 - \dfrac{3}{10} = \dfrac{7}{10}$;

$P(X \leq 3+2 \,|\, X > 3) = \dfrac{P(3 < X \leq 5)}{P(X > 3)} = \dfrac{2}{7}$.

b) $P(X > 1) = 1 - P(X \leq 1) = 1 - F(1) = \dfrac{3}{4}$.

Aufgabe 48: $P(X_1 = 1) \cdot P(X_2 = 0) \cdot P(X_3 = 1) \cdot P(X_4 = 1) \cdot P(X_5 = 0) =$
$= p \cdot (1-p) \cdot p \cdot p \cdot (1-p) = p^3 \cdot (1-p)^{5-3}$.

Aufgabe 49:

x	mögliche (x_1, x_2, x_3, x_4) mit $x_i = 0$ oder $x_i = 1$ und $\sum_{i=1}^{4} x_i = x$	$\binom{4}{x} = \dfrac{4!}{x!(4-x)!}$
0	(0,0,0,0)	$\dfrac{4!}{0!\,4!} = 1$
1	(1,0,0,0), (0,1,0,0), (0,0,1,0), (0,0,0,1)	$\dfrac{4!}{1!\,3!} = 4$
2	(1,1,0,0), (1,0,1,0), (1,0,0,1), (0,1,1,0), (0,1,0,1), (0,0,1,1)	$\dfrac{4!}{2!\,2!} = 6$
3	(1,1,1,0), (1,1,0,1), (1,0,1,1), (0,1,1,1)	$\dfrac{4!}{3!\,1!} = 4$
4	(1,1,1,1)	$\dfrac{4!}{4!\,0!} = 1$

Aufgabe 50:

Verteilung	x =	0	1	2	3	4	5
$B\left(5; \dfrac{1}{3}\right)$	f(x) =	$\dfrac{32}{243} = 0{,}132$	$\dfrac{80}{243} = 0{,}329$	$\dfrac{80}{243} = 0{,}329$	$\dfrac{40}{243} = 0{,}165$	$\dfrac{10}{243} = 0{,}041$	$\dfrac{1}{243} = 0{,}004$
$B\left(5; \dfrac{1}{2}\right)$	f(x) =	$\dfrac{1}{32} = 0{,}031$	$\dfrac{5}{32} = 0{,}156$	$\dfrac{10}{32} = 0{,}313$	$\dfrac{10}{32} = 0{,}313$	$\dfrac{5}{32} = 0{,}156$	$\dfrac{1}{32} = 0{,}031$
$B\left(5; \dfrac{2}{3}\right)$	f(x) =	$\dfrac{1}{243} = 0{,}004$	$\dfrac{10}{243} = 0{,}041$	$\dfrac{40}{243} = 0{,}165$	$\dfrac{80}{243} = 0{,}329$	$\dfrac{80}{243} = 0{,}329$	$\dfrac{32}{243} = 0{,}132$

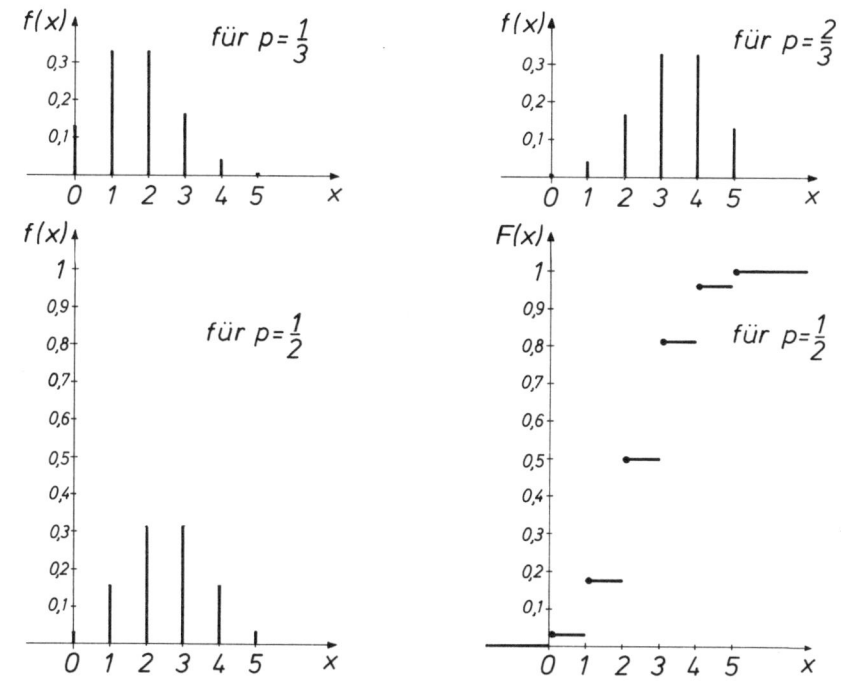

Aufgabe 51: X = Anzahl der Monate, in denen die Durchschnittstemperatur normal sein wird.
$\tilde{X} = 24 - X$ ist $B(24; 0,1)$-verteilt;
$P(X < 20) = P(\tilde{X} > 24 - 20 = 4) = 1 - P(\tilde{X} \leq 4) = 1 - 0,9149 = 0,0851$

Aufgabe 52: X = Anzahl der für Streik Eintretenden unter den 20 Befragten

j	1	2	3	4	
$P(A_j)$	0,2	0,6	0,15	0,05	(a priori)
$P(X = 16 \mid A_j)$	0,0000	0,0003	0,0350	0,2182	
$P(X = 16 \mid A_j) \cdot P(A_j)$	0,00000	0,00018	0,00525	0,01091	Summe = 0,01634
$P(A_j \mid X = 16)$	0,000	0,011	0,321	0,668	(a posteriori)

Dabei ergeben sich die Werte der 3ten Zeile für j = 1 und j = 2 gemäß $P(X = 16 \mid A_j) = F(16) - F(15)$ aus der $B(20; 0,2)$- bzw. $B(20; 0,4)$-Verteilung; für j = 3 und j = 4 führen wir $\tilde{X} = 20 - X$ ein und erhalten $P(X = 16 \mid A_j) = P(\tilde{X} = 20 - 16 = 4 \mid A_j) = F(4) - F(3)$ aus der $B(20; 0,4)$- bzw. $B(20; 0,2)$-Verteilung. Die Werte der letzten Zeile sind gemäß der Formel von Bayes errechnet.

Aufgabe 53:
a) (a,b,c), (a,c,b), (b,a,c), (b,c,a), (c,a,b), (c,b,a);
(a,b,d), (a,d,b), (b,a,d), (b,d,a), (d,a,b), (d,b,a);
(a,c,d), (a,d,c), (c,a,d), (c,d,a), (d,a,c), (d,c,a);
(b,c,d), (b,d,c), (c,b,d), (c,d,b), (d,b,c), (d,c,b),

also $\dfrac{4!}{(4-3)!} = 24$ Möglichkeiten

b) $\{a,b,c\}, \{a,b,d\}, \{a,c,d\}, \{b,c,d\}$, also $\binom{4}{3} = 4$ Möglichkeiten.

Aufgabe 54: max $\{0, n - (N - M)\}$ = max $\{0, 4 - (8 - 5)\}$ = 1; min $\{n, M\}$ = min $\{4, 5\}$ = 4

x	1	2	3	4
f(x)	$\dfrac{\binom{5}{1}\cdot\binom{3}{3}}{\binom{8}{4}} = \dfrac{1}{14}$	$\dfrac{\binom{5}{2}\cdot\binom{3}{2}}{\binom{8}{4}} = \dfrac{3}{7}$	$\dfrac{\binom{5}{3}\cdot\binom{3}{1}}{\binom{8}{4}} = \dfrac{3}{7}$	$\dfrac{\binom{5}{4}\cdot\binom{3}{0}}{\binom{8}{4}} = \dfrac{1}{14}$

Aufgabe 55: X = Anzahl der funktionierenden Feuerwerkskörper in der Stichprobe.

a) $P(X \geq 3) = \dfrac{\left[\binom{15}{3}\binom{10}{2} + \binom{15}{4}\binom{10}{1} + \binom{15}{5}\binom{10}{0}\right]}{\binom{25}{5}} = 0{,}6988$

b) $P(X \geq 3) = \dfrac{\left[\binom{20}{3}\binom{5}{2} + \binom{20}{4}\binom{5}{1} + \binom{20}{5}\binom{5}{0}\right]}{\binom{25}{5}} = 0{,}9623$

c) $P(X \geq 3) = \dfrac{\left[\binom{5}{3}\binom{20}{2} + \binom{5}{4}\binom{20}{1} + \binom{5}{5}\binom{20}{0}\right]}{\binom{25}{5}} = 0{,}0377$.

Aufgabe 56:

$X_i = \begin{cases} 1, \text{ falls i-ter überprüfter Feuerwerkskörper funktioniert} \\ 0, \text{ sonst} \end{cases}$

$P(X_3 = 1 | X_1 = 0, X_2 = 0) = \dfrac{15 - 0}{25 - 2} = 0{,}6522$

$P\left(\sum_{i=3}^{5} X_i = 3 \,\Big|\, X_1 = 0, X_2 = 0\right) = \dfrac{\binom{15}{3}\binom{23-15}{0}}{\binom{23}{3}} = 0{,}2569$.

Aufgabe 57: X = Anzahl der Ausschußstücke pro Stunde. X ist approximativ $P(4)$-verteilt.

a) $P(X = 4) = 0{,}1953$; b) $P(X \geq 7) = 1 - P(X \leq 6) = 0{,}1107$;
c) $P(X \leq 8) = 0{,}9786$.

Aufgabe 58:

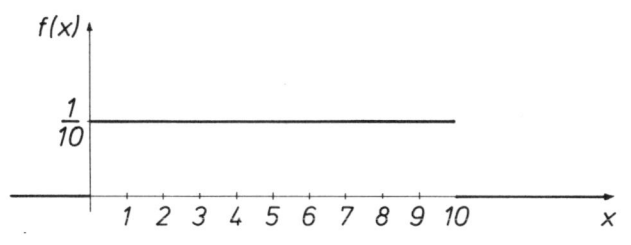

[Graph: f(x) constant at 1/10 from x=1 to x=10]

Aufgabe 59: $P\left(\frac{1}{6} \leq X \leq \frac{2}{3}\right) = \int_{1/6}^{2/3} 6(x-x^2)\,dx = 6 \cdot \left[\frac{x^2}{2} - \frac{x^3}{3}\right]\bigg|_{1/6}^{2/3} = \frac{2}{3}.$

Aufgabe 60: $F(x) = \begin{cases} 0 & \text{für } x < 0 \\ \int_0^x 6(t-t^2)\,dt = 3x^2 - 2x^3 & \text{für } 0 \leq x \leq 1 \\ 1 & \text{für } x > 1. \end{cases}$

Aufgabe 61: $F(x) = \begin{cases} 0 & \text{für } x < 0 \\ \int_0^x 1 \cdot e^{-t}\,dt = -e^{-t}\Big|_0^x = 1 - e^{-x} & \text{für } x \geq 0 \end{cases}$

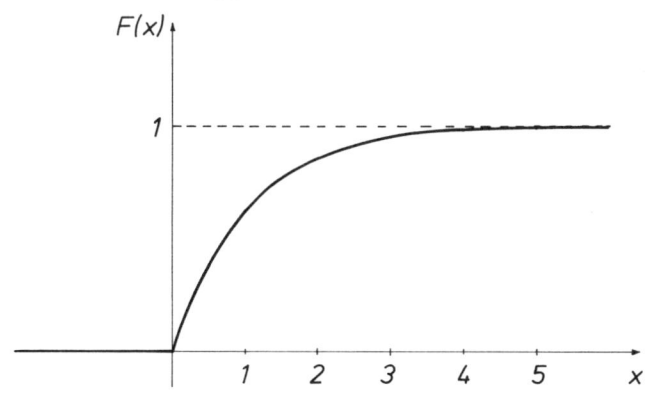

[Graph of F(x) approaching 1 asymptotically]

Aufgabe 62: Für bedingte Wahrscheinlichkeiten gilt stets, wie man sich aufgrund der Definition (63) klarmacht, $P(\overline{A}|B) = 1 - P(A|B)$.
Hieraus und aus (79) folgt:
$$P(X > t+2 \mid X \geq t) = P(X > 2) = \int_2^\infty \lambda e^{-\lambda x}\,dx = -e^{-\lambda x}\Big|_2^\infty = e^{-2\lambda} = e^{-2\ln 2} = \frac{1}{4}.$$

Aufgabe 63:

a) $P(X \leq 35{,}4) = \Phi\left(\frac{35{,}4 - 35}{0{,}5}\right) = \Phi(0{,}8) = 0{,}7881.$

b) $P(X \geq 34{,}6) = 1 - P(X \leq 34{,}6) = 1 - \Phi\left(\frac{34{,}6 - 35}{0{,}5}\right) = 1 - \Phi(-0{,}8) = \Phi(0{,}8) = 0{,}7881$

c) $P(34{,}5 \leq X \leq 35{,}2) = \Phi(0{,}4) - \Phi(-1) = \Phi(0{,}4) + \Phi(1) - 1 =$
$= 0{,}6554 + 0{,}8413 - 1 = 0{,}4967.$

d) $P(34{,}3 \leq X \leq 35{,}7) = 2\,\Phi(1{,}4) - 1 = 2 \cdot 0{,}9192 - 1 = 0{,}8384$

Aufgabe 64: $408 = \mu + 2\sigma$; $322 = \mu - 2\sigma$; d.h. $\mu = \dfrac{730}{2} = 365$; $\sigma = 21{,}5$.
$P(X \geq 400) = 1 - \Phi(1{,}628) = 1 - 0{,}9482 = 0{,}0518$

Aufgabe 65: $F(2,3) = 0{,}05 + 0{,}05 + 0{,}05 + 0{,}15 + 0 + 0{,}1 = 0{,}4$;
$F(3,2) = 0{,}45$.

Aufgabe 66: $F\left(\dfrac{1}{2}, \dfrac{1}{3}\right) = 2 \cdot \left[\left(\dfrac{1}{3} \cdot \dfrac{1}{3}\right)\dfrac{1}{2} + \left(\dfrac{1}{2} - \dfrac{1}{3}\right) \cdot \dfrac{1}{3}\right] = \dfrac{2}{9}$; $F\left(2, \dfrac{1}{3}\right) = 2\left[\dfrac{1}{18} + \dfrac{2}{3} \cdot \dfrac{1}{3}\right] = \dfrac{5}{9}$.

Aufgabe 67:

x	1	2	3
$f_1(x)$	0,1	0,3	0,6
$F_1(x)$	0,1	0,4	1

y	1	2	3
$f_2(y)$	0,1	0,35	0,55
$F_2(y)$	0,1	0,45	1

Aufgabe 68: Für Fig. 33:

x	1	2	3
$f_1(x\vert 2)$	$\dfrac{0{,}05}{0{,}35} = \dfrac{1}{7}$	$\dfrac{0{,}15}{0{,}35} = \dfrac{3}{7}$	$\dfrac{0{,}15}{0{,}35} = \dfrac{3}{7}$

Für Fig. 35:

x	1	2	3
$f_1(x\vert 2)$	$\dfrac{0{,}035}{0{,}35} = \dfrac{1}{10}$	$\dfrac{0{,}105}{0{,}35} = \dfrac{3}{10}$	$\dfrac{0{,}210}{0{,}35} = \dfrac{6}{10}$

d.h. $f_1(x\vert 2) = f_1(x)$.

Aufgabe 69: $x_{\text{Mod}} = 3$; $x_{\text{Med}} \in [2; 3]$ beliebig;

$E(X) = 1 \cdot \dfrac{1}{4} + 2 \cdot \dfrac{1}{4} + 3 \cdot \dfrac{1}{2} = 2{,}25$.

Aufgabe 70:

a) $E(X) = \mu = 15\,000$, $E(Y) = \dfrac{12\,000 + 24\,000}{2} = 18\,000 > E(X)$

b) Gewinn $g_1(X) = 100 X$ für A;

$g_2(Y) = -100\,000 + \begin{cases} 90\,Y & \text{, falls } Y \leq 20\,000 \\ 90 \cdot 20\,000 + 120 \cdot (Y - 20\,000), & \text{falls } Y > 20\,000 \end{cases}$

d.h. $g_2(Y) = \begin{cases} -100\,000 + 90\,Y, & \text{falls } Y \leq 20\,000 \\ -700\,000 + 120\,Y, & \text{falls } Y > 20\,000 \end{cases}$ für B

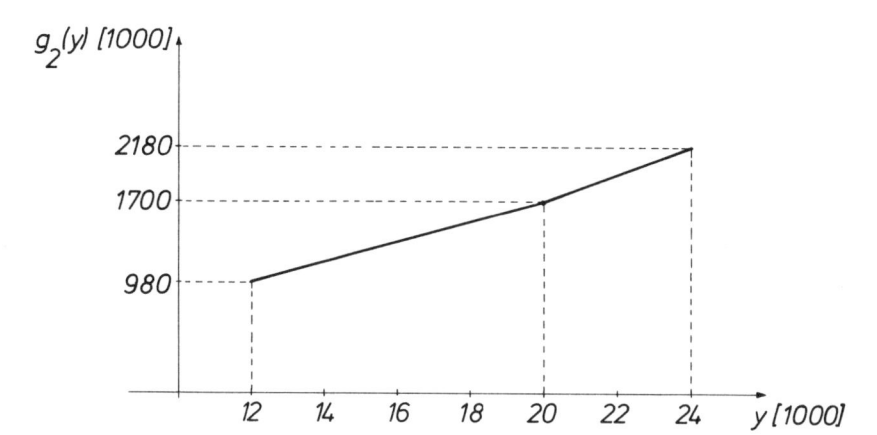

$E[g_1(X)] = 100 \cdot E(X) = 1\,500\,000;$

$$E[g_2(Y)] = 1000 \left[\int_{12}^{20} \frac{1}{12}(-100 + 90y)\,dy + \int_{20}^{24} \frac{1}{12} \cdot (-700 + 120y)\,dy \right]$$

$$= 1000 \left[\frac{1}{12}\left(-800 + 90 \cdot \frac{400 - 144}{2} - 2800 + 120 \cdot \frac{576 - 400}{2}\right) \right]$$

$$= 1000\,[-300 + 960 + 880] = 1\,540\,000 > E[g_1(X)].$$

Aus der Jensenschen Ungleichung folgt wegen der Konvexität von g_2:
$E[g_2(Y)] \geq g_2[E(Y)] = g_2(18\,000) = 1\,520\,000 > E[g_1(X)]$.

Aufgabe 71:

a) $E(X) = \frac{1}{2}$, da $f(x)$ symmetrisch zu $\frac{1}{2}$;

$\text{Var}(X) = E(X^2) - [E(X)]^2 = \int_0^1 x^2 \cdot 6(x - x^2)\,dx - \frac{1}{4} = \frac{6}{20} - \frac{1}{4} = \frac{1}{20}.$

b) $E(Y) = 100 - 100 \cdot E(X) = 50;\ \text{Var}(Y) = (-100)^2 \cdot \text{Var}(X) = 500.$

Aufgabe 72: X = Anzahl der Defekte pro Tag; gegeben ist: $E(X) = \lambda = 4$.
 a) $P(X > 10) = 1 - P(X \leq 10) = 1 - 0{,}9972 = 0{,}0028$;
 b) $P(X = 4) = 0{,}1953$.
 $\sqrt{\text{Var}(X)} = \sqrt{\lambda} = 2$

Aufgabe 73:

1) $E(Y) = E\left(\frac{X - \mu}{\sigma}\right) = E\left(-\frac{\mu}{\sigma} + \frac{X}{\sigma}\right) = -\frac{\mu}{\sigma} + \frac{1}{\sigma}E(X) = 0$ nach (87);

$\text{Var}(Y) = \text{Var}\left(-\frac{\mu}{\sigma} + \frac{X}{\sigma}\right) = \frac{1}{\sigma^2}\text{Var}(X) = 1$ nach (91).

2) $E(\bar{X}_n) = E\left(\frac{1}{n}\sum_{i=1}^n X_i\right) = \frac{1}{n}E\left(\sum_{i=1}^n X_i\right) = \frac{1}{n} \cdot \sum_{i=1}^n E(X_i) = \frac{n\mu}{n} = \mu$ nach (87) und (88);

$\text{Var}(\bar{X}_n) = \text{Var}\left(\frac{1}{n}\sum_{i=1}^n X_i\right) = \frac{1}{n^2}\text{Var}\left(\sum_{i=1}^n X_i\right) = \frac{1}{n^2} \cdot \sum_{i=1}^n \text{Var}(X_i) = \frac{n\sigma^2}{n^2} = \frac{\sigma^2}{n}$ nach (91) und (92).

Aufgabe 74: Var $(X - Y)$ = Var (X) + Var (Y) − 2 Cov (X, Y).

Aufgabe 75:

a)

x \ y	0	1	$f_1(x)$
0	$\frac{33}{40}$	$\frac{1}{20}$	$\frac{7}{8}$
1	$\frac{3}{40}$	$\frac{1}{20}$	$\frac{1}{8}$
$f_2(y)$	$\frac{9}{10}$	$\frac{1}{10}$	1

b) $E(X) = \frac{1}{8}$, $Var(X) = \frac{7}{64}$

$E(Y) = \frac{1}{10}$, $Var(Y) = \frac{9}{100}$

c) $Cov(X,Y) = E(XY) - E(X) \cdot E(Y)$;

$$XY = \begin{cases} 0, \text{ falls } X=0 \text{ oder } Y=0 \\ 1, \text{ falls } X=1 \text{ und } Y=1 \end{cases}$$

Es ist also $E(XY) = \frac{1}{20}$ und somit:

$Cov(X,Y) = \frac{1}{20} - \frac{1}{8} \cdot \frac{1}{10} = \frac{3}{80}$;

$\varrho(X,Y) = \dfrac{\frac{3}{80}}{\sqrt{\frac{7}{64} \cdot \frac{9}{100}}} = \dfrac{1}{\sqrt{7}} = 0{,}38$

d) $E(X+Y) = E(X) + E(Y) = \frac{1}{8} + \frac{1}{10} = \frac{9}{40}$,

$Var(X+Y) = Var(X) + Var(Y) + 2 Cov(X,Y) = \frac{7}{64} + \frac{9}{100} + \frac{6}{80} =$

$= \frac{439}{1600} = 0{,}274$.

Aufgabe 76: Nach dem zentralen Grenzwertsatz ist die Summe von 12 unabhängigen, über dem Intervall $[0;1]$ gleichverteilten Zufallsvariablen $X_1, \ldots, X_{12}$ approximativ normalverteilt. Ferner ist

$$E\left(\sum_{i=1}^{12} X_i\right) = \sum_{i=1}^{12} E(X_i) = 12 \cdot \frac{1}{2} = 6 \quad \text{und} \quad Var\left(\sum_{i=1}^{12} X_i\right) = \sum_{i=1}^{12} Var(X_i) = 12 \cdot \frac{1}{12} = 1.$$

Somit ist die standardisierte Variable

$$Y = \sum_{i=1}^{12} X_i - 6$$

approximativ standardnormalverteilt.

Aufgabe 77:

a) F sei die Verteilungsfunktion der Poisson-Verteilung mit $\lambda = 10$.
$P(5 \leq X \leq 15) \approx F(15) - F(4) = 0,9513 - 0,0293 = 0,9220$

b) $P(5 \leq X \leq 15) = P(|X - E(X)| \leq 5) = 1 - P(|X - E(X)| > 5) =$

$= 1 - P(|X - E(X)| \geq 6) \geq 1 - \dfrac{\text{Var}(X)}{36} = 1 - \dfrac{200 \cdot \frac{1}{20} \cdot \frac{19}{20}}{36} = 0,74.$

c) $P(5 \leq X \leq 15) = \Phi\left(\dfrac{5}{\sqrt{19/2}}\right) + \Phi\left(\dfrac{6}{\sqrt{19/2}}\right) - 1 = 0,948 + 0,974 - 1 = 0,922.$

Allerdings lassen sich auch rechtfertigen:

bei b) $P(5 \leq X \leq 15) \geq 1 - P(|X - E(X)| \geq 5) \geq 1 - \dfrac{19/2}{25} = 0,62.$

bei c) $P(5 \leq X \leq 15) = 2\Phi\left(\dfrac{5}{\sqrt{19/2}}\right) - 1 = 2 \cdot 0,948 - 1 = 0,896.$

Aufgabe 78:

1. Stichprobenraum $= \{(y_1, \ldots, y_{12}) : y_i = 0 \text{ oder } y_i = 1\}$;

2. a) $f(y_1, \ldots, y_{12} | p) = P(Y_1 = y_1, \ldots, Y_{12} = y_{12}) = P(Y_1 = y_1) \cdots P(Y_{12} = y_{12}) =$
$= p^{y_1}(1-p)^{1-y_1} \cdots p^{y_{12}}(1-p)^{1-y_{12}} = p^{\Sigma y_i}(1-p)^{12-\Sigma y_i}$

   b) $V = \sum\limits_{i=1}^{12} Y_i$ ist $B(12; p)$-verteilt, also $f(v|p) = P(V = v) = \binom{12}{v} p^v (1-p)^{12-v}$
   für $v = 0, 1, 2, \ldots, 12$

3. $f(y_1, \ldots, y_{12} | p) = p^4(1-p)^8, \quad f(v|p) = \binom{12}{4} \cdot p^4(1-p)^8$

Aufgabe 79:

a) $\dfrac{1}{n} \Sigma (X_i - \bar{X})^2 = \dfrac{1}{n} \Sigma X_i^2 - \bar{X}^2 = \dfrac{1}{n} \Sigma X_i - \bar{X}^2 = \bar{X} - \bar{X}^2 = \bar{X} \cdot (1 - \bar{X})$

b) $E[\bar{X}(1-\bar{X})] = E\left[\dfrac{1}{n} \Sigma (X_i - \bar{X})^2\right] = \dfrac{n-1}{n} p \cdot (1-p); \quad E(S^2) = p(1-p).$

Man vergleiche hierzu Zeile 5 und 6 von Fig. 38.

Aufgabe 80:

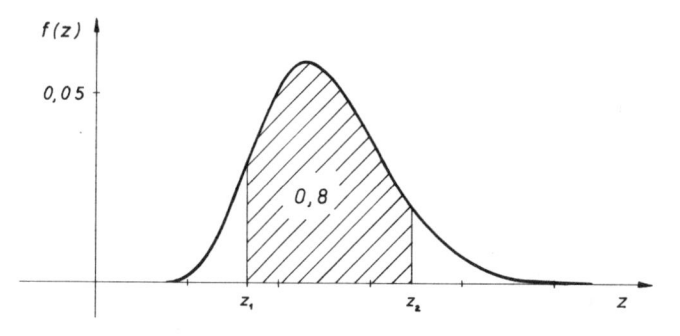

Wegen $P(Z < z_1) = P(Z > z_2)$ ist $z_2 = x_{0,9}$ und $z_1 = x_{0,1}$

a) $z_1 = 16{,}47$; $z_2 = 34{,}38$

b) Das 0,1-Fraktil bzw. 0,9-Fraktil der $N(0;1)$-Verteilung beträgt $-1{,}282$ bzw. $+1{,}282$; also gilt

$$z_1 = \frac{1}{2} \cdot (-1{,}282 + \sqrt{2 \cdot 41 - 1})^2 = \frac{1}{2} \cdot (7{,}718)^2 = 29{,}78$$

$$z_2 = \frac{1}{2} \cdot (10{,}282)^2 = 52{,}86$$

Aufgabe 81: Aus $P(x \leq T \leq 0) = 0{,}49$ und der Symmetrie der Dichtefunktion um 0 folgt

$P(x \leq T < \infty) = 0{,}99$, bzw. $P(-\infty \leq T \leq |x|) = 0{,}99$.

Daher ist $x = -x_{0,99} = -2{,}492$.

Aufgabe 82: $\dfrac{5 \cdot \sum\limits_{i}^{8} X_i^2}{4 \cdot \sum\limits_{i}^{10} Y_i^2} = \dfrac{\frac{1}{8} \cdot \sum\limits_{i}^{8} X_i^2}{\frac{1}{10} \cdot \sum\limits_{i}^{10} Y_i^2}$ ist $F(8, 10)$-verteilt

$x_{0,95} = 3{,}07$; $x_{0,01} = \dfrac{1}{\bar{x}_{0,99}} = \dfrac{1}{5{,}81} = 0{,}172$;

Erwartungswert $= \dfrac{10}{10-2} = 1{,}25$; Standardabweichung $= \sqrt{\dfrac{2 \cdot 100 \cdot 16}{8 \cdot 6 \cdot 64}} = 1{,}02$

Aufgabe 83: $F(n_1 - 1, n_2 - 1)$-verteilt.

Aufgabe 84: Mit σ^2 = Varianz der Grundgesamtheit gilt (für $n \geq 2$)

$\text{Var}(\bar{X}) = \dfrac{\sigma^2}{n}$, $\text{Var}(X_j) = \sigma^2$

$\text{Var}\left[\dfrac{1}{3} \cdot \left(\dfrac{1}{n-1} \sum\limits^{n-1} X_i\right) + \dfrac{2}{3} X_n\right] = \dfrac{1}{9} \dfrac{\sigma^2}{(n-1)} + \dfrac{4}{9} \cdot \sigma^2 = \sigma^2 \cdot \left[\dfrac{1}{9} \cdot \left(4 + \dfrac{1}{(n-1)}\right)\right]$ wegen (91) und (92)

dabei ist $\dfrac{\sigma^2}{n} < \sigma^2 \cdot \left[\dfrac{1}{9}\left(4 + \dfrac{1}{(n-1)}\right)\right] < \sigma^2$.

Aufgabe 85:

a) $\bar{X} = \Sigma \alpha_i X_i$ mit $\alpha_1 = \cdots = \alpha_n = \dfrac{1}{n}$; $X_j = \Sigma \alpha_i X_i$ mit $\alpha_j = 1, \alpha_i = 0$ für alle $i \neq j$;

$\dfrac{1}{3} \cdot \left(\dfrac{1}{n-1} \sum\limits^{n-1} X_i\right) + \dfrac{2}{3} X_n = \sum\limits^{n} \alpha_i X_i$ mit $\alpha_1 = \cdots = \alpha_{n-1} = \dfrac{1}{3(n-1)}$, $\alpha_n = \dfrac{2}{3}$.

b) $\Sigma \alpha_i X_i$ erwartungstreu für μ bedeutet:
$E(\Sigma \alpha_i X_i) = \mu \cdot \Sigma \alpha_i = \mu$ für jeden „möglichen" Wert von μ, d.h. $\Sigma \alpha_i = 1$.

c) Gesucht ist das Minimum von $\text{Var}(\Sigma \alpha_i X_i)$ unter der Nebenbedingung $\Sigma \alpha_i = 1$.
Lösung: $\text{Var}(\Sigma \alpha_i X_i) = \Sigma \alpha_i^2 \cdot \text{Var}(X_i) = \sigma^2 \cdot \Sigma \alpha_i^2$ wegen (91) und (92).
Lagrange-Funktion $L(\alpha_1, \ldots, \alpha_n; \lambda) = \sigma^2 \cdot \Sigma \alpha_i^2 + \lambda (\Sigma \alpha_i - 1)$.
$\dfrac{\partial L(\alpha_1, \ldots, \alpha_n; \lambda)}{\partial \alpha_i} = \sigma^2 \cdot 2\alpha_i + \lambda = 0$ für jedes $i = 1, \ldots, n$ bedeutet, daß alle α_i gleich sind.
Wegen $\Sigma \alpha_i = 1$ muß $\alpha_1 = \cdots = \alpha_n = \dfrac{1}{n}$ gelten.

$\bar{X}$ ist somit die wirksamste unter allen linearen erwartungstreuen Schätzfunktionen für μ.

Lösungen der Aufgaben

Aufgabe 86:

a) $E(\hat{\Theta}) = \dfrac{1}{n_1 + n_2} \cdot (n_1 p_1 + n_2 p_2)$ ist nicht notwendig gleich $p = \dfrac{2200 p_1 + 600 p_2}{2800}$,

$E(\hat{\Theta}') = \dfrac{1}{2} (p_1 + p_2)$ ist im allgemeinen ebenfalls von p verschieden,

$E(\hat{\Theta}'') = \dfrac{1}{2800} \cdot (2200 p_1 + 600 p_2) = p$;

also nur $\hat{\Theta}''$ ist erwartungstreu für p bei beliebigen n_1, n_2.

b) $\hat{p}_1 = \bar{x} = 42/70 = 0,6$; $\hat{p}_2 = \bar{y} = 25/30 = 0,833$;

$\hat{p} = \dfrac{1}{2800} \cdot \left(2200 \cdot \dfrac{6}{10} + 600 \cdot \dfrac{5}{6}\right) = 0,65$.

Aufgabe 87:

a) Nein, da nicht alle Y_i identisch verteilt und möglicherweise auch nicht unabhängig sind.

b) $E(\bar{Y}) = \dfrac{1}{n} \cdot \Sigma E(Y_i) = \dfrac{1}{n} \Sigma (a + b x_i) = a + b\bar{x}$

$E(Y_i - \bar{Y}) = E(Y_i) - E(\bar{Y}) = a + b x_i - a - b\bar{x} = b(x_i - \bar{x})$.

c) $E(\hat{B}) = \dfrac{\Sigma (x_i - \bar{x}) E(Y_i - \bar{Y})}{\Sigma (x_i - \bar{x})^2} = \dfrac{b \cdot \Sigma (x_i - \bar{x})^2}{\Sigma (x_i - \bar{x})^2} = b$, also ist $\hat{B}$ erwartungstreu für b

$E(\hat{A}) = E(\bar{Y}) - E(\hat{B})\bar{x} = a + b\bar{x} - b\bar{x} = a$, also ist $\hat{A}$ erwartungstreu für a.

Aufgabe 88:

a) $\dfrac{1}{n} \Sigma (X_i - \mu)^2$

b) $\dfrac{1}{n} \Sigma (X_i - \bar{X})^2$ \right\} nach Beispiel 71, weil $h(\sigma) = \sigma^2$ (im positiven Bereich) streng monoton ist.

Die Schätzfunktion unter a) ist erwartungstreu, die unter b) nicht.

Aufgabe 89:

a) Aufgrund der Unabhängigkeit der X_i ergibt sich

$f(x_1, \ldots, x_n | \lambda) = \begin{cases} \lambda e^{-\lambda x_1} \cdots \lambda e^{-\lambda x_n} = \lambda^n e^{-\lambda \Sigma x_i}, & \text{falls alle } x_i \geq 0 \text{ sind} \\ 0 & \text{, falls ein } x_i < 0 \text{ ist.} \end{cases}$

b) Für $x_1 \geq 0, \ldots, x_n \geq 0$ gilt $\ln f(x_1, \ldots, x_n | \lambda) = n \ln \lambda - \lambda \Sigma x_i$.

c) $\dfrac{\partial}{\partial \lambda} [\ln f(x_1, \ldots, x_n | \lambda)] = \dfrac{n}{\lambda} - \Sigma x_i$; Nullsetzen liefert den Schätzwert $\hat{\lambda} = n/\Sigma x_i = 1/\bar{x}$ bzw. die Maximum-Likelihood-Schätzfunktion $\hat{\Lambda} = 1/\bar{X}$.

d) Die $E(\lambda)$-Verteilung besitzt den Erwartungswert $1/\lambda$ und die Varianz $1/\lambda^2$ (siehe Fig. 36). Da $1/\lambda$ und $1/\lambda^2$ für $\lambda > 0$ streng monoton sind, ist $\bar{X}$ bzw. $\bar{X}^2$ Maximum-Likelihood-Schätzfunktion für den Erwartungswert bzw. für die Varianz.

Aufgabe 90:

1 a) $\hat{p} = \Sigma p_j \varphi(p_j) = 0,41$

1 b) $\hat{p} = 0,4$, weil $\varphi(p_2)$ maximal ist

2. $\hat{p} = \bar{x} = 0,8$

3 a) $\hat{p} = \Sigma p_j \psi(p_j | x_1, \ldots, x_{20}) = 0,7314$

3 b) $\hat{p} = 0,8$, weil $\psi(p_4 | x_1, \ldots, x_{20})$ maximal ist.

Aufgabe 91: $\alpha = 0{,}05$; $c = 1{,}96$; $\bar{x} = 184{,}8$; $\hat{\sigma}c/\sqrt{n} = 1{,}57$;
Ergebnis [183,23; 186,37].

für $L = 1$ muß $n \geq \dfrac{4 \cdot (2{,}4)^2 \cdot (1{,}96)^2}{1} = 88{,}51$, also $n \geq 89$ sein.

Aufgabe 92: $1 - \alpha = 0{,}99$; $c = 3{,}355$ in $t(8)$; $\bar{x} = 184{,}8$;
$s^2 = 1{,}725$; $s = 1{,}313$; $\dfrac{s \cdot c}{3} = 1{,}47$; Schätzintervall ist [183,33; 186,27]

Aufgabe 93:

$Y_i = \begin{cases} 1, & \text{falls i-te Beobachtung} \geq 9 \\ 0, & \text{sonst} \end{cases}$

$5 \leq \Sigma y_i = 7 \leq n - 5 = 35$

Durchführung von Schritt 1 bis 5 liefert:
$\alpha = 0{,}05$; $c = 1{,}96$; $\bar{y} = 0{,}175$; $\hat{\sigma} = 0{,}38$; $\hat{\sigma}c/\sqrt{n} = 0{,}1178$;
[0,0572; 0,2928] ist das Schätzintervall.

Aufgabe 94:
a) Wegen $5 \leq \Sigma x_i = 108 \leq n - 5 = 1995$ sind die erforderlichen Voraussetzungen erfüllt; die Schritte der Intervall-Schätzung für den Anteil $\bar{p}$ ergeben:

$\alpha = 0{,}01$; $c = 2{,}576$
$\bar{x} = 0{,}054$; $\hat{\sigma} = 0{,}226$.
$\hat{\sigma}c/\sqrt{n} = 0{,}013$; Schätzintervall für $\bar{p}$ ist [0,041; 0,067].
Folglich ist [4,1; 6,7] Schätzintervall für den Prozentanteil p.

b) Länge ≤ 1 bei p bedeutet: Länge $\leq 0{,}01$ bei $\bar{p}$,

um dies zu garantieren, muß $n \geq \left(\dfrac{2{,}576}{0{,}01}\right)^2 = 66357{,}76$ sein.

c) Wenn $\bar{x} \leq 0{,}1$ sicher ist, gilt $\hat{\sigma} = \sqrt{\bar{x}(1 - \bar{x})} \leq 0{,}3$ sicher;

damit die Länge ≤ 1 ist, reicht nun $n \geq \left(\dfrac{2 \cdot 0{,}3 \cdot 2{,}576}{0{,}01}\right)^2 = 23\,889$ aus.

Aufgabe 95: Die Gleichverteilung über

$\left[\mu - \dfrac{1}{2}, \mu + \dfrac{1}{2}\right]$ besitzt die Varianz $\sigma^2 = \dfrac{1}{12}$.

Für $L = 0{,}1$ ist $n \geq \left(\dfrac{2 \cdot \sqrt{1/12} \cdot c}{0{,}1}\right)^2 = \dfrac{1}{3} \cdot \left(\dfrac{1{,}645}{0{,}1}\right)^2 = 90{,}20$

erforderlich.

Aufgabe 96: Die fünf Schritte liefern:
$\alpha = 0{,}1$; $c_1 = 2{,}73$; $c_2 = 15{,}51$; $(n - 1)s^2 = 13{,}8$, $v_u = 0{,}89$; $v_o = 5{,}05$;
das Ergebnis ist [0,89; 5,05].

Aufgabe 97:
1. $\alpha = 0{,}05$
2. $v = \dfrac{998{,}2875 - 1000}{2{,}5} \sqrt{16} = -2{,}74$
3. a) $B = (-\infty; -1{,}96) \cup (1{,}96; \infty)$ b) $B = (-\infty; -1{,}645)$ c) $B = (1{,}645; \infty)$
4. a), b) $v \in B$; H_0 verwerfen; c) $v \notin B$; H_0 nicht verwerfen.

Lösungen der Aufgaben

Aufgabe 98: Bei n = 5 ist B = ∅, bei n = 10 ist B = {0}.

Aufgabe 99:
1. $\alpha = 0{,}01$;
2. $\bar{x} = 2164$; $s^2 = 2960$; $s = 54{,}4$; $v = \dfrac{\bar{x} - 2000}{s} \sqrt{10} = 9{,}53$;
3. $B = (2{,}821; \infty)$;
4. $v \in B$, also wird H_0 abgelehnt.

Aufgabe 100:

Mit $X_i = \begin{cases} 0, & \text{KKW befürwortet} \\ 1, & \text{KKW abgelehnt} \end{cases}$; $Y_i = \begin{cases} 0, & \text{Sparprogramm nicht als notwendig erachtet} \\ 1, & \text{Sparprogramm als notwendig erachtet.} \end{cases}$

ist $p_1 = E(X_i) = P(X_i = 1)$, $p_2 = E(Y_i) = P(Y_i = 1)$.
Wegen $5 \leq \Sigma x_i = 264 \leq n - 5 = 495$ und $5 \leq \Sigma y_i = 217 \leq n - 5 = 495$ sind die Voraussetzungen für den Differenzentest für $H_0: p_1 = p_2$ gegen $H_1: p_1 > p_2$ erfüllt.
1. $\alpha = 0{,}05$;
2. $v = \dfrac{118 - 71}{\sqrt{118 + 71}} = \dfrac{47}{\sqrt{189}} = 3{,}42$;
3. $B = (1{,}645; \infty)$
4. Wegen $v \in B$ wird H_0 abgelehnt.

Aufgabe 101:
1. $\alpha = 0{,}1$;
2. $v = \dfrac{26640}{(40)^2} = 16{,}65$
3. $B = [0; 3{,}33) \cup (16{,}92; \infty)$;
4. $v \notin B$, H_0 wird nicht verworfen.

Aufgabe 102:
1. $\alpha = 0{,}05$;
2. $v = \dfrac{\bar{x} - \bar{y}}{\sqrt{\dfrac{4s_1^2 + 6s_2^2}{10} \cdot \dfrac{12}{5 \cdot 7}}} = -0{,}51$
3. $B = (-\infty; -2{,}228) \cup (2{,}228; \infty)$;
4. $v \notin B$, $\mu_1 = \mu_2$ wird nicht verworfen.

Aufgabe 103: Nach der Schlußbemerkung in Abschnitt 8.6 sind $\bar{X}$ und $(-\bar{Y})$ normalverteilt, daher genügt auch V einer Normalverteilung. Dabei ist

$$E(V) = \dfrac{1}{\sqrt{\sigma_1^2/n_1 + \sigma_2^2/n_2}} \; (E(\bar{X}) - E(\bar{Y})) \quad \text{nach (87) und (88)}$$

$$= \dfrac{1}{\sqrt{\sigma_1^2/n_1 + \sigma^2/n_2}} \cdot (\mu_1 - \mu_2) \qquad \text{nach Fig. 38}$$

$$= 0 \text{ wegen } \mu_1 = \mu_2;$$

$$\text{Var}(V) = \dfrac{1}{\sigma_1^2/n_1 + \sigma_2^2/n_2} \cdot (\text{Var}(\bar{X}) + \text{Var}(-\bar{Y})) \quad \text{nach (91) und (92)}$$

$$= \dfrac{1}{\sigma_1^2/n_1 + \sigma_2^2/n_2} \cdot (\text{Var}(\bar{X}) + (-1)^2 \text{Var}(\bar{Y})) \quad \text{nach (91)}$$

$$= 1 \text{ nach Fig. 38,}$$

also genügt V einer $N(0;1)$-Verteilung.

Aufgabe 104:

1. $\alpha = \begin{cases} 0{,}05 \\ 0{,}02 \end{cases}$; 2. $v = \dfrac{1250 \cdot 6}{4 \cdot 1550} = 1{,}21$

3. $B = (4{,}53; \infty)$ im Fall $\alpha = 0{,}05$, $H_1 : \sigma_1^2 > \sigma_2^2$

   $B = \left(0; \dfrac{1}{15{,}2}\right) \cup (9{,}15; \infty)$ im Fall $\alpha = 0{,}02$; $H_1 : \sigma_1^2 \neq \sigma_2^2$

4. $v \notin B$, also wird H_0 nicht abgelehnt.

Aufgabe 105:

1. $\alpha = 0{,}01$;
2. $\bar{x}_1 = 12$; $\bar{x}_2 = 13$; $\bar{x}_3 = 14$; $\bar{x}_4 = 17$; $\bar{x}_{\text{Ges}} = 14$; $q_1 = 70$; $q_2 = 42$; $v = 8{,}89$
3. $B = (x_{0,99}; \infty)$ mit $x_{0,99}$ aus $F(3, 16)$-Verteilung, also
   $4{,}94 < x_{0,99} < 5{,}42$
4. $v \in B$, H_0 wird abgelehnt.

Messung in Stunden ändert alle Daten um einen konstanten Faktor; das Testergebnis wird dadurch nicht verändert.

Aufgabe 106:

a) Als Maximum-Likelihood-Schätzwert für σ ergibt sich, falls $\mu = 0$ ist, gemäß Beispiel 71 aus den unklassierten Daten der Wert

$$\hat{\sigma} = \sqrt{\frac{1}{n} \sum x_i^2} = \sqrt{\frac{1}{n} \sum (x_i - \bar{x})^2 + \bar{x}^2} = \sqrt{(0{,}72)^2 + (0{,}085)^2} = 0{,}725;$$

somit ist $\hat{F}_0$ die Verteilungsfunktion der $N(0; 0{,}725)$-Verteilung. Wir erhalten folgende hypothetische Wahrscheinlichkeiten $p_j = P(X \leq z_j \mid \hat{F}_0)$:

z_j	-1	$-0{,}5$	$-0{,}1$	$0{,}1$	$0{,}5$	1	∞
$\dfrac{z_j}{0{,}725}$	$-1{,}3793$	$-0{,}6897$	$-0{,}1379$	$0{,}1379$	$0{,}6897$	$1{,}3793$	∞
$\Phi\left(\dfrac{z_j}{0{,}725}\right)$	$0{,}084$	$0{,}245$	$0{,}445$	$0{,}555$	$0{,}755$	$0{,}916$	1
p_j	$0{,}084$	$0{,}161$	$0{,}200$	$0{,}110$	$0{,}200$	$0{,}161$	$0{,}084$

Wegen $v = 4{,}46$ und $B = (11{,}07; \infty)$, wobei der Fraktilwert der $\chi^2(7-1-1)$-Verteilung entnommen ist, wird H_0 nicht verworfen.

b) F_0 ist Verteilungsfunktion der $N(0; 1)$-Verteilung; wir erhalten folgende p_j:

z_j	-1	$-0{,}5$	$-0{,}1$	$0{,}1$	$0{,}5$	1	∞
$\Phi(z_j)$	$0{,}1587$	$0{,}3085$	$0{,}4602$	$0{,}5398$	$0{,}6915$	$0{,}8413$	1
p_j	$0{,}1587$	$0{,}1498$	$0{,}1517$	$0{,}0796$	$0{,}1517$	$0{,}1498$	$0{,}1587$

Wegen $v = 12{,}28$ und $B = (12{,}59; \infty)$ kann H_0 nicht verworfen werden.

Aufgabe 107: 1. $\alpha = 0{,}025$; 2.1 bis 2.3 erübrigen sich;

2.4 liefert $v = \sum_{j=0}^{10} \frac{(h_j - np_j)^2}{np_j} = 5{,}55$;

3. $B = (20{,}48; \infty)$; der Fraktilswert stammt aus der χ^2 (10)-Verteilung, da 11 Ausprägungen vorliegen.
4. Wegen $v \notin B$ wird H_0 nicht abgelehnt.

Aufgabe 108: 1. $\alpha = 0{,}05$
2.1 und 2.2 sind gegeben;

2.3: Tabelle der $\tilde{h}_{ij}$:

i \ j	1	2	3
1	66	99	99
2	34	51	51

2.4: $v = \sum_{i=1}^{2} \sum_{j=1}^{3} \frac{(h_{ij} - \tilde{h}_{ij})^2}{\tilde{h}_{ij}} = 2{,}38$.

3. $B = (5{,}99; \infty)$; 5,99 aus der $\chi^2((3-1) \cdot (2-1))$-Verteilung;
4. Wegen $v \notin B$ wird H_0 nicht verworfen.

Aufgabe 109:
a) 1. $\alpha = 0{,}075$; 2. $v = 4$;
3.1: $m = 1$; 3.2: $c' = 4$, da $F(4) = 0{,}0592$; $F(5) = 0{,}1509$; $B = \{0, 1, 2, 3, 4\}$;
4. Wegen $v \in B$ wird H_0 abgelehnt.

b) $\bar{x} = \bar{y}$; daher wird H_0 nicht abgelehnt (vgl. Vorgehensweise des Zweistichproben-t-Tests).

Aufgabe 110: bei $\Theta_0 = \{\mu_0\}$, $\Theta_1 = (-\infty; \mu_0)$ sind die Tests (a) und (b) unverfälscht. Dabei verläuft die Gütefunktion von (b) auf Θ_1 oberhalb der Gütefunktion von (a), d.h. (b) ist besser als (a).
Entsprechend sind bei $\Theta_0 = \{\mu_0\}$, $\Theta_1 = (\mu_0; \infty)$ die Tests (a) und (c) unverfälscht, wobei (c) besser ist als (a).
Im Fall $\Theta_0 = [\mu_0; \infty)$, $\Theta_1 = (-\infty; \mu_0)$ ist nur der Test (b) unverfälscht.

Literaturverzeichnis

Abels, H. [1976]: Wirtschaftsstatistik, Opladen
Ahrens, H.J. [1974]: Multidimensionale Skalierung, Weinheim–Basel
Albrecht, P. [1980]: On the Correct Use of the Chi-square Goodness-of-fit-Test, Scand. Actuarial J., 149–160
Ambrosi, K. [1980]: Aggregation und Identifikation in der numerischen Taxonomie, Königstein/Ts.
Anderberg, M.R. [1973]: Cluster analysis for applications, 2. Auflage, New York–London
Anderson, O.D. [1976]: Time series analysis and forecasting the Box-Jenkins approach, Butterworth
Anderson, O.; Popp, W.; Schaffranek, M.; Steinmetz, D.; Stenger, H. [1976]: Schätzen und Testen, Berlin et al.
Anderson, O.; Popp, W.; Schaffranek, M.; Stenger, H.; Szameitat, K. [1978]: Grundlagen der Statistik; Amtliche Statistik und beschreibende Methoden, Berlin et al.
Anderson, O.; Schaffranek, M.; Stenger, H.; Szameitat, K. [1983]: Bevölkerungs- und Wirtschaftsstatistik, Berlin et al.
Anscombe, F.J.; Aumann, R.J. [1963]: A definition of subjective probability, Annals of Mathematical Statistics 34, 199–205
Arminger, G. [1979]: Faktorenanalyse, Stuttgart
Arminger, G. [1983]: Multivariate Analyse von qualitativen abhängigen Variablen mit verallgemeinerten linearen Modellen, Zeitschrift für Soziologie 12, 49–64
Arndt, H. (Hrsg.) [1971]: Die Konzentration in der Wirtschaft, Schriften des Vereins für Sozialpolitik, Neue Folge, Bd. 20, I + II, 2. Auflage, Berlin–München
Assenmacher, W. [1984]: Einführung in die Ökonometrie, 2. Auflage, München–Wien
Atteslander, P. [1985]: Methoden der empirischen Sozialforschung, 5. Auflage, Berlin–New York
Backhaus, K.; Erichson, B.; Plinke, W.; Schuchard-Ficher, Chr.; Weiber, R. [1987]: Multivariate Analysemethoden. Eine anwendungsorientierte Einführung, 4. Auflage, Berlin et al.
Bamberg, G. [1972]: Statistische Entscheidungstheorie, Würzburg–Wien
Bamberg, G. [1976]: Multivariate Verfahren, Kurseinheit 14 des Fernstudienmaterials Statistik, Hagen
Bamberg, G.; Baur, F. [1989]: Statistik Arbeitsbuch, München
Bamberg, G.; Schittko, U.K. [1979]: Einführung in die Ökonometrie, Stuttgart–New York
Bamberg, G.; Spremann, K. [1985]: Least-Squares Index Numbers, 27–37 in Schneeweiß, H.; Strecker, H. (Hrsg.): Contributions to Econometrics and Statistics Today, Berlin et al.
Bandemer, H.; Bellmann, A.; Jung, W.; Richter, K. [1976]: Optimale Versuchsplanung, Zürich et al.
Banerjee, K.S. [1980]: On the Factorial Approach Providing the True Index of the Cost of Living, 2. Auflage, Göttingen–Zürich
Basler, H. [1979]: Zur Definition von Zufallsstichproben aus endlichen Grundgesamtheiten, Metrika 26, 219–236
Basler, H. [1986]: Grundbegriffe der Wahrscheinlichkeitsrechnung und statistischen Methodenlehre, 9. Auflage, Heidelberg–Wien
Bastian, J. [1985]: Optimale Zeitreihenprognose, Frankfurt/M.
Bauer, F. [1986]: Datenanalyse mit SPSS, 2. Auflage, Berlin et al.
Baum, C.; Möller, H.-H. [1976]: Die Messung der Unternehmenskonzentration und ihre statistischen Voraussetzungen in der Bundesrepublik Deutschland, Meisenheim/G.
Baur, F. [1984]: Einige lineare und nicht-lineare Alternativen zum Kleinst-Quadrate-Schätzer im verallgemeinerten linearen Modell, Königstein/Ts.
Bausch, Th. [1988]: Optimized sampling by exchange methods, Statistische Hefte 29, 205–218
Becker, D. [1974]: Analyse der Delphi-Methode und Ansätze zu ihrer optimalen Gestaltung, Frankfurt–Zürich
Benninghaus, H. [1974]: Deskriptive Statistik, Stuttgart
Berg, C.C.; Korb, U.-G. [1976]: Mathematik für Wirtschaftswissenschaftler I, II, 2. Auflage, Wiesbaden

Berger, J. O. [1985]: Statistical decision theory, 2. Auflage, Berlin et al.
Beutel, P.; Schubö, W. [1983]: SPSS 9 Statistik-Programmsystem für die Sozialwissenschaften, 4. Auflage, Stuttgart–New York
Bihn, W. R. [1967]: Die informationstheoretische Messung von Struktursystemen des internationalen Handels, Freiburg/Br.
Bihn, W. R.; Schäffer, K. A. [1982]: Formeln und Tabellen zur Grundausbildung in Statistik für Wirtschaftswissenschaftler, Köln
Bihn, W. R.; Schäffer, K. A. [1988]: Übungsaufgaben zur Grundausbildung in Statistik für Wirtschaftswissenschaftler, 4. Auflage, Köln
Billeter, E. P. [1970]: Grundlagen der repräsentativen Statistik, Stichprobentheorie und Versuchsplanung, Wien–New York
Birkenfeld, W. [1973]: Zeitreihenanalyse bei Feedback-Beziehungen, Würzburg
Blaich, J. [1977]: Deskriptive Statistik, Stuttgart
Blossfeld, H.-P.; Hamerle, A.; Mayer, K. U. [1986]: Ereignisanalyse. Statistische Theorie und Anwendung in den Sozialwissenschaften, Frankfurt/M.
Bock, H. H. [1974]: Automatische Klassifikation, Göttingen
Böcker, F. [1978]: Korrelationskoeffizienten, WiSt, Heft 8, 379–383
Böker, F. [1989]: Statistik lernen am PC, Göttingen
Börsch-Supan, A. [1987]: Econometric Analysis of Discrete Choice, Berlin et al.
Bomsdorf, E. [1982]: Zur Abschätzung des Gini-Koeffizienten bei klassierten Daten, Statistische Hefte 23, 240–257
Bortz, J. [1977]: Lehrbuch der Statistik für Sozialwissenschaftler, Berlin et al.
Bosch, K. [1976]: Angewandte mathematische Statistik, Reinbek
Box, G. E. P.; Jenkins, G. [1970]: Time series analysis forecasting and control, San Francisco
Box, G. E. P.; Tiao, G. C. [1973]: Bayesian inference in statistical analysis, Reading et al.
Brachinger, H. W. [1982]: Robuste Entscheidungen, Heidelberg
Brockhoff, K. [1977]: Prognoseverfahren für die Unternehmensplanung, Wiesbaden
Broemeling, L. D. [1985]: Bayesian Analysis of Linear Models, New York
Brosius, G. [1988]: SPSS/PC⁺ Basics und Graphics – Einführung, Anwendung, Dokumentation, Hamburg
Bruckmann, G. [1969]: Einige Bemerkungen zur statistischen Messung der Konzentration, Metrika 14, 183–213
Bühlmann, H.; Loeffel, H.; Nievergelt, E. [1975]: Entscheidungs- und Spieltheorie, Berlin et al.
Büning, H.; Naeve, P. (Hrsg.) [1981]: Computational Statistics, Berlin–New York
Büning, H.; Trenkler, G. [1978]: Nichtparametrische statistische Methoden, Berlin–New York
Bürk, R.; Gehrig, W. [1978]: Indices of income inequality and societal income: An axiomatic approach, 309–356, in Eichhorn, W.; Henn, R.; Opitz, O.; Shephard, R. W. (Hrsg.): Theory and applications of economic indices, Würzburg
Burdelski, T.; Dub, W.; Opitz, O. [1975]: Eine Einführung in die kurzfristige univariable Prognose, 9–33, in: Bamberg, G.; Opitz, O. (Hrsg.): Information und Prognose, Meisenheim/G.
Buttler, G. [1979]: Bevölkerungsrückgang in der Bundesrepublik, Köln
Cochran, W. G. [1972]: Stichprobenverfahren, Berlin–New York
Collani, E. v. [1984]: Optimale Wareneingangskontrolle, Stuttgart
Cooke, D.; Craven, A. H.; Clarke, G. M. [1985]: Statistical Computing in Pascal, London et al.
Cooley, W. W.; Lohnes, P. R. [1971]: Multivariate data analysis, New York
Creutz, G. [1979]: Möglichkeiten und Probleme der Beurteilung von Saisonbereinigungsverfahren, Frankfurt/M.
Dalenius, T.; Hodges, J. L. [1959]: Minimum variance stratification, Journal of the American Statistical Association 54, 88–101
Danzer, K.; Heike, H.-D. [1982]: Formulierung des Bankensektors in einem ökonometrischen Modell mit Hilfe der optimalen Kontrollrechnung, Statistische Hefte 23, 12–25
Deffaa, W. [1982]: Anonymisierte Befragungen mit zufallsverschlüsselten Antworten, Frankfurt/M.–Bern
De Groot, M. H. [1970]: Optimal statistical decisions, New York et al.
Deistler, M.; Hannan, E. J. [1981]: Some Properties of the Parametrization of ARMA Systems with Unknown Order, J. Multiv. Analysis 11, 474–484

Deutler, T. [1976/77]: Die Bestimmung optimaler Schichtungen – ein Verfahrensvergleich, Jahrb. f. Nationalökonomie und Statistik 191, 153–173

Deutler, T.; Bühler, W. [1974]: Zur Existenz optimaler Schichtungen, Mathematische Operationsforschung und Statistik 5, 711–717

Deutler, T.; Bühler, W. [1975]: Optimal stratification and grouping by dynamic programming, Metrika 22, 161–175

Deutler, T.; Schaffranek, M.; Steinmetz, D. [1984]: Statistik-Übungen im wirtschaftswissenschaftlichen Grundstudium, Berlin et al.

Dichtl, E.; Schobert, R. [1979]: Mehrdimensionale Skalierung, München

Dixon, W.J. [1975]: BMDP, Biomedical Computer Programs, Berkeley

Dixon, W.J. [1983]: BMDP, Statistical Software, Berkeley

Dobbener, R. [1983]: Grundlagen der Numerischen Klassifikation anhand gemischter Merkmale, Göttingen–Zürich

Draper, N.R.; Smith, H. [1981]: Applied regression analysis, 2. Auflage, New York et al.

Drexl, A. [1982]: Geschichtete Stichprobenverfahren, Königstein/Ts.

Drygas, H. [1978]: Über multidimensionale Skalierung, Statistische Hefte 19, 63–66

Ehemann, K. [1981]: Entscheidungen bei partieller Information, Königstein/Ts.

Eichhorn, W.; Henn, R.; Opitz, O.; Shephard, R.W. (Hrsg.) [1978]: Theory and applications of economic indices, Würzburg

Eichhorn, W.; Voeller, J. [1976]: Theory of the price-index, Berlin et al.

Eickhoff, K.-H.; Krüger, R.; Stachowiak, H.-H. [1971]: Multimoment-Studien im Sparkassenbetrieb, Stuttgart

Esenwein-Rothe, I. [1969]: Allgemeine Wirtschaftsstatistik, Kategorienlehre, 2. Auflage, Wiesbaden

Euler, M. [1974]: Die Einkommensbefragung der privaten Haushalte, in: Fürst, G. (Hrsg.): Stand der Einkommensstatistik, Göttingen

Everitt, B.S. [1977]: The analysis of contingency tables, London

Fahrion, R. [1980]: Endliche Lagstrukturen, Würzburg

Fahrmeir, L. [1981]: Rekursive Algorithmen für Zeitreihenmodelle, Göttingen–Zürich

Fahrmeir, L. [1987]: Asymptotic likelihood inference for nonhomogeneous observations, Statistische Hefte 28, 81–116

Fahrmeir, L.; Hamerle, A. (Hrsg.) [1984]: Multivariate Statistische Verfahren, Berlin–New York

Fahrmeir, L.; Kaufmann, H.; Ost, F. [1981]: Stochastische Prozesse, München

Falkner, H.D. [1924]: The measurement of seasonal variations, Journal of the American Statistical Association 19, 167–179

Faulbaum, F.; Hanning, U.; Merkel, A.; Schuemer, R.; Senger, M. [1983]: SAS Statistical Analyse System, Bd. 1, Stuttgart–New York

Feichtinger, G. [1973]: Bevölkerungsstatistik, Berlin–New York

Feller, W. [1968]: An introduction to probability theory and its applications I, 3. Auflage, New York et al.

Ferschl, F. [1978]: Deskriptive Statistik, Würzburg–Wien

Feuerstack, R. [1975]: Unternehmenskonzentration, Neuwied

Firchau, V. [1980]: Wert und maximaler Wert von Informationen für statistische Entscheidungsprobleme, Königstein/Ts.

Fisher, I. [1922]: The making of index numbers, Boston

Fisher, R.A. [1922]: On the mathematical foundations of theoretical statistics, Phil. Trans. Roy. Soc. London (A) 222, 309–368

Fisz, M. [1970]: Wahrscheinlichkeitsrechnung und mathematische Statistik, 5. Auflage, Berlin

Fitzner, D. [1979]: Adaptive Systeme einfacher kostenoptimaler Stichprobenpläne für die Gut-Schlecht-Prüfung, Würzburg

Flury, B.; Riedwyl, H. [1983]: Angewandte multivariate Statistik, Stuttgart–New York

Förster, W. [1980]: Prognosefilter und Vorhersagegenauigkeit bei Zeitreihenmodellen mit linear-rekursiven Funktionen, in: Schwarze, J. (Hrsg.): Angewandte Prognoseverfahren, Herne–Berlin, S. 189–229

Förstner, K.; Bamberg, G.; Henn, R. [1973]: Einführung in die Wahrscheinlichkeitsrechnung, Meisenheim/G.

Freytag, H. L. [1966]: Probleme der Preisbereinigung in Input-Output-Tabellen, Freiburg/Br.
Frerichs, W.; Kübler, K. [1980]: Gesamtwirtschaftliche Prognoseverfahren, München
Friedmann, R. [1982]: Multicollinearity and Ridge Regression, Allg. Stat. Archiv 66, 120–128
Friedrich, D. [1981]: DELFI: System zur Schätzung und Prognose ökonometrischer Modelle – Konzeption und Anwendung, 89–150 in Heike, H.-D. (Hrsg.): Modellierungs-Software. Konzeption und Anwendung, Berlin–New York
Frohn, J. [1980]: Grundausbildung in Ökonometrie, Berlin–New York
Frohn, J.; Haas, H. [1982]: Das ökonometrische Programmsystem EPS, Opladen
Gabler, S.; Wolff, C. [1987]: A quick and easy approximation to the distribution of a sum of weighted chi-square variables, Statistische Hefte 28, 317–325
Garbers, H. [1970]: Probleme bei der praktischen Anwendung spektralanalytischer Methoden auf ökonomische Zeitreihen, 47–66, in: Wetzel, W. (Hrsg.): Neuere Entwicklungen auf dem Gebiet der Zeitreihenanalyse, Göttingen
Gaul, W. [1980]: Stichprobenpläne und Marketingprobleme, 347–362, in: Henn, R.; Schips, B.; Stähly, P. (Hrsg.): Quantitative Wirtschafts- und Unternehmensforschung, Berlin et al.
Gaul, W.; Schader, M. (Hrsg.) [1986]: Classification as a Tool of Research, Amsterdam et al.
Gaul, W.; Schader, M. (Hrsg.) [1988]: Data, Expert Knowledge and Decisions, Berlin et al.
Glaser, W. R. [1978]: Varianzanalyse, Stuttgart–New York
Gnedenko, B. W. [1970]: Lehrbuch der Wahrscheinlichkeitsrechnung, Berlin
Goldrian, G. [1973]: Eine neue Version des ASA-II-Verfahrens zur Saisonbereinigung von wirtschaftsstatistischen Zeitreihen, Wirtschaftskonjunktur 25, 26–32
Goldstein, B. [1983]: Eine Bemerkung zur Bestimmung kostenoptimaler kontinuierlicher Stichprobenpläne, 197–203, in: Beckmann, M.; Eichhorn, W.; Krelle, W. (Hrsg.): Mathematische Systeme in der Ökonomie, Königstein/Ts.
Goldstein, B.; Rauhut, B. [1972]: (n, c_1, c_2)-Pläne bei der Gut-Schlecht-Prüfung, Operations Research-Verfahren XIV, 160–167
Gollnick, H.; Thiel, N. [1980]: Ökonometrie, Stuttgart
Gordesch, J. [1972]: Multivariate Verfahren in den Sozial- und Wirtschaftswissenschaften, Wien–Würzburg
Gottinger, H. W. [1974]: Subjektive Wahrscheinlichkeiten, Göttingen–Zürich
Grenzdörfer, K. [1969]: Vergleich einiger in der Ökonometrie verwendeter Schätzverfahren mittels Simulation von Drei-Gleichungssystemen, Würzburg–Wien
Gruber, J. [1968]: Ökonometrische Modelle des Cowles-Commission-Typs: Bau und Interpretation, Hamburg–Berlin
Gruber, J. [1983]: Econometric Decision Models, Berlin et al.
Haagen, K.; Pertler, R. [1976]: Methoden der Statistik, Bd. I, Stuttgart et al.
Hackl, P.; Katzenbeisser, W.; Panny, W. [1981]: Statistik, 3. Auflage, München
Härtter, E. [1974]: Wahrscheinlichkeitsrechnung für Wirtschafts- und Naturwissenschaftler, Göttingen–Zürich
Hall, L. W. [1924]: Seasonal variations as a relative of secular trend, Journal of the American Statistical Association 19, 156–166
Haller-Wedel, E. [1969]: Das Multimoment-Verfahren in Theorie und Praxis, München
Haller-Wedel, E. [1973]: Die Einflußgrößenrechnung in Theorie und Praxis, München
Hampton, J. M.; Moore, P. G.; Thomas, H. [1973]: Subjective probability and its measurement, Journal of the Royal Statistical Society A 136, 21–42
Hanau, K.; Hujer, R.; Neubauer, W. (Hrsg.) [1986]: Wirtschafts- und Sozialstatistik. Empirische Grundlagen politischer Entscheidungen, Göttingen
Hansen, G. [1985]: Methodenlehre der Statistik, 3. Auflage, München
Harman, H. H. [1976]: Modern factor analysis, Chicago
Harris, R. J. [1975]: A primer of multivariate statistics, New York–London
Hartung, J.; Elpelt, B. [1987]: Multivariate Statistik, 2. Auflage, München–Wien
Hartung, J.; Elpelt, B.; Klösener, K.-H. [1987]: Statistik, 6. Auflage, München–Wien
Hauptmann, H. [1971]: Schätz- und Kontrolltheorie in stetigen dynamischen Wirtschaftsmodellen, Berlin et al.
Heike, H.-D. (Hrsg.) [1981]: Modellierungs-Software. Konzeption und Anwendung, Berlin–New York

Heiler, S. [1970]: Theoretische Grundlagen des „Berliner Verfahrens", 67–94, in: Wetzel, W. (Hrsg.): Neuere Entwicklungen auf dem Gebiet der Zeitreihenanalyse, Göttingen
Heiler, S. [1971]: Wirtschaftsprognosen auf der Grundlage der Theorie schwach stationärer Prozesse, Meisenheim/G.
Heiler, S.; Rinne, H. [1971]: Einführung in die Statistik, Meisenheim/G.
Heller, W.-D. [1982]: Methodische Betrachtungen zur Paritätsberechnung, Thun–Frankfurt/M.
Helten, E. [1971]: Zur Bayes-Analysis, Jahrb. für Nationalökonomie und Statistik 185, 528–545
Henn, R.; Kischka, P. [1979]: Statistik, Teil 1, Königstein/Ts.
Hild, C. [1977]: Schätzen und Testen in einem Regressionsmodell mit stochastischen Koeffizienten, Meisenheim
Hinderer, K. [1972]: Grundbegriffe der Wahrscheinlichkeitstheorie, Berlin et al.
Hintze, J. L. [1988]: Number Cruncher Statistical System [NCSS-5.x], Kaysvill
Hochstädter, D. [1978]: Einführung in die statistische Methodenlehre, 2. Auflage, Frankfurt/Main et al.
Hochstädter, D.; Uebe, G. [1970]: Ökonometrische Methoden, Berlin et al.
Hochstädter, D.; Kaiser, U. [1988]: Varianz- und Kovarianzanalyse, Franfurt–Thun
Hofmann, H. [1988]: Arbeitsproduktivitätsentwicklung, Strukturwandel und Unternehmenskonzentration in der westdeutschen Industrie, Zeitschr. f. Wirtschafts- und Sozialwissenschaften 108, 25–41
Holm, K. (Hrsg.) [1975–1979]: Die Befragung (6 Bände), München
Hübler, O. [1982]: Arbeitsmarktpolitik und Beschäftigung: Ökonometrische Methoden und Modelle, Frankfurt–New York
Hülsmann, J.; Steinmetz, V. [1970]: Das asymptotische Verhalten einer Klasse nichtregulärer Schätzfunktionen für den Erwartungswert, Statistische Hefte 11, 160–165
Hüttner, M. [1973]: Grundzüge der Wirtschafts- und Sozialstatistik, Wiesbaden
Hüttner, M. [1978]: Multivariate Verfahren im Marketing, München
Hüttner, M. [1986]: Prognoseverfahren und ihre Anwendungen, Berlin
Hujer, R.; Cremer, R. [1978]: Methoden der empirischen Wirtschaftsforschung, München
Hull, J. C. [1978]: The accuracy of the means and standard deviations of subjective probability distributions, Journal of the Royal Statistical Society A 141, 79–85
Hull, C. H.; Nie, N. H. [1981]: SPSS Update 7–9, New York
IBM GmbH (Hrsg.) [1974]: SSP Programmer's Manual, Stuttgart (Eigenverlag)
Jahn, W.; Vahle, H. [1970]: Die Faktorenanalyse, Berlin
Jöhnk, M.-D. [1970]: Eine axiomatisch begründete Methode der Konzentrationsmessung, Institut für Angewandte Statistik der FU Berlin
Jöhnk, M.-D. [1981]: Nichtlineare Regression: Parameterschätzung in linearisierbaren Regressionsmodellen, 137–149, in: Büning/Naeve (Hrsg.): Computational Statistics, Berlin–New York
Judge, G. G.; Hill, R. C.; Griffiths, W. E; Lütkepohl, H.; Lee, T.-C. [1982]: Introduction to the Theory and Practice of Econometrics, New York et al.
Kähler, W.-M. [1984]: SPSS – Einführung in das Datenanalysesystem, Braunschweig
Kähler, W.-M.; Schulte, W. [1987]: SAS-Einführung in das Programmsystem für Anfänger, Braunschweig
Kaufmann, H.; Pape, H. [1984]: Clusteranalyse, 371–472, in: Fahrmeir, L.; Hamerle, A. (Hrsg.): Multivariate Statistische Verfahren, Berlin–New York
Keller, W. J. [1986]: Statistical Software for Personal Computers, 322–337, in: De Antoni/Lauro/Rizzi (Eds.): Compstat 1986, Heidelberg–Wien
Kellerer, H. [1960]: Statistik im modernen Wirtschafts- und Sozialleben, Reinbek
Kellerer, H. [1963]: Theorie und Technik des Stichprobenverfahrens, München
Kendall, M. G. [1962]: Rank correlation methods, 3. Auflage, London
Kirchgässner, G. [1981]: Einige neuere statistische Verfahren zur Erfassung kausaler Beziehungen zwischen Zeitreihen, Göttingen–Zürich
Kläg, M. (Hrsg.) [1987]: ALSTAT PC, Basel
Kleiter, G. [1981]: Bayes-Statistik, Berlin–New York
Knüppel, L. [1983]: Stochastische Konvergenz ökonomischer Systeme, das wirtschaftsstudium 9, 395–401

Kockelkorn, U. [1972]: Der Zusammenhang von Gütefunktion und Testfunktion bei einem Mittelwertstest mit normalverteilter Grundgesamtheit, Diss. Univ. München
Kockelkorn, U. [1979]: Ein lineares Mehrentscheidungsmodell, Metrika 26, 169–182
Kockläuner, G. [1988]: Angewandte Regressionsanalyse mit SPSS, Braunschweig–Wiesbaden
König, H.; Wolters, J. [1972]: Einführung in die Spektralanalyse ökonomischer Zeitreihen, Meisenheim/G.
Kogelschatz, H.; Goldstein, B. [1978]: On the Sensitivity of Key Sector Indices, 389–400, in: Eichhorn, W.; Henn, R.; Opitz, O.; Shephard, R.W. (Eds.): Theory and Applications of Economic Indices, Würzburg
Kolmogoroff, A.N. [1933]: Grundbegriffe der Wahrscheinlichkeitsrechnung, Berlin
Kosfeld, R. [1987]: Dialogorientierte Statistik für PC's, Vaterstetten
Krämer, W. [1980]: Eine Rehabilitation der gewöhnlichen Kleinst-Quadrate-Methode als Schätzverfahren in der Ökonometrie, Frankfurt/Main
Krämer, W.; Sonnberger, H. [1986]: The Linear Regression Model under Test, Berlin et al.
Krafft, O. [1978]: Lineare statistische Modelle und optimale Versuchspläne, Göttingen–Zürich
Krafft, O.; Rauhut, B. [1983]: Statistical Quality Control for Lifetimes, 339–345, in: Beckmann, M.; Eichhorn, W.; Krelle, W. (Hrsg.): Mathematische Systeme in der Ökonomie, Königstein/Ts.
Kraft, M.; Braun, K. [1981]: Statistische Methoden für Wirtschafts- und Sozialwissenschaften, Würzburg–Wien
Kreyszig, E. [1975]: Statistische Methoden und ihre Anwendungen, 5. Auflage, Göttingen
Kricke, M. [1975]: Die Investitionsaufwendungen der Investitions- und Verbrauchsgüterindustrie: Ihre Schätzung aus Investitionserhebungsdaten, Ifo-Studien 21, 1–34
Krickeberg, K. [1963]: Wahrscheinlichkeitstheorie, Stuttgart
Krug, W. [1976]: Quantifizierung des systematischen Fehlers in wirtschafts- und sozialstatistischen Daten, Berlin
Krug, W.; Nourney, M. [1987]: Wirtschafts- und Sozialstatistik: Gewinnung von Daten, 2. Auflage, München–Wien
Krumbholz, W. [1982]: Die Bestimmung einfacher Attributprüfpläne unter Berücksichtigung von unvollständiger Vorinformation, Allg. Stat. Archiv 66, Heft 2
Kuchenbecker, H. [1973]: Grundzüge der Wirtschaftsstatistik, 2. Auflage, Herne–Berlin
Kühn, W. [1976]: Einführung in die multidimensionale Skalierung, München–Basel
Küsters, U. [1987]: Hierarchische Mittelwert- und Kovarianzstrukturmodelle mit nichtmetrischen endogenen Variablen, Heidelberg
Küsters, U.; Arminger, G. [1989]: Programmieren in GAUSS. Eine Einführung in das Programmieren statistischer und numerischer Algorithmen, Stuttgart–New York
Kugler, P. [1985]: Autoregressive Modelling of Consumption, Income, Inflation and Interest Rate Data: A Multicountry Study, Empirical Economics 10, 37–50
Kuhbier, P. [1981]: Grundlagen der quantitativen Wirtschaftspolitik, Berlin–New York
Kyburg, H.E.; Smokler, H.E. (Hrsg.) [1964]: Studies in subjective probability, New York
Lauwerth, W. [1980]: Zum Kommunalitätenproblem in der Faktorenanalyse, Königstein/Ts.
Lehn, J.; Wegmann, H.; Rettig, S. [1988]: Aufgabensammlung zur Einführung in die Statistik, Stuttgart
Leiner, B. [1978]: Spektralanalyse ökonomischer Zeitreihen, 2. Auflage, Wiesbaden
Leiner, B. [1980]: Einführung in die Statistik, München–Wien
Leiner, B. [1985]: Stichprobentheorie, München
Leiner, B. [1988]: Statistik-Programme in BASIC, München
Lenz, H.-J.; Wetherill, G.B.; Wilrich, P.-Th. (Hrsg.) [1981]: Frontiers in Statistical Quality Control 1, Würzburg–Wien
Lenz, H.-J.; Wetherill, G.B.; Wilrich, P.-Th. (Hrsg.) [1984]: Frontiers in Statistical Quality Control 2, Würzburg–Wien
Lenz, H.-J.; Wilrich, P.-TH. [1978]: Comparison of two sampling systems – Military Standard 105 D and Skip Lot, Operations Research Verfahren 29, 649–656
Leserer, M. [1980]: Grundlagen der Ökonometrie, Göttingen–Zürich
Lienert, G. [1973]: Verteilungsfreie Methoden der Biostatistik, 2. Auflage, Meisenheim/G.
Linder, A. [1969]: Planen und Auswerten von Versuchen, 3. Auflage, Basel–Stuttgart

Lindley, D. V. [1965]: Introduction to probability and statistics from a Bayesian viewpoint, Part 2: Inference, Cambridge
Lippe, P. v. d. [1985]: Wirtschaftsstatistik, 3. Auflage, Stuttgart
Lippe, P. v. d. [1986]: Klausurtraining in Statistik, 2. Auflage, München
Litz, H. P.; Lipowatz, T. [1986]: Amtliche Statistik in marktwirtschaftlich organisierten Industriegesellschaften, Frankfurt/M.
Lorenzen, G. [1983]: Güterverteilungsmatrizen und ihre Bedeutung, Statistische Hefte 24
Lüdeke, D. [1964]: Schätzprobleme in der Ökonometrie, Würzburg–Wien
Lütkepohl, H. [1987]: Forecasting Vector ARMA-Processes, Berlin et al.
Malinvaud, E. [1970]: Statistical methods in econometrics, 2. Auflage, Amsterdam–London
Marfels, C. [1971]: Einige neuere Entwicklungen in der Messung der industriellen Konzentration, Metrika 17, 69–81
Marinell, G. [1986]: Multivariate Verfahren, 2. Auflage, München–Wien
Marinell, G.; Seeber, G. [1988]: Angewandte Statistik. Entscheidungsorientierte Methoden, München
Marinell, G.; Seeber, G. [1988]: e-Stat. Software zur angewandten Statistik, München
Maxwell, A. E. [1977]: Multivariate analysis in behavioural research, New York
Mayer, H. [1981]: Beschreibende Statistik, München–Wien
Menges, G. [1961]: Ökonometrie, Wiesbaden
Menges, G. [1965]: Über Wahrscheinlichkeitsinterpretationen, Statistische Hefte 6, 81–96
Menges, G.; Skala, H. [1973]: Grundriß der Statistik, Bd. 2: Daten, Opladen
Mertens, P. (Hrsg.) [1981]: Prognoserechnung, 4. Auflage, Würzburg–Wien
Mierheim, H.; Wicke, L. [1978]: Die personelle Vermögensverteilung in der Bundesrepublik Deutschland, Tübingen
Mises, R. v. [1931]: Wahrscheinlichkeitsrechnung, Leipzig
Mittenecker, E. [1970]: Planung und statistische Auswertung von Experimenten, 8. Auflage, Wien
Mohr, W. [1976]: Univariate autoregressive moving-average-Prozesse und die Anwendung der Box-Jenkins-Technik in der Zeitreihenanalyse, Würzburg
Mohr, W. [1984]: Neue Identifikationsstrategien für uni- und multivariate Zeitreihen, Habil. Schrift, Univ. Kiel
Mosler, K. [1981]: Assoziierte und positiv abhängige Zufallsvariable, Methods of Operations Research 44, 115–126
Müller, G. W.; Kick, T. [1983]: BASIC-Programme für die angewandte Statistik, München–Wien
Müller, P. [1984]: Entscheidungstheoretisch begründete Schätzverfahren, Königstein/Ts.
Münzner, H. [1963]: Probleme der Konzentrationsmessung, Allgemeines Statistisches Archiv 47, 1–9
Mundlos, B. [1982]: Eine Axiomatik für Preisindizes in Funktionalform – gleichzeitig eine Kritik der Kritik an DIVISIA-Indizes, Statistische Hefte 23, 275–290
Mundlos, B.; Schwarze, J. [1978]: Basic ideas on stochastic indices, 257–270, in: Eichhorn, W.; Henn, R.; Opitz, O.; Shephard, R. W. (Hrsg.): Theory and applications of economic indices, Würzburg
Naeve, P. [1969]: Spektralanalytische Methoden zur Analyse von ökonomischen Zeitreihen, Würzburg
Nerb, G. [1975]: Konjunkturprognose mit Hilfe von Urteilen und Erwartungen der Konsumenten und der Unternehmer, Berlin–München
Neubauer, W. [1978]: Reales Inlandsprodukt: „Preisbereinigt" oder „inflationsbereinigt"? Zur Deflationierung bei veränderter Preisstruktur, Allg. Stat. Archiv 62, 115–160
Nie, N. H.; Hull, C. H.; Jenkins, J. G.; Steinbrenner, K.; Bent, D. H. [1975]: SPSS Statistical package for social sciences, New York
Nourney, M.; Söll, H. [1976]: Analyse von Zeitreihen nach dem Berliner Verfahren, Version 3, 129–152, in: Schäffer, K. A. (Hrsg.): Beiträge zur Zeitreihenanalyse, Göttingen
Nullau, B. [1970]: Probleme bei der praktischen Anwendung des „Berliner Verfahrens", 95–130, in: Wetzel, W. (Hrsg.): Neuere Entwicklungen auf dem Gebiet der Zeitreihenanalyse, Göttingen

Nullau, B.; Heiler, S.; Wäsch, P.; Meisner, B.; Filip, D. [1969]: Das „Berliner Verfahren". Ein Beitrag zur Zeitreihenanalyse, Berlin
Oberhofer, W. [1979]: Wahrscheinlichkeitstheorie, München
Opitz, O. [1978]: Numerische Taxonomie in der Marktforschung, München
Opitz, O. [1980]: Numerische Taxonomie, Stuttgart–New York
Opitz, O.; Hansohm, J. [1980]: Identifikation mit qualitativen Daten, Marketing 1, 11–20
Pauly, R. [1982]: Zerlegung und Analyse ökonomischer Zeitreihen, Statistische Hefte 23, 295–307
Pauly, R. [1983]: Ökonometrische Analyse der Einkommensbesteuerung, Frankfurt–New York
Pauly, R.; Tossdorf, G. [1986]: Lead- und Lag-Beziehungen zwischen makroökonomischen Aggregaten, Jahrb. f. Nationalök. u. Statistik 201, 12–31
Pesaran, H. M.; Slater, L. J. [1980]: Dynamic regression, Theory and algorithms, New York et al.
Pfanzagl, J. [1972]: Allgemeine Methodenlehre der Statistik I, 5. Auflage, Berlin–New York
Pfanzagl, J. [1968]: Allgemeine Methodenlehre der Statistik II, 3. Auflage, Berlin–New York
Pfanzagl, J. [1988]: Elementare Wahrscheinlichkeitsrechnung, Berlin–New York
Pfeifer, D. [1989]: Einführung in die Extremwertstatistik, Stuttgart
Pflaumer, P. [1986]: Bevölkerung, Haushalte, Konsum. Statistische Analyse und Prognose, Frankfurt/M.–New York
Pflaumer, P.; Krumbholz, W. [1982]: Möglichkeiten der Kosteneinsparung bei der Qualitätskontrolle durch Berücksichtigung von unvollständigen Vorinformationen, Zeitschrift für Betriebswirtschaft 52, 1088–1102
Pfuff, F. [1978]: Verallgemeinerte Bayes-Verfahren bei sequentiellen Testproblemen, Math. Operationsforschung und Statistik, Ser. Stat. 9, 195–209
Phillips, L. D. [1973]: Bayesian statistics for social scientists, London
Piesch, W. [1975]: Statistische Konzentrationsmaße. Formale Eigenschaften und verteilungstheoretische Zusammenhänge, Tübingen
Piesch, W.; Förster, W. [1982]: Angewandte Statistik und Wirtschaftsforschung heute, Göttingen–Zürich
Piesch, W.; Ungerer, A. [1984]: Einige Gedanken zur statistischen Ausbildung von Wirtschaftswissenschaftlern, 78–88, in: Wingen, M. (Hrsg.): Statistische Information, Stuttgart
Plachky, D.; Baringhaus, L.; Schmitz, N. [1978]: Stochastik I, Wiesbaden
Pokropp, F. [1980]: Stichproben: Theorie und Verfahren, Königstein/Ts.
Pukelsheim, F. [1981]: On the Existence of Unbiased Non-Negative Estimates of Variance-Covariance Components, Annals of Statistics 9, 293–299
Raiffa, H.; Schlaifer, R. [1961]: Applied statistical decision theory, Boston
Reichardt, H. [1976]: Statistische Methodenlehre für Wirtschaftswissenschaftler, 6. Auflage, Opladen
Revenstorf, D. [1976]: Lehrbuch für Faktorenanalyse, Stuttgart
Révész, P. [1968]: Die Gesetze der großen Zahlen, Basel
Richter, H. [1966]: Wahrscheinlichkeitstheorie, 2. Auflage, Berlin et al.
Ringwald, K. [1977]: Linear Aggregation and Errors in Variables, Statistische Hefte 18, 13–25
Rinne, H. [1976]: Ökonometrie, Stuttgart et al.
Rinne, H. [1979]: Lebensdauerprüfpläne, Qualität und Zuverlässigkeit 24, 89–93
Rommelfanger, H. [1986]: Differenzen- und Differentialgleichungen, Mannheim et al.
Ronning, G. [1976]: Bemerkungen zum Gebrauch von Saison-Variablen bei der Schätzung von Distributed-Lag-Modellen unter polynomialen Restriktionen, Math. Operationsf. u. Stat. 7, 755–772
Rosenkranz, F. [1973]: Marktorientierte Unternehmensführung mit Computern (4), IBM-Nachrichten 23, 215, 577–585
Rothschild, K. [1969]: Wirtschaftsprognose, Methoden und Probleme, Berlin et al.
Rutsch, M. [1974]: Wahrscheinlichkeit I, Mannheim et al.
Rutsch, M. [1986]: Statistik 1. Mit Daten umgehen, Basel
Rutsch, M. [1987]: Statistik 2. Daten modellieren, Basel
Rutsch, M.; Schriever, K.-H. [1975]: Wahrscheinlichkeit II, Mannheim et al.
Sachs, L. [1978]: Angewandte Statistik, 5. Auflage, Berlin et al.

Sangmeister, H. [1983]: Statistical Problems of a Development Policy Oriented to Basic Needs, Economics 27, 90–108
Savage, L. J. [1954]: The foundations of statistics, New York
Schader, M. [1981]: Scharfe und unscharfe Klassifikation quantitativer Daten, Königstein/Ts.
Schader, M.; Schmid, F. [1988]: Maximum-Likelihood-Schätzung aus gruppierten Daten. Eine Übersicht, Operations Research Spektrum 10, 1–12
Schäffer, K. A. [1970]: Beurteilung einiger herkömmlicher Methoden zur Analyse von ökonomischen Zeitreihen, 131–164, in: Wetzel, W. (Hrsg.): Neuere Entwicklungen auf dem Gebiet der Zeitreihenanalyse, Göttingen
Schäffer, K. A. (Hrsg.) [1976]: Beiträge zur Zeitreihenanalyse, Göttingen
Schäffer, K. A. [1976]: Vergleich der Effizienz von Verfahren zur Saisonbereinigung einer Zeitreihe, 83–104, in: Schäffer, K. A. (Hrsg.): Beiträge zur Zeitreihenanalyse, Göttingen
Schaich, E. [1977]: Schätz- und Testmethoden für Sozialwissenschaftler, München
Schaich, E.; Hamerle, A. [1984]: Verteilungsfreie statistische Prüfverfahren, Berlin et al.
Schaich, E.; Köhle, D.; Schweitzer, W.; Wegner, F. [1974, 1975]: Statistik I + II, München
Schaich, E.; Ruff, A. [1977]: Zur Problematik der Anwendung statistischer Verfahren der Konzentrationsmessung, Allgemeines Statistisches Archiv 61, 99–127
Schindowski, E.; Schürz, O. [1966]: Statistische Qualitätskontrolle, 4. Auflage, Kontrollkarten und Stichprobenpläne, Berlin
Schips, B.; Stier, W. [1974]: Zum Problem der Saisonbereinigung ökonomischer Zeitreihen, Metrika 21, 65–81
Schips, B.; Stier, W. [1976]: Gedanken zur Verwendung rekursiver Filter bei der Saisonbereinigung ökonomischer Zeitreihen, 105–128, in: Schäffer, K. A. (Hrsg.): Beiträge zur Zeitreihenanalyse, Göttingen
Schlicht, E. [1981]: A Seasonal Adjustment Principle and a Seasonal Adjustment Method Derived by this Principle, Journal of the Am. Stat.. Ass. 76, 374–376
Schlittgen, R.; Streitberg, B. [1987]: Zeitreihenanalyse, 2. Auflage, München–Wien
Schmetterer [1966]: Mathematische Statistik, 2. Auflage, Wien-New York
Schmid, F. [1983]: Kleinste-Quadrate-Schätzer in nichtlinearen Regressionsmodellen, Göttingen–Zürich
Schneeberger, H. [1971]: Optimierung in der Stichprobentheorie durch Schichtung und Aufteilung, Unternehmensforschung 15, 240–252
Schneeberger, H.; Drefahl, D. [1982]: Gain in Precision by Optimum Stratification and Optimum Allocation in Dependence on the Sampling Fraction, Statistische Hefte 23, 228–236
Schneeweiß, H. [1978]: Ökonometrie, 3. Auflage, Würzburg–Wien
Schneider, H.; Waldmann, K.-H. [1984]: Cost Optimal Multistage Sampling Plans, 32–39, in: Lenz, H.-J.; Wetherill, G. B.; Wilrich, P.-Th. (Hrsg.): Frontiers in Statistical Quality Control 2, Würzburg–Wien
Schnorr, C. P. [1971]: Zufälligkeit und Wahrscheinlichkeit. Eine algorithmische Begründung der Wahrscheinlichkeitstheorie, Berlin et al.
Schönfeld, P. [1969]: Methoden der Ökonometrie, Bd. I: Lineare Regressionsmodelle, Berlin–Frankfurt/M.
Schönfeld, P. [1971]: Methoden der Ökonometrie, Bd. II: Stochastische Regressoren und simultane Gleichungen, München
Schröder, M. [1973]: Einführung in die kurzfristige Zeitreihenprognose und Vergleich der einzelnen Verfahren, 21–71, in: Mertens, P. (Hrsg.): Prognoserechnung, Würzburg–Wien
Schubö, W.; Uehlinger, H. M. [1986]: SPSS-X. Handbuch der Programmversion 2.2, Stuttgart–New York
Schütz, W. [1975]: Methoden der mittel- und langfristigen Prognose, München
Schulze, P. M. [1982] Zur Schätzung regionaler Konsumfunktionen, Jahrbuch für Regionalwissenschaft 3, 116–128
Schulze, P. M. [1987]: Zur Regionalisierung von Stichprobenergebnissen, Jahrbuch für Regionalwissenschaft 8, 5–14
Schwarze, J. [1976]: Maßzahlen und Indexlehre, Kurseinheit 5 des Fernstudienmaterials Statistik, Hagen
Schwarze, J. (Hrsg.) [1980]: Angewandte Prognoseverfahren, Herne–Berlin

Schwarze, J. [1981]: Grundlagen der Statistik. Beschreibende Verfahren, Herne–Berlin
Schwarze, J. [1988]: Grundlagen der Statistik II. Wahrscheinlichkeitsrechnung und induktive Statistik, 2. Auflage, Herne–Berlin
Seifert, H. G. [1982]: Die Begründung makroökonometrischer Prognosen, Frankfurt/M.
Sheth, J. N. [1971]: The multivariate revolution in marketing research, Journal of Marketing 35, 13–19
Siegel, S. [1956]: Nonparametric statistics for the behavioral sciences, New York
Skarabis, H. [1970]: Mathematische Grundlagen und praktische Aspekte der Diskrimination und Klassifikation, Würzburg
Sommer, J. [1981]: Informationsauswertung und Bayes'sches Theorem, Proceedings in Operation Research 10, 385–396
Sondermann, D. [1973]: Optimale Aggregation von großen linearen Gleichungssystemen, Zeitschrift für Nationalökonomie 33, 235–250
Späth, H. [1975]: Cluster-Analyse-Algorithmen, München–Wien
Späth, H. [1983]: Cluster-Formation und -Analyse, München
Spaetling, D. [1970]: Zur Messung der wirtschaftlichen Konzentration und des Wettbewerbsgrades, Konjunkturpolitik 16, 231–263
Sperry-Rand-Univac (Hrsg.) [1970]: Large Scale Systems STAT-PACK Programmes References, New Nork
Spremann, K.; Bamberg, G. [1984]: Repräsentative Informationen in linearen Systemen, OR-Spektrum 6, 23–37
Stahlecker, P. [1987]: A priori-Information und Minimax-Schätzung im Linearen Regressionsmodell, Frankfurt/M.
Stange, K. [1961]: Die beste Schichtung einer Gesamtheit bei optimaler Aufteilung der Probe, Unternehmensforschung 5, 15–31
Stange, K. [1970, 1971]: Angewandte Statistik I + II, Berlin et al.
Statistisches Bundesamt (Hrsg.) [1976]: Das Arbeitsgebiet der Bundesstatistik, Stuttgart–Mainz
Stegmüller, W. [1973]: Personelle und Statistische Wahrscheinlichkeit, Berlin et al.
Steinhausen, D.; Langer, K. [1977]: Clusteranalyse, Berlin
Steinhausen, D.; Zörkendörfer, S. [1987]: Statistische Datenanalyse mit dem Programmsystem SPSS^x und SPSS/PC$^+$, München
Steinmetz, V. [1973]: Regressionsmodelle mit stochastischen Koeffizienten, 95–104, in: Proceedings in Operations Research 2, Würzburg–Wien
Steinmetz, V. [1983]: Zur Optimalität von Punktschätzfunktionen, 521–526, in: Beckmann, M.; Eichhorn, W.; Krelle, W. (Hrsg.): Mathematische Systeme in der Ökonomie, Königstein/Ts.
Stenger, H. [1986]: Stichproben, Heidelberg–Wien
Stier, W. [1980]: Analyse saisonaler Schwankungen in ökonomischen Zeitreihen, Berlin et al.
Stöppler, S. [1981]: Mathematik für Wirtschaftswissenschaftler, 3. Auflage, Wiesbaden
Strasser, H. [1976]: A Note on Efficiency, Metrika 23, 91–100
Strecker, H.; Wiegert, R. [1981]: Fehler in statistischen Erhebungen, 439–458, in: Mückl, J.; Ott, A. E. (Hrsg.): Wirtschaftstheorie und Wirtschaftspolitik, Passau
Strecker, H.; Wiegert, R.; Peeters, J.; Kafka, K. [1983]: Messung der Antwortvariabilität aufgrund von Erhebungsmodellen mit Wiederholungszählungen, Göttingen–Zürich
Theil, H. [1971]: Principles of econometrics, Amsterdam–London
Trenkler, D. [1986]: Verallgemeinerte Ridge Regression, Frankfurt/M.
Trenkler, G. [1981]: Biased estimation in the linear regression model, Königstein/Ts.
Tutz, G. [1988]: Sufficiency of variables in discrete discriminant analysis, Statistische Hefte 29, 257–269
Überla, K. [1971]: Faktorenanalyse, 2. Auflage, Berlin et al.
Uhlmann, W. [1982]: Statistische Qualitätskontrolle, 2. Auflage, Stuttgart
Voeller, J. [1981]: Purchasing Power Parities for International Comparisons, Königstein/Ts.–Cambridge/M.
Vogel, F. [1975]: Probleme und Verfahren der numerischen Klassifikation unter besonderer Berücksichtigung alternativer Merkmale, Göttingen
Vogel, F. [1979]: Beschreibende und schließende Statistik, München–Wien
Vogel, W. [1970]: Wahrscheinlichkeitstheorie, Göttingen

Vogt, H. [1988]: Methoden der Statistischen Qualitätskontrolle, Stuttgart
Voß, W. [1987]: Statistische Methoden und PC-Einsatz, Stuttgart
Wald, A. [1936]: Berechnung und Ausschaltung von Saisonschwankungen, Wien
Wald, A. [1937]: Zur Theorie der Preisindexziffern, Zeitschrift für Nationalökonomie 8, 179–219
Wald, A. [1937]: Die Widerspruchsfreiheit des Kollektivbegriffes, Ergebnisse eines mathematischen Kolloquiums 8, 38–72
Wald, A. [1939]: A new formula for the cost-of-living, Econometrica 7, 319–331
Wald, A. [1947]: Sequential analysis, New York
Wald, A. [1950]: Statistical decision functions, New York
Weber, E. [1974]: Einführung in die Faktorenanalyse, Stuttgart
Wehrt, K. [1984]: Beschreibende Statistik, Frankfurt/M.–New York
Weichselberger, K. [1964]: Über eine Theorie der gleitenden Durchschnitte und verschiedene Anwendungen dieser Theorie, Metrika 8, 185–230
Wetzel, W. (Hrsg.) [1970]: Neuere Entwicklungen auf dem Gebiet der Zeitreihenanalyse, Göttingen
Wetzel, W. [1971]: Statistische Grundausbildung für Wirtschaftswissenschaftler, I. Beschreibende Statistik, Berlin–New York
Wetzel, W. [1973]: Statistische Grundausbildung für Wirtschaftswissenschaftler, II. Schließende Statistik, Berlin–New York
Wetzel, W.; Jöhnk, M.-D.; Naeve, P. [1967]: Statistische Tabellen, Berlin
Wishart, D. [1978]: CLUSTAN User Manual, 3. Ed., Edinburgh
Witting, H. [1966]: Mathematische Statistik, Stuttgart
Witting, H.; Nölle, G. [1970]: Angewandte Mathematische Statistik, Stuttgart
Wolters, J. [1987]: Ökonometrische Modelle bei Zeitreihendaten versus multivariate Zeitreihenmodelle – eine Übersicht, Statistische Hefte 28, 1–25
Woodward, W. A.; Elliot, A. C. [1983]: Observations on Microcomputer Programs for Statistical Analysis, Statistical Software Newsletter 9, 52–60
Zellner, A. [1971]: Bayesian inference in econometrics, New York et al.
Zöfel, P. [1985]: Statistik in der Praxis, Stuttgart
Zwer, R. [1981]: Internationale Wirtschafts- und Sozialstatistik, München–Wien

Tabellenanhang

In den folgenden Tabellen bedeutet der Eintrag 1.0 den exakten Wert 1 und ein Eintrag 1.0000 einen Wert, der auf 4 Nachkommastellen gerundet ist.

Tabelle 1
Verteilungsfunktion F(x) der **Binomialverteilung** mit den Parametern n und p

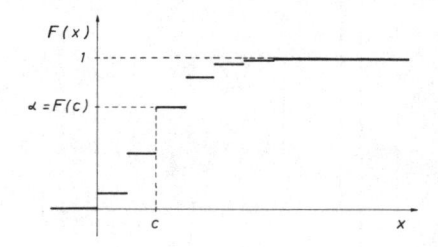

Beispiele zur Benutzung der Tabelle:
$F(3) = 0{,}8235$ für $p = 0{,}05$ und $n = 44$
$F(12) = 1{,}0000$ für $p = 0{,}05$ und $n = 20$
$f(5) = F(5) - F(4) = 0{,}9826 - 0{,}9427 = 0{,}0399$ für $p = 0{,}05$ und $n = 42$

Tabellenteile siehe ▶

Tabelle 1
Verteilungsfunktion F(x) der Binomialverteilung für p = 0,05

n\x	1	2	3	4	5	6	7	8	9	10	11	12	13	14	15
0	.9500	.9025	.8574	.8145	.7738	.7351	.6983	.6634	.6302	.5987	.5688	.5404	.5133	.4877	.4633
1	1.0	.9975	.9927	.9860	.9774	.9672	.9556	.9428	.9288	.9139	.8981	.8816	.8646	.8470	.8290
2		1.0	.9999	.9995	.9988	.9978	.9962	.9942	.9916	.9885	.9848	.9804	.9755	.9699	.9638
3			1.0	1.0	.9999	.9999	.9998	.9996	.9994	.9990	.9984	.9978	.9969	.9958	.9945
4				1.0	1.0	1.0	1.0	1.0	1.0	.9999	.9999	.9998	.9997	.9996	.9994
5					1.0	1.0	1.0	1.0	1.0	1.0	1.0	1.0	1.0	1.0	.9999
6						1.0	1.0	1.0	1.0	1.0	1.0	1.0	1.0	1.0	1.0

n\x	16	17	18	19	20	21	22	23	24	25	26	27	28	29	30
0	.4401	.4181	.3972	.3774	.3585	.3406	.3235	.3074	.2920	.2774	.2635	.2503	.2378	.2259	.2146
1	.8108	.7922	.7735	.7547	.7358	.7170	.6982	.6794	.6608	.6424	.6241	.6061	.5883	.5708	.5535
2	.9571	.9497	.9419	.9335	.9245	.9151	.9052	.8948	.8841	.8729	.8614	.8495	.8373	.8249	.8122
3	.9930	.9912	.9891	.9868	.9841	.9811	.9778	.9742	.9702	.9659	.9613	.9563	.9509	.9452	.9392
4	.9991	.9988	.9985	.9980	.9974	.9968	.9960	.9951	.9940	.9928	.9915	.9900	.9883	.9864	.9844
5	.9999	.9999	.9998	.9998	.9997	.9996	.9994	.9992	.9990	.9988	.9985	.9981	.9977	.9973	.9967
6	1.0	1.0	1.0	1.0	1.0	1.0	.9999	.9999	.9999	.9998	.9998	.9997	.9996	.9995	.9994
7	1.0	1.0	1.0	1.0	1.0	1.0	1.0	1.0	1.0	1.0	1.0	1.0	1.0	.9999	.9999
8	1.0	1.0	1.0	1.0	1.0	1.0	1.0	1.0	1.0	1.0	1.0	1.0	1.0	1.0	1.0

n\x	31	32	33	34	35	36	37	38	39	40	41	42	43	44	45
0	.2039	.1937	.1840	.1748	.1661	.1578	.1499	.1424	.1353	.1285	.1221	.1160	.1102	.1047	.0994
1	.5366	.5200	.5036	.4877	.4720	.4567	.4418	.4272	.4129	.3991	.3855	.3724	.3595	.3471	.3350
2	.7992	.7861	.7728	.7593	.7458	.7321	.7183	.7045	.6906	.6767	.6629	.6490	.6352	.6214	.6077
3	.9329	.9262	.9192	.9119	.9042	.8963	.8881	.8796	.8709	.8619	.8526	.8431	.8334	.8235	.8134
4	.9821	.9796	.9770	.9741	.9710	.9676	.9641	.9603	.9562	.9520	.9475	.9427	.9377	.9325	.9271
5	.9961	.9954	.9946	.9937	.9927	.9917	.9905	.9891	.9877	.9861	.9844	.9826	.9806	.9784	.9761
6	.9993	.9991	.9989	.9987	.9985	.9982	.9979	.9975	.9971	.9966	.9961	.9955	.9949	.9941	.9934
7	.9999	.9999	.9998	.9998	.9998	.9997	.9996	.9995	.9994	.9993	.9990	.9990	.9988	.9986	.9984
8	1.0	1.0	1.0	1.0	1.0	.9999	.9999	.9999	.9999	.9999	.9998	.9998	.9998	.9997	.9997
9	1.0	1.0	1.0	1.0	1.0	1.0	1.0	1.0	1.0	1.0	1.0	1.0	1.0	.9999	.9999
10	1.0	1.0	1.0	1.0	1.0	1.0	1.0	1.0	1.0	1.0	1.0	1.0	1.0	1.0	1.0

Tabelle 1
Verteilungsfunktion F(x) der Binomialverteilung für p = 0,10

x\n	1	2	3	4	5	6	7	8	9	10	11	12	13	14	15
0	.9000	.8100	.7290	.6561	.5905	.5314	.4783	.4305	.3874	.3487	.3138	.2824	.2542	.2288	.2059
1	1.0	.9900	.9720	.9477	.9185	.8857	.8503	.8131	.7748	.7361	.6974	.6590	.6213	.5846	.5490
2		1.0	.9990	.9963	.9914	.9841	.9743	.9619	.9470	.9298	.9104	.8891	.8661	.8416	.8159
3			1.0	.9999	.9995	.9987	.9973	.9950	.9917	.9872	.9815	.9744	.9658	.9559	.9444
4				1.0	1.0000	.9999	.9998	.9996	.9991	.9984	.9972	.9957	.9935	.9908	.9873
5					1.0	1.0000	1.0000	1.0000	.9999	.9999	.9997	.9995	.9991	.9985	.9978
6						1.0	1.0000	1.0000	1.0000	1.0000	1.0000	.9999	.9999	.9998	.9997
7							1.0	1.0000	1.0000	1.0000	1.0000	1.0000	1.0000	1.0000	1.0000

x\n	16	17	18	19	20	21	22	23	24	25	26	27	28	29	30
0	.1853	.1668	.1501	.1351	.1216	.1094	.0985	.0886	.0798	.0718	.0646	.0581	.0523	.0471	.0424
1	.5147	.4818	.4503	.4203	.3917	.3647	.3392	.3151	.2925	.2712	.2513	.2326	.2152	.1989	.1837
2	.7892	.7618	.7338	.7054	.6769	.6484	.6200	.5920	.5643	.5371	.5105	.4846	.4594	.4350	.4114
3	.9316	.9174	.9018	.8850	.8670	.8480	.8281	.8073	.7857	.7636	.7409	.7179	.6946	.6710	.6474
4	.9830	.9779	.9718	.9648	.9568	.9478	.9379	.9269	.9149	.9020	.8882	.8734	.8579	.8416	.8245
5	.9967	.9953	.9936	.9914	.9887	.9856	.9818	.9774	.9723	.9666	.9601	.9529	.9450	.9363	.9268
6	.9995	.9992	.9988	.9983	.9976	.9967	.9956	.9942	.9925	.9905	.9881	.9853	.9821	.9784	.9742
7	.9999	.9999	.9998	.9997	.9996	.9994	.9991	.9988	.9983	.9977	.9970	.9961	.9950	.9938	.9922
8	1.0000	1.0000	1.0000	1.0000	.9999	.9999	.9999	.9998	.9997	.9995	.9994	.9991	.9988	.9984	.9980
9	1.0000	1.0000	1.0000	1.0000	1.0000	1.0000	1.0000	1.0000	.9999	.9999	.9999	.9998	.9998	.9997	.9995
10	1.0000	1.0000	1.0000	1.0000	1.0000	1.0000	1.0000	1.0000	1.0000	1.0000	1.0000	1.0000	1.0000	.9999	.9999
11	1.0000	1.0000	1.0000	1.0000	1.0000	1.0000	1.0000	1.0000	1.0000	1.0000	1.0000	1.0000	1.0000	1.0000	1.0000

Tabelle 1
Verteilungsfunktion F(x) der Binomialverteilung für p = 0,15

r \ x	1	2	3	4	5	6	7	8	9	10	11	12	13	14	15	
0	.8500	.7225	.6141	.5220	.4437	.3771	.3206	.2725	.2316	.1969	.1673	.1422	.1209	.1028	.0874	0
1	1.0	.9775	.9392	.8905	.8352	.7765	.7166	.6572	.5995	.5443	.4922	.4435	.3983	.3567	.3186	1
2		1.0	.9966	.9880	.9734	.9527	.9262	.8948	.8591	.8202	.7788	.7358	.6920	.6479	.6042	2
3			1.0	.9995	.9978	.9941	.9879	.9786	.9661	.9500	.9306	.9078	.8820	.8535	.8227	3
4				1.0	.9999	.9996	.9988	.9971	.9944	.9901	.9841	.9761	.9658	.9533	.9383	4
5					1.0	1.0000	.9999	.9998	.9994	.9986	.9973	.9954	.9925	.9885	.9832	5
6						1.0	1.0000	1.0000	1.0000	.9999	.9997	.9993	.9987	.9978	.9964	6
7							1.0	1.0	1.0000	1.0000	1.0000	.9999	.9998	.9997	.9994	7
8								1.0	1.0	1.0000	1.0000	1.0000	1.0000	1.0000	.9999	8
9									1.0	1.0	1.0000	1.0000	1.0000	1.0000	1.0000	9

r \ x	16	17	18	19	20	21	22	23	24	25	26	27	28	29	30	
0	.0743	.0631	.0536	.0456	.0388	.0329	.0280	.0238	.0202	.0172	.0146	.0124	.0106	.0090	.0076	0
1	.2839	.2525	.2241	.1985	.1756	.1550	.1367	.1204	.1059	.0931	.0817	.0716	.0627	.0549	.0480	1
2	.5614	.5198	.4797	.4413	.4049	.3705	.3382	.3080	.2798	.2537	.2296	.2074	.1871	.1684	.1514	2
3	.7899	.7556	.7202	.6841	.6477	.6113	.5752	.5396	.5049	.4711	.4385	.4072	.3772	.3487	.3217	3
4	.9209	.9013	.8794	.8556	.8298	.8025	.7738	.7440	.7133	.6821	.6505	.6187	.5869	.5555	.5245	4
5	.9765	.9681	.9581	.9463	.9327	.9173	.9001	.8811	.8606	.8385	.8150	.7903	.7646	.7379	.7106	5
6	.9944	.9917	.9882	.9837	.9781	.9713	.9632	.9537	.9428	.9305	.9167	.9014	.8848	.8667	.8474	6
7	.9989	.9983	.9973	.9959	.9941	.9917	.9886	.9848	.9801	.9745	.9679	.9602	.9514	.9414	.9302	7
8	.9998	.9997	.9995	.9992	.9987	.9980	.9970	.9958	.9941	.9920	.9894	.9862	.9823	.9777	.9722	8
9	1.0000	1.0000	.9999	.9999	.9998	.9996	.9993	.9990	.9985	.9979	.9970	.9958	.9944	.9926	.9903	9
10	1.0000	1.0000	1.0000	1.0000	1.0000	.9999	.9999	.9998	.9997	.9995	.9993	.9989	.9985	.9978	.9971	10
11	1.0000	1.0000	1.0000	1.0000	1.0000	1.0000	1.0000	1.0000	.9999	.9999	.9998	.9998	.9996	.9995	.9992	11
12	1.0000	1.0000	1.0000	1.0000	1.0000	1.0000	1.0000	1.0000	1.0000	1.0000	1.0000	1.0000	.9999	.9999	.9998	12
13	1.0000	1.0000	1.0000	1.0000	1.0000	1.0000	1.0000	1.0000	1.0000	1.0000	1.0000	1.0000	1.0000	1.0000	1.0000	13

Tabelle 1
Verteilungsfunktion F(x) der Binomialverteilung für p = 0,20

r \ x	1	2	3	4	5	6	7	8	9	10	11	12	13	14	15	
0	.8000	.6400	.5120	.4096	.3277	.2621	.2097	.1678	.1342	.1074	.0859	.0687	.0550	.0440	.0352	0
1	1.0	.9600	.8960	.8192	.7373	.6554	.5767	.5033	.4362	.3758	.3221	.2749	.2336	.1979	.1671	1
2		1.0	.9920	.9728	.9421	.9011	.8520	.7969	.7382	.6778	.6174	.5583	.5017	.4481	.3980	2
3			1.0	.9984	.9933	.9830	.9667	.9437	.9144	.8791	.8389	.7946	.7473	.6982	.6482	3
4				1.0	.9997	.9984	.9953	.9896	.9804	.9672	.9496	.9274	.9009	.8702	.8358	4
5					1.0	.9999	.9996	.9988	.9969	.9936	.9883	.9806	.9700	.9561	.9389	5
6						1.0	1.0000	.9999	.9997	.9991	.9980	.9961	.9930	.9884	.9819	6
7							1.0	1.0000	1.0000	.9999	.9998	.9994	.9988	.9976	.9958	7
8								1.0	1.0	1.0000	1.0000	.9999	.9998	.9996	.9992	8
9									1.0	1.0	1.0000	1.0000	1.0000	1.0000	.9999	9
10										1.0	1.0	1.0000	1.0000	1.0000	1.0000	10

r \ x	16	17	18	19	20	21	22	23	24	25	26	27	28	29	30	
0	.0281	.0225	.0180	.0144	.0115	.0092	.0074	.0059	.0047	.0038	.0030	.0024	.0019	.0015	.0012	0
1	.1407	.1182	.0991	.0829	.0692	.0576	.0480	.0398	.0331	.0274	.0227	.0187	.0155	.0128	.0105	1
2	.3518	.3096	.2713	.2369	.2061	.1787	.1545	.1332	.1145	.0982	.0841	.0718	.0612	.0520	.0442	2
3	.5981	.5489	.5010	.4551	.4114	.3704	.3320	.2965	.2639	.2340	.2068	.1823	.1602	.1404	.1227	3
4	.7982	.7582	.7164	.6733	.6296	.5860	.5429	.5007	.4599	.4207	.3833	.3480	.3149	.2839	.2552	4
5	.9183	.8943	.8671	.8369	.8042	.7693	.7326	.6947	.6559	.6167	.5775	.5387	.5005	.4634	.4275	5
6	.9733	.9623	.9487	.9324	.9133	.8915	.8670	.8402	.8111	.7800	.7474	.7134	.6784	.6429	.6070	6
7	.9930	.9891	.9837	.9767	.9679	.9569	.9439	.9285	.9108	.8909	.8687	.8444	.8182	.7903	.7608	7
8	.9985	.9974	.9957	.9933	.9900	.9856	.9799	.9727	.9638	.9532	.9408	.9263	.9100	.8916	.8713	8
9	.9998	.9995	.9991	.9984	.9974	.9959	.9939	.9911	.9874	.9827	.9768	.9696	.9609	.9507	.9389	9
10	1.0000	.9999	.9998	.9997	.9994	.9990	.9984	.9975	.9962	.9944	.9921	.9890	.9851	.9803	.9744	10
11	1.0	1.0000	1.0000	1.0000	.9999	.9998	.9997	.9994	.9990	.9985	.9977	.9965	.9950	.9931	.9905	11
12	1.0	1.0000	1.0000	1.0000	1.0000	1.0000	.9999	.9999	.9998	.9996	.9994	.9990	.9985	.9978	.9969	12
13	1.0	1.0000	1.0000	1.0000	1.0000	1.0000	1.0000	1.0000	1.0000	.9999	.9999	.9998	.9996	.9994	.9991	13
14	1.0	1.0000	1.0000	1.0000	1.0000	1.0000	1.0000	1.0000	1.0000	1.0000	1.0000	1.0000	.9999	.9999	.9998	14
15	1.0	1.0000	1.0000	1.0000	1.0000	1.0000	1.0000	1.0000	1.0000	1.0000	1.0000	1.0000	1.0000	1.0000	.9999	15
16	1.0	1.0	1.0000	1.0000	1.0000	1.0000	1.0000	1.0000	1.0000	1.0000	1.0000	1.0000	1.0000	1.0000	1.0000	16

Tabelle 1
Verteilungsfunktion F(x) der Binomialverteilung für p = 0,25

n\x	1	2	3	4	5	6	7	8	9	10	11	12	13	14	15	x
0	.7500	.5625	.4219	.3164	.2373	.1780	.1335	.1001	.0751	.0563	.0422	.0317	.0238	.0178	.0134	0
1	1.0	.9375	.8437	.7383	.6328	.5339	.4449	.3671	.3003	.2440	.1971	.1584	.1267	.1010	.0802	1
2		1.0	.9844	.9492	.8965	.8306	.7564	.6785	.6007	.5256	.4552	.3907	.3326	.2811	.2361	2
3			1.0	.9961	.9624	.9624	.9294	.8862	.8343	.6488	.7133	.6488	.5843	.5213	.4613	3
4				1.0	.9990	.9954	.9871	.9727	.9511	.9219	.8854	.8424	.7940	.7415	.6865	4
5					1.0	.9998	.9987	.9958	.9900	.9803	.9657	.9456	.9198	.8883	.8516	5
6						1.0	.9999	.9996	.9987	.9965	.9924	.9857	.9757	.9617	.9434	6
7							1.0	1.0000	.9999	.9988	.9972	.9944	.9897	.9827	7
8								1.0	1.0000	1.0000	.9999	.9996	.9990	.9978	.9958	8
9									1.0	1.0000	1.0000	1.0000	.9999	.9997	.9992	9
10										1.0	1.0	1.0000	1.0000	1.0000	.9999	10
11											1.0	1.0	1.0000	1.0000	1.0000	11

n\x	16	17	18	19	20	21	22	23	24	25	26	27	28	29	30	x
0	.0100	.0075	.0056	.0042	.0032	.0024	.0018	.0013	.0010	.0008	.0006	.0004	.0003	.0002	.0002	0
1	.0635	.0501	.0395	.0310	.0243	.0190	.0149	.0116	.0090	.0070	.0055	.0042	.0033	.0025	.0020	1
2	.1971	.1637	.1353	.1113	.0913	.0745	.0606	.0492	.0398	.0321	.0258	.0207	.0166	.0133	.0106	2
3	.4050	.3530	.3057	.2631	.2252	.1917	.1624	.1370	.1150	.0962	.0802	.0666	.0551	.0455	.0374	3
4	.6302	.5739	.5187	.4654	.4148	.3674	.3235	.2832	.2466	.2137	.1844	.1583	.1354	.1153	.0979	4
5	.8103	.7653	.7175	.6678	.6172	.5666	.5168	.4685	.4222	.3783	.3371	.2989	.2638	.2317	.2026	5
6	.9204	.8929	.8610	.8251	.7858	.7436	.6994	.6537	.6074	.5611	.5154	.4708	.4279	.3868	.3481	6
7	.9729	.9598	.9431	.9225	.8982	.8701	.8385	.8037	.7662	.7265	.6852	.6427	.5997	.5568	.5143	7
8	.9876	.9807	.9713	.9591	.9254	.9037	.8787	.8506	.8195	.7859	.7501	.7125	.6736	8
9	.9984	.9969	.9946	.9911	.9861	.9794	.9705	.9592	.9453	.9287	.9091	.8867	.8615	.8337	.8034	9
10	.9997	.9994	.9988	.9977	.9961	.9936	.9900	.9851	.9787	.9703	.9599	.9472	.9321	.9145	.8943	10
11	1.0000	.9999	.9998	.9995	.9991	.9983	.9971	.9954	.9928	.9893	.9845	.9784	.9706	.9610	.9493	11
12	1.0000	1.0000	.9999	.9999	.9997	.9993	.9988	.9979	.9966	.9948	.9922	.9888	.9842	.9784	12
13	1.0000	1.0000	1.0000	1.0000	1.0000	.9999	.9999	.9997	.9995	.9991	.9985	.9976	.9962	.9944	.9918	13
14	1.0000	1.0000	1.0000	1.0000	1.0000	1.0000	1.0000	.9999	.9999	.9998	.9996	.9993	.9989	.9982	.9973	14
15	1.0000	1.0000	1.0000	1.0000	1.0000	1.0000	1.0000	1.0000	1.0000	1.0000	.9999	.9998	.9997	.9995	.9992	15
16	1.0	1.0000	1.0000	1.0000	1.0000	1.0000	1.0000	1.0000	1.0000	1.0000	1.0000	1.0000	.9999	.9999	.9998	16
17		1.0	1.0000	1.0000	1.0000	1.0000	1.0000	1.0000	1.0000	1.0000	1.0000	1.0000	1.0000	1.0000	.9999	17
18			1.0	1.0000	1.0000	1.0000	1.0000	1.0000	1.0000	1.0000	1.0000	1.0000	1.0000	1.0000	1.0000	18

Tabelle 1
Verteilungsfunktion F(x) der Binomialverteilung für p = 0,30

n\x	1	2	3	4	5	6	7	8	9	10	11	12	13	14	15	
0	.7000	.4900	.3430	.2401	.1681	.1176	.0824	.0576	.0404	.0282	.0198	.0138	.0097	.0068	.0047	0
1	1.0	.9100	.7840	.6517	.5282	.4202	.3294	.2553	.1960	.1493	.1130	.0850	.0637	.0475	.0353	1
2		1.0	.9730	.9163	.8369	.7443	.6471	.5518	.4628	.3828	.3127	.2528	.2025	.1608	.1268	2
3			1.0	.9919	.9692	.9295	.8740	.8059	.7297	.6496	.5696	.4925	.4206	.3552	.2969	3
4				1.0	.9976	.9891	.9712	.9420	.9012	.8497	.7897	.7237	.6543	.5842	.5155	4
5					1.0	.9993	.9962	.9887	.9747	.9527	.9218	.8822	.8346	.7805	.7216	5
6						1.0	.9998	.9987	.9957	.9894	.9784	.9614	.9376	.9067	.8689	6
7							1.0	.9999	.9996	.9984	.9957	.9905	.9818	.9685	.9500	7
8								1.0	1.0000	.9999	.9994	.9983	.9960	.9917	.9848	8
9									1.0	1.0000	.9998	.9993	.9983	.9963	9
10										1.0	1.0000	1.0000	.9998	.9998	.9993	10
11											1.0	1.0000	1.0000	1.0000	.9999	11
12												1.0	1.0	1.0000	1.0000	12

n\x	16	17	18	19	20	21	22	23	24	25	26	27	28	29	30	
0	.0033	.0023	.0016	.0011	.0008	.0006	.0004	.0003	.0002	.0001	.0001	.0001	.0000	.0000	.0000	0
1	.0261	.0193	.0142	.0104	.0076	.0056	.0041	.0030	.0022	.0016	.0011	.0008	.0006	.0004	.0003	1
2	.0994	.0774	.0600	.0462	.0355	.0271	.0207	.0157	.0119	.0090	.0067	.0051	.0038	.0028	.0021	2
3	.2459	.2019	.1646	.1332	.1071	.0856	.0681	.0538	.0424	.0332	.0260	.0202	.0157	.0121	.0093	3
4	.4499	.3887	.3327	.2822	.2375	.1984	.1645	.1356	.1111	.0905	.0733	.0591	.0474	.0379	.0302	4
5	.6598	.5968	.5344	.4739	.4164	.3627	.3134	.2688	.2288	.1935	.1626	.1358	.1128	.0932	.0766	5
6	.8247	.7752	.7217	.6655	.6080	.5505	.4942	.4399	.3886	.3407	.2965	.2563	.2202	.1880	.1595	6
7	.9256	.8954	.8593	.8180	.7723	.7230	.6713	.6181	.5647	.5118	.4605	.4113	.3648	.3214	.2814	7
8	.9743	.9597	.9404	.9161	.8867	.8523	.8135	.7709	.7250	.6769	.6274	.5773	.5275	.4787	.4315	8
9	.9929	.9873	.9790	.9674	.9520	.9324	.9084	.8799	.8472	.8106	.7705	.7276	.6825	.6360	.5888	9
10	.9984	.9968	.9939	.9895	.9829	.9736	.9613	.9454	.9258	.9022	.8747	.8434	.8087	.7708	.7304	10
11	.9997	.9993	.9986	.9972	.9949	.9913	.9860	.9786	.9686	.9558	.9397	.9202	.8972	.8706	.8407	11
12	1.0000	.9999	.9997	.9994	.9987	.9976	.9957	.9928	.9885	.9825	.9745	.9641	.9509	.9348	.9155	12
13	1.0000	1.0000	1.0000	.9999	.9997	.9994	.9989	.9979	.9964	.9940	.9906	.9857	.9792	.9707	.9599	13
14	1.0000	1.0000	1.0000	1.0000	1.0000	.9999	.9998	.9995	.9990	.9982	.9970	.9950	.9923	.9883	.9831	14
15	1.0000	1.0000	1.0000	1.0000	1.0000	1.0000	1.0000	.9999	.9998	.9995	.9991	.9985	.9975	.9959	.9936	15
16	1.0	1.0000	1.0000	1.0000	1.0000	1.0000	1.0000	1.0000	1.0000	.9999	.9998	.9996	.9993	.9987	.9979	16
17		1.0	1.0000	1.0000	1.0000	1.0000	1.0000	1.0000	1.0000	1.0000	1.0000	.9999	.9998	.9997	.9994	17
18			1.0	1.0000	1.0000	1.0000	1.0000	1.0000	1.0000	1.0000	1.0000	1.0000	1.0000	.9999	.9998	18
19				1.0	1.0000	1.0000	1.0000	1.0000	1.0000	1.0000	1.0000	1.0000	1.0000	1.0000	1.0000	19

Tabelle 1
Verteilungsfunktion F(x) der Binomialverteilung für p = 0,35

n\x	1	2	3	4	5	6	7	8	9	10	11	12	13	14	15	
0	.6500	.4225	.2746	.1785	.1160	.0754	.0490	.0319	.0207	.0135	.0088	.0057	.0037	.0024	.0016	0
1	1.0	.8775	.7182	.5630	.4284	.3191	.2338	.1691	.1211	.0860	.0606	.0424	.0296	.0205	.0142	1
2		1.0	.9571	.8735	.7648	.6471	.5323	.4278	.3373	.2616	.2001	.1513	.1132	.0839	.0617	2
3			1.0	.9850	.9460	.8826	.8002	.7064	.6089	.5138	.4256	.3467	.2783	.2205	.1727	3
4				1.0	.9947	.9777	.9444	.8939	.8283	.7515	.6683	.5833	.5005	.4227	.3519	4
5					1.0	.9982	.9910	.9747	.9464	.9051	.8513	.7873	.7159	.6405	.5643	5
6						1.0	.9994	.9964	.9888	.9740	.9499	.9154	.8705	.8164	.7548	6
7							1.0	.9998	.9986	.9952	.9878	.9745	.9538	.9247	.8868	7
8								1.0	.9999	.9995	.9980	.9944	.9874	.9757	.9578	8
9									1.0	1.0000	.9998	.9992	.9975	.9940	.9876	9
10										1.0	1.0000	.9999	.9997	.9989	.9972	10
11											1.0	1.0	1.0000	.9999	.9995	11
12												1.0	1.0	1.0000	.9999	12
13													1.0	1.0	1.0000	13

n\x	16	17	18	19	20	21	22	23	24	25	26	27	28	29	30	
0	.0010	.0007	.0004	.0003	.0002	.0001	.0001	.0000	.0000	.0000	.0000	.0000	.0000	.0000	.0000	0
1	.0098	.0067	.0046	.0031	.0021	.0014	.0010	.0007	.0005	.0003	.0002	.0001	.0001	.0001	.0000	1
2	.0451	.0327	.0236	.0170	.0121	.0086	.0061	.0043	.0030	.0021	.0015	.0010	.0007	.0005	.0003	2
3	.1339	.1028	.0783	.0591	.0444	.0331	.0245	.0181	.0133	.0097	.0070	.0051	.0037	.0026	.0019	3
4	.2892	.2348	.1886	.1500	.1182	.0924	.0716	.0551	.0422	.0320	.0242	.0182	.0136	.0101	.0075	4
5	.4900	.4197	.3550	.2968	.2454	.2009	.1629	.1309	.1044	.0826	.0649	.0507	.0393	.0303	.0233	5
6	.6881	.6188	.5491	.4812	.4166	.3567	.3022	.2534	.2106	.1734	.1416	.1148	.0923	.0738	.0586	6
7	.8406	.7872	.7283	.6656	.6010	.5365	.4736	.4136	.3575	.3061	.2596	.2183	.1821	.1507	.1238	7
8	.9329	.9006	.8609	.8145	.7624	.7059	.6466	.5860	.5257	.4668	.4106	.3577	.3089	.2645	.2247	8
9	.9771	.9617	.9403	.9125	.8782	.8377	.7916	.7408	.6866	.6303	.5731	.5162	.4607	.4076	.3575	9
10	.9938	.9880	.9788	.9653	.9468	.9228	.8930	.8575	.8167	.7712	.7219	.6698	.6160	.5617	.5078	10
11	.9987	.9970	.9938	.9886	.9804	.9687	.9526	.9318	.9058	.8746	.8384	.7976	.7529	.7050	.6548	11
12	.9998	.9994	.9986	.9969	.9940	.9892	.9820	.9717	.9577	.9396	.9168	.8894	.8572	.8207	.7802	12
13	1.0000	.9999	.9997	.9993	.9985	.9969	.9942	.9900	.9836	.9745	.9623	.9464	.9264	.9022	.8737	13
14	1.0000	1.0000	.9999	.9998	.9995	.9989	.9977	.9958	.9927	.9881	.9817	.9730	.9615	.9471	.9294	14
14	1.0000	1.0000	1.0000	.9999	.9997	.9994	.9984	.9970	.9945	.9907	.9850	.9771	.9663	.9524	.9348	14
15	1.0000	1.0000	1.0000	1.0000	1.0000	.9999	.9997	.9992	.9984	.9971	.9948	.9914	.9864	.9794	.9699	15
16	1.0	1.0000	1.0000	1.0000	1.0000	1.0000	.9999	.9998	.9996	.9992	.9985	.9972	.9952	.9921	.9876	16
17	1.0	1.0	1.0000	1.0000	1.0000	1.0000	1.0000	1.0000	.9999	.9998	.9996	.9992	.9985	.9973	.9955	17
18		1.0	1.0	1.0000	1.0000	1.0000	1.0000	1.0000	1.0000	1.0000	.9999	.9998	.9996	.9992	.9986	18
19			1.0	1.0	1.0000	1.0000	1.0000	1.0000	1.0000	1.0000	1.0000	1.0000	.9999	.9998	.9996	19
20				1.0	1.0	1.0000	1.0000	1.0000	1.0000	1.0000	1.0000	1.0000	1.0000	1.0000	.9999	20
21					1.0	1.0	1.0	1.0000	1.0000	1.0000	1.0000	1.0000	1.0000	1.0000	1.0000	21

Tabelle 1
Verteilungsfunktion F(x) der Binomialverteilung für p = 0,40

x \ n	1	2	3	4	5	6	7	8	9	10	11	12	13	14	15	x
0	.6000	.3600	.2160	.1296	.0778	.0467	.0280	.0168	.0101	.0060	.0036	.0022	.0013	.0008	.0005	0
1	1.0	.8400	.6480	.4752	.3370	.2333	.1586	.1064	.0705	.0464	.0302	.0196	.0126	.0081	.0052	1
2		1.0	.9360	.8208	.6826	.5443	.4199	.3154	.2318	.1673	.1189	.0834	.0579	.0398	.0271	2
3			1.0	.9744	.9130	.8208	.7102	.5941	.4826	.3823	.2963	.2253	.1686	.1243	.0905	3
4				1.0	.9898	.9590	.9037	.8263	.7334	.6331	.5328	.4382	.3530	.2793	.2173	4
5					1.0	.9959	.9812	.9502	.9006	.8338	.7535	.6652	.5744	.4859	.4032	5
6						1.0	.9984	.9915	.9750	.9452	.9006	.8418	.7712	.6925	.6098	6
7							1.0	.9993	.9962	.9877	.9707	.9427	.9023	.8499	.7869	7
8								1.0	.9997	.9983	.9941	.9847	.9679	.9417	.9050	8
9									1.0	.9999	.9993	.9972	.9922	.9825	.9662	9
10										1.0	1.0	.9997	.9987	.9961	.9907	10
11											1.0	1.0	.9999	.9994	.9981	11
12													1.0	.9999	.9997	12
13														1.0	1.0000	13

x \ n	16	17	18	19	20	21	22	23	24	25	26	27	28	29	30	x
0	.0003	.0002	.0001	.0001	.0000	.0000	.0000	.0000	.0000	.0000	.0000	.0000	.0000	.0000	.0000	0
1	.0033	.0021	.0013	.0008	.0005	.0003	.0002	.0001	.0001	.0000	.0000	.0000	.0000	.0000	.0000	1
2	.0183	.0123	.0082	.0055	.0036	.0024	.0016	.0010	.0007	.0004	.0003	.0002	.0001	.0001	.0000	2
3	.0651	.0464	.0328	.0230	.0160	.0110	.0076	.0052	.0035	.0024	.0016	.0011	.0007	.0005	.0003	3
4	.1666	.1260	.0942	.0696	.0510	.0370	.0266	.0190	.0134	.0095	.0066	.0046	.0032	.0022	.0015	4
5	.3288	.2639	.2088	.1629	.1256	.0957	.0722	.0540	.0400	.0294	.0214	.0155	.0111	.0080	.0057	5
6	.5272	.4478	.3743	.3081	.2500	.2002	.1584	.1240	.0960	.0736	.0559	.0421	.0315	.0233	.0172	6
7	.7161	.6405	.5634	.4878	.4159	.3495	.2898	.2373	.1919	.1536	.1216	.0953	.0740	.0570	.0435	7
8	.8577	.8011	.7368	.6675	.5956	.5237	.4540	.3884	.3279	.2735	.2255	.1839	.1485	.1187	.0940	8
9	.9417	.9081	.8653	.8139	.7553	.6914	.6244	.5562	.4891	.4246	.3642	.3087	.2588	.2147	.1763	9
10	.9809	.9652	.9424	.9115	.8725	.8256	.7720	.7129	.6502	.5858	.5213	.4585	.3986	.3427	.2915	10
11	.9951	.9894	.9797	.9648	.9435	.9151	.8793	.8364	.7870	.7323	.6737	.6127	.5510	.4900	.4311	11
12	.9991	.9975	.9942	.9884	.9790	.9648	.9449	.9187	.8857	.8462	.8007	.7499	.6950	.6374	.5785	12
13	.9999	.9995	.9987	.9969	.9935	.9877	.9785	.9651	.9465	.9222	.8918	.8553	.8132	.7659	.7145	13
14	1.0000	.9999	.9998	.9994	.9984	.9964	.9930	.9872	.9783	.9656	.9482	.9257	.8975	.8638	.8246	14
15	1.0000	1.0000	1.0000	.9999	.9997	.9992	.9981	.9960	.9925	.9868	.9783	.9663	.9501	.9290	.9029	15
16	1.0	1.0000	1.0000	1.0000	1.0000	.9998	.9996	.9990	.9978	.9957	.9921	.9866	.9785	.9671	.9519	16
17		1.0	1.0000	1.0000	1.0000	1.0000	.9999	.9998	.9995	.9988	.9975	.9954	.9919	.9865	.9788	17
18			1.0	1.0000	1.0000	1.0000	1.0000	1.0000	.9999	.9997	.9993	.9986	.9973	.9951	.9917	18
19				1.0	1.0000	1.0000	1.0000	1.0000	1.0000	1.0000	.9999	.9997	.9992	.9985	.9971	19
20					1.0	1.0000	1.0000	1.0000	1.0000	1.0000	1.0000	.9999	.9998	.9996	.9991	20
21						1.0	1.0000	1.0000	1.0000	1.0000	1.0000	1.0000	1.0000	.9999	.9998	21
22							1.0	1.0000	1.0000	1.0000	1.0000	1.0000	1.0000	1.0000	1.0000	22

Tabelle 1
Verteilungsfunktion F(x) der Binomialverteilung für p = 0,45

x \ n	1	2	3	4	5	6	7	8	9	10	11	12	13	14	15	
0	.5500	.3025	.1664	.0915	.0503	.0277	.0152	.0084	.0046	.0025	.0014	.0008	.0004	.0002	.0001	0
1	1.0	.7975	.5747	.3910	.2562	.1636	.1024	.0632	.0385	.0233	.0139	.0083	.0049	.0029	.0017	1
2		1.0	.9089	.7585	.5931	.4415	.3164	.2201	.1495	.0996	.0652	.0421	.0269	.0170	.0107	2
3			1.0	.9590	.8688	.7447	.6083	.4770	.3614	.2660	.1911	.1345	.0929	.0632	.0424	3
4				1.0	.9815	.9308	.8471	.7396	.6214	.5044	.3971	.3044	.2279	.1672	.1204	4
5					1.0	.9917	.9643	.9115	.8342	.7384	.6331	.5269	.4268	.3373	.2608	5
6						1.0	.9963	.9819	.9502	.8980	.8262	.7393	.6437	.5461	.4522	6
7							1.0	.9983	.9909	.9726	.9390	.8883	.8212	.7414	.6535	7
8								1.0	.9992	.9955	.9852	.9644	.9302	.8811	.8182	8
9									1.0	.9997	.9978	.9921	.9797	.9574	.9231	9
10										1.0	.9998	.9989	.9959	.9886	.9745	10
11											1.0	.9999	.9995	.9978	.9937	11
12												1.0	1.0000	.9997	.9989	12
13													1.0	1.0000	.9999	13
14														1.0	1.0000	14
	1	2	3	4	5	6	7	8	9	10	11	12	13	14	15	

Tabelle 1
Verteilungsfunktion F(x) der Binomialverteilung für p = 0,45 *(Fortsetzung)*

n\x	16	17	18	19	20	21	22	23	24	25	26	27	28	29	30	
0	.0001	.0000	.0000	.0000	.0000	.0000	.0000	.0000	.0000	.0000	.0000	.0000	.0000	.0000	.0000	0
1	.0010	.0006	.0003	.0002	.0001	.0001	.0000	.0000	.0000	.0000	.0000	.0000	.0000	.0000	.0000	1
2	.0066	.0041	.0025	.0015	.0009	.0006	.0003	.0002	.0001	.0001	.0000	.0000	.0000	.0000	.0000	2
3	.0281	.0184	.0120	.0077	.0049	.0031	.0020	.0012	.0008	.0005	.0003	.0002	.0001	.0001	.0000	3
4	.0853	.0596	.0411	.0280	.0189	.0126	.0083	.0055	.0036	.0023	.0015	.0009	.0006	.0004	.0002	4
5	.1976	.1471	.1077	.0777	.0553	.0389	.0271	.0186	.0127	.0086	.0058	.0038	.0025	.0017	.0011	5
6	.3660	.2902	.2258	.1727	.1299	.0964	.0705	.0510	.0364	.0258	.0180	.0125	.0086	.0059	.0040	6
7	.5629	.4743	.3915	.3169	.2520	.1971	.1518	.1152	.0863	.0639	.0467	.0338	.0242	.0172	.0121	7
8	.7441	.6626	.5778	.4940	.4143	.3413	.2764	.2203	.1730	.1340	.1024	.0774	.0578	.0427	.0312	8
9	.8759	.8166	.7473	.6710	.5914	.5117	.4350	.3636	.2991	.2424	.1936	.1526	.1187	.0913	.0694	9
10	.9514	.9174	.8720	.8159	.7507	.6790	.6037	.5278	.4539	.3843	.3204	.2633	.2135	.1708	.1350	10
11	.9851	.9699	.9463	.9129	.8692	.8159	.7543	.6865	.6151	.5426	.4713	.4034	.3404	.2833	.2327	11
12	.9965	.9914	.9817	.9658	.9420	.9092	.8672	.8164	.7580	.6937	.6257	.5562	.4875	.4213	.3592	12
13	.9994	.9981	.9951	.9891	.9786	.9621	.9383	.9063	.8659	.8173	.7617	.7005	.6356	.5689	.5025	13
14	.9999	.9997	.9990	.9972	.9936	.9868	.9757	.9589	.9352	.9040	.8650	.8185	.7654	.7070	.6448	14
15	1.0000	.9999	.9999	.9995	.9985	.9963	.9920	.9847	.9731	.9560	.9326	.9022	.8645	.8199	.7691	15
16	1.0	1.0000	1.0000	.9999	.9997	.9992	.9979	.9952	.9905	.9826	.9707	.9536	.9304	.9008	.8644	16
17		1.0	1.0000	1.0000	.9999	.9999	.9995	.9988	.9972	.9942	.9890	.9807	.9685	.9514	.9286	17
18			1.0	1.0000	1.0000	1.0000	.9999	.9998	.9993	.9984	.9965	.9931	.9875	.9790	.9666	18
19				1.0	1.0000	1.0000	1.0000	1.0000	.9999	.9996	.9991	.9979	.9957	.9920	.9862	19
20					1.0	1.0000	1.0000	1.0000	1.0000	.9999	.9998	.9995	.9988	.9974	.9950	20
21						1.0	1.0000	1.0000	1.0000	1.0000	1.0000	.9999	.9997	.9993	.9984	21
22							1.0	1.0000	1.0000	1.0000	1.0000	1.0000	.9999	.9998	.9996	22
23								1.0	1.0000	1.0000	1.0000	1.0000	1.0000	1.0000	.9999	23
24									1.0	1.0000	1.0000	1.0000	1.0000	1.0000	1.0000	24
n\x	16	17	18	19	20	21	22	23	24	25	26	27	28	29	30	

Tabelle 1
Verteilungsfunktion F(x) der Binomialverteilung für p = 0,50

n\x	1	2	3	4	5	6	7	8	9	10	11	12	13	14	15	
0	.5000	.2500	.1250	.0625	.0313	.0156	.0078	.0039	.0020	.0010	.0005	.0002	.0001	.0001	.0000	0
1	1.0	.7500	.5000	.3125	.1875	.1094	.0625	.0352	.0195	.0107	.0059	.0032	.0017	.0009	.0005	1
2		1.0	.8750	.6875	.5000	.3438	.2266	.1445	.0898	.0547	.0327	.0193	.0112	.0065	.0037	2
3			1.0	.9375	.8125	.6562	.5000	.3633	.2539	.1719	.1133	.0730	.0461	.0287	.0176	3
4				1.0	.9687	.8906	.7734	.6367	.5000	.3770	.2744	.1938	.1334	.0898	.0592	4
5					1.0	.9844	.9375	.8555	.7461	.6230	.5000	.3872	.2905	.2120	.1509	5
6						1.0	.9922	.9648	.9102	.8281	.7256	.6128	.5000	.3953	.3036	6
7							1.0	.9961	.9805	.9453	.8867	.8062	.7095	.6047	.5000	7
8								1.0	.9980	.9893	.9673	.9270	.8666	.7880	.6964	8
9									1.0	.9990	.9941	.9807	.9539	.9102	.8491	9
10										1.0	.9995	.9968	.9888	.9713	.9408	10
11											1.0	.9998	.9983	.9935	.9824	11
12												1.0	.9999	.9991	.9963	12
13													1.0	.9999	.9995	13
14														1.0	1.0000	14
	1	2	3	4	5	6	7	8	9	10	11	12	13	14	15	

Tabelle 1
Verteilungsfunktion F(x) der Binomialverteilung für p = 0,50 *(Fortsetzung)*

n\x	16	17	18	19	20	21	22	23	24	25	26	27	28	29	30
0	.0000	.0000	.0000	.0000	.0000	.0000	.0000	.0000	.0000	.0000	.0000	.0000	.0000	.0000	.0000
1	.0003	.0001	.0001	.0000	.0000	.0000	.0000	.0000	.0000	.0000	.0000	.0000	.0000	.0000	.0000
2	.0021	.0012	.0007	.0004	.0002	.0001	.0000	.0000	.0000	.0000	.0000	.0000	.0000	.0000	.0000
3	.0106	.0064	.0038	.0022	.0013	.0007	.0004	.0002	.0001	.0001	.0000	.0000	.0000	.0000	.0000
4	.0384	.0245	.0154	.0096	.0059	.0036	.0022	.0013	.0008	.0005	.0003	.0002	.0001	.0001	.0000
5	.1051	.0717	.0481	.0318	.0207	.0133	.0085	.0053	.0033	.0020	.0012	.0008	.0005	.0003	.0002
6	.2272	.1662	.1189	.0835	.0577	.0392	.0262	.0173	.0113	.0073	.0047	.0030	.0019	.0012	.0007
7	.4018	.3145	.2403	.1796	.1316	.0946	.0669	.0466	.0320	.0216	.0145	.0096	.0063	.0041	.0026
8	.5982	.5000	.4073	.3238	.2517	.1917	.1431	.1050	.0758	.0539	.0378	.0261	.0178	.0121	.0081
9	.7728	.6855	.5927	.5000	.4119	.3318	.2617	.2024	.1537	.1148	.0843	.0610	.0436	.0307	.0214
10	.8949	.8338	.7597	.6762	.5881	.5000	.4159	.3388	.2706	.2122	.1635	.1239	.0925	.0680	.0494
11	.9616	.9283	.8811	.8204	.7483	.6682	.5841	.5000	.4194	.3450	.2786	.2210	.1725	.1325	.1002
12	.9894	.9755	.9519	.9165	.8684	.8083	.7383	.6612	.5806	.5000	.4225	.3506	.2858	.2291	.1808
13	.9979	.9936	.9846	.9682	.9423	.9054	.8569	.7976	.7294	.6550	.5775	.5000	.4253	.3555	.2923
14	.9997	.9988	.9962	.9904	.9793	.9608	.9331	.8950	.8463	.7878	.7214	.6494	.5747	.5000	.4278
15	1.0000	.9999	.9993	.9978	.9941	.9867	.9738	.9534	.9242	.8852	.8365	.7790	.7142	.6445	.5722
16	1.0	1.0000	.9999	.9996	.9987	.9964	.9915	.9827	.9680	.9461	.9157	.8761	.8275	.7709	.7077
17		1.0	1.0000	.9999	.9998	.9993	.9978	.9947	.9887	.9784	.9622	.9390	.9075	.8675	.8192
18			1.0	1.0000	1.0000	.9999	.9996	.9987	.9967	.9927	.9855	.9739	.9564	.9320	.8998
19				1.0	1.0000	1.0000	.9999	.9998	.9992	.9980	.9953	.9904	.9822	.9693	.9506
20					1.0	1.0000	1.0000	1.0000	.9999	.9995	.9988	.9970	.9937	.9879	.9786
21						1.0	1.0000	1.0000	1.0000	.9999	.9997	.9992	.9981	.9959	.9919
22							1.0	1.0000	1.0000	1.0000	1.0000	.9998	.9995	.9988	.9974
23								1.0	1.0000	1.0000	1.0000	1.0000	.9999	.9997	.9993
24									1.0	1.0000	1.0000	1.0000	1.0000	.9999	.9998
25										1.0	1.0000	1.0000	1.0000	1.0000	1.0000

Tabelle 2
Verteilungsfunktion F(x) der **Poisson-Verteilung**
mit dem Parameter λ

Beispiele zur Benutzung der Tabelle:
F(4) = 0,9275 für λ = 2,20
f(3) = F(3) − F(2) = 0,8194 − 0,6227 =
  0,1967 für λ = 2,20

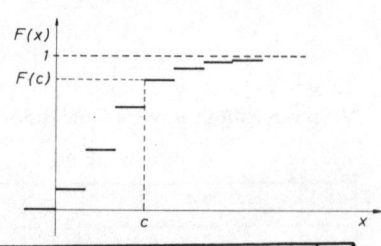

Verteilungsfunktion F(x) der Poisson-Verteilung für λ = 0,10 bis 3,00

λ \ x	0.10	0.20	0.30	0.40	0.50	0.60	0.70	0.80	0.90	1.00	1.10	1.20	1.30	1.40	1.50
0	.9048	.8187	.7408	.6703	.6065	.5488	.4966	.4493	.4066	.3679	.3329	.3012	.2725	.2466	.2231
1	.9953	.9825	.9631	.9384	.9098	.8781	.8442	.8088	.7725	.7358	.6990	.6626	.6268	.5918	.5578
2	.9998	.9989	.9964	.9921	.9856	.9769	.9659	.9526	.9371	.9197	.9004	.8795	.8571	.8335	.8088
3	1.0000	.9999	.9997	.9992	.9982	.9966	.9942	.9909	.9865	.9810	.9743	.9662	.9569	.9463	.9344
4	1.0000	1.0000	1.0000	.9999	.9998	.9996	.9992	.9986	.9977	.9963	.9946	.9923	.9893	.9857	.9814
5	1.0000	1.0000	1.0000	1.0000	1.0000	1.0000	.9999	.9998	.9997	.9994	.9990	.9985	.9978	.9968	.9955
6							1.0000	1.0000	1.0000	.9999	.9999	.9997	.9996	.9994	.9991
7										1.0000	1.0000	1.0000	.9999	.9999	.9998
8													1.0000	1.0000	1.0000

λ \ x	1.60	1.70	1.80	1.90	2.00	2.10	2.20	2.30	2.40	2.50	2.60	2.70	2.80	2.90	3.00
0	.2019	.1827	.1653	.1496	.1353	.1225	.1108	.1003	.0907	.0821	.0743	.0672	.0608	.0550	.0498
1	.5249	.4932	.4628	.4337	.4060	.3796	.3546	.3309	.3084	.2873	.2674	.2487	.2311	.2146	.1991
2	.7834	.7572	.7306	.7037	.6767	.6496	.6227	.5960	.5697	.5438	.5184	.4936	.4695	.4460	.4232
3	.9212	.9068	.8913	.8747	.8571	.8386	.8194	.7993	.7787	.7576	.7360	.7141	.6919	.6696	.6472
4	.9763	.9704	.9636	.9559	.9473	.9379	.9275	.9162	.9041	.8912	.8774	.8629	.8477	.8318	.8153
5	.9940	.9920	.9896	.9868	.9834	.9796	.9751	.9700	.9643	.9580	.9510	.9433	.9349	.9258	.9161
6	.9987	.9981	.9974	.9966	.9955	.9941	.9925	.9906	.9884	.9858	.9828	.9794	.9756	.9713	.9665
7	.9997	.9996	.9994	.9992	.9989	.9985	.9980	.9974	.9967	.9958	.9947	.9934	.9919	.9901	.9881
8	1.0000	.9999	.9999	.9998	.9998	.9997	.9995	.9994	.9991	.9989	.9985	.9981	.9976	.9969	.9962
9	1.0000	1.0000	1.0000	1.0000	1.0000	.9999	.9999	.9999	.9998	.9997	.9996	.9995	.9993	.9991	.9989
10	1.0000	1.0000	1.0000	1.0000	1.0000	1.0000	1.0000	1.0000	1.0000	.9999	.9999	.9999	.9998	.9998	.9997
11										1.0000	1.0000	1.0000	1.0000	.9999	.9999
12														1.0000	1.0000

Tabelle 2
Verteilungsfunktion F(x) der Poisson-Verteilung für λ = 3,10 bis 4,50

λ/x	3.10	3.20	3.30	3.40	3.50	3.60	3.70	3.80	3.90	4.00	4.10	4.20	4.30	4.40	4.50
0	.0450	.0408	.0369	.0334	.0302	.0273	.0247	.0224	.0202	.0183	.0166	.0150	.0136	.0123	.0111
1	.1847	.1712	.1586	.1468	.1359	.1257	.1162	.1074	.0992	.0916	.0845	.0780	.0719	.0663	.0611
2	.4012	.3799	.3594	.3397	.3208	.3027	.2854	.2689	.2531	.2381	.2238	.2102	.1974	.1851	.1736
3	.6248	.6025	.5803	.5584	.5366	.5152	.4942	.4735	.4532	.4335	.4142	.3954	.3772	.3594	.3423
4	.7982	.7806	.7626	.7442	.7254	.7064	.6872	.6678	.6484	.6288	.6093	.5898	.5704	.5512	.5321
5	.9057	.8946	.8829	.8705	.8576	.8441	.8301	.8156	.8006	.7851	.7693	.7531	.7367	.7199	.7029
6	.9612	.9554	.9490	.9421	.9347	.9267	.9182	.9091	.8995	.8893	.8786	.8675	.8558	.8436	.8311
7	.9858	.9832	.9802	.9769	.9733	.9692	.9648	.9599	.9546	.9489	.9427	.9361	.9290	.9214	.9134
8	.9953	.9943	.9931	.9917	.9901	.9883	.9863	.9840	.9815	.9786	.9755	.9721	.9683	.9642	.9597
9	.9986	.9982	.9978	.9973	.9967	.9960	.9952	.9942	.9931	.9919	.9905	.9889	.9871	.9851	.9829
10	.9996	.9995	.9994	.9992	.9990	.9987	.9984	.9981	.9977	.9972	.9966	.9959	.9952	.9943	.9933
11	.9999	.9999	.9998	.9998	.9997	.9996	.9995	.9994	.9993	.9991	.9989	.9986	.9983	.9980	.9976
12	1.0000	1.0000	1.0000	.9999	.9999	.9999	.9999	.9998	.9998	.9997	.9997	.9996	.9995	.9993	.9992
13	1.0000	1.0000	1.0000	1.0000	1.0000	1.0000	1.0000	1.0000	.9999	.9999	.9999	.9999	.9998	.9998	.9997
14	1.0000	1.0000	1.0000	1.0000	1.0000	1.0000	1.0000	1.0000	1.0000	1.0000	1.0000	1.0000	1.0000	.9999	.9999
15	1.0000	1.0000	1.0000	1.0000	1.0000	1.0000	1.0000	1.0000	1.0000	1.0000	1.0000	1.0000	1.0000	1.0000	1.0000

Tabelle 2
Verteilungsfunktion F(x) der Poisson-Verteilung für λ = 4,60 bis 10,00

λ \ x	4.60	4.70	4.80	4.90	5.00	5.50	6.00	6.50	7.00	7.50	8.00	8.50	9.00	9.50	10.00	
0	.0101	.0091	.0082	.0074	.0067	.0041	.0025	.0015	.0009	.0006	.0003	.0002	.0001	.0001	.0000	0
1	.0563	.0518	.0477	.0439	.0404	.0266	.0174	.0113	.0073	.0047	.0030	.0019	.0012	.0008	.0005	1
2	.1626	.1523	.1425	.1333	.1247	.0884	.0620	.0430	.0296	.0203	.0138	.0093	.0062	.0042	.0028	2
3	.3257	.3097	.2942	.2793	.2650	.2017	.1512	.1118	.0818	.0591	.0424	.0301	.0212	.0149	.0103	3
4	.5132	.4946	.4763	.4582	.4405	.3575	.2851	.2237	.1730	.1321	.0996	.0744	.0550	.0403	.0293	4
5	.6858	.6684	.6510	.6335	.6160	.5289	.4457	.3690	.3007	.2414	.1912	.1496	.1157	.0885	.0671	5
6	.8180	.8046	.7908	.7767	.7622	.6860	.6063	.5265	.4497	.3782	.3134	.2562	.2068	.1649	.1301	6
7	.9049	.8960	.8867	.8769	.8666	.8095	.7440	.6728	.5987	.5246	.4530	.3856	.3239	.2687	.2202	7
8	.9549	.9497	.9442	.9382	.9319	.8944	.8472	.7916	.7291	.6620	.5925	.5231	.4557	.3918	.3328	8
9	.9805	.9778	.9749	.9717	.9682	.9462	.9161	.8774	.8305	.7764	.7166	.6530	.5874	.5218	.4579	9
10	.9922	.9910	.9896	.9880	.9863	.9747	.9574	.9332	.9015	.8622	.8159	.7634	.7060	.6453	.5830	10
11	.9971	.9966	.9960	.9953	.9945	.9890	.9799	.9661	.9467	.9208	.8881	.8487	.8030	.7520	.6968	11
12	.9990	.9988	.9986	.9983	.9980	.9955	.9912	.9840	.9730	.9573	.9362	.9091	.8758	.8364	.7916	12
13	.9997	.9996	.9995	.9994	.9993	.9983	.9964	.9929	.9872	.9784	.9658	.9486	.9261	.8981	.8645	13
14	.9999	.9999	.9999	.9998	.9998	.9994	.9986	.9970	.9943	.9897	.9827	.9726	.9585	.9400	.9165	14
15	1.0000	1.0000	1.0000	.9999	.9999	.9998	.9995	.9988	.9976	.9954	.9918	.9862	.9780	.9665	.9513	15
16	1.0000	1.0000	1.0000	1.0000	1.0000	.9999	.9998	.9996	.9990	.9980	.9963	.9934	.9889	.9823	.9730	16
17	1.0000	1.0000	1.0000	1.0000	1.0000	1.0000	.9999	.9998	.9996	.9992	.9984	.9970	.9947	.9911	.9857	17
18	1.0000	1.0000	1.0000	1.0000	1.0000	1.0000	.9999	.9999	.9999	.9997	.9993	.9987	.9976	.9957	.9928	18
19	1.0000	1.0000	1.0000	1.0000	1.0000	1.0000	1.0000	1.0000	1.0000	.9999	.9997	.9995	.9989	.9980	.9965	19
20	1.0000	1.0000	1.0000	1.0000	1.0000	1.0000	1.0000	1.0000	1.0000	1.0000	.9999	.9998	.9996	.9991	.9984	20
21	1.0000	1.0000	1.0000	1.0000	1.0000	1.0000	1.0000	1.0000	1.0000	1.0000	1.0000	.9999	.9998	.9996	.9993	21
22	1.0000	1.0000	1.0000	1.0000	1.0000	1.0000	1.0000	1.0000	1.0000	1.0000	1.0000	1.0000	.9999	.9999	.9997	22
23	1.0000	1.0000	1.0000	1.0000	1.0000	1.0000	1.0000	1.0000	1.0000	1.0000	1.0000	1.0000	1.0000	.9999	.9999	23
24	1.0000	1.0000	1.0000	1.0000	1.0000	1.0000	1.0000	1.0000	1.0000	1.0000	1.0000	1.0000	1.0000	1.0000	1.0000	24

Tabelle 3
Verteilungsfunktion φ der **Standardnormalverteilung**

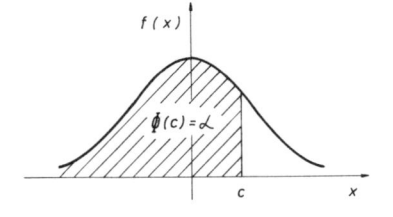

Beispiel zur Benutzung der Tabelle:
φ(2,36) = 0,990863.
Man liest diesen Wert im Schnittpunkt
der Zeile 2.3 mit der Spalte 0,06 ab.

	0.00	0.01	0.02	0.03	0.04	0.05	0.06	0.07	0.08	0.09
0.0	.500000	.503989	.507978	.511966	.515953	.519939	.523922	.527903	.531881	.535856
0.1	.539828	.543795	.547758	.551717	.555670	.559618	.563559	.567495	.571424	.575345
0.2	.579260	.583166	.587064	.590954	.594835	.598706	.602568	.606420	.610261	.614092
0.3	.617911	.621720	.625516	.629300	.633072	.636831	.640576	.644309	.648027	.651732
0.4	.655422	.659097	.662757	.666402	.670031	.673645	.677242	.680822	.684386	.687933
0.5	.691462	.694974	.698468	.701944	.705401	.708840	.712260	.715661	.719043	.722405
0.6	.725747	.729069	.732371	.735653	.738914	.742154	.745373	.748571	.751748	.754903
0.7	.758036	.761148	.764238	.767305	.770350	.773373	.776373	.779350	.782305	.785236
0.8	.788145	.791030	.793892	.796731	.799546	.802337	.805105	.807850	.810570	.813267
0.9	.815940	.818589	.821214	.823814	.826391	.828944	.831472	.833977	.836457	.838913
1.0	.841345	.843752	.846136	.848495	.850830	.853141	.855428	.857690	.859929	.862143
1.1	.864334	.866500	.868643	.870762	.872857	.874928	.876976	.879000	.881000	.882977
1.2	.884930	.886861	.888768	.890651	.892512	.894350	.896165	.897958	.899727	.901475
1.3	.903200	.904902	.906582	.908241	.909877	.911492	.913085	.914657	.916207	.917736
1.4	.919243	.920730	.922196	.923641	.925066	.926471	.927855	.929219	.930563	.931888
1.5	.933193	.934478	.935745	.936992	.938220	.939429	.940620	.941792	.942947	.944083
1.6	.945201	.946301	.947384	.948449	.949497	.950529	.951543	.952540	.953521	.954486
1.7	.955435	.956367	.957284	.958185	.959070	.959941	.960796	.961636	.962462	.963273
1.8	.964070	.964852	.965620	.966375	.967116	.967843	.968557	.969258	.969946	.970621
1.9	.971283	.971933	.972571	.973197	.973810	.974412	.975002	.975581	.976148	.976705
2.0	.977250	.977784	.978308	.978822	.979325	.979818	.980301	.980774	.981237	.981691
2.1	.982136	.982571	.982997	.983414	.983823	.984222	.984614	.984997	.985371	.985738
2.2	.986097	.986447	.986791	.987126	.987455	.987776	.988089	.988396	.988696	.988989
2.3	.989276	.989556	.989830	.990097	.990358	.990613	.990863	.991106	.991344	.991576
2.4	.991802	.992024	.992240	.992451	.992656	.992857	.993053	.993244	.993431	.993613
2.5	.993790	.993963	.994132	.994297	.994457	.994614	.994766	.994915	.995060	.995201
2.6	.995339	.995473	.995604	.995731	.995855	.995975	.996093	.996207	.996319	.996427
2.7	.996533	.996636	.996736	.996833	.996928	.997020	.997110	.997197	.997282	.997365
2.8	.997445	.997523	.997599	.997673	.997744	.997814	.997882	.997948	.998012	.998074
2.9	.998134	.998193	.998250	.998305	.998359	.998411	.998462	.998511	.998559	.998605
3.0	.998650	.998694	.998736	.998777	.998817	.998856	.998893	.998930	.998965	.998999
3.1	.999032	.999065	.999096	.999126	.999155	.999184	.999211	.999238	.999264	.999289
3.2	.999313	.999336	.999359	.999381	.999402	.999423	.999443	.999462	.999481	.999499
3.3	.999517	.999534	.999550	.999566	.999581	.999596	.999610	.999624	.999638	.999651
3.4	.999663	.999675	.999687	.999698	.999709	.999720	.999730	.999740	.999749	.999758
3.5	.999767	.999776	.999784	.999792	.999800	.999807	.999815	.999822	.999828	.999835
3.6	.999841	.999847	.999853	.999858	.999864	.999869	.999874	.999879	.999883	.999888
3.7	.999892	.999896	.999900	.999904	.999908	.999912	.999915	.999918	.999922	.999925
3.8	.999928	.999931	.999933	.999936	.999938	.999941	.999943	.999946	.999948	.999950
3.9	.999952	.999954	.999956	.999958	.999959	.999961	.999963	.999964	.999966	.999967
4.0	.999968	.999970	.999971	.999972	.999973	.999974	.999975	.999976	.999977	.999978
4.1	.999979	.999980	.999981	.999982	.999983	.999983	.999984	.999985	.999985	.999986
4.2	.999987	.999987	.999988	.999988	.999989	.999989	.999990	.999990	.999991	.999991
4.3	.999991	.999992	.999992	.999993	.999993	.999993	.999993	.999994	.999994	.999994
4.4	.999995	.999995	.999995	.999995	.999996	.999996	.999996	.999996	.999996	.999996

Tabelle 4

α-Fraktile der **t-Verteilung** mit n Freiheitsgraden

Beispiele zur Benutzung der Tabelle:
$c = x_{0,9} = 1{,}415$ bei $n = 7$
$c = x_{0,025} = -x_{0,975} = -2{,}060$ bei $n = 25$

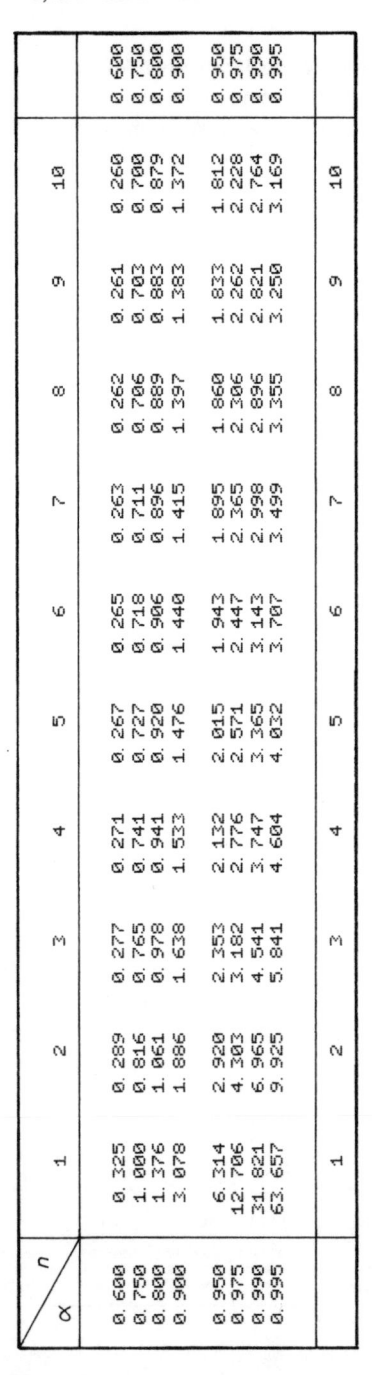

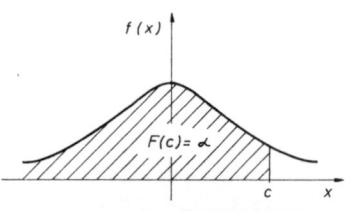

α \ n	1	2	3	4	5	6	7	8	9	10
0.600	0.325	0.289	0.277	0.271	0.267	0.265	0.263	0.262	0.261	0.260
0.750	1.000	0.816	0.765	0.741	0.727	0.718	0.711	0.706	0.703	0.700
0.800	1.376	1.061	0.978	0.941	0.920	0.906	0.896	0.889	0.883	0.879
0.900	3.078	1.886	1.638	1.533	1.476	1.440	1.415	1.397	1.383	1.372
0.950	6.314	2.920	2.353	2.132	2.015	1.943	1.895	1.860	1.833	1.812
0.975	12.706	4.303	3.182	2.776	2.571	2.447	2.365	2.306	2.262	2.228
0.990	31.821	6.965	4.541	3.747	3.365	3.143	2.998	2.896	2.821	2.764
0.995	63.657	9.925	5.841	4.604	4.032	3.707	3.499	3.355	3.250	3.169

α \ n	11	12	13	14	15	16	17	18	19	20
0.600	0.260	0.259	0.259	0.258	0.258	0.258	0.257	0.257	0.257	0.257
0.750	0.697	0.695	0.694	0.692	0.691	0.690	0.689	0.688	0.688	0.687
0.800	0.876	0.873	0.870	0.868	0.866	0.865	0.863	0.862	0.861	0.860
0.900	1.363	1.356	1.350	1.345	1.341	1.337	1.333	1.330	1.328	1.325
0.950	1.796	1.782	1.771	1.761	1.753	1.746	1.740	1.734	1.729	1.725
0.975	2.201	2.179	2.160	2.145	2.131	2.120	2.110	2.101	2.093	2.086
0.990	2.718	2.681	2.650	2.624	2.602	2.583	2.567	2.552	2.539	2.528
0.995	3.106	3.055	3.012	2.977	2.947	2.921	2.898	2.878	2.861	2.845

Tabelle 4
α-Fraktile der t(n)-Verteilung für $21 \leq n \leq 30$ *(Fortsetzung)*

n \ α	21	22	23	24	25	26	27	28	29	30
0.600	0.257	0.256	0.256	0.256	0.256	0.256	0.256	0.256	0.256	0.256
0.750	0.686	0.686	0.685	0.685	0.684	0.684	0.684	0.683	0.683	0.683
0.800	0.859	0.858	0.858	0.857	0.856	0.856	0.855	0.855	0.854	0.854
0.900	1.323	1.321	1.319	1.318	1.316	1.315	1.314	1.313	1.311	1.310
0.950	1.721	1.717	1.714	1.711	1.708	1.706	1.703	1.701	1.699	1.697
0.975	2.080	2.074	2.069	2.064	2.060	2.056	2.052	2.048	2.045	2.042
0.990	2.518	2.508	2.500	2.492	2.485	2.479	2.473	2.467	2.462	2.457
0.995	2.831	2.819	2.807	2.797	2.787	2.779	2.771	2.763	2.756	2.750

Tabelle 5
α-Fraktile der χ^2-Verteilung mit n Freiheitsgraden

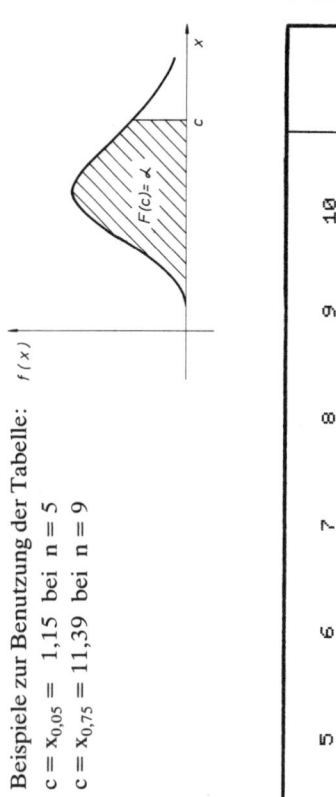

Beispiele zur Benutzung der Tabelle:
$c = x_{0,05} = 1{,}15$ bei $n = 5$
$c = x_{0,75} = 11{,}39$ bei $n = 9$

α \ n	1	2	3	4	5	6	7	8	9	10
0.005	0.00	0.01	0.07	0.21	0.41	0.68	0.99	1.34	1.73	2.16
0.010	0.00	0.02	0.11	0.30	0.55	0.87	1.24	1.65	2.09	2.56
0.025	0.00	0.05	0.22	0.48	0.83	1.24	1.69	2.18	2.70	3.25
0.050	0.00	0.10	0.35	0.71	1.15	1.64	2.17	2.73	3.33	3.94
0.100	0.02	0.21	0.58	1.06	1.61	2.20	2.83	3.49	4.17	4.87
0.200	0.06	0.45	1.01	1.65	2.34	3.07	3.82	4.59	5.38	6.18
0.250	0.10	0.58	1.21	1.92	2.67	3.45	4.25	5.07	5.90	6.74
0.400	0.27	1.02	1.87	2.75	3.66	4.57	5.49	6.42	7.36	8.30
0.500	0.45	1.39	2.37	3.36	4.35	5.35	6.35	7.34	8.34	9.34
0.600	0.71	1.83	2.95	4.05	5.13	6.21	7.28	8.35	9.41	10.47
0.750	1.32	2.77	4.11	5.39	6.63	7.84	9.04	10.22	11.39	12.55
0.800	1.64	3.22	4.64	5.99	7.29	8.56	9.80	11.03	12.24	13.44
0.900	2.71	4.61	6.25	7.78	9.24	10.64	12.02	13.36	14.68	15.99
0.950	3.84	5.99	7.81	9.49	11.07	12.59	14.07	15.51	16.92	18.31
0.975	5.02	7.38	9.35	11.14	12.83	14.45	16.01	17.53	19.02	20.48
0.990	6.63	9.21	11.35	13.28	15.09	16.81	18.48	20.09	21.67	23.21
0.995	7.88	10.60	12.84	14.86	16.75	18.55	20.28	21.96	23.59	25.19

Tabelle 5
α-Fraktile der χ^2 (n)-Verteilung für $11 \leq n \leq 20$ *(Fortsetzung)*

n / α	11	12	13	14	15	16	17	18	19	20
0.005	2.60	3.07	3.56	4.07	4.60	5.14	5.70	6.26	6.84	7.43
0.010	3.05	3.57	4.11	4.66	5.23	5.81	6.41	7.01	7.63	8.26
0.025	3.82	4.40	5.01	5.63	6.26	6.91	7.56	8.23	8.91	9.59
0.050	4.57	5.23	5.89	6.57	7.26	7.96	8.67	9.39	10.12	10.85
0.100	5.58	6.30	7.04	7.79	8.55	9.31	10.09	10.86	11.65	12.44
0.200	6.99	7.81	8.63	9.47	10.31	11.15	12.00	12.86	13.72	14.58
0.250	7.58	8.44	9.30	10.17	11.04	11.91	12.79	13.68	14.56	15.45
0.400	9.24	10.18	11.13	12.08	13.03	13.98	14.94	15.89	16.85	17.81
0.500	10.34	11.34	12.34	13.34	14.34	15.34	16.34	17.34	18.34	19.34
0.600	11.53	12.58	13.64	14.69	15.73	16.78	17.82	18.87	19.91	20.95
0.750	13.70	14.85	15.98	17.12	18.25	19.37	20.49	21.60	22.72	23.83
0.800	14.63	15.81	16.99	18.15	19.31	20.47	21.61	22.76	23.90	25.04
0.900	17.28	18.55	19.81	21.06	22.31	23.54	24.77	25.99	27.20	28.41
0.950	19.68	21.03	22.36	23.69	25.00	26.30	27.59	28.87	30.14	31.41
0.975	21.92	23.34	24.74	26.12	27.49	28.85	30.19	31.53	32.85	34.17
0.990	24.73	26.22	27.69	29.14	30.58	32.00	33.41	34.81	36.19	37.57
0.995	26.76	28.30	29.82	31.32	32.81	34.27	35.72	37.16	38.58	40.00

Tabelle 5
α-Fraktile der $\chi^2(n)$-Verteilung für $21 \leq n \leq 30$ *(Fortsetzung)*

n \ α	21	22	23	24	25	26	27	28	29	30
0.005	8.03	8.64	9.26	9.89	10.52	11.16	11.81	12.46	13.12	13.79
0.010	8.90	9.54	10.20	10.86	11.52	12.20	12.88	13.56	14.26	14.95
0.025	10.28	10.98	11.69	12.40	13.12	13.84	14.57	15.31	16.05	16.79
0.050	11.59	12.34	13.09	13.85	14.61	15.38	16.15	16.93	17.71	18.49
0.100	13.24	14.04	14.85	15.66	16.47	17.29	18.11	18.94	19.77	20.60
0.200	15.44	16.31	17.19	18.06	18.94	19.82	20.70	21.59	22.47	23.36
0.250	16.34	17.24	18.14	19.04	19.94	20.84	21.75	22.66	23.57	24.48
0.400	18.77	19.73	20.69	21.65	22.62	23.58	24.54	25.51	26.47	27.44
0.500	20.34	21.34	22.34	23.34	24.34	25.34	26.34	27.34	28.34	29.34
0.600	21.99	23.03	24.07	25.11	26.14	27.18	28.21	29.25	30.28	31.32
0.750	24.93	26.04	27.14	28.24	29.34	30.43	31.53	32.62	33.71	34.80
0.800	26.17	27.30	28.43	29.55	30.68	31.80	32.91	34.03	35.14	36.25
0.900	29.62	30.81	32.01	33.20	34.38	35.56	36.74	37.92	39.09	40.26
0.950	32.67	33.92	35.17	36.42	37.65	38.89	40.11	41.34	42.56	43.77
0.975	35.48	36.78	38.08	39.36	40.65	41.92	43.19	44.46	45.72	46.98
0.990	38.93	40.29	41.64	42.98	44.31	45.64	46.96	48.28	49.59	50.89
0.995	41.40	42.80	44.18	45.56	46.93	48.29	49.64	50.99	52.34	53.67

Tabelle 6

α-Fraktile der **F-Verteilung** mit den Freiheitsgraden m und n

0,95-Fraktile der F(m, n)-Verteilung

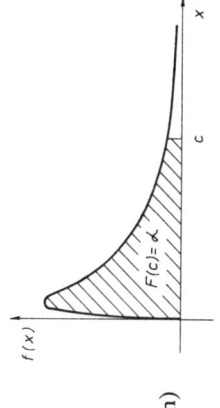

Beispiele zur Benutzung der Tabelle:

$c = x_{0,95} = 3{,}84$ bei $m = 4$ und $n = 8$

$c = x_{0,99} = 5{,}06 - (5{,}06 - 4{,}00) \cdot \dfrac{12 - 10}{15 - 10}$

$ = 4{,}64$ bei $m = 8$ und $n = 12$

(und linearer Interpolation)

$2{,}27 \geq c = x_{0,99} \geq 1{,}89$ bei $m = 25$ und $n = 80$

n \ m	1	2	3	4	5	6	7	8	9	10	15	20	30	40	50	100
1	161.	18.5	10.1	7.71	6.61	5.99	5.59	5.32	5.12	4.96	4.54	4.35	4.17	4.08	4.03	3.94
2	200.	19.0	9.55	6.94	5.79	5.14	4.74	4.46	4.26	4.10	3.68	3.49	3.32	3.23	3.18	3.09
3	216.	19.2	9.28	6.59	5.41	4.76	4.35	4.07	3.86	3.71	3.29	3.10	2.92	2.84	2.79	2.70
4	225.	19.2	9.12	6.39	5.19	4.53	4.12	3.84	3.63	3.48	3.06	2.87	2.69	2.61	2.56	2.46
5	230.	19.3	9.01	6.26	5.05	4.39	3.97	3.69	3.48	3.33	2.90	2.71	2.53	2.45	2.40	2.31
6	234.	19.3	8.94	6.16	4.95	4.28	3.87	3.58	3.37	3.22	2.79	2.60	2.42	2.34	2.29	2.19
7	237.	19.4	8.89	6.09	4.88	4.21	3.79	3.50	3.29	3.14	2.71	2.51	2.33	2.25	2.20	2.10
8	239.	19.4	8.85	6.04	4.82	4.15	3.73	3.44	3.23	3.07	2.64	2.45	2.27	2.18	2.13	2.03
9	241.	19.4	8.81	6.00	4.77	4.10	3.68	3.39	3.18	3.02	2.59	2.39	2.21	2.12	2.07	1.97
10	242.	19.4	8.79	5.96	4.74	4.06	3.64	3.35	3.14	2.98	2.54	2.35	2.16	2.08	2.03	1.93
15	246.	19.4	8.70	5.86	4.62	3.94	3.51	3.22	3.01	2.84	2.40	2.20	2.01	1.92	1.87	1.77
20	248.	19.4	8.66	5.80	4.56	3.87	3.44	3.15	2.94	2.77	2.33	2.12	1.93	1.84	1.78	1.68
30	250.	19.5	8.62	5.75	4.50	3.81	3.38	3.08	2.86	2.70	2.25	2.04	1.84	1.74	1.69	1.57
40	251.	19.5	8.60	5.72	4.46	3.77	3.34	3.04	2.83	2.66	2.20	1.99	1.79	1.69	1.63	1.52
50	252.	19.5	8.58	5.70	4.44	3.75	3.32	3.02	2.80	2.64	2.18	1.97	1.76	1.66	1.60	1.48
100	253.	19.5	8.55	5.66	4.41	3.71	3.27	2.97	2.76	2.59	2.12	1.91	1.70	1.59	1.52	1.39

Tabelle 6

0,99-Fraktile der F(m, n)-Verteilung

n\m	1	2	3	4	5	6	7	8	9	10	15	20	30	40	50	100
1	4052.	98.5	34.1	21.2	16.3	13.7	12.2	11.3	10.6	10.0	8.68	8.10	7.56	7.31	7.17	6.89
2	4999.	99.0	30.8	18.0	13.3	10.9	9.55	8.65	8.02	7.56	6.36	5.85	5.39	5.18	5.06	4.82
3	5403.	99.2	29.4	16.7	12.1	9.78	8.45	7.59	6.99	6.55	5.42	4.94	4.51	4.31	4.20	3.98
4	5625.	99.3	28.7	16.0	11.4	9.15	7.85	7.01	6.42	5.99	4.89	4.43	4.02	3.83	3.72	3.51
5	5764.	99.3	28.2	15.5	11.0	8.75	7.46	6.63	6.06	5.64	4.56	4.10	3.70	3.51	3.41	3.21
6	5859.	99.4	27.9	15.2	10.7	8.47	7.19	6.37	5.80	5.39	4.32	3.87	3.47	3.29	3.19	2.99
7	5928.	99.4	27.7	15.0	10.5	8.26	6.99	6.18	5.61	5.20	4.14	3.70	3.30	3.12	3.02	2.82
8	5981.	99.4	27.5	14.8	10.3	8.10	6.84	6.03	5.47	5.06	4.00	3.56	3.17	2.99	2.89	2.69
9	6022.	99.4	27.3	14.7	10.2	7.98	6.72	5.91	5.35	4.94	3.89	3.46	3.07	2.89	2.78	2.59
10	6056.	99.4	27.2	14.5	10.1	7.87	6.62	5.81	5.26	4.85	3.80	3.37	2.98	2.80	2.70	2.50
15	6157.	99.4	26.9	14.2	9.72	7.56	6.31	5.52	4.96	4.56	3.52	3.09	2.70	2.52	2.42	2.22
20	6209.	99.5	26.7	14.0	9.55	7.40	6.16	5.36	4.81	4.41	3.37	2.94	2.55	2.37	2.27	2.07
30	6261.	99.5	26.5	13.8	9.38	7.23	5.99	5.20	4.65	4.25	3.21	2.78	2.39	2.20	2.10	1.89
40	6287.	99.5	26.4	13.7	9.29	7.14	5.91	5.12	4.57	4.17	3.13	2.69	2.30	2.11	2.01	1.80
50	6303.	99.5	26.4	13.7	9.24	7.09	5.86	5.07	4.52	4.12	3.08	2.64	2.25	2.06	1.95	1.74
100	6335.	99.5	26.2	13.6	9.13	6.99	5.75	4.96	4.41	4.01	2.98	2.54	2.13	1.94	1.82	1.60

Tabelle 7

Zufallszahlen

```
20951 81672 31792 26879 57829 46392 32672 78946 11017 26822
79328 12666 02839 86744 97018 33899 15916 72954 65940 08681
44533 16579 65415 37934 99575 17099 72976 81747 69565 72607
21014 07020 14574 02170 35305 86249 17106 31939 86539 93861
83106 96665 78311 14735 63251 94610 52785 66147 48389 18029

98643 80867 45366 96502 38342 11990 26302 41915 06440 04986
67530 25162 55553 90170 64340 94189 00920 22119 51405 53964
23987 68077 85382 43710 47279 43484 16155 69874 66301 55725
18700 63027 72366 96989 31510 24302 58312 93576 86403 13533
13323 04424 86190 29053 78137 09590 71506 78158 97553 55777

58419 53276 73918 26566 45888 96257 56796 30213 03262 92160
53652 55859 91817 45954 41053 24569 99440 70265 02411 33728
69661 95635 17823 00467 40703 78003 67810 43471 68667 78725
47001 12077 88696 77236 15368 29002 16240 06577 43449 30861
08928 19395 42422 76306 96126 01135 87269 56715 05250 35793

64988 93272 28770 25673 89280 12236 18169 15650 53401 15046
17119 31811 89945 20300 25816 14419 73061 08421 57342 03483
76034 71851 61977 48152 05204 23082 57072 95338 29895 55598
61396 18454 12001 13919 54421 72368 73406 00406 77202 51970
26785 64757 12420 54748 78668 28004 83547 07480 74759 63115

67446 96060 13304 13434 61072 52214 13832 67990 88190 21010
87018 64710 57397 59915 78795 78252 38840 06316 43803 71690
34076 76008 77495 35739 57289 40110 97511 44853 78968 26890
57366 38070 81270 86968 34653 31760 41716 79525 52195 08963
02310 02661 07716 12578 47574 20230 59793 52388 00627 08308

01571 57921 29858 40462 25948 36566 35525 83965 11572 24683
35298 74202 58575 86744 22618 01737 24532 66833 20342 64742
60957 43916 83932 34355 72591 49544 36103 37558 52788 59660
60509 79551 80376 93783 72222 91274 62403 75437 15096 17978
35735 65668 16514 95934 45728 63437 97729 39599 96879 68812

08661 16243 36940 14322 89622 08726 18109 65120 48543 35278
69159 55753 53101 10215 95655 33413 96853 37920 00689 70716
16548 80439 94897 93162 36253 01804 68839 49296 59797 33272
76732 02215 67952 66466 63839 29299 97562 62022 27629 92633
89490 95358 14410 38708 35943 69809 59418 45828 67566 79445

17184 53097 91467 94789 97849 76263 06936 72545 31977 95348
11329 33358 83649 76200 81321 53733 29913 62438 30637 73103
52622 35998 24609 85433 10244 10198 69028 01952 78077 27334
92740 94927 75617 29933 45284 69957 27080 31094 37630 93973
51318 92257 07215 33136 61006 78869 76316 65445 10052 75477

92679 88332 24745 21339 53782 90284 84418 34354 93338 15837
39043 41164 34675 85496 36052 37763 82789 90705 44412 73084
10916 47271 11048 04977 01463 69799 34971 72895 89338 62847
55617 25407 77719 17131 62822 03232 27631 44299 24909 70966
32098 98048 99666 60659 75729 11458 22595 75970 27351 38629

09579 07273 85407 15636 24233 39353 78975 02130 83396 76032
62793 24812 21812 98544 77260 66191 79319 94178 44929 83705
76089 02526 04683 85694 70428 39650 38602 67853 46100 42618
28041 07559 79712 21126 35488 59624 44616 20045 89241 04041
73192 06020 50514 07003 69794 80382 41076 80851 76320 04270
```

Tabelle 8: Approximation von Verteilungen

Verteilung der Zufallsvariablen X	Zufallsvariable Z	approximative Verteilung von Z	Approximation verwendbar unter der Bedingung
Hypergeometrische Verteilung mit den Parametern N,M,n	$Z = X$	$B(n; \frac{M}{N})$	$20n \leq N$
$B(n;p)$	$Z = X$	$P(np)$	$n \geq 50$, $p \leq 1/10$, $np \leq 10$
$B(n;p)$	$Z = \frac{X - np}{\sqrt{np(1-p)}}$	$N(0;1)$	$np \geq 5$; $n(1-p) \geq 5$
$P(\lambda)$	$Z = \frac{X-\lambda}{\sqrt{\lambda}}$	$N(0;1)$	$\lambda > 10$
$t(n)$	$Z = X$	$N(0;1)$	$n > 30$
$\chi^2(n)$	$Z = \sqrt{2X} - \sqrt{2n-1}$	$N(0;1)$	$n > 30$

Viele ähnliche, teils schwächere, teils schärfere Bedingungen werden in der Literatur als Faustregeln für Verteilungsapproximationen vorgeschlagen. Berechnungen zur Approximationsgüte sind beispielsweise Wetzel/Jöhnk/Naeve [1967] zu entnehmen.

Personenverzeichnis

Abels, H. 62, 215, 285
Ahrens, H.J. 232, 239, 285
Albrecht, P. 200, 285
Ambrosi, K. 285
Anderberg, M.R. 232, 239, 285
Anderson, O. 62, 215, 285
Anderson, O.D. 221, 224, 285
Anscombe, F.J. 91, 285
Arminger, G. 239, 260, 285, 290
Arndt, H. 30, 285
Assenmacher, W. 229, 285
Atteslander, P. 10, 285
Aumann, R.J. 91, 285

Backhaus, K. 239, 285
Bamberg, G. 48, 62, 171, 212, 229, 233, 239, 255, 285, 286, 287, 294
Bandemer, H. 244, 248, 285
Banerjee, K.S. 62, 285
Baringhaus, L. 292
Basler, H. 136, 285
Bastian, J. 224, 285
Bauer, F. 260, 285
Baum, C. 30, 285
Bausch, Th. 285
Baur, F. 229, 285
Bayes, T. 87
Becker, D. 91, 253, 285
Beckmann, M. 288, 290, 294
Bellmann, A. 244, 248, 285
Benninghaus, H. 285
Bent, D.H. 259, 291
Berg, C.C. 285
Berger, J.O. 253, 255, 286
Bernoulli, J. 81
Beutel, P. 259, 260, 286
Bihn, W. 286
Billeter, E.P. 244, 248, 286
Birkenfeld, W. 224, 286
Blaich, J. 286
Blossfeld, H.-P. 286
Bock, H.H. 232, 239, 286
Böcker, F. 42, 51, 286
Böker, F. 260, 286
Börsch-Supan, A. 229, 286
Bomsdorf, E. 30, 286
Bortz, J. 211, 286
Bosch, K. 166, 171, 186, 286
Box, G.E.P. 221, 222, 223, 224, 253, 255, 286
Brachinger, H.W. 255, 286
Braun, K. 290

Brockhoff, K. 217, 224, 286
Broemeling, L.D. 255, 286
Brosius, G. 260, 286
Brown, R.G. 217
Bruckmann, G. 29, 286
Bühler, W. 244, 248, 287
Bühlmann, G. 255, 286
Büning, H. 184, 185, 186, 211, 212, 215, 286, 289
Bürk, R. 30, 286
Burdelski, T. 219, 224, 286
Buttler, G. 215, 286

Clarke, G.M. 257, 260, 286
Cochran, W.G. 248, 286
Collani, E.v. 215, 248, 286
Cooke, D. 257, 260, 286
Cooley, W.W. 239, 257, 286
Craven, A.H. 257, 260, 286
Cremer, R. 229, 289
Creutz, G. 73, 286

Dalenius, T. 244, 248, 286
Danzer, K. 286
De Antoni, F. 289
Deffaa, W. 243, 286
DeGroot, M.H. 212, 213, 255, 286
Deistler, M. 286
Deutler, T. 244, 248, 287
Dichtl, E. 232, 239, 287
Dixon, W.J. 258, 287
Dobbener, R. 239, 287
Draper, N.R. 51, 287
Drefahl, D. 244, 293
Drexl, A. 244, 287
Drygas, H. 287
Dub, W. 219, 224, 286

Ehemann, K. 255, 287
Eichhorn, W. 55, 62, 286, 287, 288, 290, 291, 294
Eickhoff, K.-H. 244, 248, 287
Elliot, A.C. 260, 295
Elpelt, B. 51, 239, 248, 288
Erichson, B. 239, 285
Esenwein-Rothe, I. 215, 287
Euler, M. 8, 287
Everitt, B.S. 51, 287

Fahrion, R. 287
Fahrmeir, L. 224, 239, 287, 289
Falkner, H.D. 70, 287

Faulbaum, F. 260, 287
Feichtinger, G. 215, 287
Feller, W. 108, 287
Ferschl, F. 10, 62, 287
Feuerstack, R. 30, 287
Filip, D. 73, 292
Firchau, V. 255, 287
Fisher, I. 55, 58, 59, 287
Fisher, R. A. 153, 287
Fisz, M. 128, 212, 287
Fitzner, D. 215, 287
Flury, B. 239, 287
Förster, W. 287, 292
Förstner, K. 287
Freytag, H. L. 288
Frerichs, W. 229, 288
Friedmann, R. 288
Friedrich, D. 288
Frohn, J. 229, 288
Fürst, G. 287

Gabler, S. 288
Garbers, H. 288
Gaul, W. 239, 288
Gauß, C. F. 42, 108, 153
Gehrig, W. 30, 286
Gini, C. 26
Glaser, W. R. 211, 288
Gnedenko, B. W. 90, 288
Goldrian, G. 288
Goldstein, B. 288, 290
Gollnick, H. 229, 288
Gordesch, J. 239, 288
Gottinger, H. W. 91, 288
Grenzdörfer, K. 288
Griffiths, W. E. 229, 289
Gruber, J. 229, 288

Haagen K. 288
Haas, H. 229, 288
Haavelmo, T. 229
Hackl, P. 288
Härtter, E. 288
Hall, L. W. 70, 288
Haller-Wedel, E. 51, 244, 248, 288
Hamerle, A. 211, 215, 239, 286, 287, 289, 293
Hampton, J. M. 91, 288
Hanau, K. 215, 288
Hannan, E. J. 286
Hanning, U. 260, 287
Hansen, G. 215, 257, 288
Hansohm, J. 292
Harman, H. H. 239, 288
Harris, R. J. 239, 288
Hartung, J. 51, 239, 248, 288

Hauptmann, H. 288
Heike, H.-D. 286, 288
Heiler, S. 73, 224, 289, 292
Heller, W.-D. 62, 289
Helten, E. 255, 289
Henn, R. 62, 286, 287, 288, 289, 290, 291
Herfindahl, O. C. 28
Hild, C. 289
Hill, R. C. 229, 289
Hinderer, K. 128, 289
Hintze, J. L. 260, 289
Hochstädter, D. 211, 229, 289
Hodges, J. L. 244, 248, 286
Hofmann, H. 289
Holm, K. 10, 257, 289
Hübler, O. 289
Hülsmann, J. 289
Hüttner, M. 215, 224, 232, 239, 289
Hujer, R. 215, 229, 288, 289
Hull, C. H. 259, 289, 291
Hull, J. C. 91, 289

Jahn, W. 239, 289
Jenkins, G. 221, 222, 224, 286
Jenkins, J. G. 259, 291
Jensen, J. L. W. V. 121
Jöhnk, M.-D. 29, 289, 295
Judge, G. G. 229, 289
Jung, W. 248, 285

Kähler, W.-M. 259, 260, 289
Kafka, K. 10, 294
Kaiser, U. 21, 289
Katzenbeisser, W. 288
Kaufmann, L. 224, 287, 289
Keller, W. J. 260, 289
Kellerer, H. 10, 243, 248, 289
Kendall, M. G. 51, 289
Kick, T. 257, 260, 291
Kirchgässner, G. 224, 229, 289
Kischka, P. 289
Kläg, M. 260, 289
Kleiter, G. 253, 289
Klösener, K.-H. 51, 248, 288
Knüppel, L. 289
Kockelkorn, U. 290
Kockläuner, G. 290
Köhle, D. 293
König, H. 224, 290
Kogelschatz, H. 290
Kolmogoroff, A. N. 80, 89, 290
Korb, U.-G. 285
Kosfeld, R. 260, 290
Krämer, W. 229, 290
Krafft, O. 244, 248, 290
Kraft, M. 290

Krelle, W. 288, 290, 294
Kreyszig, E. 128, 290
Kricke, M. 290
Krickeberg, K. 129, 290
Krug, W. 10, 290
Krüger, R. 244, 248, 287
Krumbholz, W. 290, 292
Kuchenbecker, H. 62, 215, 290
Kübler, K. 229, 288
Kühn, W. 232, 239, 290
Küsters, U. 260, 290
Kugler, P. 290
Kuhbier, P. 290
Kyburg, H. E. 91, 290

Langer, K. 232, 239, 257, 294
Laplace, P. S. de 81
Laspeyres, E. 55
Lauro, N. 289
Lauwerth, W. 290
Lee, T.-C. 229, 289
Lehn, J. 290
Leiner, B. 224, 248, 257, 260, 290
Lenz, H.-J. 248, 290, 293
Leserer, M. 229, 290
Lienert, G. 51, 290
Linder, A. 244, 248, 290
Lindley, D. V. 253, 255, 291
Lipowatz, T. 215, 291
Lippe, P. v. d. 62, 215, 291
Litz, H. P. 215, 291
Loeffel, H. 255, 286
Lohnes, P. R. 239, 257, 286
Lorenz, M. O. 25
Lorenzen, G. 291
Lüdeke, D. 229, 291
Lütkepohl, H. 224, 229, 289, 291

Malinvaud, E. 229, 291
Marfels, C. 29, 291
Marinell, G. 239, 255, 260, 291
Maxwell, A. E. 239, 291
Mayer, H. 291
Mayer, K. U. 286
Meisner, B. 73, 292
Menges, G. 10, 30, 62, 91, 229, 291
Merkel, A. 260, 287
Mertens, P. 224, 291, 293
Mierheim, H. 27, 291
Mises, R. v. 89, 291
Mittenecker, E. 244, 248, 291
Möller, H. H. 30, 285
Mohr, W. 223, 224, 291
Moore, P. G. 91, 288
Mosler, K. 291
Mückl, J. 294

Müller, G. W. 257, 260, 291
Müller, P. 229, 291
Münzner, H. 28, 291
Mundlos, B. 62, 291

Naeve, P. 224, 286, 289, 291, 295
Nerb, G. 48, 291
Neubauer, W. 215, 288, 291
Nie, N. H. 259, 289, 291
Nievergelt, E. 255, 286
Nölle, G. 212, 295
Nourney, M. 10, 290, 291
Nullau, B. 73, 291, 292

Oberhofer, W. 292
Opitz, O. 62, 219, 224, 232, 239, 286, 287, 290, 291, 292
Ost, F. 224, 287
Ott, A. E. 294

Paasche, H. 55
Panny, W. 288
Pape, H. 289
Pascal, B. 81
Pauly, R. 73, 292
Peeters, J. 10, 294
Pertler, R. 288
Pesaran, H. M. 257, 292
Pfanzagl, J. 10, 62, 73, 185, 193, 211, 212, 243, 248, 292
Pfeifer, D. 292
Pflaumer, P. 292
Pfuff, F. 292
Phillips, L. D. 253, 255, 292
Piesch, W. 30, 292
Plachky, D. 292
Plinke, W. 239, 285
Poisson, S. D. 103
Pokropp, F. 243, 248, 292
Popp, W. 62, 285
Pukelsheim, F. 292

Raiffa, H. 253, 255, 292
Rauhut, B. 288, 290
Reichardt, H. 186, 292
Rettig, S. 290
Revenstorf, D. 239, 292
Révész, P. 129, 292
Richter, H. 129, 292
Richter, K. 244, 248, 285
Riedwyl, H. 239, 287
Ringwald, K. 292
Rinne, H. 73, 229, 289, 292
Rizzi, A. 289
Rommelfanger, H. 292
Ronning, G. 292

Rosenkranz, F. 227, 292
Rothschild, K. 217, 224, 292
Ruff, A. 293
Rutsch, M. 10, 292

Sachs, L. 211, 292
Sangmeister, H. 293
Savage, L. J. 211, 293
Schader, M. 239, 288, 293
Schäffer, K. A. 73, 286, 293
Schaffranek, M. 62, 215, 285, 287
Schaich, E. 51, 211, 215, 293
Schindowski, E. 215, 293
Schips, B. 288, 293
Schittko, U. K. 48, 229, 285
Schlaifer, R. 253, 255, 292
Schlicht, E. 73, 293
Schlittgen, R. 224, 293
Schmetterer, L. 128, 170, 171, 212, 293
Schmid, F. 229, 293
Schmitz, N. 292
Schneeberger, H. 244, 248, 293
Schneeweiß, H. 171, 229, 285, 293
Schneider, H. 293
Schnorr, C. P. 90, 293
Schobert, R. 232, 239, 287
Schönfeld, P. 170, 229, 293
Schriever, K.-H. 292
Schröder, M. 219, 224, 293
Schubö, W. 259, 260, 286, 293
Schuchard-Ficher, C. 239, 285
Schuemer, R. 260, 287
Schürz, O. 215, 293
Schütz, W. 217, 224, 293
Schulte, W. 260, 289
Schulze, P. M. 293
Schwarze, J. 10, 62, 224, 288, 291, 293, 294
Schweitzer, W. 293
Seeber, G. 255, 260, 291
Seifert, H. G. 294
Senger, M. 260, 287
Shephard, R. W. 62, 286, 287, 290, 291
Sheth, J. N. 232, 239, 294
Siegel, S. 51, 294
Skala, H. 10, 30, 62, 291
Skarabis, H. 239, 294
Slater, L. J. 257, 292
Smith, N. 51, 287
Smokler, H. E. 91, 290
Söll, H. 291
Sommer, J. 294
Sondermann, D. 294
Sonnberger, H. 229, 290
Späth, H. 232, 239, 257, 294
Spaetling, D. 294
Spearman, C. 238

Sperry-Rand-Univac 294
Spremann, K. 62, 285, 294
Stachowiak, H.-H. 244, 248, 287
Stähly, P. 288
Stahlecker, P. 229, 294
Stange, K. 211, 244, 248, 294
Stegmüller, W. 91, 294
Steinbrenner, K. 259, 291
Steinhausen, D. 232, 239, 257, 260, 294
Steinmetz, D. 285, 287
Steinmetz, V. 289, 294
Stenger, H. 62, 215, 243, 248, 285, 294
Stier, W. 293, 294
Stöppler, S. 294
Strasser, H. 294
Strecker, H. 10, 285, 294
Streitberg, B. 224, 293
Szameitat, K. 62, 215, 285

Theil, H. 229, 294
Thiel, N. 229, 288
Thomas, H. 91, 288
Tiao, G. C. 253, 255, 286
Tossdorf, G. 292
Trenkler, D. 229, 294
Trenkler, G. 184, 185, 186, 211, 212, 229, 286, 294
Tschebyscheff, P. L. 124
Tutz, G. 294

Uebe, G. 229, 289
Überla, K. 239, 294
Uehlinger, H. M. 259, 260, 293
Uhlmann, W. 171, 213, 215, 242, 248, 294
Ungerer, A. 292

Vahle, H. 239, 289
Voeller, J. 55, 287, 294
Vogel, F. 239, 294
Vogel, W. 128, 129, 294
Vogt, H. 215, 248, 295
Voß, W. 260, 295

Wäsch, P. 73, 292
Wald, A. 55, 58, 72, 90, 255, 295
Waldmann, K.-H. 293
Weber, E. 239, 295
Wegmann, H. 290
Wegner, F. 293
Wehrt, K. 295
Weiber, R. 239, 285
Weichselberger, K. 295
Wetherill, G. B. 248, 290, 293
Wetzel, W. 10, 128, 129, 171, 288, 289, 291, 293, 295

Wicke, L. 27, 291
Wiegert, R. 10, 294
Wilrich, P.-Th. 248, 290, 293
Wingen, M. 292
Wishart, D. 295
Witting, H. 171, 212, 295
Wolff, C. 288

Wolters, J. 224, 290, 295
Woodward, W. A. 260, 295

Zellner, A. 253, 255, 295
Zöfel, P. 295
Zörkendörfer, S. 260, 294
Zwer, R. 215, 295

Sachverzeichnis

Abbildung
–, injektive 7
–, ordnungserhaltende 7
Abbruchkriterien **237**, 239
abhängige Variable 42, 44
Abhängigkeit 42
–, einseitige 31
–, wechselseitige 31, 40
Ablauf-Schema 241, **242**
Ablehnungsbereich **176**
Abschneideverfahren **9**
absolute Häufigkeit **11**
– Konzentragion 28
Absolutskala **7**
Abtastperiode 224
Abweichung
–, durchschnittliche **21**
–, externe mittlere quadratische **23**
–, interne mittlere quadratische **23**
–, mittlere quadratische **21**, 22, 23, 42
–, monatstypische **68**
–, quartalstypische **70**
–, stundentypische **70**
abzählbar unendlich 79, 80, 97, 106
äußere Definition 72, 73
Aggregatform **56,** 58
Aktionenraum 250
aktueller Rand 73
Alternativhypothese **173**, 176, 179, 213
Alternativrechnungen 92
Alternativtest **213**
amtliche Statistik 9, 28, 54
Anpassungsgüte 45
Anpassungstest 184, 199, 200, 202
Anteilswert 24, 45, 149
Antwortverweigerung 10
Approximation 131, 141, 247
Approximationsmöglichkeit 103
approximativer Gaußtest 183, 184, **188**, 189, 190
– Zweistichproben-Gaußtest **193**, 195
a posteriori 88, **156**, 157, 253
a priori 88, **156**, 158, 170, 212, 253
ARIMA-Prozeß **223**
arithmetisches Mittel 16, **17**, 18, 19, 20, 21, 23, 36, 53, 66, 244
ARMA-Prozeß **222**, 221
AR-Prozeß **220**, 222
asymptotisch erwartungstreu **148**, 157
Aufteilung 150
–, allgemeine optimale **247**, 248
–, optimale 150, 245, **246**, 247

–, proportionale **247**
Ausgleichsgerade **45**
Ausprägung (= Mehrmalsausprägung) 5, 6, 97, 127
ausreißerempfindlich 21
Ausschußwahrscheinlichkeit 88
Auswahl falscher Teilgesamtheiten 10
Auswahlsatz **101**
Auswahlverfahren 137
Auswertungsmethoden 3, 10, 11, 49, 156
– für eindimensionales Datenmaterial 11
– für mehrdimensionales Datenmaterial 31
automatische Klassifikation 232
autoregressiver Prozeß **220**, 222
axiomatische Forderung 29
Axiome (der Wahrscheinlichkeits-rechnung) **80**, 85, 89, 91

BASIC 257
Basisperiode **54**, 55, 56, 59
Baumdarstellung 86, 183
Bayes-Konfidenzintervall 170
Bayes-Kriterium 252
Bayes-Schätzfunktion **156**, 157, 255
Bayessche Formel **87**, 88
Bayestest **212**
Bayes-Verfahren 158, 252, **253**, 254
bedingte Verteilung 33, 34, 35, 42, 117
– arithmetische Mittel 42
– Dichte 116, 117
– Modalwerte 42
– Verteilungsfunktion **112**, 117
– Wahrscheinlichkeit **86**, 87, 88, 89
– Wahrscheinlichkeitsfunktion 116, 117
– Wahrscheinlichkeitsverteilung 115
Befragung 9
beliebig oft wiederholbar 83
Benutzerhandbuch (= Benutzermanuel) 258, 259
Beobachtung 9
beobachtungsäquivalent 229
Beobachtungsmatrix 226, 227
Beobachtungswert **11**, 15
bereinigte Zeitreihe 68, 69
Berichterstattung im produzierenden Gewerbe 9
Berichtsperiode **54**, 55, 56, 59
Berliner-Verfahren 73
Bernoulli-Variable **100**
beschreibende Statistik 3
Besetzungszahl **14**
Bestandsmasse **5**, 261

Bestimmtheitskoeffizient **45**, 46, 47, 50, 53
Betrags-Schadensfunktion **254**
Betragssumme 19
Bevölkerungsprognosen 215
Bevölkerungsstatistik 215
Bewegungsmasse **6**, 261
–, korrespondierende **6**
Beziehungszahlen **53**, 54, 61
binäre Zufallsvariable **101**
Binomialverteilung 99, **100**, 123, 206
Biometrie 1, 257
BMD 258
BMDP 258
B(n;p) – Verteilung **100**, 123
Bravais-Pearson-Korrelationskoeffizient
35, **37**, 50, 125, 127, 151, 232, 265
Budget 247

Census-II-Verfahren 73
charakteristische Funktion 128
Chi-Quadrat **40**, 259
– Anpassungstest 198, **199**, 200, 202
– Größe **40**, 41
– Test für die Varianz 191, **192**
– Verteilung **141**, 168
circular test 59
Clusteranalyse 231, 232, 257, 258, 259
concentration ratio **28**

Daten
–, gruppierte **7**
–, kardinale 42, 187, 206
–, klassierte **7**, 14
–, nominale 42, 187, 200, 203
–, ordinale 206
–, saisonbereinigte 226
Datenerhebung 5
Datenmatrix **48**, 49, 231, 232, 233, 239
Definition
–, äußere 72, 73
–, explizite **89**
–, implizite **89**
–, innere 72
Definitionsgleichung 228
Delphi-Methode 91, 253
Demometrie 1
Dependenzanalyse **42**, 49
deskriptive Statistik 1, **3**, 5, 50
Determinationskoeffizient **45**
deterministischer Vorgang 90
Deutsche Bundesbank 73
dichotom **101**, 135, 139, 140, 147, 156, 167
Dichtefunktion (= Dichte) **104**, 105, 106, 127

Differenzenschätzung **243**
Differenzentest 186, 189, 212, 280
disjunkt 18, 23, 79, 84, 85, 99
–, paarweise 80
diskontierte Summe der Abweichungsquadrate **218**
diskretes Merkmal **7**, 8
Diskriminanzanalyse 231, 258, 259
Divisia-Index 62
Dominanz eines Meinungsführers 91
Dummy **101**, 225
durch die Regression erklärter Anteil der Varianz **45**
durch die Regression erklärte Werte **45**
Durchschnitt **79**, 86, 93, 94
Durchschnittswert **17**

EDV-Anlage IX, 258
effizient 148
Eigenvektor 236, 237, 239
Eigenwert 236, 237, 239
Eigenwertgleichung 236, 237
einfache Stichprobe **136**, 137, 147, 161, 183
Einfachstruktur 238, 239
Einfluß des Interviewers 10
Einflußfaktor 44, 50, 73
Eingangskontrolle 241, 250
Eingleichungsmodell **225**, 226, 227, 228
Einkommensgrößenklasse 8
Einkommens- und Verbrauchsstichprobe 27, 57
Ein-Schritt-Prognose **217**
Einstichproben-Gaußtest 173, **176**, 178, 208, 212, 213
Einstichproben-t-Test **188**, 189
Einzelrestfaktor **234**
Einzelvarianz **235**
Elementarereignis **77**, 78, 80, 81
empirische Sozialforschung 10, 182
– Verteilungsfunktion **15**
empirisches Korrelogramm **221**
Entscheidungsfunktion 249
Entscheidungsraum **249**
Entscheidungsregel **174**, 176, 179, 181
Entscheidungstheorie 78
–, statistische 2, 156, 159, 213, 149
Ereignis **78**, 79, 93, 94
–, sicheres **79**, 80, 93
–, unmögliches **79**
Ereignismasse 6
Ereignisse
–, äquivalente **79**
–, disjunkte **79**, 80, 84, 99
–, komplementäre **79**

–, unabhängige **88**, 89
Ereignissystem 79
Ergebnis **77**
Ergebnismenge **77**, 78
Erhebung 5, 9
erwartungstreu **147**, 148, 149, 150, 151, 153, 154, 157, 245, 251
Erwartungswert **120**, 123, 124, 127
Erzeugungsmechanismus 220
E(X) **120**, 124, 127
Experiment 9
explorative Statistik 3
Exponentialindex 29
Exponentialverteilung **107**, 108, 123, 154
exponentielles Glätten
–, erster Ordnung 217, **218**
–, zweiter Ordnung 219
exponentielle Wachstumsfunktion 46, 47
externe Varianz **23**, 24
Extraktion der Faktoren 236

Faktor 233, 236, 239
–, allgemeiner **238**
–, gemeinsamer **234**, 235, 239
–, merkmalseigener **234**
–, spezifischer **234**, 235
Faktorenanalyse 231, 232, 233, 239, 258, 259
Faktorenmuster **234**, 239
Faktorenwert **234**
faktorieller Index 62
Faktorladung 234
Faktorladungsmatrix 236
Faustregel 247
Federal Reserve Board 73
Fehlentscheidung 174, 180
Fehlentscheidungskosten 241, 249
Fehler 1. Art **181**, 182, 207
Fehler 2. Art **181**, 182, 207, 208
Festlegung der Untersuchungsmerkmale 10
fiktiver Merkmalsträger 28
Fisherscher Test **55**
Folgen von Zufallsvariablen 129
Folgesituation 77, 90
Formel von Bayes **87**, 88
FORTRAN 257
Fortschreibung 6, 220
Fragebogen 5, 9, 10
Fraktil **119**, 141, 142, 144, 254
Freiheitsgrad 141, 142, 143
Frequenz 223, 224
F-Verteilung **143**, 144

Gaußsche Glockenkurve **108**, 109, 145
Gauß-Statistik **139**, 144, 145, 162, 166, 174

Gaußtest
–, approximativer 183, 184, **188**, 189, 190
–, approximativer Zweistochproben- 185
–, Einstichproben- 173, **176**, 178, 180, 184
–, Zweistichproben- 185
Gauß-Verteilung **108**
Gegenhypothese **173**, 174, 182
gemeinsame
– Dichte **113**, 138
– Häufigkeiten **32**, 40
– Verteilungsfunktion **112**, 113, 114
– Wahrscheinlichkeitsfunktion **113**, 138
Genauigkeitsgewinn 246
geometrisches Mittel 16, **18**, 58
geplante Auswahl **9**
GERT-Verfahren 92
Gesamtkommunalität **235**, 237
Gesamtmasse 19, 23, 53
Gesamtmittel 18, 23
Gesetz der großen Zahlen 75, **129**, 151
–, schwaches 129
–, starkes 129
gewichtetes Mittel **17**
Gewichtungsschema 56, 58
gewogenes Mittel **17**, 19, 150, 158
Gini-Koeffizient 25, **26**, 27, 28, 40, 263, 164
–, normierter **26**, 27
Glättungsparameter **218**
glatte Komponente **65**, 66, 67, 68, 69, 70, 71, 72, 73
gleichmäßige Verteilung 15, 16
Gleichverteilung 106, **107**, 123, 156, 255
gleichwahrscheinlich **81**, 82
gleitender Durchschnitt 65, **66**, 67, 68, 73, 218
– gerader Ordnung 66
– ungerader Ordnung 66
gleitender-12-Monats-Durchschnitt **66**, 67, 68, 69, 72
Gliederungszahlen **53**, 54, 61
Gompertz-Funktion 46
Grundgesamtheit **5**, 9, 75, 135, 136, 137
–, dichotome **135**, 138, 139, 140, 145, 147, 156, 166, 188
–, endliche 243
–, Erwartungswert einer **135**
–, normalverteilte 145
–, Varianz einer **135**
–, Verteilung einer **135**
gruppierte Daten **7**
günstiger Fall 81
Gütefunktion **207**, 208, 209, 210, 211, 283

Häufigkeit
–, bedingte 31
–, bedingte relative 32
–, gemeinsame 32, 40
–, relative 9, **11**, 53, 83, 84, 90, 130
Häufigkeitsinterpretation 83
Häufigkeitspolygon **15**
Häufigkeitstabelle **12**, 13, 14
Häufigkeitsverteilung 11, **12**, 17, 97
–, absolute **11**, 12
–, absolute kumulierte **15**
–, bedingte 127
–, eingipfelige 16
–, gemeinsame 34, 127
–, klassierte **14**, 16, 30
–, kumulierte **15**, 16, 30
–, mehrdimensionale 31
–, relative **11**, 12
–, relative kumulierte **15**
–, zweidimensionale 115
Handwerksrolle 5
Handwerkszählung 5
Hauptkomponentenanalyse 231, 258
Hauptsatz der Faktorenanalyse **235**
Herfindahl-Index **28**, 29
Histogramm 12, 13, **14**, 15, 16, 258
Hochrechnung **243**
homogen 242, 246
hypergeometrisch 101, **102**, 121, 123
Hypothese 173
–, Bestätigung der 182
–, einfache **180**
–, einseitige **180**, 212
–, nichtparametrische **180**
–, parametrische **180**
–, zusammengesetzt **180**
–, zweiseitige **180**, 212

IBM 259, 288
Idealindex 55, **58**
Identifikationskriterien 229
Identifikationsproblem 229, 236, 238
identifizierbar 71, 236
identisch verteilt **129**, 136
Implementierung 258
Import 226
Importpreisindex 226
Impuls 219
IMSL 258, 260
Indeterminismus 90
Indexzahl 1
Indexzahlen 53
Indikatorvariable **100**, 121, 128, 225, 227
induktive Statistik 2, 5
Inferenz-Statistik **133**
initialisieren 218

Inkonsistenztheorem 55
innere Definition 72
Instandhaltungsstrategie 13
Interdependenz 33, 35, 40, 228
Interdependenzanalyse **42**, 49
interne Varianz **23**, 24
Interpretation der Faktoren 237, 238
Intervallprognose **217**
Intervall-Schätzung 2, 133, 161, 165, 168, 170
Intervallskala 7
intervenierende Variable **50**
Investitionsfunktion 228
irreguläre Komponente **63**, 65, 66, 71, 220
Irrtumswahrscheinlichkeit **161**, 162, 165, 170, 174, 241
Iterationstest von Wald-Wolfowitz 185

Jensensche Ungleichung **121**, 122, 140, 275
Juglar-Wellen 223

Kanonische Korrelationsanalyse 231, 258
Kardinalskala **7**, 13, 18, 49
Kaufkraft-Parität 62
kausaler Einfluß 50
Klassenbildung 10, 13
Klassengrenze 14, 15, 26
Klassenhäufigkeit 14, 18, 25, 26
Klassenmitte 18, 26
klassierte Daten **7**, 14
Klassierung **7**, 8
klassischer Wahrscheinlichkeitsbegriff **81**, 82
Kleinst-Quadrate-Index 62
Kleinst-Quadrate-Schätzfunktion 152, 153, 227, 229
Klumpen **242**, 243
Klumpeneffekt **243**
Kolmogoroff-Smirnoff-Test 184, 185
Kommunalität **235**, 237, 239
Kommunalitätenproblem **237**
Komplement 79
komplementär **79**
Komponente
–, glatte **65**, 66, 67, 69, 70, 71, 72
–, irreguläre **63**, 64, 65, 71, 131, 220
–, zyklische **63**, 65
Kondratieff-Wellen 223
Konfidenzellipse 171
Konfidenzellipsoid 171
Konfidenzintervall **161**, 162, 165, 168, 169, 170
–, einseitiges 171
–, symmetrisches **162**, 163, 166, 168
–, trennscharfes **171**

–, unsymmetrisches 171
–, unverfälschtes **171**
Konfidenzniveau **161**, 162, 164, 165, 167, 168, 169, 170, 178
konfirmatorische Statistik 133
konjunktureller Wendepunkt 65
Konjunkturzyklus 63, 64, 65
konkav 121
konsistent **151**
Konstanz der Saisonfigur **65**, 68
Konsumfunktion 228
Kontingenzkoeffizient 35, 36, **40**
–, korrigierter **40**, 41, 42
–, normierter **40**
Kontingenztabelle **31**, 32, 41, 42, 49, 202
Kontingenztest 186, **202**, 203
Kontrollgrenze **177**, 178
Kontrollkarte **177**, 178
konvex 25, 121, 245, 275
Konzentration 24
–, absolute 28
–, relative 28
Konzentrationskoeffizient **28**, 29, 31
Konzentrationsmaß 24, 29, 30
–, absolutes **28**
Korrelation 1
Korrelationskoeffizient 3, 36, **37**, 38, 44, **125**, 127
–, partieller **50**, 51
–, quadrierter multipler **45**
Korrelationsmatrix **232**, 233, 234, 239
Korrelationstest 186
Korrelogramm
–, empirisches **221**
–, theoretisches **221**, 222
korrespondierende Bewegungsmasse **6**
Kostensatz 247, 248
Kovarianz **125**, 126
Kovarianzanalyse 258
Kreisfrequenz 224
Kreissektorendiagramm **12**, 13, 53
kritischer Weg 131
kσ-Bereich **111**, 125
kumulierte Häufigkeitsverteilung **15**, 16

Lageparameter 3, **16**, 18, 19, 20, 30, 31, 108, 119, 128
Lagrange-Multiplikator 236, 246
Laplacesche Wahrscheinlichkeitsdefinition **81**, 89, 92
Laspeyres-Index **55**, 57, 58, 60, 61
Lebensdauer 107, 108
Likelihood-Funktion **138**, 153, 154, 156, 157
lineare Transformation **18**, 19, 22, 122, 125, 197

– multiple Regression **225**
Regression **42**, 49
Linearisierung durch Logarithmierung **48**
Link 225
logistische Funktion 46
Londoner Wirtschaftsdienst 73
Lorenzkurve **24**, 25, 26, 28, 30, 263
Lottozahlen 77, 78, 137
Lowe-Index 59

Marktanteil 25
Marktuntersuchung 2, 9
Marshall-Edgeworth-Index **58**
maßstabsabhängig 45
maßstabsunabhängig 21, 37, 45
Maximum-Likelihood
– Methode 200
– Prinzip **153**, 154, 155
– Schätzfunktion **153**, 155, 158, 279
– Schätzwert 201
Median 16, **17**, 18, 19, 21, **119**, 254
Mehrgleichungsmodell **225**, 228, 229
Meinungsforschung 2, 9
Mengenindex 53, 59
– von Laspeyres **58**
– von Paasche **59**
Merkmal **5**, 9, 11
–, diskretes **7**, 8
–, kardinalskaliertes 17, 18, 23, 24, 31, 50
–, nominalskaliertes 13, 17, 31, 40
–, ordinalskaliertes 17, 18, 38
–, qualitatives **5**, 6
–, quantifiziertes 17, 31, 93
–, quantitatives **5**, 6, 11, 31, 93
–, quasistetiges **7**, 8, 13
Merkmalsachse 12, 14, 16
Merkmalsausprägung **5**, 7, 11, 54, 75
Merkmalssumme 24, 25, 26, 28, 53, 139, 243
Merkmalsträger **5**, 9, 11, 31
Merkmalswert **11**, 17, 19
–, absoluter 27, 28
–, relativer 27, 28
Meßgenauigkeit 105, 106
Meßzahlen **54**, 56, 61
Methode der kleinsten Quadrate 153
Microcomputer 260
Mikrozensus 5, 8
Minimax-Kriterium **252**
Mischformen 106, 115
Mittel
–, arithmetisches 16, **17**, 18, 19, 20, 21, 36
–, geometrisches 16, **18**, 58
–, gewichtetes (= gewogenes) **17**, 65, 218
mittlere quadratische
– Abweichung **21**, 22, 23, 42, 53
– Kontingenz **40**

Modalwert **16**, 17, 254
Modell
–, dynamisches 228
–, faktorenanalytisches **233**
–, lineares 48
–, ökonometrisches 225
Modus **17**, 19, **119**, 158
Momente **128**
– um Null **128**
–, zentrale **128**
momentenerzeugende Funktion 128
monatstypische Abweichung **68**, 69
Monatswert 65, 66
Monopolkommission 28
Moving-Average-Prozeß **222**
multidimensionale Skalierung 231, 232
Multikollinearität 225, **227**, 228
Multimoment-Verfahren 244
multiple lineare Regression 49, 259
multivariates Verfahren 2, 231, 239, 257

Negativ korreliert **37**
Nichtbeantwortung 243
nichtlineare Regression **42**, 46, 47
nichtparametrischer Test 205, 211
Niveauänderung 219
N(μ; σ)-Verteilung **108**, 109, 123
Nominalskala **6**, 7, 18, 35
Normalfamilie 60
Normalgleichungen **43**, 46, 47, 48
Normalverteilung **108**, 109, 111, 123
normierter Gini-Koeffizient **26**, 27
Normierung 39
Normierungsintervall 41
Nullhypothese **173**, 174, 179
Nutzenniveau 58

OC-Kurve **208**
Ökonometrie 1, 51, 159, 171, 225
ökonometrisches Modell 225
– Weltmodell 225
ökonomisches Prinzip 90
offene Randklasse 10, 14
Operationscharakteristik **208**
optimale Aufteilung 150, 245, **246**
Optimalitätseigenschaft 19
Ordinalskala **7**, 13, 18
orthogonale Matrix 236
OSIRIS 258, 259

Paasche-Index **55**, 57
Parameterbereich (= Parameterraum) **180**, 208, 249
partielle Integration 120
partielle Ordnung 251
partieller Korrelationskoeffizient **50**, 51
PASCAL 257

PERT-Verfahren 92, 110, 131
P(λ)-Verteilung **103**, 124
Poisson-Verteilung **103**, 124, 131
Polygonzug 16
Portfolio-Selektion 128
positiv korreliert **37**, 38
Preis-Absatz-Funktion 48
Preiselastizität 48
Preisindex 3, 53, 54, 55
– von Laspeyres **55**, 57
– für die Lebenshaltung 57
– von Lowe **58**
–, mechanischer **58**
–, ökonomischer **58**
– von Paasche **56**, 57
Preismeßzahl 54, 55, 56
Primäreinheit **243**
Primärenergie 20
Primärerhebung **9**
Prinzip der kleinsten Quadrate **42**, 43, 45, 47, 62, 151, 220
Produkt-Moment-Korrelationskoeffizient **37**
Projektdauer 92, 110, 131
Prognose 46, 217
–, bedingte **217**
–, unbedingte **217**
Prognosefehler 219
Prognoserechnung 2
Prognoseverfahren
–, autoprojektive **217**
–, kausale **217**
–, multivariate **217**
–, ökonometrische **217**
–, univariate **217**
Prognosewert 46, 218, 219
Programmsystem (= Programmpaket) 257, 258
Proportionalitätstest 55
Psychometrie 1
Punkt-Prognose **217**
Punkt-Schätzung 2, 133, 147

Quadratische Kontingenz **40**
– Schadensfunktion **251**, 254, 255
quadratischer Trend 48, 226
Quadratsumme 19, 43, 45, 46, 47, 50
quadrierter multipler Korrelationskoeffizient **45**
Qualitätskontrolle 176, 213, 215
qualitatives Merkmal **5**, 6, 11
Quantifizierung **6**
Quantil **119**
quantitatives Merkmal **5**, 6, 11
Quartalsdaten 70
Quartalsmodell 227

quartalstypische Abweichung 70
quasistetiges Merkmal 7, 8, 13
Querschnittsanalyse 227
Quotenauswahl 9, 150
Q-Technik 231

Randdichte 115
Randhäufigkeit 31, **32**, 33, 35, 203
Randklasse 10, 14
Randverteilung 33, 117
Randverteilungsfunktion 115
Randwahrscheinlichkeit 116, 203
Randwahrscheinlichkeitsfunktion 115
Rang 227
Rangkorrelationskoeffizient (von Spearman) 35, 36, **38**, 39, 265
Rangminimierung 237
Rangnummer **38**
Rangordnung 7
Rangskala 7
Realisierung (= Realisation) 93, 105, 131, 136
rechteckverteilt 107
reduzierte Korrelationsmatrix 235, 237, 239
Regellosigkeitsaxiom 90
Regeln für Wahrscheinlichkeiten 84
Regionalforschung 228
Regressand **44**, 225
Regression
–, lineare **42**, 50
–, multiple lineare 49, **225**, 259
–, nichtlineare **42**, 47
Regressionsfunktion 31, 47, 50
Regressionsgerade **45**
Regressionskoeffizient **43**, 44, 45, 152, 225
Regressionsschätzung **243**
Regressor **44**, 45, 50, 225, 227, 228
reiner Zufallsprozeß **221**
relative Merkmalswerte 27, 28
– Häufigkeit 9, **11**, 53, 130
– Konzentration 28
repräsentativer Bevölkerungsquerschnitt 9
Repräsentativstatistik 5
Reproduktionseigenschaft 111, 124
Residuum (Residuen) **45**, 47
Richtung des Zusammenhangs 35
Risikoanalyse 92
Risikoerwartungswert **253**
Risikofunktion **251**
risky-shift-Phänomen 91
Rotationsproblem **236**
Rotation zur Einfachstruktur 238, 239
R-Technik **231**
Rundprobe **59**, 60

Sättigungsgrenze 47, 63
Sättigungsprozeß 46, 47, 217
Säulendiagramm **12**
Saisonbereinigung 1, 63, 65, 68, 70, 73
Saisondummies 226, 228
Saisonfigur **65**, 68
–, konstante **65**, 68, 70
–, variable **70**, 72
Saisonindexziffer **71**, 72
Saisonkomponente 63, 65, 66, 70, 71
Saisonveränderungszahl **69**
SAS 259, 260
Satz von der totalen Wahrscheinlichkeit **87**
Schadensfunktion **249**, 251, 254
Schadenserwartungswert **251**, 253
Schätzfunktion **147**
–, Bayes- **156**
–, erwartungstreue **147**, 149, 154, 251
–, konsistente 150, **151**
–, wirksamere **148**
–, wirksamste **149**
Schätzintervall **161**, 165, 178
Scheinkorrelation **50**, 51, 53
Schicht **242**, 245
Schichtbildungs-Problem 244
Schichtschätzfunktion 242, **245**
Schichtungseffekt 242, **246**
Schiefe 128
Schirm-Diagramm 241, **242**
schwach stationärer Prozeß **221**
Sekundäreinheit **243**
Sekundärerhebung **9**
Siemens 257
signifikant 50, **173**
Signifikanzniveau **174**, 178, 179, 180, 184, 213
Signifikanztest **173**, 179, 184, 185, 186
Simulationsstudie 131
Skalenniveau 36, 231
Skalierung **6**, 7, 36, 128
Skalogrammanalyse 259
Software-Paket 228, 238, 259
Sollwert 173
Soziometrie 1
Spannweite **21**
Spektralanalyse **223**, 224, 257
spektralanalytisches Verfahren 217
Spektraldichte **224**
Sperry-Rand-Univac 259, 260
Sprunghöhe 98
SPSS 258, 259
SSP 258, 260
Stabdiagramm **12**, 13, 14, 98, 114
Stärke des Zusammenhangs 35
Standardabweichung **21**, 22, 23, 44, **122**

standardisierte Datenmatrix **232**, 233, 236, 239
Standardisierung 62
standardisierte Zufallsvariable **109**, 124, 130
Standardnormalverteilung **108**, 109, 143
Standortproblem 19
Statistik 1, **138**
–, amtliche 9, 28, 54, 215
–, analytische **133**
–, beschreibende 3
–, beurteilende **133**
–, deskriptive 1, **3**, 5, 75, 97
–, explorative 3
–, induktive 2, 5, 75, 84, 133, 249
–, Inferenz- **133**
–, konfirmatorische 133
–, schließende **133**
statistische
– Entscheidungsfunktion **250**
– Entscheidungstheorie 2, 156, 159, 213, 249
– Erhebung 5, 9
– Lüge 1, 51
– Masse **5**, 11, 18
– Qualitätskontrolle 176, 213, 215
– Software 2, 257
– Verfahren **250**
Statistisches
– Bundesamt 9, 57, 73, 215
– Jahrbuch 1, 8, 41, 67
– Landesamt 5
statistisch widerlegt 174
STAT-PACK 258, 259
stetiges Merkmal 7, 8, 13
Stichprobe
–, einfache **136**, 137, 145, 147, 158, 161, 184
–, m-dimensionale einfache **137**
–, unabhängige 185, 212
–, verbundene 186, **187**, 189, 202, 212
Stichproben
– ergebnis (= Realisation) **137**, 139, 153, 161, 249
– erhebung **5, 136**
– funktion **138**, 139, 144, 161
– -Information 156, 158
– korrelogramm **221**
– kosten 241, 243
– kostenfunktion **251**
– mittel **124**, 139, 144, 147, 149, 165
– raum **137**, 249
– -Standardabweichung **139**, 140, 165
– technik **9**
– theorie 159
– umfang **136**, 145, 151, 164, 167, 188, 213, 241

– variable **136**, 137, 144, 195
– varianz 139, 149
Stichprobenplan 241, 242
–, einstufiger **242**
–, geschichteter 244
–, k-stufiger **242**
–, sequentieller **242**
–, zweistufiger **242**, 250
stochastische Netzpläne 92
stochastischer Vorgang **77**, 90
Störvariable **63**, 131, 220, 225
Streuungsdiagramm 31, **34**, 37, 38, 42, 43, 46, 49, 114
Streuungsparameter 20, 21, 22, 23, 30, 31, 108, 122
Struktur **228**
Stützbereich 66
Stufenzahl **242**
suffiziente Statistik 252

Tabellenkopf 49
Taxonomie 232
Teilerhebung 2, 5, 9
Teilgesamtheit 5, 9, 75
Teilstichprobenumfang 245
Terminplanung 92
Testfunktion **174**, 179, 181
Test, gleichmäßig bester **212**
–, nichtparametrischer 184, 185, 186, 205, 211
–, parametrischer 184, 185, 186, 212
–, sequentieller 213
–, trennscharfer **212**
–, unverfälschter **208**, 212, 251, 283
–, verteilungsfreier **205**, 212
– von Kolmogoroff-Smirnoff 184, 185
– von Kruskal-Wallis 185
– von Wald-Wolfowitz 185
theoretischer y-Wert **45**, 46, 47
Totalerhebung 2, **5**, 243, 246
Totalwert **243**
Trend 48, 64, 219, 226
Trendermittlung 1
Trendkomponente **63**, 65
trennscharf **171**
Treppenfunktion 15, 98
Tschebyscheff-Ungleichung **124**, 125, 128, 129, 131, 148
t-Statistik **139**, 144, 145, 165, 166, 188
t-Verteilung **142**, 143

Überdeckungswahrscheinlichkeit 171
Überschätzung 159, 171, 255
Umbasierung 59, **60**, 61
unabhängige Ereignisse **88**, 89
– Merkmale **33**, 40

- Stichproben 185
- Variable 42, 44
- Zufallsvariablen 95
Unabhängigkeit 122, 126, 203
Unabhängigkeitsprämisse 40, 41
unerklärter Rest 63
Ungewißheit 78, 250
Ungleichung von (Bienaymé-) Tschebyscheff 124
uniform verteilt 107
unimodal 17
unkorrelierte Faktoren 234
- Merkmale 37, 45
- Zufallsvariablen 126
Unkorreliertheit 126
Unterschätzung 159, 171, 255
unverfälschtes Konfidenzintervall 171
unverfälschter Test 208, 212, 251, 253, 283
Unvergleichbarkeit 251
unverzerrt 147
Urliste 11, 13, 16, 17, 31, 48, 49
-, geordnete 29, 30
US-Census Bureau 48, 73

Var (X) 122, 123, 124, 127
Variable
-, abhängige 42, 44
-, erklärende 44
-, erklärte 44
-, endogene 44, 225
-, exogene 44, 225
-, intervenierende 50
-, standardisierte 144, 233, 235
-, unabhängige 42, 44
Varianz 122, 123, 124, 127
-, externe 23, 24
-, interne 23, 24
Varianzanalyse 196, 197, 198, 231, 258
Varianzzerlegung 235
Variationskoeffizient 21, 22, 29, 53
verallgemeinerte Kleinst-Quadrate-Schätzfunktion 228
Verbrauchsschema 56
verbundene Stichproben 187, 202
Vereinigung 79, 80, 93
Verfahren
-, gleichmäßig bestes 251, 252
-, mehrstufiges 251, 252
-, multivariates 2, 49, 257
-, ökonometrisches 49, 257
-, sequentielles 250
-, statistisches 250
Vergleichskriterium 252
Verhältnisschätzung 243, 244
Verhältnisskala 7
Verhältniszahl 53, 62

Verhaltensgleichung 228
Verkettung 60, 61
Verknüpfung 60, 61
Verlustfunktion 249
Vermögenskonzentration 25
Vermögensverteilung 26
Verschiebungssatz 23, 122, 140
Versuchsplanung 244
Verteilung 97
-, a posteriori 156, 158, 253
-, a priori 156, 158, 253
-, bedingte 33, 34, 35, 42, 108
- der Grundgesamtheit 135
- der seltenen Ereignisse 103
-, diskrete 99
-, gemeinsame 137
-, hypergeometrische 101, 102, 124
- ohne Gedächtnis 108
-, stetige 106
verteilungsfrei 205
Verteilungsfunktion 15, 96, 97, 100, 104, 106
-, eindimensionale 115
-, empirische 15
-, gemeinsame 112, 113, 114, 115
-, zweidimensionale 112
Verteilungsklasse 158
Verteilungsparameter 75, 119
Vertrauenswahrscheinlichkeit 161, 164, 165, 168
Verwerfungsbereich 176, 177, 179, 181
verzerrender Einfluß 10
Volkseinkommen 226
Volkszählung 5
Vollerhebung 5, 9
vollständige Klasse von Verfahren 252
von Misessche Definition 89, 90
Vorinformation 156, 242
Vorkenntnisse 241, 243
Vorspalte 49
Vorstichprobe 245
Vorzeichentest 186, 205, 206, 207

Wachstumsfaktor 17, 20
Wachstumsfunktion 46, 47
Wahrscheinlichkeit 80, 90
-, a posteriori 88
-, a priori 88
-, bedingte 86, 87, 88, 89
-, objektive 90, 91, 92
-, subjektive 90, 91, 92
Wahrscheinlichkeitsdichte 104
Wahrscheinlichkeitsfunktion 98, 99, 100, 106
Wahrscheinlichkeitsmaß 80
Wahrscheinlichkeitsrechnung 1, 75

Wahrscheinlichkeitsverteilung 97
–, bedingte 115, 127
–, gemeinsame 127
Wald-Wolfowitz-Test 185, 205
Warenkorb 3, 55, 56, 58, 59, 60, 62
Warngrenze **177**, 178
Warteschlangenmodell 107
weißes Rauschen **221**, 222
Wertebereich **94**
Wilcoxon-Rangsummentest 185, 205
Wilcoxon-Test 186, 205, 212
wirksam **148, 149**
Wirksamkeit **212**
Wirtschaftsstatistik 215

Yule-Walker-Gleichungen 220

Zahlungsbilanzüberschuß 226
Zeitreihe
–, bereinigte 68, 69
–, saisonbereinigte **69**, 70
Zeitreihenanalyse 65, 257, 258
Zeitreihendiagramm **64**
Zeitreihenkomponente 65, 72
Zeitreihenmodell 66
–, additives **63**
Zeitreihenpolygon **64**, 67, 219
Zeitreihenzerlegung **63**
zentraler Grenzwertsatz 75, **130**, 131, 276
Zentralwert **17**
Zerlegung **84**, 87
Ziehen mit Zurücklegen **82**, 85, 89, 101, 245
Ziehen ohne Zurücklegen **82**, 85, 101, 102, 136, 245

Zielvariable **44**
zufälliges Ziehen 81
zufallsabhängiges Geschehen **77**
Zufallsauswahl 241
–, reine **135**
–, uneingeschränkte **135**, 136, 137
Zufallsvariable 75, 99
–, binäre **101**
–, dichotome **101**, 135
–, diskrete **91**, 97, 98, 106, 112
–, eindimensionale **93**, 96, 97, 104
–, exponentialverteilte **107**, 108, 120
–, gleichverteilte 121
–, mehrdimensionale **94**, 112
–, n-dimensionale **94**
–, normalverteilte **108**, 110
–, standardisierte **109**, 124, 130
–, standardnormalverteilte 131
–, stetige **104**, 105, 106, 112
–, zweidimensionale 113, 127
Zufallsvariablen
–, unabhängige **95**, 100, 116, 117, 120, 122, 130
–, unabhängige, identisch verteilte 130
–, unkorrelierte **126**
Zufallsvorgang 75, **77**, 78, 79
Zufallszahl 131, 136
Zusammenhangsmaß 35, 40
Zustandsraum **249**, 250
Zweistichproben-F-Test 185, **195**
Zweistichproben-Gaußtest 185, **193**
Zweistichproben-t-Test 185, **193**, 198
zyklische Komponente **63**, 65

Oldenbourg · Wirtschafts- und Sozialwissenschaften · Steuer · Recht

Statistik
für Wirtschafts- und Sozialwissenschaften

Bamberg · Baur
Statistik
Von Dr. Günter Bamberg, o. Professor für Statistik und Dr. habil. Franz Baur.

Bohley
Formeln, Rechenregeln und Tabellen zur Statistik
Von Dr. Peter Bohley, o. Professor und Leiter des Seminars für Statistik.

Bohley
Statistik
Einführendes Lehrbuch für Wirtschafts- und Sozialwissenschaftler.
Von Dr. Peter Bohley, o. Professor und Leiter des Seminars für Statistik.

Hackl · Katzenbeisser · Panny
Statistik
Lehrbuch mit Übungsaufgaben.
Von Professor Dr. Peter Hackl, Dr. Walter Katzenbeisser und Dr. Wolfgang Panny.

Hartung · Elpelt
Multivariate Statistik
Lehr- und Handbuch der angewandten Statistik.
Von o. Prof. Dr. Joachim Hartung und Dr. Bärbel Elpelt, Fachbereich Statistik.

Hartung
Statistik
Lehr- und Handbuch der angewandten Statistik.
Von Dr. Joachim Hartung, o. Professor für Statistik, Dr. Bärbel Elpelt und Dr. Karl-Heinz Klösener, Fachbereich Statistik.

Krug · Nourney
Wirtschafts- und Sozialstatistik
Von Professor Dr. Walter Krug, und Martin Nourney, Leitender Regierungsdirektor.

Leiner
Einführung in die Statistik
Von Dr. Bernd Leiner, Professor für Statistik.

Leiner
Einführung in die Zeitreihenanalyse
Von Dr. Bernd Leiner, Professor für Statistik.

Leiner
Stichprobentheorie
Grundlagen, Theorie und Technik.
Von Dr. Bernd Leiner, Professor für Statistik.

von der Lippe
Klausurtraining Statistik
Von Professor Dr. Peter von der Lippe.

Marinell
Multivariate Verfahren
Einführung für Studierende und Praktiker.
Von Dr. Gerhard Marinell, o. Professor für Statistik.

Marinell
Statistische Auswertung
Von Dr. Gerhard Marinell, o. Professor für Statistik.

Marinell
Statistische Entscheidungsmodelle
Von Dr. Gerhard Marinell, o. Professor für Statistik.

Oberhofer
Wahrscheinlichkeitstheorie
Von o. Professor Dr. Walter Oberhofer.

Patzelt
Einführung in die sozialwissenschaftliche Statistik
Von Dr. Werner J. Patzelt, Akademischer Rat.

Rüger
Induktive Statistik
Einführung für Wirtschafts- und Sozialwissenschaftler.
Von Prof. Dr. Bernhard Rüger, Institut für Statistik.

Schlittgen · Streitberg
Zeitreihenanalyse
Von Prof. Dr. Rainer Schlittgen und Prof. Dr. Bernd H. J. Streitberg.

Vogel
Beschreibende und schließende Statistik
Formeln, Definitionen, Erläuterungen, Stichwörter und Tabellen.
Von Dr. Friedrich Vogel, o. Professor für Statistik.

Vogel
Beschreibende und schließende Statistik
Aufgaben und Beispiele.
Von Dr. Friedrich Vogel, o. Professor für Statistik.

Zwer
Einführung in die Wirtschafts- und Sozialstatistik
Von Dr. Reiner Zwer, Professor für Wirtschafts- und Sozialstatistik.

Zwer
Internationale Wirtschafts- und Sozialstatistik
Lehrbuch über die Methoden und Probleme ihrer wichtigsten Teilgebiete.
Von Dr. Reiner Zwer, Professor für Statistik.

Oldenbourg · Wirtschafts- und Sozialwissenschaften · Steuer · Recht

Oldenbourg · Wirtschafts- und Sozialwissenschaften · Steuer · Recht

EDV
für Wirtschafts- und Sozialwissenschaften

Bechtel
BASIC
Einführung für Wirtschaftswissenschaftler
Von Dr. rer. pol. Wilfried Bechtel, Akad. Oberrat.

Biethahn
Einführung in die EDV für Wirtschaftswissenschaftler
Von Dr. Jörg Biethahn, o. Professor für Wirtschaftsinformatik.

Biethahn · Staudt
Datenverarbeitung in praktischer Bewährung
Herausgegeben von Professor Dr. Jörg Biethahn und Professor Dr. Dr. Erich Staudt.

Curth · Edelmann
APL
Problemorientierte Einführung
Von Dipl.-Kfm. Michael A. Curth und Dipl.-Kfm. Helmut Edelmann.

Wirtz
Einführung in PL/1 für Wirtschaftswissenschaftler
Von Dr. Klaus Werner Wirtz, Lehrbeauftragter für Betriebsinformatik.

Heinrich · Burgholzer
Systemplanung I
Prozeß für Systemplanung, Vorstudie und Feinstudie.
Von Dr. Lutz J. Heinrich, o. Professor für Betriebswirtschaftslehre und Wirtschaftsinformatik, und Peter Burgholzer, Leiter EDV/Organisation.

Heinrich · Burgholzer
Systemplanung II
Prozeß der Grobprojektierung, Feinprojektierung, Implementierung, Pflege und Weiterentwicklung.

Heinrich · Burgholzer
Informationsmanagement

Hoffmann
Computergestützte Informationssysteme
Einführung für Betriebswirte.
Von Dr. Friedrich Hoffmann, o. Professor der Betriebswirtschaftslehre.

Bechtel
Einführung in die moderne Finanzbuchführung
Grundlagen der Buchungs- und Abschlußtechnik und der Programmierung von Buchungs-Software.
Von Dr. rer. pol. Wilfried Bechtel, Akademischer Oberrat.

Schult
STEUERBASIC
Von Dr. Eberhard Schult, Professor für Allgemeine Beriebswirtschaftslehre und Betriebswirtschaftliche Steuerlehre, Steuerberater.

Oldenbourg · Wirtschafts- und Sozialwissenschaften · Steuer · Recht

Oldenbourg · Wirtschafts- und Sozialwissenschaften · Steuer · Recht

Mathematik
für Wirtschafts- und Sozialwissenschaften

Bader · Fröhlich
Einführung in die Mathematik für Volks- und Betriebswirte
Von Professor Dr. Heinrich Bader und Professor Dr. Siegbert Fröhlich.

Bosch
Mathematik für Wirtschaftswissenschaftler
Eine Einführung
Von Dr. Karl Bosch, Professor für angewandte Mathematik.

Hackl · Katzenbeisser · Panny
Mathematik
Von o. Professor Dr. Peter Hackl, Dr. Walter Katzenbeisser und Dr. Wolfgang Panny.

Hamerle · Kemény
Einführung in die Mathematik für Sozialwissenschaftler
insbesondere Pädagogen, Soziologen, Psychologen, Politologen.
Von Professor Dr. Alfred Hamerle und Dr. Peter Kemény.

Hauptmann
Mathematik für Betriebs- und Volkswirte
Von Dr. Harry Hauptmann, Professor für Mathematische Methoden der Wirtschaftswissenschaften und Statistik.

Horst
Mathematik für Ökonomen: Lineare Algebra
mit linearer Planungsrechnung
Von Dr. Reiner Horst, Professor für Mathematisierung der Wirtschaftswissenschaften.

Huang · Schulz
Einführung in die Mathematik für Wirtschaftswissenschaftler
Von David S. Huang, Ph. D., Professor für Wirtschaftswissenschaften an der Southern Methodist University, Dallas (Texas, USA) und Dr. Wilfried Schulz, Professor für Volkswirtschaftslehre.

Marinell
Mathematik für Sozial- und Wirtschaftswissenschaftler
Von Dr. Gerhard Marinell, o. Professor für Mathematik und Statistik.

Oberhofer
Lineare Algebra für Wirtschaftswissenschaftler
Von Dr. Walter Oberhofer, o. Professor für Ökonometrie.

Zehfuß
Wirtschaftsmathematik in Beispielen
Von Prof. Dr. Horst Zehfuß.

Oldenbourg · Wirtschafts- und Sozialwissenschaften · Steuer · Recht

Oldenbourg · Wirtschafts- und Sozialwissenschaften · Steuer · Recht

Wirtschaftslexika von Rang!

Kyrer
Wirtschafts- und EDV-Lexikon

Von Dr. Alfred Kyrer, o. Professor für Wirtschaftswissenschaften.
ISBN 3-486-29911-5
Kompakt, kurz, präzise: In etwa 4000 Stichwörtern wird das Wissen aus Wirtschaftspraxis und -theorie unter Einschluß der EDV für jeden verständlich dargestellt.

Heinrich / Roithmayr
Wirtschaftsinformatik-Lexikon

Von Dr. L.J. Heinrich, o. Professor und Leiter des Instituts f. Wirtschaftsinformatik, und Dr. Friedrich Roithmayr, Betriebsleiter des Rechenzentrums der Universität Linz.
ISBN 3-486-20045-3

Das Lexikon erschließt die gesamte Wirtschaftsinformatik in einzelnen lexikalischen Begriffen. Dabei ist es anwendungsbezogen, ohne Details der Hardware: Zum „Führerscheinerwerb" in anwendungsorientierter Informatik in Wirtschaft und Betrieb geeignet, ohne „Meisterbriefvoraussetzung" für das elektronische Innenleben von Rechenanlagen.

Woll
Wirtschaftslexikon

Herausgegeben von Dr. Artur Woll, o. Professor der Wirtschaftswissenschaften unter Mitarbeit von Dr. Gerald Vogl, sowie von Diplom-Volksw. Martin M. Weigert, und von über einhundert z.Tl. international führenden Fachvertretern.
ISBN 3-486-29691-4
Der Name „Woll" sagt bereits alles über dieses Lexikon!

Oldenbourg · Wirtschafts- und Sozialwissenschaften · Steuer · Recht

wisu

Die Zeitschrift für den Wirtschaftsstudenten

Die Ausbildungszeitschrift, die Sie während Ihres ganzen Studiums begleitet · Speziell für Sie als Student der BWL und VWL geschrieben · Studienbeiträge aus der BWL und VWL · Original-Examensklausuren und Fallstudien · WISU-Repetitorium · WISU-Studienblatt · WISU-Kompakt · WISU-Magazin mit Beiträgen zu aktuellen wirtschaftlichen Themen, zu Berufs- und Ausbildungsfragen.

Erscheint monatlich · Probehefte erhalten Sie in jeder Buchhandlung oder direkt beim Lange Verlag, Poststraße 12, 4000 Düsseldorf 1.

Lange Verlag · Werner Verlag